教育部高等学校轻工类专业教学指导委员会“十四五”规划教材

先进防伪技术

钟云飞　主编

胡垚坚　杨　玲　副主编

中国轻工业出版社

图书在版编目（CIP）数据

先进防伪技术／钟云飞主编；胡垚坚，杨玲副主编．—北京：中国轻工业出版社，2024.8

ISBN 978-7-5184-4817-3

Ⅰ.①先… Ⅱ.①钟… ②胡… ③杨… Ⅲ.①防伪印刷—技术 Ⅳ.①TS853

中国国家版本馆 CIP 数据核字（2024）第 066067 号

责任编辑：杜宇芳　　责任终审：滕炎福
文字编辑：武代群　　责任校对：吴大朋　　封面设计：锋尚设计
策划编辑：杜宇芳　　版式设计：致诚图文　　责任监印：张　可

出版发行：中国轻工业出版社（北京鲁谷东街 5 号，邮编：100040）
印　　刷：艺堂印刷（天津）有限公司
经　　销：各地新华书店
版　　次：2024 年 8 月第 1 版第 1 次印刷
开　　本：787×1092　1/16　印张：24.25
字　　数：600 千字
书　　号：ISBN 978-7-5184-4817-3　定价：98.00 元
邮购电话：010-85119873
发行电话：010-85119832　010-85119912
网　　址：http://www.chlip.com.cn
Email：club@chlip.com.cn

211563J1X101ZBW

编委会名单

主　编：钟云飞

副主编：胡垚坚　杨　玲

参　编：夏卫民　谭海湖　刘丹飞

前　言

防伪是指为防止以假冒为手段，对未经商标所有权人准许而进行仿制、复制或伪造和销售他人产品所主动采取的一种防范措施。目前，全球防伪行业市场容量已达到 1483 亿美元，2019 年我国防伪行业市场规模达到 1842 亿元，增速为 15.9%，2020 年约为 1934 亿元。中国有 90%以上的药品、15%以上的食品、95%以上的烟酒产品都使用了防伪技术。每年假冒伪劣产品的成交额约占世界贸易总额的 10%。在我国，假冒伪劣产品规模是 3000 亿~4000 亿人民币，特别是烟、酒、农资、食品、化妆品等行业，已是假冒伪劣商品的“重灾区”，严重阻碍了人民对美好生活的追求。

随着商品防伪市场需求的不断增长，从事防伪技术的研发人员越来越多，高等院校的印刷工程、包装工程及市场营销等专业也纷纷以不同形式开设了防伪相关课程，各商品品牌拥有者、生产制造企业及贸易公司等都期待一本从理论到实践全面揭示防伪原理、技术、方法和工艺的书籍出现。关于防伪技术的内容散见于许多文献资料中，虽然防伪相关的专著已有不少，但大多缺乏系统性、实用性和前沿性。鉴于此，编者 10 年前就萌生了撰写本书的想法。

本书根据防伪技术发展趋势和应用需求进行编写。书中引用了大量的文献资料，收集了近年来国内外先进的防伪产品信息，主要从防伪的基本原理、应用方式、辨识方法等角度出发，系统地对防伪材料、设计、工艺和技术进行了阐述，并配备翔实的应用案例。

本书共分 8 章，第 1 章主要介绍防伪行业发展背景、相关概念、关键技术和发展趋势，第 2 章主要介绍材料防伪技术，第 3 章主要介绍产品防伪设计，第 4 章主要介绍工艺防伪技术，第 5 章主要介绍电子防伪技术，第 6 章主要介绍区块链防伪技术，第 7 章介绍最新防伪技术，第 8 章介绍防伪应用实例，每章均配备了思考题。

本书还配有附录（通过在线渠道提供），内容为防伪专业词汇中英文对照和防伪行业大数据概要。

本书结构紧凑、内容新颖、重点突出、内容翔实，强调了防伪专业知识的基础性、实用性和创新性，非常适合作为高等学校防伪相关课程的教材，也适用于面向消费者的防伪知识普及，同时还便于研发人员自学和企业培训，更有助于读者分析问题、解决问题及创新能力的提升。

本书是编者根据多年的科研、教学经验和学习体会，邀请在教学和防伪实践方面拥有丰富经验的老师和行业朋友合作编写而成的。其中，胡垚坚编写了第 4 章和第 8 章，杨玲编写了第 2 章、第 3 章，夏卫民编写了第 5 章，谭海湖编写了第 7 章，博士生刘丹飞参与编写了部分章节内容，钟云飞负责全文统稿、修改和定稿，并编写了其余章节，硕士生陈思源参与了部分工作。

防伪技术涉及知识面广泛，与众多学科交叉融合，文献资料较为丰富，实操性很强，编者学识水平和能力有限，在编写过程中难免有不妥和疏漏之处，恳请广大读者朋友、同行批评指正。

本书在编写过程中得到了教育部高等学校轻工类专业教学指导委员会的指导，得到了湖南工业大学诸多领导、老师及相关行业朋友的鼓励和帮助，在此表示诚挚的感谢。

为方便广大读者与编写人员进一步交流防伪相关问题，以及教学研讨交流并获取开展教学的教案、PPT 及相关资料，敬请咨询邮箱：hutpp1985@ 163. com。

编 者

2024 年 3 月于株洲 C 立方工作室

目　录

第 1 章　防 伪 概 述

扫码查阅
第1章图片

1.1　行业发展背景

1.1.1　此起彼伏的伪造

由于目前市场秩序还不够规范，国内外一些不法分子为了牟取暴利，专门仿冒名优和畅销产品，以次充好、以假乱真，形成了具有一定规模的假冒商品市场，严重扰乱了社会经济秩序。

相关资料显示，查获的假冒伪劣物资主要有食品、饮料、食盐、卷烟、药品、保健品、化妆品、洗涤用品、服装、鞋类、胶卷、医疗器械、钢材、水泥、棉花、化工原料、化肥、农药、种子、汽车零部件、电视机、制假工具、假冒商标标识等。从社会公共安全领域看，还有大量伪造的钞票、邮票、各种有价证券、居民身份证、户口本、毕业证书、公章等。

上述情况表明，我国防伪技术的发展和防伪行业的形成，是发展社会主义市场经济的需要，是扩大开放、发展对外贸易、保证国家经济秩序有序发展的需要，是当前打假治劣，净化市场，保护名优，维护国家、企业和消费者利益的需要。

1.1.2　防伪存在的意义

防伪行业在规范市场经济秩序、遏制假冒伪劣产品的过程中不断发展壮大起来，产品防伪在防止产品伪造或假冒、鉴别产品真伪方面发挥着越来越重要的作用。产品防伪是从源头确保国家公共安全、稳定经济秩序、维护生产者和消费者权益的重要措施，是以技术保证社会稳定的重要手段。产品防伪不仅是政府对假冒伪劣产品“打防结合”综合治理指导思想的重要体现，也是广大名优企业保护自身合法权益的客观需要。

1.1.3　防伪行业现状与发展

防伪技术是一门涉及光学、化学、物理学、电磁学、计算机技术、光谱技术、印刷技术、包装技术等诸多领域的交叉学科。过去，我国防伪技术的应用局限于银行、海关、税务、金融、社会公共安全等部门制作护照、证件、货币、有价证券等。随着市场经济和商品生产的迅速发展，商标和标识的印制、商品的包装日趋高档化、精美化和安全化（要求具有防伪功能），烟酒、饮料、调味品、药品、保健品、化妆品、洗涤用品及光盘制品等商品的标识和包装越来越多地采用了防伪技术。常用的防伪技术有防伪油墨、防伪纸张、防伪不干胶、缩微文字印刷、票据特种防伪印刷、安全线、加密技术、激光全息转移纸技术、定位烫印、电话电码防伪、原子核双卡防伪核径迹及手工雕刻凹版印刷等。

前瞻产业研究院发布的《2023—2028 年中国防伪行业市场前瞻与投资战略规划分析

报告》指出，近年来，我国防伪行业发展迅速，尤其是防伪技术与各行各业"嫁接"后，产生了防伪油墨、电话电码防伪、重粒子防伪、指纹解锁、DNA 标签、自动识别等一系列高新防伪技术和手段。整个防伪产业链覆盖印刷包装、信息、生物、自动控制、化工、物流、知识产权保护等诸多领域。防伪行业上游主要有防伪油墨、防伪不干胶、防伪纸张、防伪薄膜等原材料行业，这些原材料的价格变动会对防伪行业的成本控制产生较大的影响。

据不完全统计，目前全国有近千家企事业单位从事防伪技术和防伪材料及相关产品的科研、开发、生产和销售工作。防伪印刷产品（不含人民币、证件等特殊防伪产品）年销售额由 20 世纪 80 年代初的几千万元，发展到目前的近百亿元。我国防伪技术产品市场需求之大、发展速度之快是惊人的。

防伪企业大多同国内科研机构、大专院校科研人员携手，通过"产学研"相结合的形式，研制和开发各种防伪技术和设备材料，并在一些防伪印刷企业中推广应用。现在，这些企业已成为全国推广应用防伪技术的主要力量。近年来，我国的许多名优产品采用了多种防伪技术，对保护自身品牌及产品起到了积极作用。

1.2　防伪基本概念及关键技术

1.2.1　防伪基本概念

防伪是通过提取和识别防伪特征来识别真伪，打击伪造、变造或克隆等违法行为的一种技术手段；是企业在社会诚信缺失、假冒伪劣商品扰乱企业正常经营和损害企业、消费者利益的情况下，为保护企业品牌、市场和广大消费者合法权益而采取的一种防范性技术措施。

防伪一般有三道防线：

一线防伪是指大众化的识别真伪，不需任何特殊技术或只需采用简单方法便可判别真伪的技术，如光变、水印、安全线、钞凹印、温变、压敏（刮擦显色）、全息等。

二线防伪是指将特殊材料或信息经特殊工艺加入到产品中，由专业人员或采用专门仪器（放大镜、紫外线灯等设备）识别来判定真伪的技术。

三线防伪是指由专家级人员识别的防伪技术，可能使用了暗记、特种材料或借助其他不对外公开的仪器和技术，作为产品真伪辨别的最后一道防线。

现今各企业大多采用组合防伪的方式为产品设计解决方案，方便大众消费者识别的同时，还可以通过仪器验证。

一个产品的防伪解决方案可以由多种防伪技术组合而成，并由专门的管理人员以特定的方式有效执行，这样制作出来的产品，才能更好地防止造假。根据防伪方式的不同，防伪技术主要可以分为设计防伪、材料防伪、工艺防伪和信息防伪。

1.2.2　设计防伪

设计防伪是指利用防伪设计系统绘制出各种线条效果，即便采用超高精度（光学分辨率 5000dpi 以上）的扫描仪或照相制版技术也不能再现原线条形态，从而达到防止扫描复制的目的。粗细线条经扫描后形成点阵式图像，线条微弱的粗细变化会有所损失，且专色线条输出分色后形成网点图形，套印不准也将带来很大损失，因此经扫描后的粗细专色线条输出后和原产品相差很大，用肉眼即可轻易识别，从而达到防伪的目的。

防伪设计插件：基于 CorelDRAW 的 SecuriDesign、基于 Adobe Illustrator 的 SCD、Arziro Design、圣德版纹。

防伪设计软件：方正超线、蒙泰、Cattaneo Security、JURA、GuardSoft Cerberus、GuardSoft one 等。

这些插件或软件，有的涵盖所有基本的防伪效果，有的只针对某一特殊图案，如 SCD 的 eBurin 雕刻模块和 GuardSoft 的 Strokes Maker 雕刻软件都只做雕刻效果。

下面介绍几种基本的防伪设计：

团花 以各种花的造型为基础进行加工，夸大处理，配合线条的弧度、疏密度变化，加之色彩的烘托，使其轮廓流畅、层次清晰、结构合理、独自成形，称为团花。团花是版纹防伪设计系统中很重要的一项功能，它既可以单独应用，又可以作为元素，结合其他功能生成综合防伪效果。团花是票据、证书设计中必不可少的元素，在防伪包装中的使用也很频繁，其防伪效果明显，利于提高产品档次。根据造型或元素组合的不同，团花可分为艺术穿插团花、对称复合式团花、多边形复合式团花、扭索组合团花、古典团花等。

花边 针对一个或几个元素进行连续复制，或将多种元素组合在一起，形成框架形式，从而形成花边。按结构可分为全封闭式和半封闭式；按制作形式可分为单层花边、多层花边和单线花边；还可根据造型名称组合进行命名，如扭索纹花边、单元对称式花边、奥特洛夫花边、波浪式复合花边等。

底纹 将元素进行反复变化，形成连绵一片的纹路，具有规律性、连续性、贯穿性、富于变化性，称为底纹。由于底纹是由元素构成的，而元素的取材又不受限制，因此底纹的使用范围广，变化形式也极其随意。底纹按形式可以分为团花底纹、浮雕底纹、渐变底纹，按制作方法可以分为拼接底纹、阴阳底纹（浮雕类）、连贯底纹。

浮雕 运用线条底纹做底，结合背景图片（标识、文字或图像）进行处理，使线条整体产生雕刻般的凹凸效果，称为浮雕。浮雕是防伪设计的核心形式，有很强的立体感且变化丰富，将其作为包装、证件或票据的背景图案，效果最佳。

劈线 根据图像的轮廓，在一组线条的基础上，将一条粗线分成两条细线，称为劈线（亦称分裂线）。其优点是线条美观流畅，很难仿制，属于防伪软件的高端功能，防扫描效果极佳。

粗细线 线组或底纹与图像相结合的一类效果，其特征是图像暗部对应的线条粗，亮部对应的线条细，由粗细变化构成明暗层次。

潜影 双向平行线和团花或底纹相结合的一种隐藏性防伪，可隐藏文字、标识。当图像与视线垂直时，图案被隐藏，而当图像与视线呈水平时，可以看见藏在纹络中的图像，称为潜影。

开锁 利用电脑软件设计的一种平面查验媒介——胶片，在此媒介上实现防伪，是一种既防扫描，又可一次生成，且无法复制的技术。铜版纸上的印刷图案不可见，但借助由胶片材料特制的解码卡片，可以看到其中隐含的文字或图案。铜版纸上的印刷图案如锁，解码卡片如钥匙。

缩微文字 通常由极其微小的文字构成，常见于钞票和银行支票。文字一般足够小，以致肉眼难以识别。如支票中使用缩微文字作为签名线。

1.2.3 材料防伪

所谓材料防伪，是指在材料制造环节采用特殊的专利技术，使得特种材料与普通材料有着本质上的区别，从而起到材料防伪的作用。

防伪材料种类繁多，以下为最常见的几种：

荧光油墨 油墨体系中加入相应的可见荧光化合物，在普通光下不可见，而在紫外线或其他不寻常光线的照射下能发出可见荧光。目前，很多钞票加入了这项防伪技术，如北爱尔兰的国民保健处方在紫外光下显示出当地的“第八大奇迹”巨人之路的图案。为了提高防伪力度，还可引入多频荧光，即不同的元素在特定的频率下会发出不同的荧光。

光变油墨 随着人眼视角的改变而呈现不同颜色的化学制品。油墨的颜色并非真正改变，而是到达观看者眼睛里的光线角度发生改变，从而呈现的颜色发生变化。通常，变色油墨存在绿到紫、金到绿和绿到淡紫三种变色区间。

温变油墨 一种有固定隐藏温度的防伪油墨，即常温下显示无色或某种颜色，在特定的温度下颜色改变或消失。

磁性油墨 将可磁化的颜料加入油墨体系中，经磁场处理后，具有较高残留磁性的防伪油墨。磁性油墨的特征难以被仿造，且可加快机读速度，因此被广泛应用于银行业。

防涂改油墨 在油墨中加入对涂改用的化学物质具有显色化学反应的物质。如用此油墨印刷的支票款额大写栏，一旦遇有涂改液即变色或显出“作废”字样。

特种纸张 将不同的纤维抄制成具有特殊机能的纸张。纸币大多采用加厚纸张制作，通常使用棉纤维来增强其强度和耐久性，或通过加入亚麻或特种彩色纤维来增加纸张的特性，防止伪造。

水印 通过改变纸浆纤维密度，在造纸过程中形成，迎光透视时可以清晰地看到具有明暗纹理的图形、人像或文字，广泛应用于人民币、购物券、证券等。

安全线 在造纸的过程中，在纸张的特定位置包埋入特制的聚酯类塑料线、缩微安全线或荧光线。对光观察时可看到一条完整的或开窗的线埋藏于纸基中。安全线是公众防伪特征之一，无须借助任何工具，只要有光源即可观察。

防伪全息膜 由多层结构叠加而成，即在塑料载体薄膜与网点状镀铝层之间依次设置有分离层和带全息图的成像层，最大的特点是具有防揭功能。

1.2.4 工艺防伪

印刷防伪技术是一种综合性的防伪技术，包括防伪设计制版、精密的印刷设备和与之配套的油墨、纸张等。若能独占一套高精尖的印刷设备和原材料，或是掌握某种他人未曾了解的工艺，且他人没有足够财力来仿制，印刷防伪技术就能充分发挥作用。

凹版印刷 图文低于印版的版面，而且下凹的版纹还有深浅之分，以此表现图文的高低、油墨的厚薄，故印出的图案可呈现为三维图像，立体感强，用手触摸有凹凸感。这种印刷技术既对纸张有保护作用，又具有防伪功能。手工雕刻凹版印刷的防伪效果较好，将其与防伪油墨结合，会得到双重的防伪及装潢效果。

对印图案 钞票或其他票据正背两面的图案透光观察时，完全可以重合，或是正背两面的部分图案透光观察后又互补地重新组成一个完整的新图案。如我国第五套百元人民币（1999年版），在正面左下方和背面右下方均有一圆形图案，迎光观察时，正、背面的图形阴阳互补，组成一个对印的完整古钱图案。

接线印刷 在票面花纹的同一条线上出现两种颜色彼此连接时，其连接处的两种颜色既不分离又不重叠，这需要精密的设备和高超的工艺水平。我国现已能一次完成4种颜色花纹图案的精确对接。

彩虹印刷 图案的主色调或背景由不同的颜色组成，但线条或图像的颜色变换是逐渐过渡的，没有明显的界限，犹如天空七色彩虹颜色的渐变，故称彩虹印刷。采用多色叠印的方法难以实现彩虹印刷效果，且在商业票据上很难看出墨斗中各色隔板的间距和准确位置，从而增加了仿造的难度。若在大面积的底纹上采用这种工艺，其防伪效果将更加显著。我国百元人民币正面及第二代身份证均应用了彩虹印刷技术。

1.2.5 信息防伪

随着信息技术的发展，与其结合的防伪技术从最直观的条形码、二维码，到较高级别的语音点读、RFID（射频识别）、网屏编码等加密解密技术，为产品伪造设置了一层全新的屏障。此外，与新型数字喷码相结合的防伪技术，不仅增强了随机性和唯一性，还加强了溯源功能。

语音点读技术 将特定的编码组合通过无色印刷技术记录于印刷品或其他包装载体上，使用专用解码仪器，通过远红外光学摄像机即OCR技术将编码信息以语音或视频的形式提取出来。该技术可以为商品生成专用编码，其具体过程是先通过加密编程写入芯片，再采用特殊的印刷方式将此编码用于产品的终端包装，从而实现产品的防伪保真。语音点读技术作为一种新兴防伪技术，具有难以伪造、易于结合产品包装、识别简易等特征，因此具有广泛的市场应用前景。例如在税务发票、烟草、药品、酒品、有价证券、证件、门票、邮票等假冒重灾区可通过语音点读技术来达到防伪保真的目的。

射频识别技术 一种非接触式的自动识别技术，即通过射频信号自动识别目标对象并获取相关数据。将微芯片嵌入到产品当中，利用智能电子标签来标识各种物品，这种标签根据RFID无线射频标识原理产生，标签与读写器通过无线射频信号交换信息。与传统条形码技术相比，RFID数据容量大、读取方便、识别速度快、使用寿命长、数据可动态更改、具有更好的安全性，广泛应用于商品、票务、证券、奢侈品等的跟踪、追溯和防伪。

网屏编码技术 通过改变网屏网点的物理学特性，而不改变网点灰度值在内的印刷网屏特性，可同时在文字、照片、图像、图形中埋入大量信息，实现信息记录与信息隐藏。该技术可以做到信息加密与信息隐藏相结合的高度机密的通信，而隐藏到印刷图像中的机密文件，即使专业人员使用高精度的设备也不容易识别出信息埋藏位置，更不易破解信息内容。

防伪技术还有很多分类方式及具体种类。整体而言，现代防伪技术都具有如下相同的特点。

（1）科技性和组织集团性。高科技具有新、快、难以掌握的特点，这正迎合了防伪技术的高要求。计算机技术、激光技术、纳米技术等高科技在防伪技术中的应用，大大增强了防伪力度，延长了防伪技术的生命周期。

（2）防伪手段的多重性和交叉性。从产品保护来看，多重性主要表现在标识防伪、结构（包装）防伪和质量防伪三个层面。标识防伪使用最成熟，应用最广泛，如印刷图案防伪、商标防伪、标签防伪等；结构（包装）防伪发展较快，利用一次性使用和特殊结构造型的特点，增加造假难度；质量防伪直接作用于产品本身，目前使用较少。交叉防伪技术包括层间交叉、层内交叉，以及多种防伪技术在同一产品上的综合应用。相关的案例很多，如酒类产品采用标识防伪和结构防伪相结合的层间交叉防伪技术，又如色彩防伪与气味防伪的层内交叉使用等。

（3）不可重复性和隐蔽性。不可重复性是防伪技术发挥防伪功能的基本要求，如利用全息图像无法通过传统方式进行复制的特点，保证了激光全息标识的不可重复性；又如在设计时赋予包装一次性使用原则，保证了破坏性包装结构的不可重复性。从信息接收方式的角度考虑，隐蔽性主要包括感觉隐蔽性和对仪器设备的隐蔽性。感觉隐蔽性是指人的视觉、听觉、味觉等不能接收到防伪信息；对仪器设备的隐蔽性是指仪器设备对防伪信息没有反应，如某些图文信息不能被复印，意味着对复印机具有隐蔽性。

1.3 防伪技术发展趋势

假冒商品贸易是一个危害经济、企业和消费者的巨大产业。据世界海关组织统计，世界贸易总额的7%是假冒商品获得的，假冒商品贸易是世界上增长最快的经济犯罪之一。假冒伪劣商品不仅包括名牌手袋、手表、香水等奢侈品和高价商品，还包括药品、香烟、婴儿奶粉、牙膏、电子设备等日用商品，部分假冒飞机、汽车零件和农用化学品已被记录在案。假冒商品不仅会导致失业和声誉受损，还可能伤害使用假冒产品（如药品）的消费者，严重的甚至导致死亡。每个行业都需要自己独特的防伪解决方案，这些都需要公开的（一线、二线防伪技术）和秘密的（三线防伪技术）防伪技术相结合。实施防伪解决方案存在许多障碍，包括让企业了解这些防伪技术的投资回报，让消费者了解购买假冒产品的风险等。

由于先进技术成本的降低，仿冒者几乎可以完全模仿商品，这种非法活动威胁到发达国家和发展中国家的经济，损害新的投资，并日益危及公共卫生和安全，因此防伪技术的研发与应用投入也将更大，需要更多高新的尖端防伪技术加入。防伪技术的整体发展趋势将由传统印刷技术，经由传统基材、复合基材的发展升级，逐渐转向数字制造，如图1-1所示。

此外，随着工业技术水平和先进制造技术的不断提高，防伪技术的研究方向也从裸眼可见逐步向裸眼不可见的微米、亚微米级转变。随着防伪等级的提高，防伪技术的加工精细度要求也越来越高，而这些高精度加工工艺设备、技术、人员主要集中在少数科研院

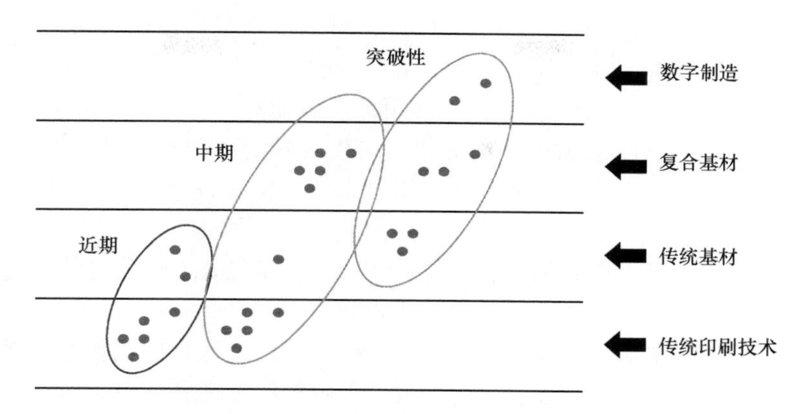

图 1-1　防伪技术发展趋势图

校、研究机构、知名防伪企业和设备供应商手中，技术普及率低、独占性高、生产投入大，很大程度上遏制了伪造者的非法活动。图 1-2 所示为防伪技术加工精细度与防伪等级变化趋势图。

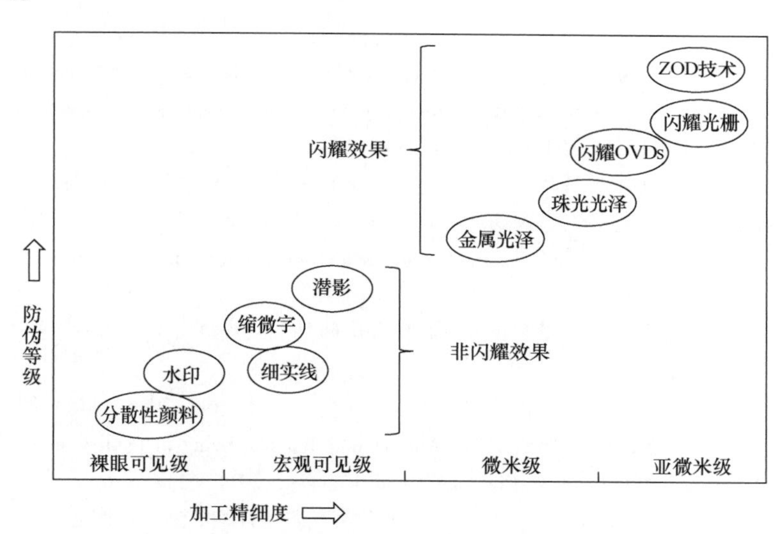

图 1-2　防伪技术加工精细度与防伪等级变化趋势图

1.4　防伪的应用

最初，防伪技术的应用局限于货币、各种有价证券及可能危及社会公共安全的特种行业。近年来，假冒活动日益猖獗，出于防范的需要，防伪技术越来越受到各行各业的重视。激光全息、防伪油墨（荧光油墨、温变油墨、湿变油墨等）等常规防伪技术得到了广泛的应用。同时，各国竞相开发技术含量高、信息量大、保密性强、不可逆变、不可复制的新型防伪技术和产品，并将其应用到各类商品商标、标识和包装上。目前，防伪技术的主要存在形式及其应用领域包括以下几个方面：

安全印刷 主要应用于钞票（含纪念币）、支票、汇票、存折（单）、邮票、税票、保险单、发票、各类有价证券（如股票、礼券、债券、彩票、车船票、机票等）、各种证明证件（护照、身份证、通行证、签证、信用证、毕业证、许可证、资格证、所有权证书等）等。这一领域由于传统性和高安全性，往往由政府部门控制或管理，并且形成了庞大的产业群和产业供应链，如安全设计、安全纸张、安全油墨、安全印刷、安全装订、安全发行、安全塑封、安全控制等。

防伪包装 主要应用于烟酒包装、药品包装、化妆品包装、食品包装、软件包装、产品软包装、包装内容物、透视激光全息塑封薄膜等。

防伪商标和标识 主要应用于酒类、服装衣标、鞋标、计算机软硬件、化妆品、保健品、食品、体育用品、汽车零部件、农用物资、玩具等的商标和标识。

安全识别 主要应用于信用卡、身份证、驾照、社会保险卡等使用的磁信息技术、IC卡技术、射频卡技术、生物信息特征识别技术等。

参考文献

[1] SPINK J, SINGH J, SINGH S P. Review of package warning labels and their effect on consumer behaviour with insights to future anticounterfeit strategy of label and communication systems [J]. Packaging Technology & Science, 2011, 24 (8): 469-484.

[2] 陈锡蓉. 我国防伪技术发展现状及应用 [J]. 质量与认证, 2013 (2): 27-28.

[3] 许文才. 我国品牌包装防伪的发展趋势 [J]. 标签技术, 2016 (2): 4-6.

[4] YANG D, FRYXELL G E. Brand positioning and anti-counterfeiting effectiveness [J]. Management International Review, 2009, 49 (6): 759.

[5] 黎世伦, 曾萱, 丁贺, 等. 基于旋轮线方程拓展的防伪底纹设计 [J]. 现代计算机, 2017 (22): 6-9.

[6] 陈文革. 安全图文设计在防伪印刷技术中的应用 [J]. 今日印刷, 2006 (11): 89-91.

[7] MALI D K, MITKARE S S, MOON R S. Anti-counterfeit packaging in pharma industry: review [J]. International Journal of Pharmacy & Pharmaceutical Sciences, 2011 (3): 4-6.

[8] 徐园园, 杨革生, 张慧慧, 等. 紫外/红外双波长荧光防伪纤维的制备及性能 [J]. 高分子材料科学与工程, 2017, 33 (7): 161-166.

[9] KUMAR P, SINGH S, GUPTA B K. Future prospects of luminescent nanomaterial based security inks: from synthesis to anti-counterfeiting applications [J]. Nanoscale, 2016, 8 (30): 14297.

[10] 刘大戈, 孙志军. 一种三维防伪标签生产工艺: CN201710018894.0 [P]. 2017-03-15.

[11] 陈新林, 王政铭. 一种基于区块链和 NFC 芯片的动态信息防伪技术 [J]. 物联网技术, 2018 (3): 67-69.

[12] SINGH R, SINGH E, NALWA H S. Inkjet printed nanomaterial based flexible radio frequency identification (RFID) tag sensors for the internet of nano things [J]. Rsc Advances, 2017, 7 (77): 48597-48630.

[13] 王玲. 基于网屏编码的多层印刷模型及自动读取系统 [D]. 天津: 南开大学, 2009.

[14] 王继鹍. 防伪印刷技术的现状及发展趋势 [J]. 工业设计, 2017 (9): 125-126.

[15] 王兴梁. 互联网时代包装印刷市场发展趋势 [J]. 中国印刷, 2017 (7): 75-78.

思　考　题

1. 防伪与防伪技术的概念。
2. 现代防伪技术包含哪些，其特点分别是什么？
3. 防伪技术的作用与意义。
4. 请简述分析第五套人民币（2015 年版）所涉及的防伪技术及特征。
5. 当前防伪技术的应用领域。
6. 未来防伪技术的发展方向。

第 2 章　材料防伪技术

扫码查阅
第2章图片

2.1　防伪纸张

2.1.1　概　　述

随着市场经济和信息技术的迅猛发展，伪造与防伪之间的矛盾日益尖锐。一方面，由于假冒或伪造商品可带来巨额利润，伪造者铤而走险，深入研究解密和伪造方法；另一方面，计算机图形图像处理、彩色复印、高精度扫描、高分辨率打印、数字印刷等新技术的迅速发展，使原有的防伪措施易于失效，增加了防伪难度。因此，开发新型、高效的防伪材料和技术已成为社会发展的迫切需要。

纸张用途广泛、使用方便、绿色环保，防伪纸由于隐蔽性好、易识别、固性好，且具有技术、材料双重防伪特性而受到人们的青睐和重视。目前，防伪纸主要用于各种证件、证券、证书、票据、商标、产品说明、外观包装，以及军事、公安、国防等相关行业的防复印纸、保密用纸等。我国票证防伪多数应用在行政事业单位、金融机构等，以纸张防伪（水印、彩色纤维或安全线等）为主。

2.1.1.1　防伪纸的定义及分类

防伪纸是指运用各种技术生产的以防止伪造为目的的纸张，是表面有标记或隐藏暗记（如图案、花纹、水印、号码等），不易仿造、作伪或改动的特种纸类的统称。防伪用纸是在造纸过程中，利用技术将所需标识、图案等嵌入纸中，由于图文高低不同，纸浆形成相应大小不同的密度，成纸后因图文处纸浆密度不同，其透光度有差异，故透光观察时可显现出设计的图文，具有防伪作用。

防伪纸通常分为两类：一类是对纸张本身的防伪，即在纸张抄造过程中就使用了防伪方法，包括水印防伪纸、安全线防伪纸及添加特殊物质于纸浆中的其他防伪纸；另一类是将新型印刷技术及计算机激光全息技术等应用于纸张载体而形成的防伪纸。按防伪效果和表现形式不同，防伪纸可分为水印防伪纸、安全线防伪纸、磁性防伪纸、水致变色防伪纸、压敏变色防伪纸、光致变色防伪纸、温致变色防伪纸、防复印防伪纸、防化学涂改防伪纸、染料防伪纸等；按应用对象不同，防伪纸可分为产品防伪、包装防伪、商标防伪、彩票及有价证券防伪、证件文件防伪、钞票防伪等；按学科不同，防伪纸可分为物理防伪、化学防伪、生物防伪及多学科综合防伪等。

2.1.1.2　防伪纸的特点

（1）防伪技术的专一性。针对特定防伪对象进行专一的设计，如采用专用的水印图案、特殊的安全线或综合防伪技术等。

（2）生产成本较高。防伪纸张属于高档纸张产品，其原料、加工工艺、抄造设备、防伪方式等决定了其生产成本较高。

（3）产品附加值高。高级防伪纸的技术含量和附加值高，其产品价格是普通纸张价格的1.6~6倍，因此产生的经济效益也比普通纸和纸板高。

（4）产品产量较少。防伪纸的专一性及生产成本较高的特点，决定了产品不可能大批量生产，其防伪手段、防伪方式会随着市场的变化逐步变化。目前，在防伪纸行业中没有占据市场份额很高的领先企业，也无品牌知名度很高的领先产品。

2.1.1.3　我国防伪纸行业的供需现状

防伪纸张属于特种纸范畴，它是防伪承印材料发展的重点，应用非常广泛，早期的防伪纸张一般应用于钞票、票证等有价证券的防伪印刷。近年来，随着防伪纸张的研究和开发，其制作成本也降低到产品生产企业和消费者能够接受的程度，各种防伪纸张在商标和商品包装中的应用也越来越广泛，烟、酒、化妆品、食品等生产厂家纷纷尝试使用，防伪纸张的生产和应用得到很大的发展。

国内对高级防伪纸的需求呈增长态势。一方面，采用高级防伪纸替代部分普通防伪纸，如商业银行用存折、存单、业务单据等；另一方面，新产品或用品启用防伪纸，如部分企事业单位使用的办公纸张用品、证明、证件、证书、合格证、商标、说明书、保修卡等。高级防伪纸的市场需求一部分是主动需求，即用户使用动机非常明确；另一部分是被动需求，即用户不了解高级防伪纸的相关知识，不清楚是否应该采用高级防伪纸，或者不知道高级防伪纸会带来哪些附加价值，无法在纸张防伪和其他防伪技术之间做出合理的选择。

2.1.2　防复印纸

1938年，美国人查斯特·卡尔逊（Chester Carlson）发明了静电复印技术，使信息分享实现了突破性变革。随着科学技术的进步，复印技术日益完善，复印机的功能越来越强大，朝着色彩化和复合化发展。黑白复印、彩色复印、数字复印（扫描打印）先后出现在人们的日常生活及办公中，用于资料或文件的复印、保存等。

2.1.2.1　复印技术带来的新挑战

高还原度的复印件以假乱真，“文件欺诈”成为现今金融机构、企业、政府部门等文件安全打印面临的最大挑战之一。随着复印设备的智能化和复印技术的低成本化，伪造或变造一份几近完美的假文件变得越加容易，利用受害人身份信息复印件进行开户、违驾扣分等不法活动，或直接通过彩色复印设备复印、打印货币而获取非法所得的现象屡见不鲜。

有关统计数据显示，近年来“文件欺诈”所造成的损失正在逐年攀升。

近几年来，世界各国对保密防复印工作都很重视，为了防止泄密及其他经济损失的进一步扩大化，企业、组织机构、政府部门采取了一系列措施来打击、防范重要文件的复印、传播泄密、欺诈等行为。因此，防复印技术的需求越来越大，用途也越来越广。

2.1.2.2　防复印技术原理

防复印的主要目的在于验证和区分原件与复印件，使得原件可以清晰辨认，而复印后的图文信息完全无法辨认或识别，防止不法分子通过复印、传真或扫描等方式获得和制造出与原件近似的文件（如证券、证件、证明、合同等），进而非法获利。

静电复印是通过原件表面的反射光强度来改变感光鼓表面的电荷分布情况，被光线照射的感光鼓区域，正电荷数量减少或消失，吸附带负电荷碳粉的能力减弱；不被光线照射的区域则保持原来的电荷情况，从而吸附更多的碳粉形成复印件，普通原件被复印时表面光线反射情况如图 2-1 所示。防复印技术通过改变原件表面对光线的反射，影响曝光潜影的形成质量，从而破坏复印件的质量。防复印件一般通过阻断和减少 400~510nm 光波在图文与空白区的反射差异，使得复印制品呈现一片白色或黑色，从而达到防伪目的。

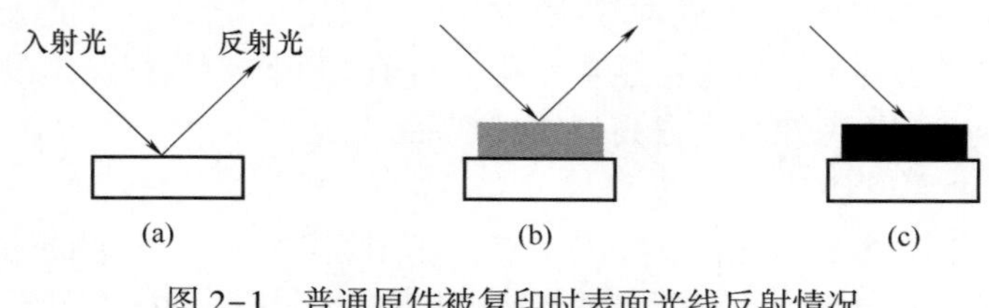

图 2-1　普通原件被复印时表面光线反射情况

（a）承印物　（b）半色调　（c）全黑

2.1.2.3　防复印纸分类及其特点

防复印纸利用特殊材料或工艺对原纸进行处理，干扰原件对光线的反射，从而可以查知文件是否被复印，或使文件不能被复印，或使复印件与原件不一致。实际使用中，通常根据复印设备的工作原理或固有属性，在重要文件的纸张内添加或在纸张表面涂布一些特殊物质，使重要文件被复印时显示警示性文字（如“复制无效”字样），或重要文件图文信息与背景反差接近甚至消失，从而无法复制。

根据表现形式的不同，防复印纸主要分为特种纸张抄造技术类防复印纸和隐形图文设计类防复印纸两大类。

（1）特种纸张抄造技术类防复印纸。此类防复印纸是将荧光物质、偏振片、漫反射颗粒等特殊物质添加或涂布在纸基表面，利用其对光的折射、反射、偏振等原理，干扰复印机的光路系统，使感光鼓无法正常工作，当纸张经过复印机光照时，复印件呈全黑或全白，从而达到防复印的目的。其特点是防复印效果明显，制备工艺复杂，成本较高。

① 光致变色（或发光）防复印纸。光致变色是指物质 A 在波长为 λ 的光线照射下发生光化学反应生成产物 B，其物质结构和吸收光谱均发生变化，表现为外观颜色发生明显改变，本质上是该物质反射回来的光谱发生改变，从而刺激人眼感知系统由大脑判断形成颜色信号。通常这种颜色变化是可逆的，即该物质一旦离开这种特定波长的光线照射，又能回到最初的颜色状态，这个变化过程可以通过式（2.1）表示。

$$A \underset{h\nu_2\text{ 或 }\Delta}{\overset{h\nu_1}{\rightleftharpoons}} B \tag{2.1}$$

其中，A、B 表示同一物质两种不同的颜色状态，h 为普朗克常数，ν_1、ν_2 表示电磁波频率。

光致发光是指物体依赖外界光源照射获得能量，受到激发后导致发光的现象，即物质吸收光子（或电磁波）跃迁到较高能级的激发态后返回低能态，重新辐射出光子（或电磁波）的过程，电子跃迁过程如图 2-2 所示。

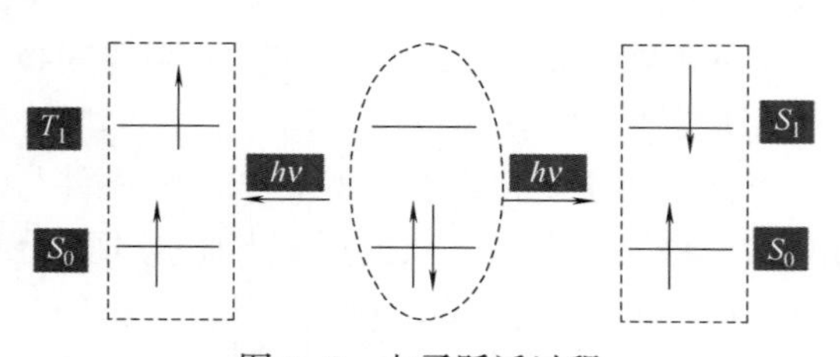

图 2-2　电子跃迁过程

其中，S_0、S_1 和 T_1 分别表示基态、

第一激发单重态和第一激发三重态。

光致发光过程大致经历光吸收、能量传递及光发射三个主要阶段，光吸收和光发射都发生于能级之间的跃迁，都经过激发态。图 2-3 所示为普通原件与光致发光防复印原件被复印时的光反射原理。

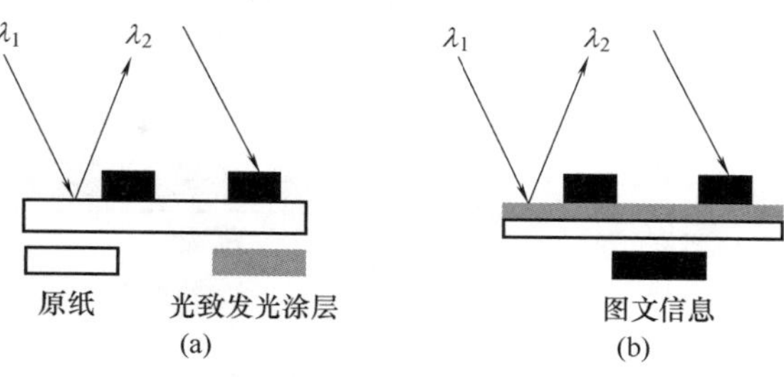

图 2-3　普通原件与光致发光防复印原件被复印时的光反射原理

（a）普通原件　（b）光致发光防复印原件

光致变色防复印纸是在原纸表面涂布一层有色或无色的光致变色物质，该物质不会影响原件的打印及阅读，但原件在被扫描或复印时，因受到设备的强光照射，会发生特定的光化学反应和物理效应，从而导致从原件反射回来的光线波长发生改变。如果反射光的波长位于复印机光导材料的感光光谱灵敏度范围内，则复印件为白色，或复印件图文与非图文之间反差变小；反之，复印件为黑色。当离开扫描仪或复印机时，原件恢复原来的样子，起到防止扫描或复印的作用。图 2-4 所示为普通原件与光致变色防复印原件被复印时的光反射原理。

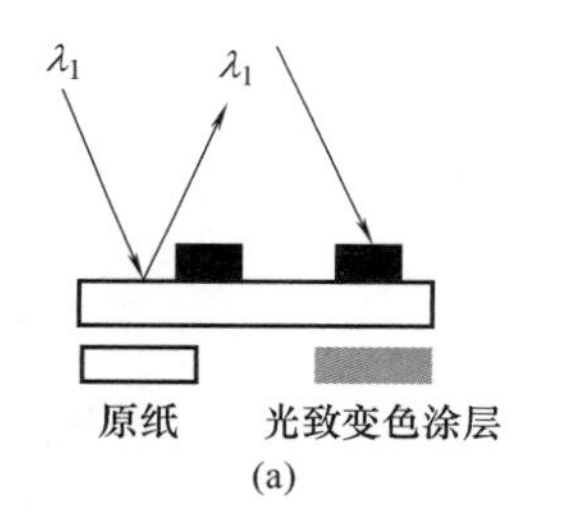

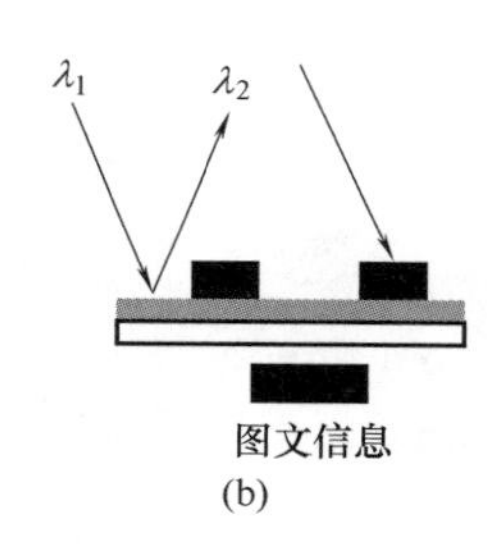

图 2-4　普通原件与光致变色防复印原件被复印时的光反射原理

（a）普通原件　（b）光致变色防复印原件

荧光是一种光致发光的冷发光现象。在原纸抄造过程中加入一定量的荧光助剂或采用荧光纤维，复印过程中利用荧光物质发射波长的长短，使复印件呈现全黑或全白，也可实现防止复印的目的。荧光助剂种类多、供选择范围广、易操作，但需助剂量大、成本较高、荧光寿命短。

② 漫反射防复印纸。投射到粗糙表面上的光向各个方向反射的现象被称为漫反射。人眼之所以能看清物体全貌，主要是靠漫反射光在眼内的成像。将一束强光投射到纸质文件上，调整纸张的角度至一个合适的位置时，会有一束刺眼的光线由纸张表面射入眼睛，说明此时纸张表面形成了较强的镜面反射。同理，复印机的感光鼓也能很好地接收纸质文件反射回来的光线。

漫反射材料颗粒很小但反射性能很强，主要有二氧化钛、铝粉、红外吸收微粒等。漫反射防复印纸是指在原纸表面涂布一层漫反射材料，当复印机强光照射到纸张表面时，大部分光线因漫反射而无法被复印机的光学镜片所接收，导致传播到感光鼓上的有效反射光很少，不足以引起光导材料上的电荷发生较大变化，降低甚至消除纸张上图文部分与空白部分之间的反差，使复印件呈现全黑而达到防复印的目的。漫反射防复印纸具有强漫反射性能，防复印效果较好，但影响阅读，图 2-5 所示为普通纸与漫反射防复印纸表面的光线反射对比。

③ 偏振性防复印纸。一些物质能吸收某一方向的光振动，而只让与该方向垂直的光振动通过，这种性质被称为二向色性。涂有二向色性材料的透明薄片为偏振片。偏振片对入射光具有遮蔽和透过的功能，可使纵向光或横向光中的一种透过，另一种被遮蔽。偏振

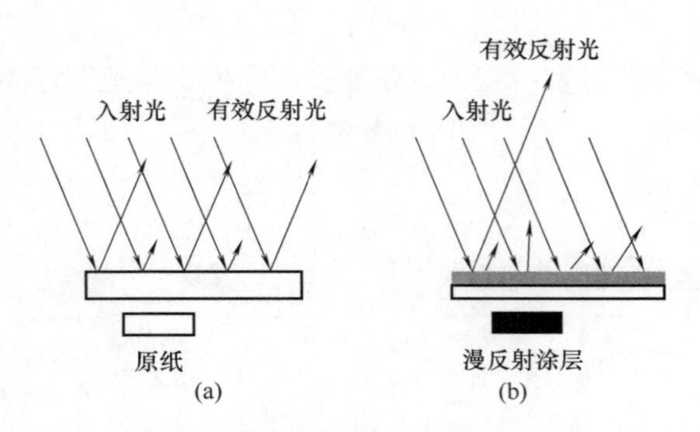

图 2-5 普通纸与漫反射防复印纸表面的光线反射对比
（a）普通纸 （b）漫反射防复印纸

片一般采用聚乙烯醇薄膜作为基片，再浸染具有强烈二向色性的碘，经硼酸水溶液还原稳定后，再将其单向拉伸 4～5 倍制成。拉伸后，碘分子整齐地吸附并排列在聚乙烯醇薄膜上，具有起偏或检偏性能，自然光通过偏振片后的效果如图 2－6 所示。

一束自然光 I_0 通过偏振片，从起偏器 N 透出的线偏振光的光强 I 减弱，光强变化如式（2.2）所示：

$$I=0.5I_0 \tag{2.2}$$

振幅为 A、光强为 I 的入射线偏振光，其光振动方向与检偏器 M 偏振化方向夹角为 α。依照马吕斯定律，透射光的振幅满足：

$$A_1=A\cos\alpha \tag{2.3}$$

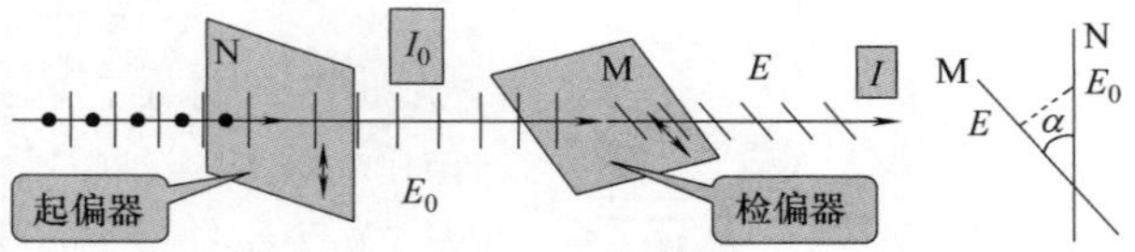

图 2-6 自然光通过偏振片后的效果

从检偏器透射出来的光强 I_1 与 I 之比为：

$$\frac{I_1}{I}=\frac{A_1^2}{A^2}=\frac{(A\cos\alpha)^2}{A^2}=\cos^2\alpha \tag{2.4}$$

将偏振片制成薄膜覆盖在原纸表面，或在纸基表面涂布偏光材料着色层，可以制备偏振性防复印纸。偏振性防复印机利用光干涉原理，当复印机的强光通过纸张表面的偏振片时，光强减半，经过纸张表面的漫反射成为非偏振光，发射光再次通过偏振片最终传播到复印机的感光鼓上。即使是全新的复印机，照度为 100%的光线到达感光鼓表面后只剩下 38.4%～38.8%，若复印机使用了一段时间，到达感光鼓表面的照度将更低。此时，如果使用偏振性防复印纸的原件进行复印，复印机感光鼓所能接收到的照度将低于 10%，因感光鼓曝光不足，使得图文部分与非图文部分的反差减少甚至消失，复印件呈现黑色，从而实现防止复印的目的。

偏振性防复印纸的防伪效果好，但应用不便，需通过另一偏振片读取信息，且其抗潮湿、耐高温等性能较差。

（2）隐形图文设计类防复印纸。隐形图文设计是将图像、图形、文字或其他信息隐藏在底纹中，使之不可被阅读机直接读取，不能被肉眼直接看到，不可被彩色复印机复印；印刷后，这些防复印底纹可用一种简单的、唯一的识别片识别。隐形图文设计类防复印纸无须使用专业防伪软件，有效提高了文件制作速度，具有防复印功能好、生产工艺简单、成本低、易实现个性化定制等特点，但其制作需采用大型、专业的印刷设备将防复印底纹印制在原纸上，且这层底纹不能干扰文件的正常打印和阅读。

隐形图文设计类防复印纸是根据专业印刷设备和打印机的固有物理属性（如印刷精

度、打印精度等）进行设计的，其设计方式主要有点阵式和线条式两种。

① 点阵式。该类防复印底纹由周期排列的点阵构成，主要依靠信息区与非信息区的不同点阵排列来隐藏信息，目前最常用周期调制型和相位调制型两种点阵排列方式。

a. 周期调制型点阵排列：信息区和非信息区采用不同的点阵排列周期和点径，通过调节合适的周期和点径，使得信息区和非信息区的灰度在视觉上保持一致，即肉眼无法轻易分辨二者的差异，从而获得信息隐藏效果。周期调制型点阵式防复制效果如图 2-7（a）所示。

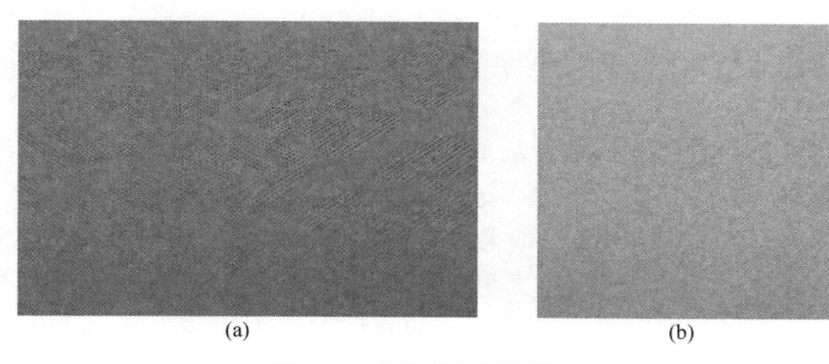

(a)　(b)

图 2-7　点阵式防复制效果

（a）周期调制型　（b）相位调制型

b. 相位调制型点阵排列：信息区和非信息隐藏区采用相同的点阵排列周期和点径，但点阵排列角度不同。通过调节合适的角度，使得信息区和非信息区的灰度在视觉上保持一致，从而获得信息隐藏效果。信息区的点阵也可采用斜线，隐藏效果一样。相位调制型点阵防复制效果如图 2-7（b）所示。

② 线条式。该类防复印底纹是由周期排列的实地线条构成的，通过调节合适的线条粗细比，使得信息区和非信息区的灰度在视觉上保持一致，从而获得信息隐藏效果。根据设计需要，实地线条可以是直线、折线、曲线或其他。

复印机的物理打印精度有限，如 300dpi 复印件最小打印尺寸为 0.085mm。在复印过程中，防复印底纹上的点阵或线条若小于复印件最小打印尺寸，则不能被打印出来，从而在复印件上留白，或以最小打印尺寸输出，在复印件上形成更深的颜色，破坏了原件上不同区域的灰度平衡而轻易被人眼识别，从而达到区分原件与复印件的目的。

2.1.3　防涂改纸

变造文件一直是不法分子进行伪造行骗或销毁罪证的重要手段之一，通常是在真实文件的基础上，采用机械涂改、化学涂改或机械加化学涂改的组合方式对局部特定信息（如发票金额、合同签名、成绩等）进行篡改，给国家、社会、集体和个人造成了严重影响和巨大经济损失。由于是基于真实文件的涂改，且涂改的手段越来越先进，当涂改的范围较小、涂改痕迹非常微弱时，变造文件很难通过常规的检验和辨识手段进行真伪分辨。

纸张作为票据及有价证券的载体，是防涂改专家研究的重点。防涂改纸是指添加或涂敷特殊化学物质，使纸面经涂改后产生明显变色痕迹的纸。根据实现方法的不同，纸张防涂改技术主要分为造纸工艺防涂改技术、印刷工艺防涂改技术和涂覆工艺防涂改技术三大类。

2.1.3.1 造纸工艺防涂改技术

在造纸工艺中实现的防涂改技术主要有三种：超薄型涂布纸生产技术、微胶囊技术和化学加密技术。

超薄型涂布纸的表层很薄，且颜色不同于纸基，一旦表层被擦除，立即露出纸基本色，从而达到防止签名或数字被擦掉、涂改的目的。

在纸张抄造过程中，使用微胶囊技术将两种能够反应变色的物质分别包裹起来，混合添加到涂布液中，通过涂布在纸张表面形成防涂改纸。正常情况下，两种能够反应变色的物质被微胶囊隔离，两者之间不能发生反应，当采用溶剂擦改时，微胶囊破裂而立即反应显色。

化学加密技术是在造纸的湿部或表面施胶工序添加防涂改剂，遇到消字液类物质显色或发生明显变色，从而防止化学涂改。国内外大多数防涂改纸生产厂家均采用了此项技术，关键在于选取合适的防涂改剂。防涂改剂的选用需要满足一定要求：适用于常规抄纸工艺，操作简单、方便，对成纸颜色无明显影响，成本不高，与氧化还原剂发生明显的变色或发色反应，无荧光。可以作为防涂改剂的物质主要有酚类化合物、金属盐络合显色剂、溶剂染料、由钴盐和锰盐组成的感应剂等。

（1）酚类化合物。酚类化合物广泛存在于自然界中，具有羟基取代的高反应性和吞噬自由基的能力，在环境中易被氧化。苯酚是无色晶体，在空气中会慢慢变为粉红色、红色，遇强氧化剂变成暗红色，其氧化反应见式（2.5）。被涂改时，涂改液中的氧化剂将防涂改纸中的酚类化合物氧化使其发生变色。由于酚类物质在空气中易被氧化，此类防涂改纸寿命很短。

$$\text{C}_6\text{H}_5\text{OH} + O_2 \longrightarrow \text{O=C}_6\text{H}_4\text{=O} + H_2O \tag{2.5}$$

（2）金属盐络合显色剂。在纸张抄造过程中加入铁、镍、钴等金属盐，以及能与金属盐发生络合显色的显色剂、酸碱指示剂、保护剂等物质。如以三价铁盐与邻二氮菲（phen）的络合物作为防涂改剂，其反应机理如式（2.6）所示：

$$[Fe(phen)_3]^{3+} + e^- \rightarrow [Fe(phen)_3]^{2+} \tag{2.6}$$

抄造的防涂改纸在正常使用时，由于三价铁一直维持着高价态，其络合物 $[Fe(phen)_3]^{3+}$ 呈无色或浅色，因此不影响打印及阅读；当被涂改时，涂改液中的还原剂将三价铁还原为二价铁，使纸张表面显现红色。生成的红色邻二氮菲亚铁离子络合物 $[Fe(phen)_3]^{2+}$ 很稳定，不易被涂改液中的氧化剂氧化，也不会被涂改液中的其他成分破坏，从而达到防涂改的目的。

（3）溶剂染料。在打浆池、成浆池、调和池或抄造池等处，将溶剂染料按防涂改纸总质量的 0.003%~0.1%加入到纸浆中制成防涂改纸。由于溶剂染料的加入量很少，几乎不影响纸色，正常使用时没有异常；被涂改时，溶剂染料被涂改液中的乙醇、丙酮等有机溶剂溶解，使纸张呈现出特定的颜色，从而起到防涂改的作用。如在抄造池中加入透明紫 B 染料，混合均匀后，加入助留剂三聚氰胺甲醛树脂制得防涂改纸，当使用乙醇、丙酮、苯等有机溶剂涂改时，纸面上会出现紫色痕迹。

2.1.3.2　印刷工艺防涂改技术

票据或有价证券是通过安全印刷的方式制作出来的一种包含文字、图案、数字、底纹等内容的，有价值或面额的印刷品。与造纸工艺防涂改技术相比，采用印刷设备实现防涂改功能的方法更具有灵活性，可以在一定程度上实现个性化定制。印刷工艺防涂改技术主要包括印刷防伪底纹和印刷防涂改油墨两种形式。

（1）印刷防伪底纹。底纹防伪是票据印刷中应用效果较好的一种防伪方式，是由专业防伪设计软件生成的复杂变化的矢量线条、图形或图案，防伪设计在制版时完成，在印刷中实现，可以是满版，也可以只在局部特定区域（如金额、签名处）应用。为了提升防伪效果，防伪底纹通常采用专色、实地印刷；为了不影响使用，防伪底纹一般使用浅色油墨印刷。在印有防伪底纹的票据上涂改信息时，涂改液不仅擦掉了底纹上的打印或手写信息，也破坏了底纹的外观效果，甚至将底纹消色而露出纸色，伪造者在重新打印或手写时，无法还原原有的防伪底纹，从而起到防涂改作用。

采用传统设备印刷的防伪底纹美观、形式多样、防伪效果好，但传统设备均为大型信息再现设备，需要一定的量才能保证该类产品的生产价格不会太高，以满足使用要求。

美国 PBS 公司（Progressive Business Systems Inc.）开发了一套防伪底纹设计系统（Wycom WyPayments Check Signer），能为客户提供安全而有效的支票签字功能。该系统可以通过物理连接或网络连接方式与现有的打印设备相连，也可以通过 PBS 公司配备的专业打印机工作，同时具备在线型和离线型支票签字功能。该系统的亮点如下：

① 具有保护性背景的图形签字。在支票预打印签名的同时，系统会在签名区域选择生成黑白或彩色的防伪底纹，再通过相连的设备打印实现。图 2-8 所示为该系统设计的几款防伪底纹效果。

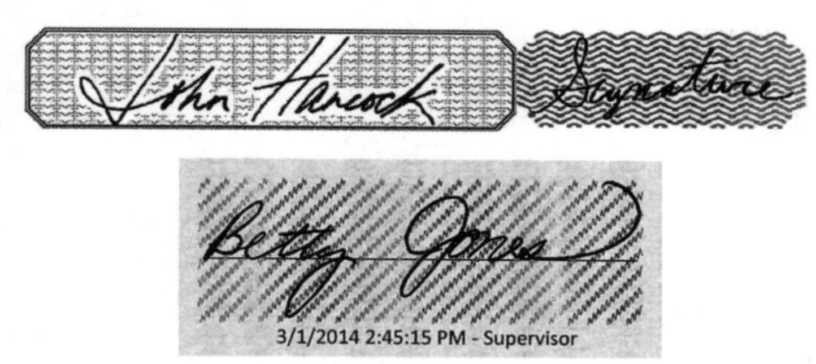

图 2-8　支票打印签名的防伪底纹效果

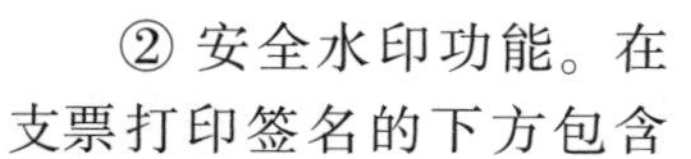

② 安全水印功能。在支票打印签名的下方包含授权使用的 WySign USB ID 号、签字时间和日期、签名审查 ID 号等缩微文字信息，以保证签名的唯一性和安全性，其安全水印功能效果如图 2-9 所示。

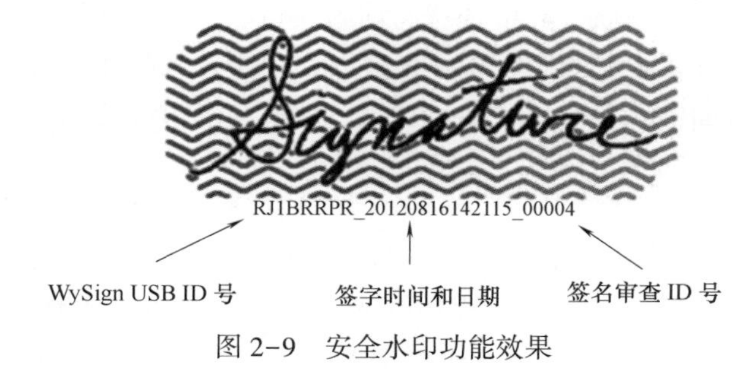

图 2-9　安全水印功能效果

③ 磁性油墨/墨水字符识别（magnetic ink character recognition，MICR）功能。在支票打印过程中，采用 MICR 碳粉打印一条符合美国银行家协会（ABA）标准的 MICR 线，可以将特定信息编码在磁场特征中，并通过专用的磁信号恢复读取设备进行检验，以增加防伪功

图 2-10　构成支票 MICR 功能的 14 个字符

能，同时便于清点支票数量。图 2-10 展示了构成支票 MICR 功能的 14 个字符。

（2）印刷防涂改油墨。专用油墨的防伪功能主要表现为油墨配方、原辅材料或微量元素与普通油墨不同。特种防涂改油墨是指在油墨中添加了能与涂改液发生化学反应，从而显色或发色的化学物质。这类化学物质主要有胍类、烷酮类、吩噻嗪类、甲基紫色淀、苯甲酰无色美兰等。防涂改油墨通常满版印制在票据或证券的面额数字、签名等特殊位置，当被涂改时，擦改区域会留下无法消退的痕迹或出现“作废”“涂改无效”等字样。如美国特洛伊集团公司研发出一种可供数码打印机使用的碳粉（TROY Security Toner），在该碳粉中加入特殊的红色染料，可以像普通碳粉一样打印信息，且不会干扰打印信息的显示，当被涂改时，擦改区域立即出现不能消退的红色痕迹，其防涂改效果如图 2-11 所示。

图 2-11　TROY Security Toner 印品防涂改效果

2.1.3.3　涂覆工艺防涂改技术

利用涂布设备在纸张表面涂布一层特殊物质或使用覆膜设备在承印材料上复合一层防伪薄膜，以实现防涂改的效果。

（1）纸基上涂布特殊物质。相比在纸张抄造过程中添加防涂改剂，采用自动化高速涂布工艺生产的防涂改纸能严格控制涂层厚度，防涂改剂能均匀地分布在纸张表面，显著提高防涂改性能，但成本相对较高。此外，也可以利用打印设备的原理或结构特性来生产相匹配的防涂改纸。如上海增值税发票的发票联，其纸张背面均匀涂布了一层特殊的紫色物质，在打印前，这层紫色物质表面完好无损；当打印税务信息时，由于针式打印机特殊的结构和击打冲击力，使得打印信息背面的紫色涂层脱落，在纸背形成与之对应的阴文信息，无法还原。被涂改时，由于纸背原有的阴文信息无法更改，致使伪造发票正、背面信息不一致，达到防涂改的目的。

（2）承印材料上复合防伪膜。防伪膜是基于定向回归反射光学技术原理，并通过精密、科学的复杂工艺制作而成的多层复合膜，其制作过程涉及光学、电学、功能高分子、纳米材料，以及现代物理等多学科边缘交叉技术，特别适用于像护照一类的高级身份证件。如在国家法定证件（身份证、护照等）的执证人资料页表面复合一层防伪膜，塑封时在照片与防伪膜之间加入特定荧光暗记，当揭换照片或涂改持照信息时，必须揭开防伪膜，重新覆膜会使荧光暗记丢失，且防伪膜上会留下明显的残破痕迹，从而具备较好的防涂改功能。图 2-12 所示为新版护照个人资料页表面复合防伪膜的效果。

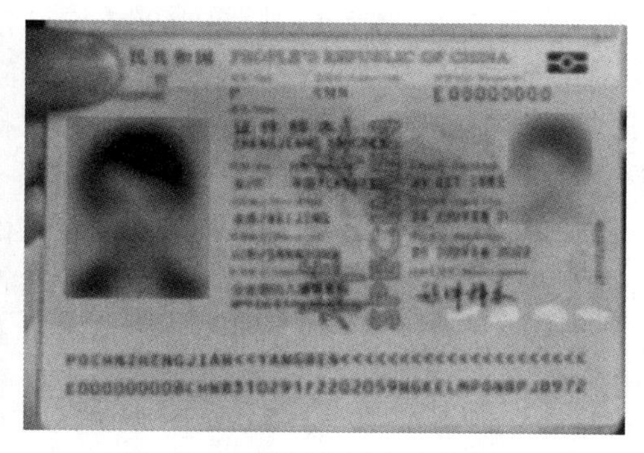

图 2-12　新版护照个人资料页表面复合的防伪膜效果

2.1.4　防伪全息纸

防伪全息纸是以纸为基材，经涂布、模压或转移等工艺方法，将全息信息转移到纸张表面制成的一种全新的全息防伪产品。作为一种新型防伪材料，全息纸具有无毒无味、可降解、能回收再利用、阻隔性优异、平滑度高、外观靓丽等优点，以强烈的视觉冲击力和艺术效果，被广泛应用于高档烟、酒、化妆品等的包装防伪。

2.1.4.1　全息术的产生与发展

（1）光学全息技术（全息术）的产生与发展。全息术也称光全息或全息照相，它是利用光的干涉和衍射原理，将物体反射或透射的光波以干涉条纹的形式记录下来，并在一定条件下使其再现，形成逼真的三维像。全息图记录了物体的振幅、相位、亮度、外形分布等信息，“全息”意为包含了“全部信息”。全息术自发明以来，经历了汞灯记录和再现同轴全息图、激光记录和再现离轴全息图、激光记录和白光再现全息图、白光记录和白光再现全息图这四大阶段。

全息术的思想最早由英国物理学家丹尼斯·盖伯（Dennis Gabor）提出。1947 年，丹尼斯·盖伯为提高电子显微镜的分辨率，提出并验证了一种用光波记录物体振幅和相位的方法，并用可见光证实和制成了第一张全息图。由于当时的条件受限制，全息信息记录都是采用汞灯作为光源，光路中参考光与物光的方向一致，无法分离同轴全息衍射波，存在“孪生像”问题，导致全息图像的成像质量很差。随后十几年，由于同轴全息孪生像的存在以及缺少相干性好的全息图拍摄光源，全息技术发展相对缓慢，这是全息术的萌芽期，也称为第一代全息术。

1960 年激光器的诞生，为全息信息记录提供了一种相干性较高的光源，使得全息图像的成像质量有了很大改善。1962 年，美国科学家利思（Leith）和乌帕特尼克斯（Upatnieks）将通信行业中的“侧视雷达”理论应用于全息术，提出了离轴全息术，即采用离轴光记录全息图像，再利用离轴再现光得到三个空间相分离的衍射分量，其中一个复制出原始物光，解决了同轴全息孪生像干扰问题，产生了由激光记录、激光再现的第二代全息术。

采用激光再现的全息图失去了色调信息，并且制作和观察昂贵，难以应用和推广，科学家们致力于新一代全息图的研究。1962 年，苏联学者丹尼苏克（Denisyuk）将 Lippman 彩色照相法与全息术结合，发明了反射式全息图，首次提出了体积全息和白光再现的思想。1969 年，麻省理工学院媒体实验室的斯蒂芬·本顿（Stephen Benton）发明了彩虹全息术，带动全息术进入了第三个发展阶段。彩虹全息术是在适当的位置加入一个一定宽度的狭缝，限制再现光波以降低像的色模糊，并且牺牲垂直方向的物体信息，根据人眼水平排列的特性而保留水平方向物体信息，以此降低对光源的要求。彩虹全息术由激光记录、白光再现，可以在一定条件下将鲜艳的色彩赋予全息图，但对全息装置的环境及位置精度要求很高，相干噪声较严重。

激光的高度相干性，要求全息拍摄过程中各个元件、光源和记录介质的相对位置严格保持不变，且相干噪声也很严重，这给全息术的实际使用带来诸多不便。

第四代全息术始于 20 世纪 80 年代，主要研究白光记录和白光再现全息图，目前在白光信息处理、非相干光处理、非光波全息等方面有了一定的研究成果。

（2）数字全息技术的产生与发展。20 世纪 60 年代末，美国学者古德曼（J. W. Goodman）等提出了用光电视像管采集全息图，并用计算机再现全息图的思路，开创了精确全息技术的时代。到了 20 世纪 90 年代，随着高分辨率 CCD 的出现，人们开始用 CCD 等光敏电子元件代替传统的感光胶片或新型光敏介质记录全息图，并用数字方式通过电脑模拟光学衍射来呈现影像，使得全息图的记录和再现真正实现了数字化。

随着计算机技术的高速发展和高质量光敏电子器件或技术的进步，数字全息术得以快速发展和广泛应用，也为传统光学全息术开创了一条新兴之路。数字全息术是利用计算机数值模拟光波的衍射过程而获得再现像，其成像原理是：首先通过 CCD 等器件接收参考光和物光的干涉条纹场，由图像采集卡将其传入电脑，记录数字全息图；然后利用菲涅尔衍射原理在电脑中模拟光学衍射过程，实现全息图的数字再现；最后利用数字图像基本原理再现的全息图做进一步处理，去除数字干扰，得到清晰的全息图像。

相比于传统光学全息术，数字全息术避免了繁杂的化学处理和光学再现，具有灵敏度高、获取的数字全息图易于网络传输和数字处理等优点，几乎涵盖了传统全息技术的所有应用领域，包括多平面成像与三维成像、显微测量、形貌分析、干涉计量、信息加密等。由于数据处理在计算机中完成，数字全息术在这些应用领域中又展现出实时性强、数据可识读性好等与传统全息术不同的特性。

2.1.4.2 全息图的复制再现

早期的全息图以激光器为光源、感光材料为载体进行单张复制，每复制一次都需要经过曝光、显影、定影等过程，工艺复杂、成本高、效率低。20 世纪 70 年代末，科研人员发现全息图片具有包含三维信息的表面结构（纵横交错的干涉条纹），且该结构可以转移到高密度感光底片等材料上。1980 年，美国科学家利用压印全息技术，将全息影像转移到聚酯（PET）薄膜上，成功印制出了世界上第一张模压全息图片。模压技术的诞生使得全息图可以通过印刷实现大批量复制，成本较低。

全息模压技术是在一定压力与温度下，将金属镍质母版上的全息干涉光栅压印到记录材料上，经冷却、脱模、定型完成全息图的复制转移，如图 2-13 所示。

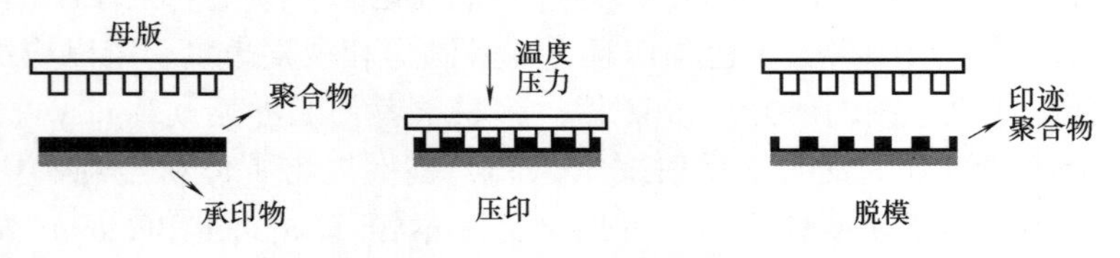

图 2-13　全息模压技术示意

与普通印刷技术不同，模压技术不是由化学油墨呈现图像，而是传递和复制全息版上的几何沟槽形貌，属于特殊印刷技术的一种。激光模压全息图的记录及复制过程如下：

① 拍摄全息图。激光经分光器分成两束光，一束物光经反光镜和扩束镜照射到物体上，再经物体漫反射到达感光片上；一束参考光经反光镜和扩束镜直接照射到感光片上。两束不同光强的干涉光照射在记录材料上时，产生明暗相间的条纹状区域，这一过程被称作波前记录，如图 2-14（a）所示。随后在另一光束照射下，记录材料上的光栅产生再现衍射光，重现物体信息，即波前再现，如图 2-14（b）所示。

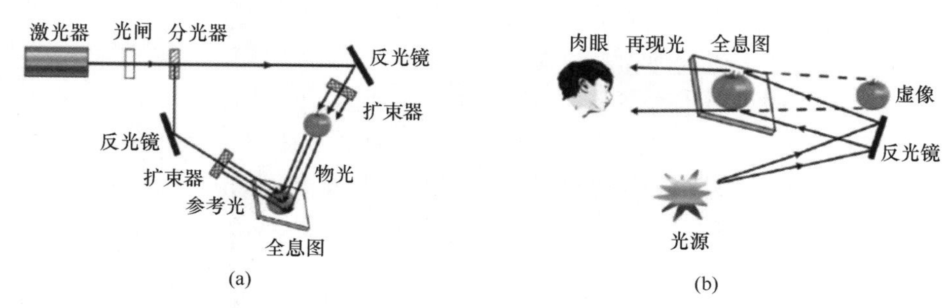

图 2-14　激光全息技术示意

（a）波前记录过程　（b）波前再现过程

② 制作全息图母版。用光致抗蚀剂版（光刻胶版）作为记录介质，摄制浮雕型白光再现全息图像，用作模压全息图母版，这是模压技术最重要的工序之一。

③ 母版表面金属化。采用真空蒸发、溅射或化学镀银的方法，在母版表面镀上一层很薄的金属膜，再电铸适当厚度的镍，制作成机械性能良好的金属模版。

④ 模压复制。将电铸得到的模版安装在精密模压机上，在一定温度和压力下，将模版上的条纹光栅转移到反光薄膜上，以实现全息图像的大批量复制生产。

⑤ 印后处理。为获得清晰、明亮的图像，在薄膜的表面真空蒸镀一层铝膜，以提高膜的反射率。为保护铝膜表面不受损伤，在其表面再蒸镀一层二氧化硅。

2.1.4.3　全息防伪技术特点

全息防伪技术是在国内外受到普遍关注的一项现代化激光应用技术成果，具有独特的防伪功能，并能增加产品美感，同时以深奥的全息成像原理及色彩斑斓的闪光效果而受到消费者的青睐，广泛应用于防伪标识、包装、信息认证等领域。作为高新技术的结晶，全息防伪技术具有很多优势。

（1）全息图具有难以仿制的自身结构。利用全息图可再现三维立体图像的特性，且全息图本身是密度极高的复杂光栅，即便有了全套设备及技术，同一个人在异地用同样的图案也无法制作出光栅完全相同的两张全息图，不同的人则更难复制。这种差异表现为再现图像分层深度、色彩分布、衍射效率、视角、信噪比等指标的不同。

（2）内置隐含加密信息。全息防伪技术利用激光阅读、光学缩微、低频光刻、随机干涉条纹、莫尔条纹等光学图像编码技术进行加密，形成的全息图技术含量更高，更难仿制。如将文字信息用光学缩微的方式记录在全息图上，肉眼难以辨认，在 10 倍甚至 100 倍放大镜下才可观察到具体内容，通常中文可缩至 0.1mm、英文可缩至 0.05mm。

（3）技术含量高和制作难度大。全息照相不仅需要装备高质量的防振台、激光器和各种光学零件，以及专门的化学物品，而且更需要由经验丰富的专业人员进行操作，才能制作出合格的全息图母版。模压全息光栅结构精细，空间密度可达 1000～1500 条/mm，深度只有 10^{-4}mm 数量级，因此要求高端的电铸工艺，高精度、高质量的模压复制设备和全息图片拷贝机械。从技术、人员、工艺、设备投资等多个方面体现出全息图制作难度大、不易复制的特点。

（4）具有材料防复制功能。尽管用足了防伪手段，全息防伪技术也难逃被仿制的厄运。为了解决这个问题，具有防复制功能的防揭型和烫印型电化铝薄膜模压全息图、全息定位转移纸、全息水转印花纸等材料被成功推向市场。

2.1.4.4　防伪全息纸的结构及特点

防伪全息纸运用全息防伪技术实现满足客户需求的微纳结构设计，使最终产品呈现出特定的视觉效果，达到防伪效果。防伪全息纸是全息防伪膜向下游延伸的产品，根据生产工艺的不同，分为直压型、转移型和复合型防伪全息纸，其生产工艺流程如图 2-15 所示。

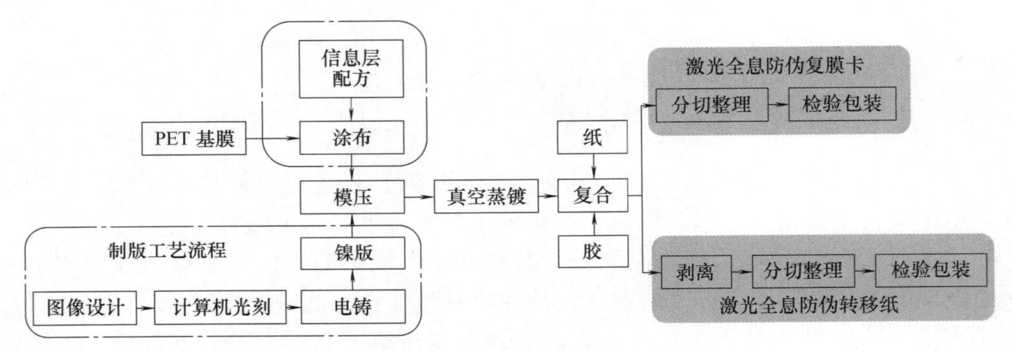

图 2-15　防伪全息纸的生产工艺流程

（1）直压型防伪全息纸。在纸张表面涂布一层填平涂料后，直接使用携带有全息图案信息的金属模版在纸张表面进行模压，以此复制或生产防伪全息纸。直压型防伪全息纸的结构如图 2-16 所示。

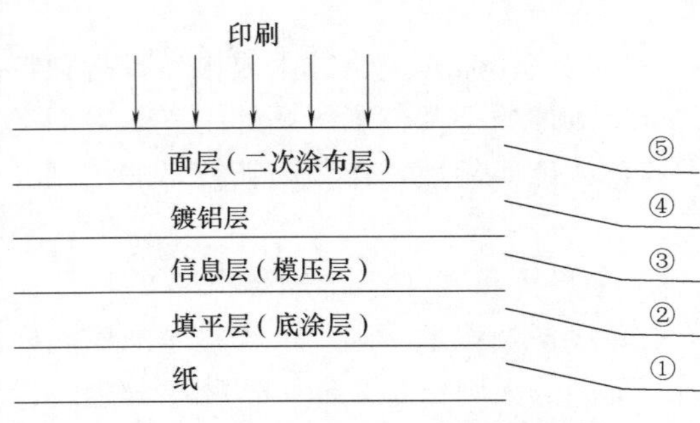

图 2-16　直压型防伪全息纸结构示意

① 纸。直压法要求纸张平整度好、粗糙度小，一般采用进口铜版纸。镀铝前，纸张含水量须控制在 4%以下，否则镀铝机的真空度难以维持。镀铝后必须补水，因为含水量达到 5%～6%才不会影响印刷质量。

② 填平层（底涂层）。与塑料薄膜相比，纸张的光洁度差、微观不平，必须涂布一层填平涂料，且要求该涂料对纸张和模压层均有很好的附着力。

③ 信息层（模压层）。经模压后形成浮雕型凸凹条纹，要求它对镀铝层有很好的附着力。填平层与模压层可合二为一，一般为高分子材料，有水溶性与醇溶性之分。

④ 镀铝层。层厚 30～50nm，太薄影响衍射效率，太厚降低柔韧性。一般使用镀铝纸

专用镀铝机，要求配备可冷凝水汽的深冷装置（最低温度可达-130℃）。

⑤ 面层（二次涂布层）。涂在铝层表面防止金属表面氧化，它不仅可以保护铝层，而且具有较好的印刷适性。要求对镀铝层有很好的附着力，表面张力大于（3.8~4.0）×10^{-4}N，且具有较高的耐磨性和优异的成膜性能。

直压型防伪全息纸的生产过程简单、步骤少、能耗小。欧美国家主要采用直压法大批量生产全息啤酒标和低定量的礼品包装纸。在国内，直压型防伪全息纸使用不普及，处于研发或小批量生产阶段，因为纸上模压的衍射效率稍差，且高定量的纸用直压法困难更大。

（2）转移型防伪全息纸。通过热转移或冷转移工艺，将 BOPP（双向拉伸聚丙烯薄膜）或 PET 基膜上的蒸镀层、全息图案转移到卡纸上，烘干后将基膜剥离就得到转移型防伪全息纸。转移型防伪全息纸具有金属光泽、防伪功能及所需的各种理化和印刷性能，可自然降解，并可再生利用，其结构如图 2-17 所示。

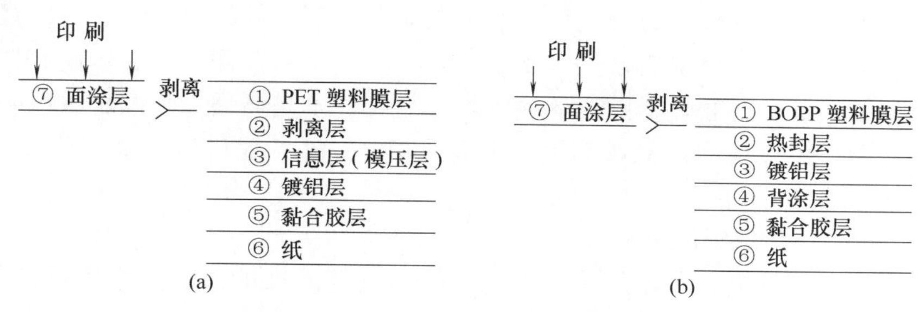

图 2-17　转移型防伪全息纸结构示意
（a）结构一　（b）结构二

① PET 或 BOPP 塑料膜层。PET 密度大、耐热性好、软化温度高，模压及复合几乎不影响衍射图形的再现，适宜在图形定位精度高时使用。由于变形极小，剥离后的 PET 薄膜可以回收再利用。

② 剥离层。转移膜的质量取决于剥离机能否将塑料层剥离干净，使剥离层具有镜面光泽。

③ 信息层（模压层）。在模压层上软压，要求涂层材料不反弹，压印素面光栅或光柱光栅上没有附加的晶点和橘皮疵病；通常 PET 模压效果要比 BOPP 好。

若涂布热封层（剥离层与信息层合二为一），则要求涂料对铝层有很好的附着力，且涂料对镀铝层表面有抗氧化和防潮作用。

④ 镀铝层。PET 镀铝效果要比 BOPP 好，这是因为 BOPP 热封层表面张力小，铝层附着力差。

为了保护镀铝层和提高铝层转移率，有时需要涂布一层背涂层将镀铝层与黏合胶层隔离，要求背涂层不但对镀铝层有很好的附着力，还必须有好的成膜性。

⑤ 黏合胶层。使用转移特性好的胶水，既要有好的初黏性，又要有好的持黏性，硬度和柔韧性达到平衡且恰到好处。大批量连续生产可使用快干胶，烘干后立即剥离。

⑥ 纸。纸张适用范围很宽，如铜版纸、胶版纸、铝箔复合内衬纸、邮票纸、水印纸等，偏向于使用低定量的纸。

基膜剥离后，通常在热封层表面涂布一层面涂层，以此提高表面张力和改善印刷适性。要求面涂层具有耐溶剂性和耐温性，以达到与所使用的油墨相适应的目的；对于需要进行弯曲折叠操作的，还要求面涂层具有一定的柔韧性。

根据高温、中温、低温，以及镜面、半亚光、亚光等要求，各层在配方上有相应的改变。PET 膜平整度好，转移后的纸表面平整光亮，色泽均匀，色差符合国标要求，面涂层保证印刷适性稳定，可用于凹印、胶印、UV（紫外线）印刷等多种印刷方式，可生产任意图案文字的全息防伪纸或金银卡纸。

转移型防伪全息纸生产过程复杂，步骤多，能耗大，但已将不易自然降解的 BOPP 或 PET 薄膜剥离出来，完全分解后形成有机物，对环境没有影响，而且剥离出的膜材料可以循环使用，大大降低了生产成本。

（3）复合型防伪全息纸。将蒸镀层、全息图案以 BOPP 或 PET 基膜为载体完全复合在底纸上，所形成的膜纸结合的复合型防伪全息纸，金属质感强、色泽光亮、印品高雅靓丽，表面平整度及印刷适性良好，是装饰性能与防伪性能均佳的高档包装防伪材料。与转移型防伪全息纸相比，二者最直观的区别在于最终产品是否覆盖了 BOPP 或 PET 基膜。

防伪全息纸上复合薄膜使得贴合的底纸挺性更佳，不易撕裂，膜面防水性能更好，但生产过程较复杂，步骤较多，能耗较大，并且 BOPP、PET 等材料不易回收和自然降解，不利于环境保护。

2.1.4.5 防伪全息纸的应用

防伪全息纸，特别是转移型防伪全息纸，因其优越的性能，广泛用作礼品、化妆品、卷烟、酒、食品、药品等产品的包装防伪材料。

防伪全息纸的包装应用已经趋于常规化。上海冠文特殊彩印有限公司将全息防伪、立体浮雕、彩色印刷完美结合，打造了全新的标签（图 2-18）。因其难以复制且无可模仿的制程，全息立体浮雕印刷成为了另一种“肉眼即可分辨”的防伪技术，效果直观且更容易让消费者分辨真伪。

图 2-18　全息立体浮雕防伪标签

为了提升防伪全息纸的防伪性能，增强其视觉冲击力，新一代猫眼定位全息纸应运而生。猫眼定位全息纸是一种环保型的新型防伪全息纸，集全息技术、UV 定位拼版、UV 模压、定位印刷等工艺于一体，视觉效果好，三维立体感强，广泛应用于酒类、奶粉等产品包装。

近年来，随着个性化数码印刷的兴起，越来越多的企业逐步由传统印刷向数码印刷转型。烟包、快销品等包装生产企业，为了节约成本和缩短打样时间，也逐步采用数码印刷打样代替传统打样。在众多数码印刷设备中，HP Indigo 系列备受企业青睐。当使用 HP Indigo 设备印刷转移型防伪全息纸时，由于镀铝层具有导电性，容易出现设备报错，影响正常生产。针对这一问题，有两种解决方案：①由于 HP Indigo 设备采用水性电子油墨印刷，在大部分承印物上都存在油墨转移不良、附着力差等问题，所以需要对承印材料进行预涂布处理。在预涂布处理时，可使用高固含量的底涂，对导电性镀铝层起到一定的阻隔作用；②在 HP Indigo 数码印刷设备的操作系统中进行设置。

2.1.5　防伪证券纸

证券纸是指适用于印刷汇票、存折、银行或财政部门的账簿，以及长期保存的证件等的双面光纸，也常用于印制一些小面额钞票（大面额钞票的印制采用专门的钞票纸）。近年来，证券纸的使用已扩展到政府间的条约、法律文件等，以及极具保存价值的信函、文件、债券、契约、出国护照等。

证券纸纸面光滑、洁白细致、纸质坚韧、耐久性强，具有优良的耐水性、耐擦性和耐折性。证券纸张一般为本白色、偏黄，不添加荧光增白剂，在紫外光下呈黑色或灰黑色，而普通打印纸由于添加了荧光增白剂，在紫外光下显色为荧光蓝色（图2-19）。

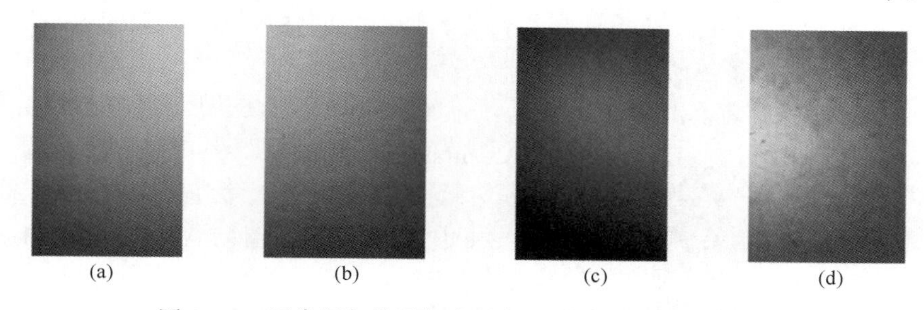

(a)　(b)　(c)　(d)

图2-19　证券纸与普通打印纸在不同光线下的显色对比

（a）自然光下证券纸　（b）自然光下普通打印纸　（c）紫外光下证券纸　（d）紫外光下普通打印纸

普通证券纸不具备防伪功能，常用于政府条约、法律文件、银行契约等，防伪证券纸通常携带一种或多种防伪功能，多用于证券、股票、债券、支票、钞票等的印制使用，防止伪造。目前市场上的防伪证券纸主要有：防伪纤维纸、水印纸、安全线纸、纳米防伪纸、离子介质特种防伪纸等。

2.1.5.1　防伪纤维纸

在普通纸或证券纸的生产过程中，将防伪纤维加入其中，可制成防伪纤维纸。若在配浆时加入防伪纤维，由于防伪纤维与纸浆等混合在一起，可获得满版分布的防伪纤维纸；若在抄造过程中采用定位施放防伪纤维的方式，可获得在固定位置含有防伪纤维的纸张。

防伪纤维是一种线形防伪技术产品，除了具有一定的物理机械性能外，当受到外部刺激时，会产生诸如光电、压电、热致变色等效应以达到防伪目的。防伪纤维一般长1~8mm，直径为20~200μm，随机排列，具有质量轻，体积小，在长度、粗细、色相等特征上可调，使用方便等优点，在纸张、票据、纸币等产品中已广泛应用。其具体特征如下：

色相及其变化　普通彩色（自然光下可见）、无色变有色、有色变无色、有色变同色系、有色变其他色系等。

颜色组合　单根单色、单根双色、单根多色、随机色谱、前后异色、正反异色等。

变色条件　日光、长波或短波紫外光、温度、角度等。

外形特征　圆、扁、直、弯曲、弧形、波浪等。

通过在同一根纤维上组合以上特征，如单根双荧光色圆弯曲防伪短纤维、正反异荧光色扁状波浪防伪短纤维、有色变无色温变荧光直扁防伪短纤维等，可设定较高的复制难度，实现良好的防伪效果。

（1）防伪纤维的分类及辨识。防伪纤维纸主要依靠纤维分布及其自身特有的功能性达到防伪目的。从防伪纤维的组成成分，可以将其分为天然高分子改性纤维和合成纤维。从纤维的功能性角度，可以将防伪纤维分为以下几类：有色防伪纤维、荧光防伪纤维、纹理防伪纤维、特种防伪纤维、复合防伪纤维等。

① 有色防伪纤维。在自然光下观察时，纤维随机或固定位置分布在纸张中，用尖锐物（如针）可将纤维挑出，这是判断有色防伪纤维纸真伪的一个重要手段。有色防伪纤维包括可见防伪纤维、有色短纤维、彩色防伪纤维、染色纤维等，常规颜色为红、蓝、绿、棕等单色，也可根据要求进行颜色定制。有色防伪纤维最初主要用于染整行业，由于其特有的功能性，现已成为用于防伪领域的一种特殊纤维。

根据功能的不同，有色防伪纤维可以分为普通有色防伪纤维、光敏变色防伪纤维、温敏变色防伪纤维、单根多色防伪纤维等。

a. 普通有色防伪纤维。其单根纤维只有一种常规颜色，在长度方向上具有单一结构，且一般只具备单一防伪特征，其在钞票纸、证券纸、票据纸等防伪纸张上得到了广泛应用，图 2-20 所示为 2005 版人民币用普通红、蓝防伪纤维纸。由于仿造简单，普通有色防伪纤维纸很容易被伪造者利用高分辨率扫描仪、打印机和印刷机进行高质量的复制，因此很少单独用于纸币防伪。

图 2-20　普通红、蓝防伪纤维纸

b. 光敏变色防伪纤维。该纤维在某一波长光线照射下自身颜色发生改变，待停止照射后又变回原色。单根纤维在自然光下显示为常规颜色，而在红外光或紫外光照射下呈现荧光色，在长度方向上具有单一结构，且一般具备两个防伪特征。若采用双波段响应的荧光物质，可获得长、短波荧光防伪纤维，即在长波和短波紫外光照射下，分布在纸张中的纤维分别显示出不同的荧光色，使该有色荧光防伪纤维又增加了一个防伪特征。图 2-21 所示为红色荧光红和黄色荧光红光敏变色防伪纤维纸的效果图。

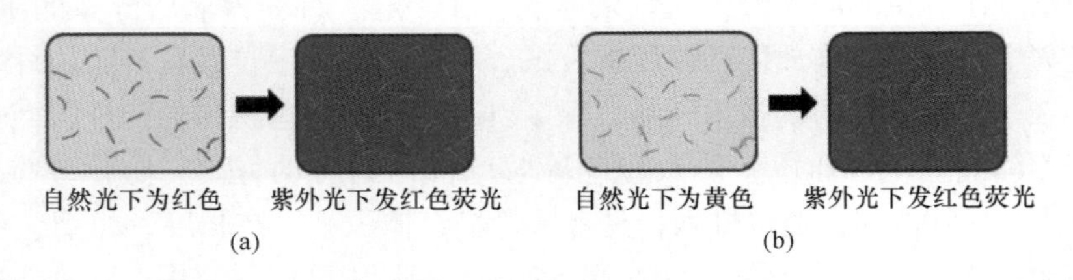

图 2-21　光敏变色防伪纤维纸效果

（a）红色荧光红　（b）黄色荧光红

c. 温敏变色防伪纤维。温敏变色防伪纤维是指在一定温度范围内材料颜色随环境温度的变化而发生改变的一种智能型纤维。单根纤维在长度方向上具有单一结构，且通常具备两个防伪特征，在自然光下显示为普通颜色，当手指或者高温物体接触时，纤维迅速消色或变色，当移开手指或高温物体时，纤维缓慢恢复为原来的颜色，这个变化过程的快慢受环境温度的影响，一般 60s 左右恢复原状。图 2-22 所示为有色可逆温敏防伪纤维的效果图。

d. 单根多色防伪纤维。单根纤维在长度方向上一般具有单一结构，且具备在自然光下可见的两个或多个颜色特征，在同一根纤维上由红-蓝-绿、荧光红-荧光蓝-荧光绿等多种颜色色段按规律排列组合，每种颜色可以是肉眼可见色，也可以是特定波长激发荧光颜色，使其具有唯一性和不可复制性，实现良好的防伪效果。单根多色防伪纤维又称色谱纤维、多色段 DNA 色谱防伪纤维、彩虹防伪纤维、断点防伪纤维等，包含可见单根双色或多色防伪纤维（图 2-23）、单根双色或多色荧光防伪纤维等。

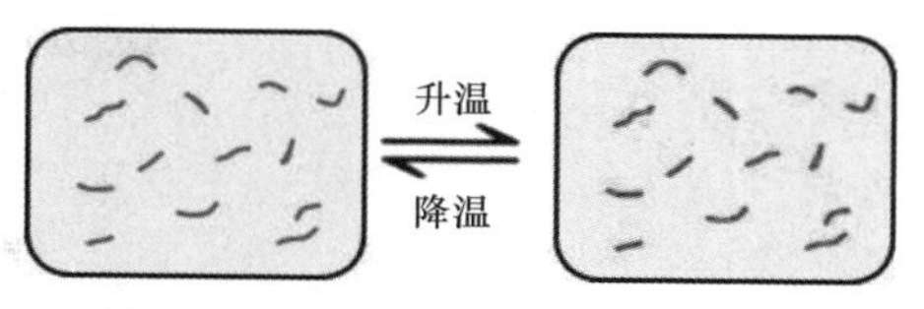

图 2-22　有色可逆温敏防伪纤维效果

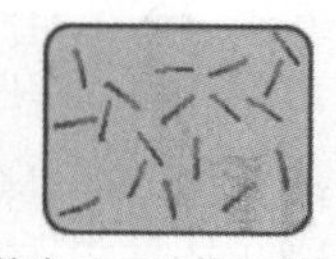

自然光下可见单根双色纤维

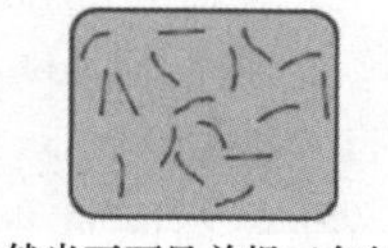

自然光下可见单根三色纤维

图 2-23　可见单根双色和单根三色防伪纤维效果

采用单根多色纤维制作防伪纸张，可以有效防止仿冒普通有色纤维和单根单色荧光纤维的视觉效果。由于印刷套色难以准确到微米级别，因此无法用印刷细线的方式进行造假，而消费者可以通过撕开纸张或用针挑出纤维的方式直接观察每根纤维是否包含多种颜色，或色段交接处是否存在错位，以此鉴别真伪。

② 荧光防伪纤维。荧光防伪纤维又称隐形防伪纤维或无色荧光防伪纤维，是将荧光化合物添加到聚合物中经纺丝制成的防伪纤维，通过在特定波长光线照射下观察纤维是否发出荧光来鉴别真伪。该纤维在自然光下近似白色，混入纸浆抄纸后，自然光下纤维不可见，但在红外光或紫外光照射下，纸张中随机分布的纤维发射荧光，可用尖锐物（如针）挑出。根据防伪需要的不同，可以制作出单根单色或单根多色无色荧光防伪纤维（图 2-24 和图 2-25）。

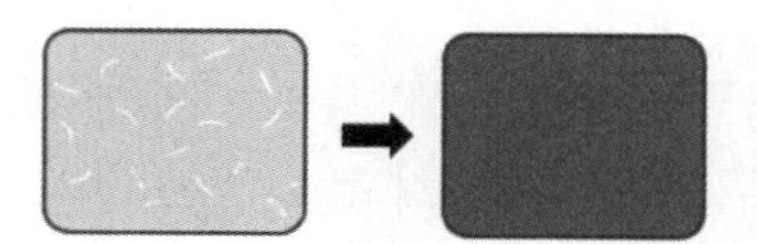

自然光下为无色(白)　紫外光下发红色荧光

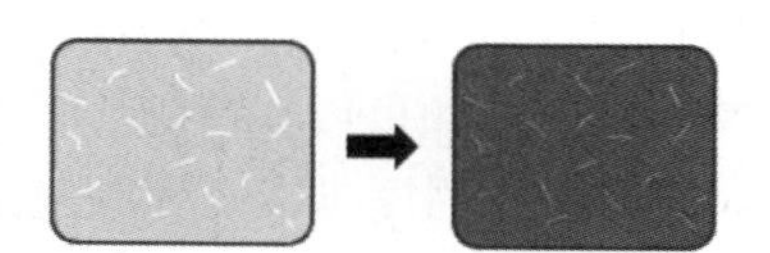

自然光下为无色(白)　紫外光下发蓝色荧光

图 2-24　单根单色无色荧光防伪纤维效果

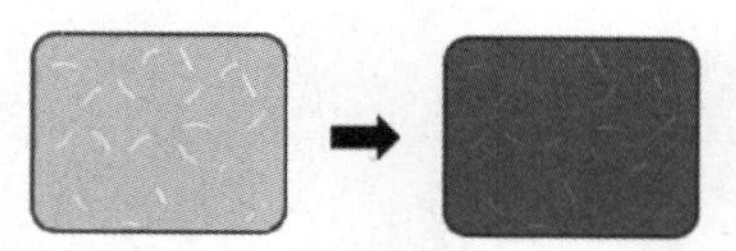

自然光下为无色(白)　紫外光下发双色段荧光

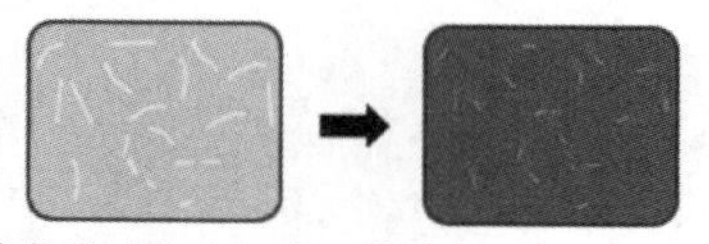

自然光下为无色(白)　紫外光下发三色段荧光

图 2-25　单根多色无色荧光防伪纤维效果

制备荧光防伪纤维所添加的荧光化合物，主要可分为无机、无机/有机、有机小分子和有机高分子荧光化合物。其中，无机类的荧光效率较高，稳定性较好；有机类与聚合物的相溶性好，易于制成各种各样的高分子荧光材料。考虑到与纤维的相容性、纤维的生产工艺及荧光化合物的荧光效率，一般优先选用稀土有机配合物或高分子荧光化合物。

③ 纹理防伪纤维。纹理防伪纤维是利用纤维自身具有的特殊纹理达到防伪目的。类

似于自然界的各种纹理，如指纹、木纹、石纹、冰纹、树叶纹等，纹理防伪纤维具有随机性、唯一性和不可复制性。如上海柯斯造纸防伪技术有限公司发明了一种波浪状防伪纤维及含有该防伪纤维的纸和纸板，利用纤维表面具有的特殊标志和卷曲特征提高防伪力度。常熟工学院采用湿法纺丝法初步制备了双发光中心光谱指纹防伪纤维，通过识别纤维特定的发射谱线来辨别真假，具有较高的防伪强度和应用潜力。

④ 特种防伪纤维。其纤维外观、形状、功能等与一般防伪纤维有异，防伪性能更优异，加工难度更大。如海南亚元防伪科技有限公司研制的防伪纤维纸，添加了呈“S”状且带有金色金属光泽的防伪纤维，该纤维具有很好的辨识效果，如图 2-26 所示。

图 2-26 “S”状金色金属光泽防伪纤维纸的应用效果

中国印钞造币总公司利用非晶合金特有的磁性信号，研制了具有机读检测特性的特种防伪纤维。该纤维主要由 Fe 基、Co 基或 Fe-Co 基非晶合金丝裁切而来，使用时将其中一类特种纤维丝添加到纸张中，制作成满版或固定位置分布的防伪纤维纸张。

北京金辰西维科安全印务有限公司开发了一种由纤维线体和纤维球体组成的防伪纤维。多个纤维球体贯穿于纤维线体，可以紧密或间隔地排列，增加了纤维结构的复杂度；防伪纤维还包括至少一种色彩结构，该结构在一定波长激发下呈现特定的色彩特征，有效防止防伪纤维被仿制，大大提高了防伪纤维及由其制成的防伪纸张的防伪力度。

美国希尔公司（Hills）研制出橘瓣型和齿轮型的三组分分裂型纤维，以及截面带有 logo 的纤维，作为特种防伪纤维在美钞中使用：将 logo 纤维纺入复合纤维隐蔽的芯层中，通过改变芯层形状，使其成为特定的符号和图形，同时在芯层的聚合物材料中添加各种色母粒，使其具有特定的颜色或在特定的光线下才能观察到。图 2-27 所示为纤维横断面带有 Hills 公司 logo、虎年生肖图案、蛇年生肖图案的特种防伪纤维。

图 2-27 Hills 公司开发的横断面带有 logo 的特种防伪纤维

⑤ 复合防伪纤维。复合防伪纤维是通过将两种或两种以上特征相结合，实现多种特征防伪的防伪纤维，具有大众防伪特征、可机读防伪特征，以及可“专家”分析的多重防伪特征，防伪力度相对较高。如日本敷岛纺织株式会社（Shikibo）开发出可用激光蚀刻文字和图案的新型防伪纤维，且该纤维内加入了特殊发色剂，在激光照射下具有变色效果。

（2）防伪纤维的制备。随着技术的不断升级和革新，防伪纤维的生产制备技术多种多样，主要包括染色法、纺丝法、高速气流冲击法、键合法、印刷法、复合法等。

① 染色法。对于普通有色防伪纤维，可以采用表面涂层法，即通过与染料的物理或化学结合，使纤维着色。采用染色法制作的纤维具有一定的荧光特性，但由于荧光粒子处于纤维的表面或与成纤聚合物的相容性不好，使得这一特性极易受到外界条件（如光照、溶剂、pH 等）的影响而消失，从而不再具有防伪功能。

② 纺丝法。为了弥补染色法存在的先天不足，人们提出使用纺丝工艺来生产制备，国内主要采用熔融纺丝法和溶液纺丝法制备荧光防伪纤维。

a. 熔融纺丝法：直接将荧光化合物与聚合物进行共混熔融纺丝，或将荧光化合物分散在能与高聚物混熔的树脂载体中制成荧光母粒，再与高聚物共混熔融纺丝。该方法简单易行，但对荧光化合物的要求非常苛刻（如耐氧化、耐高温、粒径等），因此其应用受到了一定程度的限制。

b. 溶液纺丝法：将荧光化合物溶解于纺丝原液后进行纺丝得到荧光纤维。与熔融纺丝法相比，该方法的纺丝温度较低，避免出现氧化或热分解现象，但要求荧光化合物可以溶解在纺丝原液中，因此选择相容性好的荧光化合物是该方法的关键。

③ 高速气流冲击法。高速气流冲击法采用高速气流冲击装置对荧光化合物与短纤维进行高速冲击处理，从而使纤维表面吸附一层荧光化合物。该方法使用的装置较复杂，目前国内还未有类似报道。

④ 键合法。键合法将荧光化合物以单体形式参与聚合或缩合，或将荧光化合物配位在聚合物侧链上，然后由制备的聚合物纺丝形成荧光纤维。该方法制备的荧光纤维具有较好的稳定性，但工艺较复杂。

⑤ 印刷法。印刷法采用传统或数字印刷工艺，在纤维（平均直径为 5～300μm）表面进行印刷，使用的油墨可以是常规色墨，也可以是荧光油墨、热敏油墨、磁性油墨等。该方法获得的防伪纤维具备较多的形式和防伪功能，且工艺简单。

⑥ 复合法。复合法先将具有不同防伪功能的片材进行复合，形成在厚度方向上具有多层结构的片材，再通过切削的方式加工成长度方向具有多层结构的防伪纤维。含该防伪纤维的安全纸张或标识，当通过印刷等方式进行伪造时，不能再现纤维的防伪特征，提高了防伪能力。

2.1.5.2　水印纸

水印纸是一项古老的防伪技术，我国是世界上最早掌握水印防伪技术的国家，可上溯到唐代。唐代的宣纸采用竹帘成形，纸张上明暗有致的条纹是最早的水印图案。水印纸是指采用特殊的化学树脂或印刷方式改变纸张特定部位的透光率，透光或在暗背景下反光观察时，产生明暗有别的预定纹路或图案的纸张，因伪造成本高、技术复杂，广泛应用于纸币、证券、证书、证照及其他商业防伪中。

（1）水印产生原理。水印的产生基于纸张的光学原理。纸张是由多孔纤维等物料组成的不均一体系，加填后主要由纤维、空气、填料三部分组成，光线照射时，存在纤维-空气、填料-空气和纤维-填料三个界面。由于纤维和填料的折射率相近，因此光散射主要集中在纤维/填料-空气界面，折射率相对差值越大，散射和漫反射越多，纸张越不透明。

在纸张潮湿时，利用丝网版或水印辊，使水印图案部分的湿纸页纤维增厚或变薄，从而产生水印效果。湿纸页变薄时（采用类似凸版的水印辊），对应部位的纤维密度增大，空气减少，纤维/填料-空气界面的散射相对减少，纸张透明度提高，产生白水印效果。相反，湿纸页增厚时（采用类似凹版的水印辊），纤维/填料-空气界面的散射相对增多，水印图案部分的纸张透明度降低，产生黑水印效果。

还可以在油墨中添加化学物质来改变纸张光学性能，从而实现水印效果。若这种物质的折射率和纤维相近，在印刷压力的作用下，物质通过自由渗透和加压渗透填满纸张孔隙，挤走纸张内部空气，替换纤维/填料-空气界面，使得对应部位纸张光学性质均一，光散射大大减少，透明度提高，产生白水印效果。

（2）水印纸的分类及辨识

① 根据透光效果进行分类。依据透光程度，水印图文分为黑水印和白水印，由于只有一个色调（或明或暗），故又称为单色调水印。黑水印图文部分密度大，透光能力差，透光观察时颜色深，图 2-28 所示为不同图案的黑水印应用效果。与之相反，白水印图文部分纤维比较薄，透光能力强，迎光观察时相比纸面其他部分颜色浅，图 2-29 所示为不

图 2-28　黑水印应用效果

图 2-29　白水印应用效果

同图案的白水印应用效果。通过改变水印图案不同位置的透光程度而衍生出黑白水印、多阶调水印和艺术水印。

黑白水印因具有两个不同的色调（黑和白），形成强烈的明暗层次对比，故又称为双色调水印，图 2-30 所示为不同图案的黑白水印应用效果。

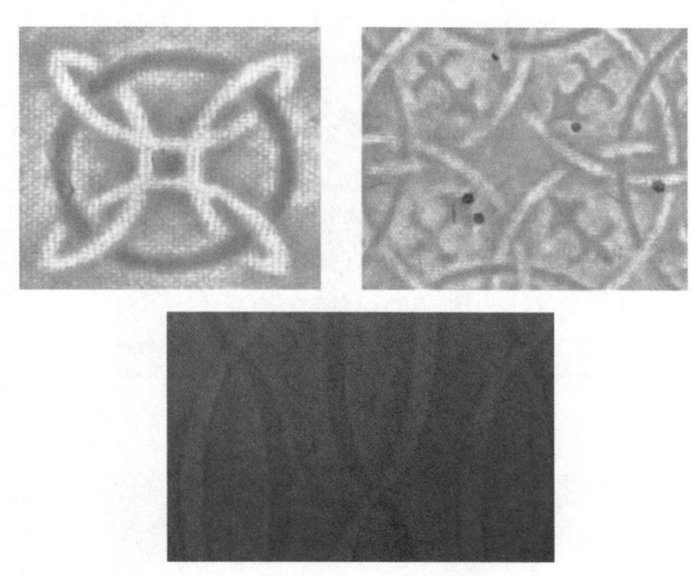

图 2-30　黑白水印应用效果

为了增加水印信息的计算机识读性能，欧元使用了一种特殊的条码黑白水印，又称为曼彻斯特条码水印。条码水印携带了相应纸币币值的特定信息，计算机可以读入并识别，图 2-31 所示为 20 欧元纸币上的黑白条码水印应用效果。

英国阿尔若维根斯集团（Arjowiggins）研发了一种独特的黑白水印，又称为像素水印，其通过由黑水印组成的不同形状大小的点状物与白水印背景相结合，营造出 3D 效果。像素水印多与黑水印、白水印配合使用，能更好地展现其防伪效果。图 2-32 所示为 KBA 制作的贝多芬测试钞上的像素水印应用效果，像素点主要集中在人物衣领位置，仿佛白色衣领上有很多黑色的装饰点。

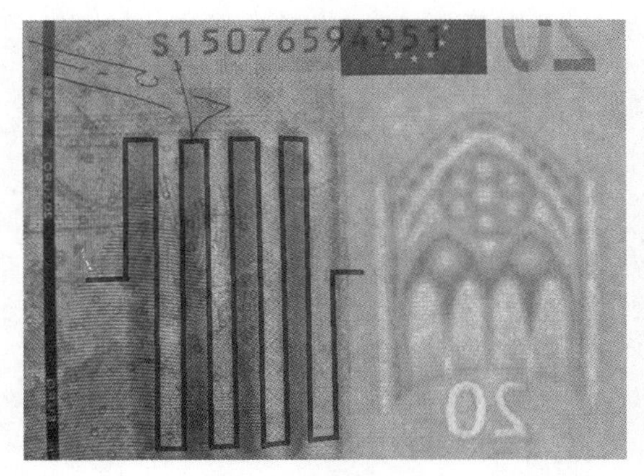

图 2-31　黑白条码水印应用效果（20 欧元纸币）

图 2-32　像素水印应用效果（贝多芬测试钞）

多阶调水印和艺术水印因具有较暗和较亮区域之间渐变的图案，故又称为半色调水印。透光观察时，多阶调水印图案呈现出非常柔和的明暗层次变化，可以获得多达15个梯度的层次效果，防伪性能好，艺术效果强，图2-33所示为不同图案的多阶调水印应用效果。艺术水印是由设计师采用多种水印制作手段进行的艺术创造的产物，图案阶调变化更加丰富，因其工艺复杂、批量小、水印图像大，多用于艺术观赏，而不适用于防伪应用，图2-34所示为两款不同图案的艺术水印应用效果。

图2-33　多阶调水印应用效果

图2-34　艺术水印应用效果

② 根据分布位置进行分类。按水印在印刷品上位置的不同，可分为不固定水印、半固定水印和固定水印。

a. 不固定水印：分布于纸张的整个版面，故又称为满版水印。水印图文一般只有一种，位置没有严格限制，具有一定的周期性。该水印纸张制作工艺简单，印刷成本相对低廉，在商业防伪票券、普通证书证件上使用较多。图2-35所示为两款花瓣图案的满版水印应用效果。

图2-35　满版水印应用效果

b. 半固定水印：每组水印之间的距离和相对位置保持不变，各组水印在纸上连续排列，故又称为连续水印。相比满版水印纸张，这种水印纸张的抄纸工艺更复杂，若要实现较好的防伪效果，印刷工艺也须有所提高。图2-36所示为半固定水印应用效果。

c. 固定水印：分布在印刷成品或设计版

面的特定位置，与其他可见印刷图文准确匹配。相较而言，固定水印制作工艺和印刷难度最大，制作成本最高，防伪效果更好，多用于证件、证照、纸币的水印防伪，如人民币中人物头像的多阶调水印。

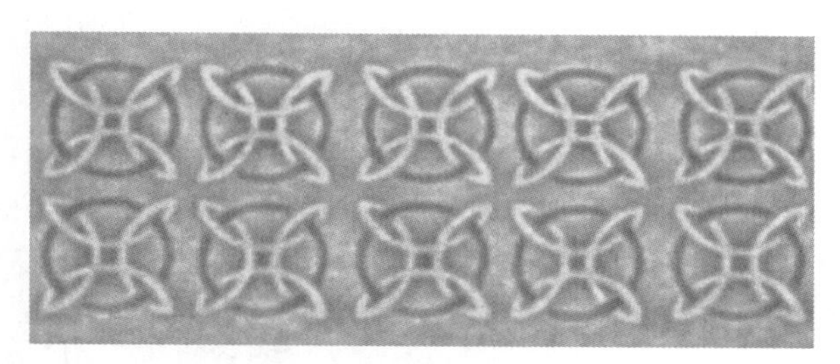

图 2-36　半固定水印应用效果

③ 水印图案的辨识方法。水印图案的真伪鉴别可以通过以下四种方式进行判断：

a. 透视法：将纸币上与水印相同的图案作为判断真伪的参照物。如 2015 年版第五套人民币 100 元，迎光观察，真钞的水印图案与采用雕刻凹印的人物头像神态完全一致，由于水印部位透光率不同，观察到的水印图像呈灰黑色阶调变化。

b. 侧视法：视线与纸面成一定角度，观察是否为底纹压水印工艺。假币的制作是先印制底纹图案，然后用木质材料等刻制水印图案，再采用浅灰色油墨加盖在纸面上，形成水印压底纹现象。当侧视时，可以看出真币的水印隐藏在底纹下，而假币的水印则浮在纸面上，并可以清楚地看到水印图案。

c. 笔拓法：将一张薄纸覆盖在人民币的水印部位，用铅笔轻轻地在纸面上划动，由于真水印图案区域有一定的浮雕高度差，在薄纸上可以清晰地看到水印图案，而假币采用图章加盖的方法或印刷而成，墨层很薄，水印图案区域高度差非常小，因而不能显示出水印图案。该方法仅适宜对八成新以上人民币进行鉴别。

d. 检测法：真人民币的水印由棉、麻纤维组成，用紫外光源检测时，不显示水印图案；假币则呈蓝白荧光反应，凸显加盖在纸面上的水印图案。

（3）水印纸的制作。随着伪造技术的发展，水印技术不断改进和蜕变。水印防伪纸有三种实现工艺：传统水印技术、印刷水印技术和采用高新技术实现水印效果。

① 传统水印纸的制作。在抄纸过程中实现水印的制作及显现，被称为传统水印技术。当纸张处于潮湿状态时，通过机械手段改变部分纤维密度，纸张干燥后，纤维结构的改变造成纸张各部分透光性的差别，从而产生预设的水印图案。传统机械手段包含以下两种方式：

a. 采用丝网成型技术，在丝网上安装预先设计的水印图文印版。

b. 利用具有特殊雕刻纹路的滚筒，印压刚刚交织形成的湿纸页。

根据造纸工艺的不同，水印纸可以采用长网造纸法或圆网造纸法。这两种方法的处理过程明显不同，且设备运行速度有较大差别，因此对水印质量有较大影响。长网造纸是通过刻纹的钢辊与湿纸表面相压形成水印，因长网造纸机运转速度快，纸纤维无法进入刻纹辊的深处，水印清晰度和质量较差；圆网造纸机的运转速度慢，纤维可以填充到圆网模的峰与谷中，形成更清晰、更安全的水印，可以多达 15 个灰度层次，并能够获得长网造纸法所不具备的附加安全功能。

传统水印纸的制造过程具体包括水印图案的设计、雕模、制网、纸张抄造等复杂工艺。

水印图案的设计　根据实际需要，设计用于雕刻的水印图案，通常采用名人头像、文字、标识、logo、特定信息等。受制网工艺的限制，水印图案不能有太丰富的层次变化，也不能有太多的细节。

雕模 采用激光雕刻的方式，制作生产用的阴、阳模或凹、凸模金属水印版。图 2-37 所示为 4 款不同图案的水印版。

图 2-37 4 款不同图案的水印版

制网 金属网包括面网、衬网、孔网、里网等，图 2-38 所示为 3 款不同的金属网。

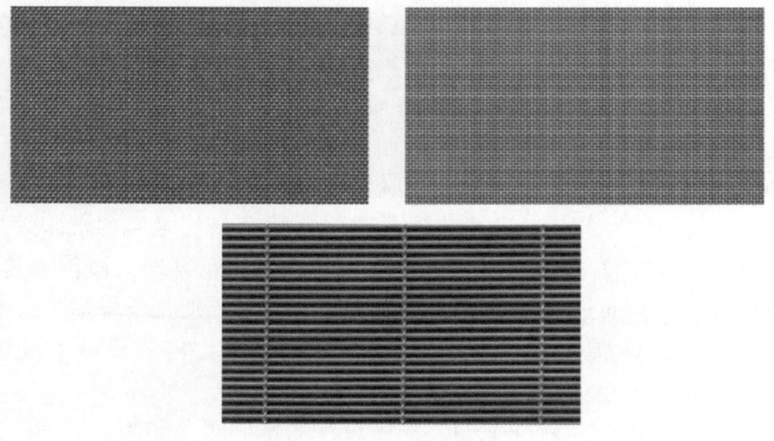

图 2-38 金属网

制网过程涉及压网、点网、焊网、套网等多道工艺。利用制作的金属版，在面网和衬网上压制出预设的水印痕迹，图 2-39 所示分别为白水印、黑水印和多阶调水印网辊图案；然后将各层网点焊、对扣成圈，再焊成网套，图 2-40 所示为焊网后的接口效果；最后将制成的网套嵌套并胀紧在网笼上（图 2-41 ~ 图 2-43 分别为网笼、套网及套网后的网辊）。

白水印网辊除了采用压网工艺制作外，还可以通过在网笼上焊接金属丝或金属片来实现。图 2-44 和图 2-45 所示分别为焊接中的金属丝水印模及焊接后的白水印网辊。

纸张抄造 将网笼装入造纸机的网槽中进行抄造，然后经过脱水、干燥等步骤，制成所需的水印纸。水印效果与所制成的网辊有直接关系。

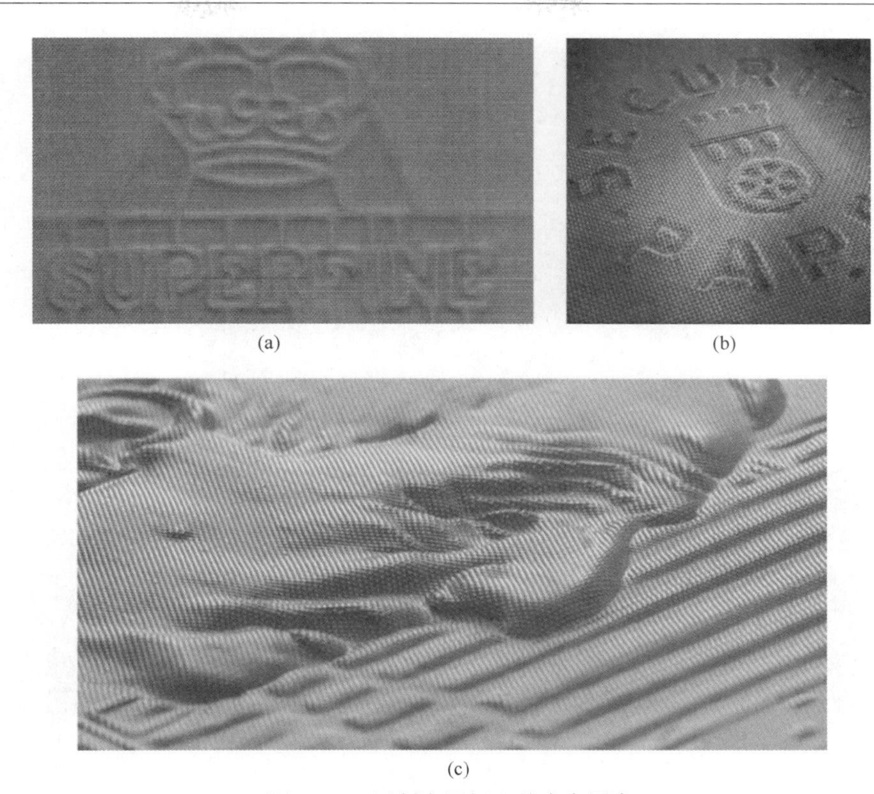

(a)　(b)　(c)

图 2-39　压制在网辊上的水印图案

（a）白水印网辊图案　（b）黑水印网辊图案　（c）人物肖像的多阶调水印网辊图案

图 2-40　焊网后的接口效果

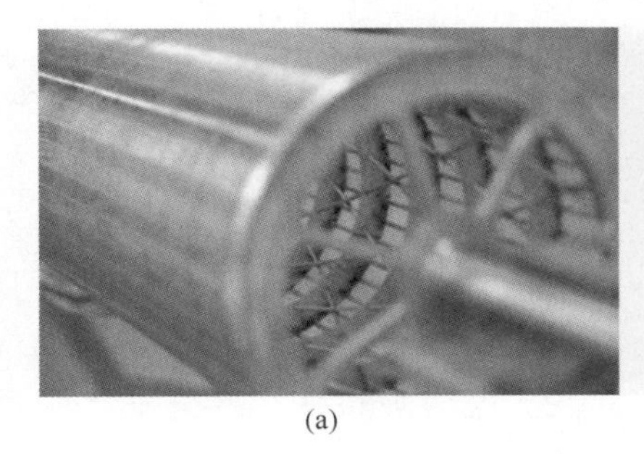

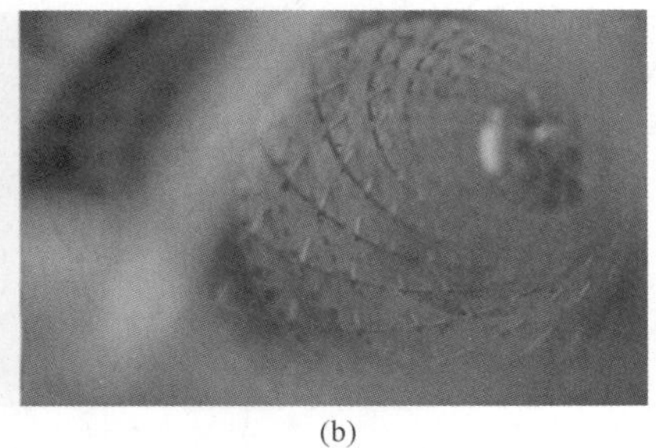

(a)　(b)

图 2-41　网笼

（a）侧视图　（b）内视图

图 2-42　套网

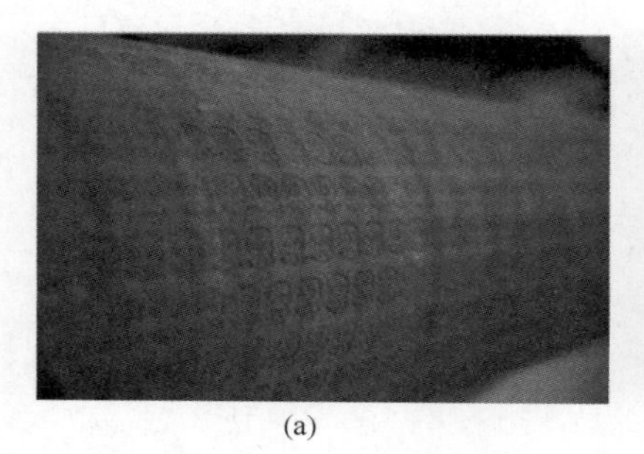

(a)

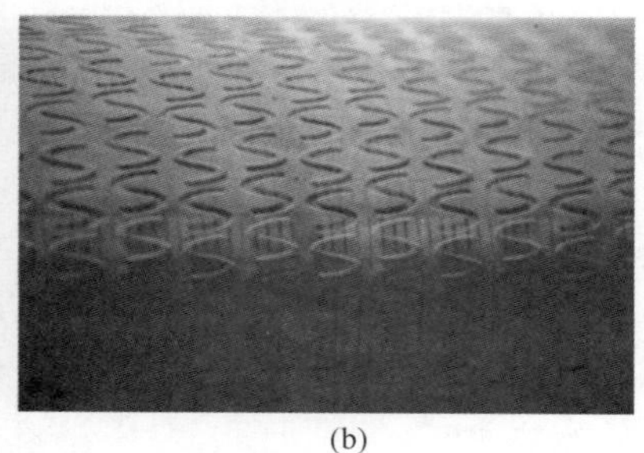

(b)

图 2-43　网辊

（a）黑水印网辊　（b）黑白水印网辊

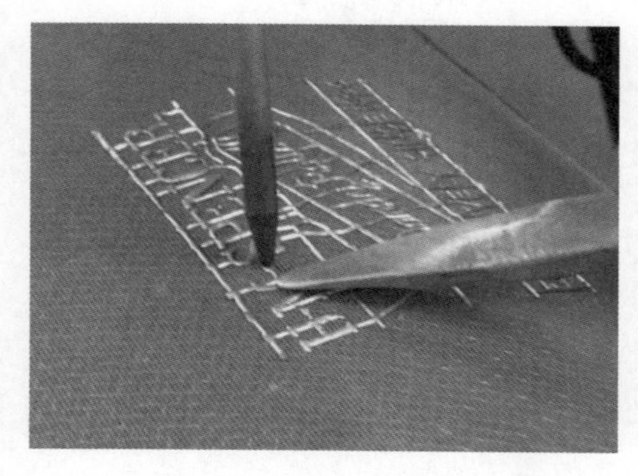

图 2-44　金属丝水印模（焊接中）

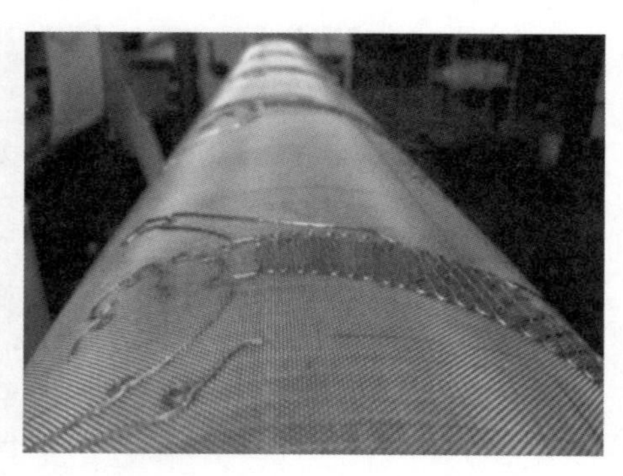

图 2-45　白水印网辊（焊接后）

黑水印网辊的水印部分比非水印部分低，纸浆在形成水印的过程中，水印图文印版从两侧同时压印，使得受压部位的纸浆在水平方向上没有发生明显的位移，但在垂直方向上受到挤压，使得该部位的纸浆密度变小，呈现出暗色调的水印图案。图 2-46 所示为黑水印生产成型原理简图。

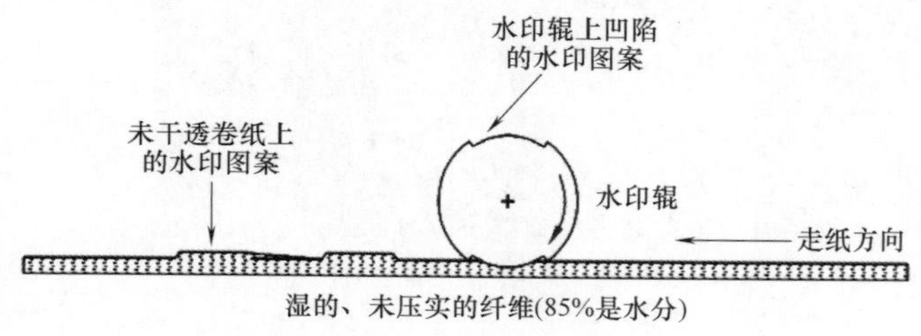

图 2-46　黑水印生产成型原理简图

白水印网辊的水印部分比非水印部分高，纸浆在形成水印的过程中，水印辊从一侧压印，使得受压部位的纸浆在垂直方向上没有发生明显的位移，但在水平方向上发生较大的位移，使得该部位的纸浆密度变大，呈现出明色调的水印图案。图 2-47 所示为白水印生产成型原理简图。

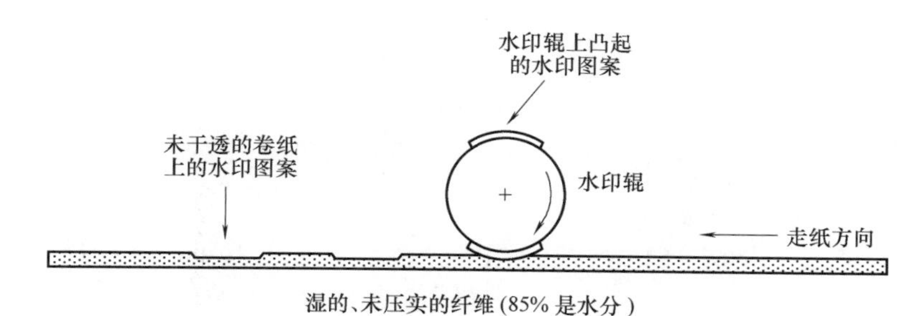

图 2-47　白水印生产成型原理简图

传统水印制造工艺较为复杂，成本高，但防伪性能好，安全性高，模仿难度大，水印效果好，适合大批量产品的生产。

② 印刷水印纸的制作。在成型纸张上利用印刷工艺和水印油墨（或光油），使纸张实现近似传统水印效果，被称为印刷水印技术。印刷水印制作过程涉及印前图案设计、印刷和印后加工工序，与传统水印技术相比，具有成本低、工序简单、图案灵活、生产周期短、可小批量生产等诸多优势，也存在水印效果差、稳定性不佳等问题。其特点如下：

a. 主要采用胶印和丝印方式。为了获得较好的水印效果，胶印必须使用上光单元、无色油墨印刷单元或高度清洁的印刷单元；丝印要求丝网目数控制在 300 目左右。两种印刷工艺都对纸张定量有限制，一般控制在 $100g/m^2$ 左右，纸张定量越大，水印效果越差。

b. 水印油墨具有一定特性。油墨连接料必须透明，折射率为 1.40～1.60，且在印刷压力及毛细管作用下呈现理想的渗透效果。

③ 采用高新技术实现水印效果。随着高新技术的发展，与其密切联系的水印防伪纸随之出现，如纳米水印纸、全息微缩浅水印防伪纸等。

纳米水印纸是将具有电磁性的纳米颗粒组装到原子核径迹中，形成具有随机分布特点的径迹立体柱。采用加速器或反应堆使原子核或其他带电微观粒子宏观定向运动，截获大量微观粒子的个体信息作为微观立体原版，并将其裂解为标识卡和检验卡。标识卡与载体融合而成包装材料，检验卡与管理信息融合而成检测仪，双卡相合以辨真伪。纳米水印具有特异的共振效果，可肉眼识别，检验卡可与管理信息融合而形成网络带，因而可以杜绝包装材料的仿制现象。

全息微缩浅水印防伪纸的特征在于水印纤维毛纸层的不同位置上分别叠加有局部全息层和微缩印刷层，全息层和微缩印刷层呈线状分布。这种水印防伪纸简化了生产工序，综合性能高，在继承一般防伪材料“可减少生产中麻烦、降低成本”优点的基础上，增加了现有标识防伪“防伪性能可靠、检验方便”的特性。

（4）水印纸的应用。水印纸最初主要用于纸币印刷防伪，随后在护照、债券、股票、税票等安全文件中使用。随着水印技术的日益成熟，水印纸的使用逐步向商业防伪领域拓展，在重要合同、文件、门票、代金券等方面使用。

① 纸币。我国在第二套人民币的 1 角、2 角、5 角中使用了满版的“五星”水印，在 5 元中使用了满版的“海鸥”水印，在 10 元中使用了“天安门”固定水印。在第五套人民币 1 元、5 元、10 元、20 元和 50 元上分别使用了“兰花”“水仙花”“月季花”“荷花”等多阶调水印，并在 5 元、10 元、20 元、50 元、100 元上使用了与面值对应的白水印数字图案。

国外纸币上的多阶调水印常采用著名人物肖像、标志性建筑物或代表性动物，白水印一般为对应的货币符号或面值数字。日本纸币上的水印图案最具代表性，其明暗清晰、阶调丰富、图案精美（图 2-48）。为了增加计算机识读性，欧元在纸张内制作了与面值对应的曼彻斯特条码水印。

图 2-48　水印在日本纸币上的应用

墨西哥发行的 200 比索纪念钞，是全球第一枚使用了 Arjowiggins 公司研发的像素水印的纸币，如图 2-49（a）所示。2011 年的哈萨克斯坦 1000 坚戈纪念钞上的雪豹也采用了像素水印，与黑、白水印有机串联，将雪豹的外形充分勾勒出来，如图 2-49（b）所示。如今，像素水印技术已被广泛使用，如在渣打银行（香港）有限公司和中国银行（香港）有限公司发行的流通版港币中均使用了像素水印。

(a)

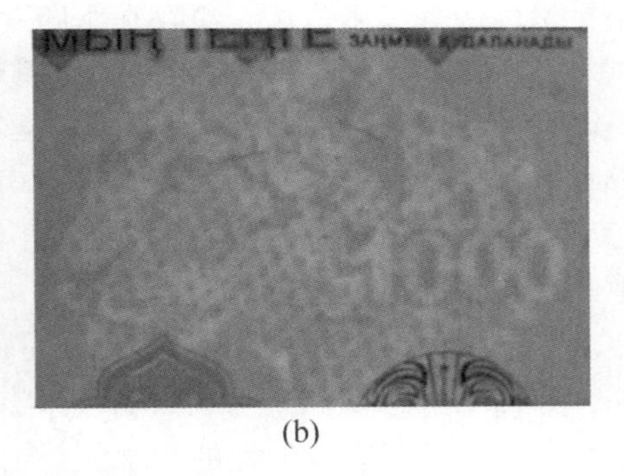

(b)

图 2-49　像素水印在外币上的应用

（a）墨西哥 200 比索纪念钞　（b）哈萨克斯坦 1000 坚戈纪念钞

② 证件/证书。在重要的法定证件或证书上，传统水印是最基本的防伪手段之一。如我国新版电子护照内页采用了不同民族的人物场景黑水印，内页页码设置了白水印效果。

③ 票据。我国税务发票基本都采用水印防伪纸张，如广东省国税发票的发票联采用了“广东国税”“SW”字样的黑白水印。

2.1.5.3　安全线纸

安全线又称防伪拉线或防假线，是一种高效、可靠的防伪元素，可实现多样化设计，易为公众识别，由于生产技术复杂，具备高水平的防伪能力。安全线纸是在抄纸时将特制的金属线或聚酯类塑料线嵌入纸基特定位置的一类防伪纸，具有防伪可靠性强、使用或检测方便、美观大方、起订量较高等特点。目前绝大多数国家的钞票采用了安全线纸，为了更有效地防伪，安全线的式样也随之多变，使用的材质和应用形式也丰富多彩。

（1）根据埋入方式进行分类。埋入方式不同，安全线纸的外观效果也不同。安全线的埋入方式包括全埋式和开窗式。

① 全埋式安全线纸。安全线全部埋入纸张内部，只在透光观察时才能看到一条贯穿纸张的黑色线影，其防伪力度较弱，消费者难辨真假，容易被伪造，因此该类型的安全线纸使用较少。图 2-50 所示为两款全埋式安全线纸。

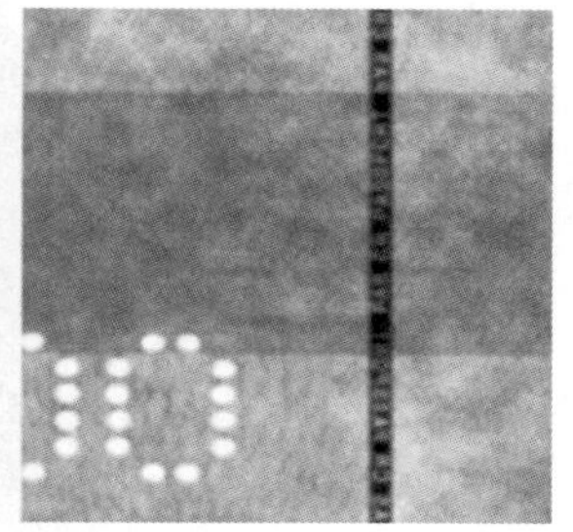

图 2-50　全埋式安全线纸

② 开窗式安全线纸。安全线半埋入纸张内部，开窗的一侧为正面，不开窗的一侧为背面，正视或侧视观察时可以看到半隐半现的安全线，透光观察时能看到一条贯穿纸张的黑色线影，图 2-51 所示为开窗式安全线纸。

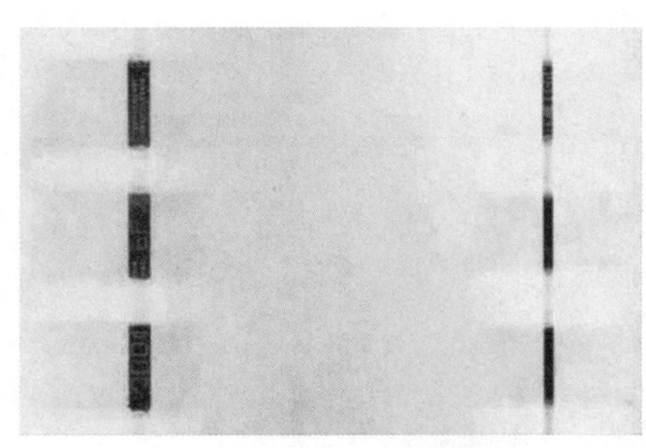

图 2-51　开窗式安全线纸

透光观察时，开窗安全线纸不但有黑窗和白窗的区别，而且有开窗大小的差异。根据开窗形式的不同，开窗安全线又可分为普通半开窗式、异形开窗式和全开窗式。

a. 普通半开窗式：安全线从类似斑马线或几何图形中间上下穿过，呈现断续的一段明线和一段隐线。图 2-52 所示分别为普通半开窗式安全线纸的外观、黑窗和白窗效果。

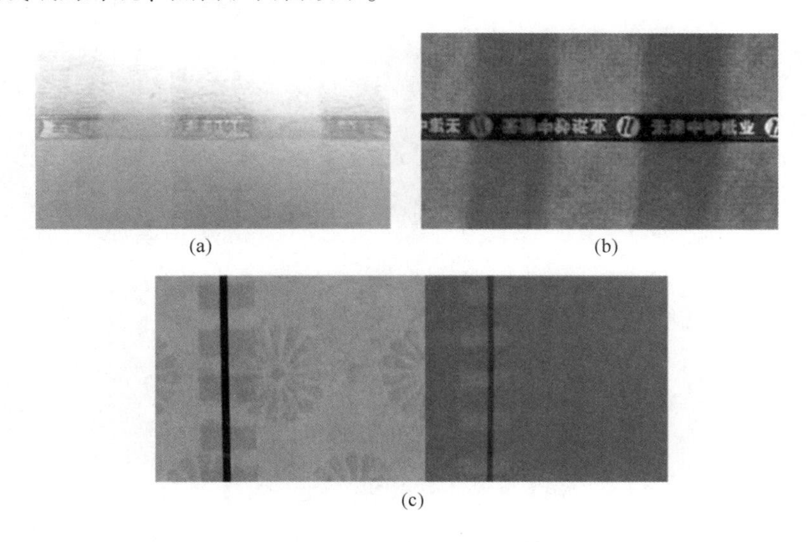

(a)　(b)　(c)

图 2-52　普通半开窗式安全线纸

（a）外观　（b）黑窗　（c）白窗

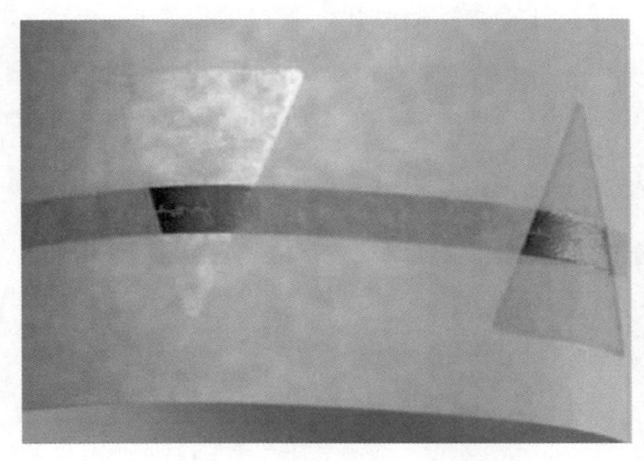

图 2-53　三角形开窗式安全线纸

除了常见的矩形开窗外，还有平行四边形、三角形等几何图形的开窗，图 2-53 所示为三角形开窗式安全线纸。

b. 异形开窗式：开窗图形为不规则的特殊几何图形，具有一定的艺术性。如俄罗斯 2011 年版 500 卢布和 2010 年版 1000 卢布采用的异形开窗安全线，其外观与纺锤相似，视觉上很容易分辨，透光可以观察到一条完整的安全线，如图 2-54 所示。

c. 全开窗式：在整个产品尺寸内，可以看到一条中间未间断、完整地贯穿于纸张表面的安全线，其外观多呈锯齿状，又被称为锯齿形开窗，属于异形开窗式的一种。图 2-55 所示为 7 种全开窗安全线的效果图。

图 2-54　异形开窗安全线在俄罗斯纸币上的应用

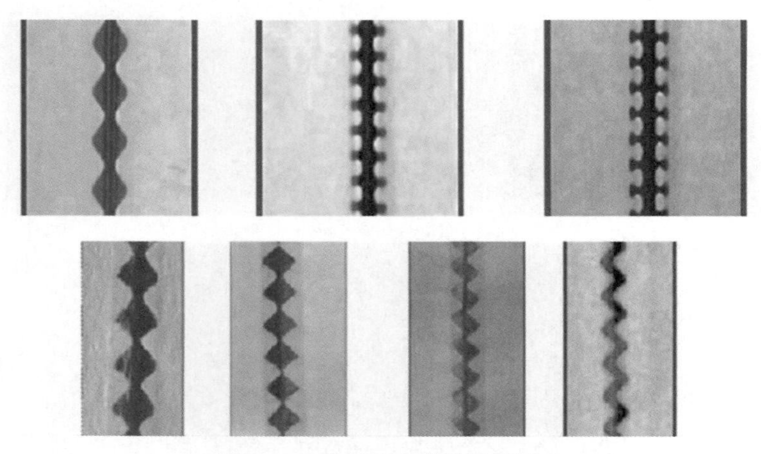

图 2-55　全开窗安全线效果图

（2）根据功能进行分类。安全线纸包括磁性安全线纸、磁性编码安全线纸、荧光安全线纸、缩微文字安全线纸、光学变色安全线纸、动感安全线纸、机读安全线纸、全息安全线纸、温变安全线纸等。

① 磁性安全线纸：在聚酯薄膜等材料上涂覆一层磁粉，形成磁性防伪信息层，再涂覆一层保护层或功能涂层后，制得磁性安全线。携带磁性安全线的防伪纸，通过专用的磁性检测仪对磁信号强弱、宽窄、方向等进行定量探测，以判别真伪。图 2-56 所示为磁性安全线结构简图。

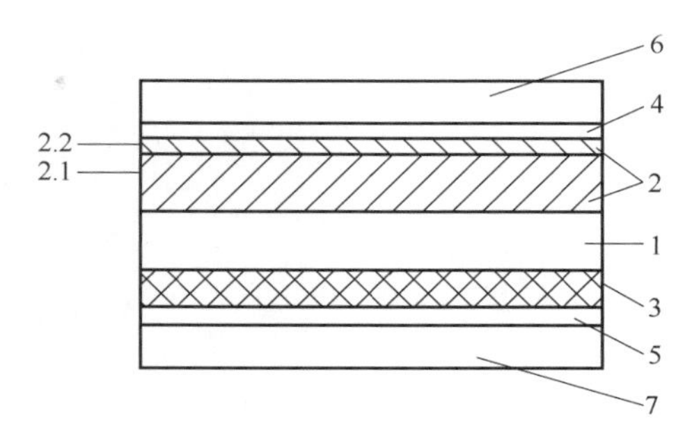

图 2-56　磁性安全线结构简图

1—基层；2—光学防伪信息层；3—磁性防伪信息层；4、5—保护层；6、7—黏结层；2. 1—模压层；2. 2—金属反射层

② 磁性编码安全线纸：携带磁性安全线，且对该安全线上的磁信号进行了一定编码处理的防伪纸。涂覆时对磁性材料的几何变量、物理变量、排列组合及磁信号大小、宽窄、方向、排列组合方式等进行编码。为了降低磁性编码被破解的风险，还可以通过设置互不干扰的、不同的磁性编码规则，从而在同一基材上涂覆多层磁性防伪层，以获得多个磁性编码，可通过专用仪器对设定好的编码磁信号进行检测，以判别真伪。图 2-57 所示为一种磁信号编码规则，通过改变磁性区域的几何尺寸和间隔来形成二维编码。图中 a、b 表示磁性区域间隔，c、d 表示磁性区域几何尺寸。

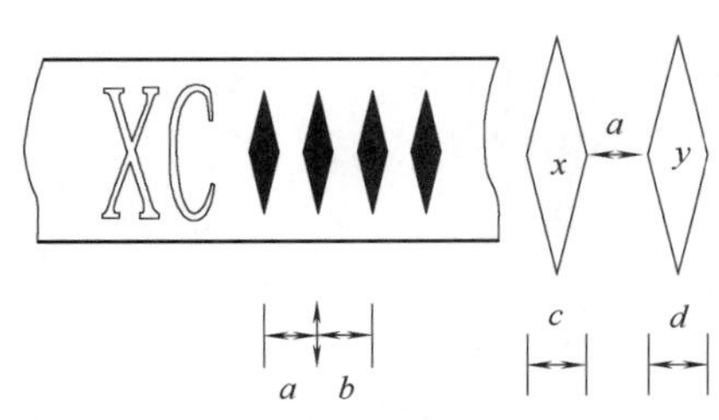

图 2-57　一种磁信号编码规则简图

③ 荧光安全线纸：将荧光物质涂覆或印刷在安全线基材上，使埋入纸张内的安全线具有荧光显色功能。该荧光信息层可以是实地色块、文字、标识、logo 或其他信息，也可以是单波段或双波段荧光物质。图 2-58 所示为携带红色和黄色荧光信息层的安全线纸。

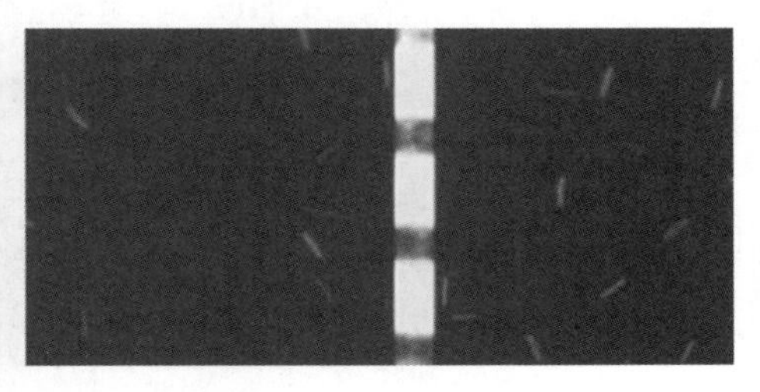

图 2-58　荧光安全线纸

④ 缩微文字安全线纸：通过印刷、激光全息等方式，使埋入纸张内的安全线呈现特定的缩微文字，该缩微文字可以是可见的，也可以是隐形的、需要借助荧光灯等设备才能观察到。图 2-59 所示为 2015 年版 100 元人民币开窗安全线上携带“￥100”字体的镂空缩微文字效果。

⑤ 光学变色安全线纸：将光学变色材料涂覆在安全线基材上，使埋入纸张内的安全线在不同角度观察时显示不同的颜色。图 2-59 所示为 2015 年版 100 元人民币安全线上的光学变色效果，在多个角度观察下，该安全线的颜色在品红色和黄绿色之间变换。

图 2-59　安全线上的缩微文字效果和光学变色效果

⑥ 动感安全线纸：携带特殊光学结构元件，变换角度观察时能呈现清晰、立体和运动图案的安全线防伪纸，是最简洁、最直观、最醒目的大众防伪技术之一。埋入纸张内的安全线采用微纳米工艺或景深全息工艺制作，在变换角度观察时，预先设计的图案信息会产生左、右、上、下往复移动，视觉效果非常好。

目前主要有四类动感安全线技术：瑞典克莱恩货币公司（Crane Currency）的动感影像（MOTION）安全线、德国捷德印钞公司（Giesecke & Devrient，G&D）的滚动星（ROLLING STAR）安全线、俄罗斯联邦印刷局（GOZNAK）的 MOBILE 安全线和英国德拉鲁公司（De La Rue）的景深全息（DEPTH SECURITY THREAD）动感安全线。

a. MOTION 安全线：一种微透镜阵列成像技术，俗称"动感安全线""动态安全线"或"移动影像安全线"。采用微透镜组合结构进行动态放大，即在透明薄膜的两面分别制作微透镜阵列和与之匹配的微图文阵列，通过微透镜阵列对微图文阵列的莫尔纹放大成像，形成强烈的动感、体视、变换等多种动态景深效果，包括上浮、下沉、平行运动、正交运动、单通道、双通道等。这种不断变化的动态影像可以很容易地根据图像的外观和倾斜方式辨认，不需要辅助的检测仪器，在任意环境下均可鉴别，工艺达到纳米精度，仿造难度极大。图 2-60 所示为 MOTION 安全线的结构图、局部放大图和单通道成像效果图。

图 2-60　MOTION 安全线的结构图、局部放大图和单通道成像效果图

MOTION 安全线技术一般具有以下特点：

透镜与底图为正交运动　纸币纵向（或横向）移动时，所见的莫尔纹图像横向（或纵向）移动，这取决于微透镜阵列与微图文阵列之间的夹角。

体视效应　莫尔纹图像是下沉的（三维），这是由人体双眼的左右视差引起的，其下沉的深浅取决于微透镜与微图文的周期。

可设计为双通道成像　取决于微图文的设计，如 2009 年版 100 美元为“面值 100”与“自由钟”互换，哈萨克斯坦 1000 坚戈纪念钞的透明视窗为“K”字母与“骆驼”互换。

MOTION 安全线技术在纸币防伪中已得到广泛应用。该技术在 2006 年首次应用于瑞典的 1000 克朗纸钞上，随后分别在墨西哥、智利、巴拉圭、哥斯达黎加、丹麦、韩国、坦桑尼亚、黎巴嫩、马来西亚、中国等 30 多个国家的 100 多种纸币上进行了应用。如美国 2009 年版 100 美元采用了 6mm 宽的双通道 MOTION 安全线技术，在不同角度下观察呈现出不同图案的变换效果（图 2-61），动感强烈，尤为吸引眼球。

图 2-61　双通道 MOTION 安全线效果

b. ROLLING STAR 安全线：由德国捷德子公司路易森塔尔（Louisenthal）开发的一种微镜反射成像技术，具有动态的颜色偏移和反射效果。这种安全线在 $1cm^2$ 的表面区域利用了大约 400 万个微小镜面，通过不同角度的排列组合实现光的反射效果（图 2-62）。镜面排列角度由专用软件进行精确计算定位，然后通过多层物理气相沉积（PVD）将变色涂料涂覆在安全线上实现光的干涉效果，上下移动时表面的反射光具有动态效果且发生显著的颜色偏移，极具吸引力和视觉冲击力。该技术工艺要求非常高，极难伪造，适合直接验证。

图 2-62　ROLLING STAR 安全线效果

ROLLING STAR 安全线技术具有以下特点：上下滚动，实现分段变色效果；具有磁性机读功能，可以用磁性检测仪进行识别；背面具有紫外光显色效果；上下滚动的变色效果与 SPARK 同步。

2012 年，德国捷德公司在测试钞上运用了 ROLLING STAR 安全线技术，如图 2-63（a）所示。2013 年，摩洛哥发行的 100 迪拉姆纸币上采用了 4mm 宽的 ROLLING STAR 开窗式安全线技术［图 2-63（b）］，标志着该技术首次在流通钞上应用。2015 年，中国印钞造币总公司发行的 100 元航天纪念钞也采用了 ROLLING STAR 安全线技术。

c. MOBILE 安全线：其动态功能依赖于阵列的平板光学元件，即在安全线的表面有两组“菲涅耳透镜”（图 2-64）。菲涅耳透镜呈微浮雕结构，透镜的直径通常为 1mm 左右，深度仅为 0.1～0.3μm，用热转移方式贴到线程上，其成本不高，但技术难度较大，大大

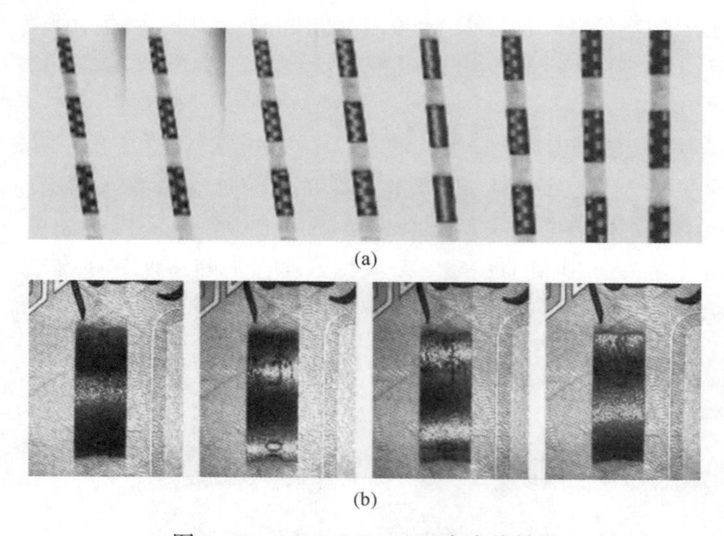

(a)

(b)

图 2-63　ROLLING STAR 安全线效果

（a）德国测试钞　（b）摩洛哥 2013 年版 100 迪拉姆纸币

提高了防伪功效。

目前 MOBILE 安全线主要应用在俄罗斯 5000 卢布、白俄罗斯 20 万卢布、乌兰诺娃 100 周年诞辰测试钞等产品上。图 2-65（a）所示为俄罗斯 5000 卢布上的 MOBILE 安全线效果，即倾斜纸币时，数字“5000”中的第一、第三与第二、第四位数字分别朝不同方向移动。图 2-65（b）所示为测试钞上的 MOBILE 安全线效果。

d. DEPTH SECURITY THREAD 安全线：一种具有强烈三维运动效果的安全线，即将全息图倾斜时，信息符号位于背景深处，与前景静态图像形成鲜明的对比。这种类型的全息图，演示了清晰且非常独特的运动，非常直观。

图 2-64　菲涅耳透镜结构示意图

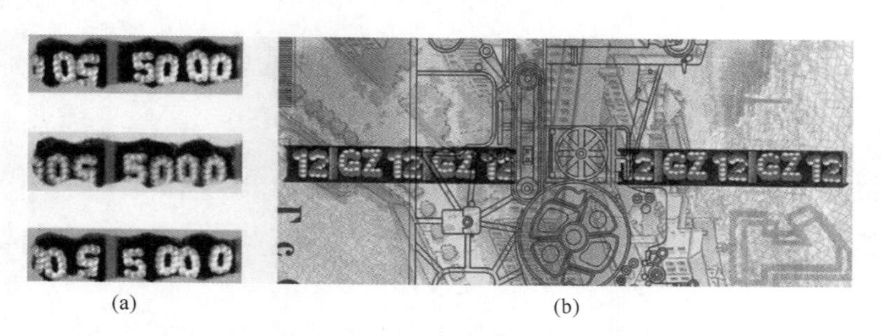

(a)

(b)

图 2-65　MOBILE 安全线效果

（a）俄罗斯 5000 卢布　（b）测试钞

该安全线技术特点如下：当纸币左右移动时，窗口中上下两个符号相向或相背移动，即靠近或分开。呈现 3D 效果，即当光源从纸币上方照射时，窗口上方符号“跃出”纸面约 1mm，下方符号在纸面下，景深 1mm；而当光线从下方照射时，则相反。当光源从水平方向逐渐抬高时，颜色发生变化。

图 2-66 所示为景深全息图在不同观察角度下的动态变换效果。图中的“200”“人物肖像”和“船舵”元素构成了全息图的前景图像，两只“锚”在黑色背景与前景图像之间。当左右来回转动该全息图时，前景图像中的“200”和“船舵”分别发生“紫-蓝-紫”“绿-红-绿”的颜色变换，但相对位置保持不变；“锚”图案不发生颜色变换，但随着全息图的左右来回转动，产生很明显的位置移动，形成动态效果，对比非常强烈。图 2-67 所示为哈萨克斯坦 2011 年版 5000 坚戈纸币上的景深全息动感图动态变换效果。

图 2-66　景深全息图动态变换效果

2.1.6　透明视窗防伪纸

透明视窗是塑料钞票中最常见的防伪措施，也是塑料币区别于纸币的一个明显特征，其具有良好的防伪特性，可以衍生出多种光学防伪技术。作为一种光学透镜，透明视窗能够显示票面上原本需借助特殊工具才能看到的防伪特征，大大提高了公众辨别钞票真伪的能力。

图 2-67　哈萨克斯坦 2011 年版 5000 坚戈纸币上的景深全息动感图动态变换效果

自 1988 年发行全球第一张塑料纪念钞以来，澳大利亚看到了塑料钞的优势，也由此成为了世界上第一个拥有一整套塑料流通钞票的国家。纵观世界钞票的发行状况，塑料钞因其具备的有效防伪手段及环保和耐用特性，已经受到各国央行越来越多的关注。由于澳大利亚公司享有专利权，印制塑料钞都需要从澳大利亚进口片基，并支付昂贵的专利费。因此，一些欧美国家的印钞厂只好另辟蹊径，寻找新的出路。

德国 G&D 公司、英国德拉鲁公司（De La Rue）、奥地利国家印钞公司（Oesterreichische Banknoten-und Sicherheitsdruck GmbH，OeBS）、俄罗斯联邦印制公司（Goznak）、意大利法布里亚诺安全纸厂（Fabriano Security）等老牌防伪企业先后推出了具有特色的透明视窗防伪纸。

2.1.6.1　G&D 公司的透明视窗技术

德国 G&D 公司是一家世界著名的印钞企业，在纸钞防伪技术方面有相当丰富的经验。该公司先进的透明视窗技术主要包括 Varifeye®、TWIN® 和 MOVE® 三类。

（1）Varifeye® 视窗技术。G&D 公司的全资子公司路易森塔尔安全造纸厂（Louisenthal）推出了一种纸基透明视窗技术“Varifeye”，于 2005 年 2 月在美国华盛顿举行的钞票技术展览上第一次公开展示。这是一项带有透明膜窗口的纸钞材料技术，即在钞纸上事先开出一个窗口，然后在窗口上覆盖一层塑料薄膜，这样就形成了一个透明视窗。Varifeye®窗口钞在抄纸过程中因物理作用形成孔洞，而孔洞周边的纤维受到破坏自然形成毛边，纤维与烫印在透明视窗上的塑料薄膜相互融合，实现独特的防伪效果。

Varifeye®是一种创新的窗口安全元件，它将层压箔、液晶聚合物薄膜、全息膜等密封于钞票纸的窗口中，可融合多种光学防伪技术。Varifeye®存在多种表现形式，如 Magic 魔术窗口、Pixel 像素窗口、Colour Change 微型反射窗口、C2 三重光学窗口等，公众只需将钞票交替地放置在光亮或黑暗的背景下，就可通过观测的方法查证钞票的真伪。

① Varifeye® Magic。Varifeye® Magic 是一种采用双通道微透镜阵列成像技术的动态窗口，视觉验证基于微结构技术。透光观察时，膜上的图案随着视窗的摆动而产生明显的动态效果。图 2-68 所示为 Varifeye® Magic 视窗技术的视觉验证效果。

该技术通常与全息技术结合使用，可产生更加突出的视觉验证效果，防伪性能更强。如哈萨克斯坦 2010 年发行的 1000 坚戈上首次应用了 Varifeye® Magic 视窗技术，其在透光并摆动视窗观察时，可以清晰地看到“K”和“骆驼”轮廓图案，视窗下端呈现精细脱铝全息图案（图 2-69）。

图 2-68　Varifeye® Magic 视窗技术的视觉验证效果

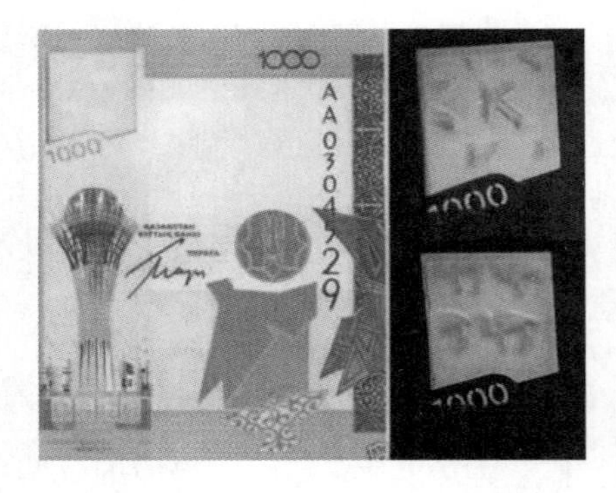

图 2-69　Varifeye® Magic 视窗技术在 1000 坚戈上的应用效果

② Varifeye® Pixel。由于双光变液晶与全息集成聚合物薄膜的共同作用，Varifeye® Pixel 像素窗口在深色或浅色背景上移动时，其设计特征会发生不同的变化，其视觉验证基于背景条件。如图 2-70 所示，视窗在白色背景下仅能显示部分图案，而在黑色背景下可以显示完整图案。

图 2-70　Varifeye® Pixel 视窗技术的独特效果

该技术通常结合全息技术一起使用。图 2-71 所示为 Varifeye® Pixel 视窗技术在测试钞上的应用效果。当钞票在亮色背景上或对光观察时，透明视窗上显示“V”字母，而当钞票在黑色背景上观察时，窗口字母消失，并被绿黑相间的条纹所取代。

图 2-71　Varifeye® Pixel 视窗技术在测试钞上的应用效果

保加利亚为纪念该国货币列弗流通 120 周年而发行的面额 20 列弗钞票上采用了 Varifeye® Pixel 视窗技术（图 2-72）。当在白色背景上或透光观察时，透明视窗显示多个“20”数字，而当观察时的背景颜色变为黑色时，视窗图案变成一系列的线条。

图 2-72　Varifeye® Pixel 视窗技术在保加利亚 20 列弗钞票上的应用效果

③ Varifeye® Colour Change。该技术通过薄膜将 OVD（optically variable device）全息图、带有金属效果的微镜 3D 图案等技术与透明视窗相融合，兼备灵活的设计方案，可形成个性化造型并置于纸币中。薄膜和微型反射面技术相结合，确保反射和透射时的颜色敏感度，使得在光线较弱的情况下也很容易辨识。上下摆动时，该技术还具有动感光学效果，体现引人注目的活力。塔吉克斯坦 2018 年版 500 索莫尼是世界上第一枚采用此技术的窗口纸钞（图 2-73）。

图 2-73　Varifeye® Colour Change 视窗技术在塔吉克斯坦 2018 年版 500 索莫尼上的应用效果

（2）TWIN®视窗技术。TWIN®（transparent secure window technology）是一种特殊的透明安全视窗技术，当直视或呈一定角度观察时，其防伪信息会发生变化。该技术通常与特种油墨（如液晶油墨、光变油墨等）或特种印刷技术（如压印技术等）结合使用，极易辨识，难以仿造。TWIN®视窗技术也有多种技术分类，如：TWIN® match、TWIN® step、TWIN® look、TWIN® screen 等。

① TWIN® match。该技术基于透明视窗正、背面极其精细的位置关系所产生的一种光学变换效果，即在直视或透视观察条件下，产生明显不同的视觉效果。图 2-74 所示的透明视窗在直视时显示数字“8”（左图），在透视时显示“天鹅”图案（右图）。

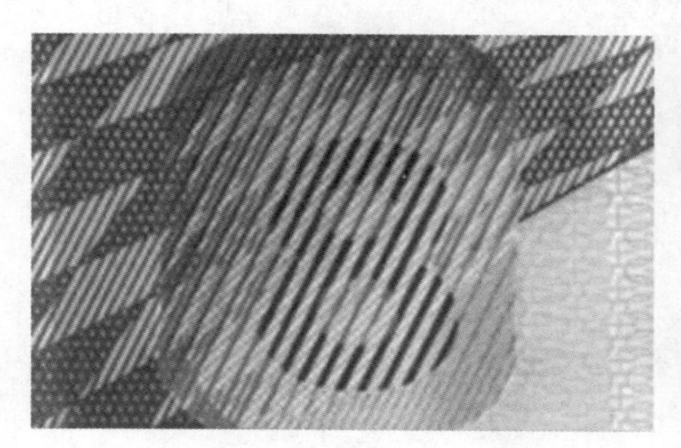
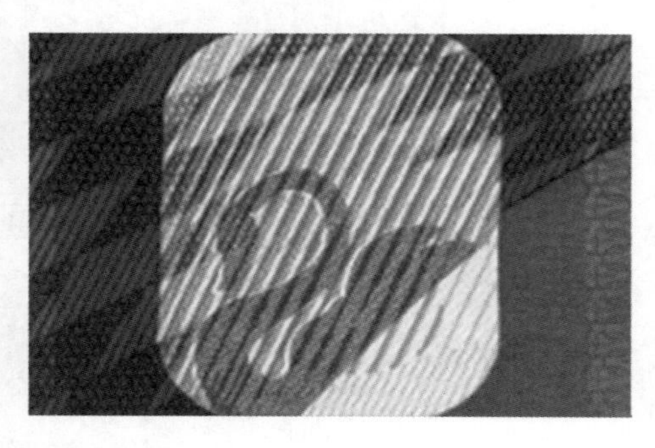

图 2-74　TWIN® match 视窗效果

② TWIN® step。该技术基于液晶油墨对光的透射与反射作用而形成的效果，当窗口置于黑色或白色背景上时呈现出两组截然不同的图案，但不发生颜色改变。如阿曼 2010 年版 50 里亚尔纸币采用了 TWIN® step 视窗技术，透明视窗在黑色和白色背景下呈现颜色相同的两组不同图案（图 2-75）。

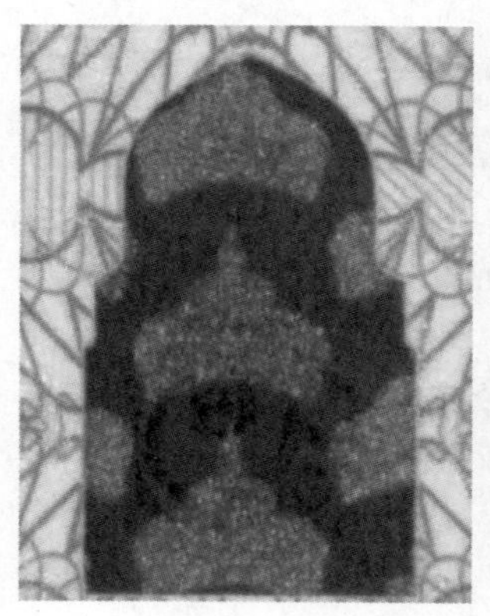
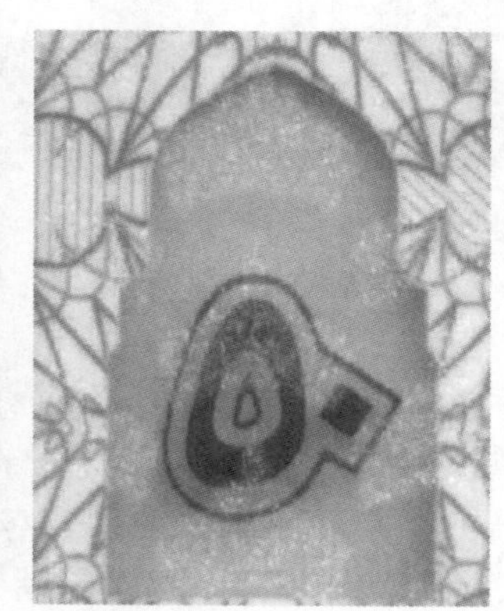

图 2-75　TWIN® step 视窗技术在阿曼 2010 年版 50 里亚尔纸币上的应用效果

③ TWIN® look。该技术基于光变油墨（optically variable ink，OVI）和精确定位压印技术的光学变换效果，当倾斜观察时，呈现从紫红到绿的颜色变化；当透视观察时，图案发生改变，并能精确定位。图 2-76 所示为 TWIN® look 视窗技术的应用效果。

（3）MOVE®视窗技术。MOVE®视窗技术根据莫尔条纹原理形成图像，产生一定景深的动态移动，通常具有 2D 和光学微透镜的效果。图 2-77 所示为 MOVE®视窗技术的应用效果。

2.1.6.2　De La Rue 公司的透明视窗技术

20 世纪末，英国 De La Rue 公司推出了革命性的新产品 Optiks™ 光变薄膜透视窗口技术。这是一种嵌入式塑料光变薄膜技术，以“纸+18mm 薄膜+纸”的形式存在。抄纸过

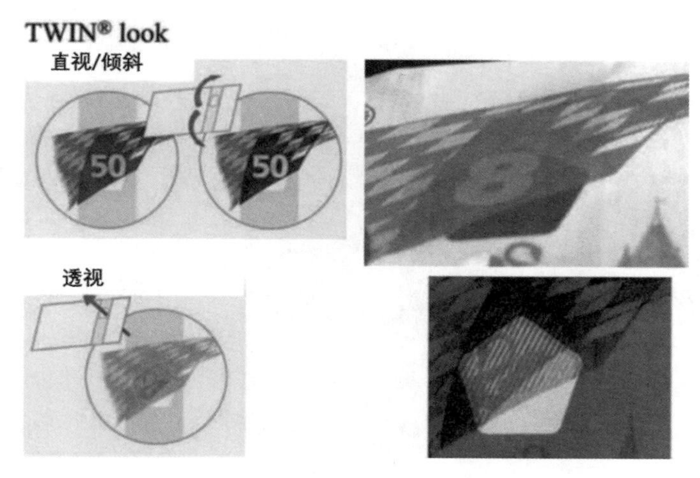

图2-76　TWIN® look视窗技术的应用效果

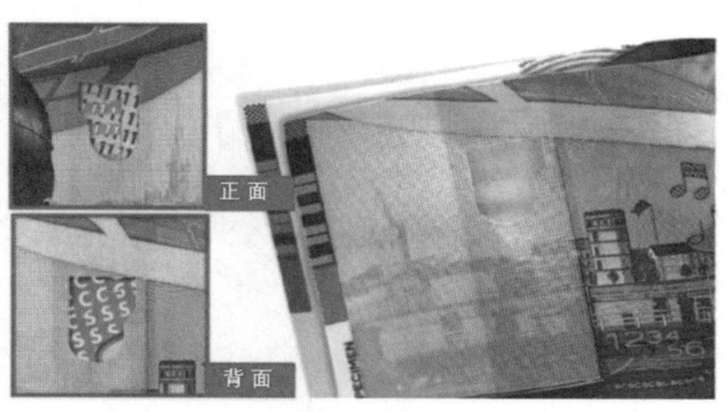

图2-77　MOVE®视窗技术的应用效果

程中，在纸张上预留一个椭圆形孔洞，将宽为18mm的光变薄膜承压在钞票一面，然后完成精准的图案对接印刷。透光观察，可清晰看见被薄膜覆盖的透视窗口，且薄膜两侧为黑色嵌入式镂空安全线，这是Optiks™区别于其他透视窗口技术的最大特征。

2004年，Optiks™视窗技术在罗马货币会议上首次亮相，在以“艾萨克·牛顿爵士”为主题的测试钞上进行了应用，图2-78所示为测试钞正、反面的Optiks™视窗效果，图2-79为测试钞正面的Optiks™视窗在直视和透视下的视觉效果。

(a)

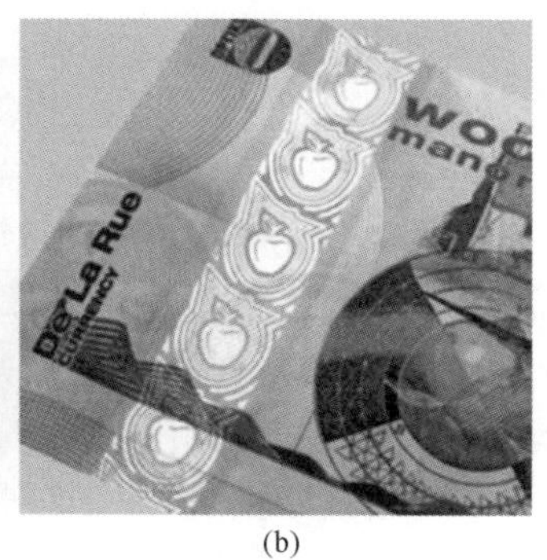

(b)

图2-78　测试钞Optiks™视窗效果
(a) 正面　(b) 背面

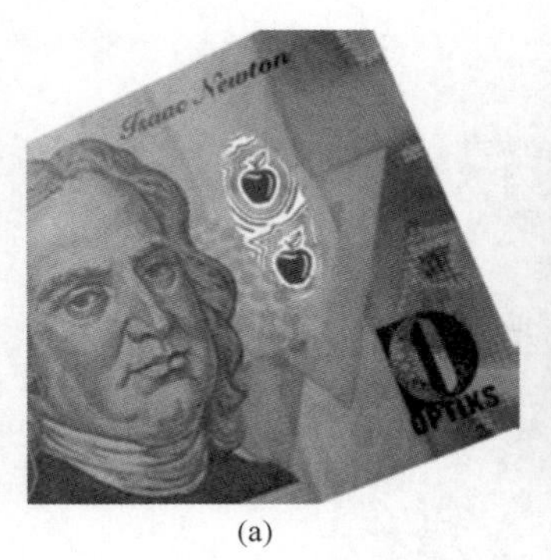

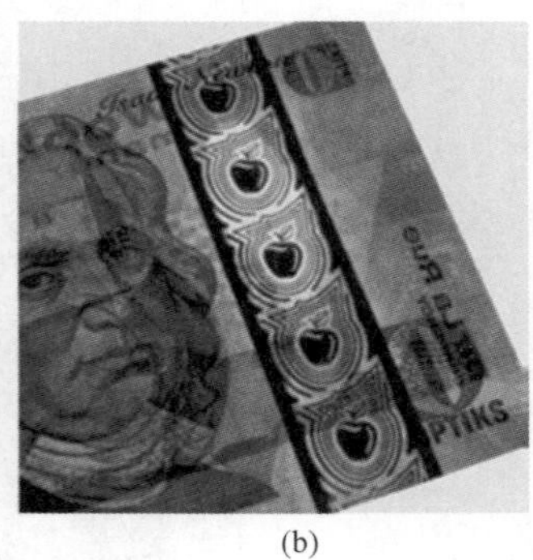

(a)　　　　(b)

图 2-79　Optiks™ 视窗的视觉效果

（a）直视　（b）透视

从图 2-78 和图 2-79 可以看出，Optiks™ 窗口为椭圆形，边缘呈毛边效果，当透视观察纸币正面时，可以看到整条 18mm 宽的安全线横穿纸币上下两端。

Optiks™ 视窗技术于 2006 年首次运用于哈萨克斯坦 10000 坚戈钞票上（图 2-80）。对光观察时，薄膜呈银色反光效果，可见预先制作好的图案及文字。透光观察时，薄膜呈黑白相间状，除了可见图案及文字外，在薄膜的左右两侧可见黑色镂空文字条带，条带在紫外光下呈荧光黄色。

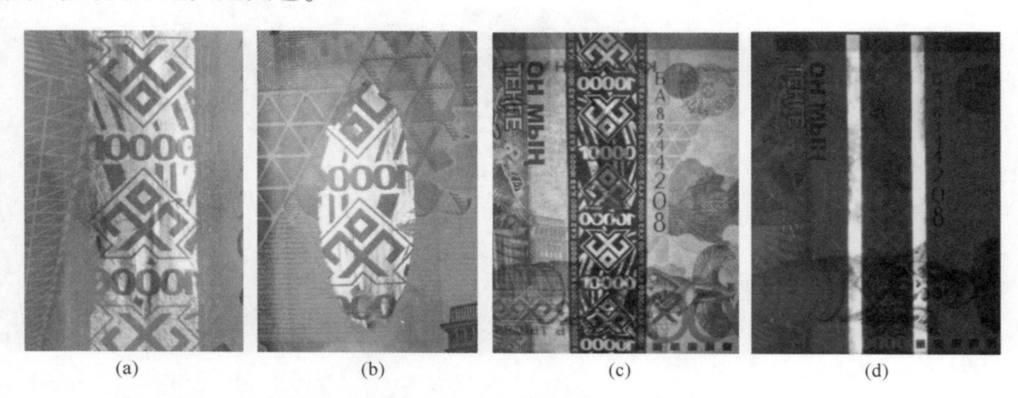

(a)　　　　(b)　　　　(c)　　　　(d)

图 2-80　Optiks™ 视窗技术在哈萨克斯坦 2006 年版 10000 坚戈上的应用效果

（a）正面对光　（b）背面对光　（c）透光　（d）紫外光

直至 2016 年最后一枚 Optiks™ 窗口钞发行，在短短的 11 年间，Optiks™ 视窗技术已被多个国家和地区应用，如牙买加、哈萨克斯坦、百慕大等。

2.1.6.3　其他透明视窗技术

（1）FIP™ 透明视窗技术。该技术是由奥地利 OeBS 研制的一种嵌入式塑料安全线，即在造纸过程中预留透视窗口，并在窗口处嵌入一层完全封闭的塑料窗口安全带。安全带包含了精确的微脱金属、含高折射率涂层的光学活性图像（HRI）及衍射安全要素。目前该技术仅应用于个别测试钞中。

（2）Vitrail 透明视窗技术。Vitrail 透明视窗技术基于透明膜、印刷工艺和折光技术三者的结合，是由俄罗斯 Goznak 研制的一种纸塑复合型钞基。该技术在抄纸过程中预留孔洞，在孔洞背面覆上一层高安全性塑料薄膜带，形成的透视窗口称为 VFI。这种窗口可制成任何形状或长度，且具备低成本和高安全性的特征。

目前，全世界只有少数几家公司掌握了此项技术。2014 年俄罗斯发行的冬奥会 100 卢布纪念钞就运用了 Vitrail 透明视窗技术。如图 2-81 所示，在纪念钞的透明视窗区域有胶版印刷的“雪花”图案，透光直视观察时呈蓝色；将纸币透光偏转约 10°时，该“雪花”图案呈白色。

（3）Fusion™ 透明视窗技术。该技术的应用实例是由意大利法布里亚诺安全纸厂研制的一种新型复合钞票纸。Fusion™ 与 Hybrid™ 类似，基材的形式都是“塑+纸+塑”的复合方式，其中棉纸被封装于两层塑料膜之间。这种技术可以融合其他常见的安全特征，如水印、安全线、箔、荧光纤维等。Fusion™ 钞基可保持与纸币相同的安全性，且融合了纸钞的自然触感，其最大的创新是将脱氧核糖核酸（DNA）引入钞票纸中，使其在极端环境条件下也能经久耐用。该技术采用的基材结构如图 2-82 所示。

图 2-81　Vitrail 透明视窗技术在俄罗斯 100 卢布纪念钞上的应用效果

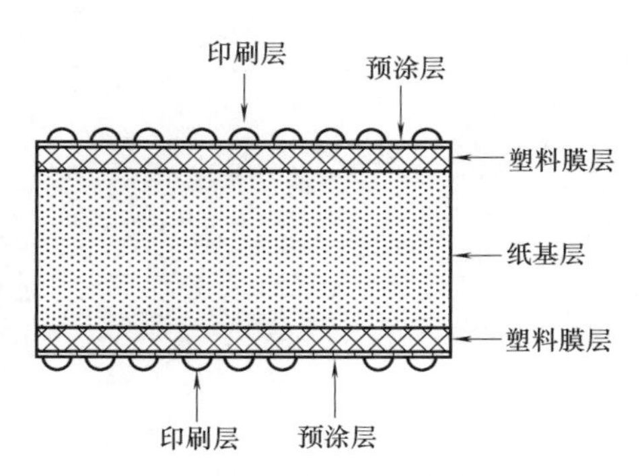

图 2-82　Fusion™ 钞基的结构示意图

2.1.7　新型多功能防伪纸

防伪纸作为一种基础防伪材料，具有检测方便、灵活性高、可靠性强等特点，其应用范围越来越广。然而，传统防伪纸存在较多问题。一方面，目前使用的纸张大多以植物纤维为原料制备而成，但植物纤维热稳定性差，高温容易碳化燃烧，同时在空气和光照的作用下纸张会逐渐变黄，使传统防伪纸的稳定性不理想。另一方面，如今伪造手段越来越高超，单一的防伪性能难以达到有效防伪的目的，集多种模式于一体的综合防伪技术日益受到青睐。

2.1.7.1　多模式防伪耐火纸

传统的荧光防伪纸往往通过表面涂层、物理吸附等方法将荧光物质与植物纤维混合或涂覆在其表面，来实现荧光防伪功能，其防伪模式单一、防伪效果不佳。

中国科学院上海硅酸盐研究所朱英杰研究员团队研制了一种多模式防伪耐火纸。该团队通过原位掺杂稀土离子和表面修饰，实现了羟基磷灰石超长纳米线耐火纸的多功能化，使耐火纸具有荧光、防水、耐高温、耐火等多种性能。如图 2-83 所示，该耐火纸在可见光下呈现白色，具有良好的柔韧性及可加工性，可以剪裁及折叠成任意形状；在特定的紫外光照射下，可以发射不同颜色的光和显示特定图案。因此，通过调节掺杂的稀土离子种类和比例，可制备出一系列呈现不同发光颜色和发光强度的耐火纸。

制备的耐火纸兼具耐高温、耐火及防水性能，可实现遇火不燃、遇水不侵。如图 2-84 所示，普通纸在 300℃ 下加热 10min 就碳化变黑，而多模式防伪耐火纸在该温度加热 60min 仍保持完好，且在高温下仍然可以保持良好的发光性能。此外，凭独特的纳米尺度微观结构，可有效地将防伪耐火纸与普通的纸张区别开来，从而进一步提高耐火纸的防伪效果。这种新型的多模式防伪耐火纸有望应用于印钞、有价证券、证件、标签及包装等防伪领域。

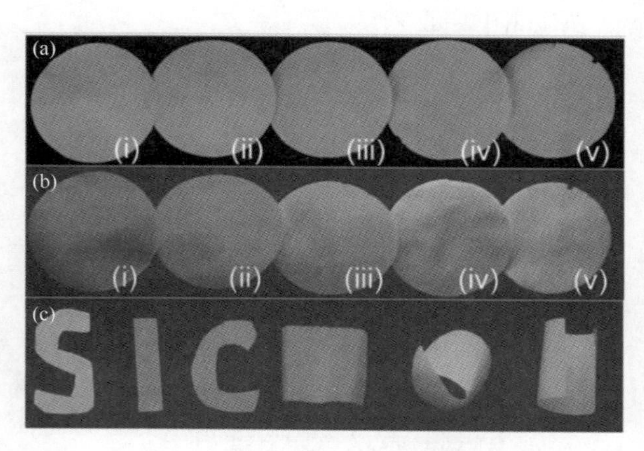

图 2-83　不同荧光颜色、不同形状的多模式防伪耐火纸
（a）自然光下　（b）365nm 紫外光下（一）
（c）365nm 紫外光下（二）

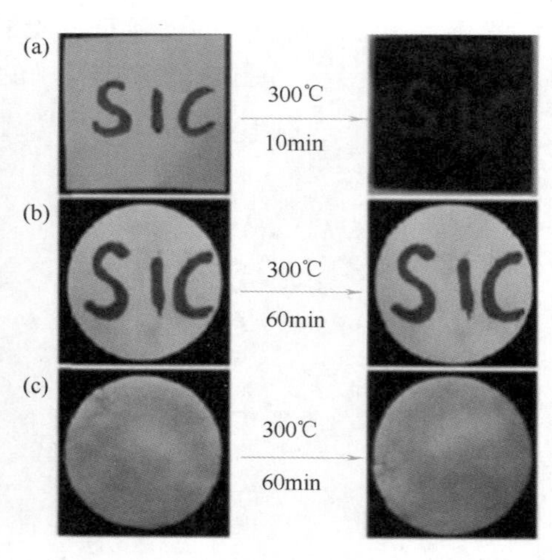

图 2-84　防伪耐火纸与普通纸的耐高温效果
（a）普通纸在自然光下　（b）防伪耐火纸在自然光下　（c）防伪耐火纸在 365nm 紫外光下

2.1.7.2　防污自清洁荧光防伪纸

传统防伪纸大多数是在纸张抄造过程中加入功能改性后的合成纤维，经压榨、干燥制备而成。选用的合成纤维主要是以聚丙烯纤维、聚乙烯纤维、聚氯乙烯纤维、聚酯纤维等为原料，在化纤制造过程中加入功能性物质得到的。其制备方法大多工艺烦琐复杂，对设备要求较高，且由于合成纤维与植物纤维之间的性质差异，传统防伪纸的抄造性能一般不好。

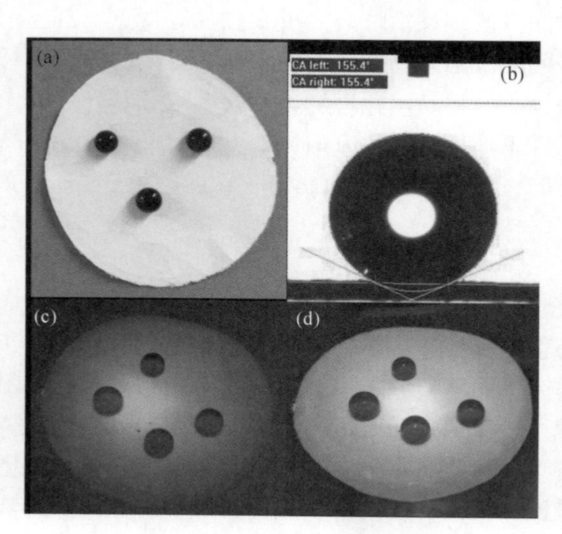

图 2-85　功能纸在不同光照下的颜色变化
（a）（b）可见光　（c）（d）365nm 紫外光

为解决上述问题，广东省科学院生物工程研究所生态环境材料团队研制出一种有望应用于防伪领域的新型功能纸。该研究通过在植物纤维表面原位接枝稀土纳米晶及二氧化钛纳米粒子，抄造成纸后经长碳链硅烷偶联剂表面修饰，即可实现集荧光防伪、防潮疏水及防污自清洁于一体的新型功能纸。如图 2-85 所示，该功能纸在可见光下呈现为白色，具有良好的柔韧性和可加工性。在特定的紫外光照射下，

可以呈现出不同颜色的发光，并且通过调节接枝到纤维中稀土离子的种类和比例，可实现对发光颜色和发光强度的调控。

自洁性和防污性是超疏水纸得以实际应用的关键。如图 2-86 所示，为了观察自清洁性能，在制备的功能纸表面涂上一层碳粉作为污染物，纸以约 5°倾斜角粘在玻璃片上。当水滴滴到纸上时，即刻从纸张表面滚落并带走碳粉，最终使纸变得干净。经纳米二氧化钛及长碳链硅烷偶联剂表面修饰后，纤维表面形成一层类似“荷叶效应”的空间疏水层，这种空间疏水层不仅可以让稀土纳米晶之间保持一定的空间距离，降低聚集性荧光猝灭现象，还可以提高功能纸在高湿环境中的稳定性，有利于发光效率和结构稳定性的提升。

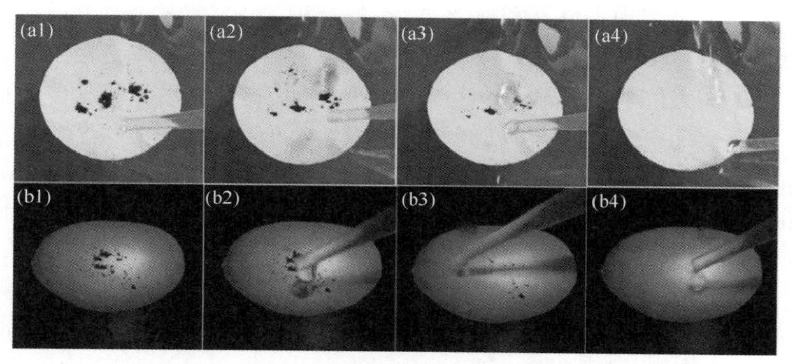

图 2-86　功能纸在不同光照下的防污自清洁视频截图

(a1)~(a4) 可见光　(b1)~(b4) 365nm 紫外光

2.1.7.3　刺激响应密写纸

近年来，通过微观结构变化引起颜色改变的刺激响应材料引起了人们的广泛关注。用于触发颜色变化的刺激因素包括光、蒸气、机械力、pH、温度、电场、磁场等。然而，许多刺激因素在日常生活中不容易获得，导致在实际应用中难以方便、快速地对秘密信息进行解密。

中国科学院上海硅酸盐研究所朱英杰研究员团队采用羟基磷灰石超长纳米线和有机植物纤维复合，研制出新型密写纸，可用于秘密文字和图案的快速加密和解密。该新型密写纸采用白醋作为隐形安全墨水，书写的秘密信息在可见光下不可见，但在火烧几秒钟后显示并可被方便地阅读（图 2-87）。白醋和火在日常生活中都可以很方便地获取，以白醋为安全墨水、火为解密的“钥匙”，使用各种笔作为书写工具，在新型密写纸上很容易实现信息加密和解密。该密写纸具有良好的柔韧性，可以任意弯曲、扭曲和折叠，在信息保护、防伪、安全等领域具有良好的应用前景。

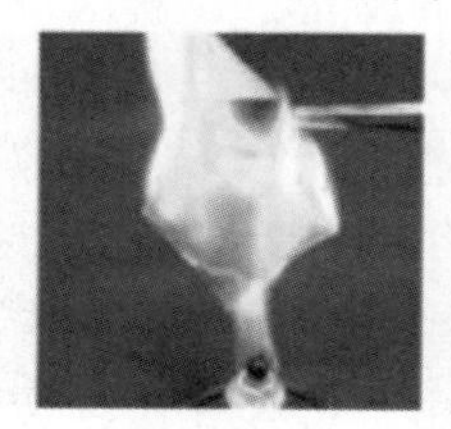
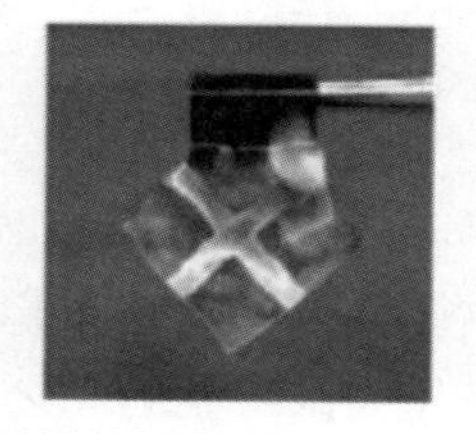
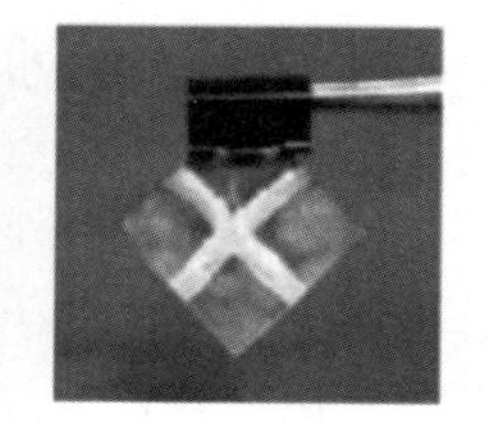

图 2-87　新型密写纸的解密过程

2.1.7.4　无墨喷水打印纸

传送机要文件时往往需要对信息进行加密，使机密信息能够安全送达接收者手中，为了保护隐私，大量携带加密信息的纸张在使用后被毁坏和丢弃。据估计，每年约有40亿棵树被砍倒后制作成纸张或卡片，这个过程既破坏环境又消耗巨大能量。无墨喷水打印是以水代墨实现打印的技术，核心技术是打印纸，它具有水致变色可重复擦写性质，从而为信息加密和资源利用提供可持续的动力。

吉林大学张晓安教授科研团队在无墨喷水打印纸方面取得突破性进展：巧妙地将单一水致变色染料体系扩展为由酸致变色染料和显影剂构筑的双分子水协同变色体系，遇水前染料和显影剂不发生显色，遇水后显影剂与染料发生作用而显示颜色。通过选用不同颜色的酸致变色染料，可以实现不同颜色的水显色，这使得可重复擦写纸的颜色拓展简单化。由于所用到的酸致变色染料及显影剂大多已实现工业化生产，可以直接购买得到，免去了繁复的合成过程，大大降低了水致变色可重复擦写纸的制备成本。基于二元体系制备的黑色水致变色可重复打印纸，经喷水打印所获得的黑色的色彩度和色纯度非常高，基本可以与现有的黑色喷墨打印相媲美，字迹保留时间为几个月至半年（图2-88）。其间，也可以随时通过打印机的加热程序对信息进行擦除。

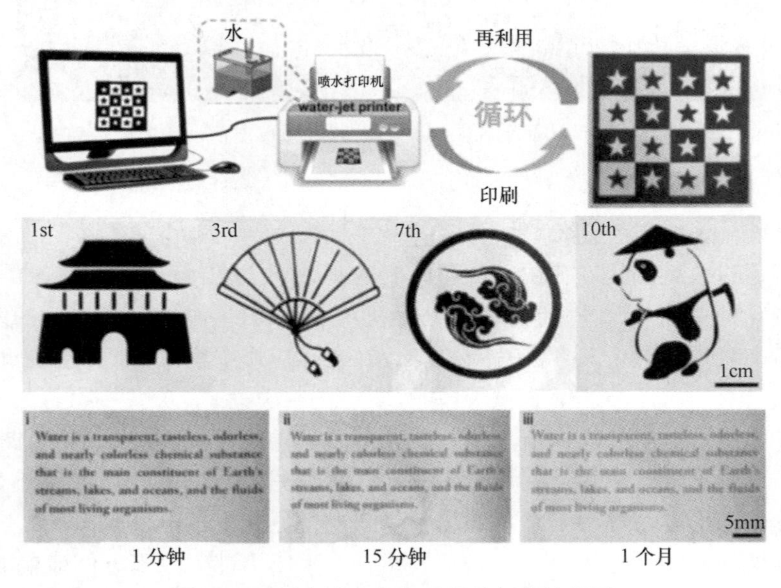

图2-88　黑色喷水打印过程及打印效果图

为了实现产品市场化推广，该团队与乐凯医疗科技有限公司开展深度合作，实现了基于高强度、强耐水性的水致变色可重复擦写纸的制备，显著地提高了纸张循环使用性能，并可以实现大规模的机器化生产。

近日，新加坡国立大学的Swee-Ching Tan教授团队采用吡咯并吡咯二酮（diketopyrrolopyrrole，DDP）衍生物处理纸张表面，制备了一种遇水变色可反复擦写荧光防伪纸。该纸张与水接触时，分子被驱动以滑动堆叠形式排列重组，氢键诱导无辐射衰减改变了基态和激发态的特性，由此产生肉眼可见的变化。该变化对溶剂参数和温度敏感，表现为遇水变色和热可逆特性。如图2-89所示，无水纸张在可见光下无色，而在紫外光照射下呈现出明亮的荧光；以水作为喷墨墨水，在纸张表面喷印后，荧光猝灭；当加热使水蒸发后，纸张荧光复现。水书写和加热擦除反复 20 次后，纸张的荧光强度衰减不明显，呈现出较好的可重复性。这种刺激响应型防伪纸具有较高的安全特性，可实现机密信息的双层保护，防止信息被篡改、伪造和假冒。

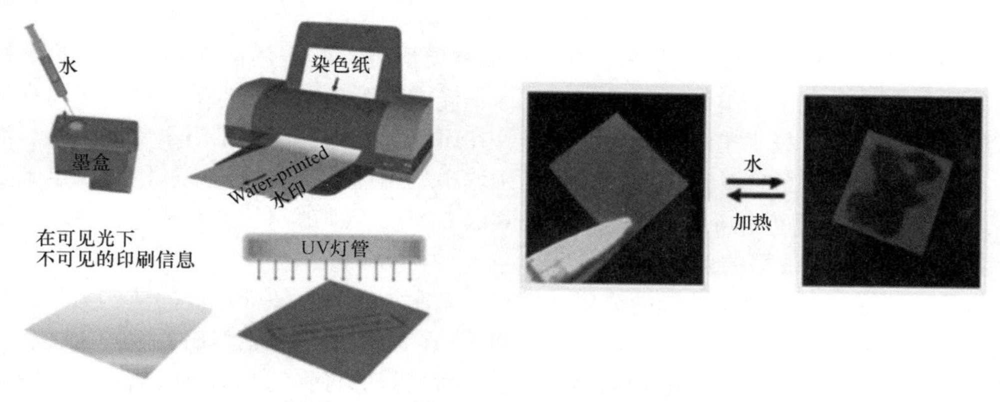

图 2-89　遇水变色可反复擦写荧光防伪纸

2.1.7.5　手性光子复合纸

手性是自然界的基本属性之一，引入手性结构，聚合物将表现出许多独特的物理化学性能。中山大学洪炜教授团队研发了一种可重复印刷的手性光子纸，它是由胆甾型纤维素纳米晶（CNC）与化学交联聚阳离子形成的纳米复合物。手性光子复合纸表现出三重不可见编码：基于选择性溶胀的润湿性编码、基于荧光反离子的发光编码和基于 CNC 液晶的偏振依赖编码。

由于复合材料的溶胀行为受水合能力不同的反离子的控制，光子纸通过阴离子交换表现出可控的润湿性，离子交换导致了在干燥状态下极低的颜色对比度，产生了可以通过润湿显示的不可见图案。如图 2-90 所示，喷墨打印可实现高分辨率的可逆和全彩图案，复合纸的干湿循环实现了信息的可逆解码和隐藏。润湿性响应外层和荧光内层包含独立编码的信息，实现了不可见的多维加密。由于胆甾相自组装 CNC 具有与偏振相关的结构色，因此在 CNC/PMTAC 复合材料上展示了一种基于耦合消偏振策略的偏振-润湿性双响应编码。

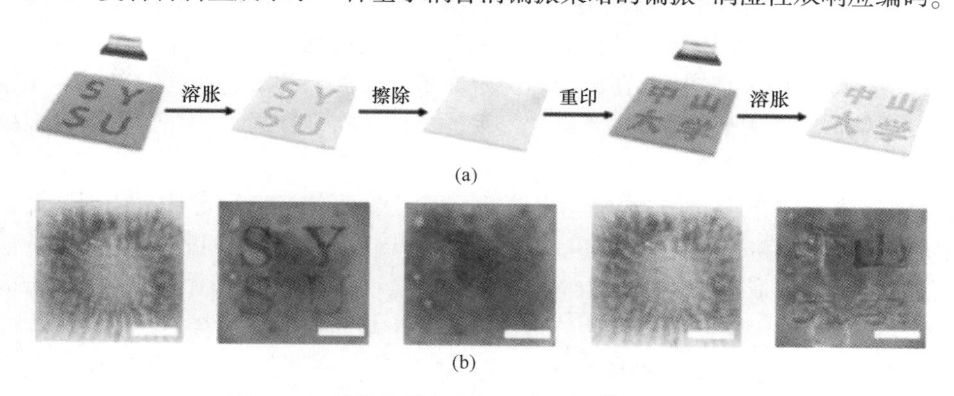

图 2-90　手性光子复合纸上喷墨打印和擦除过程
（a）原理图　（b）光学图像

2.2 防伪油墨

2.2.1 概　　述

防伪油墨（含印油）是防伪技术中的一个重要部分，其应用面极广，涉及的学科领域众多，如光学、化学、电磁学、计算机技术、光谱技术、印刷技术等，属于一门交叉边缘学科。防伪材料和技术是防伪油墨的基础，在研究和应用上占据相当重要的地位。油墨防伪是目前票据、有价证券和商标包装防伪领域中实用性非常高的技术，既能满足大众一线防伪识别的要求，也能满足二线、三线的高级专家、管理部门的鉴别和监管要求。

2.2.1.1 防伪油墨的组成

防伪油墨是指具有防伪功能的油墨，即在体系中加入具有特殊性能的防伪材料，采用特定工艺加工而成的特殊油墨。和常规印刷油墨一样，防伪油墨也是由色料、连接料、填充料和助剂组成，依赖于体系中的色料、连接料所具有的特殊功能而具有防伪作用，其配方、工艺均属机密，应严加管理。

防伪油墨作为一种黏性流体，不同品种的性能也有所差异，有稠稀之分、黏性强弱差异、快干与慢干之别等。因此，深入了解防伪油墨的组成及其在体系中的作用，对于准确调整油墨性能、满足印刷和防伪要求、提高产品印刷质量和防伪效果具有十分重要的意义。

（1）色料。色料包括颜料和染料。颜料一般不溶于水，也不溶于连接料，在溶液中通常呈悬浮状态；而染料在连接料中一般是可溶的。颜料在油墨中的作用是显而易见的，其对油墨的性能有着很大的影响，其颜色决定油墨的色相，其用量决定油墨的浓度，颜料的使用提供一定的物理性能（如稠度），在一定程度上影响油墨的干燥性。此外，油墨的相对密度、透明度、耐热性、耐光性、耐抗性、耐久性等也与颜料有关。

由于防伪油墨的品种和用途不同，色料的选用差异很大。如磁性防伪油墨常采用氧化铁和氧化铁中掺钴等磁性物质为色料，而热敏防伪油墨通常以无机盐类、配位化合物、有机物、液晶高分子等热敏变色物质为色料。

（2）连接料。连接料是一种具有一定黏度的流体，它的作用是多方面的。作为颜料的载体，连接料起到把粉末状的颜料等固体颗粒混合连接起来，并使相粘连的颜料最终能够附着在印品上的作用。连接料在影响和决定油墨干燥类型和干燥速度的同时，又能给油墨提供一定的光泽、耐摩擦性、抗泛黄性、耐冲击性等物理性能，并在很大程度上决定油墨的黏度、屈服值和流动性。

连接料充当黏结介质，其结构和性能关系到防伪油墨的分散稳定性、印刷适性、成膜性、耐抗性等，影响防伪效果的最终呈现。如果连接料配制或生产工艺不佳，防伪油墨印刷后不仅难以实现清晰、鲜明的防伪特征，而且还会引发糊版、蹭脏、透印、拉纸毛、不下墨等连锁质量故障。因此，高品质的防伪油墨源于高品质的连接料。

（3）填充料。填充料是一种能均匀、较好地分散在连接料中的固体物质，在连接料中经过混合、研磨后变成透明或不透明的浆料。填充料既能调节油墨的稠度、黏度、流动性、屈服值等墨性，又能调节油墨的浓度，即当油墨浓度较大、色相较深时，加入填充料后能起到冲淡的作用。虽然填充料在油墨中起辅助作用，但它在性能上的许多要求同颜料一致，在以氧化聚合干燥为主的油墨中，它同样起到影响干性的作用。常用的填充料有氢氧化铝、硫酸钾、碳酸镁、碳酸钙等。

（4）助剂。由于印刷环境温湿度、承印材料特性和印刷工艺条件（如纸张含水量、印机速度、叠印方式等）的不同，即使油墨使用的色料和连接料的比例是恒定的，往往还是难以满足各种条件的印刷适性要求。因此，为了改善油墨的加工和应用性能，通常需要在油墨配方中添加一些辅助材料，即助剂。

适当添加助剂，有益于增强防伪油墨的稳定性和提升防伪效果，确保印刷正常。常用的助剂包括消泡剂、稀释剂、pH 稳定剂、表面活性剂、快干剂等。

2.2.1.2　防伪油墨的分类和在印刷过程中需要注意的问题

防伪油墨通过施加不同的外界条件（主要采用光照、加热、光谱检测等形式）来观察油墨印样的色彩变化，以达到防伪的目的。防伪油墨具有防伪技术实施简单、成本低廉、隐蔽性好、色彩鲜艳、检验方便等特点，是各国纸币、票证和商标的首选防伪技术。

防伪油墨种类很多，分类方式多样。按印刷形式不同，防伪油墨主要包括传统印刷防伪油墨、数字印刷防伪油墨、防伪印油和印泥等；按承印物可分为纸张防伪油墨、金属防伪油墨、塑料防伪油墨等；按最终在承印物上呈现的特征可分为显性防伪油墨和隐性防伪油墨；按防伪功能不同，主要有热敏变色油墨、光敏变色油墨、湿敏变色油墨、压敏变色油墨、智能机读防伪油墨、光学变色防伪油墨、多功能防伪油墨等。

防伪油墨在印刷过程中需注意以下问题：

① 防伪油墨大多为无色油墨，即在印刷品上呈无色或白色。因此，在印刷前，必须将墨辊、墨斗、墨刀等清洗干净，防止印品产生印迹，影响防伪效果。

② 防伪油墨的耐醇性一般较差，如荧光油墨、热敏油墨等。因此，当使用这类油墨印刷时，不宜采用酒精润版方式。

③ 受原材料特性的限制，防伪油墨的性能通常逊色于普通油墨。因此，在印刷中需少加、勤加，并加强检测，确保产品质量和防伪效果。

④ 波长为 254nm 的紫外光直接照射会伤害人的皮肤和眼睛。因此，采用短波荧光进行产品检测时，必须做好防护。

2.2.1.3　我国防伪油墨行业的供需现状和发展趋势

近年来，我国油墨制造工业的快速发展举世瞩目，市场经济发展和商品防伪的需要促进了油墨产品结构的调整和创新。据统计，全球油墨年产量为 420 万~450 万吨，其中我国油墨产量约占全球油墨总产量的 17%，中国已成为全球第二大油墨生产制造国。据贝哲斯咨询发布的防伪油墨市场调研报告，2022 年全球和中国防伪油墨市场规模分别达到了 40.16 亿元（人民币）和 13.05 亿元（人民币），预计 2028 年全球防伪油墨市场将达到 47.54 亿元（人民币）。

防伪油墨在货币、票证、商品、包装等防伪领域具有重要作用，在银行卡、身份证、火车票、医药包装等领域也得到了广泛应用。在我国居民防伪观念不断升级的情况下，防伪油墨市场需求持续增长。随着印刷技术、材料学、计算机科学及多种交叉学科的发展，新型高科技防伪油墨也越来越多地被开发和应用。防伪油墨在融入先进技术成果的同时，也成为多学科交叉、渗透、相互促进和协调发展的结晶。大多数防伪的实施依靠印刷图案来实现，而防伪油墨作为关键的印刷材料，其改革与升级势必提高产品的仿造难度。未来，防伪油墨在防伪制品领域必然会得到充分的应用和长足发展。

防伪油墨的发展趋势表现为：

① 防伪油墨具有的不易伪造性、易识别性、长期有效性和防伪成本适度的特性，是发展的永恒主题。

② 防伪油墨的应用将从集成度较高的钞票、有价证券等领域逐步走向民用产品。

③ 油墨防伪将与物理防伪、化学防伪、全息防伪、生物防伪等技术进一步紧密结合，逐步向高科技、综合化、多模式方向发展。

2.2.2 热敏变色油墨

热敏变色油墨（温变油墨、示温油墨或热致变色油墨）是指在温度变化（升温或降温）时，印刷的图文信息能够根据不同的温度而表现出不同的颜色效果。该油墨对温度变化有一定感知，通过手指摁住或使用打火机、开水等热源改变图文区域的温度，即可根据颜色变化辨识真伪，检测方法简单，辨识快捷明显，是一种常见的一线防伪手段。

热敏变色油墨种类繁多，可以实现从玫瑰红变无色、紫红变无色、蓝色变无色、绿色变无色等。常用的热致变色物质有晶体结构变化型、遇热分解型、结晶转移型等，按组成可分为无机盐类、配位化合物、有机物和液晶高分子等。不同种类热敏变色油墨之间的特性差异较大，如液晶型的油墨变色度较好，金属铬盐型的油墨耐光性较强，染料类的油墨色彩鲜艳、装潢效果好。能产生热致变色的物质有很多，若要满足制备热敏变色油墨的要求，必须具备对热作用敏感、有明显的变色界限和受外界环境影响小三个条件。

2.2.2.1 热敏变色油墨的分类与辨识

根据变色效果不同，热敏油墨可分为热敏显色、热敏消色和热敏变色油墨。按变色所需温度不同，可分为冷温变色（10℃左右）、手温变色（30℃左右）和高温变色（40℃及以上）油墨。不同颜色的变色温度会有差异，加热时间、变温速度、基材的导热速度等也会影响油墨的变温区间。从热力学角度，可将热敏变色油墨分为不可逆变色油墨和可逆变色油墨。图 2-91 所示为热敏材料在温度变化过程中的颜色变化，当从低温上升至 28℃时颜色开始变浅，升温至 32℃时颜色完全消失；当从高温下降至 25℃时颜色开始显现，降温至 22℃时颜色浓度达 100%。

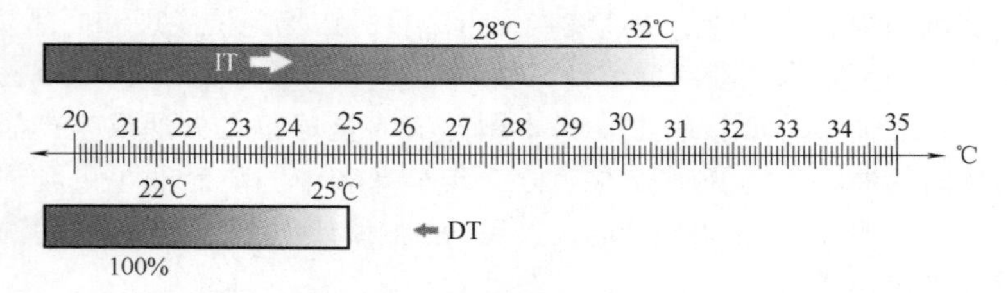

IT：从低温上升至 28℃时颜色开始消失，至 32℃时颜色完全消失。
DT：从高温下降至 25℃时颜色开始显现，至 22℃时颜色完全显现。
注：不同颜色的温变区间有差异，基材导热速率也影响温变区间。

图 2-91　热敏材料变色示意

（1）不可逆变色油墨。不可逆热敏材料通常为高温变色材料。当油墨中的热致变色材料受热时，因发生物理或化学变化而改变性质，从而产生颜色变化，降温后不再恢复原色。根据表现形式不同，不可逆变色油墨可分为显色和变色两种类型。前者外观无色，受热后显现颜色，降温后颜色不再恢复；后者受热后原有颜色发生变化（产生新的颜色），降温后不再恢复原色。如图 2-92 所示，不可逆热敏标签在常温下显示红色“标志”，而在高温状态下变成黑色“标志”，且降温后不再恢复。

(a)

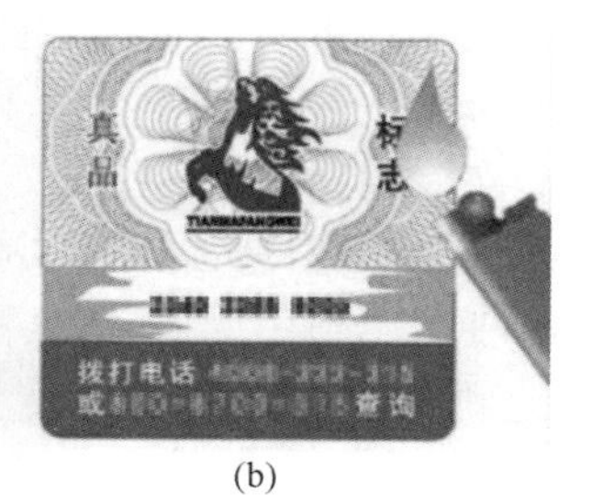

(b)

图 2-92　不可逆热敏标签的变色效果

（a）常温下　（b）高温下

（2）可逆变色油墨。可逆热敏变色油墨可通过失去结晶水、晶型转化或 pH 变化等引起变色，按表现形式可分为消色、显色和变色三种类型。消色可逆热敏油墨是指原有颜色受热后消失，降温后恢复原色（图 2-93）；显色可逆热敏油墨外观无色，受热后呈现颜色，降温后恢复无色；变色可逆热敏油墨是指原有颜色受热后转变为另一种颜色，降温后又恢复成原有颜色。

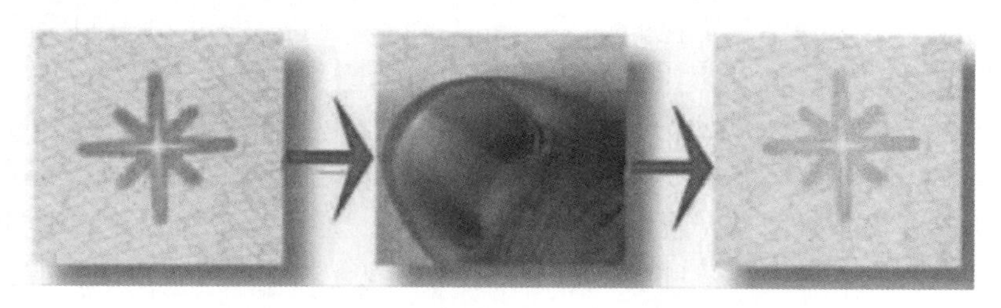

图 2-93　手感可逆热敏标签的消色示意图

为了一次获得多种变色效果，通常在油墨体系中添加两种及以上的热致变色材料。一般由低温变色的深色材料搭配高温变色的浅色材料使用，且二者变色色差不能太接近，否则难以获得较好的变色效果。图 2-94 所示为热敏显色材料的搭配使用示意。

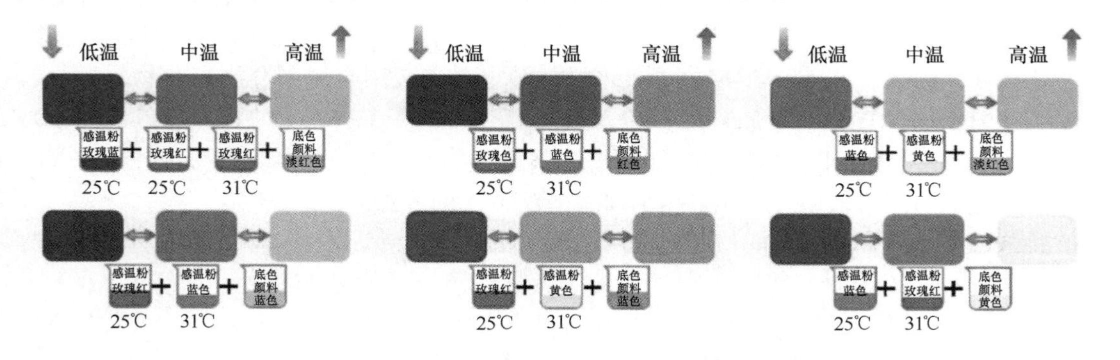

图 2-94　热敏显色材料的搭配使用示意

2.2.2.2　热敏材料的种类和变色原理

（1）不可逆热敏材料。不可逆热敏变色颜料种类繁多，常用的有镉、锶、钴、铅、镍、铬、锌、铁、镁、钡、钼、锰等的硝酸盐、硫酸盐、磷酸盐、氧化物、硫化物，以及甲基紫、苯酚化合物等，其变色原理可分为热升华、热分解、氧化、固相反应、熔融反应等。这些热敏材料的变色温度高，且大部分含有重金属元素，不符合环保标准，因此不适用于配制热敏变色油墨。能用于热敏油墨的颜料主要有铵盐、碳酸盐、草酸盐及含有易挥发小分子配体（NH_3、CO 和 O_2）的有色金属配合物或可脱结晶水的无机热敏材料，其热分解会生成新的有色物质，导致颜色发生改变。

① 升华。具有升华性质的变色颜料与填料配合显示为一种颜色，当加热到一定温度时，变色颜料由固态转变为气态，从连接料的包覆中溢出并脱离墨膜，此时墨膜只显示填料的颜色。如选用靛蓝为变色颜料、二氧化钛为填料、有机硅树脂为连接料配成油墨，加热到（240±10）℃时靛蓝升华，墨膜由蓝变白。升华是一种物理变化，升华的颜料的化学组成没有改变。

② 热分解。无论是有机物还是无机物，在一定的压力和温度下，大部分热敏材料能发生分解反应。这种分解反应破坏了材料原来的物理结构，分解产物与原物质的化学性质截然不同，呈现出新的颜色，并伴随有气体释放。如以碳酸镉为变色颜料、改性环氧树脂为连接料配制成油墨，加热至 310℃时碳酸镉分解，由白色变成黄色，再变为棕色。

③ 氧化。不少物质在氧化条件下加热可以发生氧化反应，生成与原组成不同的物质，同时产生新的颜色，达到温致变色的目的。如以黄色硫化镉为变色颜料制成的油墨，当其在空气中受热时会发生氧化反应，生成白色的硫酸镉。

④ 固相反应。利用两种或两种以上物质的混合物，在特定温度范围内发生固相间的化学反应，生成一种或多种新物质，从而显示与原来截然不同的颜色。由于固相反应远比溶液中的反应速度慢，且随着温度的升高或反应时间的延长，新物质逐渐增多，颜色是逐渐变深的，因此物质变色温度区间较宽、精确度较低。

⑤ 熔融。结晶变色颜料具有固定的熔点，在一定温度下由有色的固态物质变为透明的液态物质，外观颜色发生变化，起到温致变色的作用。如将硬脂酸铅和乙基纤维素溶液研磨成白色色浆，喷涂或印刷在深色底材上形成白色涂层，当加热至 100℃时，白色硬脂酸铅熔融而成透明的液体，随即显示出深色底材的颜色。

（2）可逆热敏材料。根据变色颜料的成分差异，可逆热敏材料可分为无机、有机和液晶三种类型。

① 无机可逆热敏材料。早期，无机可逆热敏材料多选用金属和金属卤化物（如 Ag、Cu、Zn、HgI、Pb_2HgI_4、Ti_2HgI_4 等）以及金属氧化物的多晶体（如 Fe_2O_3、PbO、HgO、VO_2 等），其中适用于低温可逆变色的热敏材料主要有银、汞、铜的碘化物、络合物及复盐类等。这类材料主要通过得失结晶水和晶型转变引起变色。

得失结晶水　含结晶水的物质加热到一定温度后失去结晶水，从而引起物质颜色的变化；一经冷却，该物质又能吸收空气中的水分，逐渐恢复原来的颜色。如红色 $CoCl_2 \cdot 6H_2O$ 在室温下稳定，遇热失去结晶水变成蓝色，在潮湿空气中又变为红色。该类材料受热迅速变色，但恢复原色需要较长的时间和较高湿度，即受环境因素影响较大。

晶型转变　无机可逆热敏材料多数具有同质多晶现象。当加热至一定温度时，某些结晶物质的晶格发生位移或重建，产生从一种晶型到另一种晶型的转变，从而导致颜色的改变；当冷却至室温时，晶型复原，颜色也随之复原。如红色正方体的碘化汞，当加热至 137℃时变为青色的斜方晶体，冷却至室温后，又恢复为原来红色的正方晶体。

② 有机可逆热敏材料。按组分的不同，有机可逆热敏材料可分为两类：一类是单一

组分变色材料，即一种化合物受热后发生组分或结构改变而引起变色；另一类为多组分复配变色材料，即一些受热时本身并不变色的化合物，当它与其他合适的化合物混合后，发生化学反应而产生热敏变色现象。有机可逆热敏材料的变色机理包括以下三种类型：

电子转移（得失）机理　具有这一变色机理的热致变色材料由电子供体、电子受体和溶剂型化合物组成。通常，电子供体和电子受体的氧化还原电位接近，当温度发生变化时，两者的电位变化程度不同，使得氧化还原反应的方向随温度改变而改变，从而导致体系的颜色发生变化。

该体系主要由发色剂、显色剂和溶剂组成。发色剂是变色材料中的电子供体，是热敏变色色基，决定复配物体系的颜色，本身不能直接产生热敏变色现象。常用的发色剂有结晶紫内酯、孔雀绿内酯、甲基红等。显色剂是变色材料中的电子受体，是引起材料变色及决定颜色变化深浅的有机化合物，常采用酚羟基化合物及其衍生物（如：双酚 A、月桂醇酸酯、8-羟基喹啉、对羟基苯甲酸苄酯、4-羟基香豆素、α-萘酚、β-萘酚等）和羧基化合物及其衍生物（如硬脂酸、己酸、对苯二甲酸、辛酸等）。溶剂决定热敏材料的变色温度，常采用醇类试剂（如正十二醇、正十四醇、正十六醇、正十八醇等）。醇类试剂具有熔点较低、价格便宜、性能稳定等优点。

pH 变化机理　某些物质与高级脂肪酸混合，当加热到一定温度时，酸中的羧酸质子活化，与物质发生反应后，颜色也随之变化，冷却后羧酸质子复原，颜色随之复原。

该体系的发色剂主要为酸碱指示剂（如酚酞、酚红等），显色剂为使 pH 发生变化的羧酸类及胺类的熔融化合物。化合物随着温度变化而熔化或凝固时，由于介质的酸碱变化或受热产生分子结构变化，从而引起颜色的可逆变化。如硬脂酸与溴酚蓝在 55℃时颜色由黄色变为蓝色，冷却至室温后颜色又复原。

分子结构变化机理　结构变化包括晶体结构或晶体常数的改变、有机化合物分子结构的变化、配合物几何构型改变等。当温度变化时，有机热致变色物质由闭环变成开环或发生分子结构异构（如顺反异构、互变异构和构象异构），主要包括酸-碱、酮-烯醇、内酰亚胺-内酰胺等之间的平衡移动，从而引起外观颜色改变。

体系分子中含有多个杂环和芳环结构的螺环化合物，如螺吡喃类、螺嗪类衍生物，俘精酸酐类、二芳杂环基乙烯类、吲哚啉唑烷类衍生物，偶氮类、席夫碱类和色酮类化合物等。这些化合物性能稳定，耐热性能好，变色明显，变色温度较低。如二乙胺四氯合铜 $[(C_2H_5)_2NH_2]_2CuCl_4$ 在室温下为绿色，在较高温度（52℃及以上）时显黄色，降温后又恢复为绿色，颜色的可逆变化主要是由结构或配位数的变化而引起的。

③ 液晶可逆热敏材料。液晶可分为近晶液晶、向列液晶和胆甾液晶。热敏变色液晶主要是胆甾醇及其衍生物，胆甾液晶分子呈扁平状，排列成层，层内分子相互平行，分子长轴平行于层面，主要依靠温度变色。多层分子逐渐扭转成螺旋线，并沿着层的法线方向排列成螺旋状结构，其周期性的层间距称为螺距，螺距起衍射光栅的作用。螺旋结构还能选择性地吸收反射光的偏振组分，呈现彩虹图像。随着温度升高，螺距逐渐变小，散射光波长向短波移动，颜色从红色变为紫色；温度降低时，颜色从紫色变为原来的红色。

2.2.2.3　热敏变色油墨在包装防伪领域的应用

近年来，假冒伪劣产品泛滥，严重损害了消费者和企业的利益。如何利用产品包装进行有效防伪，成为研究者们关注的重要课题。热敏变色油墨具有检测方便、迅速、准确、简单等优势，且不需任何特殊辅助仪器，适用于普通消费者辨别真伪，因此在烟酒、食品、饮料、药品等包装防伪领域已有深入研究和广泛应用。

郑州黄金叶印务有限责任公司采用不可逆热敏变色油墨印制的“GOLDEN LEAF”等字样，加热后由原来的红色变为白色，而图案的颜色则由原来的紫色变为白色。常德金鹏印务有限公司采用热敏变色油墨印制的图标，加热后由深红色变为无色。湖北广彩印刷股份有限公司采用热敏变色油墨印制的烟标，当加热至 50℃时颜色由绿色变为白色。因此，通过加热观察烟包印刷文字或图案颜色的变化，可以识别产品真伪。

荷兰喜力啤酒推出了一款限量版的变色冰罐，如图 2-95 所示。啤酒包装上采用热敏变色油墨围绕着喜力五星标志创建了一圈扩散光环，其在常温下显示为白色，当温度降至 0℃时变成冰冷的蓝色，直观地提醒啤友们最佳的冰饮时刻已到来。适饮温度能最大限度地保持葡萄酒的品质，充分表现葡萄酒的风味和香气。2015 年，澳大利亚威卡菲泰勒家族酒庄推出了世界首个温度感应标识，并为不同品种的葡萄酒配备了专属的温感酒标。该酒标运用了热敏变色油墨技术，酒标上的文字颜色会随着温度变化，当温感酒标的颜色和标注的适饮温度颜色一致时，就说明这瓶酒正处在最佳享用温度。

图 2-95　啤酒包装上的热敏变色效果

作为全球最知名的饮料公司之一，可口可乐在饮料包装的创新变革上可谓屡出奇招。早在 2015 年，可口可乐便在澳大利亚推出温致变色可乐包装，即在不同的温度下逐步变换色彩，兼具观赏性和趣味性。2018 年，可口可乐在土耳其推出的变色可乐罐也采用了热敏变色油墨。该设计主要被用于可口可乐和零度可口可乐的包装上，印刷图案在室温下是无色的，但冰镇后便会显现出缤纷的色彩（图 2-96）。

(a)

(b)

图 2-96　可口可乐包装的热敏变色效果

（a）室温条件　（b）冰镇条件

针对乙肝疫苗、新冠疫苗等需低温储存的药品，如果低温储存设备因停电或其他故障，导致疫苗的储存温度升高，超过允许的储存温度范围，药品就会失效甚至产生毒性作用。如果采用不可逆热敏油墨在药品包装上印上警示语或其他图样，当超过药品允许的储存温度范围时，警示语或图样的颜色就会发生变化，以提示药品已失效，从而避免对患者的伤害。2021 年 5 月，中国国药研制出了第一款携带疫苗瓶监测器的新冠疫苗，疫苗瓶上的小标签采用了热敏变色油墨印刷，会因疫苗受热而改变颜色，便于卫生工作者判断疫苗是否安全可用。

2. 2. 3　光敏变色油墨

光敏（光致）变色是在外部光刺激下实现两种物质（或分子基团）之间的可逆转变，并伴随着颜色的可逆变化，具有光敏性、自发可逆性和颜色变化三个基本特性。将光敏变色材料加入油墨体系中，在一定波长光线的照射下，因物质结构及其吸收光谱发生变化，使得印刷的图文信息发生从无色到有色，或从一种颜色向另一种颜色的转变，在另一波长的光线照射或热的作用下，又恢复为原来的颜色。光敏变色油墨具有隐蔽性好、色彩鲜艳、检验方便、复现性强、变色多样等特点，广泛应用于证件、票据及商品外包装，兼具防伪性和审美趣味性。

2. 2. 3. 1　光敏变色油墨的分类与辨识

根据光敏材料对不同光线反应程度的不同，可将光敏变色油墨分为紫外激发荧光油墨、日光激发变色油墨、红外防伪油墨等。

（1）紫外激发荧光油墨。室温下，大多数分子处于基态 S_0 的最低振动能级。基态的分子吸收能量（如光能、电能、热能、化学能等），使原子核周围的一些电子跃迁至能量较高的激发态能级。因激发态不稳定，电子通过内转换或振动弛豫回到第一激发单线态的最低振动能级 S_1，再从 S_1 跃迁回 S_0 时，能量以光的形式释放产生荧光。荧光产生必须具备两个条件：一是分子的激发态和基态的能量差必须与激发光频率相适应；二是吸收激发能量之后，分子必须具有一定的荧光量子效率。

在体系中加入紫外光可激发的可见荧光化（络）合物，可配制成紫外激发荧光油墨。其印刷图文信息在普通光下不可见，但在紫外光（200~400nm）的照射下，可发射出红、绿、蓝等可见光（380~780nm）。与激发（或吸收）波长相比，发射波长更长，即荧光光谱较相应的吸收光谱红移，产生了斯托克斯（Stokes）位移，它表示电子在回到基态以前，在激发态寿命期间能量的消耗。

根据激发光波长的不同，紫外激发荧光油墨可以分为长波（365nm）和短波（254nm）激发荧光油墨；根据外观效果不同，又可以分为有色（或变色）荧光油墨和无色荧光油墨。

有色（或变色）荧光油墨　将具有荧光特性的化合物加入到有色油墨中，经均匀混合后制得的荧光防伪油墨。使用有色荧光油墨印刷的图文，在自然光下肉眼可见，在紫光灯下观察时，原有颜色发亮或呈现出新的荧光色。

无色荧光油墨　将具有荧光特性的化合物加入到透明光油中，均匀混合后所制得的荧光防伪油墨。使用无色荧光油墨印刷的图文，在自然光下肉眼不可见，但在紫外光下观察时，呈现荧光色。图 2-97 中，无色荧光油墨在紫外光下发射明亮的红光。

(a) (b)

图 2-97 无色荧光油墨在不同光照下的显色效果

（a）自然光 （b）365nm 紫外光

（2）日光激发变色油墨。在体系中加入有机光敏材料，制成的日光激发变色油墨在太阳光或紫外光照射下发生颜色改变，但撤离光源后又能恢复原色。这种油墨表面上看是由于阳光作用而变色，实质上也是受紫外光照射而发生颜色变化。油墨中的光敏材料是一类无色的同分异构体有机物，其中含有仅吸收紫外光的两个定域 π 键系统。当光敏材料分子中的—CY ═O 被 300～360nm 波段的紫外光激发而分解时，这两个定域 π 键系统可变成一个离域的 π 键系统，从而吸收某种可见光，产生对应的补色色彩；当移去外界刺激（太阳光或紫外光）后，光敏分子回到原来的基态，伴随着颜色复原。

日光变色油墨在印刷后不需要检测仪器，只需将印制的图文信息置于太阳光或紫外光下，数秒内迅速显色，避开日光或紫外光后颜色逐渐消失，重复上述操作可反复鉴别。图 2-98 所示为日光激发变色油墨印品在室内灯光和日光下观察时的显色效果。

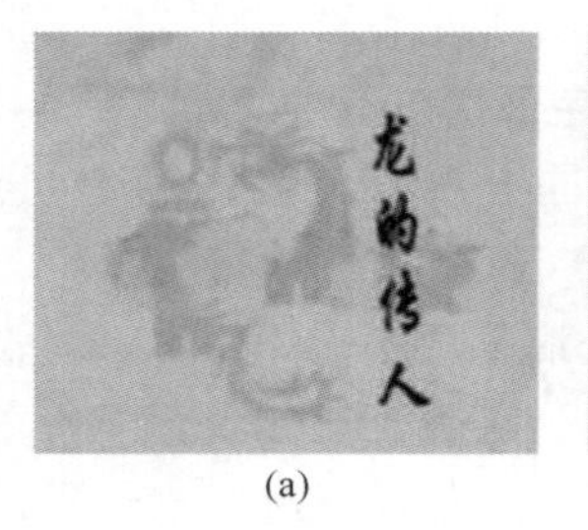

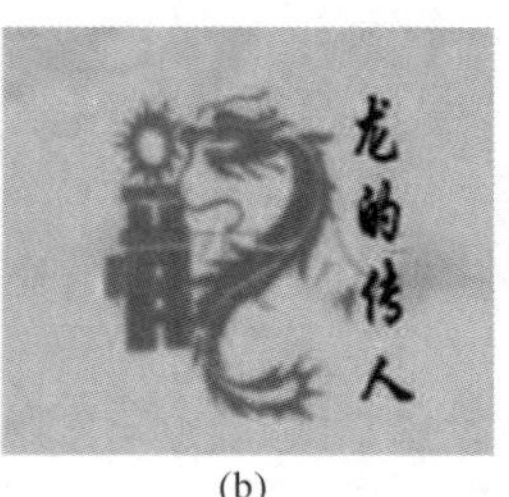

(a) (b)

图 2-98 日光激发变色油墨印品在不同光照下的显色效果

（a）室内灯光 （b）日光

（3）红外防伪油墨。该油墨是指经红外光照射而产生变化效果的一类防伪油墨，具有防伪性能强、技术难度大、使用简单等特点，几乎不受印刷条件限制，适用于票据、证券、商标等的防伪印刷。按油墨对红外光的响应效果不同，可将红外防伪油墨分为红外吸收油墨、红外透光油墨和红外激发荧光油墨。

① 红外吸收油墨。该油墨是将红外吸收材料分散或溶解于油墨体系中而制成。该油墨印品在自然光下观察不到任何特殊的暗记，但在近红外光下，由于红外吸收材料在近红外光谱区（780～1400nm）具有最大的吸收峰，借用检测仪器或镜片即可观察到黑色的防伪标记，识别特征明显，真伪判断准确（图 2-99）。该油墨可用在各种证券、票据上进行隐形条码的印刷，具有检测方法简单、印刷简便、防伪性能好、隐蔽性强等优点。

(a) (b)

图 2-99 红外吸收油墨印品在不同光照下的显色效果

（a）自然光下 （b）红外光

近红外吸收材料多数是大分子有机化合物，如酞菁类、萘酞菁类、蒽酞菁类、二亚胺类、铵类、含金属靛苯胺类、含金属离子的配合物类以及多次甲基类物质。在选择近红外吸收材料配制油墨时，应注意以下几个问题：

红外吸收特性　材料的最大吸收峰值与检测光源的最大发射峰值须相近，使得在加密材料用量较少的情况下，也能确保在鉴别时有较深的黑色防伪标记显现。

优先选用自身颜色浅、拼色方便的近红外吸收物质　一些酞菁类染料或颜料，在可见光下呈现较深的蓝色或绿色，检测时虽然也会出现黑色的防伪标记，但两者色差小，为真伪辨识增添了难度。

溶解和分散稳定性　有些近红外物质难溶于多种溶剂，当把它们转化成相应的盐类或络合物之后，能溶于某些溶剂，可以改善其在油墨中的分散性。

② 红外透光油墨。红外透光油墨能让 850nm 以上的近红外光透过率达 80%以上，而遮挡可见光和紫外光，承印在 PC、PVC、PET 等塑料片材或透明玻璃上的图案和文字在自然光下为纯黑色，但在红外光下为无色透明，主要用于电容式触摸屏、遥控等电子产品红外光信号接收的窗口印刷。采用红外透光油墨可伪装黑色墨进行防伪，或印制色块遮挡普通四色墨图案，因可见光被屏蔽，只有红外光才能透过，因此在红外摄像头下才能看清色块下的内容（图 2-100）。

图 2-100　红外透光油墨印品在红外摄像头下的显色示意

③ 红外激发荧光油墨。在透明油墨体系中加入转换材料，可配制成红外激发荧光油墨。其印刷图文信息在普通光下不可见，但在近红外光（如 980nm 近红外光）的照射下，可发射出红、绿、蓝等可见光。材料受到长波长（低能量）的光激发，发射出短波长（高能量）的光，即荧光光谱较相应的吸收光谱蓝移，这种现象称之为反斯托克斯效应。图 2-101 所示为红外激发荧光油墨在自然光和 980nm 近红外光激发下的显色效果。该油墨借助近红外检测仪器可观察到鲜艳的荧光效果，具有防伪程度高、保密性强、检测简单、印刷简便等优点，广泛应用于钞票、有价证券、烟包等高档产品防伪。

(a)　(b)

图 2-101　红外激发荧光油墨在不同光照下的显色效果
（a）自然光　（b）980nm 近红外光

2.2.3.2　光敏变色材料的种类和变色机理

光敏（光致）变色材料在光照或加热条件下能够发生可逆的颜色变化，在光学存储器、分子开关、生物荧光探测、非线性光学材料及防伪等方面都有广泛的应用。根据元素组成的不同，光敏变色材料主要包括无机荧光材料、稀土有机配合物、有机荧光材料、碳点、量子点等。

（1）无机荧光材料。无机荧光材料主要由基质、激活剂、敏化剂和助溶剂构成。基质通常由位于元素周期表中ⅠA 族的锂、钠、钾，ⅡA 族的镁、钙、钡，或ⅡB 族的锌、镉等的硫化物、氧化物、钨酸盐、硅酸盐、氟化物等组成；稀土离子或重金属离子作为激活剂；敏化剂能使原有的发光增强；助溶剂有助于激活剂在基质中更好地扩散。

无机荧光材料发光体系包括基质晶格和发光中心。发光中心主要包括稀土离子和过渡金属离子，因其电子构型中存在未填满的4*f*轨道，可以实现能级之间的电子跃迁。稀土离子中*f*–*f*或*f*–*d*壳层的跃迁和过渡金属离子中*d*壳层的跃迁是荧光产生的根本原因。在外界光刺激下，基质晶格或敏化剂吸收激发光能量并传递给发光中心，发光中心的电子受激发后由基态跃迁到激发态，然后通过辐射跃迁从激发态返回基态并发射荧光，同时也伴随着一部分非辐射跃迁，将能量以热能的形式释放到邻近的晶格中。

无机荧光材料具有吸收能力强、转换率高、物理化学性质稳定等特点，其制备方法主要包括高温固相法、溶胶–凝胶法、化学共沉淀法、水/溶剂热合成法、微波辐射法、燃烧合成法等。近年来，随着纳米科技的进步，无机纳米荧光材料的制备和应用逐渐成为研究的热点。

（2）稀土有机配合物。有机配体以多种形式（如单齿、螯合双齿等）与稀土离子配位，形成的稀土有机配合物具有结构和种类多样性，赋予其独特的电、光、磁、热等性能。将稀土配合物作为荧光颜料制成的防伪油墨，具有stokes位移大、发射光谱窄、色纯度高、制备简单、稳定性好等优点，其印迹在日光下观察无色，在紫外光下呈现稀土离子的特征荧光，广泛应用于钞票、有价证券、商标等防伪领域。

虽然稀土离子的光致发光是一种有效的过程，但由于三价镧系元素离子的摩尔吸光系数较小以及*f*–*f*跃迁的禁阻作用，导致只有极少量的辐射被吸收，从而产生强度较弱的稀土元素发光。弱光吸收的问题可以通过天线效应（或敏化）来克服，即有机配体吸收外界光能，电子从基态S_0跃迁到激发单重态S_1，经过内转换和系间蹿跃到最低三重态T_1，再通过非辐射跃迁将分子内的能量传递给稀土离子，由稀土离子的荧光振动能级向基态跃迁而产生特征荧光。图2–102所示为稀土有机配合物的发光机理示意图。

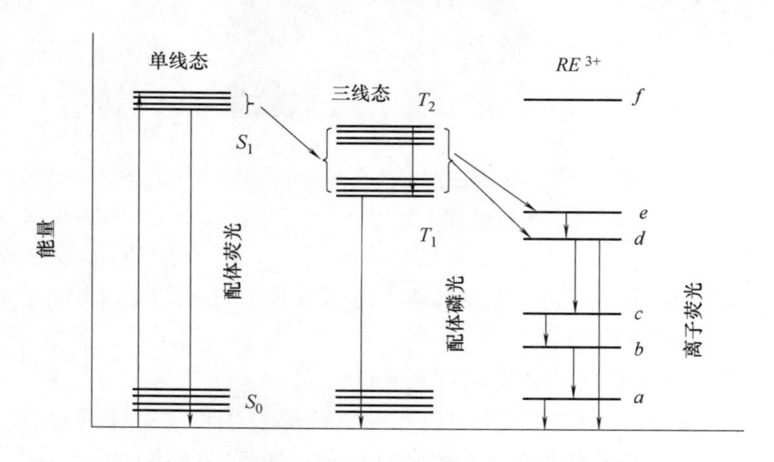

图2–102　稀土有机配合物的发光机理示意图

稀土有机配合物材料具有制备简单，易细化，在油性介质中分散性好、溶解性好、稳定性高等优点，但成本较高。要使配体能够有效地将激发态的能量传递给稀土离子，理想的稀土配合物应具备以下特点：配体有较好的吸光强度；从配体至稀土离子的能量传递效率要高；稀土离子发射态的能量要适当，且寿命要合适。目前，从稀土配合物的发光角度出发，主要选择 β-二酮类、有机羧酸类和大环类配体来合成稀土发光材料。

（3）有机荧光材料。有机荧光材料是一类由 C、H、O、N、S 等元素组成的化合物，多带有共轭结构或荧光发色团，相比无机材料体现出更高的发光效率，兼具颜色可调、污染性小、易于修饰、成本低廉等优点，在传感、显示、检测、防伪等领域展现出了良好的应用前景。根据在不同分散状态下的荧光性质差异，有机荧光材料大体可以分为聚集诱导荧光猝灭分子、聚集诱导发光分子以及极少数在聚集状态和分散状态都具有强荧光的分子。

光致变色过程中，显色基团发生顺-反异构（如偶氮苯类、对称二苯代乙烯类和半硫靛类等），或者开-闭环间的切换（如螺吡喃、二芳基乙烯、噻吩俘精酸酐类等），这直接导致了分子几何结构的变化，使对应化合物的极性和电荷分布发生转变。常见的有机光致变色材料体系包括偶氮苯、螺吡喃、二噻吩乙烯、噻吩俘精酸酐、二芳基乙烯等。

① 偶氮苯。这是一类历史悠久、应用广泛的光致变色材料，具有合成简单、易于衍生、光致变色迅速、光致构象变化大等突出优点。由于分子中含有—N—N—、形成顺反异构结构而引起变色，即在光或热的作用下会发生分子构象顺式和反式之间的互变，反式结构一般比顺式结构更稳定，如图 2-103（a）所示。偶氮苯也有不足之处，比如顺反构型转变不完全、抗疲劳性差等。

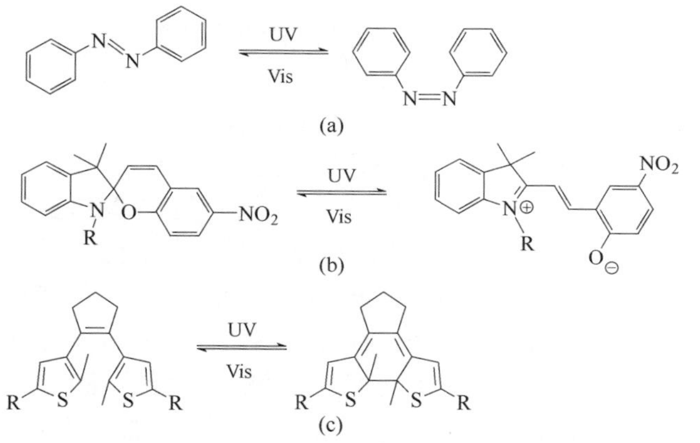

UV / Vis
(a)
UV / Vis
NO_2
(b)
UV / Vis
(c)

图 2-103　有机光致变色材料的变色机理
（a）偶氮苯　（b）螺吡喃　（c）二噻吩乙烯

② 螺吡喃。它是研究和应用最早、最广泛的光致变色体系之一。在紫外光照射下，无色螺吡喃的 C—O 键断裂开环，分子局部发生旋转且与吲哚形成一个共平面的部花青结构而显色，吸收光谱相应红移。在可见光或热的作用下，开环体又能恢复到螺环结构，如图 2-103（b）所示。除了构象有巨大变化外，过程中还伴随着正负电荷的分离，光谱变化也十分明显。正是由于正负电荷的分离，使得开环结构的螺吡喃可以具有结合或脱去质子，以及和金属离子形成络合物的能力，大大拓展了其应用领域。然而，螺吡喃类光致变色材料面临的最大问题是光稳定性较差，尤其是在强光照射下，其抗疲劳性有明显不足。

③ 二噻吩乙烯。相对于偶氮苯和螺吡喃，二噻吩乙烯的性能显得更加优良。其在不同光照射下发生开闭环的可逆变化［图 2-103（c）］，不论是溶液态还是固态，其响应速度都非常快。同时，其衍生物通常具有较好的抗疲劳性和热不可逆性。

④ 噻吩俘精酸酐。这类材料的光致变色源自分子内的三元烯结构在光辐照下的可逆光化学环化。当组成碳碳双键的碳原子被取代，并且化合物中存在一个芳杂环时，其光致变色反应过程受热不可逆。二芳基乙烯类材料与之相似。图 2-104 所示为二芳基乙烯和噻吩俘精酸酐的光致变色机理。

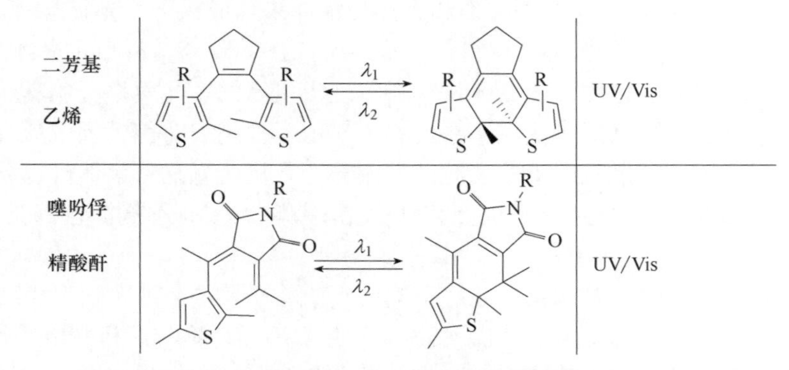

图 2-104　二芳基乙烯和噻吩俘精酸酐的光致变色机理

传统有机荧光材料的光、热稳定性及机械加工性能较差，且容易发生荧光淬灭现象，部分荧光材料还有毒副作用等。由于光致变色材料的广泛应用前景及传统光致变色材料所面临的各种问题，使得新型光致变色体系的构建受到越来越多的关注。

（4）碳点。碳纳米颗粒中尺寸小于 10nm 的类球形结构通常被定义为碳点，这是近年来发现的一类具有独特光学性能的新型环保碳纳米材料。碳点主要由 C、O、H、N、S、P 等元素组成，包含 sp^2/sp^3 碳和含 O/N 等表面官能基团或类聚合物结构。按结构不同，碳点被系统地划分为碳纳米点、碳聚合物点和石墨烯量子点。

碳点的光致发光现象是目前研究最为广泛的发光性质。在紫外可见吸收光谱 230nm 左右处会出现强烈的吸收谱带，这是由碳点 C ═C 官能团的 π—π * 跃迁引起的。关于 C ═O 官能团引发的 n—π * 跃迁，则会在约 320nm 处展现一个肩峰。此外，碳点的紫外可见吸收光谱也会扩展到可见光区域，这可能是其表面丰富的官能团、表面缺陷及分子态共同协作导致的。多种因素对碳点吸收带都会产生影响，最终导致了碳点的发光多样性。当碳点受到紫外-可见光激发后，其内部电子吸收光能量从基态跃迁到激发态，受到激发的电子通过内转换或系间蹿跃等过程发生辐射跃迁，过程中伴随着荧光或磷光现象。

由于原料来源广泛、合成方法多样性，碳点呈现出多色发光性质。碳点的荧光现象作为最引人注目的性质，已被广泛应用在环境分析、生物传感、光催化降解及光学信息防伪等多个领域。

（5）量子点。量子点是一种非常理想的荧光材料，其粒径一般为 1～10nm。由于量子点尺寸极小，载流子（电子、空穴）的运动受到限制，量子限制效应特别显著。因此，量子点通常显示出与相应的体相材料不同的物理和化学性质，如宽的激发光谱、窄且对称的发射光谱、发射波长可控、发光效率高及不易发生光漂白等。

当量子点的尺寸减小时，电子结构由连续的能级结构变为具有分子特性的分立能级结构。当受到光或电的激励时，量子点基态（价带）上的电子吸收光能量后被激发，跃迁至激发态（导带），而在价带上则会产生与被激发电子对应的空穴。此时，处于激发态的部分电子和空穴很容易形成激子（电子-空穴对），当电子从激发态回到基态时，与价带上的空穴复合并发出明亮的荧光，图 2-105 所示为量子点的发光机理。

激子复合发光过程主要有以下三种情形：①带边发光。导带的激发态电子直接与价带的空穴复合发光；②缺陷态发光。激子复合发光来自于半导体带隙中缺陷态电子的跃迁和弛豫过程；③杂质能级发光。量子点带隙中的局域杂质俘获电子，通过杂质能级作用产生激子复合发光。这三种情形同时存在，但带边发光占主导地位。因此，量子点材料自身的表面缺陷较多，其发光效率将会显著降低。

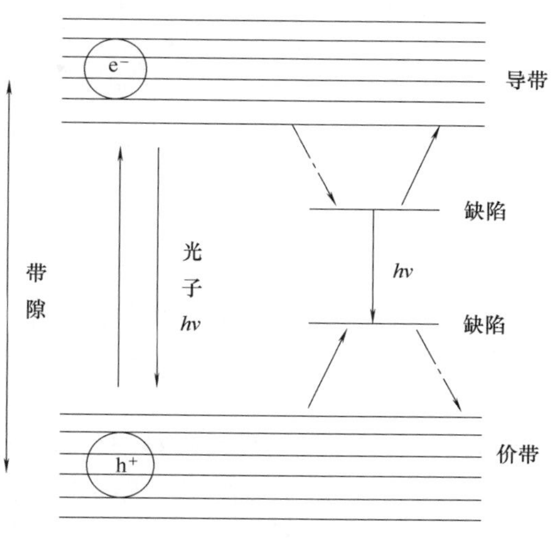

图 2-105　量子点的发光机理

目前，在量子点合成中广泛采用化学方法，主要包括化学共沉淀法、溶剂热法、微乳液法及模板法等。其中使用较广泛的是两种方法：一种是在有机溶剂中利用胶体化学的方法合成油溶性的量子点，另一种则是直接在水溶液中合成水溶性的量子点。

2.2.3.3　光敏变色油墨在防伪领域的应用

光敏变色油墨具有隐蔽性好、防伪力度佳、颜色鲜艳等特点，适合任何印刷方式（如胶印、丝印、柔印、凹印、喷涂、移印、盖印等）和多种承印材质（如纸张、塑料、金属、玻璃、陶瓷等），是现代防伪印刷中应用较多的防伪油墨之一，适用于钞票、邮票、有价证券、证卡，以及烟酒、药品、化妆品等包装印刷防伪领域。

荧光油墨被广泛应用于纸币印刷，配套使用廉价的紫外光或红外激光笔即可鉴别真伪。有色荧光油墨常用在纸币某个固定的位置或某种花纹图案上，在紫外光下呈现出另一种鲜亮奇妙的色彩；无色荧光油墨印刷的钞票“暗记”，自然光下隐形不可见，用紫外光照射却会闪现美丽的图案。我国从第四套人民币开始采用荧光防伪，是我国纸币印刷技术走向国际化的开端。

随着现代印刷技术的发展，邮票印制也逐步采用了紫外荧光油墨、双波隐形紫外荧光油墨、荧光加密防伪油墨、荧光喷码等防伪技术，饱含着丰富的观赏性、科学性和较高的防伪技术含量。中国邮政于 2020 年 1 月发行了《北京 2022 年冬奥会吉祥物和冬残奥会吉祥物》纪念邮票。“冰墩墩”的黑色图案和“雪容融”的红色图案部分均采用了紫外激发红色荧光油墨（图 2-106）。

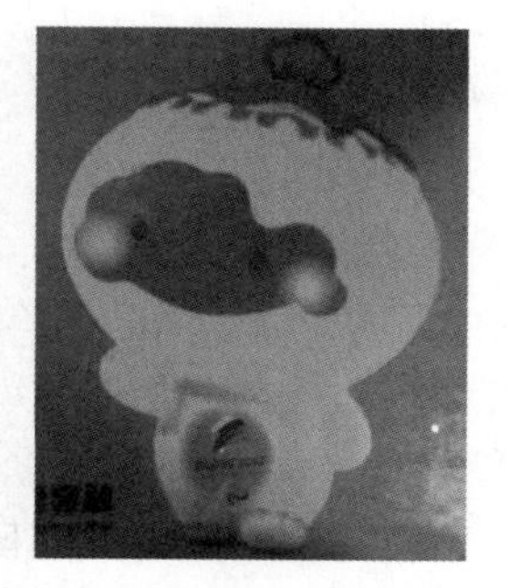

图 2-106 《北京 2022 年冬奥会吉祥物和冬残奥会吉祥物》邮票局部图案在紫外光下的荧光效果

光敏变色油墨应用在烟酒、茶叶、化妆品等包装装潢、产品标签上，不仅可以彰显包装的艺术表现力，提高商品档次，更能突出防伪作用。在外界光刺激下，光敏防伪标识呈现防伪特征，便于消费者识别真伪。如2004年上半年起，茅台酒封口标“作废标”停止使用，其底层“作废”字样改为“方格”图形，在紫外光照射下呈现为蓝白相间的方格。

2.2.4 湿敏变色油墨

湿致变色是指当材料吸收空气中的水分后导致结构发生变化，从而使材料的吸收光谱发生变化，伴随着颜色发生改变的现象。将湿敏变色材料添加到体系中制得湿敏（遇水）变色油墨，通过水滴和油墨的相互作用，使其承印的文字或图案显像或隐藏。这种防伪技术是在滴水过滤技术的基础上研制开发的，利用选择性的辐照和蚀刻，在标识的局部制作半透明的微孔，采用光敏变色油墨印制特定的图案，鉴别时将一滴水涂于图案上，图案立即消失，水干后图案复原。因此，该油墨须保存在干燥、室温下，以及密闭空间中。

2.2.4.1 湿敏变色油墨的分类和特点

根据变色效果不同，可将湿敏变色油墨分为可逆消色油墨和不可逆湿敏扩散油墨。

（1）可逆消色油墨。该油墨也称为遇水变透明油墨，其承印的图案或文字，滴水后颜色由白色变为无色，水分挥发后恢复原色，通常采用丝网印刷。

（2）不可逆湿敏扩散油墨。该油墨也称为遇水扩散油墨，有蓝、绿、红、黄、黑等颜色，其承印的图案或文字，遇水后逐渐渗透、扩散，变为模糊状态，干燥后扩散的颜色不能复原，具有不可逆特性。该油墨通常采用丝网和凹版印刷，承印的标识被检测后不能重复使用，常用于检测手机电池、电器等商品是否进水。

2.2.4.2 湿敏变色材料的种类和变色机理

湿敏变色材料是指材料颜色随湿度变化而变化，当湿度恢复到初始值时，材料颜色恢复或不再恢复的一种新型功能材料。按元素组成不同，湿敏变色材料可分为无机湿敏变色材料和有机湿敏变色材料。

（1）无机湿敏变色材料。无机湿敏变色材料一般由钴盐、无机铜盐或铁盐制成。在20世纪40年代，美国Paul等人利用钴盐和硅胶研制了一系列无机湿敏变色材料，通过氯化钴在不同湿度环境下水合程度的不同而改变颜色，用于指示包装内部湿度。2015年，湖北凯越印刷包装有限公司以钴或镍离子氯化物结晶水合物为变色材料，将其以分子状态填充于快速吸湿材料的纳米孔中，由于不同价态的离子对光的选择性吸收作用，其对空气湿度敏感，从而具备响应快速、变色可逆、速度可调等特点。然而，氯化钴被欧盟认定为二级致癌物，随后这类湿度指示材料在欧美被禁止生产并逐步被淘汰。其后各国的研究者、制造商一直在寻找能够在功能上替代氯化钴的新材料。

（2）有机湿敏变色材料。将显色剂、变色剂、吸湿剂、填料等按一定的配比混合在一起，研磨均匀至混合物颜色不再发生变化，即可制得有机湿敏变色材料。其中，显色剂和变色剂是最重要的组成部分。

① 显色剂。显色剂提供质子或接收电子，使湿敏变色体结构发生变化，从而导致色泽的变化。显色剂一般选用布朗斯特酸或碱，如硼酸（H_3BO_3）是一种无机弱酸，其显酸性是由于B原子的缺电子结构与水结合后解离出H^+，具有无毒、在空气中稳定的优点。

② 变色剂。常见的变色剂主要为醌类、苯酞类、荧烷类、三苯甲烷类等有机染料。百里香酚蓝和甲酚红这两种三芳基甲烷染料是常用的酸碱指示剂，它们能够通过得失质子形成醌式结构和内酯式结构，并显示不同的颜色。

③ 吸湿剂。吸湿剂用于优化变色的敏锐性和变色效果，多采用碱金属或碱土金属的卤化物等易潮解的材料，如硅胶、氧化铝、硅藻土等物质具有大量的微孔结构，常用作催化剂的载体，对水有一定的吸附能力，并能起到一定的分散作用。

④ 填料。填料对样品的色泽、复色时间具有一定的影响。如以硅藻土和碳酸钙为填料时，试样的复色时间较短且比较接近；以硅胶作为填料时，复色时间适中，且样品的色泽最艳丽。此外，填料的用量要适中。若用量太少，样品的颜色较深，不够鲜艳，变色不明显；若用量太多，会使样品颜色变浅，变色灵敏度下降。

甲酚红是一种常用的酸碱指示剂，具有变色范围窄（变色 pH 范围为 7.2~8.8）、变色敏锐等优点。以甲酚红为变色剂、硼酸为显示剂制作湿敏变色材料，当环境的湿度上升时，样品含水量增大，硼酸能结合的水分子增多，从而电离的 H^+ 增多，甲酚红结合质子形成酸式（内酯式）结构［图 2-107（a）］，样品显示为黄色；当环境的湿度下降时，样品含水量降低，H^+ 电离受阻，甲酚红失去质子形成碱式（醌式）结构［图 2-107（b）］，样品显示为红色。

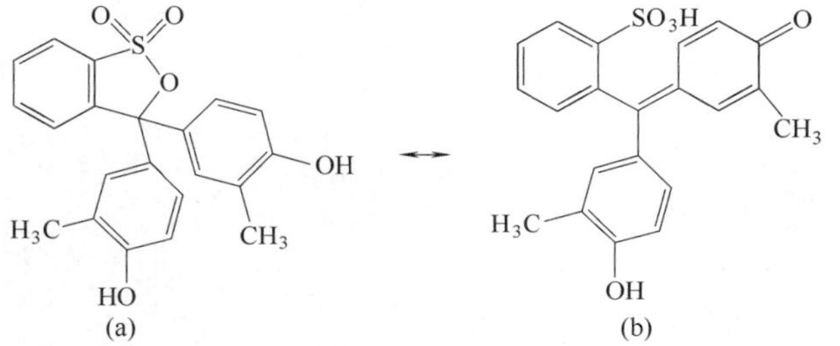

图 2-107　甲酚红变色结构示意图

（a）酸式（内酯式）结构（黄色）　（b）碱式（醌式）结构（红色）

2.2.4.3　湿敏变色油墨在防伪领域的应用

湿敏变色油墨是目前国内在防伪检测方面最为简单、最易操作的一种材料防伪技术，适用于高档烟酒、珠宝、食品、药品、保健品、日化用品、电子产品、新闻出版等各行业和领域，在湿度探测、喷墨打印、指纹检测、防伪等众多领域具有广泛的应用前景。

随着白酒市场的进一步发展，产品竞争日趋激烈，假冒伪劣产品层出不穷。湿敏防伪标签可重复使用，在保证防伪技术安全性和可靠性的同时，兼顾消费者识别方便、快捷的理念，已在河南卧龙酒、泰山特曲、汾酒等多种酒类产品中成功应用。如图 2-108 所示，河南卧龙酒的酒盒或瓶盖封口贴是一张湿敏标签，使用水、白酒等无色液体浸湿标识表面后，可快速显示“真”字样，水干复原，可无限次重复鉴别，难以仿制。

医药、保健品行业假冒伪劣商品横行，严重损害企业利益，危害企业品牌发展，甚至伤害消费者的健康。湿敏材料的特殊性，生产设备的专有性，生产工艺的复杂性，决定了湿敏变色油墨具有特殊的防伪功能，已被同仁堂、哈药六厂等多家制药企业采用。图 2-109 中安宫牛黄丸的封口贴是一张湿敏标签，当采用无色水性液体涂抹时，整版会立刻显现出丰富多彩的信息。

2.2.5　压敏变色油墨

压致变色现象是压力作用改变了分子的构象或排列方式导致的。压敏变色油墨是指在

图 2-108　湿敏标签的变色效果

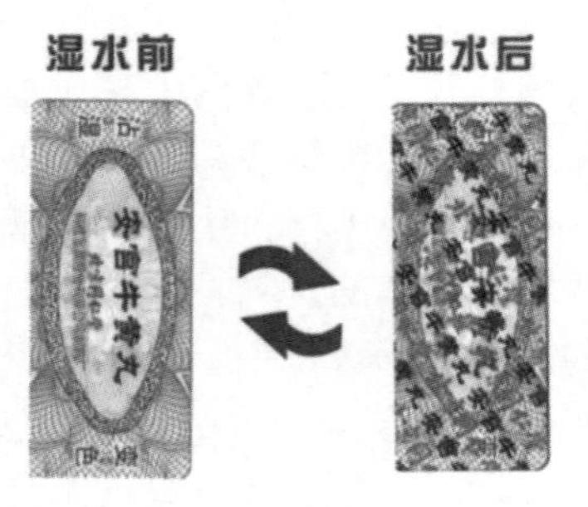

图 2-109　封口贴的湿敏变色效果

油墨体系中加入具有压致变色性质的化合物或微胶囊，即将压敏材料分散或溶解在不挥发油中，将敏感剂材料做成微胶囊，与相应的显色剂混合使用，其承印的有色或隐形图文，受硬质对象或工具的摩擦、按压时，发生化学的压力色变或微胶囊破裂导致染料变色，故又称之为压致变色油墨、刮刮显油墨或硬币刮显油墨。

图 2-110　压敏变色标签的显色效果

压敏变色油墨有白色和无色之分，压致显色有黑、红、绿、蓝、紫、黄等多种颜色，可根据需求进行选择和设计。图 2-110 所示为压敏变色标签的显色效果，即采用硬币刮擦后，图文区域显现黑灰色印迹，非图文区域显示为纸张本色，从而形成黑白对比色，以此验证产品真伪。

2.2.5.1　压敏材料的种类及反应机理

压敏材料是一种在外界压力刺激下，本身颜色发生变化的一类智能材料。根据发光原理的不同，压敏材料主要包括压致磷光变色材料和压致荧光变色材料。其中，压致荧光变色材料由于具有光稳定性好、易于修饰与合成、种类繁多等优点，且在微弱外力刺激下即可变色，被广泛应用于传感、记忆芯片、防伪油墨等领域。

压致荧光变色材料的变色机理主要集中于两个方面：①化学反应引起的变色，即化合物在外界压力的作用下，分子结构发生改变从而导致受力前后化合物颜色的变化；②物理堆积模式改变引起的变色，即当外力改变时，材料本身不发生化学变化，只发生分子堆积模式、构象及分子间相互作用的改变，从而引起颜色的变化。这种方法不仅克服了化学反应型压敏材料存在的反应不完全及易发生副反应等缺陷，而且形态变化通常是可逆的，通过热退火、溶剂熏蒸等可以使其恢复到原始状态，在存储设备、压力指示器、安全墨水等诸多领域具有更重要的应用价值。

压敏材料常作为发色剂用于防伪油墨或功能涂料中。压敏染料是功能性染料中发展较为成熟的一类，就其化学结构而言，涉及 60 多个体系、300 多种化合物，按其结构主要分为聚合物类、四苯乙烯类、乙烯基蒽类、氰基苯乙烯类、金属配合物类、有机硼配合物类等。其中，四苯乙烯类、乙烯基蒽类和氰基苯乙烯类是典型的具有聚集诱导发光（aggregation-induced emission，AIE）或聚集诱导发光增强（aggregation-induced enhanced emission，AIEE）效应的化合物。

（1）聚合物类压敏染料。按制备方法不同，可将聚合物类压敏材料分为两大类：

① 染料-聚合物共混型。外界压力刺激下，分散于聚合物基体中的染料分子的聚集结构发生改变，伴随着材料光谱性质和颜色的变化。这类材料的优点是制备方法简单，且体系中大分子的化学结构在受力前后保持不变。

② 染料-聚合物共价键合型。变色基团通过共价键连接到聚合物的分子链上，外界压力刺激会诱使染料分子发生原子尺度选择性化学转变（如断键、异构化等），进而导致材料光学性质和外观颜色的改变。如无色的二芴基丁二腈在压力作用下，分解成两个稳定的氰基芴自由基（粉色）。利用缩聚反应将二芴基丁二腈引入聚氨酯主链中，同时加入丙烯酸类单体调聚。制备的聚氨酯弹性体受力后释放出氰基芴自由基，从而引发丙烯酸酯聚合和聚合物交联反应。当用 300MPa 的力挤压聚合物时，未受到挤压的部分显示为无色，而被挤压的部分呈现为粉红色，且这种粉红色在 30min 左右褪去。

（2）四苯乙烯类压敏染料。四苯基乙烯基化合物具有大共轭体系，其分子的四个苯环连接在同一个孤立的双键上，空间位阻的存在使得苯环之间相互扭曲，因而分子呈螺旋桨形状（图 2-111）。这种特殊的扭曲构象结构，使其很难在结晶状态下紧密堆砌，导致结晶结构容易在外力的作用下发生改变，致使其分子能级水平和发光光谱发生变化，产生压致发光变色现象。该类化合物发光性能优良、合成简便。

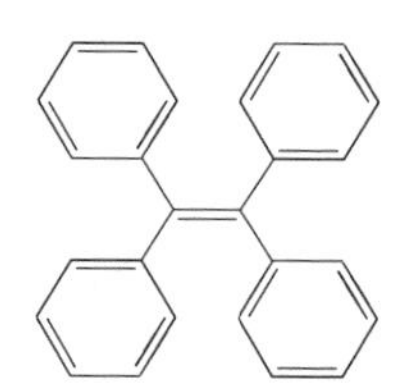

图 2-111　四苯乙烯结构式

（3）乙烯基蒽类压敏染料。二苯乙烯基蒽及其衍生物具有结构简单、易合成、性能优异等优点。应用中主要通过直链烷基链进行修饰，调节分子的扭曲程度和分子间的堆积模式，使之具有良好的压致变色性能。

（4）氰基苯乙烯类压敏染料。氰基苯乙烯及其衍生物具有的特殊 π—共轭结构，易于合成、修饰，并且在聚集态分子间存在 π—π 相互作用。分子内旋转受阻和 π—π 相互作用是染料分子在聚集状态下发光增强的主要原因，氰基基团的引入提供了较大的位阻，其电子效应也影响机械力刺激下的变色行为。

（5）金属配合物类压敏染料。金属配合物具有磷光性质独特、发光性质调控灵活、易构筑双重或多重发射体系等特点，在压致变色材料中蕴含巨大潜力。近日，暨南大学与吉林大学合作设计并合成了一例具有双发射的吡唑环三核亚铜配合物，在不同的反应溶剂中形成不同的分子堆积形式，并对压力产生了截然不同的响应，表现为较为罕见的压致磷光增强效应。

（6）有机硼配合物类压敏染料。有机硼配合物具有摩尔消光系数大、光稳定性好、荧光量子产率高等优点，在刺激响应功能材料领域已成为一类重要的分子体系。含硼化合物易于合成和修饰，通过向其分子体系中引入功能基团，可获得多功能的材料，其压致变色机理通常源自晶态到无定形态的可逆转变。

2.2.5.2　压敏型微胶囊技术

微胶囊是指由天然或人工合成的高分子材料研制而成的具有聚合物壁壳的微型容器或包装物，其大小在几微米至几百微米范围内（直径一般为 5~200μm），需要通过显微镜才能观察到。微胶囊技术是一种将成膜材料（如热塑性高分子材料）作为壳物质，固体、液体或气体为芯物质，包覆成核壳形态结构的胶囊，壳的厚度一般为 0.2～10μm。这种核壳结构的微胶囊具有保护性和阻隔性，使芯物质既不会受到外界环境的侵入，又不会向外界逸出。

微胶囊由芯材和壁材构成。芯材通常是需要被包覆的一些待反应的物质，如有机溶剂、增塑剂、生物材料、食品、农用化学剂、泡胀剂、防锈剂等。壁材通常为天然或合成的高分子材料，且应具有好的成膜性和无色的特点。当作用于微胶囊的压力超过一定限度后，胶囊壁破裂并释放芯材物质。由于环境的变化，芯材物质产生化学反应而显色或产生别的现象。

压敏型微胶囊的制备技术主要经历三个发展阶段：复合凝聚法、界面聚合法和原位聚合法。1954 年，美国国家收银公司（NCR）首次使用带相反电荷的溶胶，在分散的染料颗粒上复合凝聚，标志着微胶囊技术最早应用于无碳复写纸。利用此法制备的微胶囊实际上就是压敏材料的微胶囊化。

压敏型微胶囊可以应用于印刷技术，称为压敏印刷。制备的微胶囊印刷品一般由两层组成。在第一层背面粘（印）上多色的微胶囊颜料（油墨），由于不同颜色的微胶囊壁厚和强度不同，开始破裂时的压力大小也不同；第二层是由纸或其他材料制成的基底层，当第一层背面的颜料（墨膜）微胶囊被压破时，在第二层的相同区域染上印迹，还可根据印刷品表面的显色来判断在不同部位的施力情况。

2.2.5.3 压敏变色油墨在防伪领域的应用

由于压敏变色材料在压力作用下能够发生肉眼可辨的颜色变化，因此采用压敏变色油墨印制一些价值较高的物品（如纸币、票据、商标等），再通过外力使这些特有的材料发生变色，可以达到防伪的目的。

压敏变色油墨由于隐蔽性好、显色直观、辨识简易等，可在票据、证券等商业防伪产品表面满版或局部印刷特定的文字、符号、logo、标识等信息。使用前，该防伪油墨的印迹几乎不能被观察到，因此不影响防伪产品的外观设计；当使用硬币或其他金属物进行刮擦验证时，产品上显示出相应的隐藏信息（图 2-112）。

图 2-112　压敏变色油墨在票证上的应用效果

通过传统印刷或涂布工艺，将压敏变色油墨印制在纸张上，可大规模、标准化生产具有个性化定制功能的防伪办公用纸。如图 2-113 所示，该防伪纸采用硬币或其他金属物品刮擦，即可显示出隐藏的“VALID”字样，辨识简单、快捷、直观。

包装容器将产品的储存、运输、销售变成了现实，而标签提供了指引和帮助人们正确认识和使用产品的信息，同时也有美化整体包装的功效。压敏标签操作便捷，并且具有良好的图像再现能力，其应用非常广泛，如各类包装盒、瓶体标签、电子标签、商超价格和条码标签、运输追踪使用的标签等。如图 2-114 所示，在包装盒局部印刷隐形的压敏防伪油墨和验证指引信息，消费者在购买相关产品之后，即可进行真伪验证，方便有效。全球压敏标签技术领导者艾利·丹尼森推出了一种可再封压敏标签，帮助包装供应商实现消费者对包装可再封的诉求。加拿大莫霍克学院（Mohawk）与芬欧蓝泰标签（UPM Raflatac）以可再生禾草和麻类为原料，合作开发了可持续压敏标签，可用于葡萄酒、烈酒和手工制作饮料的终端产品，也可用于食品和零售行业。

图 2-113　防伪办公用纸的金属刮擦显色效果

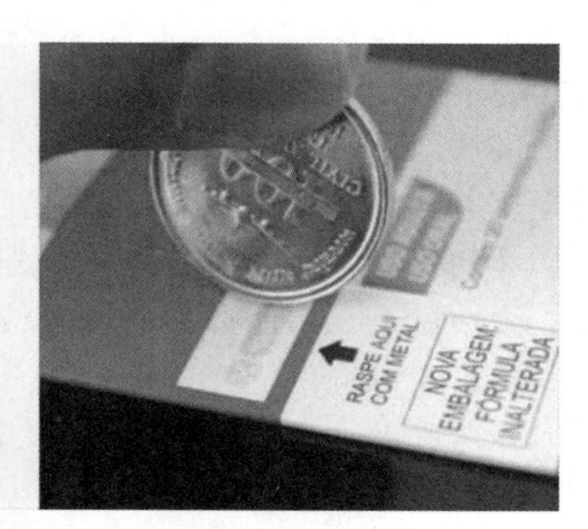

图 2-114　压敏变色油墨在防伪包装上的应用效果

2.2.6　智能机读防伪油墨

智能机读防伪是一种“制作-检测”一体化的智能型技术，即新的光谱（如红外光谱、核能谱等）分析技术与计算机技术相结合，实现“防伪材料-高级加密-检测显示”三重防伪。智能机读防伪材料由多种可变化学物质组成，特征化合物的性质、种类、数量、含量、存在形式等信息构成防伪材料的特殊性。根据这些防伪材料的特殊性，利用检测仪器鉴别真伪，达到防伪的目的。该技术主要包括智能防伪油墨（或印油）、鉴别仪等，其技术特点如下：

① 唯一性和复杂性。该技术采用的材料特殊且成分丰富，生产设备多，投入大，加工工艺复杂、难度高。

② 技术含量高。该技术跨越多学科领域，集多学科科技于一身。

③ 直观性和快捷性。可在数秒内从计算器屏幕上获取直观的结果。

④ 专用性。每一个鉴别终端都涉及防伪产品和机器的加密，只有同时知晓被检标识和印鉴密码时，才能使用专用检测仪器进行鉴别。

智能机读防伪油墨主要包括磁性油墨、磁共振防伪油墨、超隐形防伪油墨等。其中，磁性油墨应用最广泛。磁性油墨属于磁性记录技术的范畴，是一种利用电磁记录与读取技术进行加密的防伪技术，突出的特点是外观色深、检测仪器简单。它是在油墨体系中加入磁性物质（如在氧化铁中掺入钴等化学物质）制成，这些粒子大多为粒径小于1μm的针状结晶，经磁场处理后极易呈现为带磁排列，从而获得较高的残留磁性，利用磁检测仪可检测出磁信号而译码。

2.2.6.1 磁性油墨的组成及作用机理

磁性油墨是以磁性材料为颜料，印刷得到的图案或标识可以用磁检测器检测出磁信号，也可用解码器识读密码信息等，从而达到防伪的目的。磁性油墨的基本构成与普通油墨相同，即由磁性材料、连接料和助剂组成。磁性材料是磁性油墨的重要组分，它决定磁性油墨的磁性能。

磁性粒子的磁场诱导是由磁偶极子之间的相互作用力来驱动的。当附加外部磁场时，磁性粒子受到两个力的作用：一种是磁场对磁性纳米粒子的作用力，即由磁场梯度产生的磁包装力，另一种则是磁性粒子之间的相互作用力（吸引力和排斥力）。磁包装力使得磁性粒子向磁场强度最大的方向运动，且相邻磁性粒子头尾相连时产生吸引力，在二者的共同作用下，磁性粒子可以很好地形成链状有序结构；相反，相邻磁性纳米粒子以肩并肩方式排列时，产生的排斥力则会使原本的链状有序结构相互隔开。此外，由于粒子表面存在大量电荷，静电相互作用使得相邻粒子相互排斥、分隔。当撤去外部磁场后，磁性粒子间以及粒子与磁场间的相互作用力随之消失，这时磁性粒子又回归至初始时的无序分布状态。总而言之，磁性粒子可以通过附加外部磁场来调节微观结构，进而引起相应变化。

2.2.6.2 磁性材料的种类

为了使印刷品保留较强的磁性并获得良好的印刷效果，要求磁性材料的磁饱和度大，分散性好，颗粒大小均匀、稳定，以及时效长。目前，用于磁性油墨中的强磁性材料主要分为三大类：铁、镍、钴等金属元素的氧化物，Fe-Mo合金等强磁性元素的合金，以及具有Ni-As型结晶结构的合金（如Mn-Al合金等）。其中，铁素体是最常用的磁性颜料，它是指含有铁元素的金属氧化物，其化学式为$XO-Fe_2O_3$（X：二价金属离子），根据X种类的不同，有铁-铁素体、铜-铁素体、锰-铁素体等。

（1）氧化铁黑（Fe_3O_4）和氧化铁棕（$\gamma-Fe_2O_3$）。氧化铁黑呈立方形或针状。它是以硫酸亚铁或氯化亚铁与碱类沉淀，再将生成的绿色氢氧化物加热煮沸，直至2/3的铁盐沉淀、氧化为止；然后冲洗以除去盐类，过滤、干燥、粉碎后即可制得。氧化铁棕是通用磁性体，在温度超过500℃时，脱水迅速转变为无磁性的赤铁矿（$\alpha-Fe_2O_3$）；在300~400℃的氢气氛中，$\gamma-Fe_2O_3$被还原成黑色的Fe_3O_4晶体，在250℃下对磁铁矿重新氧化，即可得到针状的$\gamma-Fe_2O_3$。氧化铁黑和氧化铁棕在磁性油墨中应用最为广泛，其颗粒大多是小于1μm的针状结晶，具有较高的残留磁性。然而，这两种颜料的吸油量较大，传递性能较差。

（2）含钴的针状$\gamma-Fe_2O_3$。将Co^{2+}掺入$\gamma-Fe_2O_3$后，室温下的矫顽力也会随着磁晶有效各向异性的增加而增加。根据生产技术和工艺路线不同，可以得到不同性能的含钴$\gamma-Fe_2O_3$，如掺钴型针状$\gamma-Fe_2O_3$、包钴型针状$\gamma-Fe_2O_3$、吸附钴型针状$\gamma-Fe_2O_3$等。由于钴的磁滞伸缩性，使得含钴$\gamma-Fe_2O_3$的温度灵敏性增加，且呈现较高的透印性和不稳定的感应力。

（3）钡铁氧体（$BaFe_{12}O_{19}$）。它是一种比较简单的磁铅石铁氧体，具有六角对称性，属于六角晶系。其半径与氧离子相近，因此不能进入氧离子所构成的空隙中，只能与氧离子处于同一层。六角晶体的对称性比六方晶体低，因此它的磁晶各向异性格外大。

（4）氧化铬（CrO_2）。这是一种黑色铁磁氧化物，其矫顽力来源于形状各向异性（针状晶体），在黏结剂中分散性好，是一种很有前途的磁性材料。由于其矫顽力比 $\gamma-Fe_2O_3$ 高，因此可记录的波长更短，但磁粉颗粒很硬，制备方面存在困难（高温、高压）。

2.2.6.3　磁性纳米材料的制备方法

磁性纳米材料由于其独特的物理和化学性质，以及在物理、化学方面不同于常见磁性材料的特殊性能，成为一种备受青睐的新型功能材料。其中，磁性纳米 Fe_3O_4 与普通的 Fe_3O_4 颗粒相比，具有粒径小、矫顽力高、超顺磁性、量子隧道效应等优势，用作磁记录材料时，可以大大提高信噪比，改善图像的质量，且可以获得高密度的信息记录。目前，制备磁性纳米 Fe_3O_4 的方法主要有以下几种。

（1）沉淀法。沉淀法是最先使用液相法化学合成纳米金属氧化物颗粒的方法。这种方法最简单，通常是在一种或多种离子的可溶性盐中，加入沉淀剂［如 OH^-、$(C_2O_4)^{2-}$、CO_3^{2-} 等］；或将盐浴液进行水解反应，在一定温度下，各种形式的沉淀物生成并析出，然后再经过滤、洗涤、干燥等步骤，获得所要制备的氧化物。

① 共沉淀法。在两种或两种以上的阳离子溶液中加入沉淀剂，反应后得到均匀的沉淀。通常是将 Fe^{2+} 和 Fe^{3+} 的硫酸盐或氯化物溶液按 2∶3（物质的量比）混合后，用过量的氨水或 NaOH 在一定温度和 pH 下，高速搅拌加速沉淀。反应完成后，将沉淀过滤、清洗、干燥，即可制得磁性纳米 Fe_3O_4。

② 氧化沉淀法。通常是将一定量的 Fe^{2+} 溶液加入反应器中，充分搅拌后，加入定量的碱液（如 NaOH 溶液），使溶液中的 Fe^{2+} 完全沉淀为 $Fe(OH)_2$，并保持强碱环境。随后加入一定量的氧化剂（如通入氧气或空气），再将 2/3 物质的量的 $Fe(OH)_2$ 沉淀进行氧化，从而制得磁性纳米 Fe_3O_4。

③ 超声沉淀法。超声波形成的“气化泡”，使其局部形成高温高压环境，以及具有强烈冲击力的微射流，为微小颗粒的形成提供了必要的能量，从而使得沉淀晶核的生成速度大大提高，促使沉淀颗粒的粒径减小。同时，超声空化作用产生的高温，以及在固体颗粒表面形成的大量气泡，也极大地降低了晶核的比表面自由能，从而抑制了晶核的聚集和长大。此外，超声空化作用产生的冲击波和微射流具有粉碎作用，使得沉淀可以形成较为均匀的微小颗粒。

（2）微乳液法。微乳液法是由油相、水相、表面活性剂、助溶剂等在一定比例下混合，自发形成的稳定的热力学体系。其中，不溶于水的非极性物质作为反应的分散介质，反应物水溶液为分散相，表面活性剂为乳化剂，形成“油包水”或“水包油”型微乳液。发生反应的空间仅限于微乳液滴内部，可更好地避免纳米颗粒之间发生进一步的团聚。采用该方法制得的纳米颗粒粒径分布窄，形态较规则，分散性能好，但晶型较为多样。

（3）水热法。水热法是指在高温、高压的反应釜中，以水作为反应介质，使难溶或不溶的物质发生溶解、反应、重结晶，从而得到理想的产物。水热法采用较高的温度（通常为 120~250℃），有利于提高产物的磁性能，且在封闭容器中进行，产生的高压（0.3~0.4MPa）避免组分挥发。采用该方法制备的粒子具有纯度高、晶型好、大小可控等特点，但反应对设备要求较高，不利于工业化大规模生产。

在 N_2 氛围下，将甲氧基亚铁［$Fe(OMOE)_2$］于甲氧乙醇（MOE）中回流 4h，边搅拌边加入一定量的 MOE/H_2O 混合溶液，在水热反应釜中可制得不同粒径的磁性纳米 Fe_3O_4 颗粒。

（4）溶剂热法。溶剂热法是在水热法的基础上发展起来的一种新型纳米材料制备方法，主要指在密闭容器（如反应罐、高压釜）内，以有机物或非水溶剂为反应介质，在一定的温度和压强下发生反应的一种方法。该反应的驱动力是可溶的前驱物或中间产物与稳定新形成相间的溶解度差，溶剂的快速对流及溶质的有效扩散可以减少物料的质量传输。该方法的反应条件温和，可以形成亚稳相；较低温的环境，有利于晶核生长和完整晶体结构的形成；掺杂均匀，有利于控制产物的粒径。

（5）溶胶-凝胶法。溶胶-凝胶法是利用金属醇盐发生水解和聚合反应，制备出金属氧化物或金属氢氧化物的均匀溶胶，再浓缩成透明凝胶，经干燥、热处理后得到所需的超细氧化物颗粒。反应过程中，通过调节反应溶液的 pH、浓度，反应的温度、时间等，可以制备出粒径小、分布均匀、高活性的单组分或多组分分子级混合物。

以 Fe_3O_4、KNO_3 和 KOH 为反应物，采用溶胶-凝胶法可制备粒径范围较广的磁性纳米 Fe_3O_4，其矫顽力与颗粒尺寸有很大相关性。

（6）机械球磨法。机械球磨法是以粉碎与研磨为主来制备纳米粉体材料，即通过研磨球、研磨罐与颗粒之间的频繁碰撞，使粒径较大的固体颗粒在球磨过程中，反复地被挤压、断裂、变形、焊合，颗粒表面的缺陷密度增加，晶粒逐渐细化，直至形成纳米级 Fe_3O_4 粉体。该方法操作简单、成本低，但易引入杂质，很难获得粒径均匀且细小的颗粒；能耗很大，晶体缺陷较多，分散性差，制备出的颗粒稳定性较低。

在密闭的 H_2 环境中，将 Fe_3O_4 与甲醇的混合物进行球磨，通过控制甲醇含量与球磨时间等条件，可制得平均粒径为 7~10nm 的磁性纳米 Fe_3O_4 颗粒。

2.2.6.4 磁性油墨在防伪领域的应用

20 世纪中叶，银行和邮政业率先采用了磁性油墨，用于自动识别分析处理票据和分拣信件，如磁性油墨字符识别（MICR）。将磁性油墨应用于印刷技术，数据能在磁性卡片上写入和被磁性检测仪读取，在视觉上也能看到印刷的文字和图案。目前，磁性油墨作为一种重要的印刷防伪手段，广泛用于各类票据、纸币、证书、证件、有价证券等领域。

图 2-115　2015 年版第五套人民币 100 元的磁性横号码

我国第五套人民币采用磁性油墨印刷了横竖冠字号和部分票面图案（图 2-115），通过点钞机、ATM 机或自动售货机等设备，可以准确识别纸币的磁性特征，从而高速鉴别钞票的真伪，同时自动分拣不同面额的钞票。

由于磁性油墨印品外观色深、检测简便，因此常用于印制银行票证的编码文字和符号（图 2-10）。将印制了磁性编码的票证投入磁码识读器中，可辨识真伪。

磁性喷墨墨水的应用，使磁性防伪印刷成为最有潜力、最有效的防伪手段之一。如商品防伪包装（烟、酒、医药品等的包装）常采用磁性喷墨墨水打印批号、生产日期、生产厂家等，并记录特殊信号，凭借磁信号识别仪进行识别，可省去电码防伪手段。

2.2.7　光学变色防伪油墨

光学变色防伪技术是一种基于光学薄膜干涉原理，表现为薄膜颜色随角度变化而变化的先进防伪技术。它的出现大力遏制了造假技术的发展，对维护市场经济稳定和信息安全发挥着重要作用。

光学变色防伪油墨（简称光变油墨）又称变色龙，印品色块呈现为一对颜色（如红-绿、绿-蓝、金-银等），是由光学变色颜料及各种树脂连接料组成，经过一定的工艺加工而成的特种印刷油墨，其印品具有绚丽的金属光泽，且随着人眼视角的改变而呈现出不同的颜色。这种公众不需要借助任何仪器设备就能识别的特殊防伪产品，融“一线防伪”的技术要求与艺术装饰品味于一体。匠心独具的设计，在静中有动的溢彩流光之中，展现正品的独特魅力。光变油墨具有以下特点：

① 颜色鲜艳，色彩变化大，印品特征明显，其独特的随角度异色特性无法用高清晰度扫描仪、色彩复印机及其他设备复制。

② 不需借助任何仪器设备，检测及识别方法简单。

③ 应用范围广，可采用各类印刷设备在纸张、塑料、铝箔等多种承印材料上印刷。

④ 性能稳定，耐候性好，印刷适性佳。

⑤ 使用安全，无毒无害，不产生辐射作用。

2.2.7.1　光变油墨的分类和变色机理

光变油墨的变色效果源于光学变色颜料，而该颜料的主要成分是具有特定光谱特性的光变薄膜碎片。根据光变薄膜的性能不同，可将光变油墨分为传统光变油墨和磁性光彩光变油墨。

（1）传统光变油墨。光变油墨（optically variable ink，简称 OVI 油墨）是世界上公认的特种安全油墨，其光变颜料（optically variable pigments，简称 OVP）是在高真空条件下，采用塑料等柔性的基底或以玻璃为代表的刚性基底，运用物理气相沉积法制备多层纳米薄膜，然后经过脱膜、粉碎、筛分、表面处理等一系列工艺制备而成的。该颜料的反射光谱随入射角的改变而发生变化，即随着观察角度或光源照射角度的变化呈现出不同的颜色和光泽，其反射、吸收、折射和干涉如图 2-116 所示。

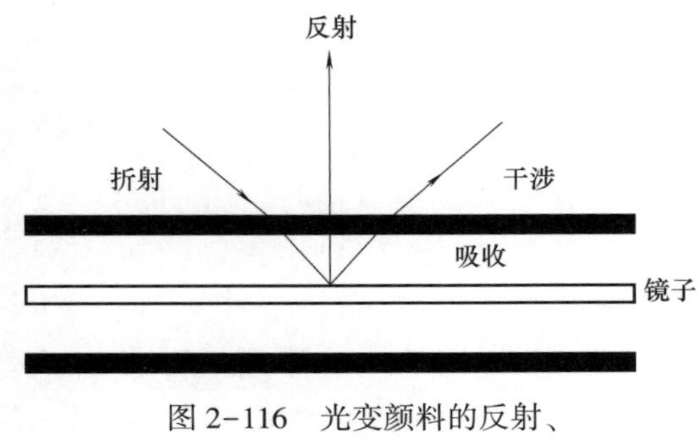

图 2-116　光变颜料的反射、吸收、折射和干涉示意

光变颜料利用了反射光之间的干涉或衍射效应，其多层薄膜碎片由多种不同折射率的物质组成，可根据特定的膜系结构设计要求，精确控制各膜层的厚度、配比和沉积顺序。在可见光照射下，颜料的多层膜结构会发生一系列的反射、干涉和吸收现象，使得颜料随观察角度的不同而呈现出不同的颜色变化。基材的干涉色对光

变颜料的变色效应有很大的影响，若基材表面的吸收色与干涉色有差异，光变颜料即可产生不同的变色效果，从而达到防伪的目的，图 2-117 所示为光变颜料的变色效果。

图 2-117　光变颜料的变色效果

（2）磁性光彩光变油墨。磁性光彩光变油墨（optically variable magnetic Ink，简称 OVMI 油墨）是瑞士锡克拜（SICPA）公司 SPARK®技术的核心。利用真空技术产生的光学渐变颜料，由多个很薄的层面组成，位于中间的层面具有磁性。印刷机上通常安装有特制的磁性设备，并按照预设图案进行印刷，经特定的磁版、定磁设备定向和 UV 固化后，OVMI 中颜料的运动方向呈现出特殊的流变特性，改变磁场角度或距离、保持静止或动态等，可以产生不同的效果。当光线从不同角度入射，通过磁光效应，以及各个层面和不同方位光的干涉与折射作用，产生带有光柱、球形、光圈等效果的明暗变化、流动变化和颜色变化。磁性光彩光变油墨相比传统光变油墨具有更优越的直观可辨性，它动感、明亮，是一项备受关注的一线防伪技术，目前已广泛用于纸币防伪升级（图 2-118）。

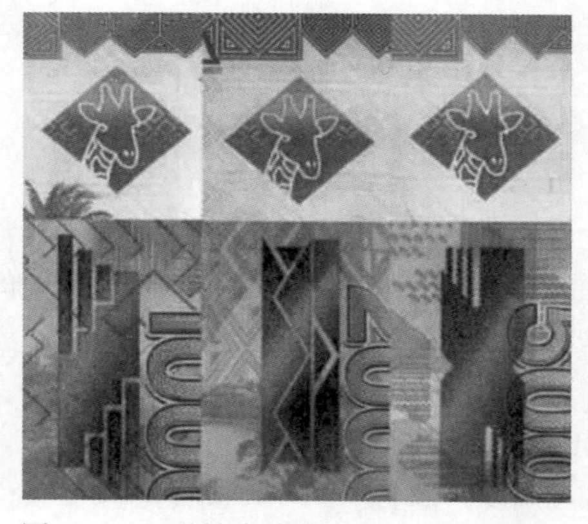

图 2-118　磁性光彩光变油墨的应用效果

2008 年，SPARK®技术首次应用于哈萨克斯坦 5000 坚戈纪念钞和中国奥运纪念钞上。2014 年，SICPA 推出了新一代的动感光变油墨——SPARK® Live，创造了光学安全线新动态。SPARK® Live 可称为二代 OVMI，从 2018 年开始扩展到了五个效果系列，利用其丰富的可能性、额外的动态效果以及更广泛的色偏调色板，提供更多的设计自由和更直观的身份验证体验。

SPARK®光学技术经过不断发展和延伸，为新一代纸币带来了全新的创造力和无限的技术可能性。为了进一步提升 SPARK®技术性能，英国德纳罗公司研发了轨迹（ORBITAL）技术。这项技术是通过新的磁处理方式，使原先 SPARK®的滚动亮光由条形转变为环形，方向由线形滚动变为在平面内自由滚动，在纸下成像，景深 2～3mm。如图 2-119 所示，ORBITAL 光环技术看起来更直观、亮丽，是一种优异的大众防伪技术。

图 2-119　ORBITAL 的光环效果

变色颜料性能稳定、耐性好、不褪色、完全无毒，符合环保要求，且颜色艳丽，变色范围广。然而，传统光变油墨的变色效果不太明显，且随着使用时间的延长，其技术保密性逐步下降。因此，新兴的高性能光变技术具有重要的研究意义和深远的应用前景。

2.2.7.2　光变颜料的制备

光变颜料由具有特定光谱特性的光学变色薄膜碎片组成，是一种结构特殊、制造复杂的极薄片状体，具有较好的粒度分布，在墨层表面极易形成平行排列状态，故遮盖力极强。

（1）光变薄膜的结构与组成。光干涉薄膜通常为五层对称式结构（图 2-120），厚度在 1μm 左右。为了使上、下面具有相同的干涉效果，薄膜结构的两面为对称的半透明金属层（部分反射）和透明介质层（无色），中间为不透明反射层（完全反射）。

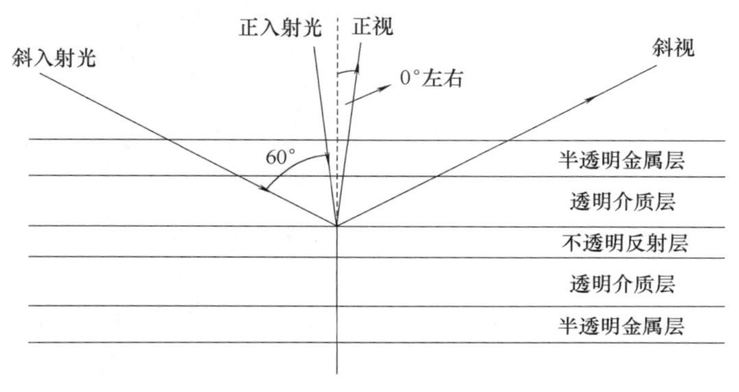

图 2-120　光干涉薄膜的结构示意图

① 半透明金属层。该层通常由铝、铬等具有高折射率的金属材料构成，如一些金属氧化物或硫化物等。

② 透明介质层。改变透明介质层的厚度，就能获得各种颜色变化的光干涉颜料。介质层材料的折射率较低（一般小于 1.65），常见的有二氧化硅、二氧化镁或有机玻璃等。

③ 不透明反射层。该层主要由铝、镍、铬、铁、银或金等高反射材料组成，它们就像一面镜子，使得反射体具有均匀的颜色表面。在特定的条件下，铝的反射率可超过 99%，因其极高的反射率，所以常被选为不透明反射层的构成材料。这种肉眼可见的特征将影响颜料粒子最终的传导性、磁性等性质，同样也影响油墨的容纳力。

光干涉颜料依赖于人观察角度的不同而发生颜色变化，当观察角度改变时，入射光经墨层的平行界面，发生反射、折射及干涉等物理现象。界面折射率差别越大，色彩变化就越明显。当墨层厚度为 1/4 波长的奇数倍时，发生反射光的最大相消干涉；而当墨层厚度为 1/4 波长的偶数倍时，发生反射光的最大相长干涉，实现颜色变化。

磁性光变薄膜是传统光变薄膜的升级产品，其原理是在薄膜结构中引入磁性层，使颜料兼具磁性和光变功能。常见的磁性光变薄膜有 5 层和 7 层结构，其结构如图 2-121 和图 2-122 所示。

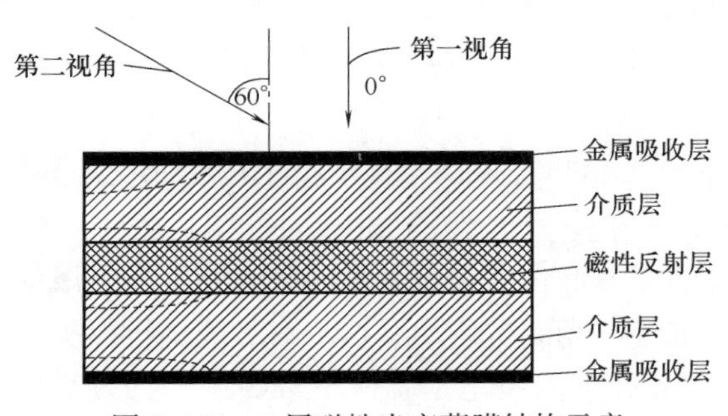

图 2-121　5 层磁性光变薄膜结构示意

在 5 层磁性光变薄膜中，磁性反射层替代了光变材料结构中的反射层，在制造方法上是一种简单的材料替换，只需要选择具有高反射率的磁性材料（如铁、镍、钴及其合金）即可。而在 7 层磁性光变薄

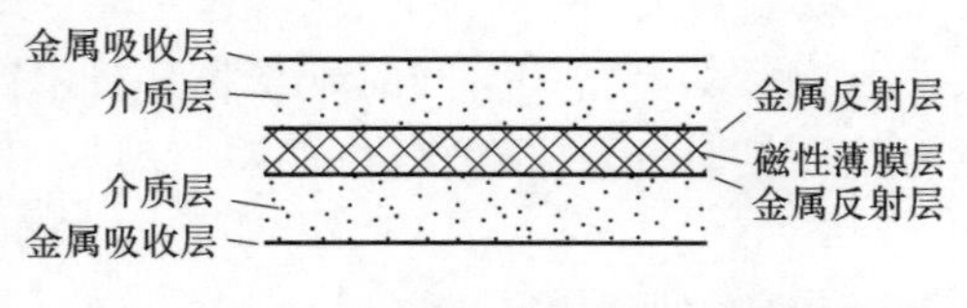

图 2-122　7 层磁性光变薄膜结构示意

膜中，磁性薄膜层被包裹在两个金属反射层中，其优点在于磁性材料选择的范围更广，不需要考虑所选材料是否具有高的反射率，同时能大幅度提高磁性光变薄膜的亮度，缺点是膜系层数增加使得制造复杂、成本提高。

（2）光变颜料的碎膜技术。光变颜料要求在碎膜过程中不能破坏膜系结构，也不能在膜层表面产生划痕，同时碎膜的大小要均匀并能达到微米级。普通的机械碎膜法不适用于光学防伪的碎膜，因为它会划伤膜层表面，碎膜的大小不好控制、均匀性差，碎膜的大小也难以达到微米数量级。目前，光变颜料的碎膜技术主要有溶剂剥离法和超声波碎膜法。

① 溶剂剥离法。该方法是在底基上预先覆盖一层能够溶于某种特定溶剂的高分子物质，然后在这种材料上进行真空镀膜，从而制造出工业生产上所需要的多层复合膜颜料。将制成的多层复合膜颜料置入特定溶剂中，剥离后形成大大小小的细小碎片。这些碎片经过真空干燥和进一步的粉碎，即可得到符合要求的光学变色颜料。

② 超声波碎膜法。超声波碎膜设备由超声波发生器（电源）和换能器两部分组成。超声波发生器将 50Hz 的工频电通过逆转转化成 20kHz 以上的高频电，然后输出到换能器上，换能器中的压电元件再将电能转换成高频振动。高频振动在液体中传播，并在适当条件下形成空化作用。空化作用容易在固体与液体的交界处产生，因此，将薄膜浸泡在超声波振动液体中就能达到碎膜的目的。超声粉碎的效果与超声波的功率密度和频率、液体温度、碎膜时间的长短等因素有关。一般来说，功率密度越大、超声波频率越低、超声时间越长，其粉碎效果越好，颗粒也越小。

2.2.7.3　光变油墨在防伪领域的应用

光变油墨是防伪材料中最复杂、科技含量最高的防伪油墨之一，由于其制造工艺复杂、技术难度高、仿冒难度大等，在防伪印刷领域发挥着极其重要的作用。光变油墨涉及机械、光学、电子、真空、超细粉碎、表面化学、高分子材料等多个领域，防伪可靠性强，广泛用于印制货币、有价证券的防伪特征，以及保护重要信息和文件。近年来，光变油墨也慢慢渗透到民用防伪市场，用于著名商标、高档烟酒、化妆品、药品、食品等商品的包装防伪。

光彩光变技术是国际印钞领域公认的先进防伪技术，易于公众识别。光变油墨自从 1987 年第一次应用在泰国钞票上，至今已经走过了漫长的道路，目前全世界已有包括中国、俄罗斯、欧元区在内的多个国家和地区的钞票采用了该技术，具有很高的实用价值和防伪效果。我国 2015 年版第五套人民币 100 元纸币在票面正面中部采用了光变油墨印刷。垂直票面观察，数字“100”以金色为主；平视观察，数字“100”以绿色为主。随着观察角度的改变，数字颜色在金色和绿色之间交替变化，并可见到一条亮光带上下滚动。

云南红塔集团、湖南常德卷烟厂等相继推出光变防伪油墨技术对品牌进行保护，在日光下正视和侧视时，色块呈绿-紫和绿-红两对颜色变化，取得非常好的保护效果。2015 年，烟包印刷采用了磁性光变动感技术，突破了传统光变防伪技术在色彩与功能方面的限制，赋予印刷图案动态 3D 效果。2017 年，贵州中烟将磁性光变防伪技术应用到细支烟包上，有效避免了假冒产品的出现，从而维护了贵州中烟的经济利益，保护了消费者权益。

2.2.8　新型多功能防伪油墨

防伪技术涉及多个学科领域，其中防伪油墨占据相当重要的地位，它有效地配合纸张防伪，能够实现检测方便、灵活性高、可靠性强的防伪效果，并与防伪印刷技术紧密结合，展现出无限的生命力。然而，传统防伪油墨存在一定的局限性。一方面，传统防伪油墨在使用初期都曾发挥过一定的作用，但由于自身容易被仿冒，因而收效甚微；另一方面，伪造技术的高明与广泛性给防伪油墨提出了更高的要求，单一模式难以达到有效防伪的目的，集多种模式于一体的新型多功能（综合）防伪油墨日益受到青睐，即在一般的防伪油墨中融入其他防伪技术，从而实现多重防伪功能。近年来，随着印刷技术、材料学、计算机科学及多种交叉学科的发展，新型多功能防伪油墨越来越多地得到应用。

2.2.8.1　光子晶体防伪油墨

具有不同折射率的周期性排列的两种不同成分组成的光子晶体（photonic crystal，PC），由于对应于光子带隙的光反射产生可见光范围结构色（structural colour，SC），引起了极大的关注。

受昆虫变色过程的启发，东南大学顾忠泽教授团队采用介孔二氧化硅纳米颗粒制备了光子晶体油墨，利用喷墨打印等技术制造出因气体而变色的图案或芯片，进而开发了一系列微型化传感芯片或动态防伪技术等。介孔二氧化硅纳米颗粒具有大的表面积，对水蒸气的吸附作用非常强，而且能够精确控制。若该技术将来应用于纸币，那么只需要简单地往纸币上吹一口气，根据颜色变化便可轻松辨别钞票的真伪。光子晶体油墨在防伪、显示、可穿戴传感等领域有着可观的应用前景。

由自组装嵌段共聚物（self-assembling of block copolymers，BCP）光子晶体产生的结构色是一个极具吸引力的研发方向，因为在各种刺激下，组成 BCP 域的微观结构和介电常数都容易发生可逆变化。然而，由于 BCP 合成方法较困难、效率低下，这类光子晶体墨水很少被报道。鉴于此，韩国延世大学 Cheolmin Park 团队提出了一种开发一系列 BCP 光子晶体墨水的简单而可靠的途径，能够在整个可见光范围内方便地调制结构色，主要涉及两种不同分子量的层状 BCP 的溶液混合。通过控制两种 BCP 溶液的混合比例，可以开发出具有交替面内层状的 1D BCP PC 薄膜，其周期性从约 46nm 到约 91nm 线性变化。随后用溶剂或非挥发性离子液体优先溶胀一种类型的薄片导致薄膜的光子带隙红移，在液态和固态时产生与两种混合薄膜纳米结构相关的全可见光范围，如图 2-123 所示。二元混合溶液的 BCP 光子晶体调色板可方便地用于各种涂层工艺，全彩结构色图案是通过透明光子晶体墨水实现的，有助于低功耗模式加密。

图 2-123　自组装嵌段共聚物光子晶体结构色应用效果

复旦大学汪长春教授团队研究提出了一种将

磁响应光子晶体（magnetically responsive photonic crystals，MRPCs）墨水与3D打印技术相结合的简便策略。该策略通过在一种可固化的乳胶墨水中添加MRPCs，保留其原来的磁响应颜色变换能力，通过控制磁性纳米粒子团簇的大小，从而实现MRPCs颜色的调整。将3D打印技术和MRPCs相结合，可消除模具固定形状限制，同时也表明功能性纳米材料与3D打印技术的结合适用于制造更加灵活、方便的复杂智能设备。

2.2.8.2 双模式量子点防伪油墨

发光量子点具有防伪标识隐蔽、验证简单、防伪性能强等特点，可以通过激发光、发射光的组合编码，获得多重防伪效果，为拓展发光材料在防伪领域的应用开辟了一条新途径。然而，大多数量子点图案都存在发光信号在激发时会持续显示的问题，这很容易被某些替代物模仿，从而削弱了防伪力度。

为了应对这一挑战，科研人员尝试利用发光信号消失和恢复的可逆过程来改善防伪性能。北京理工大学张加涛研究团队通过逆向竞争阳离子交换方法制备异质掺杂纳米晶，揭示了Ag掺杂CdX（X=S、Se等）等Ⅱ-Ⅵ族量子点的可逆阳离子交换，可多次实现有无荧光的切换；然后通过表面配体交换以及掺杂量子点分散在碱性水/乙二醇溶剂中，制备了可控黏度的量子点防伪油墨，并在不同承印物（如羊皮纸、纸币、PET等柔性衬底）上获得了喷墨打印图案。图2-124所示为双模式量子点荧光防伪示意图，以及一张印有“BIT”字样的羊皮纸荧光消失和恢复的照片。在365nm紫外光下Ag掺杂CdS量子点发光图案本身即可成为一种基础的防伪模式，而基底上发光图案的荧光信号消失/恢复的转换可以提供更进一步的防伪，即利用可控的荧光有无切换实现了更高安全性的多模式防伪应用。由于量子点晶体结构的稳定性，这一双模式防伪验证可以重复多次。

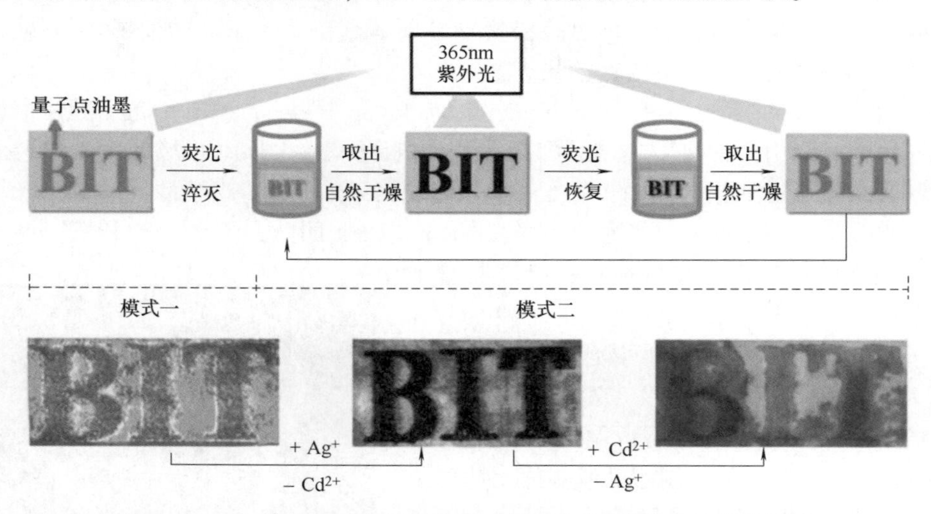

图2-124 双模式量子点荧光防伪示意图及荧光消失和恢复的照片

2.2.8.3 多模式余辉防伪油墨

传统荧光油墨可以产生各种发射颜色，但荧光图案呈现为静态，其防伪加密的安全性也较为有限。此外，图案背景荧光干扰也是长期困扰其实际应用的关键挑战。作为替代方案，长余辉荧光油墨可以在激发停止后发出持续数分钟到数天的发光，由于其完全消除了背景荧光而拥有高的信噪比，因此，在防伪应用和信息加密方面备受青睐。

为了进一步提高荧光防伪图案的信息通量和防伪力度，研究者们又提出了动态荧光防伪技术，即在静态荧光防伪技术的基础上通过制作特定的发光标识，在单一或不同刺激条件下得到不同显示颜色或图案，实现色彩或图案动态变化的防伪过程。荧光色彩动态变化的获取途径，除了在单波长激发下具有不同寿命的多峰余辉发射途径外，最简单的方式是拥有多模式激发特性，包括光致发光、上转换、余辉、光刺激、机械刺激荧光等。

基于上述五种激发模式，西安建筑科技大学研究团队合成了 ZGGO：Cr、Yb、Er 余辉荧光粉和混合荧光粉（ZGGO：Cr，Yb，Er 红色粉和 ZLGO：Mn 绿色粉），并设计了色彩或图案可动态变化的“蜻蜓荷花”多模式防伪标识。该标识不但对激发光的功率和波长具有敏感的色彩响应，更重要的是，当关闭激发光源后，色彩和图案在时间域上呈现出了裸眼可清晰识别的连续色彩或图案的动态变化，且消失的图案能被红外光多次唤醒，如图 2-125 所示。与传统荧光油墨相比，多模式余辉防伪油墨具有两个优势：①在 365nm 紫外光停止激发后，图案表现出渐变的余辉荧光颜色和渐变的图案；②多模式发光图案的光学信息依赖于照射光源（包括 NIR 和 UV）的顺序，为防伪提供了隐藏的安全特征。因此，多模式余辉防伪油墨具有更高的安全性和稳定性，且识别唯一、成本低廉、应用简单，为设计和制备先进的防伪油墨提供了新的思路。

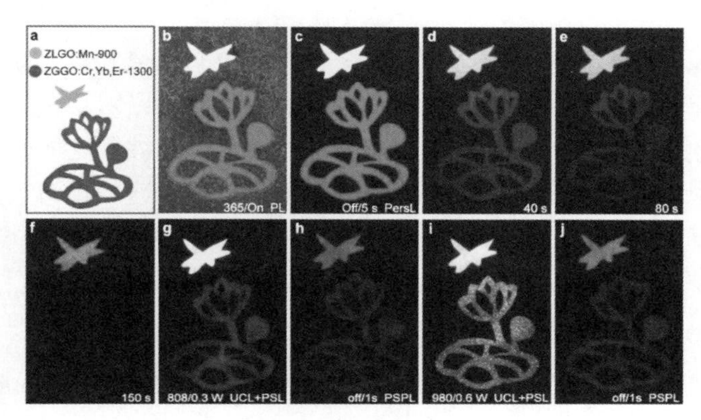

图 2-125　“蜻蜓荷花”多模式防伪标识

2.2.8.4　氧敏发光变色油墨

随着新材料和加/解密技术的迅速发展，新型高科技防伪油墨越来越多地得到应用，极大地提高了信息安全性。其中，发光防伪油墨因其种类繁多、易于操作而备受关注。发光图案不仅具有鲜艳的发光颜色，便于视觉读出，更先进的防伪还具有特征光谱和发光寿命，这些突出的特点使得这种隐蔽技术具有高度安全性。第一代发光图案是利用在白天不可见的单色荧光团创建的。尽管这些标签仍在使用，但造假者很容易找到替代品进行模仿。第二代发光图案通过应用多种发光体模式或发光材料的混合物显示出增强的安全性。然而，对于富有经验的造假者来说，它们仍然是脆弱的，因为不同颜色的发光体很容易买到。

复旦大学王旭东教授课题组采用了一种组合化学的防伪策略，不仅利用发光材料作为防伪载体，而且利用嵌入发光材料的基质、破译过程甚至读取装置来打击假冒，即将氧敏感探针（oxygen-sensitive probes，OSP）和透氧聚合物基质（oxygen permeable matrix，OPM）溶解在温和溶剂中形成发光油墨，喷印在纸张上形成发光图案。由于 OSP 和 OPM 的种类繁多，任何一种组合都会表现出独特的非线性氧传感特性（一级加密），即使 OSP 被破译，也几乎不可能复制这种模式。通过应用一层短寿命荧光材料（二级加密）来进一步掩饰 OSP 长发光寿命表达的信息。由于氧浓度与发光寿命之间的对应关系，以及氧的非线性响应行为，可以以氧浓度依赖的方式动态加密信息（三级加密），进一步提高安全性。

假冒伪劣一直是市场中的“毒瘤”，无论是广大消费者和版权持有者都深受其害。尽管当前的油墨防伪技术已经相对成熟，但是在很多特殊领域仍存在漏洞，因此，开发新一代具有更高安全性的防伪油墨也成为一道亟待破解的技术难题。

2.3 防伪薄膜及其他

薄膜作为一种包装材料，在商品包装和覆膜层中被普遍使用。薄膜一般由聚氯乙烯、聚乙烯、聚丙烯、聚苯乙烯及其他树脂制成。塑料包装及塑料包装产品在市场上所占的份额越来越大，特别是复合塑料软包装，已经被广泛地应用于食品、医药、化工等领域，其中以食品包装所占比例最大，如饮料包装、速冻食品包装、蒸煮食品包装、快餐食品包装等，这些产品给人们的生活带来极大便利。

防伪薄膜的开发和使用也是目前防伪材料研究的一个热点，并已有多种防伪薄膜用于包装及证件的印制。

2.3.1 核径迹防伪膜

利用核反应堆和其他核材料对塑料薄膜做裂片辐照，在塑料薄膜中形成径迹损伤，再通过成像技术形成精细的、商标标识所需要的核径迹微孔防伪图案，携带这种核径迹微孔图案的薄膜被称为核径迹防伪膜。最后，经过后期商品加工，可得到微孔防伪标识或其他形式的核径迹微孔防伪技术产品。

2.3.1.1 核径迹技术

在核径迹技术发展的早期，科学家们采用威尔逊云雾室来探测核粒子径迹，即在空腔内充满过饱和蒸汽，当核粒子穿过云雾室时，在经过的路径留下一条白色轨迹，然后拍照保留径迹图像，再通过测量径迹的距离和方向，便可知道核粒子的大小、能量和方向。由于云雾室体积大、云雾径迹保留时间短，需要拍照才能留下核粒子径迹，使用很不方便，后来逐渐被固体径迹探测器所代替。

20世纪60年代，美国通用电气公司（General Electric Company，GE）实验室研究出固体径迹探测器，当高能核粒子照射到非导电材料上时，在粒子经过的路径上，非导电材料的高分子被打断或晶格被移位，在常温下可以保留相当长时间的核径迹，该径迹可以用化学试剂蚀刻显示出来。通过研究径迹的长短、大小和方向，便可以计算粒子的能量、大小和入射方向。

美国GE公司在研究固体径迹探测器的基础上发现，当核粒子照射并穿透塑料薄膜时，蚀刻后在塑料薄膜上可以形成通孔，可制成孔径均匀且具有直通孔形的径迹。

2.3.1.2 核径迹膜的制备、防伪特点及识别

（1）核径迹的形成机理。入射的高能重离子在物质内与原子核、电子的碰撞相互作用纷繁复杂，将能量沉积在以其轨迹为中心轴的附近狭长的圆柱区域内，并且使被辐照的物质在此区域附近发生严重的损伤，产生了永久性的结构改变，形成了直径在10nm左右的潜径迹。

大多数绝缘固体都可以产生重带电粒子径迹。一般来说，电阻率大的物质，能够记录和存储径迹，而在电阻率小的良半导体金属物质中，尚未观察到径迹。重带电粒子通过绝缘固体，沿其轨道产生一狭窄的辐射损伤区域，称为潜伏径迹。此区域的物理和化学特性都有所改变，平均分子量减少，化学溶解率增加，物理密度发生变化。对于有机聚合物，除了电子和离子以外，还可能产生激发分子（寿命较短）、自由基和某些低分子量辐射分解产物。辐射损伤区域的大小，可以通过电子显微镜观察云母中的蚀刻径迹，以及采用电化学电阻技术进行测量。

（2）核径迹的敏化。经重离子辐照后的聚合物薄膜，如果在常温条件下放置于空气中，径迹中的辐射分解产物在氧环境中容易进一步分解或氧化成易分解的—COOH 自由基原子团，经长时间的存放，辐射后的膜材会与空气中的氧气反应发生陈化作用。若经紫外线照射，能加速自然陈化效应，缩短陈化时间，且紫外光能引起光的降解和氧化，从而产生一些不稳定的基团，也可使辐射产物分解而增敏。此外，不同的主峰波长的紫外光，敏化的效果也不相同。

紫外光敏化对径迹蚀刻速率和基体蚀刻速率的影响不同。如图 2-126（a）所示，敏化时间不同，径迹蚀刻速率出现饱和点，而基体蚀刻速率则变化不大（曲线 1 和曲线 2 所示），仅在刚开始敏化时（5min）有小范围的变化。图 2-126（b）所示为紫外光敏化时间与蚀刻速率比（径迹蚀刻速率/基体蚀刻速率）的关系，从图中可以看出，敏化相同时间，低浓度蚀刻液的速率比更大。

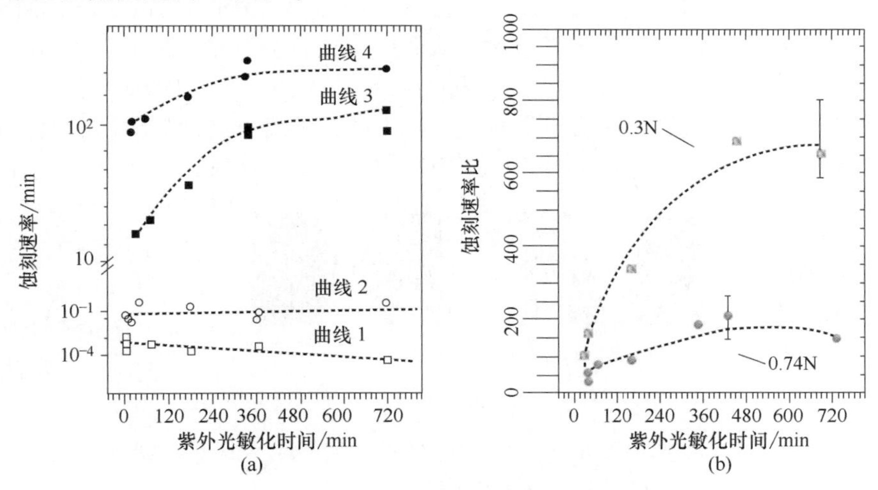

图 2-126　PET 膜紫外光敏化时间的影响

（a）紫外光敏化时间与蚀刻速率的关系　（b）紫外光敏化时间与蚀刻速率比的关系

（3）核径迹的蚀刻。由放射性同位素裂变而产生高能粒子辐射（辐射强度一般为 1MeV），垂直撞击膜材料薄片，使材料本体受到损害而形成径迹，然后用侵蚀剂腐蚀掉径迹处的本体材料，将此径迹扩大，形成具有很窄孔径分布的圆柱形孔，即形成一种直通孔的微孔滤膜。高能粒子穿过聚合物的过程如图 2-127 所示。

经重离子辐射后，膜材上的径迹只有几纳米或几十纳米，并未形成通孔，为了使它扩大到所需的孔径大小，采用化学溶液作为蚀刻液，对辐照后的薄膜进行蚀刻，图 2-128 所示为核孔膜表面放大 SEM 图像。径迹蚀刻速率 v_t 与膜材辐照和蚀刻条件有关，基体蚀

刻速率 v_b 与膜材本身的性质有关，在蚀刻条件不变的情况下，基体蚀刻速率几乎是一个常数。膜上成孔的时间和大小由这两个速率共同决定。在径迹蚀刻速率和基体蚀刻速率恒定的情况下，孔道的形状为锥顶相向的双圆锥，随着蚀刻时间的增长，双圆锥的半径不断增大，形成通孔。

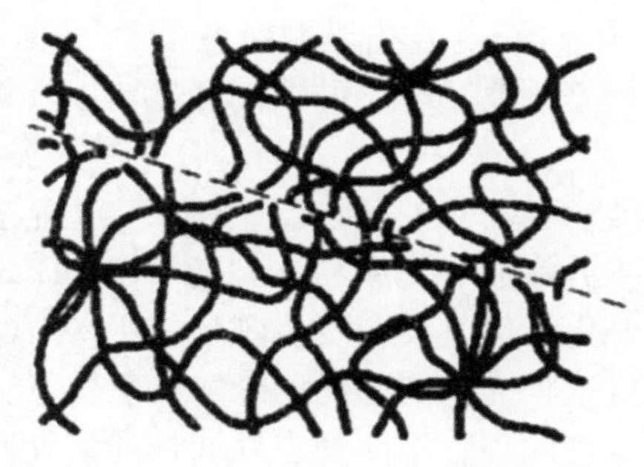

图 2-127　高能粒子穿过聚合物的过程

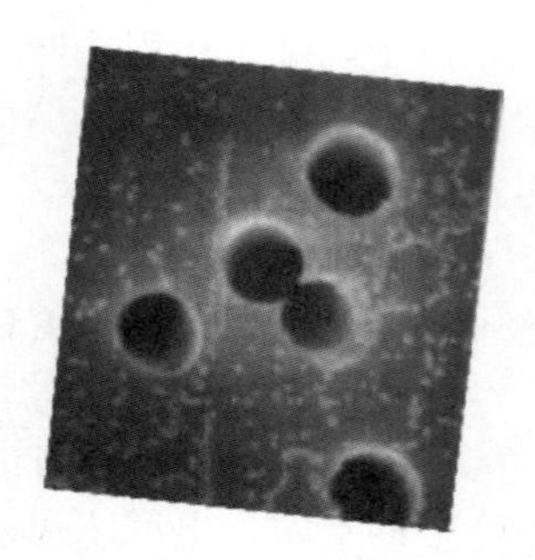

图 2-128　PC 核孔膜表面放大 SEM 图像

有机材料的蚀刻容易发生在有机分子的碳氧化合键上，根据聚合物膜材对化学试剂敏感程度的不同，选择不同的蚀刻溶液。NaOH 溶液用于蚀刻聚碳酸酯膜（PC）和聚对苯二甲酸乙二醇酯膜（PET），聚酰亚胺（PI）需要用 NaClO 溶液蚀刻，而聚丙烯膜（PP）需要用浓硫酸和重铬酸钾的混合溶液蚀刻。

蚀刻过程实际上是蚀刻液中的亲核基团（如—OH）对辐射损伤区中的自由基进行攻击，打断高分子链，进而使损伤区域扩大，从而形成孔洞。因此，在整个蚀刻过程中，在蚀刻液中起决定性作用的粒子是亲近原子核的阴离子基团（如—OH）。此外，当把待蚀刻的膜材放入蚀刻液中，膜材本身也会对蚀刻液中的各种离子进行吸附。因此，核孔膜的蚀刻体系实际上是由多种带电粒子与荷电基团所构成的复杂体系，尤其是对于纳米级小孔径的核孔膜制备，更加需要优化蚀刻工艺，使孔径和孔型达到要求。对膜材采用双面蚀刻后，常出现的孔道类型如图 2-129 所示。

图 2-129　双面蚀刻后形成的孔道类型

蚀刻参数的设置对蚀刻成孔时间和所成孔型至关重要，主要包括蚀刻液的配方、浓度、温度和蚀刻时间。设定合适的蚀刻参数，可以得到满足需求的核孔膜。良好的蚀刻条件，可以加快径迹蚀刻速度，使辐照后的损伤径迹形成清晰的孔洞，缩短蚀刻时间，同时也增大径迹蚀刻速率和基体蚀刻速率的比值，使形成的孔型锥角较小。PC 核孔膜的典型制备流程如图 2-130 所示。

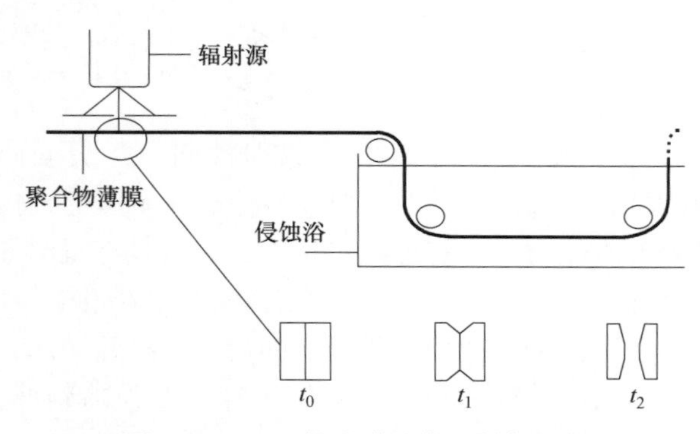

图 2-130　PC 核孔膜的典型制备流程

此外，为了获得更好的蚀刻效果或特殊的蚀刻孔型，常在蚀刻液中加入一些辅助试剂。如加入甲醇可以使膜的表面更加润滑，且径迹蚀刻速率和基体蚀刻速率也有所改变；加入 SDBS（十二烷基苯磺酸钠）、NBDEG（壬苯醇醚-10）等表面活性剂，将会得到瓶颈状的孔型。这是由于辐照后膜材形成的潜径迹大小仅为几纳米，而表面活性剂的分子链长度为十几纳米，所以表面活性剂不会像蚀刻液一样进入薄膜里面的损伤区域，而只是附着于薄膜的表面。如图 2-131 所示，表面活性剂含有亲水基和憎水基两个基团。其中，亲水基与薄膜表面相结合，憎水基与蚀刻液相接触，因此阻止了表面蚀刻液对膜的蚀刻作用，使得表面孔径较小，形成瓶颈状的孔型。

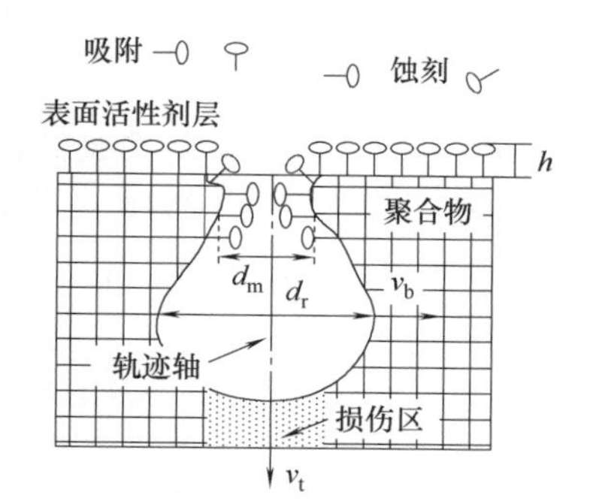

图 2-131　表面活性剂作用于孔径径迹蚀刻初期示意图

（4）核径迹防伪的特点。核径迹防伪技术的关键在于核孔膜的制作和防伪技术，它利用选择性的辐照和蚀刻，在塑料薄膜的局部形成特定图文，其特点如下：

① 制造设备高度垄断。核孔膜的制造只能由核反应堆完成，且一般核反应堆不能用于工业化制造核径迹防伪膜，只有特殊结构的核反应堆才适用。这一特殊用途的大型设备不仅价格昂贵，而且是国家专控的核技术装备，即使在国际上，也只有极少数核大国才拥有生产核径迹防伪膜的能力。

② 独特的防伪方式决定其具有不可仿造性。核径迹防伪标识图案由每平方厘米几十万个到几百万个微米级微孔组成。微孔在光线下反射形成白色图案。微孔孔径很小，孔数很多，微孔在平面上按统计规律分布，孔道为圆柱形，具有良好的透气、透水性能。模拟实验表明，利用激光打孔或机械加工手段，无法制得和核径迹防伪膜类似的产品。

③ 技术难度高，工艺复杂。核径迹综合防伪标识的制造过程是一个核物理、光电、生化等多个学科知识交织组合应用的过程，需要强大的科技力量和昂贵的设备支持做保障，其技术难度高、工艺复杂，一般的商业企业难以涉足。

④ 洁净安全。核径迹防伪标识，其放射性水平为本底水平，符合 GB 4792—1984《放射卫生防护基本标准》要求，作为商品包装（包括食品和药品包装）的防伪标识使用是安全的。

（5）核径迹类标识识别方法。将核孔膜局部复合在精美印刷膜上，模切制成核径迹类标识，其识别方法简单。

① 用钢笔或其他彩色笔在防伪标识上划写涂抹，然后用手或其他物品擦干。由于颜料进入微孔结构中，会在防伪标识的图案部分留下相应的颜色，而没有图案部分不会留下任何颜色。

② 将表层核径迹防伪膜撕下。由于颜料透过微孔印染到下层，故下层标识上出现相同颜色的遗留图案。

③ 在揭下的核孔膜下面垫上衬纸，用上述方法进行检测。由于颜料的透过，衬纸上留下相同的清晰标识图案。

④ 通过 20~80 倍的放大镜，观测核径迹防伪膜的图案部分。可以观测到图案是由白

色的圆点随机分布组成的。

⑤ 专家防伪识别方法是将表层防伪膜撕下，在光学显微镜下进行观测。可以观测到核径迹防伪标识的图案部分是由圆柱状微米级微孔组成的。通过测量微孔的孔径、孔密度、微孔孔道的角度及其分布，可以鉴别防伪标识的真伪。

2.3.1.3 核径迹防伪膜的应用

假冒行为猖獗，各名牌企业对防伪产品的需求很大，都希望有力度高的防伪产品作为品牌的护身符，核径迹微孔防伪的出现，正好满足了企业的这种需求。核径迹微孔防伪技术产品可应用到白酒、干红葡萄酒、药、鞋、保健品、电工产品、汽车及摩托车配件、轴承、电池、服装、地方名牌水果、农业种子、农药、名牌农产品、兽药、动物饲料、特定标识、完税标识、通信产品及配件等领域。其中，制药行业的用量非常大。核径迹微孔防伪产品的市场非常广阔，目前已经在近30个国内名牌上得到应用。

2.3.2 重离子微孔防伪膜

重离子微孔防伪技术集多重防伪性、美观性和实用性为一体，其生产设备上必须安装国家专控的重离子辐照装置，源头能得到严格而有效的控制，而且需要原子能、化学、光学、机械、电子等多学科专家的共同参与，因此极难仿制。由于其独特的微孔结构，以及微孔的透气透水性，无论是专家识别还是普通打假识别都非常简单、有效。专家识别时，可以采用显微镜观察微孔结构来进行鉴定，操作人员只需经过简单培训即可掌握。如果需要做进一步的鉴定，可采用电子显微镜照相，通过观察特设的孔径、孔密度、孔形等参数来进行鉴别。

2.3.2.1 重离子膜的制造方法及防伪特性

（1）重离子微孔膜的制造方法。重离子微孔膜在制造工艺上与核径迹膜基本相同。先利用加速器重离子或反应堆中子诱发的铀裂变碎片作为“炮弹”，轰击塑料薄膜，在塑料薄膜表面和内部造成电离损伤，形成核径迹基膜。然后，把防伪标识母版图案复制成过渡模版，印刷到基膜上形成平版掩模。最后通过化学蚀刻工艺，在基膜上生产出由重离子微孔组成的与原始母版相同的图案。

重离子核孔膜辐照时通常采用裂变碎片辐照法和加速器重离子辐照法，这两种方法生产的膜具有明显的差别。

① 因裂变碎片的质量和能量随机分散性大，用反应堆生产的核孔膜的孔径分散性大，并且孔径大小和密度都不可控。而用加速器辐照聚合物薄膜，可以根据实验条件和要求，选择不同种类和能量的重离子，其孔径分散性小，均一性好。

② 用反应堆裂变碎片生产的核孔膜，只能穿透十几微米的薄膜。加速器重离子生产的核孔膜能量大小和束流种类可调，不仅可穿透几十微米的薄膜，还可以穿透多层叠加的聚合物薄膜，有效地利用了重离子的束流。

③ 反应堆裂变时，碎片大小和能量不定，并且向各个方向散射，需要准直器。使用加速器时，在真空中离子自身的准直性好，不需要额外添加准直器。

④ 反应堆裂变的碎片由于能量大小不一，使得能量较小的碎片可能并未穿透聚合物薄膜，留在膜里面，使膜具有放射性。用加速器生产的重离子核孔膜，可以采用无放射性的重离子，对膜材没有影响。

由于加速器辐照制备重离子核孔膜的优点明显，目前均采用该方法。经过研究者们几十年的努力和实验研究，建立了 PET 重离子核孔膜生产设备和工艺流程，蚀刻工艺也由静态蚀刻升级到动态蚀刻，对 PET 重离子核孔膜的特性和膜分离技术有了充分的了解。近年来，研究人员对于新型膜材的重离子核孔膜也进行了不断的探索，包括聚丙烯（PP）膜和聚酰胺（PI）膜。在实验条件下，均已蚀刻出不同孔径大小（图 2-132）的重离子核孔膜，目前正致力于优化蚀刻技术，以满足实际应用中对孔径的不同需求。

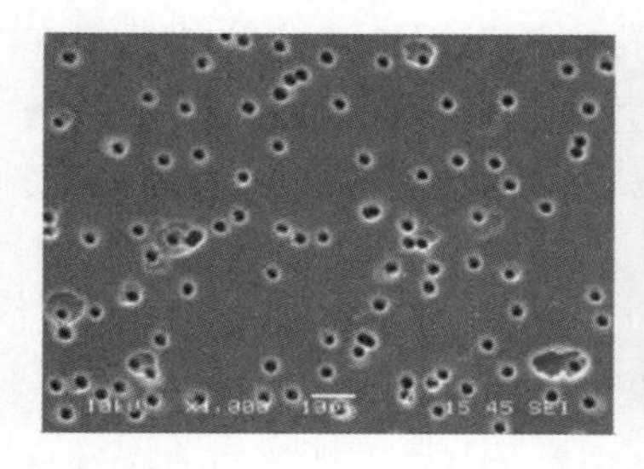

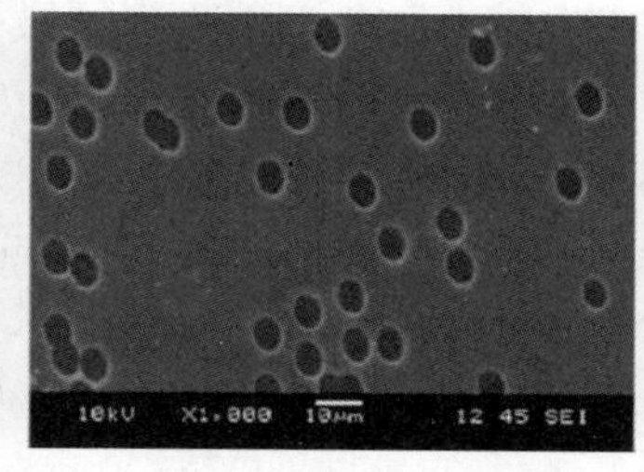

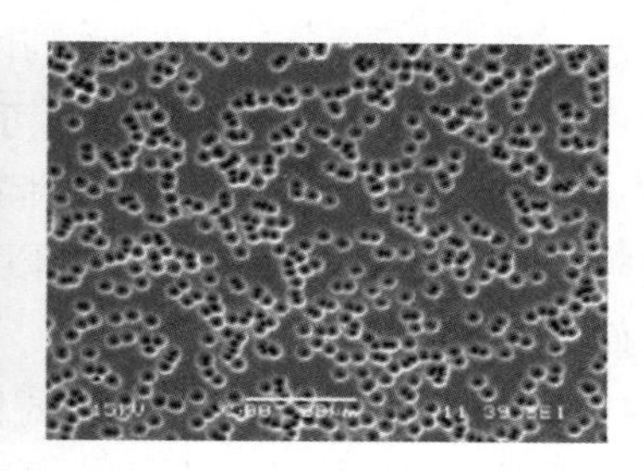

图 2-132　重离子核孔膜的电镜图

在实验室条件下，PET 膜材的重离子膜孔径已经可以做到 100nm～15μm，辐照密度达到每平方厘米 1 万～1 亿个微孔。实际生产上，也实现了孔径为 1～15μm 的小批量生产，辐照密度达到了每平方厘米 10～100 万个微孔。

（2）重离子微孔膜的防伪特性

① 垄断性。主要表现为生产设备的垄断性和技术的垄断性。重离子微孔防伪在生产设备上必须使用国家专控的核设施来完成，包括加速器和核反应堆。这些设施造价非常昂贵，如一座反应堆的制造成本就达几十亿元，是一般投资者所不具备的。此外，即便资本实力雄厚，但由于这些设施具有军事上的战略意义，属国家专控设施，任何单位或个人没有国家有关部门的批准也无法制造。

技术的垄断性包含技术的独占性和技术的进入壁垒两个层面。清华大学、中国原子能科学研究院是国内仅有的两家拥有重离子微孔防伪制造技术的单位，说明这项技术具有相当程度的垄断性。同时，重离子微孔防伪技术的进入壁垒相当强，由于这项技术涉及原子能、化学、机械、电子、物理等多学科的综合知识，一般造假者很难具备这样的条件，而且由于技术和工艺本身的科技含量高，即便是这方面的专家，要想真正掌握这项技术也存在相当大的难度。例如，清华大学的滴水消失型重离子微孔防伪标识，就连拥有相关技术的中国原子能研究院也不能生产，足见其技术难度之高。

② 易识别性。现有的许多防伪技术，虽然科技含量也很高，造假者也难以仿制，但由于存在不易识别的缺点，以至于很难为普通消费者所认识，从而大大降低了技术的防伪效果。重离子微孔防伪技术，其技术本身具有相当高的科技含量，且普通消费者可以采用非常方便的手段加以识别，这是一般防伪技术所不具备的优势，也是评价一项防伪技术是否优秀、有效的重要因素。

2.3.2.2　重离子微孔膜的防伪应用

重离子微孔标识的孔密度可达每立方厘米几百万个重离子微孔。微孔直径很小，在微米或亚微米范围内，仅为一根头发直径的百分之一左右，肉眼看不到，微孔的微观结构及特性可采用光学显微镜观测。由于薄膜上的图案由大量微孔组成，在可见光下，光线经过微孔发生散射和折射，人眼观察到一个视觉效果为白色的图案，非图案区则保持透明，使得产品标识一目了然（图 2-133）。同时，由于图案由微孔组成，微孔可以透气、透水，若使用有颜色的液体（如水笔）去涂抹，图案区将被着色，留下彩色图案；若用无色液体（如水）去涂抹，图案区将变得透明，达到图案消失的效果。

图 2-133　重离子微孔防伪标识

利用上述原理，研究者们已开发出上色透印型、滴水消失型、隐性微孔型、综合防伪型等重离子微孔防伪标识。这些防伪标识在结构上可分为表面层和衬底层。表面层是由一层 PET 薄膜制成的微孔防伪膜，衬底层由纸或镀铝膜等材料制成。带有微孔图案的表层防伪膜可以揭下，上面的微孔可以透气、透水。不同类型重离子微孔防伪标识的检测方法如下：

（1）上色透印型。由于表层防伪膜微孔可以透气、透水，当对防伪膜表面涂颜色时，由于带色的液体留在微孔孔道内，孔壁被染色，于是表层被上色。同时，带色的液体能透过微孔孔道印在衬底上，形成透印的图案。因此，在标识表面涂上颜色即可鉴别产品的真伪。

（2）滴水消失型。当无色透明的液体充满微孔后，孔壁对光折射引起的漫反射作用被消除，从而使衬底颜色向外反射，则由微孔群组成的白色图案不再显现。这种类型的标识只需在表面滴一滴水，即可辨别真假。在图案上滴一滴水后用手涂抹，白色图案基本消失，呈现为衬底的颜色，待水干后又恢复为白色。与此同时，上色透印型检测法对它也有效。

（3）隐性微孔型。由于制作工艺特殊，这种类型的标识图案肉眼不可见，但经彩色水笔着色后，隐形图案就能显现出来。

（4）综合防伪型。综合防伪型是指将重离子微孔防伪技术与其他防伪技术结合形成的防伪产品。根据具体情况，可以采用多种手段检测，防伪力度更高。

2.3.3　形状记忆材料

形状记忆材料（shape memory materials，SMM）是一种具有良好发展前景的智能材料，是指能够感知并响应环境变化（如温度、力、电磁、溶剂、湿度等）的刺激，对其力学参数（如形状、位置、应变等）进行调整，从而恢复到初始状态的一种智能材料。简单地说，就是有一定初始形状的材料经过形变并固定为另外一种形状后，通过物理或化学刺激又能恢复为初始形状的材料。形状记忆效应（shape memory effect，SME）与马氏体相变或玻璃态转变等有关，一般需借助其他物理条件的刺激呈现出来。常见的 SMM 包括形状记忆合金、形状记忆高分子和形状记忆陶瓷。

形状记忆高分子材料（SMP）具有一系列特征：形变量大，通常在 400%以上；原材料充足，品种多，形状记忆恢复温度范围宽；质量小，易包装和运输；加工容易，易制成结构复杂的异型品，能耗低；价格便宜，仅是形状记忆合金的 1%；耐腐蚀，电绝缘性和保温效果好等。因此，SMP 已成为继形状记忆合金后被大力发展的一种新型形状记忆材料。

根据形状恢复原理不同，SMP 大致可分为热致型、电致型、化学感应型和光致型 4 类。热致形状记忆高分子材料的形变控制方法较简单，且制备简便，应用范围较广，是目前形状记忆高分子材料研究和开发领域较为活跃的品种。图 2-134 所示为形状记忆合金的单向形状记忆和双向形状记忆效应。

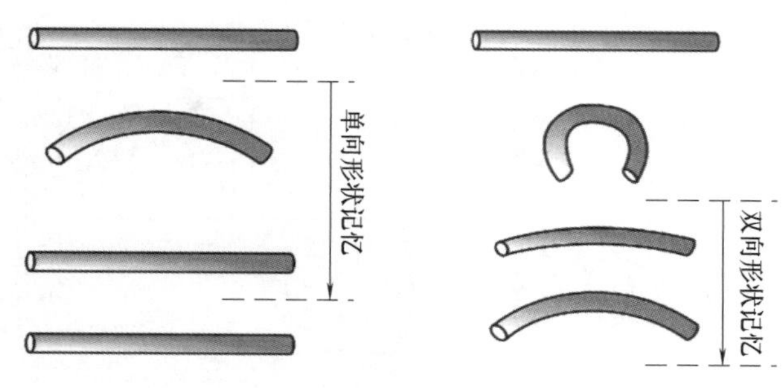

图 2-134　形状记忆合金的记忆效应

2.3.3.1　形状记忆高分子材料的记忆机理

经过 20 多年的研究，国内外的学者已经从分子结构及分子相互作用的角度，对形状记忆高分子材料的记忆机理进行了解释，并且建立了一系列力学和数学模型，来模拟形状记忆高分子材料的形状记忆过程。

日本石田正雄最先发现，热致型 SMP 形状记忆功能主要来源于材料内部存在不完全相容的两相，即记忆起始形状的固定相和随温度变化能可逆地固化和软化的可逆相。如果固定相为化学交联结构的无定形区，则称之为热固性 SMP。当 T_m（熔点）或 T_g（玻璃化温度）较高的一相在较低温度时形成结晶区或分子缠绕，则称之为热塑性 SMP。

室温时，热塑性形状记忆聚合物（固定相 T_m 或 T_g>可逆相 T_m 或 T_g>室温）的可逆相、固定相均处于结晶态或玻璃态，呈现塑料特性。当温度达到可逆相的 T_m 或 T_g，低于固定相的 T_m 或 T_g 时，软段的微观布朗运动加剧，由玻璃态或结晶态转变为橡胶态或无定形态，而硬段仍处于玻璃态或结晶态，分子被相互间的物理作用所固定，从而阻止分子链产生滑移，抵抗形变。加上软、硬段的共价耦联，抑制了链的塑性移动，从而产生回弹性即记忆性，这时材料呈现橡胶特性。在此温度下，对材料施加一定外力使其产生形变后降至室温，软段重新回到结晶态或玻璃态，起到冻结应力的作用，保证变形后的形状记忆聚合物在室温下可长期保形。再次升温后，分子链在熵弹性作用下发生自然卷曲，从而形变发生恢复，实现对起始形状的记忆。

热固性形状记忆聚合物的记忆机理与热塑性形状记忆聚合物相似，只是由化学交联的固定相阻止分子链的滑移，赋予材料高弹性，产生一定的高弹态形变及强度，保证聚合物在高弹态时可进行必要的强迫拉伸形变。根据此原理，可逆相的分子组成结构影响记忆温度，而固定相的组成结构则对形变恢复影响较大。

热致驱动的形状记忆聚合物材料是指通过外界温度的改变实现形状记忆效应的一类树脂材料，其变形机理如图 2-135 所示。制作完成的树脂样品处于物理交联或化学交联的固定相状态，能够记忆材料的初始形状。当外界温度发生变化，材料本身温度升高，达到可逆相的玻璃化转变温度以上时，材料变为高弹性的橡胶态，可通过外力的作用实现形状的变化。持续对材料实施外力，以保持临时变形状态。将材料温度降低至玻璃化转变温度以下，该变形形状被固定下来，即材料的可逆相由橡胶态转变成玻璃态，相应变化的形状应变被“冻结”，这时除去外力作用，临时的形状被固定下来。当材料温度再次加热到玻璃化转变温度以上时，在分子运动作用下，材料内部被冻结的应变宏观表现为被固定的形状恢复至初始形状，从而完成了一次形状记忆恢复过程。

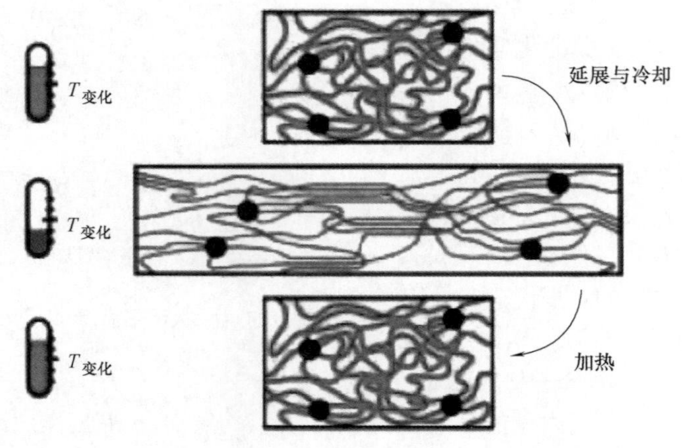

图 2-135　形状记忆材料的变形机理

2.3.3.2　形状记忆高分子材料的种类及制备

（1）形状记忆高分子材料的种类及结构特性。目前，得到应用的形状记忆高分子材料有聚降冰片烯、反式1,4-聚异戊二烯、苯乙烯-丁二烯共聚物、交联聚乙烯、聚氨酯等。此外，含氟高聚物、聚内酯、聚酰胺等高聚物也具有形状记忆功能。

① 聚降冰片烯。聚降冰片烯是1984年由法国碳化学公司（CDF Chimie）开发的含有双键和五元环交替键合的无定形聚合物，后由杰昂公司发现其形状记忆功能并投入市场。聚降冰片烯属于热塑性树脂，相对分子质量在300万以上，固定相为高分子链的缠绕交联，以玻璃态与高弹态可逆变化的结构为可逆相，T_g 为35℃，接近人体温度，室温下为硬质，适于制作织物制品，可以通过压延、挤出、注塑等工艺加工成型，强度高，有减震作用，具有良好的耐湿气性和滑动性，但变形速度较慢，形变效果不强。

② 反式1,4-聚异戊二烯。反式1,4-聚异戊二烯采用催化剂经溶液聚合而得，属于结晶性聚合物，结晶度为40%，熔点为67℃。国外已成功地将它应用于医用石膏代用品和医用矫形材料的生产等。固定相为过氧化物交联后的网络结构，可逆相为能进行熔化和结晶可逆变化的部分结晶相。其变形速度快，恢复力大，形变恢复率高，但因属于热固性SMP，不能重复加工，耐热性和耐候性较差。

③ 形状记忆聚氨酯。形状记忆聚氨酯是日本三菱公司于1988年8月首先公布的，其由聚四亚甲基二醇（PTMG）、4,4-二苯甲烷二异氰酸酯（MDI）和链增长剂3种单体原料聚合而成，它是含有部分结晶态的线形聚合物。通过原料的选择和原料配比调节 T_g，可得到不同响应温度的形状记忆聚氨酯。现已制得 T_g 分别为25℃、35℃、45℃和55℃的形状记忆聚氨酯。随后，该公司进一步开发了综合性能优异的形状记忆聚氨酯，室温模量和高弹模量比值可达到200。与通常的形状记忆高分子材料相比，它具有极高的湿热稳定性和减震性能，损耗角正切值 $\tan\delta$ 很大，在47℃时该值近似1。

聚氨酯分子链为直链结构，具有热塑性，因此可通过注射、挤出、吹塑等加工方法加工，而且该SMP质轻价廉、着色容易、形变量大（最高可达400%），且耐候、重复形变效果好，因此受到重视。聚氨酯的形状记忆特性已在建筑、医学、纺织及包装行业得到应用。例如，用形状记忆聚氨酯配制的涂料，不仅具有普通涂料的功能，还能在受到划、碰、擦等损伤后，自动除去痕迹，以保护外观不受影响；但由于生物相容性不佳，且不可生物降解，在医疗领域的应用受到一定限制。典型形状记忆聚合物的结构特点和性能优缺点见表 2-1。

表 2-1　典型形状记忆聚合物的结构特点和性能优缺点

形状记忆聚合物	结构特点	优点	缺点
聚降冰片烯(法国CDF公司于1984年开发)	相对分子质量高达300万；分子链的缠结交联为固定相，以 T_g(35℃)为可逆相	形变恢复力大、速度快、恢复精确度高	加工困难；形状恢复温度不能任意改变
苯乙烯/丁二烯共聚物(日本旭化成公司于1988年开发)	固定相为高熔点(120℃)的聚苯乙烯结晶部分，可逆相为低熔点的聚丁二烯结晶部分	①不仅变形容易，变形量为原形状的4倍，而且形状恢复速度快，恢复时间短，且恢复力随延伸变形量增加而上升；②记忆回复温度为60℃，通常条件下保存时，可忽略自然恢复变形，重复形变可超过200次；③该SMP还具有耐酸碱性优异、着色性能好等特点	—
反式1,4-聚异戊二烯(TPI)(可乐丽公司于1998年开发)	TPI熔点为67℃，结晶度为40%，用硫黄和过氧化物交联得到的化学交联结构为固定相，能进行熔化和结晶可逆变化的部分为可逆相	形变速度快、恢复力大、精确度高	耐热性和耐气候性差
交联聚乙烯	该树脂采用电子辐射交联或添加过氧化物的交联方法，使大分子链间形成交联网络，作为一次成型的固定相，而以结晶的形成和熔化作为可逆相	①交联后的聚乙烯在耐热性、力学性能和物理性能方面有明显改善。如热收缩管可给予200%以上的膨胀(延伸)；②由于交联，分子间的键合力增大，阻碍了结晶，从而提高了聚乙烯的耐常温、收缩性、耐应力龟裂性和透明性	形状记忆温度不能任意改变；形状记忆特性受交联程度的影响，而交联程度与交联剂用量、反应时间、反应温度等密切相关
乙烯/醋酸乙烯共聚物	EVA是由非极性、结晶性的乙烯单体和强极性、非结晶性的酯酸乙烯单体VA聚合而成	其形变恢复温度即聚乙烯晶体的熔点可通过共聚单体的含量加以调节	形状记忆特性与聚醋酸乙烯的交联程度密切相关
聚氨酯(日本三菱公司于1988年开发)	具有软、硬段交替排列的多嵌段结构。以具有 T_g 或 T_m 且高于室温的软段连续相作为可逆相，部分结晶的硬段作为物理交联点形成的物理交联相为固定相	①分子链为直链结构，具有热塑性，加工容易；②其形变恢复温度可在-30~70℃范围内调整；③质轻价廉，着色容易，形变量大(最高可达400%)，耐气候性和重复形变效果亦较好	—

(2) 形状记忆高分子材料的制备。目前形状记忆高分子材料的制备方法可分为交联、共聚和分子自组装。

① 交联。通过交联，使得线性的高分子链结合成网状结构，加热升温到 T_g 或 T_m 以上进行牵伸，交联的网络结构舒展开来，同时也产生了恢复内应力。然后再冷却，使分子

链结晶或变为玻璃态，固定变形，冻结恢复应力，高聚物就被赋予了再次升温到高弹态时可恢复为原始形状的形状记忆功能。

交联的方法主要有化学交联和物理（辐射）交联。大多数产生形状记忆功能的高聚物都是通过辐射交联而制得的，如聚乙烯、聚己内酯等。采用辐射交联的优点是可以提高聚合物的耐热性、强度、尺寸稳定性等，同时没有分子内的化学污染。但高聚物在高能射线作用下进行交联的同时也会发生部分降解，对原有高聚物会造成一定损伤，也影响了高聚物的性能，降低了产量。朱光明等人研究发现，聚己内酯经过辐射交联以后也具有形状记忆效应，且辐射交联度与聚己内酯的分子量和辐射剂量有很大的关系，同时发现聚己内酯具有形状恢复响应温度较低（约50℃）、可恢复形变量大的特点。

除了辐射交联，还可以采用化学交联的方法。如可用亚甲基双丙烯酰胺（MBAA）做交联剂，将丙烯酸十八醇酯（SA）与丙烯酸（AA）交联共聚，合成具有形状记忆功能的高分子凝胶。王诗任等对用DCP交联的EVA进行了研究，发现EVA的形状恢复率主要取决于分子链的交联程度。随着交联度的增加，材料恢复率不断提高，但形状固定率不断下降。

② 共聚。将两种不同转变温度（T_g 或 T_m）的高分子材料聚合成嵌段共聚物。由于一个分子中的两种（或多种）组分不能完全相容而导致了相的分离，其中 T_g（或 T_m）低的部分称为软段，T_g（或 T_m）高的部分称为硬段。通过共聚调节软段的结构组成、分子量及含量来控制制品的软化温度和恢复应力等，从而可以改变聚合物的形状记忆功能。

PEO-PET的共聚物包括两部分。PEO（聚氧乙烯）部分 T_m 较低，是聚合物的软段部分，可以提供弹性体的性质，而PET部分作为共聚物中的硬段部分，具有较高的 T_m，可以形成物理交联，使共聚物具有较高的挺度和较好的耐冲击性。在该聚合物中，PET含量的增加可以提高物理交联，PEO链长度增加则导致运动更容易，从而使共聚物展现出良好的形状记忆效应。

聚氨酯是含有部分结晶的线型聚合物，由芳香族的二异氰酸酯与具有一定分子量的端羟基醚或聚酯反应生成氨基甲酸酯的预聚体，再用多元醇如丁二醇等扩链，可生成具有嵌段结构的聚氨酯。该聚合物以软段（聚酯或聚醚链段）作为可逆相，硬段（氨基甲酸酯链段）作为物理交联点（固定相）。通过原料种类的选择和配比调节 T_g，即可得到不同响应温度的形状记忆聚氨酯。

③ 分子自组装。应用自组装方法，利用分子间的非共价键力构筑超分子材料是近年来人们研究的热点。2001年彭宇行等人利用聚（丙烯酸—co—甲基丙烯酸甲酯）交联网络与表面活性剂溴化十六烷基二甲基乙胺（C_{16}TAB）之间的静电作用力首次制备了具有超分子结构的形状记忆材料［P(AA—co—MMA)—C_{16}TAB］复合物。其中 C_{16}TAB的长烷基链可在转变温度上下做可逆的有序（结晶）-无序（熔融）转变，成为可逆相，而P(AA—co—MMA）网络则充当材料中的固定相。这是首次将超分子自聚集手段引入形状记忆材料的研究。研究成果一经发表，立即引起了同行的广泛关注。随后，彭宇行等人又利用聚（丙烯酸—co—甲基丙烯酸甲酯）交联网络与聚乙二醇（PEG）间的氢键作用力作为驱动力，制备了具有良好形状记忆性能的P(AA—co—MMA)—PEG形状记忆材料，形变恢复率几乎可以达到99%。

超分子组装摒弃了传统的化学合成手段，具有制备简单、节能环保的优点，是今后材料发展的新方向之一。但目前的超分子形状记忆材料都是以静电作用力或高分子间的氢键作为驱动力，要求聚合物含有带电基团或羟基，以及 N、O 等易于形成氢键的基团或原子，因此种类有限。

2.3.3.3　热致型形状记忆高分子材料的防伪应用

单螺杆板材挤出机组的辊筒表面，设定了多个相同的图案或多组相同的文字，这些图案或文字彼此间有一定的距离，距离的大小取决于挤出的板材被压延变薄的程度。当挤出的板材厚度一定时，板材被压延得越薄，则图案或文字之间的距离越大，且图案或文字也是凸出或凹进的。采用该类型的板材挤出机组，可以制备具有形状记忆性能的高分子材料，获得表面具有与辊筒对应的图案或文字的板材，如降冰片烯、反式聚异戊二烯、聚氨酯、苯乙烯-丁二烯共聚物等，板材厚度为 0.2~2mm（1.5mm 最佳）。将这些板材进行辐照交联，加热后通过三辊压光机可将板材压成 0.1~0.3mm（0.3mm 最佳）的薄膜，将印刷后的薄膜裁成小片，每一小片薄膜都隐含一个图案或一组文字。

也可以将具备形状记忆功能的高分子材料挤成平面板材，其厚度范围为 0.2~2.0mm。将板材按热压模具的大小裁成所需的规格，如 0.5m×0.5m 或 0.3m×0.2m，然后将其放入热压模具中，在板材的表面热压（图 2-136）出凹凸有致的图案、文字或形状，辐照交联后再加热，并用三辊压延机压延成厚度为 0.1~0.3mm 的薄膜。经压延后，薄片就变成了面积更大、表面更平整的薄膜。再根据压延的程度，将薄膜裁成若干个只隐含一个图案（或一组文字、一种形状）的小片，即形成形状记忆防伪标识。

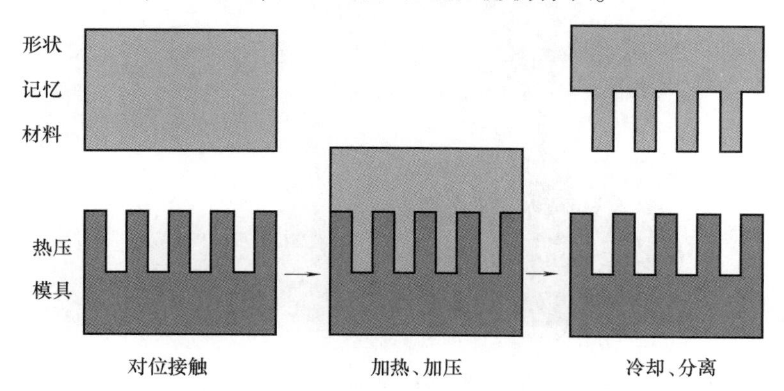

图 2-136　形状记忆聚合物微结构薄膜样品的纳米压印制备过程

生成的形状记忆片材一般为乳白色，也可以根据需要加入一定的色母粒，制成其他颜色的形状记忆片材，如图 2-137 所示。

将形状记忆片材经过印刷及印后加工，制成防伪标签等物，将该小片标签贴在商品上，当需要检验商品的真伪时，把小片标签放入 70℃ 以上热水中，或使用打火机烘烤，标签上就会显现有凹凸感的文字或 logo，防伪力度强，鉴别方法简单快捷，如图 2-138 所示。

2.3.4　新型多功能防伪薄膜

近年来，随着印刷技术、材料学、计算机科学及多种交叉学科的发展，新型多功能防伪薄膜也越来越多地得到应用。

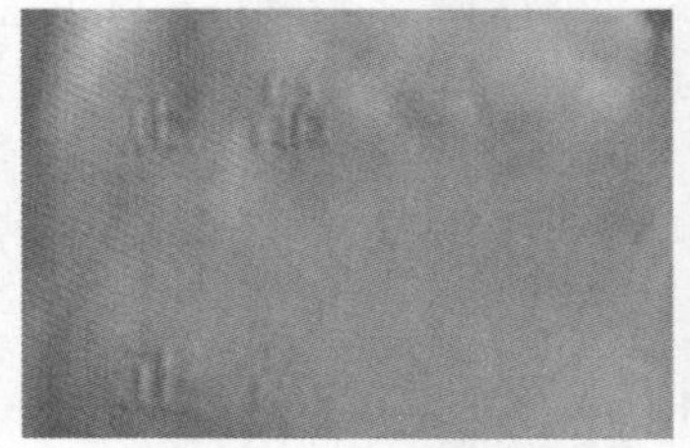

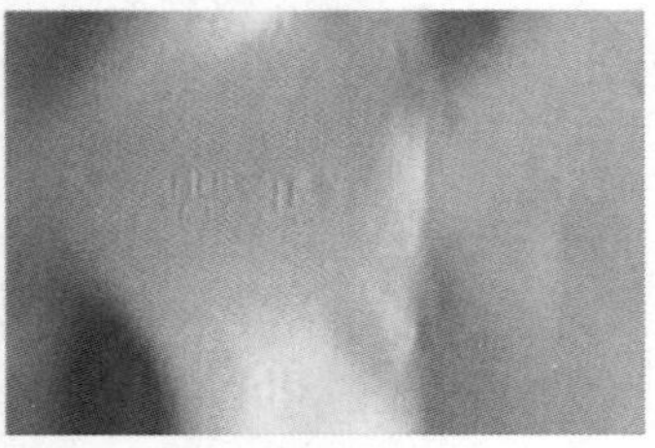

图 2-137　不同颜色和形状的记忆片材

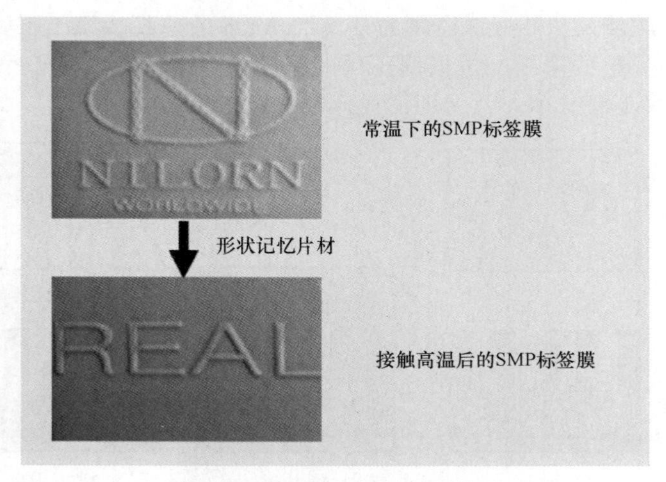

图 2-138　形状记忆材料的检验

2.3.4.1　光致聚合物全息防伪立体膜

模压全息膜是防伪包装的典型应用，然而应用十分普遍，易于被造假者复制。光致聚合物全息防伪立体膜是以光聚物为记录材料制作的防伪商标，由上下两层 PET 薄膜和中间夹心的光致聚合体系组成。在 2D 平面材料上记录 3D 图像信息，可由中心立体实物像和数码合成背景，包括缩微文字、变色文字等防伪手段。该防伪膜具有亮度高、信噪比高、应用多样化、扫描后耐候性好、保持更长久等优点，主要应用于电子产品、奢侈品和食品药品等防伪标签领域，可结合条形码、二维码及其他印刷防伪手段使用。

2016 年杜邦公司推出了一款面向包装行业的全新防伪膜——Izon® 3D 安全膜。该膜充分利用杜邦专利的成像基础，可在产品包装或标签上直接形成防伪特征，实现了特征明显、名副其实的 3D 防伪效果。Izon® 3D 安全膜是一种有别于传统浮雕箔全息图像技术的先进安全技术，其主要优势包括：

① 清晰可见、独一无二的3D特征。该薄膜采用独特的侧边点验证设计，易于辨识全效视差3D成像；当偏斜着观察标签时，全息图像消失。

② 亮红色全息安全图标。嵌入清晰可辨识的全息红色“lock”图像，可快速识别。

③ 可选透明结构。可直接应用于印刷文本、条码或其他图像之上。翻转盒子或从某一角度进行观察时，Izon® 3D下方的印刷信息清晰可见。

④ 深度投影。当使用点光源（如闪光灯）时，半隐性图像清晰可见，在背景中“浮动”。品牌保护团队和执行代理进行现场校验时，此特征尤为有用。

2.3.4.2　智能防伪薄膜

材料科学、现代控制技术、计算机技术与人工智能等相关技术的进步，带动了智能包装的飞速发展。据统计，全球智能包装市场正在以近8%的复合年增长率增长。虽然国内智能包装产业目前尚处于起步阶段，但用户需求和应用环境丝毫不亚于国外。近年来，第二代智能包装技术异军突起，成为行业发展的主流。

第二代智能包装技术融合印刷电子、RFID、柔性显示等新型技术，使商品及其包装对人类更具有亲和力，使人机交互式沟通更为便捷。济南嘉源电子公司推出的一款CFD薄膜显示屏植入包装中，给用户带来全新体验，实现新包装、新互动、新防伪。CFD薄膜显示屏薄如纸，柔软可任意弯曲，可以贴敷在任意一种包装产品上；外观新颖时尚，内置芯片可以与手机互联，显示屏由暗变亮和产品完整信息的显示可用于真伪鉴别和防伪溯源（图2-139）。

图2-139　CFD薄膜显示屏在包装中的应用

南京邮电大学科研团队通过改变结晶紫内酯水杨醛肼（CVLSH）锌配合物的反离子，实现了光致变色分子的着色性和着色速度按需精细控制。利用锌配合物的可控光致变色特性，制备了智能光致变色薄膜，并成功实现了多级安全印刷。当智能光致变色膜暴露于模拟太阳光下时，含有不同反离子的光致变色材料的聚合物膜从无色变为浅蓝色甚至深蓝色（图2-140）。这种按需控制光致变色薄膜透射率的特性在智能玻璃或窗口中有着广泛的应用前景。

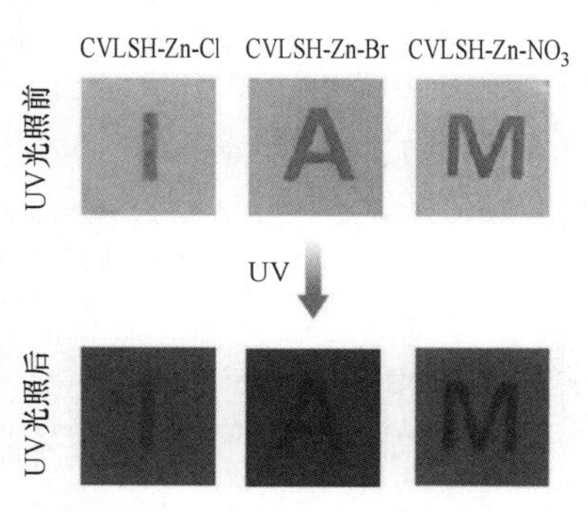

图2-140　智能光致变色薄膜在模拟太阳光下的变色效果

美国康涅狄格大学孙陆逸教授课题组利用缺陷石墨氮化碳（d-GCN）作为填料和光催化剂，开发了具有机械和光敏双响应的智能薄膜。该薄膜具有出色的可逆性和高效的颜色或透明度切换性能，其利用附着在软基板上的刚性顶层中的致密裂缝，在施加的应变下可逆地改变透明度；利用光照改变薄膜的颜色，在无光时显示无色；当与染料结合时，可以改变表面上的颜色或印刷文字。

参 考 文 献

[1] 王明清.“复印机工作原理”一堂课的教学设计［J］. 办公自动化，2013，(16)：53-55.

[2] 聂恒芳. 静电复印机的复印质量问题分析和检测方法［J］. 电子世界，2016，(18)：135-135.

[3] 包学诚，徐维铮. 静电复印机感色性能的分析研究［J］. 光学仪器，1984，(1)：29-34.

[4] BING F. Research of anti-copy based on word electronic exercises［J］. Journal of Yangtze University Sci & Eng V，2007，4 (1)：69-70.

[5] 张振声. 论偷渡犯罪嫌疑人假护照的制作与鉴别［J］. 中国人民公安大学学报：社会科学版，2003，19 (3)：132-135.

[6] CAMUS M. Safety means，paper and document against falsification by chemical agent［P］. US：US06/758361，1986-10-21.

[7] 粟婉，曹秀痕，陈义清，等. 一种防涂改纸及其制备方法：201010623311.5［P］. 2013-05-22.

[8] 杨波，陈港，唐爱民，等. 纸张防涂改的办法［J］. 纸和造纸，2005，(3)：2.

[9] 杨波，陈港，唐爱民，等. 纸张图文防涂改的途径和办法［J］. 造纸科学与技术，2004，23 (5)：3.

[10] 全国防伪标准化技术委员会. 防伪纸　第1部分：防涂改纸：GB/T 17003.1—2011［S］. 北京：中国标准出版社，2011.

[11] 邵军利. 一种能够打印数字化签名的支票打印机：200820078549.2［P］. 2009-02-18.

[12] 戴美英. 防改日期包装袋制造装置：201580002300.6［P］. 2016-10-19.

[13] 杨世杰，吴华. 护照证件防伪技术与伪假护照证件鉴别手段研究［J］. 武警学院学报，2001，17 (1)：5-9.

[14] 孙光颖. 现代全息术的回顾与展望［J］. 物理与工程，2002，12 (4)：34-36.

[15] 张静芳. 光学防伪技术及其应用［M］. 北京：国防工业出版社，2011.

[16] 李栋，哈流柱. 3种防伪全息纸的工艺与应用［J］. 中国品牌与防伪，2007，(2)：58-63.

[17] 施逸乐. 彩色计算彩虹全息实用技术的研究［D］. 苏州：苏州大学，2013.

[18] 朱竹青. 数字全息在实时动态测量和信息隐藏中的应用研究［D］. 南京：南京师范大学，2013.

[19] 陈长武. 浅析证券纸的质量标准［C］. 中国造纸学术年会. 中国造纸学会第七届学术年会资料集，广州，1994.

[20] 张技术. 光谱指纹纤维防伪原理与特性研究［D］. 无锡：江南大学，2012.

[21] 张俊奇. 植物基荧光防伪纤维的制备及应用［D］. 广州：华南理工大学，2015.

[22] 孙显林. 一种波浪状防伪纤维及其含有该防伪纤维的纸和纸板：200910226051.5［P］. 2010-12-15.

[23] ZHANG J，WANG Y，LI Y，et al. Microstructure and spectral characteristics ofspectrum-fingerprint fiber with double luminouscenters for anti-counterfeiting application［J］. Applied Optics，2020，59 (7)：2004-2010.

[24] 姚瑞刚，王秋菊，赵丽容. 一种防伪纤维和防伪纸：201720907309.8［P］. 2018-04-06.

[25] ZHANG J S，GE M Q. Effect of polymer matrix on the spectral characteristics of spectrum-fingerprint an-

ti-counterfeiting fiber [J]. Journal of the Textile Institute Proceedings & Abstracts, 2012, 103 (2): 193-199.

[26] LI Z R, XI P, ZHAO M, et al. Preparation and characterization of rare earth fluorescent anti-counterfeiting fiber via sol-gel method [J]. Journal of Rare Earths, 2010, 28 (s1): 211-214.

[27] 董永宪，张象喜. 防伪纤维、采用该防伪纤维的防伪防涂改纸及其制造方法：02130658.3 [P]. 2005-11-09.

[28] UETA H, MIURA K, KANEKO A, et al. Development of laser marking fiber and micro-marking [J]. Fiber, 2007, 63 (2): 39-43.

[29] XU Y, YANG G, ZHANG H, et al. Preparation and properties of UV and infrared excitable dual wavelength fluorescent anti-Counterfeiting fibers [J]. 2017, 33 (7): 161-166.

[30] 王艳忠，黄素萍. 荧光防伪纤维的制造方法及其应用 [J]. 合成纤维，2000，29 (4)：20-22.

[31] 樊官保. 安全纤维的制造方法及其应用：201210082341.9 [P]. 2012-03-26.

[32] 王都义，陆春宇，刘刚. 防伪纤维及其制造方法以及使用其的安全纸张和安全物件：201210512468.X [P]. 2012-12-04.

[33] 张俊翠，李光晨. 水印纸的发展进程及应用 [J]. 印刷质量与标准化，2012，(10)：20-21.

[34] 张绍武. 水印防伪纸介绍及生产注意事项 [J]. 黑龙江造纸，2019，47 (3)：3.

[35] 王思. 水印防伪印刷材料的制备及其性能研究 [D]. 北京：北京印刷学院，2009.

[36] 霍丹. 水印纸的生产及其特性 [J]. 华东纸业，2011，42 (2)：40-43，56.

[37] 王轶群. 基于水印防伪技术的研究和发展探究 [J]. 中国包装工业，2015，(22)：158-159.

[38] 刘尊忠，鲁建东. 防伪印刷与应用 [M]. 北京：印刷工业出版社，2008.

[39] 刘琴. 常见防伪纸张特性及其发展趋势分析 [J]. 印刷质量与标准化，2012，(11)：8-13.

[40] 于广江，孟武. 融入纳米技术的防伪材料——纳米水印纸 [J]. 中国印刷与包装研究，2005，(08)：44.

[41] 张俊翠，李光晨. 水印纸的发展进程及应用 [J]. 印刷质量与标准化，2012，(10)：20-21.

[42] 张静芳，张荣禹，叶中东，等. 用于提高纸张安全性的安全线：200410062644.X [P]. 2007-10-10.

[43] 粟婉，刘晖，常为民. 安全线：101294361B [P]. 2011-11-12.

[44] 常为民，梁承焱，田子纯. 一种磁性编码安全线：03137378.X [P]. 2006-10-18.

[45] 曹瑜，李万里，张渠. 一种复合安全线：201010539768.8 [P]. 2014-12-24.

[46] KLAUS H, JOERG L, MAX V. Security, especially banknote, with printed symbols and security element, is coated with mat protective varnish except over security element: 10124630A1 [P]. 2002-11-21.

[47] ZHU R, Li W F, YANG X, et al. Experiment of anti-counterfeiting banknote based on anti-stokes effect of infrared laser [J]. Laser & Optoelectronics Progress, 2012, 49 (11): 5.

[48] RACLARIU A C, HEINRICH M, ICHIM M C, et al. Benefits and limitations of DNA barcoding and metabarcoding in herbal product authentication [J]. Phytochemical Analysis Pca, 2017, (9): 123-128.

[49] 马继刚. 泰铢塑料纪念币的防伪特征研究 [J]. 中国防伪报道，2009，(4)：8-13.

[50] 马继刚. 新加坡元塑料币防伪特征的研究 [J]. 中国防伪报道，2008，(7)：6.

[51] KELLER M, BURCHARD T. Security element for security papers and valuable documents: 1458575B1 [P]. 2008-10-01.

[52] MENG Y, LIU F, UMAIR M M, et al. Patterned and iridescent plastics with 3D inverse opal structure for anticounterfeiting of the banknotes [J]. Advanced Optical Materials, 2018, 6 (8): 1701351.

[53] FEI-FEI C, YING-JIE Z, QIANG-QIANG Z, et al. Secret paper with vinegar as an invisible security

ink and fire as a decryption key for Information Protection [J]. Chemistry (Weinheim an der Bergstrasse, Germany), 2019, 25 (46): 10918-10925.

[54] GUAN X, LAN S, JIAHUI D, et al. Water assisted biomimetic synergistic process and its application in water-jet rewritable paper [J]. Nature Communication. 2018, 9: 4819.

[55] VARN K S, RAMESH K C, SAI K R, et al. Inkjet-Printable Hydrochromic Paper for Encrypting Information and Anticounterfeiting [J]. ACS Appl. Mater. Interfaces, 2017, 9: 33071-33079.

[56] CHEN R L, FENG D C, CHEN G J, et al. Re-Printable Chiral Photonic Paper with Invisible Patterns and Tunable Wettability [J]. Advanced Functional Materials, 2022, 31 (16): 2009916.

[57] 李瑞，孟迪. 防伪油墨——防伪技术领域的主力军 [J]. 印刷世界，2010，(6)：34-36.

[58] 王灿才. 常用防伪油墨浅析 [J]. 今日印刷，2005，(8)：66-68.

[59] 任清杰. 变色防伪油墨机理及其应用 [J]. 印刷质量与标准化，2010，(11)：8-10.

[60] 赵东柏，唐少炎，孔繁辉，等. 热敏（温变）油墨的变色原理及其在包装领域的应用 [J]. 包装学报，2013，5 (1)：22-25.

[61] 覃有学. 温致变色油墨及其组成 [J]. 丝网印刷，2014，000 (010)：29-33.

[62] 付吉灿. 可逆温致变色油墨及其应用 [J]. 印刷质量与标准化，2014，(1)：5.

[63] 晓雨. 光敏热敏油墨系列防伪 [J]. 中国品牌与防伪，2003，(9)：65-65.

[64] 杨玲，魏先福，黄蓓青，等. 红外荧光油墨的制备及发光性能的研究 [J]. 印刷技术，2014，(1)：54-56.

[65] 王军民，陈大年. 近红外吸收油墨与近红外吸收物质 [J]. 中国防伪，2005，(5)：2.

[66] 于兰平. 无机荧光材料的工艺研究与开发 [J]. 天津化工，2003，17 (5)：35-36.

[67] 杨玲，魏先福，黄蓓青，等. 红外吸收喷墨油墨的制备及性能优化 [J]. 北京印刷学院学报，2013，21 (2)：3.

[68] 张强. 基于稀土配合物的发光复合材料的制备、结构及荧光性质研究 [D]. 长春：吉林大学，2019.

[69] 杨薇. 基于稀土配合物及稀土纳米片的荧光探针及传感器的研究及应用 [D]. 上海：华东师范大学，2018.

[70] 焦晨婕，周彦芳，章红飞，等. 稀土有机配合物的研究进展及应用 [J]. 江西化工，2019，(2)：5.

[71] 吕晶晶. 基于有机光致变色材料的有机场效应晶体管存储器研究 [D]. 苏州：苏州大学，2019.

[72] 高艺芳. 光致发光碳点的制备及其应用研究 [D]. 太原：山西大学，2020.

[73] 吴俊标. 新型光致变色无机开放骨架晶体材料的合成、结构与性质 [D]. 吉林：吉林大学，2015.

[74] 李恺. 基于席夫碱结构的新型光致变色体系和金属离子荧光探针 [D]. 北京：清华大学，2014.

[75] 马航. 基于量子点的电致发光器件关键技术研究 [D]. 北京：北京交通大学，2017.

[76] 穆亲. 量子点荧光探针的设计及检测应用 [D]. 上海：华东理工大学，2014.

[77] 杜振林，郭雪梨，梁静林. 一种湿敏防伪结构：201220228008.X [P]. 2012-12-12.

[78] 王永安. 荧烷功能染料的合成及性能研究 [D]. 杭州：浙江工业大学，2009.

[79] 陈库，彭少敏，郝志峰，等. 硼酸为显色剂的可逆湿敏变色材料的研究 [J]. 化学世界，2015，56 (10)：588-591.

[80] 任健旭. NiI_2 基湿致变色材料的应用研究 [D]. 湘潭：湘潭大学，2020.

[81] 陈库，彭少敏，郝志峰，等. 硼酸为显色剂的可逆湿敏变色材料的研究 [J]. 化学世界，2015，56 (10)：5.

[82] 蔡涛，王丹，宋志祥，等. 微胶囊的制备技术及其国内应用进展 [J]. 化学推进剂与高分子材

料，2010，8（2）：20-26.

[83] 唐方辉，刘东志. 无碳复写纸用压（热）敏染料［J］. 信息记录材料，2004，5（1）：31-33.

[84] 黄玉平. 压敏染料结晶紫内酯的合成研究［J］. 天津理工大学学报，2012，28（6）：60-62.

[85] 曹宇奇. 吡喃酮类聚集诱导发光压致变色材料的合成与应用［D］. 天津：天津大学，2019.

[86] 孙猛. 含有咔唑的给受体型荧光染料的合成、组装及压致荧光变色性质研究［D］. 吉林：吉林大学，2019.

[87] 赵晋宇. 含氮稠杂环化合物的合成及压致荧光变色性质研究［D］. 吉林：吉林大学，2018.

[88] 张振琦. 新型 β-亚胺烯醇硼络合物的合成及压致荧光变色性质研究［D］. 吉林：吉林大学，2016.

[89] SESHIMO K，SAKAI H，WATABE T，et al. Segmented polyurethane elastomers with mechanochromic and self-strengthening functions［J］. Angewandte Chemie，2021，60（15）：8406-8409.

[90] 彭邦银，许适当，池振国，等. 压致变色聚集诱导发光材料［J］. 化学进展，2013，25（11）：16.

[91] 杜斌，丁志军，郭磊，等. 四苯基乙烯类化合物在荧光传感领域的研究进展［J］. 材料导报，2015，29（23）：7.

[92] 苏钰涵，滕欣余，王博威，等. 光稳定型 9,10-二苯乙烯基蒽类变色材料的合成及性能［J］. 化工进展，2018，37（1）：11.

[93] 丁纪鹏. 氰基苯乙烯衍生物的自组装、荧光传感及力致变色性质研究［D］. 吉林：吉林大学，2016.

[94] XIE M，CHEN X R，WU K，et al. Pressure-induced phosphorescence enhancement and piezochromism of a carbazole-based cyclic trinuclear Cu（i）complex［J］. Chemical Science，2021，12：4425-4431.

[95] 齐云鹏. 新型 β-二酮类有机硼配合物的设计、合成及力致变色性能研究［D］. 石河子：石河子大学，2017.

[96] 徐成安，王正清. 压敏显色微胶囊及其涂料的研究进展［J］. 上海化工，2003，28（9）：4.

[97] 佚名. 艾利丹尼森新推可再封压敏标签［J］. 包装财智，2013，（8）：1.

[98] 王鹏飞，李亚东. 磁性油墨的研究进展［J］. 包装工程，2006，27（2）：31-33.

[99] 李菲. 防伪磁性油墨制备方法浅谈［J］. 今日印刷，2015，（6）：60-62.

[100] 杨勃. 纳米 Fe_3O_4 的制备及在油墨中的应用研究［J］. 科教文汇（中旬刊），2016，（5）：180-181.

[101] 王章苹，蔡佑星，金玉洁. 浅析磁性油墨在防伪印刷中的应用［J］. 广东印刷，2011，（1）：54-55.

[102] 乔会杰. 基于 γ-Fe_2O_3/石墨烯磁性油墨在柔性电子器件中的应用研究［D］. 上海：上海师范大学，2021.

[103] 褚玉龙. UV-LED 磁性防伪油墨研究［D］. 西安：西安理工大学，2018.

[104] 王俊皓. 多种形貌纳米铁氧化物的控制合成及应用研究［D］. 大连：大连交通大学，2017.

[105] 佚名. 3D 磁性光变防伪技术在烟包上的应用［J］. 印刷技术，2018，（5）：4.

[106] 章兴洲. 环保型光学变色纳米薄膜材料的制备研究［D］. 武汉：武汉工程大学，2014.

[107] 姚瑞刚. 智能核能谱机读防伪技术——防伪技术的前沿智能机读防伪技术之一［J］. 中国防伪报道，2002，（1）：14-15.

[108] EOH H，JUNG Y，PARK C，et al. Photonic Crystal palette of binary block copolymer blends for full visible structural color encryption［J］. Advanced Functional Materials，2022，32（1）：2103697.

[109] FANG Y Q，FEI W W，SHEN X Q，et al. Magneto-sensitive photonic crystal ink for quick printing of smart devices with structural colors［J］. Materials Horizons，2021，8（7）：2079-2087.

[110] HUANG W，XU M，LIU J，et al. Hydrophilic doped quantum dots "ink" and their inkjet-printed patterns for dual mode anticounterfeiting by reversible cation exchange mechanism［J］. Advanced Functional Materials，2019，29（17）：1808762.

[111] GAO D L, GAO J, GAO F, et al. Quintuple-mode dynamic anti-counterfeiting using multi-mode persistent phosphors [J]. Journal of Materials Chemistry C, 2021, 9 (46): 16634-16644.
[112] DING L, WANG X D. Luminescent oxygen-sensitive ink to produce highly secured anti-counterfeiting labels by inkjet-printing [J]. Journal of the American Chemical Society, 2020, 142 (31): 13558-13564.
[113] SMITH A T, SHEN K, HOU Z, et al. Dual photo-and mechanochromisms of graphitic carbon nitride/polyvinyl alcohol film [J]. Advanced Functional Materials, 2022, 12 (32): 2110285.
[114] GAO Y, YAO W, SUN J, et al. Angular photochromic LC composite film for an anti-counterfeiting label [J]. Polymers, 2018, 10 (4): 453.
[115] 张昊. 最安全可靠的标签防伪技术：核径迹技术 [J]. 广东包装, 2008, (6): 30-31.
[116] 周密. 基于不同膜材的重离子核孔膜的制备研究 [D]. 南昌：东华理工大学, 2014.
[117] 孙帮勇. 浅谈重离子微孔技术及防伪印刷 [J]. 丝网印刷, 2005, (7): 41-43.
[118] 全国防伪标准化技术委员会. 全息防伪膜：GB/T 23808—2009 [S]. 北京：中国标准出版社, 2009.
[119] 李府春, 韦复海. 热致型形状记忆高分子材料的研究进展 [J]. 贵州化工, 2004, 29 (4): 3-7.
[120] KAHN H, HUFF M A, HEUER A H. The TiNi shape-memory alloy and its applications for MEMS [J]. J Micromechanics & Microengineering, 2015, 8 (3): 213.
[121] 李鹏. 形状记忆聚合物薄膜的制备及其性能研究 [D]. 哈尔滨：哈尔滨工业大学, 2015.
[122] 章中群, 章一叶, 柯丽兰. 一种形状记忆防伪标识的制作方法：201010500997.9 [P]. 2013-01-02.

思 考 题

1. 试说明热敏变色油墨、光敏变色油墨、湿敏变色油墨、压敏变色油墨的特点与区别。

2. 何为材料防伪技术？材料防伪的主要方式是什么？

3. 防复印纸实现防伪的原理和类别，以及不同种类的防复写纸有什么共同点和不足？

4. 如何理解重离子微孔防伪膜实现防伪的过程及特性。

5. 无论是新型多功能防伪纸、新型多功能防伪油墨还是新型多功能防伪薄膜，新型材料的开发对于未来防伪技术的发展都具有重大意义，试举例其他新材料在防伪材料技术上的应用。

扫码查阅
第3章图片

第 3 章　产品防伪设计

随着市场经济的快速发展，假冒伪劣现象正在以惊人的速度在日用品、电子产品、机械设备、药品甚至高科技产品中蔓延。高昂利润的驱使加上防伪手段的不完善，使得产品的假冒仿制现象长期以来较为猖獗，不断增加的食品、药品、烟酒、化妆品等品类的假冒伪劣产品不但严重影响了企业声誉，还可能给消费者的生命安全带来危害。

造假者不仅制造假冒伪劣产品，更有甚者伪造了产品的防伪标识和防伪手段，迷惑了消费者，导致消费者对真假产品混淆不清，甚至将真品当成了假冒伪劣产品。而针对产品的真伪检验，只有相关质量鉴定部门的专业人员才能辨别，消费者根本无从辨认，这给打击假冒伪劣产品带来了很大难度。在这种背景下，各类防伪技术相继被开发出来并得到广泛应用。为了有效制约伪劣产品充斥市场，相关单位从各个方面入手并采取相应措施，产品防伪设计成为防伪工作者和决策者共同的着手方向。

产品防伪设计旨在防止产品被中途拆开、揭开、偷换，为商品设计印前防伪或包装防伪措施，不但可以用来保护品牌流通过程，同时还能够防止造假，在各个环节保护产品，预防假冒。

3. 1　印前防伪设计

印前技术是指上机印刷之前所涉及的工艺流程，主要包括计算机平面设计和桌面出版。印前防伪工艺是指在印刷文件制作时所使用的防伪技术，通常需要借助专业的安全图文设计系统来完成防伪文件的制作。目前，安全图文设计系统通过与计算机技术结合，可以根据使用者的风格，设计出有鲜明个性化特征的、完整的图案背景及相关文字，如花球、缩微、防扫描图文、防复印图文、浮雕图案、隐形图文设计、劈线效果、版画效果等。这些图文均采用线条设计和专色印刷，可有效防止电分、照相、扫描等传统手段复制后的分色印刷和彩色复印，并起到明显的防伪作用，如一条粗细不均匀的线条就很难被复制。因此，这种安全图文设计被广泛应用于钞票、支票、重要证件、证券等的制作中。

在防伪印刷中，印前防伪设计主要是指产品的结构设计、造型设计和装潢设计。这三部分的设计内容不仅具有一定的相互独立性，还具有相互融合、相互协调的关联性，通过三者的完美结合，可实现“科学、美观、适用、防伪、经济、促销、环保”的产品防伪设计要求。

3. 1. 1　暗　　记

暗记，意指秘密的记号，因不容易被人发现而具有一定的防伪功能，通常在印前制作过程中完成暗记的设计。暗记作为三线防伪手段，一般只允许 1~2 人知晓其具体的位置、形式、数量等。

3.1.1.1　暗记的特性

（1）保密性。制作者总是采用各种隐藏技巧设计暗记。如采用微雕技术将暗记做得极其微小，或将暗记与图案融为一体，不引起人们注意。这种暗记无规律可循，隐藏在钞票、证件或其他防伪产品的图案花纹中，看似随意而为，实则经过精心设计。因为暗记的设置隐含了事物的真相，出于防伪的初衷，知道的人越少越好。如果出现伪造，启用暗记即可辨明真伪，故暗记的保密性不言而喻。

（2）公开性。钞票、证件或其他防伪产品上设置暗记的主要目的是防伪。防伪产品一经发行，暗记也就公开在每位经手人面前了。但是由于暗记设计巧妙，往往容易让人忽视。要想观察到某防伪产品上的暗记，只有借助高倍放大镜耐心观察、寻找、研究，才可能发现。

（3）特殊性。钞票、证件或其他防伪产品的暗记是其本身具有的内在特征，与伪造品所反映出的特征存在差异，这是真假产品之间的本质性差异，是真伪鉴定的根本依据。

（4）可变性。钞票、证件或其他防伪产品的暗记变化，主要通过产品的厚薄，质地的光洁与粗糙，印制油墨的颗粒粗细、颜色变换，印刷机压力的大小变化，以及印版的磨损、胀缩、裂纹、损坏、修补等特征反映出来。

（5）稳定性。在印版没有过度磨损，纸张、油墨质量稳定的情况下，钞票、证件或其他防伪产品的暗记具备充分的稳定性。

3.1.1.2　暗记的表现形式

根据设计手法的不同，暗记主要有以下几种表现形式。

（1）缩微。暗记最常用的设计手法是采用缩微的方式，将文字、数字、符号、标记等缩小到一定程度，隐藏在设计稿的某些特殊位置，不易被人发现。这些缩小的文字、数字、符号、标记等必须保证印刷质量，且清晰可辨。缩微形式设计的暗记符号很小，肉眼很难分辨，需要借助 10~60 倍的放大镜才能观察到隐藏的信息。如图 3-1 所示，图中隐藏的“ZQM”和“九九”文字与背景相互融合，在放大镜下清楚可辨。

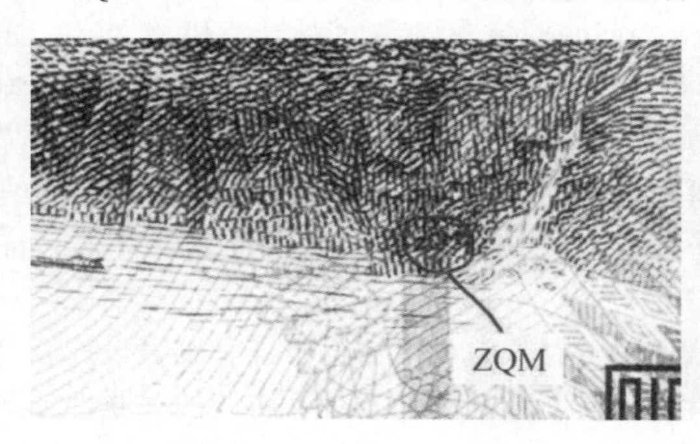

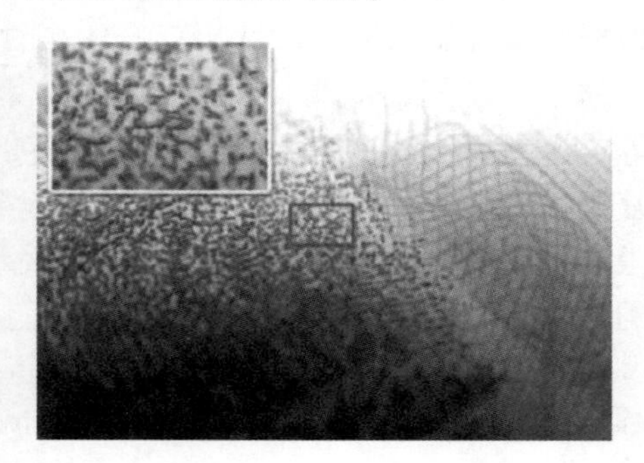

图 3-1　暗记

（2）异构。异构是对文字、数字、标记等在某些不起眼的位置进行修改，使得修改前后存在一定的结构差异，这些差异不易被人察觉，因而起到暗记防伪的作用，一般应用在字数较多的说明性文字段落中。说明性文字通常比较大（5 号字左右），因此知道暗记位置和修改形式后容易识别。同样，印刷此类暗记时也必须保证印刷质量和清晰可辨，比缩微形式的暗记要求更高，因为一些微小的改动很容易受印刷压力的影响而丢失。

图 3-2 所示为两组宋体的“防伪”字样。其中，图 3-2（a）中的字样未做任何修改，而图 3-2（b）中的字样做了三处修改。

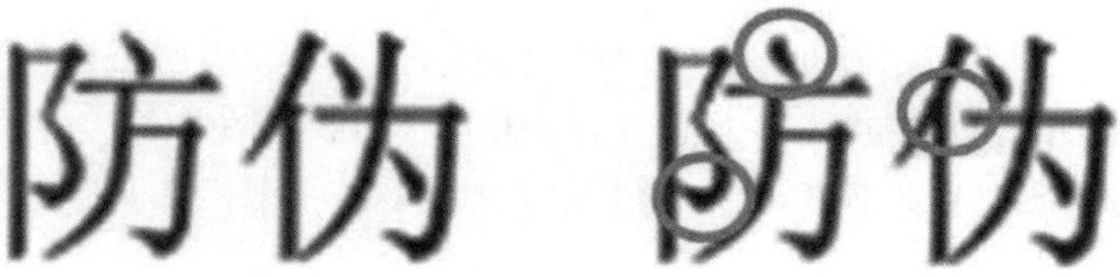

（3）替换。在一些呈周期性或重复排列的图形、图案及缩微文字中，将其中一个或多个重复的图案替换成其他图案，视觉上不会有明显的变化。此类暗记通常在一些特殊位置的图形、图像加网网点中使用，辨别时同样需要借助 10~60 倍的放大镜才能观察到。

(a)　　(b)

图 3-2　文字暗记效果

（a）原文　（b）修改后

图 3-3（a）中的图案经圆网调幅加网后，对其中某个位置的圆形网点进行替换，即使用网点覆盖面积基本一致的五角星网点替换了原来的圆形网点，如图 3-3（b）所示。

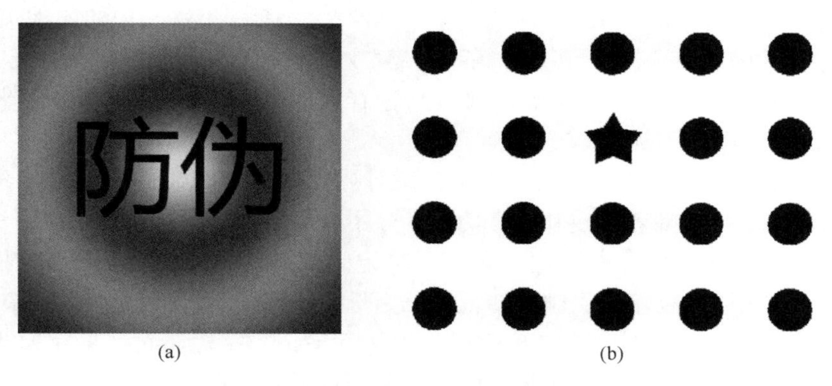

图 3-3　图像中的替换效果

（a）原图　（b）替换后

（4）其他形式。暗记不仅包括在印前设计过程中制作几个简单的缩微图案或者修改文字，也包括采用一些特殊的标记材料，借助特殊的检测仪器或工具进行暗记的识别。

3.1.1.3　暗记的防伪应用与鉴别

暗记的鉴别一般需要用放大镜或显微镜进行比对。钞票、证件或其他防伪产品大多有暗记，这是在设计时特意制作的，为了便于识别真伪。暗记是秘密的，做得比较细致和隐蔽，不易被人发觉。因伪造者不了解暗记情况，在伪造时有的误认为是印刷疵点而将其修掉，有的将其认作为一般花纹而未精心仿制，使得细节特点与真品不同。有些犯罪集团特意研究真暗记，在伪造的钞票上也可能将暗记伪造出来。因此，暗记特征是鉴别真伪的一个重要根据，但不是唯一的根据。

（1）20 世纪 20 年代纸钞上的暗记。

① 交通银行加印“山东”“济南”5 元券，1927 年版，由美国钞票公司承印。正面图案为行驶中的火车，两侧分列“伍圆”面额，左右两端印有“山东”字样，票面下方两侧印有“济南”字样。在火车头右侧铁轨的前方，隐藏着肉眼不可见的英文字母“S”暗记；背面上方英文“BANK OF”字母下方的卷纹花符中，隐藏着数字暗记“2”。这两

处暗记极细微且印制规整。

② 中国银行加印“山东”10元券，1948年版，由美国钞票公司承印。正面图案是山东曲阜孔庙大成殿，两侧分列面额“拾圆”。在图案左下角古松柏的下方，有一组英文字母暗记“A. B. N. Co”；在“凭票即付国币拾圆”的“拾”字上方的花符中，有一隐藏的英文字母暗记“Y”。

（2）第一套人民币的防伪暗记。受当时防伪技术的局限，第一套人民币票面设计、原版制作中的暗记防伪成为防止伪造的重要举措，所设置的暗记是绝对保密的。如1948年版蓝色、主景为帆船图案的5元券，其正面右下角花符底边上的“中”字；又如1949年版棕色、主景为骡驮运输队、背景工厂有三根烟囱的壹佰元券，其最右侧的单根烟囱下面的“中”字，左侧花符中藏有的“人”“民”两字，背面几何图形中的“民”“行”“百”等字样；再如1949年版、主景为万里长城、呈紫褐色的贰佰元券，其正面右下角花符中的“人”字，左下角花符相对应位置的“民”字；同样是贰佰元面额，正面主景为佛香阁，棕褐色，左下角“贰佰”两字间的“中”字，背面与黄褐色地纹图案四角相对应的“和”“平”“条”“件”字样。此外，1953年版茶紫色、正面主景是渭河桥的伍仟元券人民币，桥上一列火车的第二个车轮上的“天工”字样。总之，第一套人民币每种版别钞票上都有暗记存在，仅字数、文字内容、隐蔽程度不同而已。

（3）邮票上的暗记。这类暗记是由邮票设计师、雕刻师或制版人员在邮票图案中特意暗藏的标记，它是集邮者鉴定邮票真伪，区分不同版别、版次的重要依据。根据制作者不同，暗记可分为邮票设计者暗记、雕刻者暗记、印刷厂家（制版者、印制者）暗记；根据在印版上的表现特征不同，邮票暗记可分为母模暗记、子模暗记、版次暗记、版别暗记等；根据构成特征的不同，邮票暗记可分为文字暗记、字母暗记、数字暗记、线条暗记、网点暗记、字距暗记、笔画暗记、图形暗记等；根据版别不同，邮票暗记可分为雕刻版暗记、影写版暗记、胶版暗记等；根据数量不同，邮票暗记可分为单一暗记和复合暗记。

3.1.2 版纹防伪

版纹防伪技术最早是一种国际通用的、用于钞票及有价证券的安全防伪手段，又称为扭索图纹（guilloche patterns），它由一系列复杂、重复的光滑曲线构成的几何图形图案组成，并通过数学公式或算法来控制这些曲线的粗细、走向、弯曲程度等外观效果。随着防伪产品需求的增大，版纹防伪逐步用于护照、证书、发票、支票等产品的安全防伪，近年来又朝向包装领域扩展。版纹防伪作为一种古老而又行之有效的防伪手段，其产品美观且仿造难度大，利用各种矢量元素（如极细的线条）或特殊的元素，构成具有一定规律或没有规律的图案和底纹。其图案不是采用印刷网点来表现，而是运用线条等矢量元素，设计成阳图纹、阴图纹等多种表现效果，再采用专色实地印刷，从而达到防复制、防扫描的目的。

3.1.2.1 版纹防伪的特点

（1）防伪性能高，仿造难度大。版纹防伪运用丰富变化的矢量线条（非印刷网点）进行防伪设计，运用专色而不是C、M、Y、K四色叠印进行印刷，复制困难。对版纹防伪产品的伪造主要采用以下两种方式：一是模仿原件进行仿制设计，二是利用高精度的扫描仪或电分机进行分色、输出。针对第一种情况，由于版纹是由千变万化的参数设计出来的，并且能够进行随机处理，即使使用相同的软件也难以设计出与原件一模一样的效果。而对于第二种情况，由版纹设计系统获得的线条作品，在印刷为成品后，其线条的颜色是实地，如果通过扫描复制该版纹，那么线条的组成就变成了网点，用放大镜即可辨别真伪。即使采用超高精度（光学分辨率5000dpi以上）的扫描仪也不能再现图纹的线条形态。

（2）产品美观。版纹线条精细，能产生丰富的变化，有机地结合在一起可构成各种美观的图形，增加装饰性，防伪设计醒目，既美观又可起到防伪作用。

（3）成本较低。版纹防伪技术在设计和制版过程中完成，在印刷中实现，基本上没有任何额外的制作成本，是一种成本低廉且效果很好的防伪技术。

3.1.2.2　版纹防伪的组成元素

版纹防伪的组成元素有多种，包括底纹、团花、花边、浮雕、粗细线、缩微、潜影等，可以单独使用，也可以组合使用几种版纹。

（1）底纹。底纹（background patterns）是将元素进行反复变化，形成连绵一片的纹络，具有规律性、连续性、贯穿性和富于变化性，主要起到陪衬和烘托的作用。底纹一般采用较淡、较浅的颜色，线条相对较疏、较细，粗看只能见到一层素淡的底色，细看才能发现其中的变化，如图3-4所示。

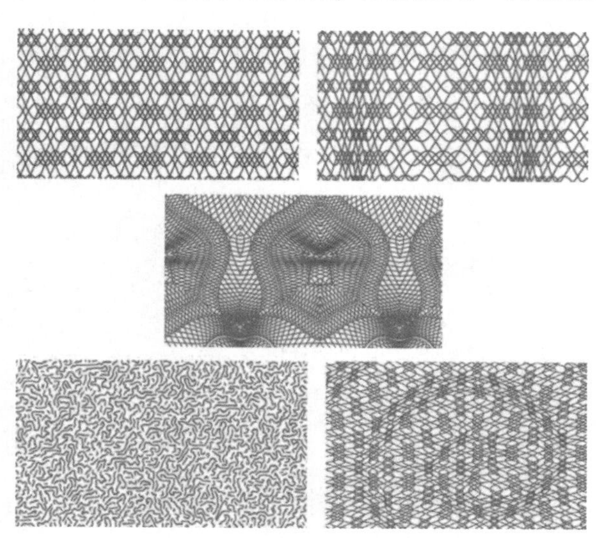

图3-4　底纹效果

（2）团花。版纹的团花（rosettes）是鲜花的缩影，它在各种鲜花造型的基础上进行加工，夸张处理，配合线条的弧度、疏密，加之色彩的烘托，使其轮廓鲜明流畅，层次清晰，结构合理。团花的变化形式丰富多彩，可谓是版纹设计中的一朵奇葩。运用团花进行防伪，具有很好的艺术欣赏性，如图3-5所示。

（3）花边。花边（borders）是指对一个或几个元素进行连续复制所形成的框架形式，主要起边缘装饰作用。花边的取材来自于元素，变化自如。一组将多种团花元素进行剪切、拼接处理，并按规律排列的花边，色彩亮丽，可用于证书、单据的周边装饰，如图3-6所示。

花边防伪往往结合其他元素共同完成。单线式花边造型简洁，线条的疏密、粗细变化自如。复合式花边内部元素以复合式为主，通过元素变化、色彩协调及角花装饰，可形成富丽华贵、装饰味十足的风格。

（4）浮雕。浮雕（reliefs）是指运用线条底纹做底，结合背景图片（标识或文字）进行设计后，使画面产生雕刻般的凹凸效果。浮雕背景图片的选择范围极其广泛，如人物、

图 3-5　团花效果

图 3-6　花边效果

文字、风景及抽象图案等，欣赏性强。浮雕图案可以由呈周期性排列的直线、曲线、同心圆、锯齿线及螺旋线等组合构成，如飞机票、机票保险单、银行存折上的浮雕底纹，国家政府机关的各种单据、票据也大多印有不同形式的各种浮雕底纹。

在充分保证防伪的前提下，浮雕底纹还能够很好地展示使用者自身的形象。图 3-7 所示为浮雕底纹的生成过程，图 3-7（a）为字母“A”的灰度图像，图 3-7（b）为呈周期性排列的直线组，它在图 3-7（a）灰度图像的控制下通过相应的浮雕生成算法形成图 3-7（c）所示的浮雕效果。

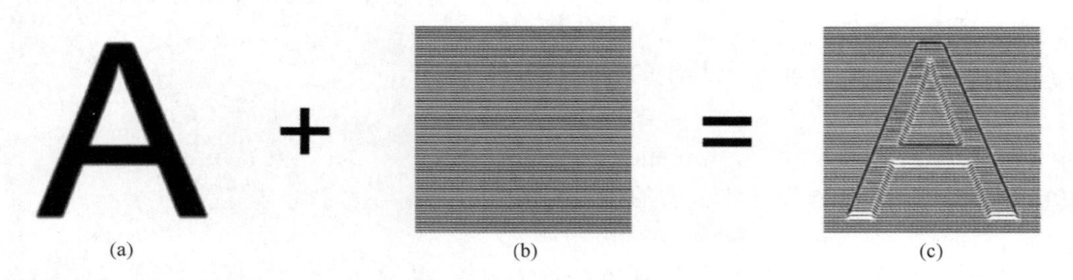

图 3-7　浮雕底纹的生成过程

（a）灰度图　（b）呈周期性排列的直线组　（c）浮雕效果

根据外观表现形式的不同，浮雕可以分为普通浮雕、尖浮雕、圆浮雕和三维浮雕，每一种浮雕都有其特殊的表现细节。

① 普通浮雕。普通浮雕的凸起部分一般比较平，虽然可以通过对灰度图像进行一定的模糊处理来使得浮雕凸起部位更圆滑，但不能完全消除，凸起跨度大的浮雕部分尤为明显，如图 3-8 所示。

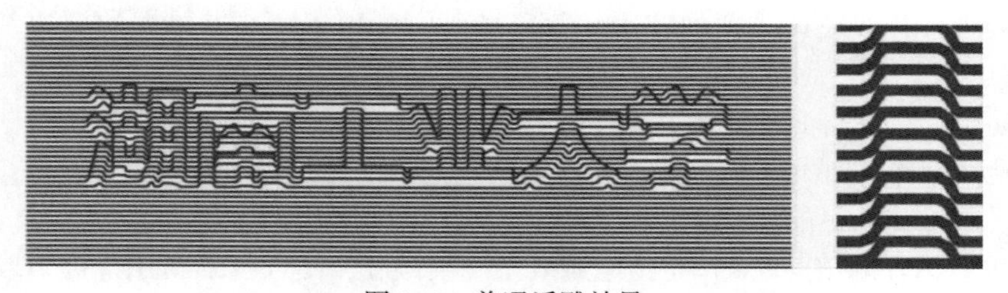

图 3-8　普通浮雕效果

② 尖浮雕。尖浮雕的凸起部位呈尖锐的三角状，浮雕棱角分明，非常容易区分，如图3-9所示。

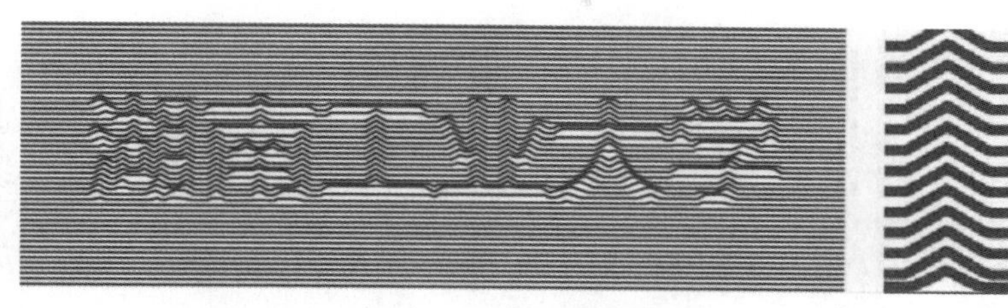

图3-9　尖浮雕效果

③ 圆浮雕。圆浮雕的凸起部位呈现为非常光滑的圆弧状，浮雕效果好，易于分辨，如图3-10所示。

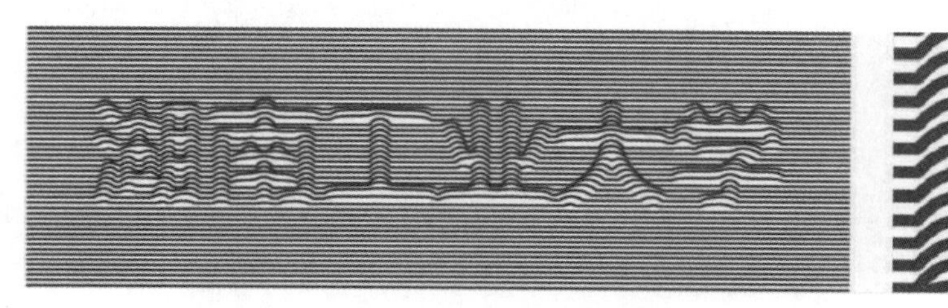

图3-10　圆浮雕效果

④ 三维浮雕。通过灰度图像控制矢量图形组的起伏幅度，精细刻画不同的层次，可以产生有强烈三维立体效果的浮雕，如图3-11所示。

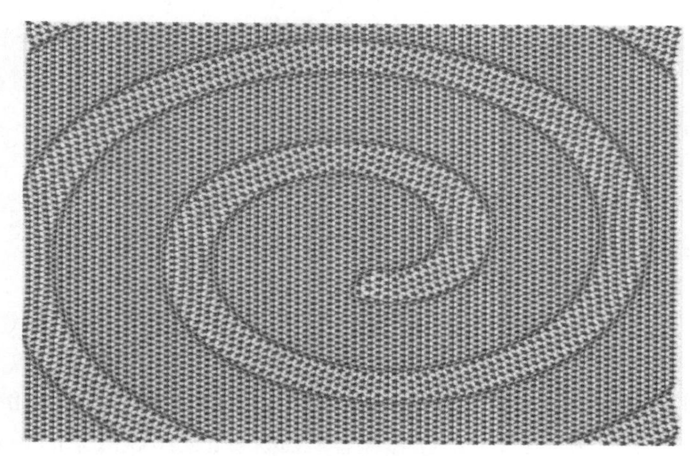

图3-11　三维浮雕效果

瑞士的老牌印刷企业欧尔勒·福斯里（Orell Füssli，OFS）安全印务有限公司克服了传统机雕的局限性，尤其是对浮雕图像的线条和所构成的元素的掌握达到了炉火纯青的地步，其专用的软件可以任意发挥想象空间，最大限度地调节线条的线宽、线距、形状或对比度，体现了极大的可塑性，优化了图案的三维空间，从而使伪造者望而却步，达到防伪的目的。图3-12展示了该公司的测试钞及面罩浮雕效果。

3.1.2.3　版纹图案生成的算法实现

版纹防伪是防伪印刷中重要的防伪技术之一，是一种基于信息的防伪手段，一套设计良好的底纹所拥有的信息量是相当巨大的。版纹图案由大量复杂且光滑的图形线条组成，这些线条的起伏、走向、振幅、疏密等情况都可以通过相关的算法来实现和控制，并设计

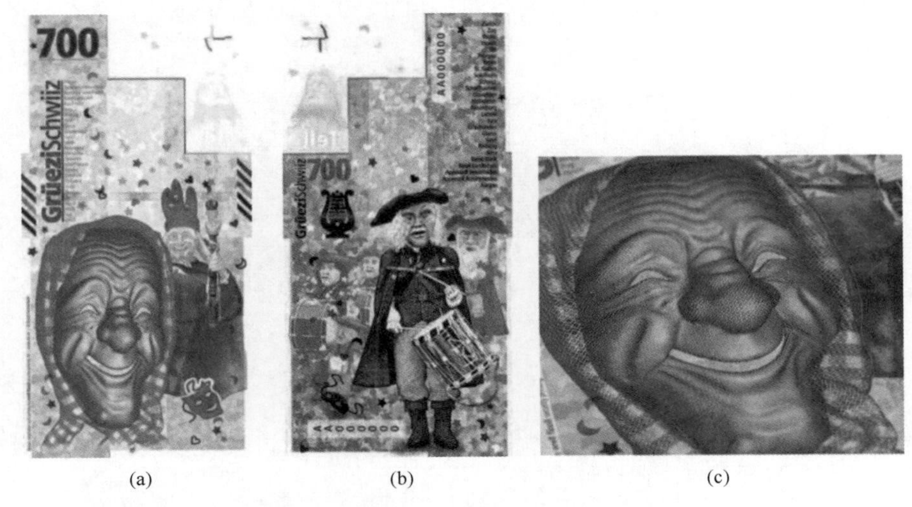

(a) (b) (c)

图 3-12　测试钞及面罩浮雕效果

（a）正面　（b）背面　（c）正面面具效果特写

成独立的防伪设计系统或依附于图形设计软件的防伪功能插件，从而使得版纹图案的设计变得自由和简单。

在版纹图案中，团花、花边、底纹及其他由周期性或非周期性几何图形构成的图案都可以统称为扭索图纹。浮雕、粗细线等防伪效果，主要是在扭索图纹的基础上进行的防伪再创造，以提升其防伪性能。下面简单介绍扭索图纹和浮雕效果的算法实现。

（1）扭索图纹。一部分扭索图纹可以通过傅里叶级数调制来实现，通过控制各曲线的周期、振幅、相位偏移等参数来形成不同的扭索图纹。另一部分扭索图纹则是通过摆线（旋轮线）原理来实现，通过控制定圆、动圆的半径大小来形成不同的扭索图纹。

① 傅里叶级数原理。通过傅里叶级数定义一个复合控制图形轮廓和图案效果的基础函数，通过这个基础函数来生成需要的特殊扭索图纹，这里将该基础函数定义为 $F(t)$，则有：

$$F(t)=C+A_1\cos(t)+B_1\sin(t)+A_2\cos(2t)+B_2\sin(2t)+A_3\cos(3t)+B_3\sin(3t)+\cdots \tag{3.1}$$

其中，A_1、B_1、A_2、B_2、A_3、B_3 等是控制该基础函数 $F(t)$ 的系数，系数的多少根据需要进行设定（如设定 20 个系数），系数越多，所生成的扭索图纹越复杂。为了更加直观地说明系数的数量对函数图像及最终扭索图纹效果的影响，假定 $F(t)_1$ 函数设置了 6 个系数，$F(t)_2$ 函数设置了 4 个系数，即令：

$F(t)_1$ 中　$C=0$，$A_1=1$，$B_1=2$，$A_2=0.5$，$B_2=1$，$A_3=4$，$B_3=3$

$F(t)_2$ 中　$C=0$，$A_1=1$，$B_1=2$，$A_2=0.5$，$B_2=1$，$A_3=0$，$B_3=0$

在 MATLAB 中运行代码：

```
C=0;A1=1;B1=2;A2=0.5;B2=1;A3=4;B3=3;w=π;
t=linspace(-3,3,1000);
F=C+A1*cos(pi*t)+B1*sin(pi*t)+A2*cos(2*pi*t)+B2*sin(2*pi*t)+A3*
cos(3*pi*t)+B3*sin(3*pi*t);
plot(F);
```

即可得到 $F(t)_1$ 和 $F(t)_2$ 的函数图像，如图 3-13 所示。

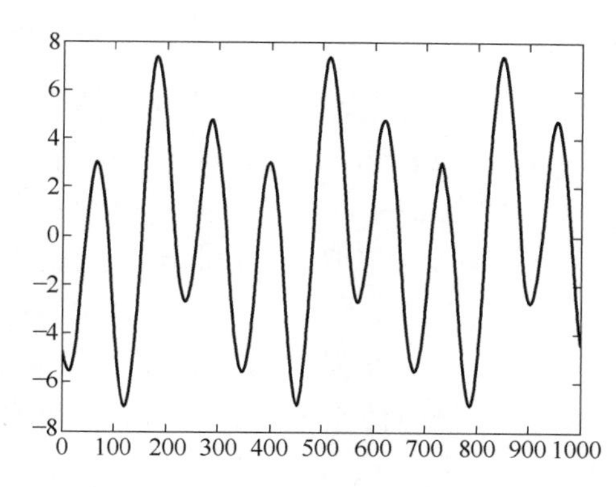

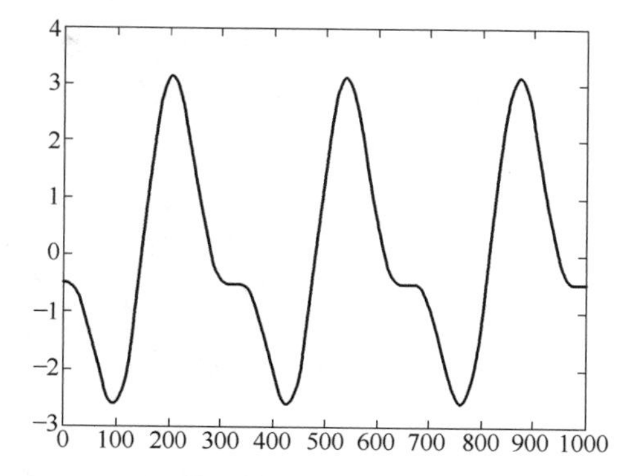

图 3-13　不同傅里叶函数系数个数产生的波形对比

函数 $F(t)$ 又可以由 y 轴向和 x 轴向两部分函数来表示。每一个分函数都是一个独立的傅里叶级数。其中 y 轴向的分函数主要用于控制图形轮廓和图案效果在 y 轴向的弯曲程度，x 轴向的分函数主要用于控制图形轮廓和图案效果在 x 轴向的偏移量，该偏移量影响展现出来的周期数量。用 $X(t)$ 和 $Y(t)$ 表示 $F(t)$ 在 x 轴向和 y 轴向的两个分函数，则

$$X(t)=A_{x1}\cos(t)+B_{x1}\sin(t)+A_{x2}\cos(2t)+B_{x2}\sin(2t)+\cdots \tag{3.2}$$

$$Y(t)=A_{y1}\cos(t)+B_{y1}\sin(t)+A_{y2}\cos(2t)+B_{y2}\sin(2t)+\cdots \tag{3.3}$$

同样，可以通过设置两个分函数的系数数量和数值来控制生成的扭索图纹外观效果，再通过封套处理等功能实现团花、花边、底纹等复杂图形图案的设计。

② 摆线（旋轮线）原理。设一定点与滚动圆圆心的距离为 d，基线是 z 轴，出发时定点的坐标为（0，$a-d$），其中 a 是滚动圆的半径。当滚动圆滚动到图 3-14 所示的位置时，定点的位置在线段 OP 上，且与 O 点的距离为 d。由此可知其运动轨迹曲线的参数方程为：

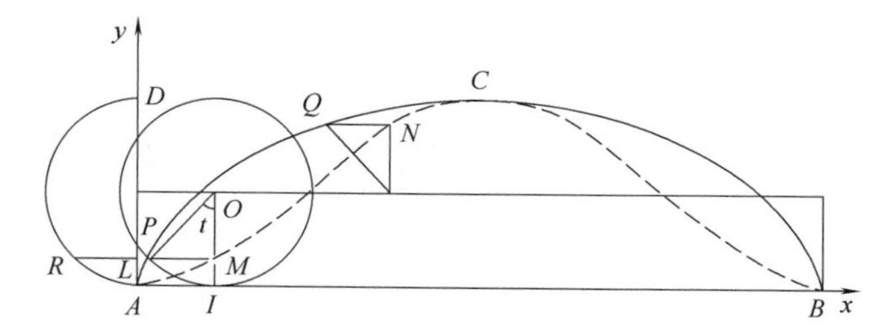

图 3-14　摆线轨迹示意图

$$\begin{cases}x=at-d\sin t\\ y=a-d\cos t\end{cases} \tag{3.4}$$

式（3.4）说明 a 和 d 的大小关系会引起摆线轨迹的不同。图 3-15 所示为 $a>d$ 和 $a<d$ 时的摆线轨迹。

设滚动圆的半径为 a，固定圆的半径为 ka，其中 k 是一个大于 1 的常数；又设固定圆的圆心为原点 O，滚动圆上的定点在出发时的位置是 $A=(ka,O)$；再设滚动圆到达某个位置时，其圆心为 J，与固定圆的切点为 I，而滚动圆上的定点移动到点 $P=(x,y)$；最后设以 OA 为始边、OJ 为终边的有向角为 $t$rad，其中 t 为参数。因为弧 IP 与弧 IA 的长度相等，所以 $\angle PJI$ 的弧度是 kt。过 P 与 J 分别做水平直线和铅垂直线，则可就 t 值所属的各种范围分别讨论，图 3-16 所示为 t 介于 $0\sim\pi/2(k-1)$ 的情形，由此可得到摆线的参数方

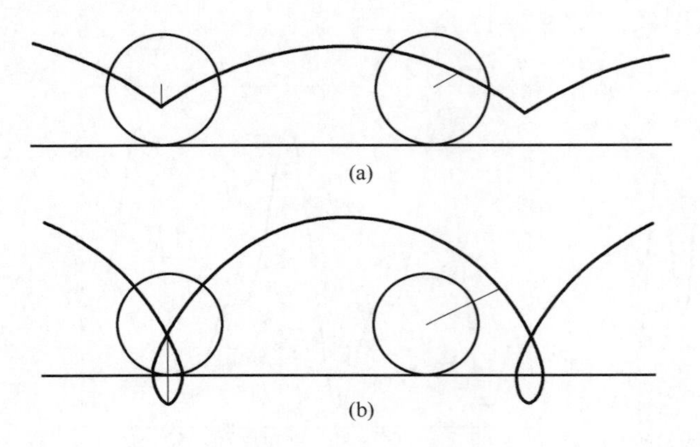

图 3-15　内次摆线和外次摆线
（a）$a>d$　（b）$a<d$

程为：

$$\begin{cases} y=(k-1)a\sin t-a\cos t(k-1)t \\ y=(k-1)a\sin t-a\cos t(k-1)t \end{cases} \tag{3.5}$$

假定固定圆和滚动圆的半径分别为 R 和 r，设 $k=R/r=q/P$，其中 P 与 q 是一对互质的正整数，则固定圆与滚动圆的圆周长之比也为 q/P。

令 L 为 R 和 r 的最小公倍数，于是由性质可得 $L=r\times T$，另外存在正整数 n，使得 $L=r\times T=R\times n$，进而 $r=R\times n/T$。因此，可以选择不同的 n 值使得 $R\times n/T$ 是整数，以得到不同的 r 值。根据 r 值的不同，可以得到总周期为 T 的一系列轨迹曲线图形组。

将摆点由一个固定点扩展为轨迹曲线 Φ 上的动点序列，如图中的点 P'，此时摆点称为动摆点，相应地，摆点运动经过的轨迹曲线称为动摆线。

记固定圆的中心为 $O=(x, y)$，半径为 R；滚动圆的中心为 $J=(x_1, y_1)$，半径为 r。当滚动圆上的切点从 A 滚动到 I 时，摆点也沿着自己的轨迹曲线 Ω 从 P 点变换到 P' 点，将其中的滚动圆和 Φ 进行单独放大，如图 3-17 所示，切点滚动过的角度仍为 t。此时，摆点不再转动相应的 kt，而是减少了一个角度值 $\theta=\angle PJP'$，并且摆点到动圆中心 O 的距离也变化为 $d(P', J)$。由此可得内摆线的参数方程为：

$$\begin{cases} x''=(R-r)\cos t+h\cos[(R/r-1)t-\theta] \\ y''=(R-r)\sin t+h\sin[(R/r-1)t-\theta] \end{cases} \tag{3.6}$$

其中，$h=\{d(P', N): P'\in D\}$，D 为摆点轨迹曲线的近似多边形，N 是其重心；$\theta=\angle NJK$。

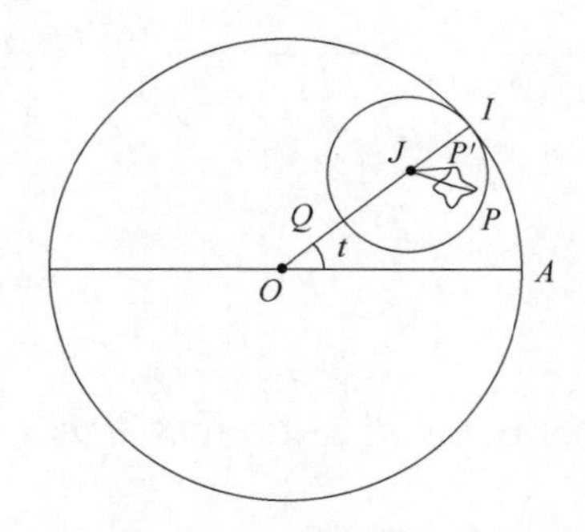

图 3-16　动摆线和动摆点

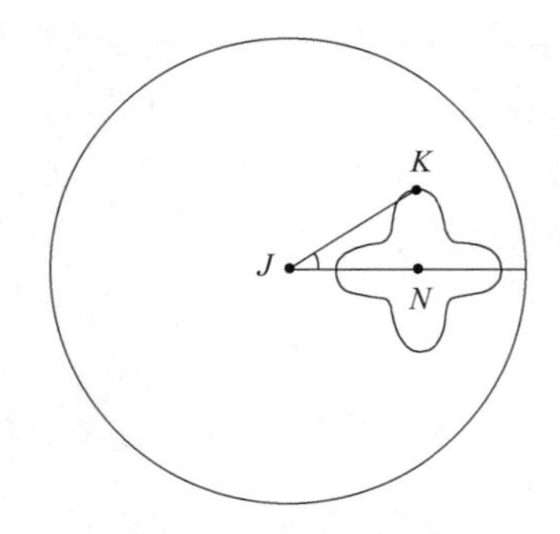

图 3-17　局部放大图

与此类似，可得外摆线的参数方程为：

$$\begin{cases} x''=(R+r)\cos t+h\cos[(R/r+1)t-\theta] \\ y''=(R+r)\sin t+h\sin[(R/r+1)t-\theta] \end{cases} \tag{3.7}$$

同样，为了更加直观地说明 R 和 r 对函数图像乃至最终扭索图纹效果的影响，令 $R_1=100$、$r_1=2$ 和 $R_2=100$、$r_2=5$；且 $h=80$，$\theta=\pi$。

在 MATLAB 中运行代码：

```
R=100.0;r=5.0;h=80.0;theta=pi;
t=linspace(-2*pi,2*pi,3000);
x=(R-r)*cos(t)+h*cos((R-r)*t/r-theta);
y=(R-r)*sin(t)-h*sin((R-r)*t/r-theta);
plot(x,y);
```

即可得到（x_1，y_1）和（x_2，y_2）的函数图像，如图 3-18 所示。

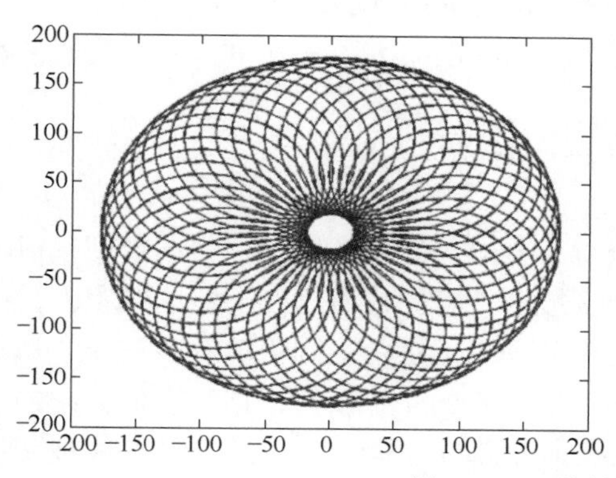

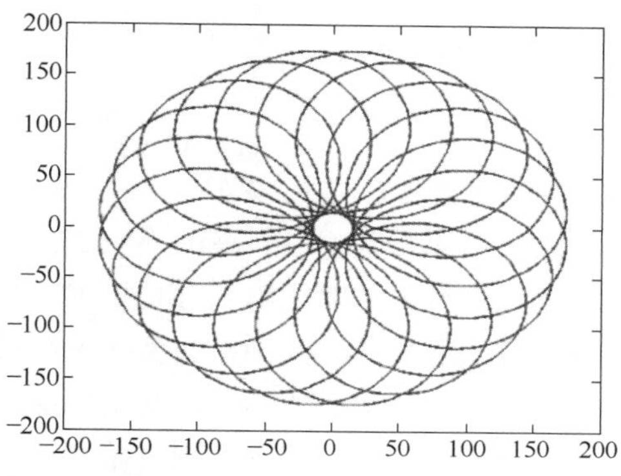

图 3-18　不同的 r 值产生的图形效果

（2）浮雕效果。浮雕效果是通过计算机图形处理，改变原来二维平面图形中的有效内容，从而增强图形立体显示效果的技术。浮雕效果能艺术性地再现图像或图形，并能在平面上凸显图像效果及层次，提高视觉冲击力。

一般来说，图像浮雕显示算法在某种意义上与模糊和锐化相似，是一种卷积运算，但后者在版纹防伪印刷领域不能应用，因为其产生的图像还是以点阵图像形式存在。目前矢量图形浮雕效果生成算法之一是基于分段三次 Bezier 曲线的生成原理，浮雕效果偏移方向为单一方向。矢量图形浮雕效果生成算法之二是基于孔斯曲面理论，通过对矢量线条的局部变形来再现图像雕刻般的凹凸效果。

① 分段三次 Bezier 曲线算法。该算法的大体方法如下：

求交点集合　求出底纹与图案轮廓的所有交点，即底纹的图元对象的位置关系会在这些点的附近做相应的偏移变化。

波动　将某些部分的线段相对于原来位置进行偏移，按一定的规则发生变化，也就是对底纹线条进行干扰。其中涉及方向的选取、偏移的幅度等影响浮雕效果的因素。

接头处理　发生波动的曲线与原来相邻的曲线之间做连接处理，必须保证连接处的曲线过渡光滑。

由该算法实现的矢量图形浮雕效果，强化了图案边缘，使图案有浮雕般的凝固感，会产生比较美观的视觉效果，处理获得的浮雕整体效果在宏观上比较规整，但变化形式相对单一。

② 孔斯曲面理论算法。孔斯曲面 $P(u, v)$ 是指在单位正方形上，对曲边四边形进行差值运算而得到的曲面。其中，4 条曲线边分别为 P_{u0}、P_{u1}、P_{0v} 和 P_{1v}，并且所有的（u, v）$\in [0, 1]^2$ 满足以下条件：

$$P_{u0}(u)=P(u,0),P_{u1}(u)=P(u,1),P_{0v}(v)=P(0,v),P_{1v}(v)=P(1,v)$$

则孔斯曲面用公式描述为：

$$P(u,v)=(P_{u0}(u),P_{u1}(u))\begin{pmatrix}1-v\\v\end{pmatrix}+(1-u,u)\begin{pmatrix}P_{0r}(v)\\P_{1r}(v)\end{pmatrix} \tag{3.8}$$

显然，$P(u,\ v)$ 是从单位正方形到由 P_{u0}、P_{u1}、P_{0v} 和 P_{1v} 组成的曲边多边形的连续双线性变换。当边界曲线是二维平面曲线时，孔斯曲面即为二维平面。因此，$P(u,\ v)$ 定义了一个灵活的从 $[0,\ 1]^2$ 到 R^2 的变换。

假定所有的矢量曲线均为三次 Bezier 样条曲线，每段 Bezier 曲线包含 4 个控制点，分别是 P_0（起点）、P_1、P_2 和 P_3（终点）。对于所有的 $t\in[0,\ 1]^2$，三次 Bezier 曲线的参数方程可以表示为：

$$F(t)=(1-t)^3P_0+3t(1-t)2P_1+3t^2(1-t)P_2+t^3P_3 \tag{3.9}$$

后续所有的变换都作用在 $F\ (t)$ 上。

具体的算法步骤如下：准备原始图像，并进行必要的预处理；按照一定的规则生成矢量曲线组，一般矢量曲线组的外接矩形要比图像区域大；将图像覆盖在矢量曲线组上，中心对齐；按照图片区域大小对矢量线条组进行网格分割，记录每个网格单元 A 的 4 个顶点位置所对应的图像灰度值，然后制定相应的规则，使得 A 的 4 个顶点根据灰度值大小的不同，发生位移后变为不规则的网格单元 B；利用孔斯曲面方法构造由 A 到 B 的双线性变换 Φ，使得 A 内所有矢量样条曲线在 Φ 的作用下发生扭曲变形。

为了更精确地得到经过 Φ 变换后的三次 Bezier 曲线形状，分别在 $F(t)$ 表示的 Bezier 曲线 C 上取点 $P_1=F(1/3)$ 和 $P_2=F(2/3)$，并将 P_0'、P_1'、P_2'和 P_3'视为 C 在双线性变换 Φ 作用下得到的目标 Bezier 曲线 C'上 4 个新的控制点，其计算方法如式（3.10）所示：

$$\begin{cases}p'=\varphi(P_0)\\p_1'=\dfrac{1}{6.0}[18\varphi(P_1)-5\varphi(P_0)-9\varphi(P_2)+2\varphi(P_3)]\\p_2'=\dfrac{1}{6.0}[2\varphi(P_0)-9\varphi(P_1)+18\varphi(P_2)-5\varphi(P_3)]\\p_3'=\varphi(P_3)\end{cases} \tag{3.10}$$

通过该算法实现的图形浮雕图案在水平和垂直 4 个方向上产生对称的疏密变化效果，曲线的局部偏移变换方式更加丰富，所表现的浮雕凹凸效果更加细腻，如图 3-19 所示。

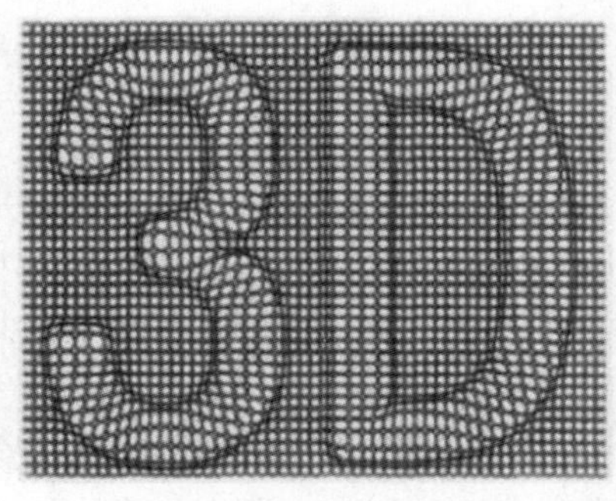

图 3-19　分段三次 Bezier 曲线算法实现的三维浮雕效果

3.1.2.4　版纹防伪的设计应用

版纹防伪性能高、十分美观，在各国的钱币、有价证券中，版纹技术都起着非常重要的作用，很受用户及印刷业界的欢迎。因此，版纹防伪被广泛应用于证件、证书、票据、包装、标签、标识等领域。

（1）产品证件类防伪。如有价证券、证书、票据、证卡、护照、身份证等的防伪。

（2）产品包装防伪。产品外包装防伪（如烟酒、化妆品、药品、食品、饮料等包装防伪），产品包装封口签的安全设计与使用等。在包装表面采用的版纹防伪技术有两种不同的设计方法：

第一种是在不影响原商品包装整体效果的情况下，利用版纹防伪技术进行局部设计，以点带面，达到防伪的目的。如牙膏包装盒的防伪设计中采用了隐藏图文的版纹防伪技术，如图3-20所示，其利用特殊的光栅片覆盖到版纹表面，旋转到一定角度时可看到内部隐藏的图文，而包装的外观设计并没有任何改变，这样可在完全不影响原有包装的情况下，将版纹防伪技术运用到产品的包装中，起到了很好的防伪作用。

图3-20　版纹防伪在包装中的应用

第二种是在包装表面整体采用版纹防伪技术，这就需要将版纹防伪技术与传统包装相结合，在起到防伪效果的同时，还能使商品包装更加美观，容易被消费者接受。如“六神”驱蚊花露水的瓶贴防伪设计就包含了浮雕底纹、花边、天窗式安全线等版纹防伪技术，版纹以绿色为主色调，并使用印金的花边作为装饰，使整体色彩保留了“六神”花露水原包装的特色，方便消费者辨认，且提高了防伪功能。

（3）产品标签、标识等。防伪标签一般贴于商品的外包装或盒盖封口处，消费者在购买商品时，只需查看防伪标签即可辨别商品的真伪，提高了商品的品牌保护度。版纹防伪标签除了需要具备普通防伪标签的基本特征外，还必须在版纹设计中包含品牌名称、说明文字等要素。津酒标签就运用了团花、粗细线条、缩微文字等版纹防伪功能，在版纹设计中包含了生产厂家的标识、名称等信息要素。

另外，可以根据用户的不同需求，将版纹防伪在标签上的应用与特种油墨技术、全息烫印技术或电码查询技术结合，以进一步提升防伪功能。如某品牌酒标签利用版纹防伪技术设计了流畅的底纹，刮开防伪标签的表层后，还可以看到20位防伪密码，便于进行电码查询（图3-21）。

图3-21　版纹防伪在某品牌酒标签上的应用

3.1.3　图形图像隐藏

图形图像隐藏防伪技术充分运用图形图像数字处理技术，并结合特殊加网印刷技术、隐形防伪标识技术、纸类再加工技术和光栅技术，把隐形图像巧妙地隐藏在表面图像的隐形区域，从而使图像成为具有极强的防伪性、保密性和伪装性的隐形图像，以适应各种各样的需求。

在国际上，最早开发成功并被应用的隐形图文设计来自扰视图文（scrambled indicia）处理和相应的图像编码技术，此技术由美国图像安全系统公司（GSSC）和匈牙利的印前技术公司优拉（Jura）最早开发并付诸应用。它是将防伪图案打乱、变形后叠加在钞票、邮票、包装印刷图案等印刷品上。人的肉眼看不见这种标识，彩色复印机和数字扫描仪也无法复制这种防伪标识图文，只有在特制的解码镜下，防伪图文才能显现出来，并产生三维效果。

瑞士洛桑联邦理工学院开展了将莫尔效应原理应用于防伪证明文件的研究，分别利用一维、二维和随机的莫尔强度分布，实现隐藏图像和文字在形状、位置、大小和方向上的变化，即隐藏图文并不固定，实现高度敏感、不断变化的莫尔效应。

隐形图文设计或标识最早在安全产品中得到广泛应用，如钞票、身份证、护照、邮票、税票和各种产品的防伪包装上，以提高安全性能。该技术经常与紫外荧光油墨或红外油墨一起使用。隐形图文设计标识可以用紫外荧光油墨印刷，或者识别时不仅要使用识别镜片，还要使用紫外线灯或红外线灯，实现多重防伪效果。

目前，世界知名防伪技术开发公司在隐形图文识别技术方面进行了大量的改进和创新。美国图像安全系统公司（graphic security systems corporation，GSSC）创立了STEALTH SIR品牌，使其产品做到简单、灵活和高效（图3-22），即无须添加设备，不会干扰原有工作流程和低培训要求，且产品与防伪技术可以无接缝整合，实现多样的应用和多种编码选择，其可靠的证明力可作为法庭证据，也被精英人士所认可。

3.1.3.1 图形图像隐藏机理

（1）光的干涉与莫尔纹效应。将两组频率相同或相近的周期性图案叠加在一起，就能产生另一组放大的图案，这就是莫尔纹效应或龟纹原理。将一个预定的二维图案调制到特定的背景（光栅）中，此时肉眼无法察觉到背景中隐藏的信息；但将另一组条纹置于其上并转动到一定角度时，就可再现隐藏的信息。这就是根据龟纹机制来设计制作两个光栅模板的过程，其中一个是带有加密信息的信息板，而另一个则是用于信息解码的钥匙板。解码时，把两个光栅按要求叠放在一起，就会再现被加密的图像。

如图3-23所示，当两块粗光栅以夹角θ面对面叠合时，根据遮光原理，透过光线的区域形成亮带，不透光的区域形成暗带，其余区域介于亮带与暗带之间。

图3-22　美国GSSC公司图像信息隐藏效果

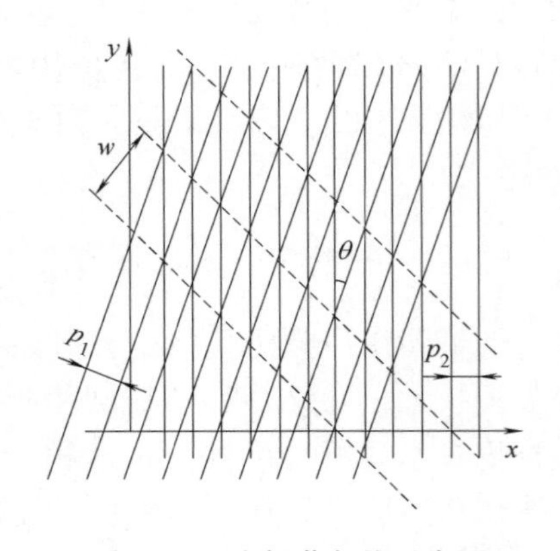

图3-23　光栅莫尔纹示意图

当两光栅的栅距 L_1、L_2，以及两光栅的夹角 θ 取不同值时，会产生不同样式的莫尔纹。莫尔纹的周期满足如下公式：

$$\omega=\frac{L_1L_2}{\sqrt{L_1^2+L_2^2-2L_1L_2\cos\theta}} \tag{3.11}$$

当 $L_1=L_2=L$ 时，则莫尔纹的周期公式变为：

$$\omega=\frac{L}{\sqrt{2(1-\cos\theta)}}=kL \tag{3.12}$$

其中，放大倍率 k 与夹角 θ 有关，且 θ 越小，k 越大，产生的莫尔纹周期 ω 越大，莫尔纹图案也越明显。由式（3.11）可知，当两光栅夹角 θ 为 0 时，周期达到无穷大。按照光学机理，寻找形成莫尔纹的临界状态，当光栅 1 和光栅 2 叠合后形成的莫尔纹的周期越大时，则隐藏区域与非隐藏区域的对比度越大，隐藏信息更易被清晰提取。

（2）人眼的局限性。正常人视角一般为 1′（1 分角）左右，在明视距离 250mm 下，人眼的最小可分辨距离为 0.073mm，印刷品复制过程中通过计算人眼分辨率和加网线数的关系，设置合理的加网线数，对网点进行微量调整，使人眼难以察觉。半色调图像防伪信息隐藏就是基于此原理来实现隐藏信息的嵌入。

3.1.3.2　图形图像隐藏方法

（1）相位调制技术的原理。图形图像的隐藏主要采用了相位调制技术，相位调制技术源于通信信号处理。在进行图形图像隐藏前，通常需要生成一组细小又均匀的直线组或呈周期性排列的点阵。然后，在预先设定的需要隐藏信息的区域，使用相位调制技术对直线组或周期性点阵进行调制。调制前后的直线组或周期性点阵具有相同的排列周期，但是有不同的相位。由于采用高频率的点阵或线组，很难通过肉眼将印刷在文件上的隐藏信息与背景区别开来。将包含一个相同周期但没有经过相位调制的直线组或周期性点阵叠加在文件上时，会产生莫尔纹效应，预先隐藏在文件上的信息变得清晰可见，且与背景信息区别开来，从而完成隐藏信息的提取。

利用周期性的直线组阐明相位调制法的基本原理。如图 3-24（a）（b）所示，使光栅 A 和光栅 B 成为两个具有相同周期 T 的光栅线。假定在规定形状的边界范围内（如三角形），光栅 A 的平行线通过相位调制被改变了半个周期。实际上，光栅的周期要比图示的小得多，以致只有正常的灰度级才能被肉眼察觉。由于三角形内外的灰度级相同，在光栅 A 内的三角形不易被人眼察觉。假设光栅线 B 不经过相位调制，以相同的周期 T 被印刷在透明片材上，再将其以相同的角度叠加在光栅 A 上。图 3-24（c）所示为这两种光栅以同相的方式叠加时的效果，由于同相，光栅 A 和 B 完全重叠在一起，使得信息隐藏区内偏移的线组刚好出现在原光栅线距的中间，信息隐藏区内的光通量比非信息隐藏区的光通量减少了一半，显示出来的隐藏信息呈深色。图 3-24（d）所示为光栅 B 被改变了半个周期后的重叠效果，由于光栅 B 向左或向右偏移了半个周期，使得光栅 B 的直线刚好落在光栅 A 的间隔处，而与信息隐藏区内的直线组重合，这样非信息隐藏区的光通量只有信息隐藏区内光通量的一半，使得显示出来的隐藏信息呈浅色或白色。由于光栅 B 的潜影隐藏在光栅 A 下，从而显得更加清晰明了。

（2）半色调图像的相位调制。要生成对应的点聚集半色调图像，通常需要将单色连续调图像 $\mu(x, y)$ 中的灰度值与周期性的半色调阈值函数 $T(x, y)$ 相比较。其中，x 和

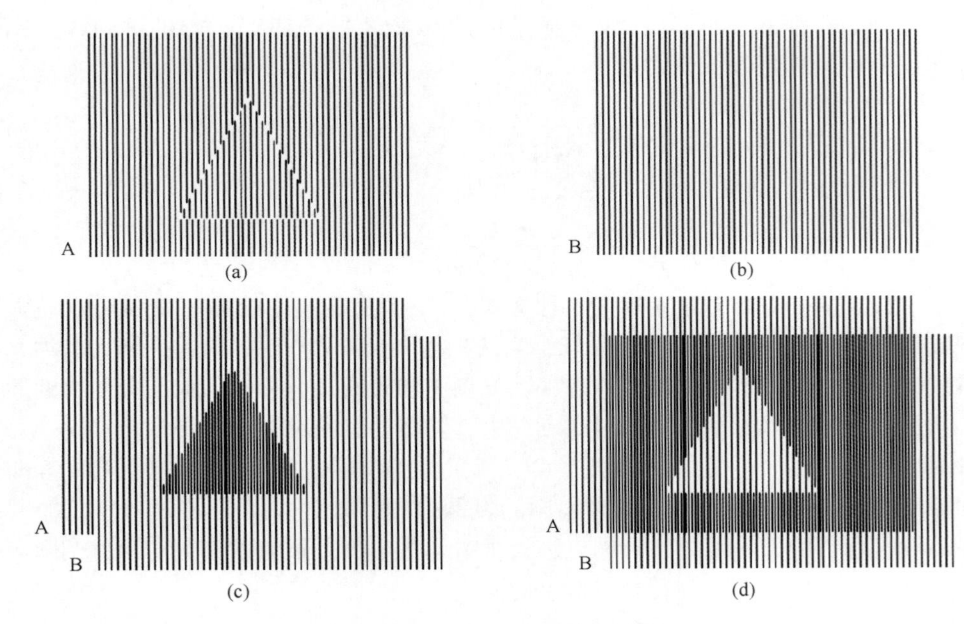

图 3-24　直线光栅相位调制效果

（a）光栅 A　（b）光栅 B　（c）光栅 A 和 B 以同相方式叠加效果

（d）光栅 B 被改变半个周期后与光栅 A 的叠加效果

y 分别表示空间直角坐标系中的横轴和纵轴，同时半色调图像中的阶调信息存储在位置（x，y）处。其中，1 和 0 表示（x，y）位置落墨与否，这一阈值比较的过程如式（3.13）所示：

$$h(x,y)=\begin{cases}1,\mu(x,y)<T(x,y)\\0,\text{其他}\end{cases}\tag{3.13}$$

半色调阈值函数是预先设计好的表示空间变化的阈值矩阵，其排列取决于加网线数、加网角度、分辨率、网点形状函数等半色调参数。通过调整阈值矩阵来调制半色调的参数是一个比较烦琐的过程，但对半色调的功能分析却是有用的。假设图像使用的是正交加网，且灰度值的变化满足区间［-1，1］，则可以将阈值函数 $T(x, y)$ 定义为：

$$T(x,y)=\cos(2\pi f_x x)\cos(2\pi f_x y)\tag{3.14}$$

其中，f_x 和 f_y 表示的是 x 轴和 y 轴上的加网线数（频率）。

为了更好地在半色调加网中控制相位的变化，即更好地进行相位调制，特意引入两个不同的空间相位余弦函数 $\psi_x(x, y)$ 和 $\psi_y(x, y)$。因此，式（3.14）可以修改为一个更广义的半色调阈值函数：

$$T(x,y)=\cos[2\pi f_x x+\psi_x(x,y)]\cos[2\pi f_x y+\psi_y(x,y)]\tag{3.15}$$

在印刷半色调图像中，进行不连续的空间相位调制能产生裸眼可见的明显痕迹，而使用连续且平滑的信号进行相位调制则可以减少这种痕迹。因此，采用这种连续相位调制半色调处理技术，可以在半色调图像中嵌入一些特定的隐含信息。

图 3-25 所示为不同调制等级对半色调图像外观的影响，图 3-25（a）所示为单一灰度阶调的连续调图像经过式（3.15）的阈值函数处理后得到的半色调图像（未进行相位调制），图 3-25（b）和图 3-25（c）所示为 x 轴方向（水平方向）进行了相位调制后的

半色调图像。由图 3-25（b）可知调制信号突然的上升和下降导致半色调图像产生明显的肉眼可察觉的痕迹。同样，这种连续相位调制也可以应用在周期性排列的直线组相位调制中。

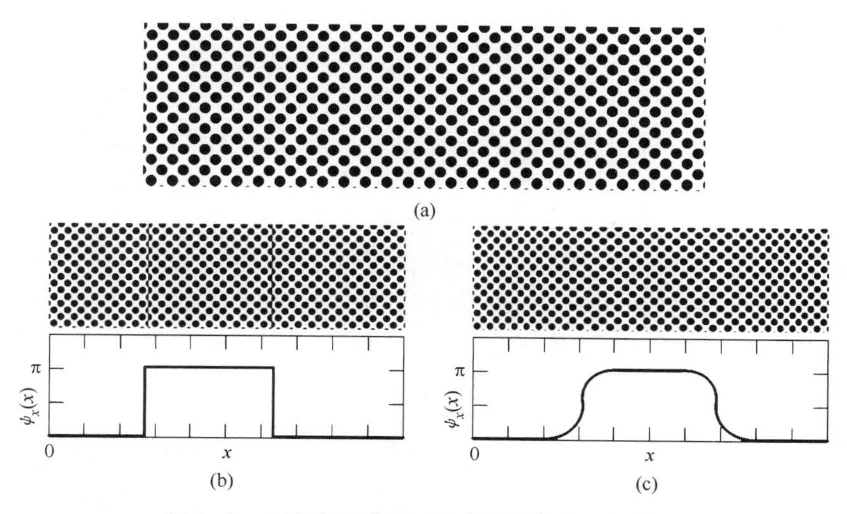

图 3-25　不同调制等级对半色调图像外观的影响

（a）等相位半色调　（b）非连续相位调制半色调　（c）连续相位调制半色调

（3）相位调制的防伪应用。通过相位调制，可以在周期性排列的直线组或周期性点阵中隐藏特定的信息，该特定的信息可以是文字、标识、logo、符号，也可以是一幅阶调丰富的单色图像。相位调制技术在防伪中的应用主要有以下 3 种表现形式。

① 简单直线组偏移。通过简单的操作，使待隐藏信息区域内的直线组偏移一定的量 σ，即可将待隐藏信息嵌入直线组中，这个偏移量 σ 一般是直线组线间距 d 的一半，即 $d=2\sigma$（图 3-26）。

图 3-26　直线组的简单偏移调制

由于信息隐藏区内使用的是断开式偏移进行相位调制，使得信息隐藏区内和外的交界处有较强的边缘效应，易被裸眼察觉。因此，采用这种方法制作的信息隐藏图案通常会进行多层的直线组叠加，而每一层直线组又可以通过同样的方法进行相位调制来隐藏一重信息，如此即可在统一位置隐藏多重信息。或者将该信息隐藏图案与较复杂的底纹结合在一起，通过底纹的线条来遮盖信息隐藏图案中的瑕疵，以增强隐蔽性。该方法制作的信息隐藏图案具有如下优缺点。

优点 操作简单，制作快捷，不需要专业的防伪软件。

缺点 防伪性能差，容易被防制；与背景融合度较差，需要较复杂的线条背景才能很好地隐藏；信息隐藏单一，在一个直线组的同一位置中只能隐藏一组信息；只能隐藏轮廓简单的文字、标识、符号、logo 等信息，不适合隐藏复杂的轮廓信息，也不能隐藏灰度图像信息。

② 直线组相位调制。直线组相位调制是指通过计算机语言，根据相位调制相关算法，使待隐藏信息区域内的直线组偏移一定的量 σ，将待隐藏信息嵌入直线组中，这个偏移量 σ 须满足两个条件：一是必须保证隐含信息的可提取，二是必须保证裸眼无法察觉。

如图 3-27 所示，由于使用连续且平滑的相位调制技术，根据待隐藏信息的外轮廓及灰度值变化情况，采用计算机语言进行相位调制后，在嵌入待隐藏信息的直线组中几乎看不到任何变化痕迹［图 3-27（a）］。图 3-27（b）所示为相位调制后的直线组细节效果，虚线和实线分别表示调制前后的直线组相位变化情况。图 3-27（c）所示为采用同周期、未进行相位调制的直线组，对图 3-27（a）进行隐藏信息提取的效果。

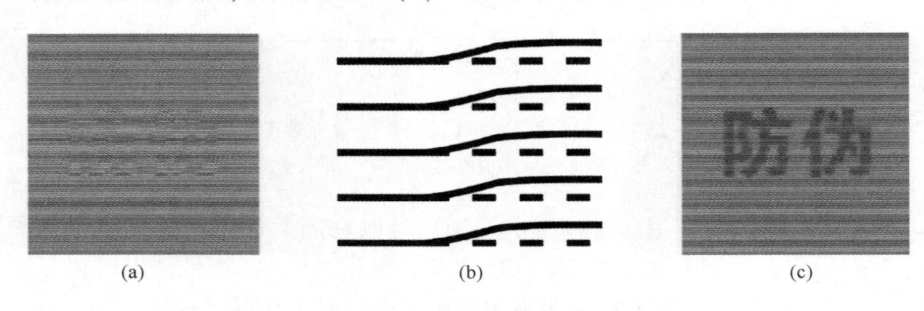

图 3-27 直线组的精细偏移调制

（a）含隐藏信息的直线组 （b）相位调制后的直线组细节效果 （c）隐藏信息的提取

直线组相位调制法制作的信息隐藏图案具有以下优缺点：

优点 防伪性能强，隐蔽性好，能很好地与背景底纹信息结合；适用于所有文字、标识、符号、logo 及灰度图像等信息的隐藏。

缺点 由于直线的一维特性，使得单一直线组中只能隐藏一重防伪信息。

③ 周期点阵相位调制。周期点阵相位调制是指根据相位调制相关算法，采用计算机语言，使待隐藏信息区域内的周期点阵偏移一定的量 σ，将待隐藏信息嵌入直线组中，这个偏移量 σ 也需要满足两个条件：一是必须保证隐含信息的可提取；二是必须保证裸眼无法察觉。

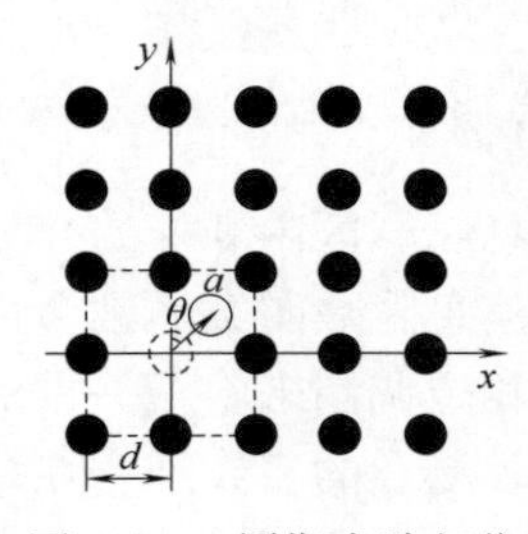

图 3-28 周期点阵相位调制原理示意图

为了更好地描述周期点阵的相位调制，如图 3-28 所示，在一组点阵中建立直角坐标系，点 a 经过一定的相位调制后，由虚线圆圈位置偏移到实线圆圈位置，与 y 轴形成一定的夹角 θ，d 为相邻两个点之间的距离，图中虚线方框所示区域为点 a 可以偏移的最大范围。经过相位调制，点 a 偏移原来位置一定距离 σ，偏移方向与 y 轴成夹角 θ，则偏移量 σ 在 x 轴和 y 轴上的偏移分量 dx 和 dy 满足 $dx=\sigma\sin\theta$，$dy=\sigma\cos\theta$，且 dx 和 dy 都小于 d。

如图 3-29 所示，通过连续且平滑的相位调制，在图 3-29（a）

周期点阵中嵌入待隐藏信息，并通过相应周期的直线组对其进行隐藏信息提取，在同一位置的两个不同方向上提取出两个不同的隐藏信息，如图 3-29（b）和图 3-29（c）所示。

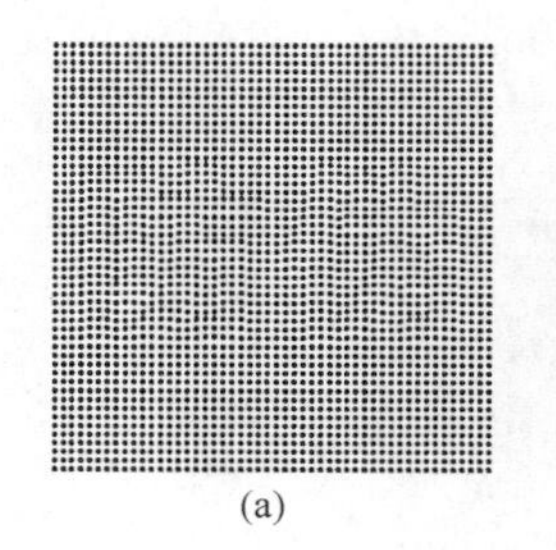
(a)

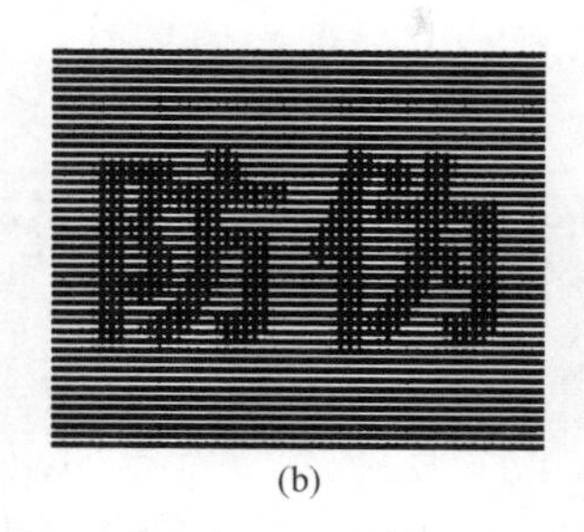

(b)

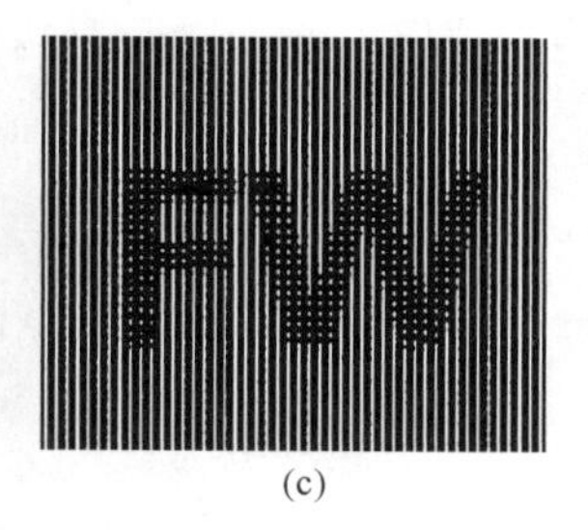

(c)

图 3-29　周期点阵相位调制及解锁效果示意图

（a）含隐藏信息的点阵　（b）y 轴方向隐藏信息的提取　（c）x 轴方向隐藏信息的提取

采用周期点阵相位调制法制作的信息隐藏图案的优点如下：

极大地增强了图像的防伪能力　隐形图像充分地运用了特殊加网技术，引出了网点中心偏移加网的新方法，所隐藏的不是无层次的标识或简单的浮雕图案，而是有较丰富层次的图像，从而极大提高了图像的复制难度。因此，造假者在不知情时，无法伪造这类隐形图像。

极大地加强了图像的保密能力　由于隐形图像的精度宽容度极大，检验者在不理解制作图像精度时，无法检验这类隐形图像。

极大地提高了图像的防伪能力　由于图像隐藏防伪技术充分运用了数字图像处理技术，因此表面图像和隐形图像的色彩光学等多种指标始终保持一致。所以，检验者在不知情时，很难发现隐形图像。

3.1.3.3　图形图像隐藏技术在印刷包装防伪上的应用

图形图像隐藏技术是一种特殊的印前图像处理技术，可以通过胶印、凹印、数码印刷等多种印刷工艺应用于钞票、邮票、身份证/护照、税票等有价证券、证件，以及各种产品的防伪包装上，防伪用途广泛。

（1）钞票。在我国 2005 年版 100 元面值纸币、印度尼西亚 2004 年版 100000 卢比面值纸币、爱沙尼亚 1999 年版 100 克朗面值纸币、西班牙 1992 年版 1000 比塞塔纸币上都应用了图形图像隐藏技术。如图 3-30 所示，在印度尼西亚 2004 年版 100000 卢比面值纸币正面的签名处隐藏有面值信息，在对应的解锁光栅下，可以解密出 3 行相同的“100000”字样。

图 3-30　印度尼西亚 2004 年版 100000 卢比面值纸币隐藏信息解锁效果

在爱沙尼亚1999年版100克朗面值纸币（图3-31）上，正面的人物头像处和背面右侧的海岸图像中隐藏了大量的文字信息，在对应的解锁光栅下，正面头像处呈现一行行的文字信息，背面右侧上方海岸边的岩石上呈现面值信息“100”，而下方白色浪花下面的海水上呈现“EEK”字样。

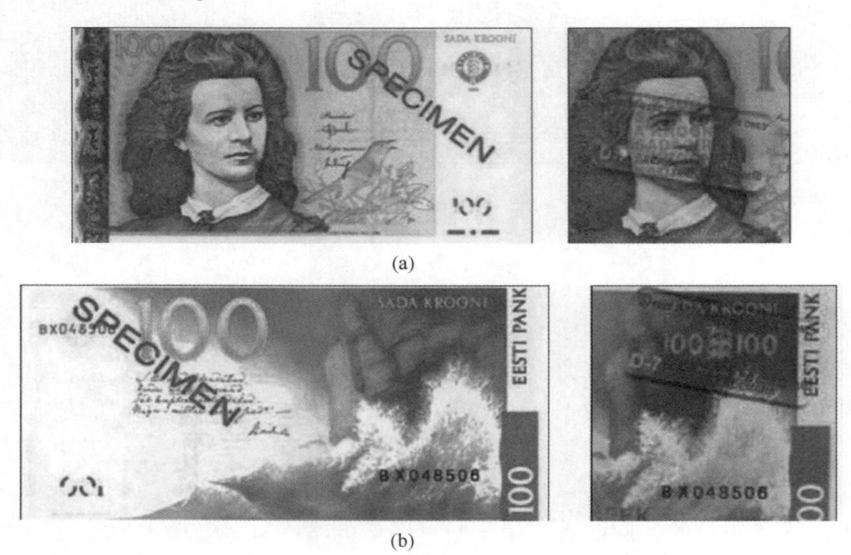

(a)

(b)

图3-31　爱沙尼亚1999年版100克朗面值纸币隐藏信息解锁效果

（a）纸币正面　（b）纸币背面

西班牙1992年版1000比塞塔纸币上也采用了图形图像隐藏技术，该套纸币上采用的技术与前述不同，被称为加扰图像技术（scrambled images）。该技术隐藏信息的母体很容易被裸眼发现［图3-32（a）］，但并不能通过该母体直接解读其中的隐藏信息，若借助对应的解锁工具，能呈现图3-32（b）所示的“Banco de España”字样。

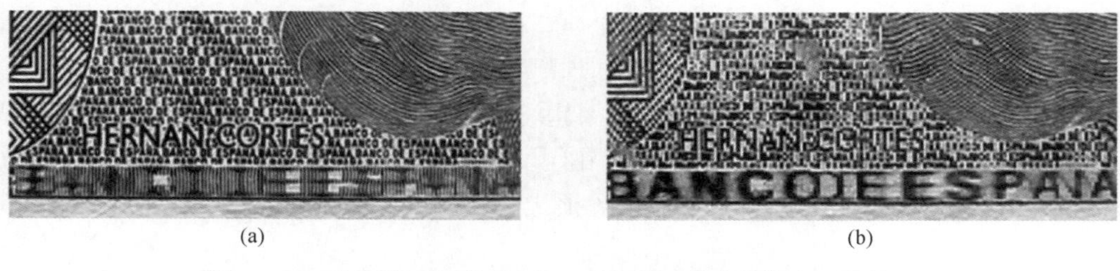

(a)　(b)

图3-32　西班牙1992年版1000比塞塔纸币隐藏信息解锁效果

（a）隐藏信息的母体　（b）解锁字样

（2）邮票。1997—2004年，美国邮局共计发行了近17.5亿枚邮票，每一枚邮票中都隐藏了特定的图文信息，需要通过特制的解锁工具（Stamp Decoder）才能看到邮票上的隐藏信息。图3-33（a）所示为美国1998年8月14日签发的红狐狸（Red Fox）邮票，在解锁工具Stamp Decoder下观察该邮票，可以看到其左下方隐藏了一只“小狐狸”，如图3-33（b）所示。

（3）身份证/护照。图形图像隐藏技术在身份证/护照上的应用一般体现在证件持有

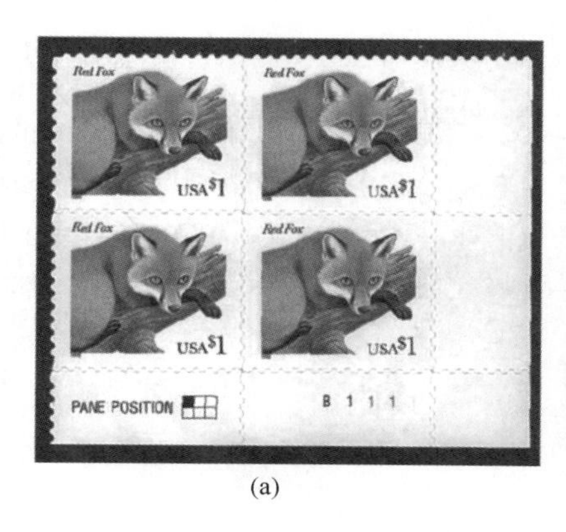

(a)

(b)

图3-33　美国Red Fox邮票及隐藏信息解锁效果

（a）Red Fox邮票　（b）解锁效果

者的照片上，通过专用数码打印设备，将证件持有者的照片打印在证件相应位置，使该照片携带特定隐藏信息。该特定隐藏信息一般是持证人的出生日期、发证日期及其他相关信息，只有在特定的解锁工具下观察才能看到隐藏的信息。图3-34（a）是瑞典护照中的一页，上面带有一个透明材料视窗，如图3-34（b）所示。该透明材料视窗为特制的解锁工具，当它叠合在下一页的人物头像上时，可将头像中隐藏的信息解密出来。

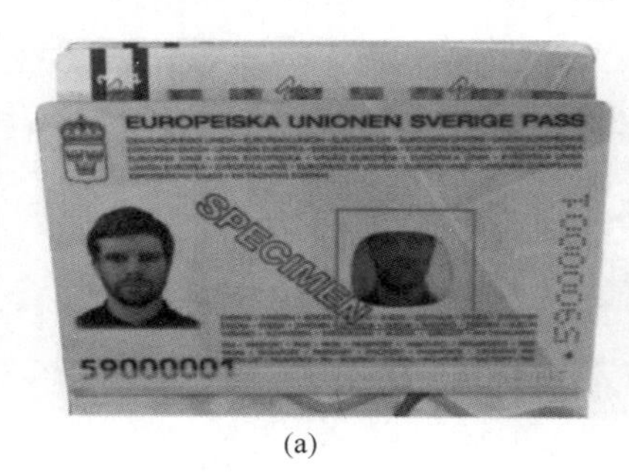

(a)

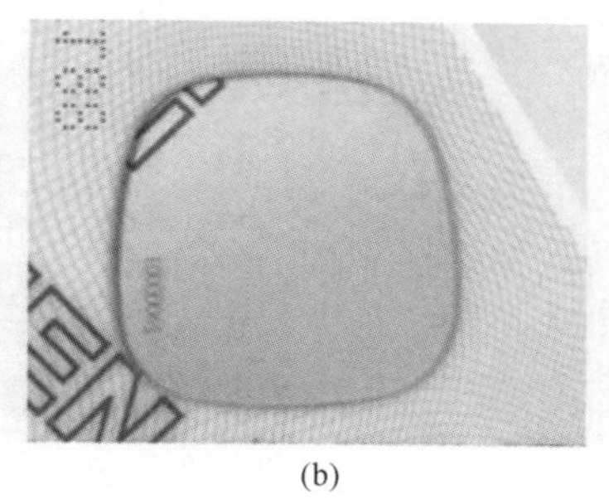

(b)

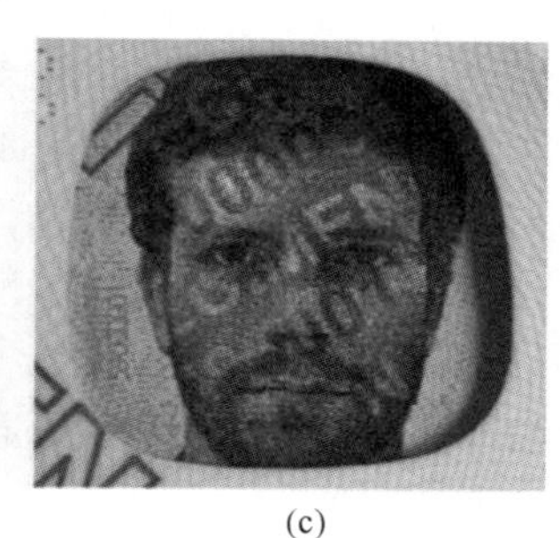

(c)

图3-34　瑞典护照及解锁效果

（a）护照　（b）透明材料视窗　（c）解锁效果

（4）税票。作为纳税人依法履行纳税义务的合法证明，税票有着极其重要的作用，为了防止不法分子伪造税票进行偷税漏税、谋取私利等不法活动，对税票应用必要的防伪措施显然相当重要。广东省不少税务发票上就应用了图形图像隐藏技术，即在票面的特定位置隐藏“SW”“纳税光荣”等特定信息。

（5）防伪包装产品。由于图形图像隐藏技术是将特定信息隐藏在某些图像中，但又不破坏图像原本的外观特征，因此，在美观性要求高的包装产品上应用该技术是一个不错的尝试。目前，在中华牙膏、立白系列产品等日用消费品的包装上都使用了该技术。

图3-35（a）所示为某品牌洗衣粉包装袋的局部图像，在包装袋的特定位置上隐藏有特定信息，图3-35（b）所示是该技术在牙膏包装盒上的应用，在其条形码旁边的小色块中隐藏有特定信息。这些隐藏的信息肉眼不可见，只有使用特定的解锁工具才能对其进行解密。

(a)

(b)

图 3-35　图形图像隐藏技术在产品包装上的应用
（a）某品牌洗衣粉包装袋　（b）牙膏包装盒

3.1.4　微结构加网

加网技术是再现连续调图像的基本方式，也是决定印刷品质量好坏的一项重要技术，在印刷领域已有 100 多年的历史，先后经历玻璃网屏、接触网屏、电子加网、数字加网等发展阶段，并形成了有理加网、无理加网、超细胞结构加网、调频加网等技术。

微结构加网又称艺术加网，可包含微结构元素，如文字、标识语、装饰、记号或其他微结构。当从特定距离观看时，可看见宏观图像；当近距离观看时，可看见微结构；当处于中间距离时，微结构和宏观结构都可见（图 3-36）。普通加网技术常用的网点形状有圆形、椭圆形、菱形、方形等。微结构加网方法可以通过调整网点函数的数学模型，灵活控制网点的形状，并用函数控制网点之间的距离，因此也就包含了几个重要的防伪特征。例如，可通过该加网方式印制纸币或其他贵重印刷品，将全尺寸和微小细节两个因素结合在一起印制半色调图像。

图 3-36　微结构加网效果

采用该方法获得的加网防伪印刷品的特征在于其再现色彩的墨层网状点形状不是常规的圆形、方形、菱形或链状，而是客户要求的个性化的特殊防伪图案。该类印刷品在保持常规印刷的图像色彩和层次再现能力的基础上，运用当今最尖端的图像数码处理技术，有意识地为网点增加了不可再造的防伪能力和极易鉴别的个性化标识或文字图案，可用于商品包装、商标招纸、产品说明书、产品合格证，以及各种证书、书画、有值票证等，采用放大镜察看防伪图像中的网点标识或文字图案即可识别真假。

人们通过网点覆盖率的变化和组合，使印刷品颜色在色相、明度和饱和度上产生了变化，从而呈现出千变万化的颜色。目前，加网技术仍是再现原稿色彩、层次、阶调最有效的办法。

3.1.4.1　微结构加网算法

根据实现的方式和算法的差异，微结构加网算法主要包括预设网点轮廓法、标准抖动法、多色抖动法和抖动阵列自动合成法。

（1）预设网点轮廓法。采用点函数 $S(X,\ Y)$，可以很容易地描述并生成简单的网点形状（如圆形、菱形、方形等），但难以描述更复杂的轮廓（图 3-37），因为复杂的轮廓无法通过单一函数来描述。

图 3-37　大雁与鱼轮廓构成的微结构图案

为了产生较复杂的网点形状，如鸟类、鱼类或其他物体（字母）形状，可以通过描述这些形状的不同外轮廓来定义不断变化的网点形状。为此，可以采用固定的预设网点轮廓来表达某一特定亮度级，而形状混合技术在这一方法中将被用于过渡其他亮度级预先设定的网点轮廓。可采用专业轮廓设计软件（如 Adobe Illustrator），在网点元素空间中定义固定预设网点轮廓，图 3-38 所示为使用一组固定的预设轮廓定义一个网点形状的过程。

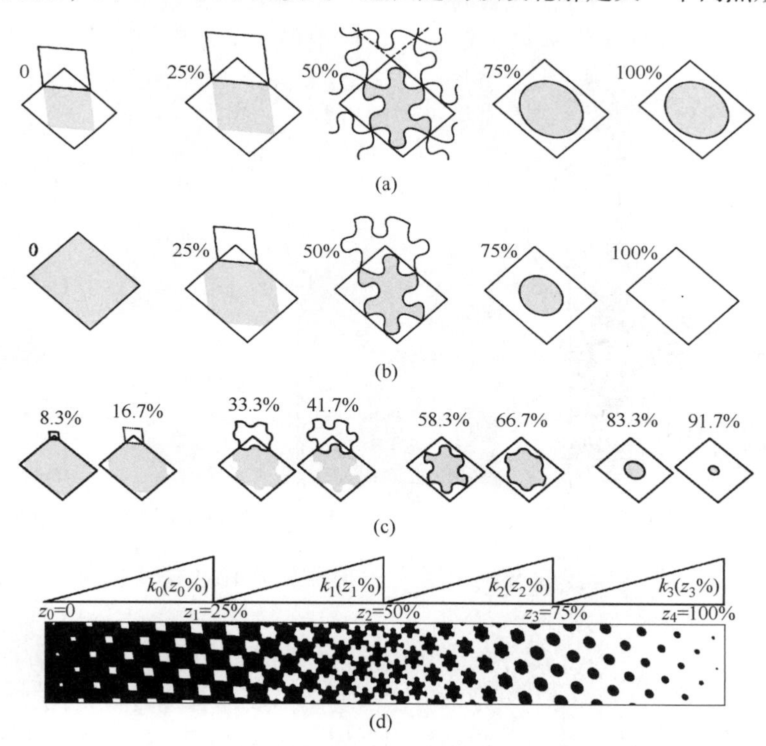

图 3-38　微结构加网网点轮廓定义过程

（a）固定的预设轮廓　（b）预设轮廓标定　（c）插值轮廓　（d）插值参数 k_i

为了便于实施，假设每个固定轮廓都具有相同数量的特定轮廓结构，并且这些用于过渡的轮廓结构是通过将相应的固定预设轮廓进行混合而获得的。弯曲的轮廓结构可能需要使用多条弧线来描述。为方便起见，可以使用贝塞尔曲线来定义每个弯曲轮廓的结构。为了简化过渡过程，假定每个直线轮廓结构都是由贝塞尔曲线进行控制的。图 3-39 所示为不同灰度级所预设的网点轮廓示意。

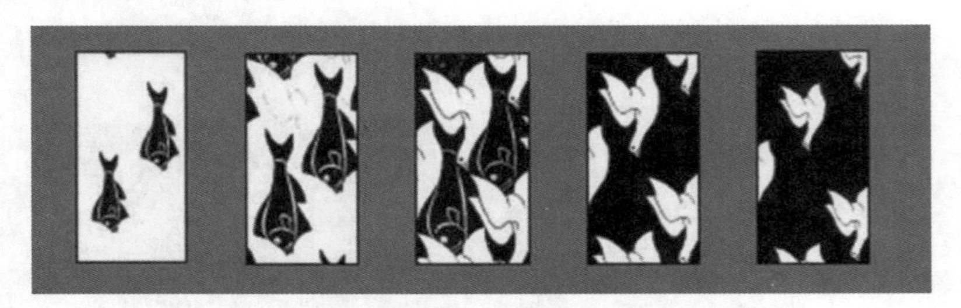

图 3-39　不同灰度级所预设的网点轮廓示意

通过使用过渡参数 $k_i(z)$ （取值 0~1），控制不同的固定预设轮廓之间的过渡速度（图 3-39）。在轮廓控制点 P 与灰度强度 Z 的坐标中，两个固定预设轮廓的控制点 P_i 和 P_{i+1} 与强度范围 $[Z_i, Z_{i+1}]$ 的关系满足：

$$P(z)-P_0=[1-k_i(z)](P_i-P_0)+k_i(z)(P_{i+1}-P_0) \tag{3.16}$$

其中，P_0 表示网点元素的起始点。该微结构加网方法的实现过程可以总结为：

① 预设网点轮廓，并制作出代表每一灰度级的相应的网点轮廓。这一步是一项非常烦琐、费时的过程，并且当轮廓设定好之后，很难再改变其外形、大小及所代表的灰度级，如图 3-39 所示。

② 分割图像。针对图像进行一定数量级的分割，如图 3-40 所示。

③ 图像的微结构再现。使用①生成的代表每一灰度级的固定预设轮廓表示图像中对应的灰度级，如图 3-41 所示。

图 3-40　图像分割示意

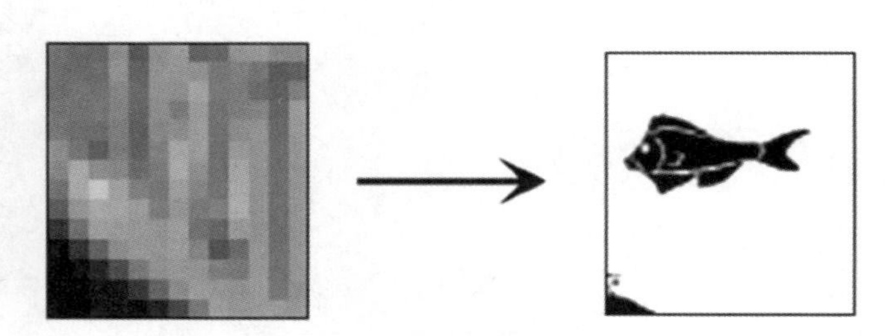

图 3-41　使用微结构图形还原不同阶调

④ 每一个固定预设轮廓最终都会离散化，形成栅格化图像，通过形成微结构半色调图像来再现原来的图像，如图 3-42 所示。

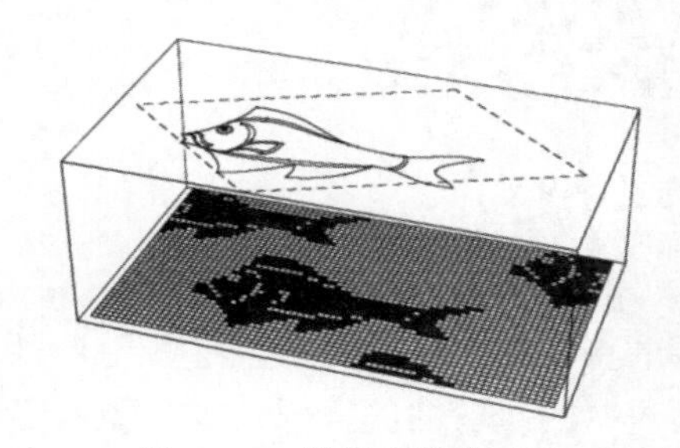

图 3-42　轮廓离散化示意

预设网点轮廓法虽然能实现图像的微结构化，但是该方法需要图形设计者进行大量的工作来产生这种微结构，且该方法仅限于二值图像，即黑白图像或单颜色。

（2）标准抖动法。标准抖动法是将亮度转换为表面百分比。假设输入归一化的灰度图像，黑暗之间的值 0（白）、1（黑）是抖动通过，比较在每个输出位置对应的输入灰度值和振动阈值。如果灰度值 $b(x)$

高于振动阈值 $t(x)$，输出位置标记为黑色，否则标记为白色，如图 3-43 所示。

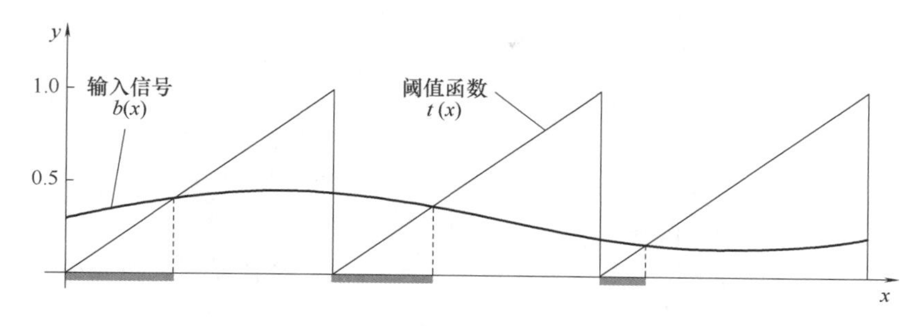

图 3-43　标准抖动处理的归一化过程

图 3-44 所示为结合微结构“GET READY”的大型抖动显示阵及其局部放大图。

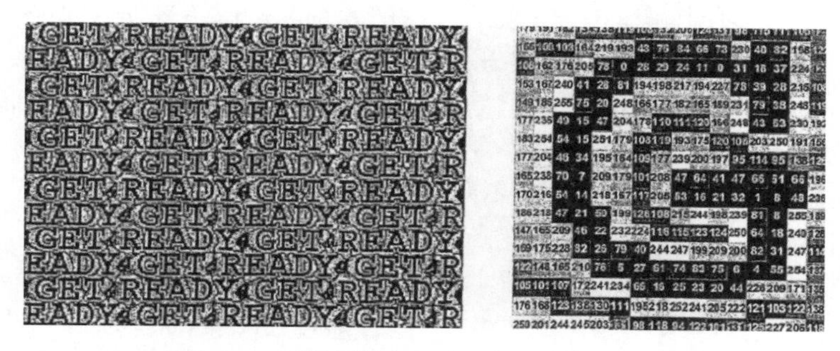

图 3-44　微结构抖动显示阵及局部放大图

图 3-45 所示为以 20%、40%、60%和 80%的前景色（黑色）亮度对均匀灰度颜色图像的再现。

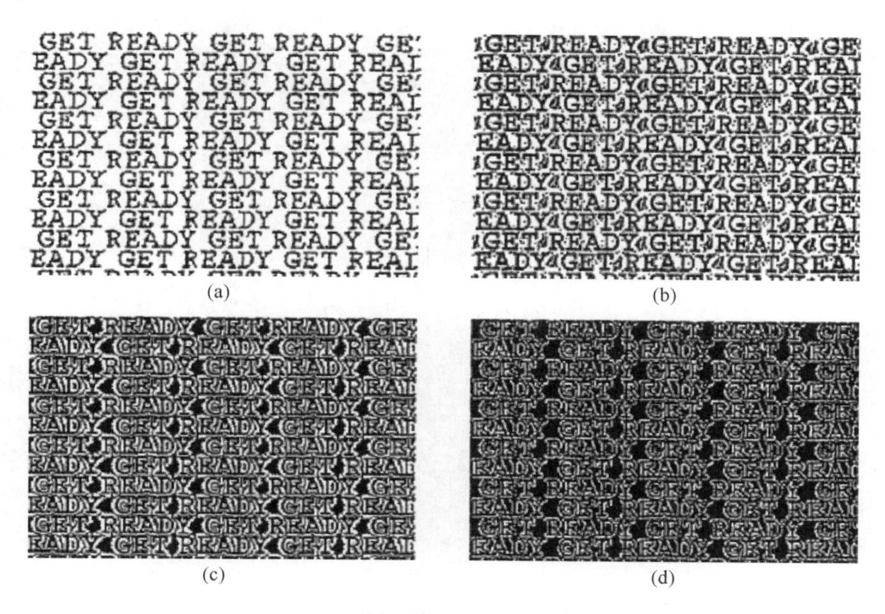

图 3-45　不同灰度的微结构再现示意

(a) 20%　(b) 40%　(c) 60%　(d) 80%

（3）多色抖动法。多色抖动法是在标准抖动的基础上进行的延伸，为了实现彩色艺术加网，人们需要生成抖动矩阵结合视觉吸引力的符号和装饰动机。

3.1.4.2　微结构加网防伪应用

微结构加网防伪应用广泛，使用常见的印刷工艺都能实现，在货币、证照、票证方面应用居多，也可向包装防伪应用方向拓展。其主要表现形式有两种：一种是使用规则排列的缩微图文通过笔画、线条的粗细来还原图像的阶调细节；另一种是使用随机平铺的自定义图文，通过笔画、线条的粗细，图文大小等来还原图像的阶调细节，在防伪性能上后者更胜一筹，因为后者通过微结构加网程序的随机算法来控制各元素的排布位置，使得每一次元素排布的位置都不同，从而有效地防止使用相同程序来复制。

（1）钞票。在我国 2015 年发行的 100 元中国航天纪念钞的背面，大小不等的“100”“RMB”及飞机轮廓图形等规则排列的元素构成了背面的“老鹰”“老式飞机”“现代飞机”“轨道卫星”等多幅图像。图 3-46 所示为航天纪念钞微结构加网效果。

同样，在 2010 年发行的港币上也采用了微结构加网技术，在整套纸币的 20、50、100、500、1000 面值纸币左侧的三朵“紫荆花”图案中使用了规则排列的面值数字元素。图 3-47 所示为 2010 年版 100 面值港币左侧“紫荆花”图案的局部放大图，从图中可以看到不同阶调处“100”的笔画粗细度不同。

图 3-46　航天纪念钞微结构加网效果

图 3-47　港币上的微结构加网效果

在俄罗斯 2011 年版 500 面值卢布上，使用了随机平铺的微结构加网技术，在纸币正面雕刻人像右侧的背景图案中［图 3-48（a）］，隐藏有“500”、俄文、特定符号等多种元素。图 3-48（b）所示为该纸币的局部放大图，从图中可以清楚地看到各元素的大小不一，不同阶调处的笔画粗细度不同。2014 年索契冬奥会 100 面值卢布的纪念钞上，同样应用了该技术。

(a)

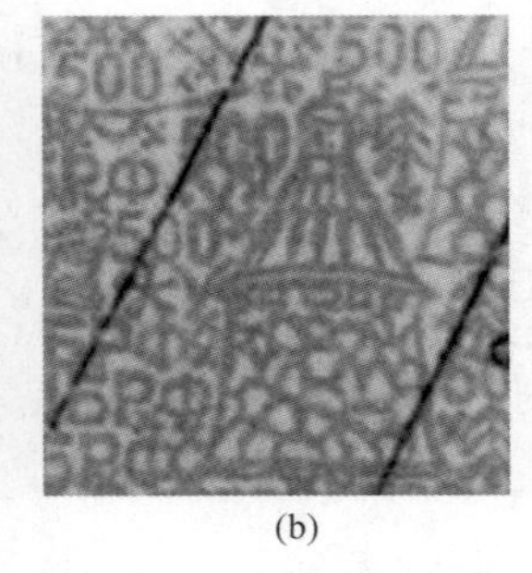

(b)

图 3-48　俄罗斯 2011 年版 500 面值卢布的微结构加网效果
（a）纸币正面图案效果　（b）局部放大效果

（2）证照。从 2012 年 5 月 15 日起，中华人民共和国公安部门统一签发了新版电子护照，其中就采用了微结构加网技术。在新版护照内页的各地风景图案中，使用了“CHINA”和“祥云”两种元素的微结构加网技术，图 3-49（a）所示为由特殊字体结构的“CHINA”字样构成的图案局部放大图，图 3-49（b）所示为由“祥云”元素构成的图案局部放大图。

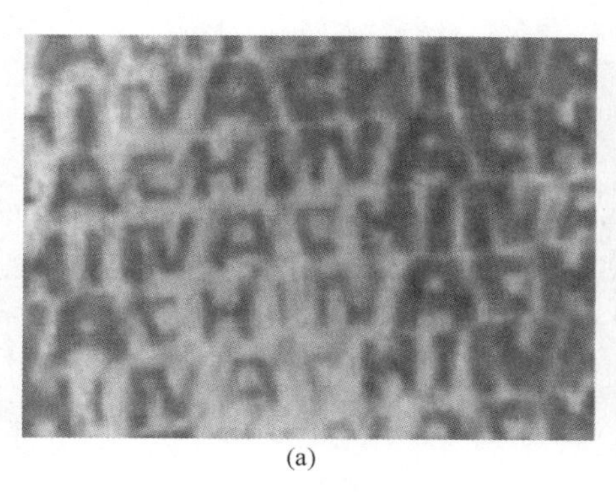
(a)

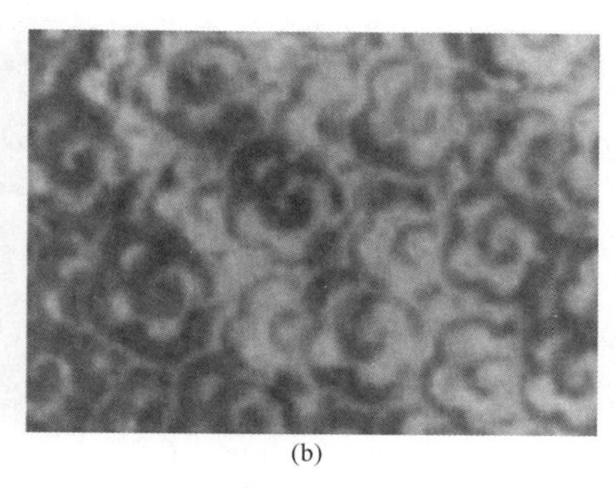
(b)

图 3-49　2012 年版电子护照的微结构加网效果
（a）“CHINA”字样　（b）“祥云”元素

3.1.5　防伪插件

插件（Plug-in，又称为 addin、add-in、addon 或 add-on），俗称外挂，是一种遵循一定规范的应用程序接口编写出来的程序。插件只能运行在程序规定的系统平台下（可能同时支持多个平台），而不能脱离指定的平台单独运行，因为插件需要调用原系统平台提供的函数库或数据。

防伪插件主要是遵循图形设计软件（如 Adobe Illustrator）运行规范，能生成复杂的具有防伪功能的矢量防伪图案，这种矢量防伪图案根据各插件功能的不同而稍有差异。目前主要的防伪插件有以下几种：

（1）SecuriDesign（防伪底纹插件）。SecuriDesign 是一款用于 CorelDRAW 制作防伪底纹的宏命令插件，允许使用者创建安全印刷（如证书、银行票据、文件等）中常用的各种防伪底纹设计。利用 SecuriDesign 在 CorelDRAW 中能创建的防伪图案主要有团花、花边和底纹三类。SecuriDesign 包含三个基本模块：

① Contour Generator（轮廓生成模块）。轮廓生成模块类似于 CorelDRAW 自身的轮廓功能，但又不完全相同，通过函数控制可以生成具有特定偏移、波长、波幅、外观的轮廓线。SecuriDesign 使用调和函数来调制轮廓线的各种偏移，因此很容易生成各种设计元素，如图 3-50 所示的团花 logo。轮廓线尽可能地使用光滑曲线作为被控制对象，尽量避免使用锋利的尖点曲线节点（如三角形、矩形等轮廓），因为这些锋利或尖锐的轮廓会产生质量差（或不美观的）的调和轮廓，并且控制曲线每次只能使用一个子路径。

图 3-51 所示为轮廓生成模块的操作界面，该操作界面上包含一些调和轮廓时使用的功能。

Function（函数）　用于指定轮廓调和形状的函数，可以通过函数生成模块去编辑。插件自带的用于控制轮廓调和的 Loop 函数有 24 种，还有通用的直线函数、正弦函数和余

图 3-50　SecuriDesign 插件的标志

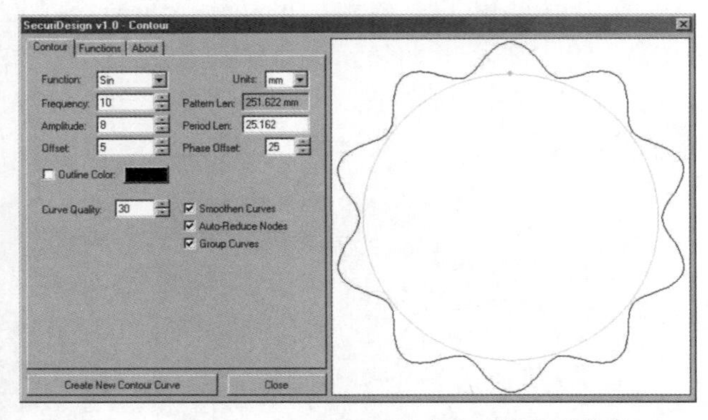

图 3-51　SecuriDesign 插件的轮廓生成模块操作界面

弦函数。其中两款控制函数调和同一路径后的效果如图 3-52 所示。

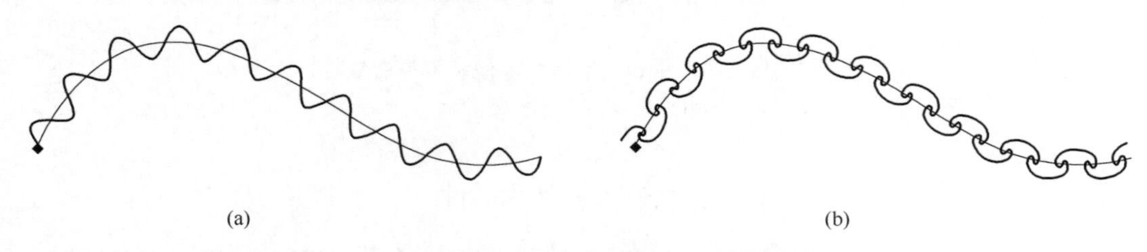

(a)　　(b)

图 3-52　两款控制函数调和同一路径后的效果

（a）正弦函数　（b）Loop 函数

Frequency（频率）　用于指定函数在某一路径上使用多少个周期来进行轮廓调和，这个周期没有固定的值，根据实际设计需要而定。正弦函数在不同频率下调和某一路径，频率为 10 和频率为 5 的效果如图 3-53 所示。

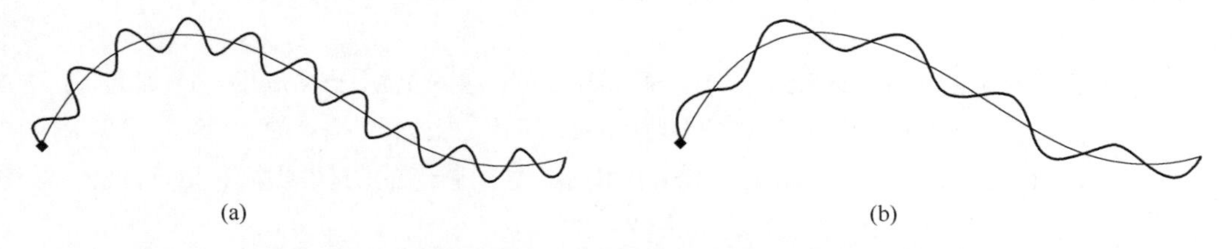

(a)　　(b)

图 3-53　正弦函数在不同频率下调和某一路径后的效果

（a）频率为 10　（b）频率为 5

Amplitude（振幅）　用于指定函数在调和路径控制轮廓偏移原位置时，最高点与最低点之间的最大位移 a，如图 3-54 所示。

图 3-55 所示为相同的正弦函数在相同频率、不同振幅下的效果。

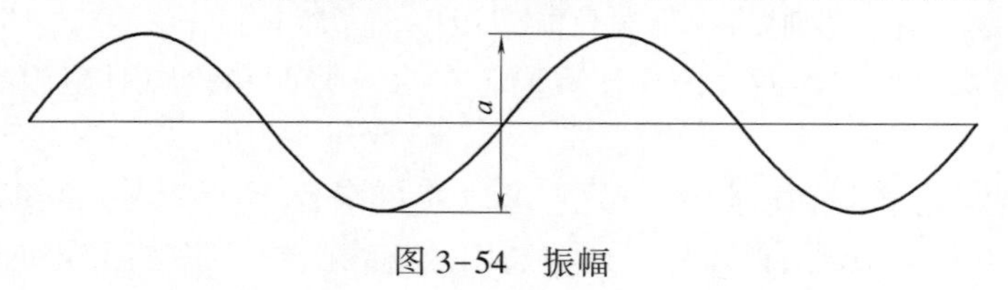

图 3-54　振幅

Offset（偏移）　用于指定调和轮径偏移原路径的距离，偏移方向与原路径各点的切线方向垂直，如图 3-56 所示。

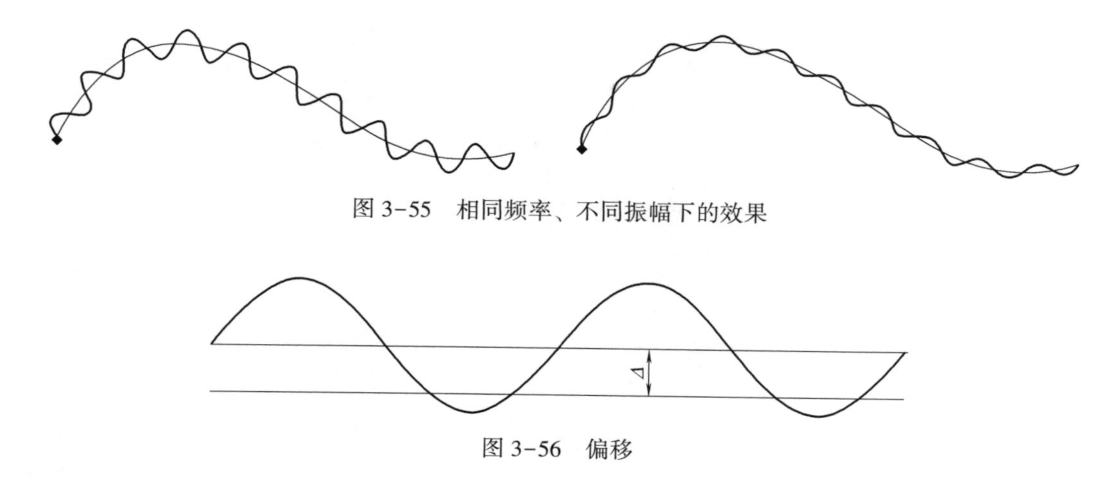

图 3-55　相同频率、不同振幅下的效果

图 3-56　偏移

图 3-57 所示为相同正弦函数，在相同频率、相同振幅、不同偏移距离条件下的效果。

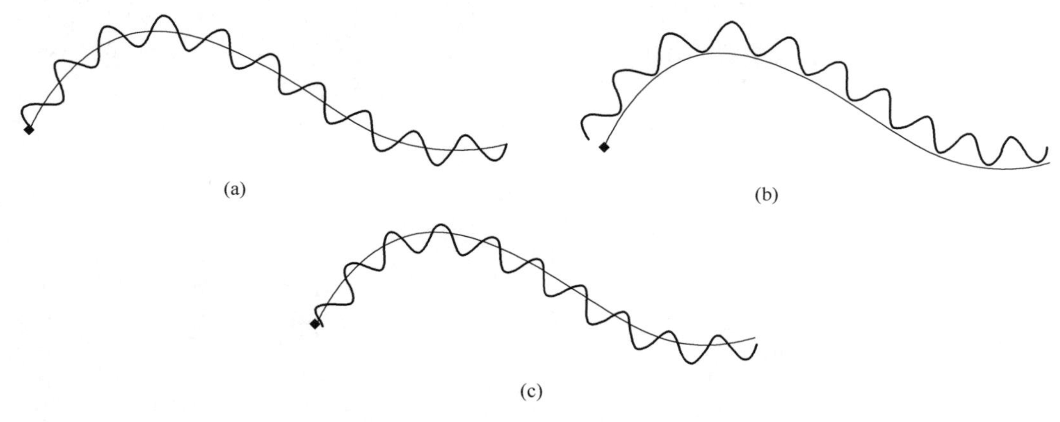

图 3-57　不同偏移距离条件下的效果

（a）偏移 0mm　（b）偏移 4mm　（c）偏移-3mm

其他　用于指定调和轮廓的颜色、粗细、平滑度、相位偏移等变量，以生成合适的轮廓。

② Pattern Generator（图案生成模块）。图案生成模块是指在 CorelDRAW 操作界面，在两个选定的闭合路径组之间填充扭索线条的功能模块。其中闭合路径一般依靠轮廓生成模块功能，并根据 CorelDRAW 中自有的圆形、三角形、多边形等基本轮廓调和而来，也可使用 CorelDRAW 的贝塞尔曲线等功能自主设计封闭的轮廓线。复杂的扭索线条可以通过图案生成模块，填充在选定的闭合路径封套中。图案生成模块的操作界面上包含图案填充时需要使用的各种功能，如图 3-58 所示。

Rows（行）　在选定的两个路径所组成的填充封套中，填充图案的行数或组数，如图 3-59 所示。

Relative Row Phase Offset（行相位偏移）　指定封套内各行填充的相位偏移。随着相位的偏移，填充图案也相应产生改变，如图 3-60 所示。

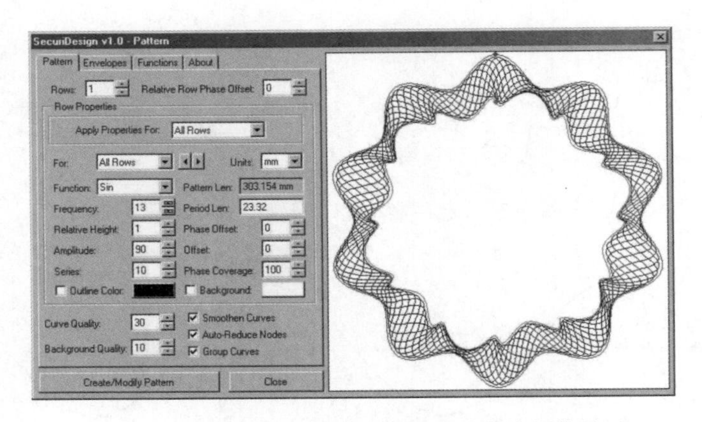

图 3-58　SecuriDesign 插件的图案生成模块操作界面

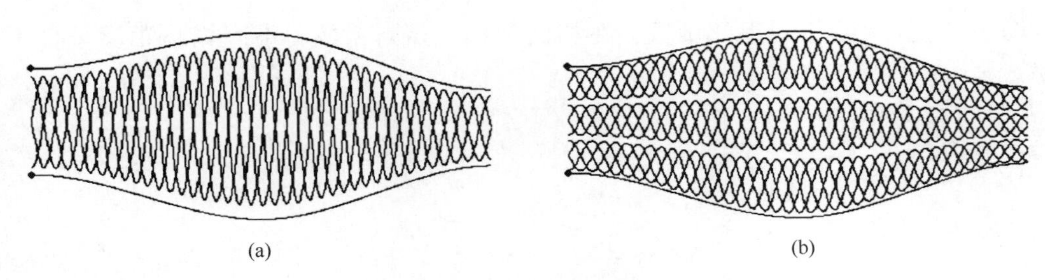

图 3-59　不同行数的填充效果

（a）行数为 1　（b）行数为 3

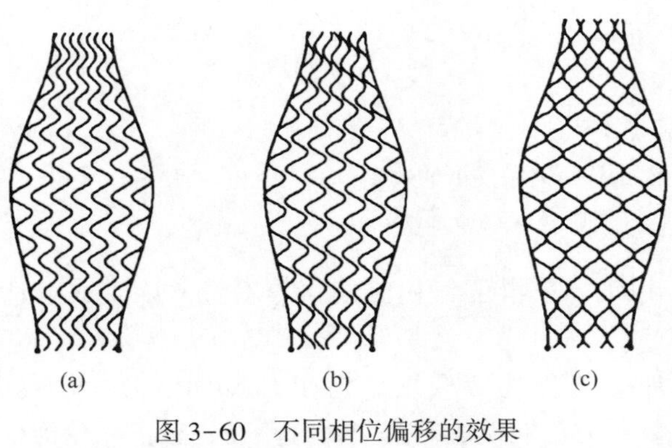

图 3-60　不同相位偏移的效果

（a）相位偏移 0　（b）相位偏移 25%　（c）相位偏移 50%

Frequency（频率） 指定同一行的函数用于填充封套的周期数。对于多行对象，可以对每一行设定不同的填充周期，如图 3-61 所示。

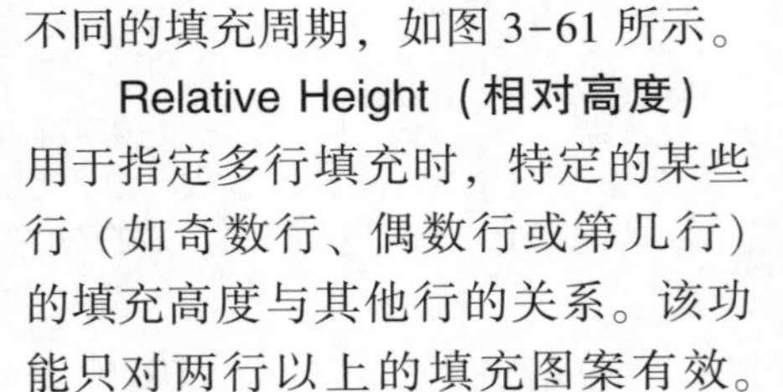

Relative Height（相对高度） 用于指定多行填充时，特定的某些行（如奇数行、偶数行或第几行）的填充高度与其他行的关系。该功能只对两行以上的填充图案有效。图 3-62 所示为奇数行的高度是偶数行 2 倍的填充效果。

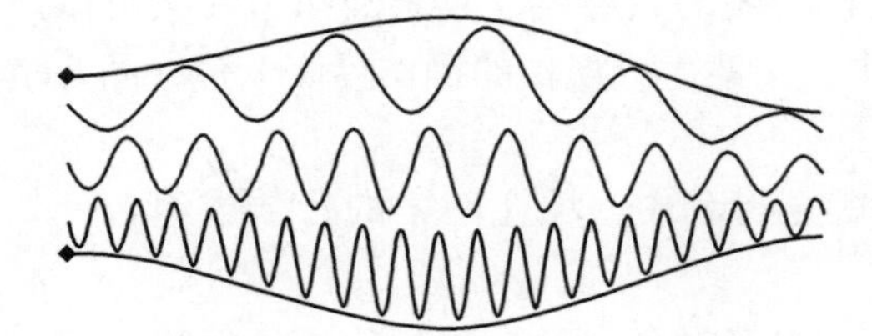

图 3-61　不同填充周期的效果

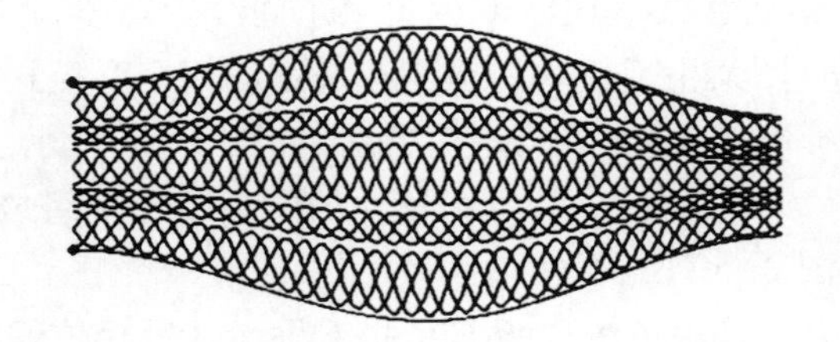

图 3-62　不同相对高度的填充效果

Amplitude（振幅）　用于指定每一行填充图案所覆盖其理论覆盖高度的比率。对于单行填充对象，其理论覆盖高度即为选定的两条封套路径之间的高度或垂直距离，对于多行对象，如果没有特殊指定，每一行所占的高度是一致的，如图 3-63 所示。

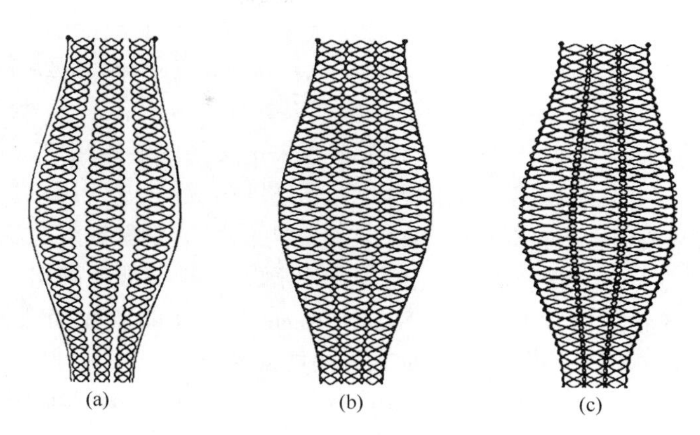

图 3-63　不同振幅的填充效果

（a）振幅为 75%　（b）振幅为 100%　（c）振幅为 115%

Series（线数）　用于指定某个函数在每一行填充时所使用的填充线数的多少，根据需要和整体设计的疏密程度选择合适的填充线数，如图 3-64 所示。

其他　用于指定填充图案平滑度、颜色、粗细度等指标的功能，用于生成更具美感的填充图案。

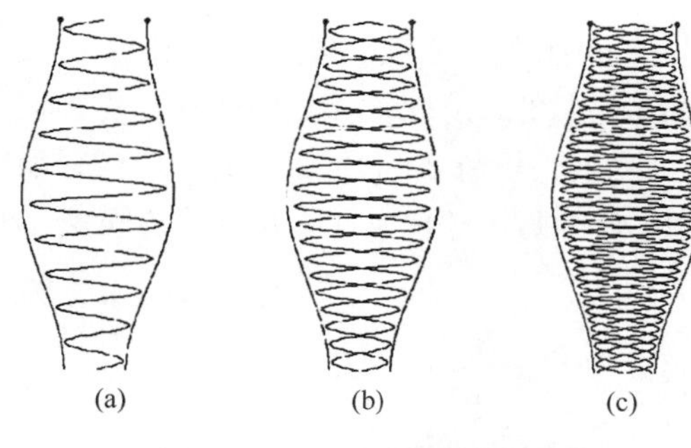

图 3-64　不同线数的填充效果

（a）填充线数为 1　（b）填充线数为 2

（c）填充线数为 4

③ Function Editor（函数生成模块）。函数生成模块主要是生成用于控制轮廓生成和图案生成的数学函数，可以指定一个函数描述作为一组傅里叶系数，函数生成模块里自带 45 款已经设计好的函数，或者通过 CorelDRAW 的贝塞尔工具，在操作界面上自主设计一款轮廓，然后由函数生成模块将其数字化，并且自动生成相应系数，然后存储在函数生成模块中，成为一个固定的函数。图 3-65 所示为函数生成模块的操作界面，在操作界面上包含函数组成的各系数及其他预览。

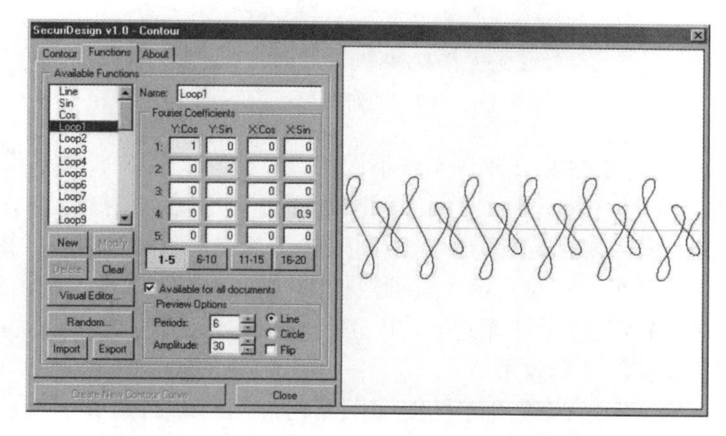

图 3-65　SecuriDesign 插件的函数生成模块操作界面

SecuriDesign 使用傅里叶级数来定义各种曲线的函数，傅里叶级数定义如下：

$$F(t)=C+A_1\cos(wt)+B_1\sin(wt)+A_2\cos(2wvt)+B_2\sin(2wt)+A_3\cos(3wt)+B_3\sin(3wt)+\cdots \quad (3.17)$$

通过式（3.17）中的一系列系数 A_1、B_1、A_2、B_2 等来定义该曲线描述函数，在函数生成模块中，允许输入 20 个系数来定义某曲线的函数。

SecuriDesign 中的函数由两个分量构成：水平分量（X）和垂直分量（Y）。每一个分量都是独立的傅里叶级数。Y 分量上使用了很多节拍来控制轮廓，或控制填充图案在垂直方向上的形状。X 分量用于控制轮廓，或控制填充图案在水平方向上的偏移，以形成不同的环状结构。因此，在 SecuriDesign 中定义的曲线描述函数，包含独立的函数 $X(t)$ 和 $Y(t)$，用来控制水平和垂直方向的偏移。

$$X(t)=A_{x1}\cos(wt)+B_{x1}\sin(wt)+A_{x2}\cos(2wt)+B_{x2}\sin(2wt)+\cdots+A_{x20}\cos(20wt)+B_{x20}\sin(20wt) \quad (3.18)$$

$$Y(t)=A_{y1}\cos(wt)+B_{y1}\sin(wt)+A_{y2}\cos(2wt)+B_{y2}\sin(2wt)+\cdots+A_{y20}\cos(20wt)+B_{y20}\sin(20wt) \quad (3.19)$$

式（3.18）和式（3.19）中的系数可以填入函数生成模块中“傅里叶系数”表格的对应位置。

（2）爱明天 SCD 版纹设计系统。它是 Adobe Illustrator 的一款插件，用于设计生成防伪底纹。2002 年 5 月，SCD 的第一个版本发布，经过多年的不断改进，SCD 现已成为一款功能丰富、易于使用的软件。目前，SCD 包含 37 个防伪模块，每一个模块都有其特定的用途。

① 底纹模块。SCD 的底纹设计模块功能齐全，包含团花、底纹、花边、晶格纹（又称万花筒）等，操作灵活。由于是搭载于 Adobe Illustrator 图形设计软件上的防伪插件，设计者非常容易上手。通过样条、波调制、蜂窝排列等功能，设计者可以自由设计众多集复杂、美观、高功能为一体的防伪底纹图案。图 3-66 所示为使用 SCD 设计的几款防伪底纹。

图 3-66　SCD 生成的防伪底纹效果

② 浮雕模块。SCD 浮雕模块具有 4 种不同的浮雕效果，即尖浮雕、圆浮雕、三维浮雕和 3D 立体浮雕，如图 3-67 所示。尖浮雕凸起部分采用锐利的过渡方式，形成三角尖状凸起，特征明显；圆浮雕凸起部分呈光滑圆弧状，与较锐利的过渡方式搭配在一起，很容易凸显浮雕的立体效果；三维浮雕主要通过控制周期性排列的图形阵列的波浪起伏，形成很强的三维效果；3D 立体浮雕是通过 3D 建模生成的三维图像，从而生成一种立体感很强，层次、细节丰富的浮雕效果。

③ 挂网模块。该模块主要是艺术挂网（微结构加网）和自定义挂网功能，能根据特定的文字、图形、标识、logo 等图形图案，再现一幅单色图像或彩色图像。通过该模块再

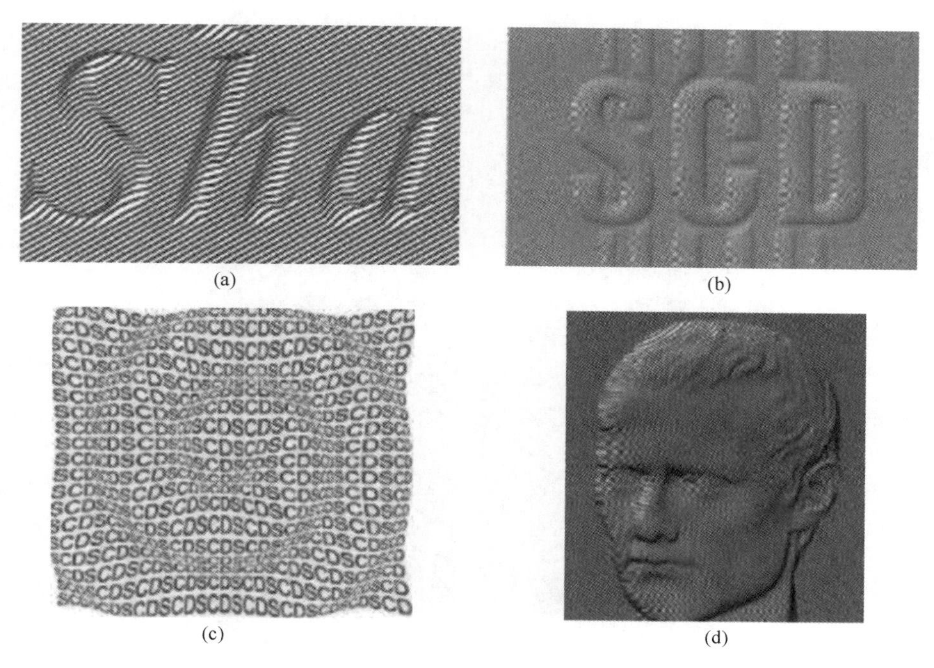

(a)　(b)　(c)　(d)

图 3-67　SCD 生成的各种浮雕效果

（a）尖浮雕　（b）圆浮雕　（c）三维浮雕　（d）3D 立体浮雕

现的图像阶调还原性好、层次丰富，具有很好的防伪效果，如图 3-68 所示。

④ 水印模块。水印模块又称开锁或图形图像隐藏功能，在印刷或打印的文档和图片中，可以嵌入不可见的图形和文字，采用专门的解码片可以识别，这些图形和文字被称为水印，如图 3-69 所示。解码是将玻璃、树脂等制成的光栅片覆盖在印刷品上，隐藏的水印就能显现出来。打印水印技术可以在普通的喷墨打印机和激光打印机打印的图片中嵌入水印，这种技术适用于证卡或其他个性化印刷品的防伪。采用水印模块，可以在一幅四色图像的同一位置隐藏八重不同的信息。

图 3-68　SCD 生成的微结构加网效果

⑤ 雕刻模块。爱明天的 eBurin 辅助雕刻制作软件从 2004 年开始研发，先后尝试过多种可能的技术（类似 Jura 和 Barco 的技术），但发现这些技术都有很大的缺陷。2010 年，最优化算法（Optimization Algorithm）被引入软件的实现中，据此开发出了 eBurin 软件，其制作流程与传统雕刻制作流程相似，均包括分片、布线、雕刻等过程。其特点主要有以下两个方面：

自由：设计师可以完全自由地控制每一根线条的风格，或者为了追求效率而批量控制

(a)

(b)

图 3-69　SCD 生成的水印效果

(a) 在打印的图像中嵌入水印　(b) 在印刷图片中嵌入多层水印

多根线条的风格。

精确：软件可根据设计师的指令，生成粗细合适的线条和点，精确还原图像的层次。

使用 eBurin 软件，设计师可以沿用传统的雕刻制作流程。

分片　设计师根据明暗层次或者物体的三维结构，将整幅作品分成若干片区，每个片区将使用不同风格的线条。这一步，设计师不需要在计算机上完成，只需要在头脑中完成构想，或者在纸面上绘制一个草图，作为下一步布线的参考即可。

布线　设计师在图片上排布线条，依据分片的结果决定线条的疏密和走向。在传统的雕刻制作流程中，雕刻师使用铅笔在纸上完成布线的草稿，作为雕刻时的参考。在 eBurin 软件中，设计师使用 Bezier 曲线工具或者自带的样条工具，直接在图片上绘制线条。相比 Illustrator 自带的 Bezier 工具，eBurin 的样条绘制工具更加直观和高效，可大大缩短布线的时间。

生成雕刻作品　一旦所有线条排布完成，eBurin 即可将线条转成雕刻作品。它可以精确控制线条的粗细，完全再现图片的层次。

调整和修改　经过上面的 3 个步骤，一幅雕刻作品已经具备雏形。之后，设计师可以对作品进行精细调整，包括：

a. 调整部分线条的疏密。

b. 调整部分线条的尖头形状：经过上述 3 个步骤完成的线条都是方头的，在必要的地方设计师可以使用 eBurin 的削尖工具将线条削尖。

c. 生成虚线：设计师可以将高光区域的线条转成虚线。

图 3-70 所示为 SCD 生成的雕刻图像的最终效果。

(3) Arziro Design。Arziro Design 使用浮雕工具创建浮雕效果，基于线或对象以及一个图像作为模板。这个工具可随时生成漂亮的浮雕背景。该设计的防伪特点是线条非常细，由图像亮度决定的精细的线条设计可以提高防伪能力。

图 3-70　SCD 生成的雕刻图案最终效果

① 水晶图案工具。可以用重复的形状，基于自然界的晶型生成漂亮的装饰图案。精细的线条和小对象使得造假难度增大。

② 路径定义模块。由连续变化的形状以及一个或多个位置的对象，生成复杂的背景。对象可以在一个自定义的路径或一个由参数生成的路径下重复。由于路径的定义非常复杂，所以对设计的再现几乎是不可能的。

③ 线/对象工具。可以快速生成图案，也能用这些图案自动填充选中的对象。这个工具通常用于使用相同的图案、不同角度创建潜像图案，使单个对象难以辨识。

④ 扭索库。使用预设的扭索创建副本，具有非常精细的细节。

⑤ 叠加。一个重复工具，用来快速创建包含大量基于单个或多个对象的复杂图案。

Opposite Ink Selector 是一个配色方案勘探工具，因其只有一个专色，一般不用于包装设计。因使用的颜色超出色域或完全反色，该工具常用于创建难以重现的配色方案。系统会在 Adobe Illustrator 色板中搜索最接近、最匹配的颜色。

Arziro Design 的目标是抛开创意和设计的限制，让仿制变得尽可能难以实现。时间和成本将使得伪造者的复制设计变得困难和昂贵。

Arziro Design 是一款功能强大的防伪设计工具，用于创建唯一的、难以复制的元素，以及保护凭证、票据、文献、标签、包装等，以防被伪造。与旧版一样，使用改进版本的 Arziro Design 创建个性化、复杂和防复制设计时，其作为插件简单地运行在 Mac 和 PC 的 Adobe Illustrator 上。因此，它能够在一个已知软件环境内运行并充分地自由创作，保护内部文件和品牌。此外，政府机构、防伪印刷和防伪设计人员使用新推出的增强版，可以使防伪设计达到一个更高的级别。

3.1.6 防伪软件

3.1.6.1 方正超线

（1）关于方正超线。方正超线又称为方正超线防伪系统，是由北大方正电子公司开发的用来设计和制作防伪效果的高科技软件（图 3-71）。方正超线属于制版防伪，具有防扫描、防复制的功能，主要用于安全底纹印刷、防伪包装、防伪商标、金融行业票据、有价证券、高档包装、金属画制版、折光印刷设计等，具有成本低、防伪效果好、符合美学要求、兼容性强等特点。

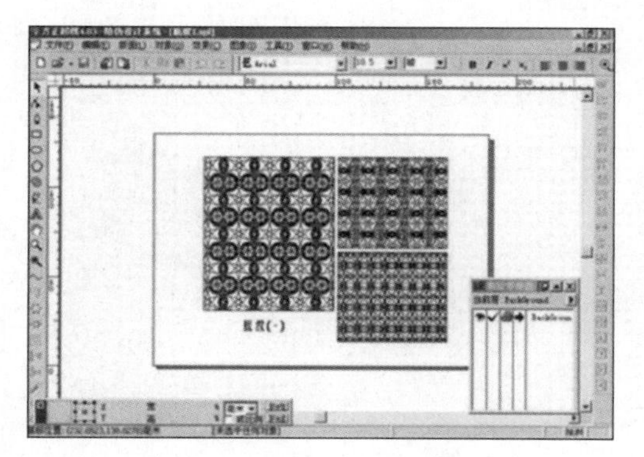

图 3-71　方正超线主窗口

（2）主要功能。

① 底纹。底纹是将元素进行反复变化，形成连绵一片的纹络，具有规律性、连续性、

贯穿性、富于变化性。方正超线提供了非常方便的元素制作工具，提供了多种复制、镜像、排列工具，可以很方便地生成底纹，包含一般底纹、渐变底纹（密度渐变底纹、线宽渐变底纹、颜色渐变底纹）等。渐变底纹是按某种变化过渡形成的，又分成疏密变化、线宽变化、颜色变化、元素变化、大小变化等几种模式。渐变底纹可以起到很好的防伪作用。

② 团花。团花是防伪版面中最显著的元素，一般作为整个页面的防伪点被应用到证件、单据、钞票上。团花既有很好的防伪效果，又有很好的艺术欣赏性，是采用多种造型有机结合生成的，利用线条的疏密、松紧、穿插，增强图案的层次性和起伏感。方正超线专门为团花的制作提供了许多工具，制作非常方便。

③ 花边。花边是由一个或多个元素进行连续复制形成的框架形式。它具有多种形式，花边是版纹的骨架，它给整个版纹以清楚的脉络，让整个版纹看起来轮廓分明。同时，它也是防伪设计中的重要装饰。方正超线提供了自动花边的功能，保证了花边拐角处连接的自然，相比其他底纹设计软件，它通过手工实现显得更加方便和专业。

④ 浮雕。浮雕是指把给定的一组曲线合理地弯曲或偏折，从而凸显特定轮廓。方正超线提供了直线浮雕、曲线浮雕、劈线浮雕、图像浮雕、三维浮雕等各种浮雕工具，而且浮雕的角度、高度、光滑度都可以调节，生成的浮雕自然、效果好，如图 3-72 所示。

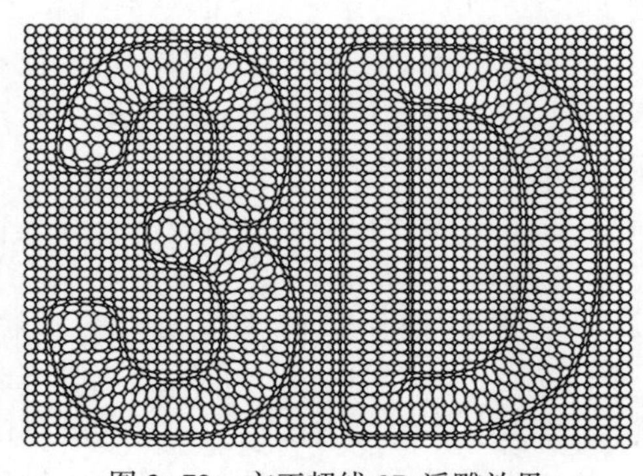

图 3-72　方正超线 3D 浮雕效果

⑤ 潜影。其原理是在一个画面中潜入其他元素，如将文字或图形潜藏在底纹或者团花里，潜影是从印钞技术中发掘出来的。方正超线专门针对潜影的应用，开发了交错线填充、直线填充等功能。

⑥ 缩微。缩微的一般应用是以“字”代“线”，如线的某一段由文字代替，这种文字一般是汉字，字高在 0. 3mm 以内，英文字高在 0. 2mm 以内。缩微一般应用在证件、证卡的防伪设计上。对于文字的缩微和沿线排版，方正超线可以支持很小的文字，用户在设计时，只需考虑印刷和照排的精度即可。

⑦ 图像挂网。图像挂网是对方正超线原有图像光栅功能的增强。用户可用规则或任意数量的不规则图形对象，通过自动排列或多重复制功能得到一底纹，然后以此来描绘图像，如图 3-73 所示。

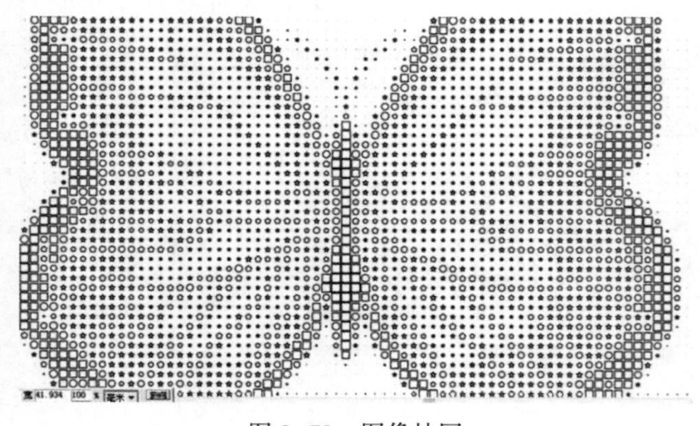

图 3-73　图像挂网

⑧ 折光。折光分为图形折光和图像折光两种，由于在印刷过程中常采用压纹的技术实现，所以又称为压纹。折光是根据线条不同的走向、粗细、间距，利用光的反射原理形成各种中心发散式、旋转式、流动式的效果。图

形折光一般应用在烟盒、酒盒、药盒、卡片上。图像折光是根据图像的层次生成压痕线，主要用于折光画，折光纹如图 3-74 所示。图像折光一般应用在工艺品金属画制作方面。方正超线除了提供折光工具外，还单独开发了专门的图形折光模块，大大提高了折光的制版效率和质量。

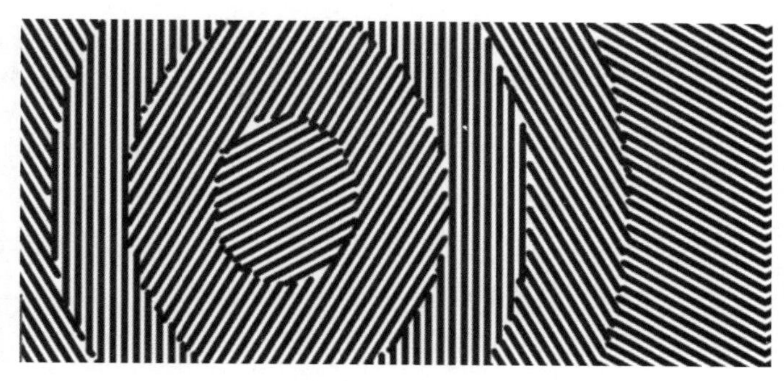

图 3-74　折光纹

⑨ 鱼眼效果和图形滤波。鱼眼效果和图形滤波是将图像处理中的一些功能应用到图形处理上，防伪设计专家借此可以进行各种个性化设计。方正超线提供了独特的鱼眼效果和图形滤波功能，能够创造出多种不可思议的效果，常用于底纹制作。鱼眼效果就是使图形产生凸凹感，如图 3-75 所示。图形滤波是指改变对象的形状，从而引起图案发生变化，如图 3-76 所示。

(a)

(b)

图 3-75　鱼眼效果

（a）整个对象鱼眼效果　（b）指定圆区域内鱼眼效果

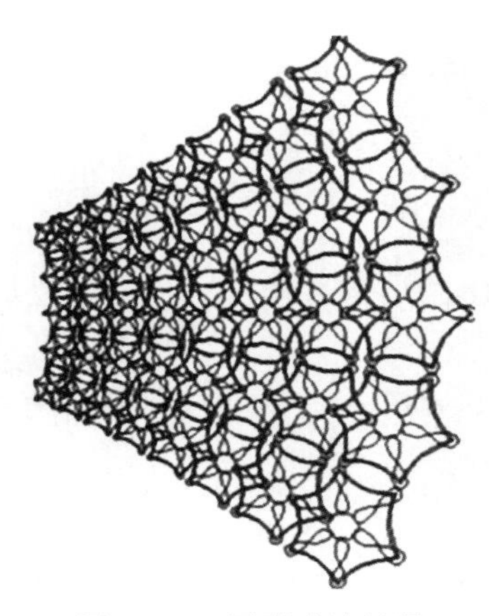

图 3-76　图形滤波效果

⑩ 条码功能。方正超线专门提供了条码自动生成功能，方便包装制作中条码的生成。

⑪ 日历功能。方正超线专门提供了日历自动生成功能，能够很方便地制作出完整的年历。

⑫ 其他功能。方正超线还有其他一些特殊功能，如分形（图 3-77）等，可根据功能需求定向开发。

3.1.6.2　蒙泰版纹

（1）关于蒙泰版纹。该系统采用的防伪排版技术，实现了有安全线的设计防伪效果，且不改变印刷的方法和过程。它是一种一次性投资系统，其在制造板的设计和印刷过程中没有任何额外的开支和无休止的安全模式。随机安

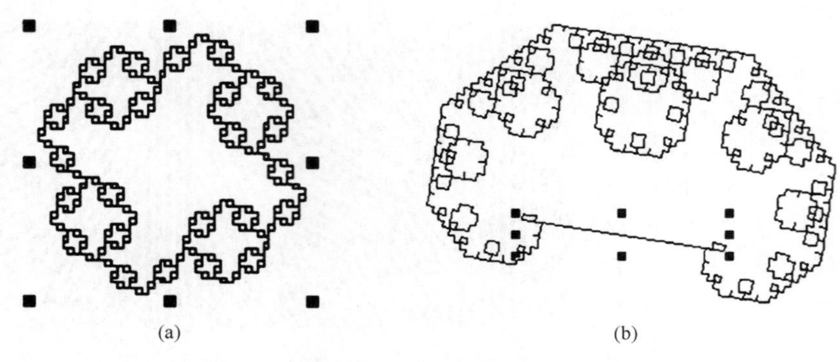

(a)　　(b)

图 3-77　分形功能
(a) 分形 1　(b) 分形 2

全线和丰富的图案带来了有效的防伪作用，特殊防伪元件（如折射、锁定开口和潜影）可以针对扫描和复制方便地创建。

(2) 主要功能。蒙泰安全线设计系统由许多防伪元素组成，如底纹、团花、花边、浮雕、潜影等。

底纹　底纹是将元素进行反复变化，形成连绵一片的纹路，具有规律性、连续性、贯穿性、富于变化性。

团花　以鲜花的各种造型为基础进行加工，夸张处理，配合线条的弧度、疏密度，加上色彩的烘托，使其轮廓鲜明流畅、层次清晰、结构合理。

花边　将一个或几个元素进行连接复制形成的框架形式，主要起边缘装饰作用。

浮雕　采用线条底纹做底，通过与文字或标识类图片相结合，进行浮雕设计操作，所产生的图案呈现凹凸效果。设计时浮雕图案必须由底纹和图片两个部分组成，图片被做成凹凸图形。

潜影　将文字或图形潜藏在版纹里。潜影是从印钞技术中发掘出来的。

开锁　利用光线的干涉原理，通过线条的变化来隐藏文字、标识、图像等信息，加上特殊制作的膜片后，稍稍调整角度即可使隐藏信息显现出来的一种防伪技术。

劈线　将一条线分成两条或多条细线来构成图案，它的主要特点是能实现连续不断的、粗细可变的线条。

缩微　将中文文字缩小到 0.22mm 以内，将英文文字缩小到 0.20mm 以内，让仿冒者不易察觉。

防扫描　采用现代超高精度（光学分辨率 5000dpi 以上）的扫描仪或照相制版也不能再现版纹的线条。

图像处理　运用各种走向、造型的线条，结合适于自身应用的背景图片，执行图像处理的操作程序。根据设定的数据不同，产生各种不同的效果。

折光　使印品表面产生新颖奇特的金属镜面折光效果。蒙泰折光包含线性折光和图像折光两种，方便设计出有规律的几何线条纹理图案。

3.1.6.3　JURA

(1) 关于 JURA。匈牙利 JURA 公司成立于 1991 年，总公司设于布达佩斯市，并在奥地利维也纳及泰国曼谷设立了分公司，主要业务包括安全文件印制及计算机辅助钞券设计软件系统研发，按客户需求提供客制化的印前设备、软硬件设备升级、印前输出系统及外围设备装配、设备维修与技术服务。JURA公司除了产品研发、销售、提供相关技术的支持与咨询服务外，也与奥地利OeBS公司合作研发直接激光雕刻凹版系统（Direct Laser Engraver，DLE），并负责DLE的操作接口及操作系统的整合。

JURA是一个在图形安全设计领域有着丰富经验和知识的团队，在所有的安全印前工作流程中提供专业技术和服务，从初步设计到准备打印材料，包括平版印刷和凹版印刷。JURA将高分辨率专利应用程序用于当前钞票及其他安全产品的图形保护中。

（2）计算机辅助钞券设计软件（GS Layout Plus）。利用计算机辅助钞券设计软件来制作有价证券，早已是各国印钞机构的主要发展趋势。而JURA公司更是不遗余力，改良以JSP（Jura Security Printing）为注册商标的计算机辅助钞券设计软件，从图纹设计、版面编排组合、防伪功能建设、配色打样及底片输出至印前设计阶段的完成，均能符合高层次安全印件设计作业所需。

JURA的计算机辅助钞券设计软件区可分为GS Layout Plus主设计软件及GS Engraver凹版雕刻软件两大类。为扩展软件营销市场及计算机资源商机，其工作方式已从早先的UNIX、Mac系统改换至目前的Windows作业平台。其中GS Layout Plus可再细分为商业设计用的GS Layout版本，亦有数项独特的设计工具，适合商业性的安全文件使用。另外，GS Layout Plus是主要的、可扩展功能性的（在软件功能选项内标注“+”号者需另启动授权生效，或以外挂方式加入）、强大的防伪功能设计工具，适合最高层次的安全印件（如钞券等有价证券）设计使用。软件特色如下：

① 高精确度及数据的准确性高。可以达到0.0001mm（0.1μm）的线宽设定，操作或移动的数据可以小到0.00001mm（0.01μm）及达到100%正确率的作业要求。

② 高解析的向量线条稿、半色调或连续调的点阵影像文件，均可在同一工作接口中交互转换处理。

③ 无限恢复及历史记录，可以及时地回到任何之前的工作状态中更改或重新编辑参数值。

④ 无限的缩放工作稿件、多重预览及精密的测量工具（含3D信息）。

⑤ 除专属的文件格式外，另有各种兼容、相通，可供输入及输出的文件格式，支持Illustrator，有方便的层级、群组、屏蔽编辑功能及多种数字输出打样。

⑥ 多层次的防护机制，包括操作系统密码、软件序号验证及硬件保护锁。

⑦ 齐全的在线支持及教学。

GS Layout Plus最新的版本除了纳入更多的防伪设计能力外，更加入了配合最新的直接激光雕刻凹版系统（DLE）所需的2D转换3D程序，凹版印纹雕刻的深度及角度、定位、拼大版及伸缩补偿等接口程序。此外，还有相关的设计套装模块。

GS 3D模块　可在2D平面设计的图纹文件转换为3D立体印纹信息时，提供精确的线条、点宽度、深度与凹槽形状信息，以利后续计算机直接雕刻印版的参数需求，并提供在屏幕上预视可能产生的印纹凹槽形状与最终印刷效果的功能，有效结合GS Layout平面设计、GS Engraver凹版雕刻绘图与后端计算机激光雕刻印版直接输出等设备。

GS特殊网屏模块　不同于一般传统商业印刷，GS特殊网屏模块提供有价证券专用的网屏设计，增加图纹设计与防伪功能的多样式选择。

GS Crop 模块 提供大型点阵式影像文件的预视、编辑与组合；亦可针对文件特定部分做修改调整，以提升大型文件存取及编辑显像时的效率。

GS Latent & GS View 3D 模块 针对隐藏防伪图纹设计，提供3D立体向量式检视功能。

GS Mergery & ReTracer 可以使用旧的有价证券版面设计组件（点阵情况下），提供扫描后的自动修整并提升质量，再自动描绘其细部线条与形状，成为向量格式的再生功能。

GS Multistep 拼大版模块 结合图纹连晒功能与版面伸缩设计，针对印刷后由于印刷压力与纸张伸缩所产生的印纹变形伸缩，提供补偿计算，可分别计算水平与垂直两方向的变形参数。

GS PlateStatistics 模块 针对对印品浓度有限制的印刷品，如塑料卡片，提供屏幕上检视浓度设计与油墨量需求的功能。

GS Rainbow 隔色模块 提供有价证券平、凸、凹版隔色印刷的设定，以及多种色票或自定义特别色、多样式的打样输出呈现。

GS RIP 文件转换模块 提供 EPS 工作文件格式转换成高分辨率 TIFF 格式的功能，亦可开启或编辑由其他软件制作的 EPS 文件。

GS Vector 向量编辑模块 高精密度的防伪功能单元、图纹制作工具模块。

GS XeroGuard 模块 提供独特的防止复印保护功能的编辑制作。

（3）计算机辅助凹版雕刻软件（GS Engraver）。以前，在雕刻凹版图纹设计制作上（以人像为例），都是由富有丰厚艺术素养、心灵手巧的雕刻师，一点一线费心地在铜或钢版上雕刻完成。手工雕刻所完成的肖像兼具艺术性与防伪性，因此在实现钞券防伪功能上有着极为重要的地位。随着计算机科学技术的发展，为节省人力、物力与时程，加上手工雕刻人才培养不易及制版过程太过耗时，JURA 公司研发了计算机辅助凹版雕刻软件，希望借由计算机精密快捷的计算能力及多种特殊绘图工具，融合向量曲线与哲学概念，达到手工雕刻般的艺术性与防伪性印制需求。GS Engraver 凹版雕刻软件便是符合上述功能的计算机辅助凹版雕刻软件产物之一。使用此软件的先决条件是，设计师必须具备深厚的艺术绘画素养，有手工雕刻技巧与经验者尤佳。

采用 GS Engraver 计算机辅助凹版雕刻软件，可有效仿真手工雕刻布线或绘稿，其操作方式如下：

① 开启或扫描输入一灰阶影像文件，设定尺寸、比例。

② 在大尺寸液晶绘图版上，描绘划分好要布线的区块轮廓并分层储存。

③ 选择某一区块轮廓，以画笔工具在该轮廓上、下方画出两条曲线，计算机依其肌理走向的阶调，自动分布平行的主线基线（线数密度可调整）。

④ 切除轮廓外多余的主线基线，下达参数，或计算机以其连续阶调为基准，自动将主线基线转成粗细线纹（如同粗细线过网），再依其明暗程度截断成合乎逻辑及印刷适性的点及线段。

⑤ 重复步骤③和④，改以交叉线（副线）布线处理。

⑥ 融合主、副线后，开启其他手动绘制（如头发、眼睛、眉毛等）区块，可视整体情况设定加入暗部的强调点，以完成初步的布线作业。

⑦ 再利用各种修饰工具来调整点、线、粗细、大小及位置等，使成品达到优秀手工

雕刻般的神韵和质感。

GS Engraver 计算机辅助凹版雕刻软件的主要修饰工具有：Massage（触摸工具），可自由控制单线，调整线条的均匀、走向；Pencil（铅笔工具），自由地绘制布线并可感压粗细轻重；Retouch（修版工具），可似手指推动般地依阶调深浅修饰线条粗细；Blend Option for Engraver（混选工具），调整线数、线距；Comb（刷拭工具），以刷动方式改变线纹至柔顺平滑；Engraver（雕刻工具），可以进行点、线关系及平滑控制；Single Dot（单点工具），自定义强调点的形状、可移动单点及改变点的角度，同时保留（隐藏）原始基线，以备随时修整。

GS Engraver 计算机辅助凹版雕刻软件和 GS Layout Plus 一样，将整合制作出来的凹版图纹文件（2D 平面图像）转换为带印纹深度、角度及凹槽形状（3D 立体）的文件数据后，输出至后端激光雕刻设备，以激光束直接蚀刻在特制的金属版材上，再经镀铬续程强化印版上机付印。

（4）激光雕刻凹版系统（DLE）。DLE 为奥地利 OeBS 与匈牙利 JURA 公司共同研发的新式雕刻凹版制版技术，由 JURA 公司提供前端计算机辅助钞券设计软件，并为 DLE 撰写操作接口及操作系统，OeBS 建造后端激光雕刻硬件设备，将传统雕刻凹版制版流程简化，在计算机印前部门完成钞券凹版图纹与版面设计后，以 3D 格式将文件输出至直接激光雕刻机，以激光束蚀刻金属版材方式制成印版，大力地简化雕刻凹版制版流程与时程，进一步提升整体的作业时效。GS Layout Plus、GS Engraver 及 DLE 设计、制版作业流程如图 3-78 所示。

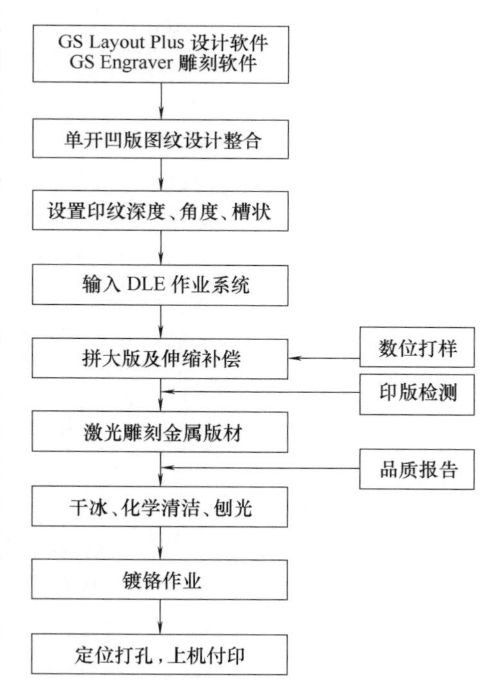

图 3-78　GS Layout Plus、GS Engraver 及 DLE 设计、制版作业流程

3.1.6.4　Cerber

（1）关于 Cerber。Cerber 是一款设计软件，用于创作保护文件和证券的扭索元素，取代了传统的机械式雕花机。Cerber 允许创建非常复杂且可控的扭索纹线，有装饰也有保护作用的扭索元素，各种背景、团花、边框，以及其他使用指定数字参数的扭索元素。Cerber 用原始数学算法创作扭索元素，用于保护独特设计，以防仿造复制。其设计的元素在不知道确切数值的情况下，无法完全复制。用户可以实时创建元素，扭索元素被几何指定或由若干参数控制，这大大加快了处理速度，简化了进一步修改的流程，并节省了设计者的时间，输出的 PostScript 文件还能被图像处理软件（如 Adobe Illustrator、Macromedia FreeHand、CorelDraw 等）编辑。Cerber 有一个新的、简单明了的多窗口界面。

（2）Cerber 的特点。高速稳定运行，计算精度可调；多窗口以“浮动”工具选项板的方式提供清晰且方便的接口，让同时运行几个文件成为可能；审查和控制一个扭索的创建，可以实时编辑参数；颜色支持（CMYK 模式）；自动创建遮罩；庞大的基础数据支持在线编辑，包括那些由用户导入的数据；“扭索向导”——一个快速创建扭索的有效工具；可从 GuardSoft 扭索饰库的“扭索向导”中加载其他的扭索设置；判断用户的函数；树形结构图，查看扭索元素；多级变化的取消；“图层”和“对象”的操作，如果没有必要就不会显示；创建不规则的扭索底纹；通过不同函数的手段，调制扭索参数；在扭索纹线上覆盖各种图像；叠加效果多；通过一个步骤进行图像处理；额外的插件滤镜；最终效果在标准的 PostScript 文件中导出；防止未经授权访问的文档内部格式；品牌的新机制防止未经授权的复制程序；程序从未经授权开始保护（通过密码和数字键开启）以及对访问数据文件进行保护（通过密码和编码文件开启）。

（3）Cerber 允许创建的元素和效果。封闭形状的团花；线性元素的边界；背景元素起保护和装饰作用；表面用于创建不规则扭索版纹的辅助元素；基于半色调图案的特殊效果；三维图案从一个版纹中挤出，版纹线的移位取决于图案的半色调；可随着图像的变化控制线条的粗细；通过缩微的方式表现图案；通过振幅、相位、频率、线宽等手段调制出不同的版纹；剖面线（hatch）和雕刻效果用不同类型和宽度的影线表达半色调图像；角花（装饰物）用不同宽度的线条平铺在一起。

Cerber 允许使用嵌入图案的方式来快速创建标准扭索元素。扭索精灵是一套允许快速、方便创建扭索团花、边框、版纹和特殊效果背景的工具。在实际应用中，扭索向导提供了一组现成的扭索效果，使用时修改参数即可。

3.1.6.5 ONE Top CTiP

（1）关于 ONE Top CTiP。ONE Top CTiP 是瑞士高宝（KBA-GIORI）专业的计算机辅助钞券设计软件，该软件的发展过程可回溯至 1998 年，当时的软件名称为 ORCHID，架构在 UNIX 操作系统上执行。2000 年起瑞士高宝与比利时 BARCO 计算机操作系统公司共同研发改良，并结合双方旗下的 DOIRIX、FORTUNA（商业安全文件软件），于 2001 年推出 ONE 计算机辅助钞券设计软件，改为在 Windows 操作系统上执行。至此，ONE 为安全文件印前计算机辅助设计软件的最佳利器，在安全文件图纹设计的防伪功能及原版制版等技术上获得了极佳的成绩。

2002 年，KBA-GIORI 公司运用了先进激光科技的计算机直接雕刻凹版制版技术（Computer To intaglio Plate，CTiP）。为配合 CTiP 凹版制版所需的文件立体信息，该公司将 ONE 升级为 ONE Top CTiP。除原有的防伪工具模块外，另加入 3D 转换及产生的工具模块，可在相同作业平台上，将原本的 2D 平面图纹转换成 3D 立体图纹影像文件，且可依不同印纹阶调自动或手动计算印纹深度与宽度，在单开图纹整合及相关制版参数设定后，再由配合 CTiP 所新增的拼大版软件 ONE Step CTiP 自动拼制凹版大版，并可依印刷后纸张的伸缩值预先做补偿性调整，最后将整版带深度信息的文件输出至后端 CTiP 激光雕刻设备，直接蚀刻于特制的胶片版材上。

（2）主要的防伪功能模块

线纹艺术（LineArt） 强大的线纹及网花编辑工具，可实现网纹上连续线宽粗细变化，依线宽的不同改变印纹深度，或相同线宽产生不同的深度效果，同时具备以下功能：从线条产生网花并有叠印预视的功能，一个网屏可以重复变化成不同渐层式的印纹深度，Corp 可将多余的网线切除，粗细线过网，浮雕底纹字与背景可以设置成不同或相反的线宽（连续性），双线间可设网花，支持能记住任何参数设定细节的 grs 文件储存格式等。

特殊单元过网（Special Rasters） 能依指令自动快速产生 0~255 灰阶的过网单元，之后套入灰阶影像中作用，形成影像以特殊单元过网的效果。

水晶图样（Crystal Patterns） 制作一单元，套用后即产生如水晶般折射对称的图样，适合底纹的制作。

路径定义（Path Definition） 单元沿着设定的路径置入，可随时改变路径。同时，单元页跟着实现大小、方向等变化，如路径微小字的运用。

网屏变化（Special Warp Grids） 网屏加入球形或其他形状的变化运用。

线纹宽度变化（Variable Line Width） 针对特定线纹区块，可任意改变其线宽粗细、方向及样式。

隐藏字制作（Line Generator） 隐藏字的设计功能，可加入灰阶影像作为干扰图纹。

快速背景图纹设计（Quick Background） 在底纹背景图案设计时，快速产生浮雕底图般样式，配合其他工具可做浮雕粗细线过网等处理。

框架（Frame） 可快速制作安全印件常用的凹版边框设计。利用一段（网）花边即可自动延续，并依设定尺寸自动转角、精密接纹，更可随时改变边框的高、宽比例。

镜像设计（Mirror） 通过线条、点的相互作用与对称方式，产生万花筒般的镜像图样，可配合 Frame 做边框编辑运用。

曲线融合（Blend Warp） 在外框单元或文字、数字内加入网线后，可轻易地控制、平滑某些位于转角处的线纹，使之更加顺畅。

徽章图案（Numismatics） 利用该功能模块，可轻松产生动态且具多样创造性的徽章图样设计。

立体图案（3D Scan） 需配合选购的 3D 对象扫描器，将立体对象扫描后的数据利用 3D Scan 转换成类似浮雕的效果，为后续编辑制作所用。

浮雕设计（Handamori Relief） 提供新式浮雕底纹图样设计，具备自由设定浮雕凸起边缘的角度、高低和方向等功能。

线纹剖切（Split Line） 利用线纹剖切的功能，设计一个隐藏在特定网纹之中的图纹，影印后显现出网纹中的隐藏图纹，来遏止不法的影印伪造。

指推修整（Fingerprint） 该功能可以产生模仿手指修整的效果，任意推动编辑中的线纹以改变其线宽，形成变异。

向量产生（Posterize） 转换影像成为向量曲线，增加图纹设计的便利性。

变异线纹（Bump） 该功能可以产生模仿手指修整般的效果，任意推动编辑中的线纹以改变其线距（线宽不变），形成变异，增加图纹设计的多样性。

PDF417 此功能可将文字、数字或特定数据编码转换为二维条形码，有利于数据的储存。

线条扩大补偿（Line Gain Compensation） 通过图案设计，采用参数设定方式，自动补偿印刷时线条扩大产生的误差。

紫外光图案预视（UV Preview） 在屏幕上预先检视 UV 色彩图案，便于特殊 UV 图案设计的预览与调整。

对比色选择（Opposite Ink Selector） 可于图案设计时提供一般印刷方式难以复制的对比色彩预视功能与色彩选择。

防伪样式图库（Easy Pick-out Gallery） 除特殊防伪功能设计外，在样式图库中收集各式防伪样式与模块，方便设计者选用，以提高设计效率。

K-Soft 该功能目前已被 LineArt 所取代。

（3）手工雕刻模块（ONE ArtLine）。将汇入的影像图片转换成模仿手工雕刻或笔绘艺术效果。编辑后的各个结构以数字黑、白雕刻格式储存在项目中。可依照肖像脸部特征、肌理走向创建灰阶数据，作为屏蔽编辑及分层储存的依据。每部分的凹版雕刻线以线条及明暗深浅来定义，并显示雕刻线的方向、力度及点状的长度。利用主、副线的关系，依脸部特征以轻、重线条相互交错环绕，经巧妙处理后，达到期望的手雕效果。所有的编辑绘制都在不同的层面中进行，可以清楚地看到并比较不同的结果。数字化模拟手工雕刻最大的优点之一，就是可以恢复或重做雕刻步骤，明显提高了生产效率。

（4）2D 转换 3D 模块。这个模块用来将 2D 的黑白肖像、图画、晕映画像或其他元素，转换成 3D 凹版元素，并定义其雕刻深度及槽状。软件可以仿真表现手工雕刻的效果，用于诠释这个元素的雕刻艺术。每一条或每一组线条都可以定义不同的雕刻深度及凹槽形状，可选择的凹槽形状有 V 形、U 形等，并可改变其倾角。

（5）拼大版功能（ONE Step CTiP）。ONE Step CTiP 是激光雕刻凹版系统 CTiP 的拼大版软件，着重于文件在印版上的配置，及印刷过程中纸张伸缩的补偿调整。任何数量的安全文件均可被定位及重复排列，文件可以有连贯的背景。也就是说，软件是用连续不断的方式对纸张伸缩补偿做调整。在拼大版时，印版彼此之间的图纹是可接续的，而不需要去留白，可以在印版上标注印刷步骤或说明文字。对于印刷过程中纸张伸缩的补偿调整，可以用水平或垂直的梯形做局部对应或全面性的补偿，控制连续背景边到边的接纹印制，达到最完美的程度。

（6）激光雕刻凹版系统（CTiP）。为了简化凹版制版步骤，缩短前置准备时间，精确管控制版质量，降低生产成本，提升与强化安全防伪性能等，结合数字科技与激光蚀刻的计算机直接雕刻凹版技术已逐渐成为各国钞券印制与技术研发机构努力实现的目标。瑞士 KBA-GIORI 公司的计算机激光雕刻凹版系统（CTiP）就是这种观念与技术的结合，其利用高分辨率的激光设备，直接雕刻于特制的塑料板材上，将计算机印前系统整合的图纹忠实复制于印版上，更有效、稳定地控制印纹宽度与深度。经过不断的实际操作与相关技术的研究与改进，CTiP 也更趋于成熟与完善。

KBA-GIORI 的 CTiP 计算机激光雕刻凹版作业流程，主要以该公司前端研发的 ONE Top CTiP 计算机辅助钞券设计软件为基础，整合印前部门钞券设计团队的原创理念、凹版版面设计编辑及凹版雕刻图纹制作，将整合后的文件（2D 平面图像）转换为带印纹深度、角度及凹槽形状（3D 立体）的文件数据后，输出至后端激光雕刻设备，以激光束直接蚀刻在特制的塑料板材上，接着用自动机械手臂 PlateBright 清洁及刨光，再经喷银、电镀等后续程序，完成凹版母版的制版（图 3-79）。

3.1.7 数字印前

数字印前指的是通过计算机硬件搭配印前相关软件组成整页图文数据，全部使用数字文件，再经由网络来完成整个印前的作业流程，包括美工设计、文字输入、表格制作、排版编辑、影像扫描、数字图像获取、做小版、拼大版及打印数字样，最后经激光照排机输出软片供晒制印版，甚至经由计算机直接制成印版（CTP），整个印前过程都在数字化环境中完成。包装中的数字印前处理同样包括上述工作流程，只是为了满足产品包装的特殊需要，可能会加入更多的处理步骤，如为了进行版纹防伪，在设计产品包装外观时，需要采用其他方法获得一定的图形，且需要对产品添加条码和可变数据。

印前制版技术经历了手工制版、机械制版、照相制版、电子分色制版，发展到现在以计算机信息处理为中心，以光学、机械、激光雕刻、不同记录材料等高科技为手段的数字印前制版系统。

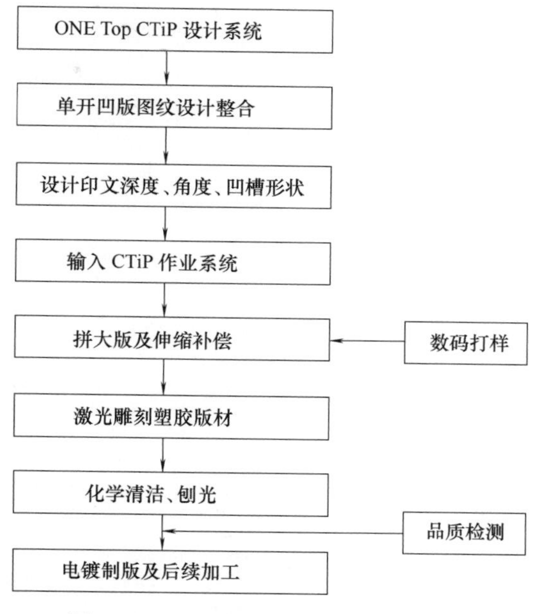

图 3-79　ONE Top CTiP 及 CTiP 设计、制版作业流程

数字印前处理和制版工艺流程因印刷工艺不同而不同，通常为：图文信息输入→计算机图文信息处理→组版→整页拼版（印张拼大版）→印刷页面数字化描述→栅格图像处理→图文信息记录输出。对于传统印刷工艺，有出胶片→印版→印刷和直接出印版→印刷两种工艺；对于静电成像数字印刷，则直接输入数字印刷机成像→印刷；对于喷墨数字印刷，则直接输入喷墨数字印刷机印刷。

3.1.7.1　平版数字印前技术

以胶印为代表的平版印前处理和制版技术主要有计算机直接制片和计算机直接制版两种，目前胶印印前制版基本采用计算机直接制版技术。

计算机直接制版（Computer to Plate，CTP），即将需要印刷复制的图文信息，经过图文信息处理和栅格图像处理后，输入直接制版机直接形成印版。具体工艺流程如图 3-80 所示。

平版直接制版工艺：栅格图像处理数据→数字彩色打印机出彩色样张→客户认可→直接制版机→出正式印刷分色版→上版→印刷。

3.1.7.2　凹版数字印前技术

目前，凹版印前处理与制版技术主要有电子雕刻和激光雕刻两种工艺。电子雕刻机印前处理和制版应用广泛，其工艺流程如图 3-81 所示。

凹版直接制版一般工艺：印张拼大版→数字彩色打样→彩色样张→客户认可→栅格图像处理/电子雕刻→凹版滚筒→镀铬→凹版→正式印刷→印刷品。

3.2　包装防伪设计

防伪技术主要是以包装为载体来实现的。一个好的防伪包装，应具备两个方面的特性：难仿造性和易识别性。难仿造性是指采用的防伪技术、防伪方法不易被实施，或实施

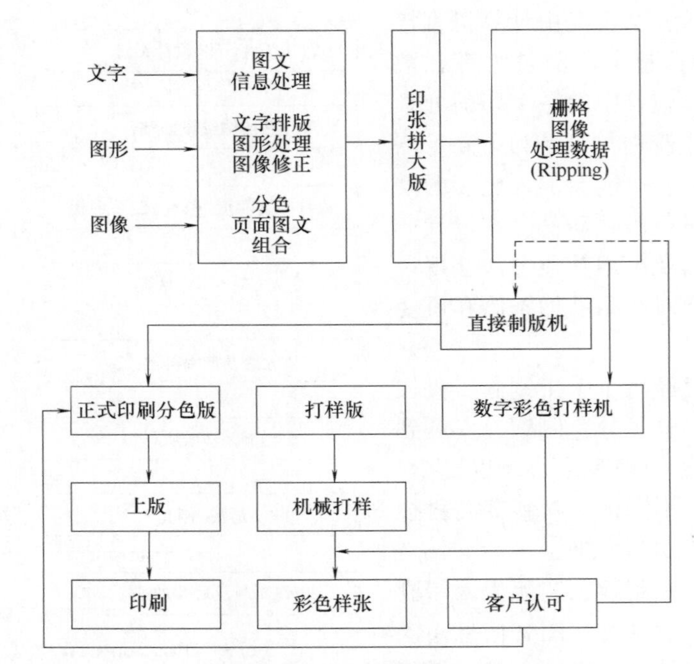

图 3-80　平版直接制版工艺流程

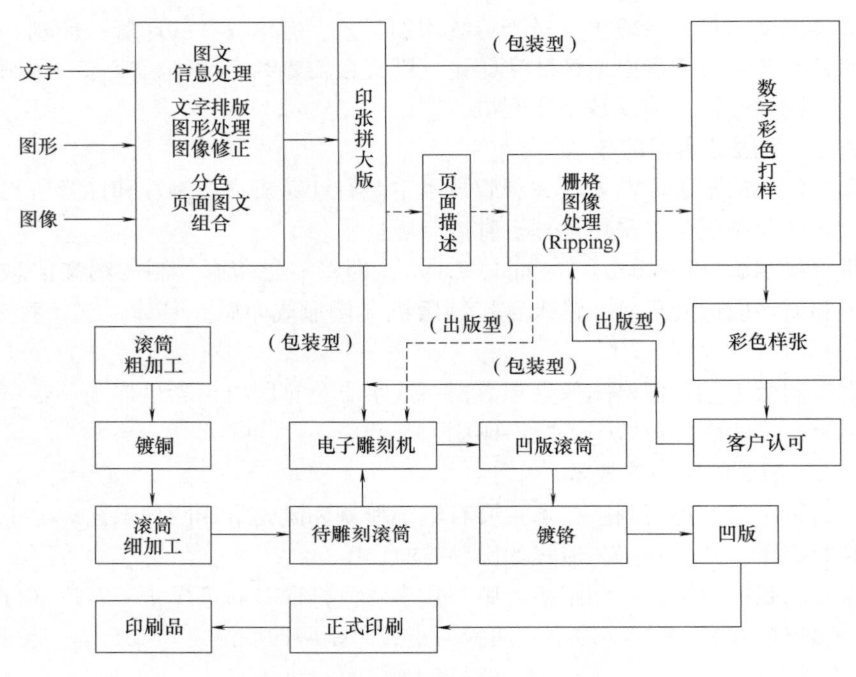

图 3-81　凹版直接制版工艺流程

起来代价非常高。易识别性是指普通消费者根据防伪包装的特点，或在防伪包装说明的引导下，能方便地识别出冒牌货。此外，还应具有较好的经济性、适应性和实效性。也就是说，优秀的防伪技术应该能够使企业用尽可能低的防伪成本换取可靠性、安全性，以及尽可能高的防伪效果。另外，防伪包装还应具有不可重复使用性，防止造假者将其回收再利用。

包装防伪设计是包装防伪印刷的第一步，是防伪的一个重要组成部分。提供防伪解决方案时，在保证防伪技术含量的前提下，要针对不同包装客户及终端受众采用不同的防伪技术。

包装防伪的“三防”设计原则：防止利用旧容器造假、防止利用新容器（或包装）造假和“防大”造假。

（1）防止利用旧容器造假的包装防伪设计原则。防止利用旧容器造假（以下简称防旧）主要是针对一些中小规模造假者利用旧包装造假而提出来的。受经济条件的限制，大多数中小规模造假者常使用旧容器造假的手段大肆假冒名优产品。对于这种造假手段，厂家只要采用破坏性防伪包装技术就可以遏制。也就是说，对包装或装潢进行巧妙的设计，为了打开包装取用物品，就必须将包装或装潢破坏掉，这样就能有效地制止造假者利用旧容器造假，即实现了防旧。

（2）防止利用新容器（或包装）造假的包装防伪设计原则。防止利用新包装造假（以下简称防新）是目前包装防伪最主要的内容。在大多数生产厂家采用了破坏性防伪包装技术以后，造假者也就转向了利用新包装造假的途径。他们主要靠从不法市场上买来的新包装、装潢、标签来造假，这种造假手段比第一种情况更难对付，因为新包装、装潢、标签大多可以被方便地集中制造，分散使用，使得造假者不用投资多少就可以制造出逼真的假货。防新的方法主要有两种：一是利用复杂的技术，使得仿制假包装的不法之徒不易实施；二是利用庞大的投资，在生产线上实施防伪，这样可以从经济方面实现防新的目的。如果厂家采用的某项技术必须在生产线上实施，且这种技术的投资又很大，一般造假者难以承受，那么就形成了投资性防伪，这也是防新的主要措施。

（3）“防大”造假的包装防伪设计原则。对于一些经济实力强的造假者，防止其造假的最好方法是秘诀防伪（以下简称“防大”）。新技术也好，专利技术也好，对于一些经济实力强的造假者来说，都不能起到防伪作用，因为这些造假者可能拥有高级的设备，能制出任何高技术的包装及装潢，因此采用秘诀防伪是制止这些造假者的最好办法。

包装防伪设计涉及多个方面，主要包括结构防伪设计、模切防伪设计、定位防伪设计、方位防伪设计、封装防伪设计、组合防伪设计等。

3.2.1　结构防伪设计

3.2.1.1　包装结构防伪设计的原理和特点

包装结构防伪设计的原理是利用包装容器的特殊结构来防止假冒，即利用特殊的结构、独特的个性区别于其他产品，从而识别商品和包装的真伪。不同的产品会采用不同的防伪包装容器，其结构和特点不同，因此防伪包装的结构也是多种多样的。包装结构防伪是一种实用的防伪方法，在刚性容器上应用较为普遍。防伪结构主要采用新的工艺和材料结合来实现。

3.2.1.2　包装结构防伪类型

随着各种新型材料的出现，包装结构防伪的多样性表现得更加明显，目前包装结构防伪主要体现在以下两个方面。

（1）整体结构防伪。整体结构防伪是把包装的整个外形或包装材料（特殊材料）设计得与众不同，或采用特殊的成型工艺，以此来达到防伪的目的。人们可以为产品设计特殊的造型结构，或采用全封闭式结构，或采用整体功能型包装材料等。

① 易剪型防伪罐。固体小食品防伪包装通常采用全封闭式防伪罐。该防伪罐的结构多种多样，如易剪型防伪罐，采用的是全封闭式结构防伪设计，罐身立面、罐盖的下方有压痕条，罐身及压痕条中间开有一个以上的小孔，如图 3-82（a）所示。当消费者想要打开包装罐取出内容物时，可将剪刀伸入小孔内，沿压痕条将罐盖从罐身上剪离，这样就破坏了外包装罐，达到防止包装罐被造假者回收利用的目的。这种防伪罐打开方便、省力，可广泛应用于各种商品的包装中。

然而，这种包装罐存在一定的不安全因素，这种设计不能保证小孔在运输过程中和在货架展示期内不被外力损坏，因此对它做出了如下改进设计：在原包装上增加固定钉和封带，这样包装罐同样具有破坏性防伪的功效，同时封带也可以保护带有小孔的压痕条在运输过程中和在货架展示期内不被破坏，从而确保了商品的安全，如图 3-82（b）所示。

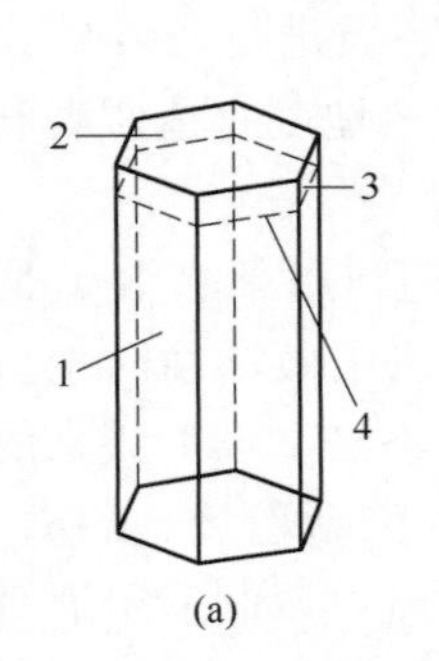

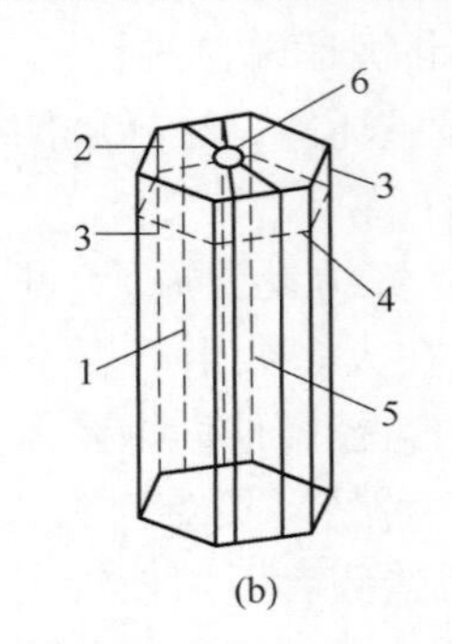

1—罐身立面；2—罐盖；3—压痕条；4—小孔；5—封袋；6—固定钉

图 3-82　易剪型防伪罐及改进设计

（a）原版　（b）改进版

② 卷切型防伪罐。固体小食品防伪包装还可采用卷切型防伪罐，它也采用了全封闭式结构防伪设计，罐身立面、罐盖的下方有压痕条，压痕条上有由压痕压穿并向罐身外翘起的翘起端，如图 3-83（a）所示。当消费者想要取出包装罐内的商品时，可拉起罐身外的翘起端，撕开压痕条，这样就破坏了外包装罐，可以防止包装罐被造假者回收利用。

然而，这种卷切型防伪罐也存在一定的缺陷，即压痕条和压痕条翘起端比较容易在储运过程中遭到破坏，从而使消费者难以辨别包装罐是否被打开过，也就不可能辨别出商品的真伪。对于这种卷切型防伪罐，可以做出一些相应的改进，即在原有包装结构设计中加入带定位钉的拉环结构，从而使它的开启与否变得更加明显，定位钉可以保护压痕条的翘起端，同时可以方便消费者拔出翘起端，从而轻松地开启外包装，如图 3-83（b）所示。

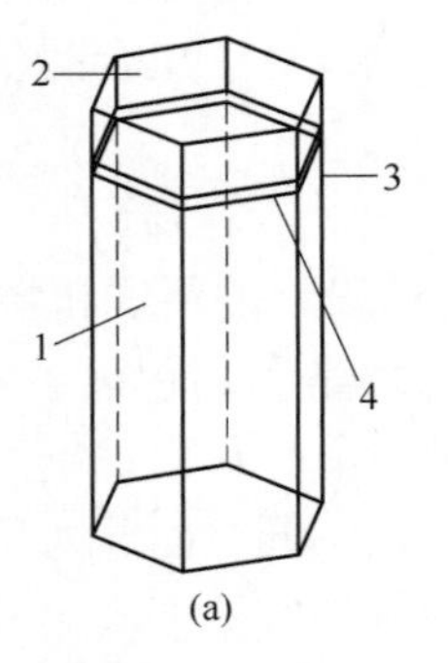

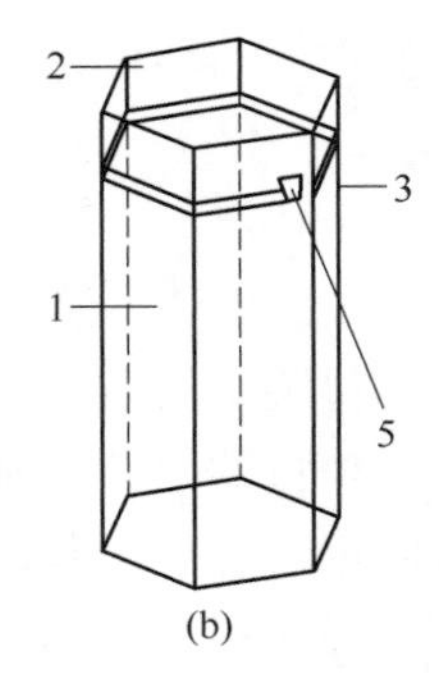

1—罐身立面；2—罐盖；3—压痕条；4—压痕条上的翘起端；5—带定位钉的拉环

图 3-83　卷切型防伪罐及改进设计

（a）原版　（b）改进版

③ 封带型防伪罐及断身型防伪罐。封带型防伪罐一般采用封带将罐盖扣压在罐身上，封带的另一端将易拉环固定在罐身的压痕块上，如图 3-84（a）所示。当要打开罐盖时，需要通过易拉环拉脱压痕块，从而拉开扣压罐盖的封带，或者剪断封带，

破坏外包装罐，防止造假者回收利用旧罐。断身型防伪罐是在罐身立面、罐盖的下方设计有压痕条，而且压痕条有向罐底弯曲的部分，在压痕条向罐底弯曲部分以上罐盖的立面装有易拉环，如图 3-84（b）所示。

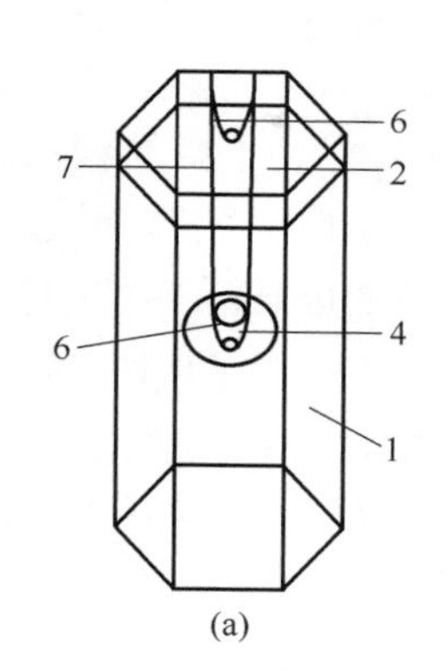

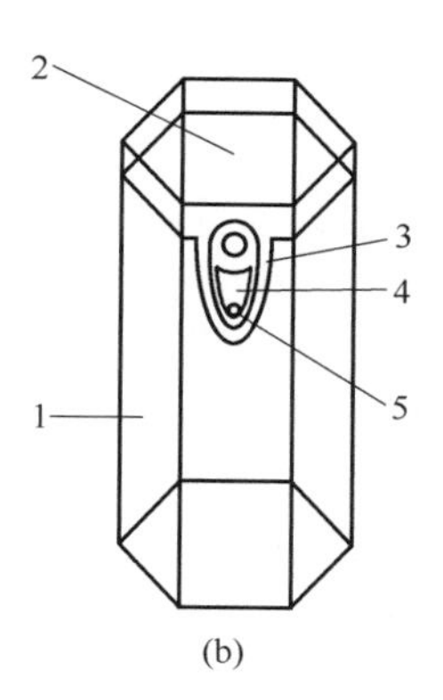

1—罐身立面；2—罐盖；3—压痕条的卷曲部分；
4—易拉环；5—压痕条；6—压痕块；7—封带

图 3-84　封带型和断身型防伪罐
（a）封带型　（b）断身型

封带型和断身型防伪罐的设计理念都是利用易拉环的不可恢复性设计的破坏式防伪包装，可以很方便地被消费者辨别和使用。但是它也存在一定弊端，如易拉环式结构稍显复杂，成本比较高；易拉环占用了罐身正面，不利于产品外包装的装潢设计；开启后，外包装即被破坏，不能很好地保护内包装和产品。因此，可对这种包装结构做进一步改进，采用易拉环盖和顶盖连体翻盖的结构，即使包装被开启后，仍具有保护产品的功能。如图 3-85 所示，易拉环和一个长方形的盖子连在一起，当易拉环被拉起时，易拉环不会被破坏，它将连动侧面的盖子一起移动，使得事先加工好的盒子上盖的压痕条断裂。当把盒子上盖完全打开后，到达另一个侧面的翻转处，就可以把盒子的整个上盖打开；当产品需要放回时，可以把盒子的上盖翻转回来，通过卡口把盒盖封闭起来。为了达到防伪的目的，其卡口可以在内壁设置与易拉环连通的破坏装置，当开启易拉环时，产品外包装就会被破坏，从而达到防伪的目的。

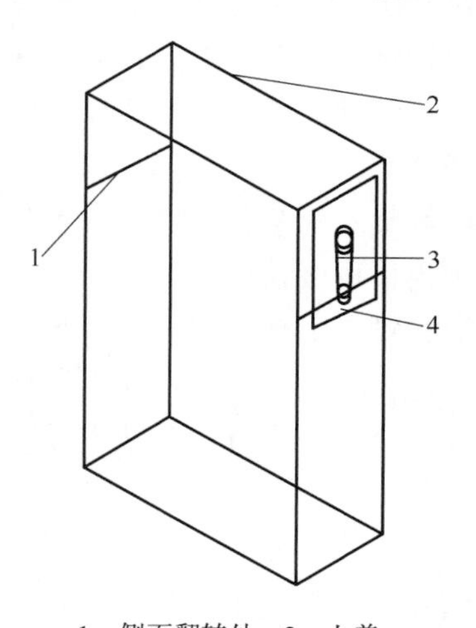

1—侧面翻转处；2—上盖；
3—易拉环；4—卡扣

图 3-85　易拉环防盗盖盒

（2）局部结构防伪。局部结构防伪是指在包装容器的某一部位采用特殊的功能结构来进行防伪，最常采用的包装容器防伪局部结构一般位于封口和开启部位，还有一种是在商品包装局部设置特殊的结构、标识或附加结构，一旦商品包装被启用或商品被使用，原有的包装无法恢复。

局部结构防伪多数是一次性包装，如最常见的鲜奶纸包装就属于毁灭式包装。其使用过程就是撕裂封口处，使其包装结构遭到破坏，从而达到防伪的目的。一次性包装多种多样，如毁瓶毁盖式防伪瓶盖，它主要由瓶口、瓶盖、大小内塞、金属断瓶装置、凸缘、凸起环等部分组成。通过金属断瓶装置在瓶颈滑动槽中滑动来破坏瓶体，从而达到防伪的目的。同时，产生的碎玻璃也不会外露，因而不会对使用者造成伤害。倾倒内装液体时，也不会产生洒漏现象。

① 毁灭式包装结构。毁灭式包装结构也称为破坏式结构或一次性使用包装结构，它

的特点是要想使用商品，就必须破坏或毁灭其包装，从而保证商品的包装不能被重复使用，达到防伪的目的。

② 旋盖式保真防伪瓶盖。此盖由上/下盖结构、芯塞结构、瓶口结构 3 部分构成，它的薄弱环由又窄又薄、不封闭且简短的 6 个接块构成。开启瓶芯塞时，必须先施力破坏其薄弱环后，才能拔出芯塞。薄弱环的破坏采用的是扭转剪切破坏技术，间接对薄弱环施力，既省时又省力，而且安全可靠，防伪保真性能良好。

③ 一次性内塞防伪瓶盖。一次性内塞防伪瓶盖由旋盖、内塞、内套和外套组成，其特点是内套的外螺纹与旋盖的内螺纹旋紧构成一个完整的外盖。内套镶有外套，内套的筒壁设有凸形条和弹圈。内塞连接的塞帽设有抠把，抠把的颈部设有呈薄壁状的凹台。另外，内塞还设有塑性胀圈，组装一体的瓶盖靠静压力塞入瓶口与颈脖，一旦塞帽的抠把被抠起，液体即可倒出，但塞帽不可复原，从而起到一次性使用的防伪目的。

④ 齿形保险环防伪瓶塞。具有齿形保险环的防伪瓶塞主要包括瓶盖及壳体，下壳体内包括单向球阀塞件，上壳体贴有激光防伪标识，上壳体与下壳体之间设有齿形保险环，上壳体有凹凸部，它们分别与保险环的凸凹部相配合，而保险环上的一个缺口卡在下壳体的凸部，且缺口相邻处有若干个齿。这种结构为瓶子设置了 3 处防伪措施：第一处是激光防伪标识，第二处是单向球阀塞件，第三处是保险环。有了多重防伪措施，这种防伪瓶塞的防伪效果好，性能可靠。

⑤ 天门式防伪瓶盖。天门式防伪瓶盖由圆管、三爪卡扣、内螺纹、天门盖及变形铰链构成。均匀分布于圆管内壁下部并凸起的三爪卡扣，通过其所在部位管壁内径局部变形及复位，使自身卡在玻璃瓶轴肩下侧。通过内外两螺纹相对转动，使瓶口上升，直至顶断天门盖与圆管之间微弱的连接，据此进行防伪，并用变形铰链带动天门盖转离瓶口位置来防止回收复用。

在包装结构防伪设计过程中，结合其他诸如声、光、电等技术的综合防伪技术也是十分有效的。如发光字幕防伪瓶盖是由外盖和内盖在顶部固定连接构成盖体，其内盖为一透亮的封闭筒体，其筒体内设置固定灯架，灯架上部安装电池，灯架下部安装灯泡，电池与灯泡形成回路，其触动开关为外盖盖顶。适当选择灯泡的颜色，并在透亮的内盖上制作各种特定的字样或花形，不仅能有效地达到防伪的目的，而且还具有广告宣传与艺术欣赏的价值。

3.2.1.3 金属包装结构破坏性防伪设计

金属包装材料具有表面装饰性能好、强度高、方便存储和运输等突出的特点，日益受到人们的喜爱，近两年在酒类外包装方面得到了广泛应用和迅速发展。

破坏性防伪包装容器是指包装容器经一次性使用后，不能第二次应用于相同或相近产品的包装，防止因此产生仿冒产品。从开启方式来说，主要分为 3 种类型：罐盖全开式、罐身卷开式和组合破坏式。具体结构多种多样，主要有 11 种，每种结构各有其特点。

（1）罐盖全开式设计。

① 内盖全开式。该结构由罐身、罐底、全开式内盖（全开盖）和罐盖（外盖）组成，罐身和全开式内盖卷封如图 3-86 所示。全开盖主要有马口铁和铝质两种。马口铁全开盖加工方便，价格低；铝质全开盖可分为折叠式和普通型两种，其中折叠式全开盖具有

防割手功能，但价格偏高。该结构外形简单、美观，开启方便，防伪功能强，已被广泛应用于酒罐的防伪设计，但这种结构的酒罐经一次使用后，不能再次用于酒的包装；由于罐身不被破坏，尚具有二次用途；显示性和广告性增强，有利于产品的销售和企业形象的宣传。

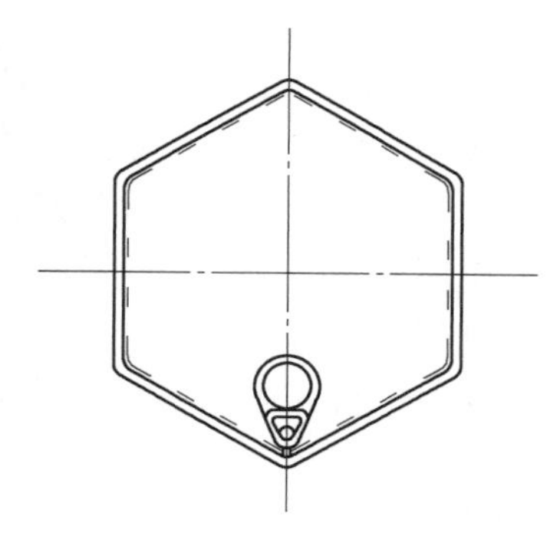

图 3-86　罐盖全开式

② 罐身内盖一体式。该结构下料时根据罐身尺寸确定伸出部分作为内盖的尺寸，然后刻线，铆钉和拉环装在罐身的刻线区域内，如图 3-87 所示。卷封成型后，罐身伸出部分成为内盖，和罐身刻线部分共同完成全开盖的功能。开启后，罐身和内盖同时被破坏，因而防伪功能强，同时因结构新颖而吸引消费者的视线，具有较强的显示性和陈列性。该结构对刻线和制造工艺要求较高，一般用于多边形酒罐设计。该结构的酒罐使用一次后，不能用作其他用途。

③ 内盖伸出连体式。该结构由罐身、罐底、伸出式内盖和罐盖组成，内盖的伸出部分和罐身刻线部分用铆钉连接，二者共同完成全开盖的功能，如图 3-88 所示。开启后，罐身的刻线部分和内盖同时被破坏，具有较强的防伪功能，以及较强的显示性和陈列性。为了开启方便，伸出式内盖一般用铝片制作，该结构对罐身刻线的要求较高，一般用于多边形酒罐设计。

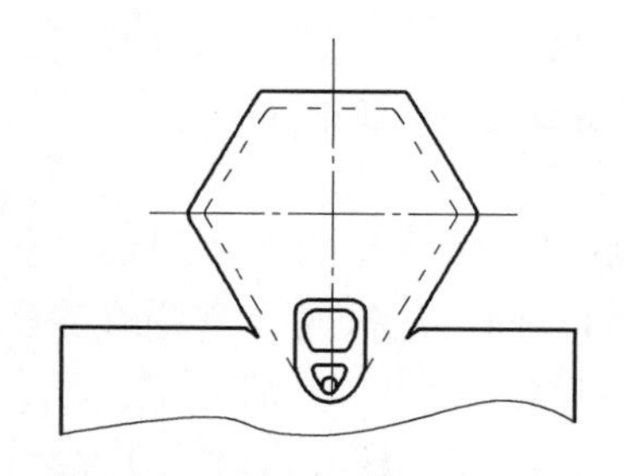

图 3-87　罐身内盖一体式

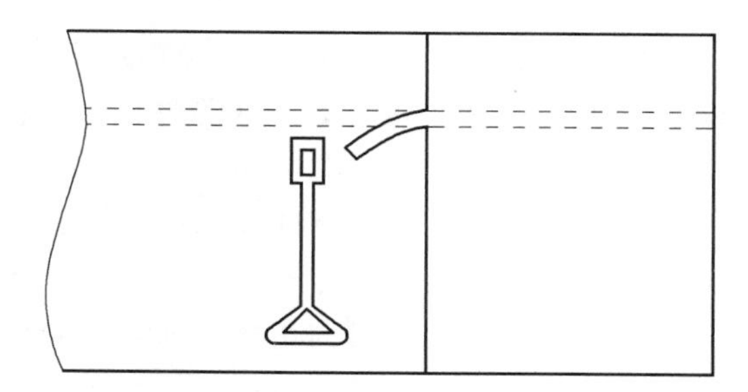

图 3-88　内盖伸出连体式

④ 罐身罐盖连体全开式。该结构由罐身、罐底和特制的全开式罐盖组成，罐身和罐盖搭接而成为一个整体，如图 3-89 所示。开启后，罐盖被破坏，而罐身仍与罐盖的下缘部分连接，不能成为一个单独的个体，因此事实上也已经被破坏，由此实现破坏性防伪功能。该结构新颖，外形美观，开启方便，但对刻线的位置和深度要求较高，容易出现割手现象。

⑤ 罐盖伸出连体式。该结构由罐身、罐底和伸出式罐盖组成。罐盖两端的伸出部分和罐身的刻线部分用铆钉和拉环连接，如图 3-90 所示。开启后，罐身被破坏而实现防伪功能。该结构开启力小，开启方便安全，不会出现割手现象，同时罐身的破坏区域小，罐身可作其他用途，起到品牌宣传作用。

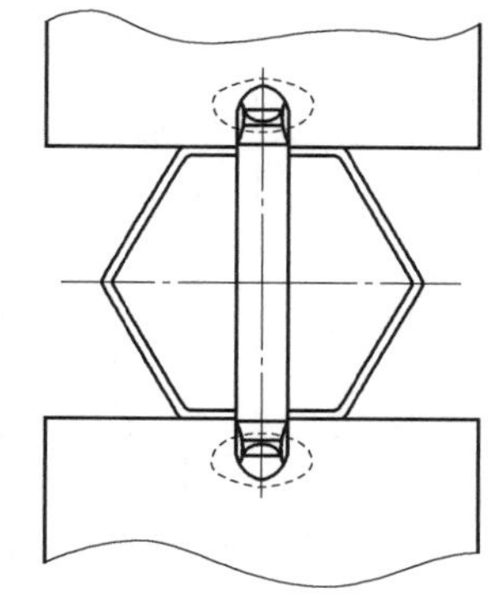

图 3-89　罐身罐盖连体全开式

（2）罐身卷开式设计。

① 罐身卷开式。该结构由罐身、罐底、内盖和罐盖组成，内盖和罐底一样，与罐身卷封成型，如图 3-91 所示。在罐身适当位置刻线，开启后，罐身被切断而实现防伪功能。罐身断开后的一部分与罐盖组成具有一定功能的新产品，如烟灰缸等，从而实现酒罐的二次用途，唤起消费者的购买欲，有利于产品的销售，同时起到品牌宣传效应。该结构对罐身刻线要求高，开启力较大，开启时需要配备专用的工具，给消费者造成不便。特别是当开启工具在运输、销售过程中遗失时，开启将更为不便。

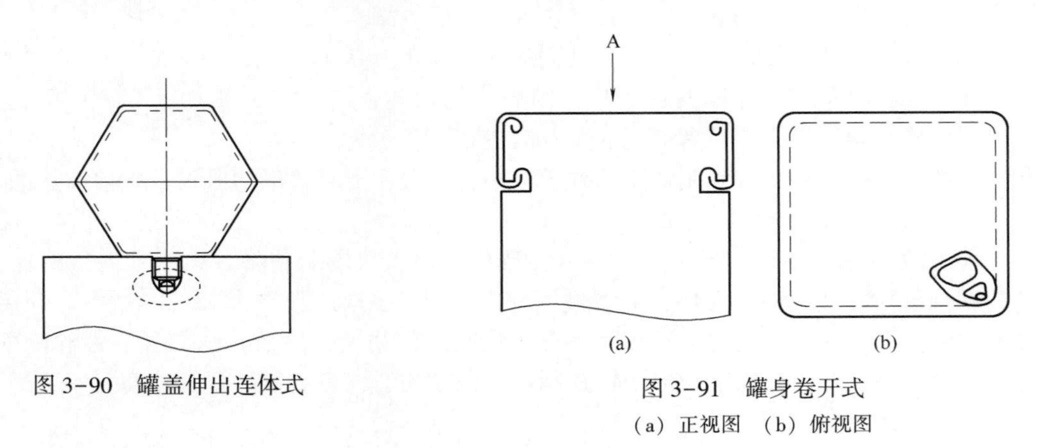

图 3-90　罐盖伸出连体式

图 3-91　罐身卷开式

（a）正视图　（b）俯视图

② 罐身拉卷式。该结构与罐身卷开式基本相同，如图 3-92 所示，在罐身刻线端安装一开启工具，消除了罐身卷开式的弊端，开启方便，同时兼备罐身卷开式的优点。

（3）组合破坏式设计。

① 罐盖固定式。该结构由罐身、罐底、罐盖和固定片组成，固定片的两端用铆钉和拉环与罐身的刻线部分连接在一起，如图 3-93 所示。开启后，固定片松脱，拿开罐盖就可取出酒瓶，开启时对罐身的破坏实现了防伪功能。该结构刻线区域小，开启力小，开启方便，不会发生割手现象。同时，由于破坏区域小，酒罐仍可作二次用途，有利于产品销售和企业宣传。

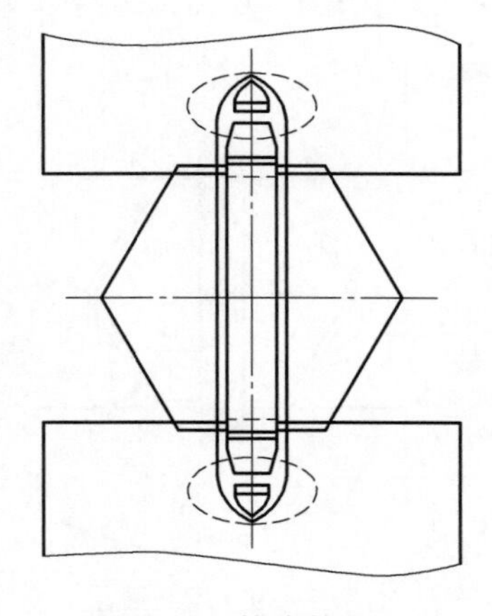

图 3-92　罐身拉卷式

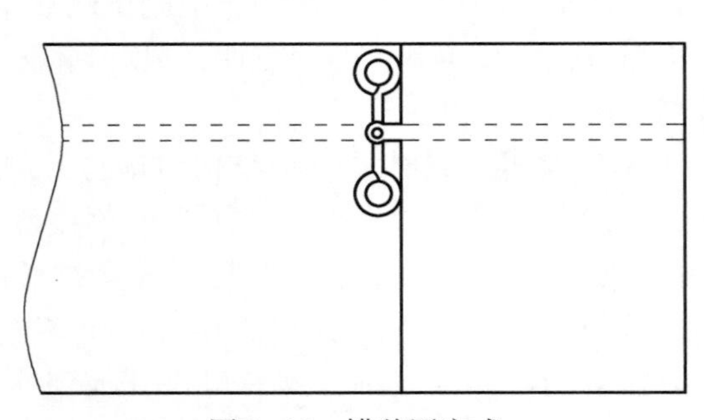

图 3-93　罐盖固定式

② 全开式自锁型。该结构由内卷式罐身、罐底、全开式自锁型内盖、罐盖组成，如图 3-94 所示。内盖的下端刻线并装上拉环后，实现全开盖的功能，内盖的四周加工成自锁型结构，内盖拍入罐身后与罐身形成一个整体，不能取出。盖上罐盖后，外观整齐美观。开启后，内盖被破坏，罐体不能重复使用而实现防伪功能。该结构减少了封盖工序，给酒罐使用厂家提供了方便，减少了设备投资，提高了生产效率。

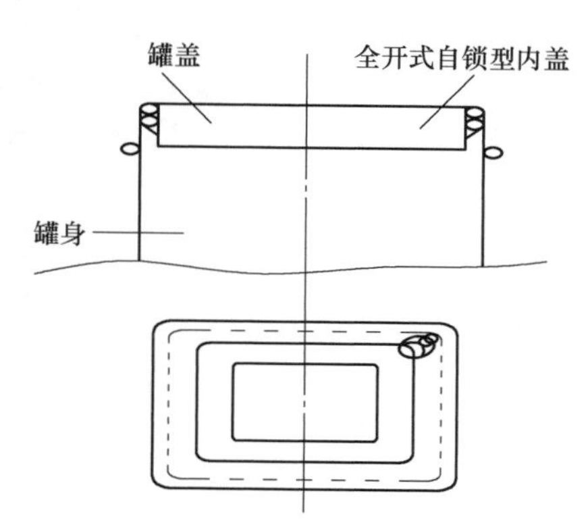

图 3-94　全开式自锁型

③ 双拉环开启式。该结构由罐身、罐底、内瓶盖、双拉环式外盖组成。罐身采用外卷式大卷边，外盖缩颈变形与罐身形成一个整体，如图 3-95 所示。开启后，外盖断开，取出内瓶盖，就可取出内装玻璃瓶。由于外盖已破坏、不能重复使用而实现防伪功能。这种结构开启方便、省力，操作安全，防伪功能强。同时，罐身不被破坏，可用作其他用途，有利于产品宣传和企业形象宣传。

④ 罐盖双边固定式。该结构由罐身、罐底、罐盖和固定片组成，固定片的一端用铆钉和罐盖连接，另一端用拉环和罐身连接，罐身和固定片连接部位刻线，如图 3-96 所示。开启后，罐身被破坏，实现防伪功能。罐身、固定片和罐盖三者依靠图案设计呈现为一个整体形象，这种结构加工简单，操作安全方便。

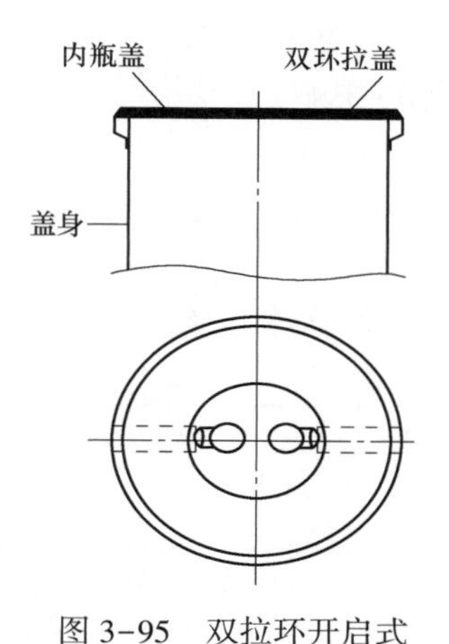

图 3-95　双拉环开启式

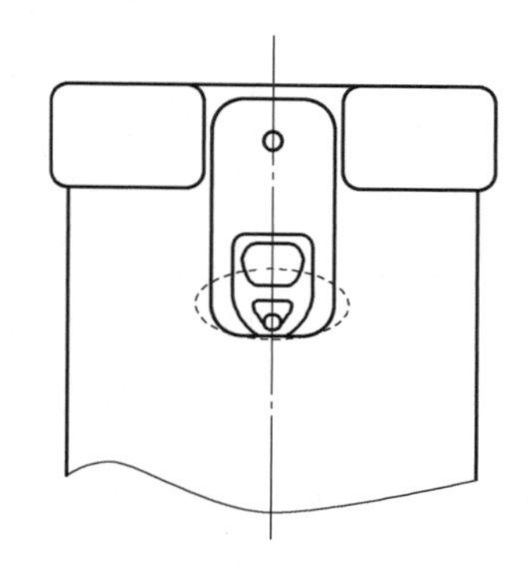
图 3-96　罐盖双边固定式

3.2.2　模切防伪设计

传统模切是印刷品后期加工的一种裁切工艺，模切工艺可以把印刷品或其他纸制品按照事先设计好的图形制作成模切刀版后进行裁切，从而使印刷品的形状不再局限于直边直角。传统模切生产是用模切刀根据产品设计要求的图样组合成模切版，在压力的作用下，将印刷品或其他板状坯料轧切成所需形状或切痕的成型工艺。压痕工艺则是利用压线刀或压线模，通过压力的作用在板料上压出线痕，或利用滚线轮在板料上滚出线痕，以便板料按预定位置弯折成型。通常，模切压痕工艺是把模切刀和压线刀组合在同一个模板内，在模切机上同时进行模切和压痕加工的工艺，简称模压。

3.2.2.1 包装的模切防伪设计

通常商品的外包装盒，其盒盖与盒底开启部分用粘贴封条及封口签的方式进行封口防伪，但这种方式的防伪功能十分弱。虽然，采用激光全息标识的一次性封口签能增强封口防伪功能，但如果启封时包装盒不被破坏，造假者仍能通过回收包装盒进行造假。因此，外包装盒的结构设计防伪是解决外包装盒防伪性能差的根本途径之一。图 3-97 给出了通过外包装横切设计进行包装盒体结构防伪的实例。该设计将包装盒封口部分的盖舌与盖体用强力胶黏结封死，形成封口不可开启式结构，而盒盖设计成横切压痕断点，与盒体同时模切而成。消费者开启包装时，需要用手按住盒盖，拇指按压断点以开启盒盖。由于开启时包装压痕断裂，破坏了盒体的整体性，使得盒体不能再被复用，所以具有极强的防伪效果。

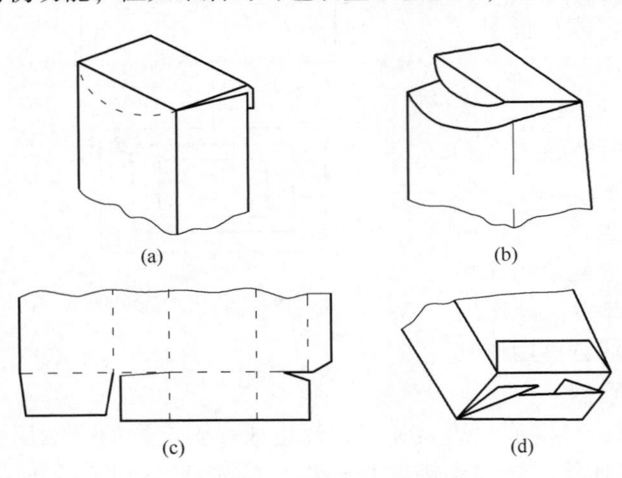

图 3-97 防伪设计原理图

（a）开启前 （b）开启后 （c）盒底平面展开图 （d）盒底成型图

为了防止商品被不法分子伪造，便于消费者识别，目前一种常见做法是在商品或其包装上粘贴带有防伪信息的防伪标签。为了快速、方便地进行粘贴，一般采用不干胶标签，使用时将标签从底层揭开粘贴到商品或其包装上即可。

图 3-98 所示是一种激光模切机随机模切式防伪标签，该标签包括查询信息区、结果核对区及随机分切区。

该防伪标签包括基纸、文字信息层及表层，图中主要显示标签的平面图，其文字信息层包括基本信息部分和文字防伪特征部分。其中，基本信息部分包括查询信息区，有序号及查询提示信息。文字防伪特征部分包括结果核对区（上部虚线框），其上喷印有查询文字防伪特征。该文字信息层还包括随机分切区（中部虚线框），其依据随机产生的模切线切分为查询附接部和核对附接部，进而将该防伪结构模切成具有查询信息区及查询附接部的第一部分，以及具有结果核对区及核对附接部的第二部分，形成随机模切式文字防伪标签。

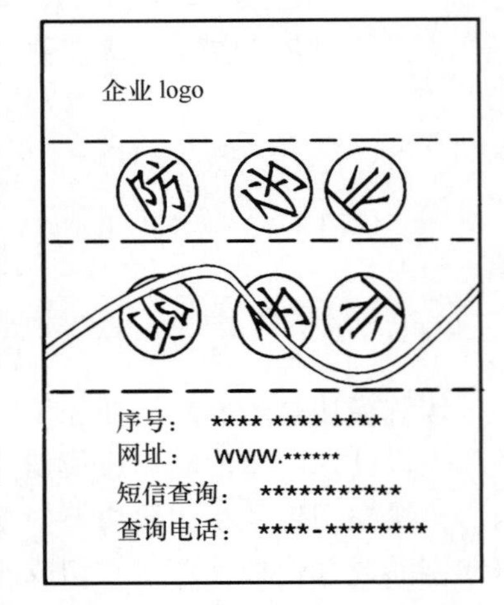

图 3-98 激光模切机随机模切式防伪标签

激光模切机包括激光头、模切平台及控制装置。其中，激光头内设有摄像头和两片振镜，摄像头拍摄的纸张图片传到控制装置进行分析，并确定纸张的归位与否，据此控制激光头的模切动作。控制装置包括中央控制单元、定位信息处理单元、显示单元、激光参数设定单元、固定模切控制单元及变动模切控制单元，由中央控制单元控制和协调其他各单元工作，变动模切控制单元包括随机模切线产生模块，用于在预定区域内以随机的方式确定随机模切线的位置。从摄像头获得的图像数据被传送到控制装置的显示单元进行显示，并对图像数据进行处理，根据纸张图片的特征输入所需定位信息，对纸张图片进行准确定位。然后通过激光参数设定单元设定激光模切参数。由固定模切控制单元根据图片定位信息，确定各防伪结构的固定模切形状和位置，并由变动模切控制单元的随机模切线产生模块，分别在各防伪结构的随机分切区内产生随机模切线。根据设定的激光模切参数，按照固定模切形状、位置，以及随机的模切线位置，对各防伪结构进行模切，得到随机模切式防伪产品。

3.2.2.2　票证的模切防伪设计

目前，各印刷企业在印制门票时，为防止不法分子仿造，会使用模切设备在门票边沿打孔，以此来增加制造假门票的难度。近年来，随着不法分子造假手段的不断升级，已有部分不法分子能够仿造带孔门票，给相关企业造成巨大损失。

图 3-99 所示为一种门票防伪异型孔模切装置，它能够在门票边缘开设异型孔，与现有圆孔有所区别，异型孔的形状可随时变化，使不法分子无法模仿，进一步增加了造假难度。该门票防伪异型孔模切装置，包括上模切辊和下模切辊。上模切辊与输入轴和第一齿轮连接，下模切辊与第二齿轮连接，第一齿轮与第二齿轮相互啮合，上模切辊上设置圆形模切冲头，下模切辊上设置圆形模切冲孔，上模切辊上开设第一燕尾槽，第一燕尾槽内安装第一梯形块，第一梯形块上设置异形模切冲头，下模切辊上开设第二燕尾槽，第二燕尾槽内安装第二梯形块，第二梯形块上设置异形模切冲孔。安装时，输入轴与动力源连接，输入轴带动上模切辊旋转，第一齿轮和第二齿轮使下模切辊能够与上模切辊同步旋转，上模切辊和下模切辊旋转时通过模切冲头和模切冲孔在门票上开设防伪孔，其中异形模切冲头和异形模切冲孔能够在门票上开出异型孔，异型孔的形状及其与圆形孔的排列顺序均可作为防伪手段。如需对异型孔的形状进行更换，只需将梯形块从燕尾槽中取出，更换另一组带有不同形状异形模切冲头和异形模切冲孔的梯形块即可，随时变化异型孔的形状，可使不法分子无法模仿。

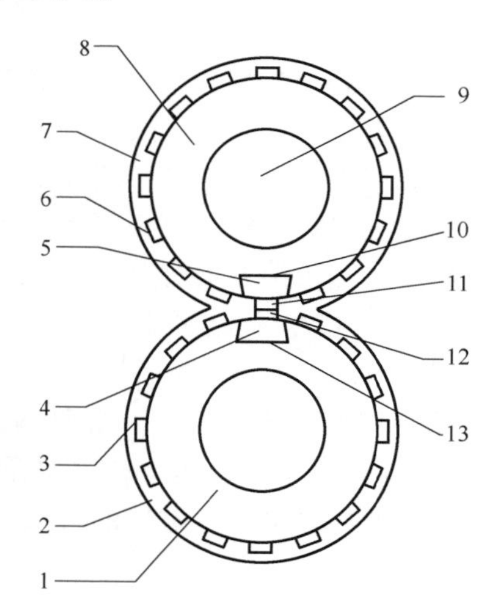

1—下模切辊；2—第二齿轮；3—圆形模切冲孔；4—第二梯形块；5—第一梯形块；6—圆形模切冲头；7—第一齿轮；8—上模切辊；9—输入轴；10—第一燕尾槽；11—异形模切冲头；12—异形模切冲孔；13—第二燕尾槽

图 3-99　门票防伪异型孔模切装置结构

3.2.3　定位防伪设计

消费者和用户在使用商品时，需要开启商品包装，而开启商品包装的过程会使包装内装物的位置或包装开启部位发生变化。有的位置变化在重新包装后能恢复原有的状态，有的则很难恢复。非复位性防伪包装是指在进行防伪包装设计与制作时，通过专门的设计，使商品包装开启后难以（甚至无法）恢复原状，从而可以判断商品包装内容物是否被使用或调换，以此达到防止伪造商品包装的目的，这就是非复位性防伪包装的防伪原理。

从结构外形上看，包装开启的局部有可能被破坏，也有可能不被破坏。无论结构是否被破坏，都不会对整个包装的功能产生影响，即包装开启后仍可盛装物品，只是在包装开启前后消费者能够一目了然地观察到其结构和外形的变化。

3.2.3.1 力学定位防伪设计

力学定位防伪设计是利用弹性力学和材料力学中材料的受力与变形关系进行防伪设计。各种外力产生的位移与包装材料的变形满足一定关系，这在包装容器中的瓶盖、瓶塞的瓶口密封中最能体现。当开启密封部位后，由于各种外力对它们的作用力之和与其位移变形之间是严格对应的，且包装生产时利用商品包装机械精确控制各种力的大小，任何外力的微小变化都不能使容器开启部位严格地恢复到原有的精确位置。由于影响开启部位变形的力学因素有很多，造假者很难获得各种力的精确值，再加上包装材料本身的变形和时间也有一定的关系，因此造假者无法使开启后的包装保持在良好的原有位置而不被消费者和用户发现。

（1）瓶塞压合定位。原理：将特定的瓶塞（特殊材料或结构）压入瓶口的过程中，使瓶塞受力超过其屈服极限而产生一部分的塑性变形，将瓶塞拔出后很难恢复，从而不再起到密封作用。也就是说，这种瓶塞只能使用一次，再次使用时便失去了原有的作用和性能，从而达到防止利用原有包装充当伪劣商品包装的目的。

采用这种防伪方法时，应很好地选择强度合适的材料，同时要注意瓶塞压紧后的留出高度（压到位），不能再往里压入。另外，还要考虑开启的方便性，可配备开启拉环或开启器。

（2）玻璃球堵口定位。原理：在瓶中压入一玻璃球，使瓶口与玻璃球之间产生微量的弹性变形，并形成较紧的过度配合或过盈配合，从而使包装瓶口有较好的密封性。开启时，需用硬物将堵在瓶口处的玻璃球捅入瓶内，方能取出（倒出）瓶内的物品（液体或粉料）。

采用这种防伪方法的包装一经开启就不能再被利用。因为玻璃球捅入瓶中后，在保持瓶子完好的状态下再也无法将其取出，从而不能重复利用。这种方法防伪可靠性好，工艺难度也较大，而且封装后，对运输与搬运有一定的防震要求。

（3）旋盖定位。原理：将包装瓶的盖旋到一定值（旋转圈数或松紧程度），并使旋盖产生一定的变形，通过控制并设定标识来实现防伪要求。这种防伪方法是通过控制几个参数来实现的，再次复用的包装很难与标识位置重合，即使重合，也难以保证瓶口的密封性与松紧程度。

3.2.3.2 胶质定位防伪设计

胶质定位防伪设计是非复位性防伪包装中重要的设计方法之一，它在很多商品包装上都得到了应用。这种防伪方法是用胶质材料对包装容器的封口件（如盖、塞等）进行黏合，一旦开启就难以恢复原状，无法保证达到原装效果。

常见的胶质定位防伪设计法有普通胶质和热熔胶质两种。普通胶质定位设计方法简单，易于实现，广泛应用于各种销售包装盒的封口。热熔胶质主要用于那些用普通胶质难以实现的非纸品包装容器，如易拉罐的封口、玻璃材料的封口等。这种防伪设计法在骑缝时必须将封口处的局部结构破坏才能取出内装物，不能复位重新使用。

3.2.3.3　填充定位防伪设计

填充定位防伪设计是选择合适的材料对包装进行填充定位，且该材料在填充后固定成型，一旦打开或启用后恢复不了原样，从而达到防伪的目的。它有整体填充和局部填充两种。

整体填充防伪设计是指将内包装或单件物品放入包装容器后，再加入填料使之固定成型。局部填充防伪设计是在包装容器的封口处填充固化材料，包装封口完毕后，将封口处的空间全部填满并固化。当开启使用时，其填充材料必须先被挖掉而遭到破坏。所以填充材料仅能发挥一次性包装作用，以此达到防伪的目的。

3.2.3.4　机械定位防伪设计

机械定位防伪设计是通过包装中的变形、装配、卡合等工艺技巧来实现的。其理论依据：包装件（密封部位）封合时靠机械力的作用产生弹性变形，封合完毕后卡合部位恢复原形，原来的尺寸恢复并自锁。当打开包装时，卡合部位被破坏而不能再卡合，以达到防止复用的目的。机械定位防伪设计如图3-100所示。

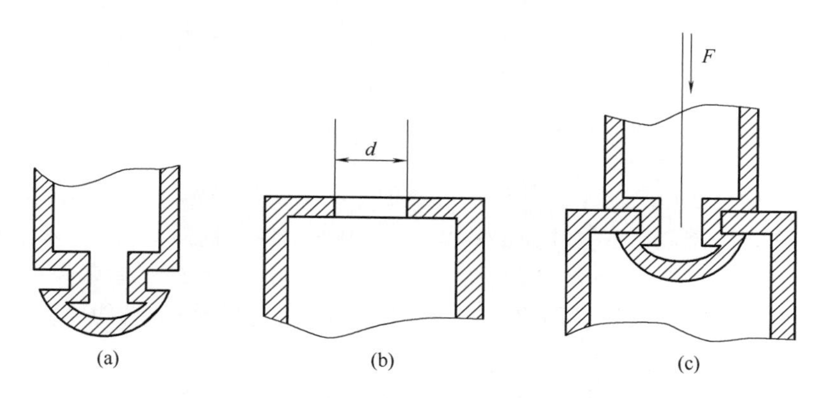

d—容器封口卡合直径；*F*—卡合压入力

图3-100　机械定位防伪设计示意

（a）瓶塞　（b）容器瓶体　（c）压入卡合封口

目前机械定位防伪设计常用于纸包装容器、喷雾罐、玻璃及陶（瓷）器的防伪包装等。在使用机械定位防伪设计方法时，必须注意防伪材质的选择与匹配，要保证卡合件的开启部位在开启过程中一定被破坏，而包装容器本身不受损坏，即保证开启后包装附件、卡合件不能再复位使用。在包装封口时，则是通过机械力使材料变形，从而实现包装封合（卡合）或紧密配合。

3.2.3.5　组合定位防伪设计

组合定位防伪设计又称多重防伪法，它是利用多种定位防伪设计方法使包装封口部位的各部分封口元件（材料）得以严密封合，想要打开包装使用商品，必须先将封口处各个元件破坏，方可取出包装内容物。

现在很多高档酒类多采用组合定位防伪设计法来进行防伪。如五粮液高档酒的新型防伪瓶盖就采用了组合定位防伪设计，它包括保险环、压盖和瓶口塞三重保险。保险环是与压盖配合的连接体，只有当保险环被拉开后，压盖才能旋动或拉启。瓶口塞是一种特殊的结构，只有当瓶体旋转到某一方向时，瓶内的酒才能倒出。

图 3-101 所示为三重防伪保险瓶盖的开启示意图。开启步骤：首先拉断保险环的连接点，使其与下面的小环脱离；其次去掉保险环，再将压盖向上拔出；最后倾斜并转动瓶体至一定角度，酒便可缓缓流出。

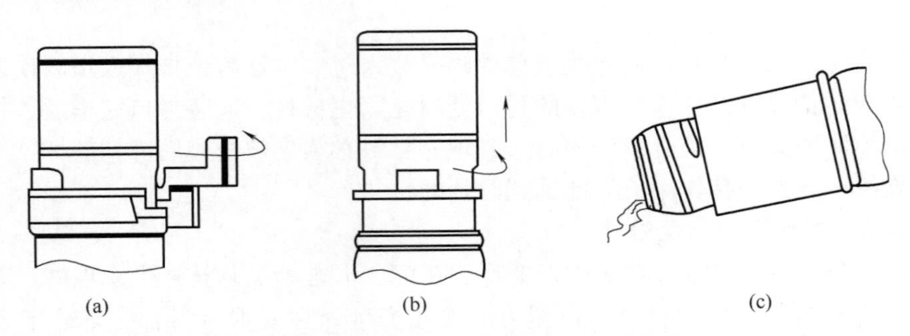

图 3-101　三重防伪保险瓶盖的开启示意
（a）拉断保险环　（b）拔出压盖　（c）倾斜并转动瓶体

如果瓶内的液体未使用完，重新把压盖盖上并拧紧，该瓶盖还可以达到密封效果，但其拉环已脱落或不可复位，即不能起到卡合作用，也就无法防伪。

3.2.4　方位防伪设计

方位防伪设计是在包装的不同部位采取各种不同的防伪措施，以达到保护真品、防止假冒的目的。其方法类似于在物体表面或某一局部做某种特殊标识，这种标识可能是隐秘的，也可能是显见的，但无论是隐秘还是显见，对于模仿者或造假者来说都有很大的难度。这种防伪方法对于消费者（用户）来说却十分方便，易于识别真伪。

3.2.4.1　方位防伪的分类

方位防伪方法主要分为四类：容器方位防伪、图形方位防伪、文字方位防伪和线条方位防伪。

（1）容器方位防伪。容器方位防伪是指在包装容器的某一部位设计防伪标识或防伪措施。

① 容器方位防伪方式。容器方位防伪有多种方式，因包装不同而异。以酒包装为例，其通常采用瓶、盒、箱、袋 4 种包装容器。与酒直接接触的是瓶，直接面向消费者的是瓶、盒、袋、箱。箱（常用瓦楞纸箱）属于运输包装，瓶、袋、盒则属于销售包装。在包装容器方位上，防伪是指在销售包装的不同部位上设计防伪，如在内、外、左、右、上、下、角、边、面、顶、底等部位进行防伪设计。

② 防伪方位选择要素数。某一种商品包装的防伪方位选择要素数是指可能设置防伪的局部数量总和，可用式（3.20）表示：

$$M = \sum_{i-1}^{n} F_i G \tag{3.20}$$

式中，M 为防伪方位选择要素数；F 为一件包装容器的部位，如内、外等；G 为包装容器某一部位可设置防伪措施的任意局部，如包装的某一面可有无数个局部，即 G 可取 1 到任意值。

对于不同形式的包装，式（3.20）有不同的表达式。如奶粉的销售包装袋，没有内袋，只有一个复合塑料袋，则防伪的部位就只有一个外表面，即 $F=1$（$i=1$），则式（3.20）可写成：

$$M=G \tag{3.21}$$

式（3.21）表明该包装只需在其表面上的任意局部设置防伪措施。

值得注意的是，理论上 G 可从 1 到无穷大，但实际上 G 不可能为无穷大，因为包装容器某一部位为面、线或角，其中角也是由两条以上线条交汇而成的。若 G 为无穷大，则设置防伪措施的局部为无穷小，而在无穷小的局部上无法采取防伪措施，即使在无穷小的局部上能够实现防伪措施，人们在选购商品时也无法进行识别。所以，G 实际上是一个有限的数，即采取防伪措施的局部是一个有效的面积或长度。

③ 防伪方位选择。防伪部位的选择因包装容器的不同而异。长方体或正方体的包装盒（箱），若单独分析，其防伪部位如图 3–102 所示。

图中的防伪部位有 4 类，即防伪面、防伪边、防伪角和防伪盖（或防伪封条）。防伪面共有 6 个，防伪边有 12 条，防伪角有 8 个，当盒的底与盖的接合形式相同时，防伪盖有 1~2 个。设计时，一般选择便于消费者观察和识别的部位，在确定具体的部位前，为了能清楚地了解部位的具体位置，先以六面立方体包装盒为例进行定义，如图 3–103 所示。

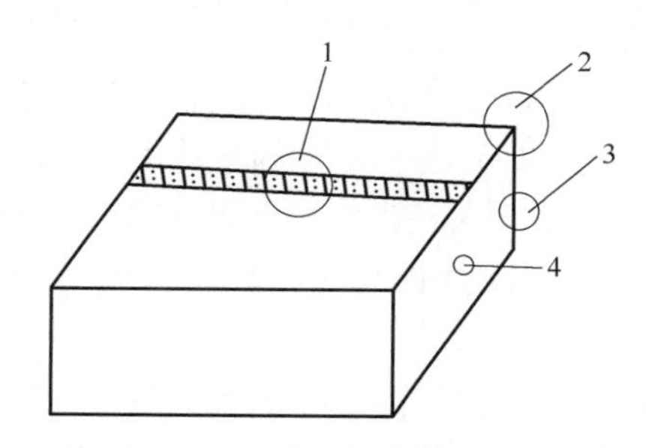

1—防伪盖；2—防伪角；3—防伪边；4—防伪面

图 3–102　长方体包装盒防伪部位示意

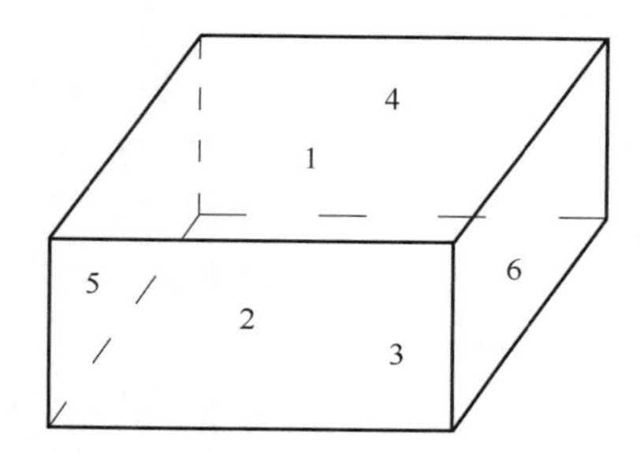

图 3–103　六面立方体包装盒防伪部位示意

六面立方体包装盒防伪部位以图 3–103 中数字表示。阿拉伯数字 1、3 分别代表上、下面，2、4 代表侧面，5、6 代表端面。盒边（棱）共 12 条，采用两个相交面的数字表示，即 1–2、2–3、3–4、4–1、1–5、2–5、1–6、2–6、3–5、3–6、4–5、4–6。角用构成相交棱角的三个数字表示，如 1–2–5、1–2–6、1–4–6、3–2–5、3–4–5、3–4–6。六面立方体包装盒优先选择的部位见表 3–1。

表 3–1　　六面立方体包装盒优先选择部位表

序号	优先顺序	最优先部位	次优先部位	备注
1	面	1 或 2、4 面	5、6 面	3 面为底面，一般不选
2	线（边）	1–4、1–6、1–2、1–5 上平面四条边	4–6、6–2、2–5、5–4 四条侧边	很少选用底边的四条线
3	角	上部四角	—	下部四角少用

在选择了防伪部位中的某一面、某一边或某一角后，在选定部位上一定范围的局部实施防伪措施，如加密等。其局部可能是一定图形的面、一定长度的线或一定大小的点，一

件产品的一种包装（如销售外包装或内包装等）防伪方位便确定下来了。

④ 一件产品多个包装的方位防伪。前述的防伪方位均为一件产品一种包装防伪。针对一件产品有多个（层）包装，且在每个（层）包装上都设置防伪措施时，可用上述方法对每个（层）包装采取防伪方位选择和确定。在这种情况下，其包装的防伪方位选择要素数表达式，由式（3.20）改写成式（3.22）：

$$M_k = \sum_{k-1}^{m} \left(\sum_{i-1}^{n} F_k G_k \right) \tag{3.22}$$

式中，k 为产品的包装个数或层数；m 为有限的自然数，一般为 1~4；M_k 为一件产品多层包装的选择要素数。对于 k 值，商品一般只有 3 层或 5 层，所以 k 可能取 1、2、3、4 或 5，即 3 层防伪包装 $k=3$，2 层防伪包装 $k=2$。通常供消费者选购的商品的销售包装为 3 层。依具体情况，并不是每层包装都设置防伪措施，而 k 的取值只包含防伪的包装层，所以 k 应为一种产品设置防伪的包装层数。

此外，同一件产品的包装层所具有的防伪方位选择要素数也是不相同的。如高档白酒的销售包装一般有瓶、袋（塑料薄膜袋）、盒（硬纸彩盒），其中包装袋的防伪方位选择要素数最少，而包装彩盒最多。如果其大包装（运输包装）的瓦楞纸箱也采取防伪，则共有 4 层包装，彩盒销售外包装与瓦楞纸箱运输包装的防伪方位要素数可能相等。

（2）图形方位防伪。图形方位防伪方法建立在包装装潢基础上，是指在包装装潢图案中采取防伪措施，即在包装装潢某一图形或图案的某些部分设置防伪措施。包装装潢由包装的图案、色彩和文字共同构成。包装图案有多种表现手法，在防伪方法上必须予以考虑。包装图案设计表现手法包括写真、动漫画、装饰纹样等。摄影图片能真实地再现商品的形态和质感，有时通过摄影技巧与绘画等相结合，同时利用计算机制作、制版、印刷技术，可使商品风貌更佳。

包装图案是通过色彩表现出来的。色彩是美化和突出产品特色的重要因素，它不仅能体现和装饰产品，同时还能引导消费。很好地选择和应用色彩是包装装潢中重要的工作。包装图案纹样也是包装装潢中重要的内容。无论是传统的还是现代的设计，无论是通用的还是独特的设计，均需视不同商品特性、市场消费心理与趋势来确定纹样。

图形方位防伪就是在图案、色彩及图案纹样的设计与制作中采取防伪措施。

① 图形（案）防伪方位。图形（案）防伪方位主要由包装类别来确定，即可以设置防伪的同一产品的各类包装图案方位，如外包装图案方位、中包装图案方位、内包装图案方位、运输包装图案方位等。

同一类包装上的图形（案）方位主要取决于图案图形的种类与数量。一般同一类包装上（如销售外包装）主要有 4 种类别的图案图形，分别为产品形象标识图案（CI 设计）、禁忌标识图案、装潢图案和色彩。

在现代包装设计中，为使产品在市场中树立良好的形象、扩大销售，一般采用统一原则，即在不同的包装类别上采用同一图案，也就是上述 4 种类别的图案图形相统一，这给防伪设计带来方便。

② 图形（案）防伪方位选择要素数。与前述的包装容器防伪方位选择要素数一样，同一种（层）包装主要有 4 种类别的图案图形，即同一种（层）包装可能就有 4 种类别的图案图形方位。

产品形象标识图案防伪方位　选择要素数为 L，$L=1$。

禁忌标识图案防伪方位　选择要素数为 A。A 为有限数值，对于瓶装物品的包装，有防压、防碰撞、防倒放、防雨淋等禁忌图案标识，可在这些图案内部设置物理或化学的防伪秘诀，这时 $A=4$。

装潢图案防伪方位　选择要素数为 B。B 是一个有限的数值。在包装上可能设计有多个图案以吸引消费者，如设计3个图案，则 $B=3$。

色彩防伪方位　选择要素数为 C。这意味着可在配色上采用防伪措施，它的要素可能为1，也可能为大于1的数，根据印刷设备的不同而不同。

综合上述4项，即为某种产品的某一种（层）包装的包装图形（案）防伪方位选择要素数，可用式（3.23）表示：

$$P=L+A+B+C \tag{3.23}$$

式中，各字母均表示4种防伪方位选择要素数。如果某种产品有多种（层）包装，且每种（层）包装又设置防伪措施，则其全部的图形防伪方位选择要素数可选择种数为 nP，其中 n 为包装种（层）数。

值得一提的是，不同种（层）的包装所具有的禁忌标识图案、装潢图案、色彩可能不一样，或者说防伪方位选择要素数不一（不相等）。但不管哪一种（层）包装，其产品形象标识图案是一样的，即产品形象标识图案防伪方位选择要素数 L 均相等，并且为1。

③ 图形（案）防伪方位选择。图形（案）方位可在上述4种类别图形图案方位中加以选择。可单独选择一种或一种以上，如选择产品形象标识图案防伪方位，则更具代表性，因产品形象标识是产品形象设计和创意的核心。一般认定商品或选购商品，先是认准其形象标识，注册也是针对其产品的形象标识而言。因此，对产品形象标识图案进行防伪设计，其意义和作用更大。此外，也可选择其他3种类别图形图案方位。

（3）文字方位防伪。文字方位防伪是指在设计包装文字或制造包装时采取防伪措施，即在包装表面的某些文字、某个字或某个字的某一笔画中设置防伪措施。

① 文字防伪方位。根据包装的种（层）类和各种文字印刷在同一种（层）包装上的方位不同，包装文字防伪方位主要种类如图3-104所示。

包装容器局部文字方位同面中的角、边、中是指在包装容器的某一面上的靠角部位、靠边部位或中部的文字设置防伪措施。文字笔画方位中点、横、竖、撇、捺是指在某些文字的相应笔画中设置防伪措施。

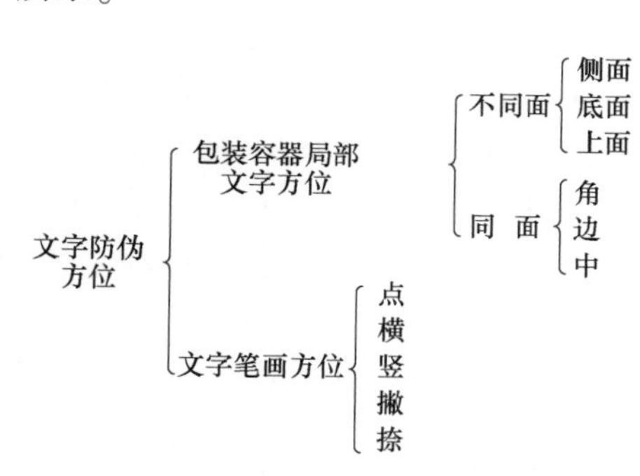

图3-104　包装文字防伪方位主要种类

图3-104中所列出的文字防伪方位只是常见的几种。另外还可将几个字或几个笔画作为防伪方位，即在某一包装上的几个字或某几个笔画上设置防伪措施。

② 文字防伪方位选择要素数。文字防伪方位选择要素数是指包装文字中可能选择的设置防伪措施的数量总和，主要包括两部分。

文字总数相关的方位选择要素数　即一种包装（一层）上的文字总数为 m，如在 m 个文字中对 n 个文字做防伪措施，则该包装方位选择要素数为一种组合 C_m^n，其文字总数

方位选择要素数为 A_1，则：

$$A_1 = C_m^n \tag{3.24}$$

文字笔画相关的方位选择要素数 即在汉语文字的笔画和汉语拼音字母或英语字母中，把一个独立的汉语拼音字母或英语字母视为一画，如总的笔画数为 j，在 j 中取 i 笔画做防伪措施，则其笔画方位选择要素数为 A_2。

$$A_2 = C_j^i \tag{3.25}$$

综上所述，包装文字防伪方位选择要素数为：

$$P = A_1 + A_2 = C_m^n + C_j^i \tag{3.26}$$

值得注意的是，在进行文字防伪时可能选择一个或几个字加以防伪，也可能在笔画防伪时，选择一个字或几个字的一画或几画进行防伪。并且在每一包装上尽可能选择相同的文字或笔画进行防伪，一般选择 1~3 个字或 1~3 种笔画进行防伪。

传统的包装文字防伪多通过字体变换来实现，如采用商品名字体的变体、手写体（自由体），使造假者难以仿制。随着现代设计及印刷技术的飞速发展，复印、计算机设计、计算机扫描等使得字体变换无法完成防伪任务，即通过这种传统的方法已难以达到防伪目的，需要寻找新的方法或手段来使文字防伪更加科学和可靠。

（4）线条方位防伪。线条方位防伪是指在设计包装表面线条或制作包装时采取防伪措施，即在包装的表面几根或几段线条上设置防伪措施。

① 线条防伪方位。线条防伪方位主要有以下几种：

直线防伪方位 设置防伪措施的线条，无论粗细，均为直线。

曲线防伪方位 设置防伪措施的线条，无论粗细，均为曲线。

折线防伪方位 设置防伪措施的线条，无论粗细，均为折线（一折或多折）。

防伪措施可能在包装线条的一段或全部加以设置，从而使之达到防伪要求。

② 线条防伪方位选择要素数。线条防伪方位选择要素数取决于包装上线条的总数。假设某种（层）包装的线条总数为 m，在其中的 n 条上做防伪措施，则该种（层）包装的线条防伪方位选择要素数 P 为：

$$P = C_m^n \tag{3.27}$$

式（3.27）与前面的文字总数方位选择要素数的表达式相同。

在式（3.27）中，有的线条连续经过包装的几个部位（几个面），可将其当作一条线计，也可作为每个面的一条，穿过几个面就计几条；有的线较粗，并在两个面相交的棱边上，这时可将其看作两条，也可看作一条，如图 3-105 所示。在计算产品的包装线条防伪方位选择要素数时，各种线条的计法应统一。另外，线条总数包括了直线、曲线和折线。

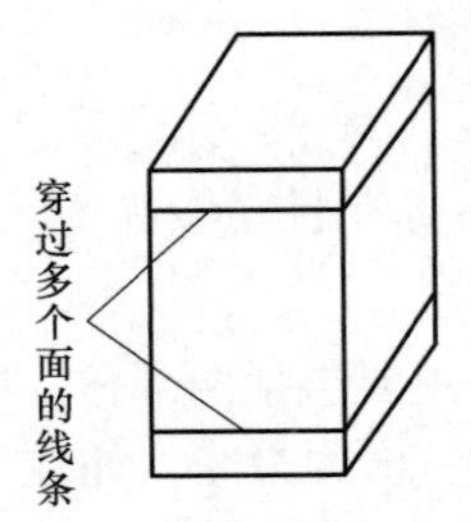

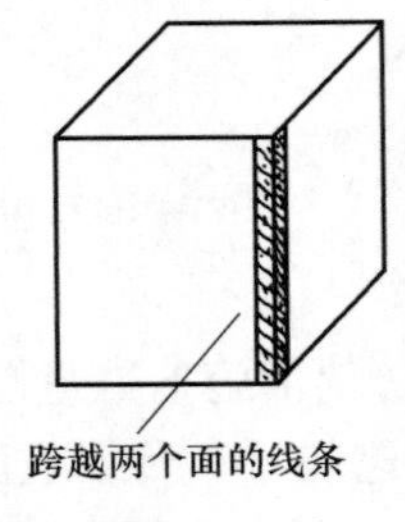

图 3-105 线条防伪方位展示

包装线条防伪方位主要有如下几种选择方式：选择完整的几根线条做防伪；选择完整的一根线条做防伪；选择一根或几根线条中的某一段做防伪；选择一根或几根线条中的几段（间断式或几根线条间断交叉式）做防伪。

除上述 4 种选择方式外，还可设计特殊

的线条用于防伪，如渐变式线条、阶梯式线条等。另外还有利用错觉来进行防伪的，这些错觉理论包括长度错觉、光渗错觉、分割错觉等。通过错觉实施包装线条防伪，在传统的设计中使用较多。

3.2.4.2　方位防伪设计技巧及特点

（1）方位防伪设计技巧。方位防伪设计技巧主要是借助于包装材料的性能与结构，在各种包装方位中设置防伪措施而得以实现防伪，包装材料包括包装结构材料、印刷材料及辅助材料等。方位防伪设计技巧主要有以下几种：

材质方位防伪　在包装不同的或特定的方位设置特殊的材料，如特种标贴、一次性合格证或检验证标贴等，或采用水印纸、荧光纤维纸作局部包装材料或标贴。

印刷方位防伪　在包装防伪方位选择要素中，需要印刷的要素（如图案、线条、文字等）采用特殊的油墨，如荧光变色油墨、热敏变色油墨等。

信息方位防伪　在包装防伪方位选择要素中，设置特殊的信号（加密），如在包装图案中加金属条、覆盖密码等。

特制方位防伪　在包装防伪方位选择要素中，制作特殊的图案标识，由生产厂家或技术监督部门存档留底，以备查验真伪。

（2）方位防伪设计的特点。方位防伪最大的特点是对包装局部施以防伪措施，具有易于实现、成本低、技术难度不大的特点。方位防伪适用性广，可用于传统产品现有包装上，也可用于新包装上。此外，可实现静态防伪与动态防伪相结合。静态指用户自身在现场识别；动态指用户一旦发现可疑之处，可通过所设置的信息号码向厂家和有关部门咨询。采用信息方位防伪也就能将动态与静态防伪融于一体，从而增加防伪的可靠性。不足之处是在包装局部采取防伪措施，如果难度不大，一旦被造假者破密，便很容易被仿制。

3.2.5　封装防伪设计

3.2.5.1　防伪薄膜封装技术

目前，常用的塑料防伪薄膜主要分为两类：一类是一般包装的透明薄膜类防伪膜，另一类是既透明也起捆扎或裹包作用的热收缩防伪薄膜。

（1）薄膜类防伪膜封装技术。薄膜类防伪膜的特点是透明性好、平展、不带静电，因而具有极高的包装展示性，适宜高速自动化制袋及包装，主要用于食品、香烟等的外包装。薄膜类防伪膜主要用于商品外包装，当打开包装时，需要先将薄膜撕开，因而用薄膜裹包的产品具有很好的破坏性防伪效果。

（2）热收缩防伪薄膜封装技术。热收缩防伪薄膜是一种特殊的带有全息信息的薄膜，是未经热处理定型的定向拉伸塑料薄膜。它在一定温度下能够收缩变形，因而在包装时能使包装物受到一定的预紧力的作用，对包装物有较好的保护性，也使商品具有一定的展示性及防伪能力。热收缩薄膜在裹包商品后，紧紧地附在商品表面，要想取用商品，必须先撕开热收缩薄膜，这就不仅保证了旧的包装不能被复用，具有破坏性防伪的功能，而且膜本身带有的全息信息防止了此类包装的仿制。

3.2.5.2　胶黏封装防伪技术

胶黏技术在包装领域受到广泛的重视，无论是瓦楞纸箱的制造，还是复合薄膜的加工、包装盒的封口、不干胶的制作、商标的粘贴等都离不开胶黏技术。胶黏封装防伪技术主要是选择固着性强的胶黏剂形成破坏性包装或封装来达到防伪目的。

（1）标签的胶黏防伪技术。标签黏合剂可分为不干胶型、再湿型等。其中一些标签在揭下时对包装毫无损伤，而有一些标签在揭下后，不仅标签本身被破坏，黏合的包装也被破坏了。显然，后一种方式实现了破坏包装的目的，旧包装不能被复用，即达到了破坏性防伪包装的目的。

盒类的包装通常使用标签黏合封盖，如果能正确选用标签的黏合剂，就能保证开盒时将标签和包装盒同时破坏。设计时应注意两点：一是盒类表层材料与内层材料之间的黏合强度要低于标签的黏合强度；二是标签的抗撕裂强度要高于盒类表层材料的抗撕裂强度，二者的目的都是在开盒时破坏掉包装盒。

（2）封装薄膜的胶黏防伪技术。热收缩薄膜裹包物品是以贴体的方式实现的，如果不撕毁热收缩薄膜，就难以取用被其贴体裹包的物品，这种启封时的破坏性正是经济防伪包装理论所要求的。然而，不做特殊处理的情况下，内包装仍可以被利用。如果通过合理的设计，有效利用热收缩薄膜的包装胶黏性，就能同时破坏内包装，达到破坏性防伪目的。

① 纸盒的胶黏防伪技术。热收缩薄膜在包装方面具有启封即破坏的功能，因而利用旧的热收缩薄膜制假的现象是不存在的。但在许多情况下热收缩薄膜只是封装层，被其裹包的关键内包装仍能被利用来造假，因此设法在启封时同时将内包装破坏是关键。为此，可以在用热收缩薄膜裹包纸盒前，在纸盒的关键部位涂固着性胶，那么裹包以后热收缩薄膜就与纸盒牢固地粘在了一起，当撕开热收缩薄膜时，纸盒也同时被破坏掉，实现了破坏性防伪包装的目的。同理，对其他的热收缩薄膜包装也可类比设计。

② 塑料瓶的胶黏防伪技术。如果热收缩薄膜裹包的是塑料瓶，那么通过合理地选用黏合剂，就有可能使得热收缩薄膜牢不可剥，保证了旧瓶不能被复用，这实际上是另外一种破坏方法。

3.2.5.3 化学封装防伪技术

化学封装防伪技术是油墨防伪之外的另一种利用化学原理设计的防伪技术。如日本三菱燃气化学公司最新研究成功两种利用氧化反应原理而设计的食品防伪包装技术：一种是信号显示技术，这种包装在原封不动时呈绿色，一旦开封即变成红色；另一种是将氧化亚铁放在包装内，将氧气指示图形标识安装在透明盖内，一旦开启，包装内的缺氧气氛遭到破坏，氧化亚铁就转变为氧化铁，圆形标识便改变颜色。这种防伪包装可以应用于粒状、粉状、焙烤和罐装食品的包装中。

3.2.5.4 其他封装防伪技术

此外，还有集中使用大量成熟的防伪技术，将防伪技术和商品的包装直接融合在一起形成的一种防伪包装盒封装技术。该封装技术兼具防伪和商品包装的特性，由可以打开的防伪纸盒和防伪标签组成。下面以防伪纸盒为例，对防伪包装盒封装技术进行详细说明。

防伪纸盒是由棉、麻纤维抄造而成的纸张。纸张坚韧、挺括，在紫外光下无荧光反应，具有防伪功能的红、蓝纤维丝随机分布在包装盒上。纸盒上的人像、建筑、边框等均采用雕刻凹版印刷，用手触摸有明显的凹凸感。其中人像背景和建筑背景采用细线设计，均具有很强的防复印效果。人像和图案边缘有一条由凹印缩微文字构成的环线。纸盒表面有多处采用光变油墨印刷的图案、数字、文字、人像，且表面的凹印油墨带有磁性和荧光效果，用磁性检测仪可检测出磁性，在特定波长的紫外光下可以肉眼识别无色荧光图案、数字、文字、人像等。

3.2.6 组合防伪设计

组合防伪设计是指同时使用两种或两种以上的防伪技术，以期实现最佳的防伪效果，提高防伪产品的难仿制性和易识别性。组合防伪可分为两大类：一类是多功能防伪技术，可研制开发出防伪产品，如自检激光全息防伪标识，揭开表层复合的激光全息膜标识，露出底层的图文标识，可用防伪油墨印刷，实现双重防伪效果；另一类是组合防伪包装，指在同一种商品包装中同时采用多种防伪技术，以增加商品包装的防伪能力，尽可能减小该商品包装被仿制或假冒的可能性。组合防伪包装的实质是基于商品包装材料或容器，通过对包装材料、包装标识、包装结构、包装印刷及其他防伪技术等的有机组合，有效地实现商品包装的防伪效果。

组合防伪包装已广泛应用于香烟、白酒、化妆品、食品等商品的包装中，如某香烟包装盒采用金卡纸、激光全息防伪标识、压凸烫金、条码、喷码、多种印刷工艺等多种防伪技术，提高其防伪性能；人民币采用了水印、安全线、防伪油墨、缩微文字印刷等多种防伪技术，有效地提高了纸币的防伪性能；五粮液白酒包装盒采用金卡纸板、多种印刷工艺、一次性包装结构等防伪技术提高该产品的防伪性能。

在商品包装设计中，如何将多种防伪技术进行有机组合，实现既能有效防伪，还要易于识别，而且防伪成本适中，这就需要对组合防伪包装做进一步的优化。

参考文献

[1] 马继军. 基于 AES 的产品数码防伪系统的设计与实现 [D]. 大连：大连理工大学，2009.

[2] 王莉，洪亮. 探析包装防伪印刷 [J]. 包装工程，2006，27（5）：301-303.

[3] 少石. 民国时期纸钞上的防伪暗记 [J]. 东方藏品，2016，(6)：110-115.

[4] 朱红艳，闫美英. 试论伪钞的鉴别方法 [J]. 净月学刊，2005，(4)：23-26.

[5] 刘续川. 第一套人民币的防伪“暗记” [J]. 中国钱币，1998，(4)：10-12.

[6] 陆明华. 邮票上的暗记 [J]. 山西老年，2010，(10)：1.

[7] 王丰军，徐梅. 版纹防伪技术及应用 [J]. 北京印刷学院学报，2008，16（6）：44-46.

[8] 王晓红. 计算机防伪技术（下篇）[J]. 中国防伪报道，2005，(3)：24-28.

[9] 石潇文. 光栅识别隐形图文防伪技术的研究与应用 [D]. 天津：天津科技大学，2011.

[10] RENESSE R L V. Hidden and scrambled images：a review [C]. Proceedings of SPIE International Society for Optics and Photonics，California：Optical Security and Counterfeit Deterrence Techniques IV，2002：333-348.

[11] AMIDROR I，CHOSSON S，HERSCH R D. Moiré methods for the protection of documents and products：A short survey [J]. Journal of Physics：Conference Series，2007，77：410-419.

[12] OZTAN B，SHARMA G. Continuous phase modulated halftones and their application to halftone data embedding [C]. Acoustics，Speech and Signal Processing，Toulouse：International Conference on. IEEE，2006：333-336.

[13] 龚晔. 微结构加网防伪 [D]. 无锡：江南大学，2008.

[14] OSTROMOUKHOV V. Artistic halftoning：between technology and art [J]. Proceedings of SPIE—The International Society for Optical Engineering，1999，3963：489-509.

[15] OSTROMOUKHOV V，HERSCH R D. Multi-color and artistic dithering [C]. C SIGGRAPH conference on computer graphics. New York：ACM Press Addison Wesley Publishing Co. 1999：425-432.

[16] HERSCH R，WITTWER B，FORLER E，et al. Images incorporating microstructures：20050052705A1 [P]. 2005-03-10.

[17] 姜昌华. 插件技术及其应用 [J]. 计算机应用与软件，2003，20（10）：10-11.

[18] 汤云儒. 浅谈票据印刷中的底纹防伪技术 [J]. 中国防伪报道，2011，（5）：54-56.

[19] 王丰军，徐梅. 防伪版纹设计系统的研制与开发 [J]. 包装工程，2009，30（5）：16-17.

[20] 亓文法，张海东. 一种应用三维浮雕进行安全底纹防伪设计的方法：200410004753.6 [P]. 2006-09-13.

[21] 国伟，杨斌，亓文法，等. 图像浮雕算法及其在防伪印刷中的应用 [J]. 中国印刷与包装研究，2011，02（1）：24-28.

[22] 亓文法，李晓龙，杨斌，等. 动摆线及其在安全底纹设计中的应用 [J]. 计算机辅助设计与图形学学报，2008，20（2）：267-272.

[23] VÍCTOR LUAÍA. Plotting the spirograph equations with gnuplot [N]. Linux Gazette，2006-11（#132）.

[24] FARRIS F A. Wheels on wheels on wheels surprising symmetry [J]. Mathematics Magazine，1996，69（3）：185-189.

[25] 刘元果. 安全底纹的浮雕生成算法和保形变换造型方法 [D]. 北京：北京大学，2000.

[26] SCHLEINING M. Hidden Images [J]. Mekeels & Stamps Magazine，1999，（530）：209-210.

[27] MARTIN J. Security document and method for protecting a security document against forgery and for the authentication of the security document：2543521A1 [P]. 2013-01-09.

[28] 钟云飞，游诗英. 数字印前包装防伪技术 [J]. 包装工程，2006，27（3）：82.

[29] 王成福. 数字印刷技术及设备 [J]. 印刷杂志，2002，（12）：19-23.

[30] 田子强. 浅析瑞士微型穿孔防伪技术 [J]. 中国防伪报道，2015，（3）：88-90.

[31] 谢利，赵荣丽. 产品防伪包装结构设计与分析 [J]. 印刷技术，2007，（11）：33.

[32] 吴艳叶. 组合防伪包装决策系统设计 [D]. 西安：西安理工大学，2004.

[33] 李峰. 一种局部纹理防伪结构及其制造方法、防伪方法：201510458526.9 [P]. 2018-06-08.

[34] 张雪峰. 防伪包装瓶：201320615754.9 [P]. 2014-03-19.

[35] 蒋秀忠. 一种酒瓶防伪结构：201320374939.5 [P]. 2014-03-12.

[36] 李峰. 随机模切式防伪结构、激光模切机、模切方法及防伪方法：201210039736.0 [P]. 2014-06-25.

[37] 李令民，李奎涛，张见强. 门票防伪异型孔模切装置：201120263785.3 [P]. 2012-02-22.

[38] 杨福馨. 方位防伪包装设计原理与方法 [J]. 湖南工业大学学报，1997，（3）：1-8.

[39] 张逸新. 印刷与包装防伪技术 [M]. 北京：化学工业出版社，2006：10-50.

[40] 陈默，尹世久. 防伪印刷技术与化学 [J]. 化学教育，2008，29（2）：1-5.

[41] 于岩华. 防伪酒瓶：201220283196.6 [P]. 2014-10-01.

[42] 殷德深. 一种全新的防伪封装方法：201410604877.1 [P]. 2015-01-21.

[43] 郑玮玮. 人民币设计风格探微 [D]. 长沙：湖南师范大学，2010.

[44] Baum J. Designing for security [J]. Chemical Health and Safety，2002，9（6）：5-10.

思 考 题

1. 简述ONE Top CTiP软件的防伪功能模块。

2. 简述方正超线、蒙泰版纹、JURA、Cerber、ONE Top CTiP等防伪软件的特点及不同之处。

3. 举例说明日常生活中遇到的哪些产品（瓶装、袋装、罐装等）使用了哪些包装结构防伪设计。

4. 何为微结构加网？微结构加网的特点、算法及应用范围。

5. 何为封装防伪？封装防伪技术有哪些特点及不足之处。

第4章　工艺防伪技术

印刷（Printing/Graphic Arts/Graphic Communications）是将文字、图画、照片、防伪花纹等原稿，经制版、施墨、加压等工序，使油墨转移到纸张、织品、塑料品、皮革等材料表面，批量复制原稿内容的技术。

防伪印刷是一种综合的防伪技术，属于特殊印刷的一个分支。它是指利用特殊的印刷工艺、印刷设备进行生产，以实现特殊的印刷效果和难以复制的产品形式。防伪印刷技术最初主要用于钞票、支票、债券、股票等有价证券，现已被广泛应用于商品商标、包装的印刷及商品防伪。

我国的印刷防伪技术有十分悠久的历史，这些技术主要应用于货币、有价证券和社会公共安全等特种行业。近年来，由于假冒货物日趋严重，出于自我保护的需要，越来越多的企业重视采用印刷防伪技术，越来越多的群众注意学习防伪知识。因此，公众防伪印刷技术随产品和市场的需要应运而生。在打击假冒、保护名优产品、维护企业和消费者的合法权益、推动市场经济健康发展中，公众防伪技术发挥了重要作用。

但是，由于防伪印刷技术与各国市场管理有关，所以其发展水平也不一样。一般在钞票、有价证券、证件防伪方面，印刷防伪的水平比较高，技术难度大，不易普及，防伪效果好，加之又有政府的财政支持，所以不断有新防伪技术应用在钞票等有价证券的印刷中。而民用商品的防伪印刷与经营者的意识、财力有关，因此大多采用一般性防伪技术或单一的防伪技术，防伪技术的发展比较缓慢，有些方面效果也不大理想。

防伪印刷的工艺流程为：印前防伪设计→防伪印刷材料的选择→防伪制版、印刷→印后防伪加工。

4.1　印刷防伪工艺

印刷防伪工艺是一种综合性的防伪技术，包括防伪设计制版、精密的印刷设备和与之配套的油墨、纸张等。单纯从印刷技术的角度来看，印刷防伪工艺主要包括雕刻制版、用计算机设计版纹、凹版印刷、彩虹印刷、花纹对接、双面对印技术、多色接线印刷、多色叠印、缩微印刷技术、折光潜影、隐形图像、图像混扰印刷等。

4.1.1　组 合 印 刷

组合印刷是指由两种或两种以上的印刷方式或印后加工工艺组成的在线印刷工艺过程。其中印刷方式主要有胶印、柔印、凹印、网印、数字印刷等，印后加工工艺主要有冷烫、热烫、覆膜、模切、切单张等。组合印刷将印刷方式与印后加工工艺连线组合，发挥各种印刷方式的特点，结合印后加工工序，从而得到精美的印刷产品。

4.1.1.1　组合印刷的实现方式与优缺点

组合印刷的实现主要有两种方式：离线式和在线式。早期的组合印刷都是采用离线式进行的。先将主要的图案印刷好后，再到其他设备上加工，如印刷好主要图案后，离线烫金或丝网印刷。这样，印刷就会呈现出多种效果的组合。但这种离线加工方式导致成本增加、交货期太长，已渐渐跟不上印刷业发展的步伐，于是在线式组合印刷开始盛行。在线式组合印刷又称连线式组合印刷，即将多种印刷方式以在线连机的形式进行印刷相关作业的一种全新工艺，其硬件一次性投入较大，产品结构需随市场变化而变化，市场定位较高。目前，在线式组合印刷的设备主要是以卷筒纸柔性版印刷机为基础，同时组合了胶印、丝网印刷、凹印，以及烫印、冷烫印、覆膜、模切、分切复卷、超级上光等印刷与印后加工设备。

组合印刷的价值在于各种印刷方式在组合加工中发挥自身的独特优势。在组合印刷中，柔印和胶印起主要作用，用于印刷大部分的文字和四色图像；轮转网印通常用于在印刷前为承印材料打不透明底色；而凹印常用于高端的健康美容产品的包装上，为印品提供高光和镜面等特殊效果；数字印刷能够进行号码或条形码等可变信息的印刷。如何组合各种印刷方式，要根据印品图文特点、印刷数量、质量要求、预计成本等因素来确定。通过优化的组合印刷，印品能够获得优异的印刷效果，为企业提升市场竞争力。

组合印刷难度越大、工序越复杂，其防伪效果就越好。组合印刷最早应用在钞票、证券、彩票或有价票据的印刷上。例如，钞票印刷很早就已经在雕刻凹版的同时加上胶印、凸印、打孔及打号等工艺。但早期的组合印刷都是在不同的单机上分别加工完成的，效果不是特别明显，生产批量也不能很大。随着组合印刷机的发展和普及，目前很多高档包装产品也利用不同印刷方式的特点印刷，增加仿造难度，提高防伪水平，而且可以大批量地进行加工生产。

从理论上讲，胶印、凹印、柔印等印刷方式和印后加工工艺可以任意组合，以满足标签印刷工艺的需要。常见的组合印刷方式有柔印+网印、柔印+凹印、柔印+胶印、柔印+凸印、凸印+网印等。在与印后加工工艺组合时，常见的为某种印刷方式与冷热烫印、覆膜、压凹凸、模切压痕等后加工工艺的组合，也有两种印刷工艺组合后再与印后加工工艺组合的。

4.1.1.2　组合印刷的应用

（1）组合印刷在票证中的防伪应用。在印刷产业中，安全印刷所使用的工艺材料非常复杂，其生产几乎涵盖了现有的各种印刷方式。为了保障票证的安全性能，防止票证被不法分子复制，票证印刷除专用的手工雕刻凹版印刷外，还采用了平版、凸版、丝网、全息烫印等印刷方式，近年来刚刚兴起的数字印刷在票证的制作中也得到了广泛的运用。

① 胶印。票证的底纹一般采用胶印方式印刷。胶印是一种复制精度很高的印刷方式，底纹采用专业制版软件制作，可以包含多种防伪技术，如缩微文字、开锁、劈线、图形调制、特殊网点等。多数底纹是矢量的线条稿，线条繁复，还可能有缩微图案。胶印非常适合在相对粗糙的证券纸上印刷复杂的图案，因为胶印属于转移印刷，通过橡皮布与纸张接触，油墨更容易伏贴地转移到纸张上面，使印品的线条均匀平滑。

充分利用胶印的这些特点，可以完美再现票证印刷品上复杂精美的底纹与装饰。再配合一些特殊的印刷工艺，如彩虹印刷、接色、对印等，可使票证的防伪力度得到进一步的提高。

② 雕刻凹版印刷。手工雕刻凹版印刷，是以纯手工雕刻方法制作凹印印版，通过手

工雕刻的点和线条，逼真地表现图像的轮廓和层次。凹印图案印刷墨层厚、图案精细、立体感强，用手触摸有明显的凹凸感。在票证印刷尤其是钞票印刷中，核心的主题图案内容和一些特殊效果都是由雕刻凹印来完成的。由于墨层厚、遮盖能力强，凹印直接压印在胶印底纹上可以得到很好的印刷质量和效果。

雕刻凹印因其独特的艺术表现能力和优良的防伪功能，被更多地应用于纸币、邮票、股票等有价证券的印刷上，成为票证印刷最可靠的防伪方式之一。

③ 丝网印刷。丝网印刷的油墨量大，堆积比较高，油墨种类多，性能各异，表现能力强。丝网印刷在票证中也有广泛的应用，票证印刷经常会用一些特殊的防伪油墨，如珠光油墨、光学变色油墨等，这些特种油墨含有颗粒较大的颜料。某些其他印刷方式难以实现的印刷效果，就需要用丝网印刷的方式来解决，比如欧元上的金色珠光油墨就是用丝网印刷的。按照工艺条件来说，使用雕刻凹版也可以印刷这些颗粒比较粗的油墨，但雕刻凹版制版费用高、油墨利用效率低，而采用丝网印刷的方式不仅能提高生产效率，还可节约成本。

④ 凸版印刷。凸印是一种古老的印刷方式。凸版印刷的印版图文部分高于空白部分，印刷时在图文部分涂墨后覆纸、加压，油墨即从印版直接移印到纸面上，因而其特点是压力大、印记清晰、墨色饱满。在票证印刷中可以充分利用凸印的特点，在号码打印或者一些特殊油墨的印刷上使用这种印刷方式。

⑤ 数字印刷。数字印刷以其灵活、周期短、无须胶片和印版、无传统印刷的烦琐工序等优点，受到越来越多的关注。在数字印刷中，图像或文字可以在印刷中连续变化，可赋予每个单一产品不同的信息，这是传统印刷无法实现的。

在票证印刷中，利用数字印刷可变信息的能力，可以进行身份证和护照信息页的打印。此外，利用数字印刷还可以印制证书的号码，如带有数字水印的加密人像、一维或二维条形码、可变的荧光图案、磁性号码等。

⑥ 全息烫印。全息烫印工艺是将全息烫印箔上的图案，在加温和加压的条件下转移到承印物上。全息图案因其良好的装饰和防伪效果，在防伪票据中得到广泛的运用。

全息定位烫印是全息烫印技术的升级产品，需要专用设备完成，具有较高的防伪力度，这种技术除在票证印刷中运用外，在很多高档香烟包装上也有使用。全息定位精细脱铝技术是高级别的防伪技术之一。它是在全息烫印箔上，对铝箔层进行定位腐蚀，这样可以在烫印箔上得到局部脱铝的效果。如果工艺水平高，还可以使留下的铝膜形成精细版纹和缩微小字。

在防伪要求极高的票证上，通常综合使用全息防伪技术、定位烫印技术和定位脱铝技术，如在护照签证和钞票上就可以看到这种组合方式的运用。欧元印制也采用了这项技术，票面不仅美观，而且防伪力度得到大幅提升。

（2）组合印刷在烟酒包装行业的应用。出于防伪的需要，烟、酒、高档化妆品等包装盒无论从图案设计、包装材料，还是工艺设备、产品品质上来讲都堪称一流。烟、酒、化妆品等包装盒印刷所涉及的技术与工艺仅次于钞票和有价证券的印刷，使其成为我国包装档次最高的商品。由于烟、酒、化妆品等包装印刷利润空间巨大，因此很多印刷企业纷纷涉足其中。由于烟、酒、化妆品等行业品牌众多，激烈的竞争促使其包装设计水平不断提升。同时，出于防伪的需要，很多特种印刷方式也有所应用。因此，单一的印刷方式已无法满足高品质包装的要求，于是融合了胶印、凹印、网印、柔印等多种印刷方式的组合印刷工艺迅速崛起。组合印刷的结果将烟、酒、高档化妆品等产品包装的档次大幅提升，也将几种印刷方式的特点发挥得淋漓尽致。

为实现香烟包装的防伪性能要求，并满足吸引消费者的独特外包装增值需求，烟包印刷工艺需要复杂匹配。在烟包印刷行业，目前常用的印刷工艺有凹印、胶印、柔印、网印、冷烫、热烫、转移、喷码、凹凸、压纹、模切等。不同的工艺各有优劣，相互补充，形成了完整的产品印刷和印后整饰的生产流程。

胶印擅长网点印刷，图文精细，层次丰富，印刷速度快，适宜中长订单；但专色密度及颜色饱和度有一定的局限性，同时颜色稳定性对水墨平衡的把握要求较高。

凹印擅长专色印刷，主色色彩饱和，颜色稳定，印刷速度快，对长订单有成本优势；但网点层次不丰富，短订单成本高。

网印擅长局部装饰，其墨层厚，墨层表面触感好，可使用光变、磨砂、珠光、皱纹、雪花等各种有特殊效果的油墨；但印刷速度慢，烟包印刷多采用 UV 油墨印刷，多次或大面积网印会导致产品爆墨。

柔印擅长应用水性油墨，其网纹辊上墨方式使得油墨颜色相对稳定，产品溶剂残留小，并且可以实现印刷+网印+冷烫+凹凸+分切+裁切等多工艺组合连机生产；但是设备幅面小，生产效率低，耗材成本高。

几种印刷方式的对比见表 4-1。

表 4-1　　各种印刷方式对比

印刷方式	网点层次	颜色饱和度	颜色稳定性	速度/效率	溶剂残留	成本优势
胶印	★★★★	★	★	★★★	★★	★★★
凹印	★★	★★★	★★★	★★★★	★★★	★★★★
网印	★	★★★★	★★	★	★★★★	★
柔印	★★★	★★	★★★★	★★	★	★★

注：★越多，表示优势越强。

热烫和冷烫工艺是最能提升产品外观效果的工艺。通常把电化铝经过烫金版热压后，图像信息铝层转移到承印物上的工艺称为热烫；把转移膜经过印版上胶水后，镭射信息铝层转移到承印物上的工艺称为冷烫。前者需要加热，后者不需加热。因为版材硬度、转移条件及过程的不同，较粗的线条、局部色块或定位烫印图案能通过热烫完美呈现，但是细小的图文信息无法呈现；而冷烫却擅长对细长无规则线条及细小网点的再现，可弥补传统热烫工艺的不足，使产品的金属质感效果更好。

（3）组合印刷在标签印刷中的应用。采用组合印刷的标签不仅图文精美，而且防伪性能高，可以说组合印刷代表了标签印刷的最高水平。但由于组合印刷工艺复杂，并且其对硬件设备的要求比较高，当前多数标签印刷企业还达不到运用组合印刷工艺的技术水平，国内拥有连线式组合印刷设备的标签印刷企业还为数不多。

标签印刷品的最大特点就是“货架效应”。所谓“货架效应”，就是要求贴上标签的商品“抢眼”、反差大、一目了然。有些标签的设计风格是图文既精细又粗犷，既有细腻的层次，又有大红大绿的色块线条陪衬。油墨颜色是形成色泽反差的关键，而油墨层的厚薄又直接影响色泽的反差，所以必须加大墨层的厚度来加大反差感。

组合印刷可以将上述各种印刷方式的优点结合起来，从而满足高档标签的设计需求。因此，组合印刷工艺的出现，丰富了国内标签印刷的思路，顺应了国内市场对于标签精美化的要求。组合印刷工艺可以随意改变标签的印刷过程，其极大的灵活性、高效性，也使得组合印刷标签的“含金量”大增，不仅提升了产品的附加值，更重要的是，由于组合印刷的工艺复杂、难度高，使其产品的防伪性能也随之提升，对保护品牌大有好处，这也是当前许多跨国企业选择组合印刷工艺的重要原因之一。

4.1.2 彩虹印刷

所谓彩虹印刷，是指在同一印刷单元上使用不同颜色的油墨，从而使一个完整的图案在不同的部分具有不同的颜色，而且这些颜色的变换是逐渐过渡的，没有明显的界限，犹如七色彩虹的渐变，如图 4-1 所示。这种工艺不但能产生特殊的印刷效果，使仿造者难以模仿，而且印刷效果极易识别，无须借助特殊工具。正是这些优势使彩虹印刷成为一种重要的防伪印刷工艺，与其他防伪印刷工艺（如荧光墨、磁性油墨等）相结合，被广泛应用于钞票、支票、身份证、护照、驾驶执照，以及证券、股票、债券等多种印刷品上。

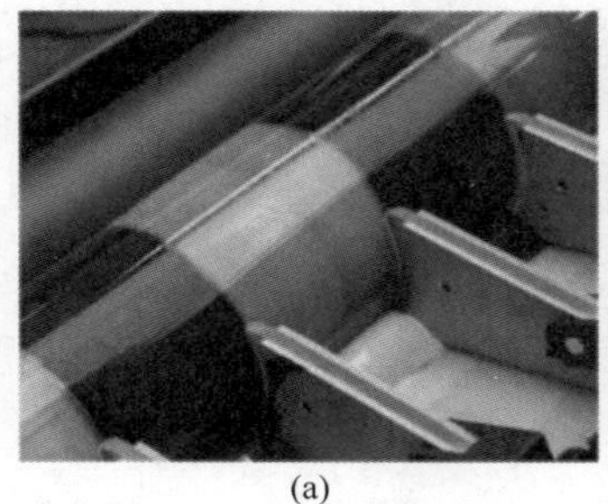

(a)

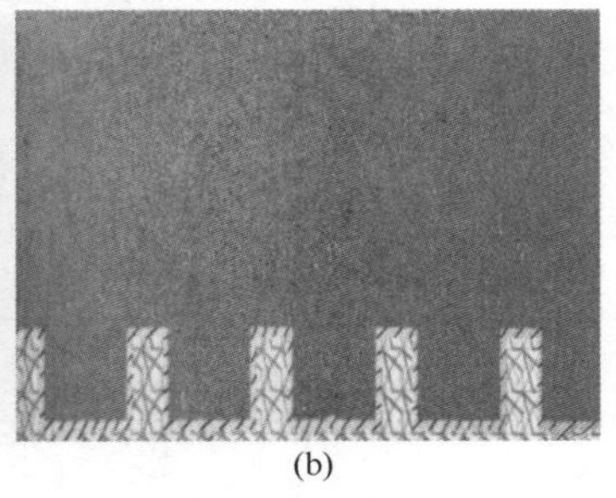

(b)

图 4-1 彩虹印刷

（a）墨槽隔断 （b）印刷效果

根据印刷品的外观表现效果，彩虹印刷可以分为轴向彩虹、周向彩虹和 2D Iris 彩虹。

4.1.2.1 轴向彩虹

轴向彩虹指的是彩虹色沿着墨辊中心轴方向依次渐变而成，轴向彩虹也可以理解为 1D 彩虹，因为彩虹只沿轴向变化，与中心轴垂直的径向没有变化，径向直线上一直只有一个颜色。

目前，部分轮转印刷（太阳轮转印刷设备）和单张印刷（海德堡）设备，都具有轴向彩虹的印刷功能。轴向彩虹印刷是在同一个印刷单元上，使用一定量的不同颜色油墨，将它们按指定顺序混合在一起，例如，1 号墨、2 号墨、1 号墨、2 号墨，或 1 号墨、2 号墨、3 号墨、1 号墨、2 号墨、3 号墨，或 1 号墨、2 号墨、1 号墨、1 号墨、2 号墨、1 号墨，等等。这需要将胶印机原有的墨槽按照所需的颜色和位置，用分隔器（图 4-2）分隔成几部分，按照顺序放置不同颜色的油墨，然后改变原有的串墨辊和串墨幅度，使其在机械控制下有规律地左右蹿动，使墨槽里多种颜色的油墨发生混合，产生所需的彩虹效果，再通过橡皮布转移到承印物上，完成彩虹印刷。在这之中，分隔器的大小和串墨辊左右蹿动的幅度都将影响最终的彩虹效果，必须控制得当，分隔器在隔离不同的油墨时，绝不能干涉紧邻的墨区，才能保证印刷品质的稳定和彩虹效果的一致。

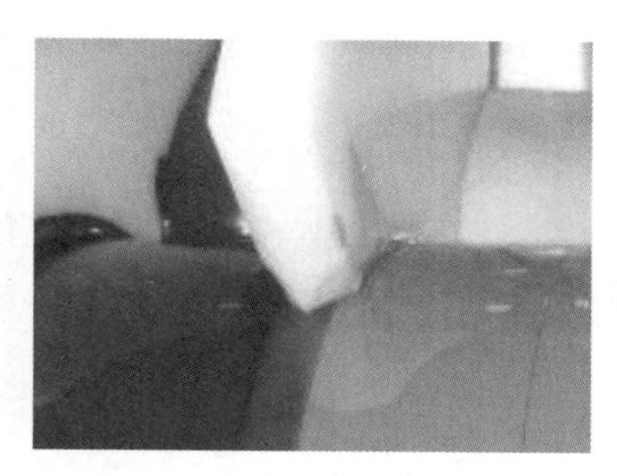

图4-2　彩虹印刷墨槽分隔器（中间白色块）

图4-3所示为海德堡速霸XL75胶印机的轴向彩虹印刷墨槽及串墨辊效果，这种特殊的彩虹印刷装置位于普通CPC墨斗的顶部，是一个带有封闭式刮墨刀系统的墨斗。它有36个墨区，多于CPC系统常见的23个墨区，因此能非常精确地调节油墨密度。这个模块化装置总质量为40kg，由滑动式刮墨刀、分隔器支撑杆、分隔器基座、分隔器本身及分隔器密封装置组成，适用于各种黏度的防伪印刷油墨。

将印刷单元及彩虹印刷装置预先设置好，用户就可以自己决定使用彩虹印刷装置还是常规的印刷单元了。要将常用印刷单元转换为彩虹印刷装置，只需6个步骤即可完成。

（1）将常用墨斗调至关闭状态，将用于彩虹印刷的两个特殊附属装置安装在印刷单元的侧面机架上。

（2）将彩虹印刷装置安装在印刷单元上，通过一套手柄组合与智能凹槽配合系统，可以确保对墨斗进行精确定位。

（3）完成分隔器基座的定位（这一步可以离线完成）。分隔器基座的定位很容易，而且可以精确到毫米级，但要注意分隔器之间的最小距离应当是20mm。

（4）借助圆销对准系统，将分隔器支撑杆固定在彩虹印刷装置上。这样一来，即便要使用多个支撑杆进行重复作业，也可以确保100%的精确度；同时，因为无须调整，还能有效节省时间。

（5）将分隔器和分隔器、分隔器和刮墨刀、墨斗辊之间密封起来。值得一提的是，此装置采用的是一种特殊的硅密封材料，因此分隔器上没有调整螺钉，轻松插入即可，无须进行其他连接或调整工作，可节省大量时间。

（6）降低串墨辊蹿动幅度，这项任务要在印刷机的传动装置一侧精确地完成。

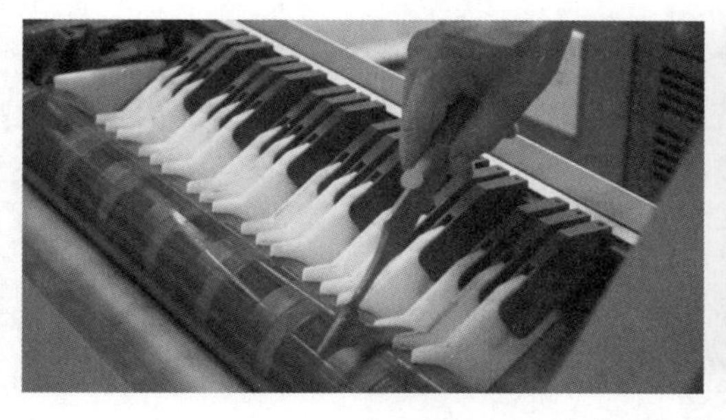

图4-3　轴向彩虹印刷墨槽及串墨辊效果

4.1.2.2　周向彩虹

周向彩虹印刷防伪技术指的是彩虹渐变色由里向外呈环状渐变，不局限在轴向和（或）径向，渐变方向呈360°辐射，故又称360°彩虹印刷防伪技术，可以实现任意角度的彩虹效果。

周向彩虹印刷需要墨辊的轴向蹿动与周向运动相配合，将不同的颜色通过集色辊和差速蹿动，形成任意角度的彩虹效果或周向彩虹效果，因此防伪性能比轴向彩虹提升了数十倍。

上海印钞厂70周年纪念券（钞）就使用了周向彩虹技术，在该券（钞）的背面最右侧［图4-4（a）中箭头所示位置］，通过胶印方式印刷的辐射状防伪底纹上，紫色和蓝色在整个圆周多方向上平滑、柔和过渡。在紫外光下观察时，能够清楚地看到橙色和蓝色荧光效果在圆周多个方向上平滑、柔和过渡［图4-4（b）、图4-4（c）］。

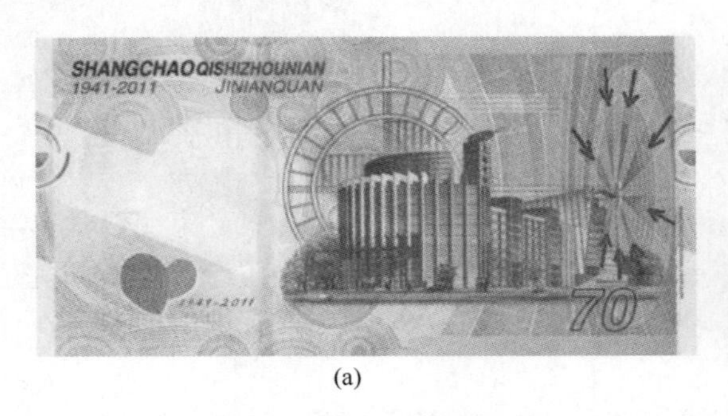

(a)

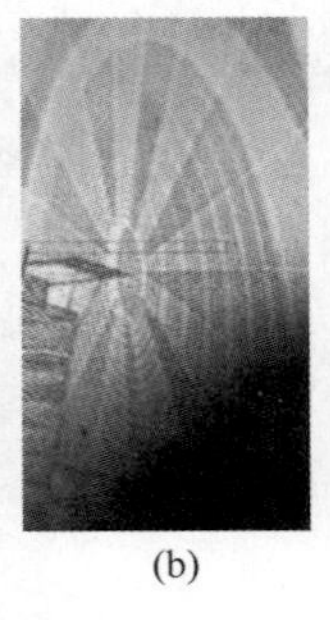

(b)

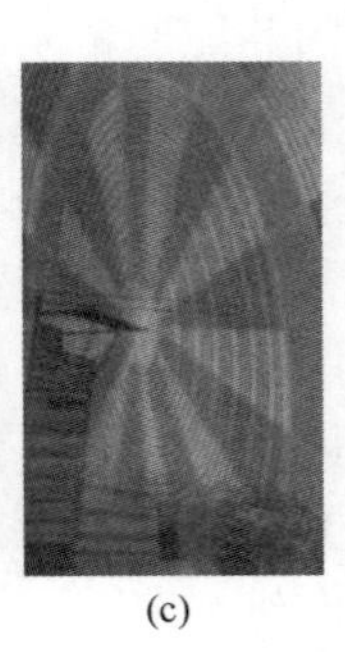

(c)

图4-4　上海印钞厂70周年纪念券（钞）上的周向彩虹效果

（a）背面整体效果　（b）自然光下效果　（c）紫外光下橙色-蓝色荧光过渡

我国2012年5月开始签发的新版护照，在护照所有人个人信息页的团花图案上也应用了周向彩虹技术。不难发现彩虹“团花”从四周向内部逐渐由橙色渐变到红色，颜色过渡柔和、自然，在放大镜下观察两个颜色渐变过渡的区域，线条仍然为实地而非网点状。图4-5所示为团花颜色渐变区域的放大图。

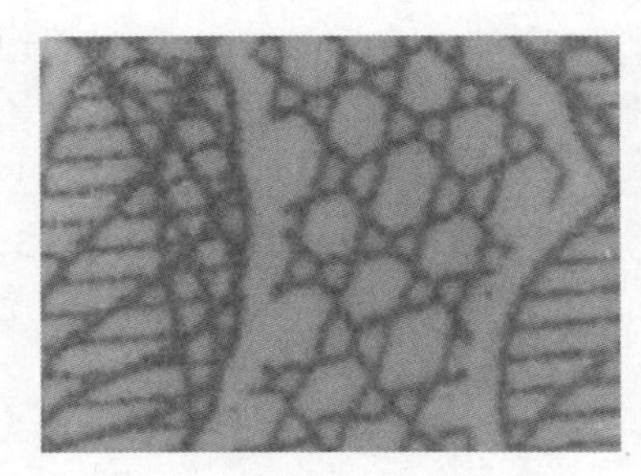

图4-5　新版护照个人信息页的周向彩虹（局部放大图）

4.1.2.3　2D Iris彩虹

2D Iris是Goznak和KBA NotaSys合作开发的应用在Super Simultan Ⅳ上的彩虹印刷防伪技术。该功能的色组包含3个墨路，其中两个普通墨路通过双墨斗隔色工艺实现传统印刷滚筒轴向的彩虹印刷效果，另一个使用差动串墨原理的墨路来实现360°周向的隔色效果。同时，3个墨路通过集色原理，使该色组的底纹印刷在同一层上，从而实现2D Iris彩虹效果。因该彩虹效果与奥洛夫接线技术相结合，因此又称为2D奥洛夫彩虹印刷防伪技术。

图4-6所示为KBA GIORI的2D Iris彩虹效果，在样张右侧底纹上有3条明显的约成30°倾斜角的彩虹条纹，在彩虹条纹内部还有轴向彩虹渐变效果。在左侧2D图案的防伪底纹上，每一个2D

图4-6　KBA GIORI的2D Iris彩虹效果

图案的颜色都与其 360°周向的颜色形成平滑而柔和的过渡。

在 2014 年俄罗斯冬奥纪念钞 100 卢布上就应用了 2D Iris 彩虹技术。如图 4-7（a）所示，在该纪念钞背面 100 下方位置使用了 2D Iris 彩虹效果，形成波浪状的防伪图案，图案由绿、蓝、橙三色柔和渐变而成。图 4-7（b）所示为蓝、橙两色渐变区域的放大图，从图中可以清晰地看到两个颜色之间的平滑过渡。

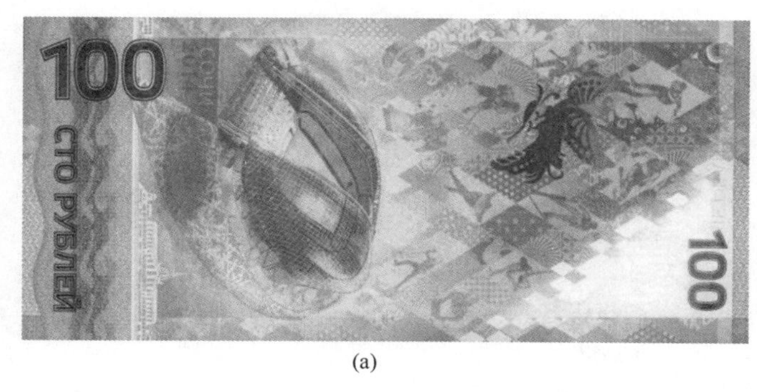

(a)

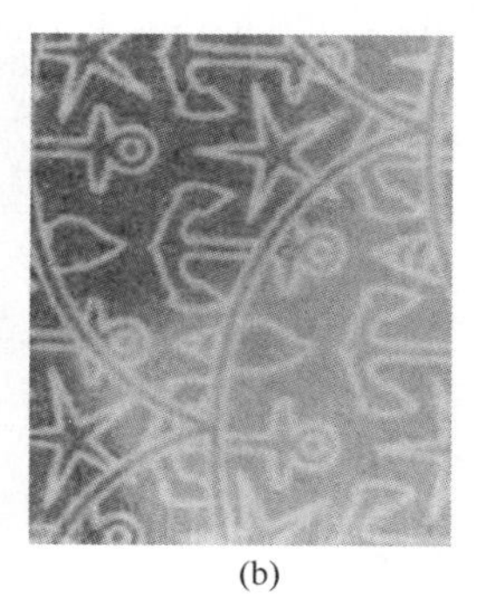

(b)

图 4-7 2014 年俄罗斯冬奥纪念钞的 2D Iris 彩虹效果

（a）背面整体效果 （b）蓝-橙两色渐变区域放大图

此外，从 2010 年开始，俄罗斯在其发行的高面值钞票 1000、2000 和 5000 卢布上都运用了该技术。在俄罗斯 2010 年版钞票 1000 卢布背面［图 4-8（a）］的雕刻图案右侧的花纹图案中，品、蓝和蓝、黄绿两色间色彩渐变过渡，形成特定方向、形状、大小的彩虹效果。图 4-8（b）所示为 2D Iris 彩虹效果区域的局部放大图。

(a)

(b)

图 4-8 俄罗斯 2010 年版钞票 1000 卢布背面上的 2D Iris 彩虹效果

（a）背面整体效果 （b）2D Iris 彩虹效果区域放大图

4.1.3 接线印刷

接线印刷是指使用特制的雕刻凹版、凸印、胶印、丝印等印刷设备，在纸张上印刷出方向任意的细线条，每根线条平滑连续并包含不同的颜色，且相邻的两种颜色无间断和明显过渡，从而达到一种“接线”效果的防伪技术。接线印刷于 1891 年由一名叫伊万·奥洛夫的专家发明，这种工艺不仅巧妙地解决了多色印刷、不同颜色间准确衔接的业界难题，而且其所体现的“接线”效果对当时的普通设备而言是不可能达到的，具有极高的防伪作用，促使这项工艺很快被投入到纸币印刷生产中去，后人为了纪念这项革新技术的发明人，便将其称作奥洛夫工艺，简称奥氏工艺。

4.1.3.1 接线印刷工艺原理及发展历程

普通多色印刷工艺是采用多个色组、多套印版，通过多次印刷来形成多个颜色的相接。受印刷设备精度的影响，各颜色之间会有重叠或者分离的情况发生，其原理如图 4-9（a）所示。接线印刷工艺是通过一个机组、多个墨路、一套印版、一次印刷实现多个颜色的相接，其原理简图如图 4-9（b）所示。

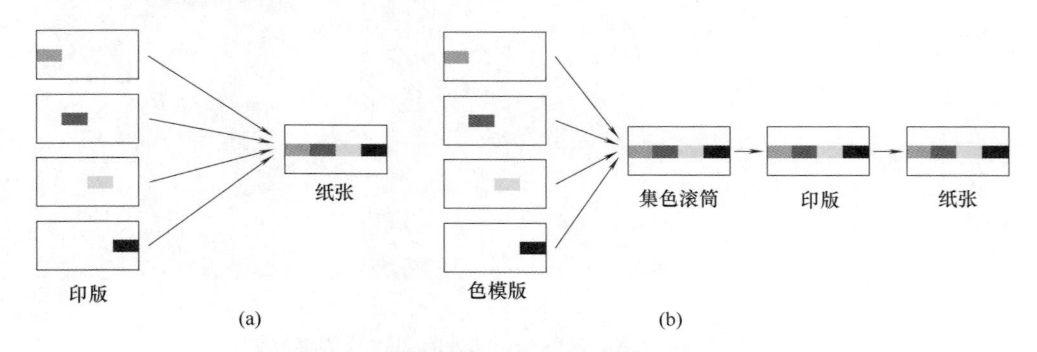

图 4-9　普通多色印刷与接线印刷原理简图
（a）普通多色印刷　（b）接线印刷

图 4-10　俄罗斯国家印制公司防伪印样上的奥式设备结构示意图

最初的接线印刷（也就是奥氏工艺）的核心在于使用了特制的一版多色凸印设备，即奥氏印刷机。图 4-10 所示为俄罗斯国家印制公司（Goznak）在 2002 年印刷的一张防伪印样，上面展示的便是一台早期奥氏设备的结构示意图。结合这张图，可知奥氏印刷机的工作原理大致如下。

（1）a 为印版滚筒，其上依次装有 4 块色模版（能向印版分区分块传墨的凸版，版上的版纹由色块构成）和一块印版（凸版花纹版，版上的版纹对应印到纸张上的图文）。

（2）b 为压印滚筒，其上含有一块与印版尺寸相对应的压印面，并传递纸张。

（3）c 为集色滚筒，是周长尺寸与印版周向长度相对应的弹性胶皮辊。

（4）d 为输墨装置。机器工作时，输墨装置利用离合机构向 4 块色模版依次定位供墨，供墨不交叉，每个色模版只获得一个墨路的油墨。

随着滚筒的转动，附着了油墨的色模版依次与集色滚筒接触并向其供墨，当 4 块色模版分别转过之后，印版上每个对应区域的油墨都已传递到集色滚筒上。然后，集色滚筒上的油墨又会转移到与之接触的印版上，这样印版上图文的分区供墨就实现了。当附着了油墨的印版转到与带着纸张的压印面接触时，印版上的图文便转移到纸张上，印刷过程完成。简而言之，奥氏工艺的奥秘在于“一版多色”，即一块印版分区供给多个颜色的油墨，一次压印完成多色印刷。这本质上相当于在印版上完成不同颜色的套印，对比纸张上的套印，套印精度有所提高，虽也存在套印误差，却可通过相邻颜色间一定程度的混色来抵消其影响；而普通印刷机则为"一版一色"，若要实现多色印刷必须完成多次压印。本质上，不同颜色的套印是在纸张上完成的，而多次压印必然累计套印误差，且误差的影响无法通过其他途径有效抵消，想要实现"接线"效果显然是很难做到的。

1920 年，青年技师沈永彬参照卢布票面上奥氏工艺的特征，打破技术封锁，发明了一版三色凸版复色印钞机和一版四色平版印钞工艺设备，这是我国印钞企业应用复色接线印刷技术之始。

沈氏复色印钞机采用刻花的胶辊传墨、卫星式集色结构（图 4-11），在设计上较奥氏设备有所改进，但也存在线条接线衔接处颜色重叠过大、色相不纯、胶辊耐印率低、不适合大生产等工艺上的缺陷。由于条件限制，该印钞机难以在实践中进一步提高和完善。

(a)

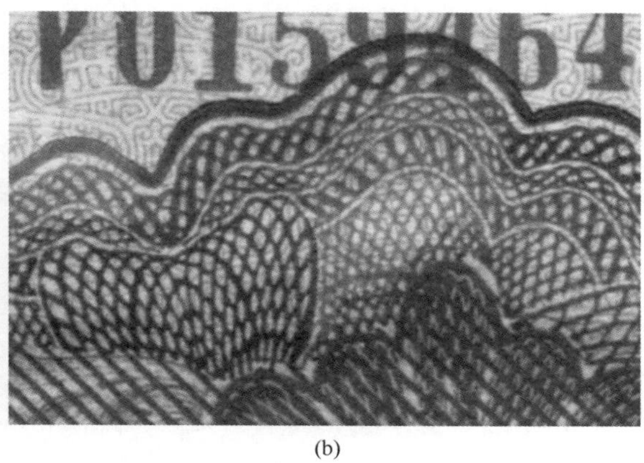

(b)

图 4-11　沈氏复色印钞机及印刷效果

（a）沈氏复色印刷机　（b）印刷效果

中华人民共和国成立以来，我国印制行业坚持"独立自主、自力更生"的精神，相继在多个领域取得重要突破，这其中最具代表性的当属胶印多色接线技术及其专用设备的研发。从 1954 年开始，国营 541 厂（今北京印钞有限公司）的工程技术人员李根绪等人，深入分析奥氏工艺的原理，并对比沈氏复色印钞机的设计，在 1957 年创造性地发明了具有中国特色的一版多色干胶印接线工艺，并于 1959 年造出第一台一版四色凸版胶印印钞机，即 145 甲型机。

145 甲型机的工作原理：设备运转时，四色输墨装置分别向 4 个色模滚筒供墨，着墨后的色模滚筒依次向集色胶皮滚筒传墨，集色胶皮滚筒再将集中好的 4 色色块传到花纹版滚筒上，花纹版上不同区域的版纹就附着了不同颜色的油墨，再传递到转印胶皮滚筒上，便形成四色接线图文。这时，纸张从压印滚筒和转印胶皮滚筒之间通过，在压力作用下接线图文转印到纸张上，印刷过程完成。145 甲型机的特色体现在：

① 把色模版、花纹版分别做成滚筒形式，并采用卫星式滚筒排列结构。奥氏机器将 4 块色模版和一块印版全部装夹在一个滚筒上，因此单倍径滚筒要每转 5 圈才能完成一次印刷，而 145 甲型机的单倍径滚筒每转一圈即可完成一次印刷，印刷效率大大提高。

② 版材选用大张薄型版。奥氏机器使用单开瓦型版，每一版面、每一单开的印版和

色模版都要进行单独装夹和调整，生产准备耗时长，而145甲型机则使用了大张版，装夹调整操作便捷。

③ 采用干胶印印刷工艺。145甲型机的印版（花纹版）为凸版，与奥氏机器不同：在印版和压印滚筒之间增加胶皮滚筒，构成了干胶印这种印刷方式，既具备了胶印良好的印刷适性，又跨过了平版印刷水墨平衡控制不易这道难题，印品质量稳定。

在145甲型机设计成功不久后，技术人员又继续研发了一版多色双面干胶印机，即245甲型机。其一次过纸可完成正背胶印底纹印刷，集接线、配色套印、对印、隔色等防伪工艺于一体，相继作为印制第三套、第四套人民币的主力机型，并成为后续相关改型设备的设计基础。

目前，世界一流印钞设备制造商KBA NotaSys和Komori所生产的新型胶印设备，仍会根据客户的需求搭配接线印刷模块。接线与套印的有机结合是一种新的设计理念。

4.1.3.2 接线印刷的防伪应用

奥氏接线工艺最早应用在卢布的印刷上，图4-12（a）所示为1910年100卢布的背面，其底纹线条和面额数字部分便采用该方法印刷完成。从图4-12（c）中可以看到，每根线条平滑连续并包含多种颜色，相邻的两种颜色交替自然，且衔接处无断开和明显过渡，这种效果被称作“接线”，也是采用奥氏工艺所印线纹的最大特征。除此之外，该方法同样也可完成叠印效果，如图4-12（b）所示，蓝色线条叠印于棕色色块之上。

图4-12　1910年100卢布

（a）背面效果　（b）叠印接线效果　（c）线条接线效果

奥氏工艺一经创立就作为重要的防伪手段应用于钞券载体的印刷上，并相继用于许多国家的纸币。

我国的胶印接线印刷最早应用于第三套人民币的生产，极大地提高了人民币的印制品质，而干胶印接线工艺的发明也早于其他国家20多年，成为我国当时钞票防伪技术的核心，并陆续出现在援外品如越南、阿尔巴尼亚、老挝、柬埔寨等国的纸币上。如图4-13所示，第三套人民币2元正面胶印底纹和背面胶印花饰采用了接线印刷。值得一提的是，这张纸币胶印底纹的最初设计是围绕145甲型机的工艺特征而开展的，即正背面各通过145甲型机印刷一次而达到双面接线效果。后来随着245甲型机的投入使用，因生产需要，部分2元纸币采用该设备生产，而245甲型机的工艺特征为正面接线背面套印，所以其背面花饰为套印印刷。这种正面接线背面套印的搭配也逐渐成为人民币底纹的主流特征。

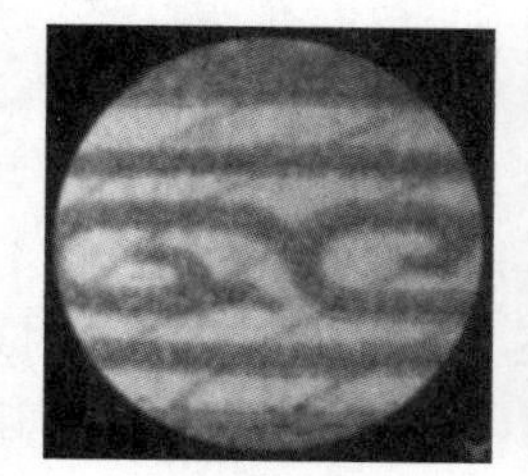
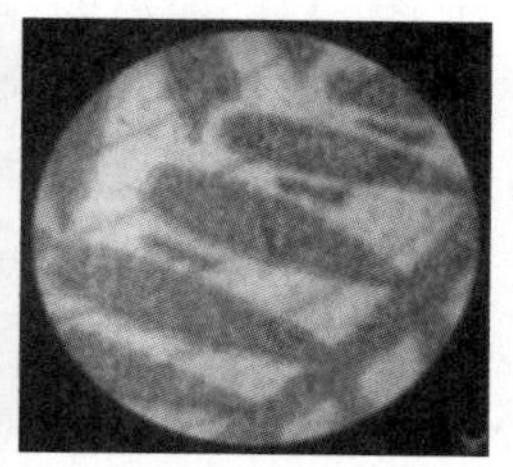

图4-13　接线印刷效果

4.1.4　无 墨 印 刷

无墨印刷（Inkless Printing）又称为无墨压印，是指印刷时不使用油墨，而是直接采取加热的、有图文的印版或通过压力，在纸张或塑料基片等承印物上空压印，使承印基片发生一定的形变，冷却后图文定型，形成无色图文的一种特种印刷技术。

无墨印刷工艺一般应用在空白区，或根据需要用于有印刷色覆盖的区域。图4-14（a）所示为2006年墨西哥发行的F序列20比索塑料钞正面右下角透明窗体上的无墨印刷图案，在倾斜纸币观察时可以清晰地观察到。图4-14（b）所示是2009年阿拉伯联合酋长国发行的面值1000里尔纸币正面右侧中间位置的无墨印刷，该图案采用接线印刷的方式由有色印刷变为无墨印刷，在浅色的背景上形成很明显的浮雕图案。

(a)

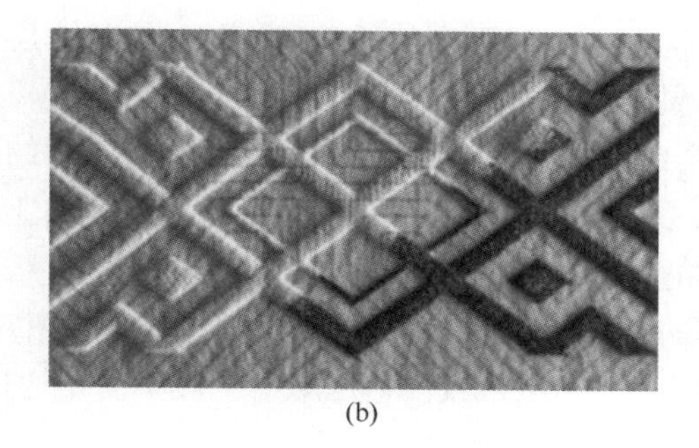

(b)

图4-14　无墨印刷效果

（a）2006年墨西哥发行的F序列20比索塑料钞　（b）2009年阿拉伯联合酋长国发行的面值1000里尔纸币

4.1.4.1　无墨印刷工艺原理

常见的无墨印刷工艺有两种形式：无墨凹印和素压纹。两种工艺在效果上相似，但在工艺实现和原理上截然不同。

（1）无墨凹印。雕刻凹版印刷在印刷过程中需要很大压力才能将印版上的油墨转移到承印材料上，压力的作用使得印刷图文区的承印材料发生较大变形，在印刷图文正面形成一定浮雕高度，而在印刷图文的背面形成一定的凹陷。利用这一特性，在印刷时采取不上油墨进行空压的技术，利用压力使承印基材发生形变而形成浮雕图文，使雕刻凹版上的图文信息“转印”到承印基材上。无墨凹印的印刷压力较正常的雕刻凹版印刷压力要大，才能形成更加明显的浮雕图文。值得注意的是，在使用塑料基材进行无墨凹印时，由于塑料基材的特性，需要对基材进行一定的加热处理，使得塑料基材更加容易发生形变并能很好地保持这种形变特性。

（2）素压纹（Blind Embossing）。该技术使用专用设备，图文被制于一对阴阳印模上，阴模上图文下凹，阳模上图文凸起，印刷时纸张在阴阳模之间，在阴阳模的压力下形成浮凸图案，原理类似于钢印。图 4-15（a）和图 4-15（b）所示为素压纹工艺的工艺简图，通过阴阳互补的一对印模，在压力作用下，使得承印材料发生较大形变而形成浮雕凸起图文信息。图 4-15（c）所示是素压纹金属印模。

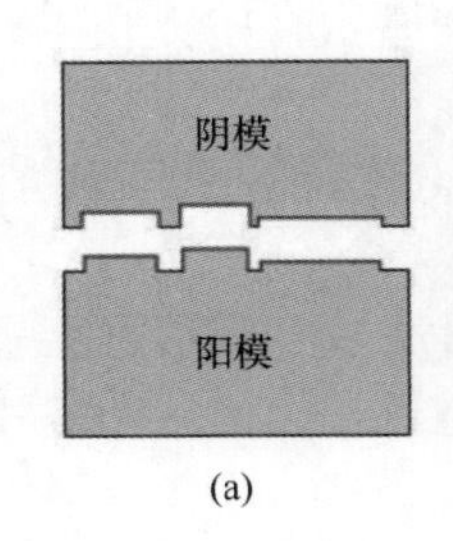

(a)

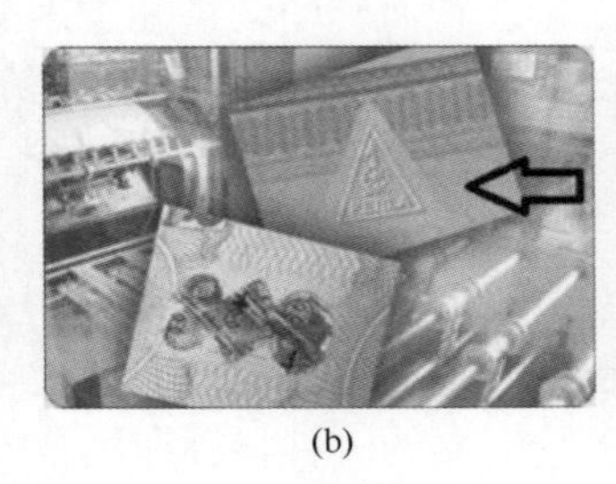
(b)

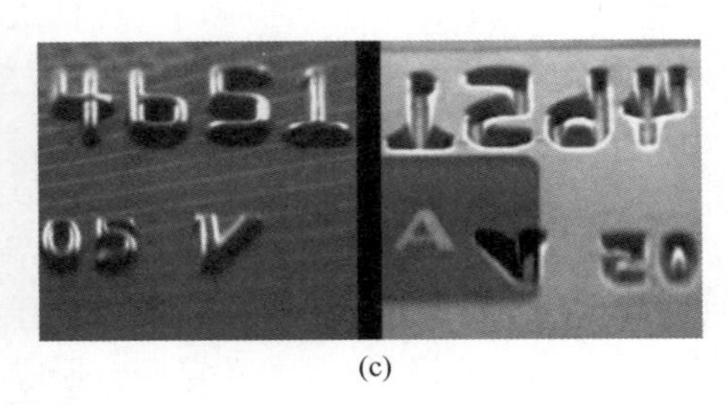
(c)

图 4-15　素压纹工艺简图及金属印模
（a）阴阳印模　（b）浮雕凸起图文信息　（c）金属印模

4.1.4.2　无墨印刷的防伪应用

无墨印刷工艺主要应用在货币和护照防伪方面。其中，无墨凹印主要应用在货币防伪方面，其形成的浮雕图文复杂、细腻、层次感强、防伪效果好，而素压纹形式无墨印刷多用于护照防伪方面，其形成的浮雕图文相对简单、层次少。

随着无墨印刷的发展以及对防伪性能需求的提升，各印制企业根据无墨印刷的特性，开发出具有自身特色的防伪工艺。目前，无墨印刷的防伪应用主要有 5 种形式：普通无墨印刷、MVC 及 MVC+、FIT latent 及 PEAK、Jasper®和光变结构式。

（1）普通无墨印刷。普通无墨印刷指的是通过无墨凹印或素压纹工艺，在承印基材上形成一定的浮雕图案，为了使浮雕图案能够非常直观地被观察到，该浮雕图案一般出现在防伪印刷品的空白区域或浅色区域，一般不需要通过倾斜防伪印刷品就能看到。图 4-16 所示为纸币上的无墨印刷效果。

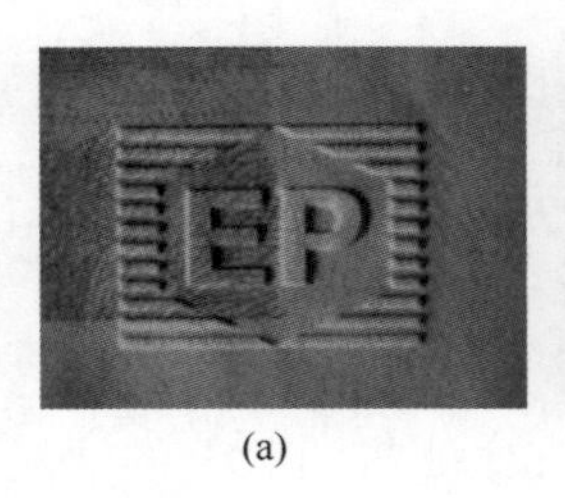

(a)

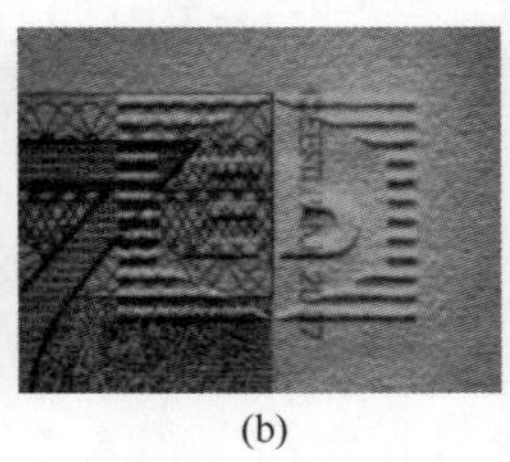
(b)

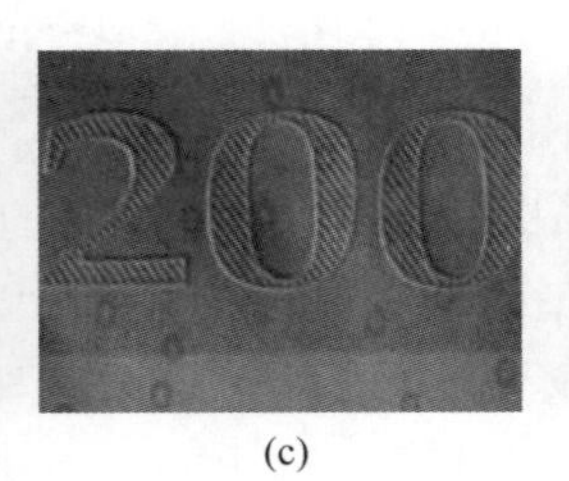

(c)

(d)

图 4-16　纸币上的无墨印刷效果
（a）效果 1　（b）效果 2　（c）效果 3　（d）效果 4

（2）MVC 及 MVC+。Moire Variable Color（MVC）技术是 Goznak 将无墨凹版印刷和胶印技术结合而研发出来的高端防伪技术，俗称“变色龙”或“彩虹波纹”。从 MVC 技术的命名即可看出，该技术是 Moire 干涉防伪原理的一种应用。该技术需要先在承印材料上印刷由一定粗细、周期的直线组构成的基本的光栅底色，而后进行无墨凹印空压，形成浮雕光栅，浮雕光栅与底色光栅成一定的夹角，从而形成 Moire 干涉条纹。

图 4-17 所示为俄罗斯于 1997 年发行的面值 5000 卢布纸币上的 MVC 技术应用效果。正视观察纸币的外观效果，椭圆区域为一平滑的浅色底色，看不出其他图案［图 4-17（a）］；当倾斜观察纸币时，椭圆区域会呈现出明显的、周期性的彩色干涉条纹［图 4-17（b）］。

(a)

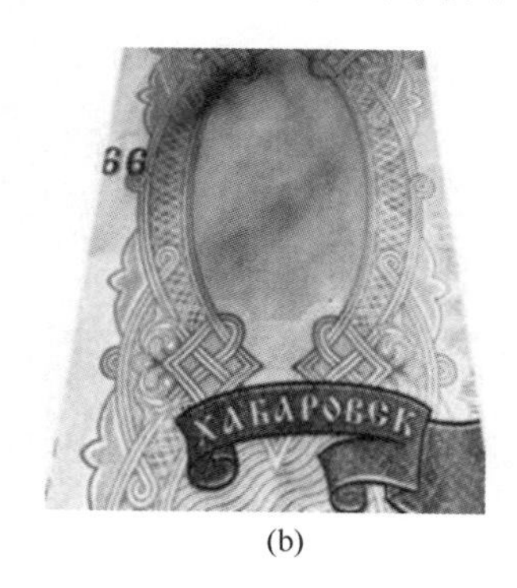

(b)

图 4-17　俄罗斯 5000 卢布的 MVC 效果

（a）正视效果　（b）倾斜观察效果

随后，Goznak 公司对 MVC 技术进行了防伪性能升级，开发出 MVC+技术。MVC 及 MVC+的区别在于，MVC 技术采用的是无墨凹版盲压，所形成的浮雕光栅与底色上的光栅不需要精确套位，所形成的干涉条纹多为直线状或放射状，形式单一。MVC+技术采用的是无墨凹印套色空压，所形成的浮雕光栅与底色上的光栅精确套位，可以形成任意形状的图形、logo、数字等信息，形式多样。

图 4-18（a）所示是俄罗斯 2010 年发行的 1000 卢布上的 MVC 在不同观察角度下的外观效果。图 4-18（b）所示为新版面值 500 卢布上的 MVC+技术外观，在上下转动纸币时，隐藏的面值 500 中每个数字都发生颜色变换，其中 5 由黄绿色变为青色，中间的 0 由青色变为橙色，边上的 0 由品色变为绿色，如此反复变换。

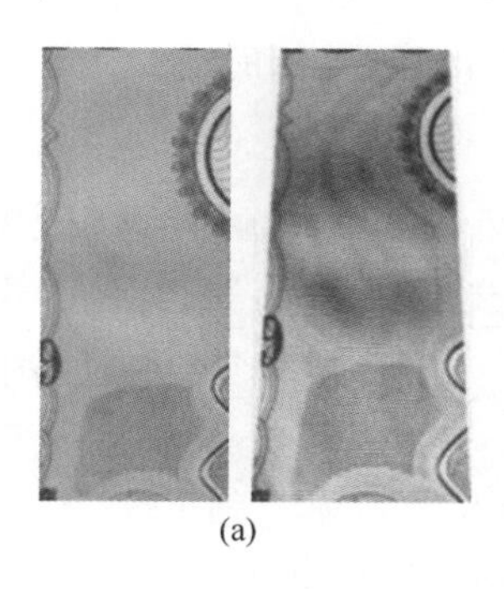

(a)

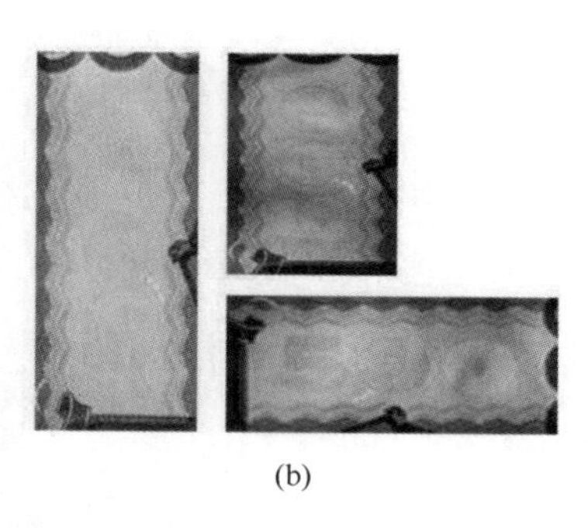

(b)

图 4-18　俄罗斯 MVC 效果和 MVC+效果的对比

（a）MVC 效果　（b）MVC+效果

（3）FIT latent 及 PEAK。精细凹印雕刻潜影（Fine Intaglio Technology latent）是新一代的能在 3D 背景上呈现真正的数字图像翻转的潜影图像。该技术是在精细凹印雕刻技术的基础上开发的。1996 年，德国捷德公司引入计算机高分辨率雕刻技术，在凹印印版上雕刻精细线条成为可能，从而使得新的安全特征技术得到发展。在该技术中，形成潜影的元素直接通过高分辨率激光雕刻设备进行凹版雕刻，然后压印到纸币的金属反光层上，形成精细凹印雕刻潜影图案。当倾斜纸币时，潜影图案发生变化，使得隐藏的两种不同的图案变得清晰可见。图 4-19 所示是捷德公司的测试样稿，图 4-19（a）所示为正视时的观察效果，当倾斜一定角度后即可看到图 4-19（b）所示的外观效果。

(a)

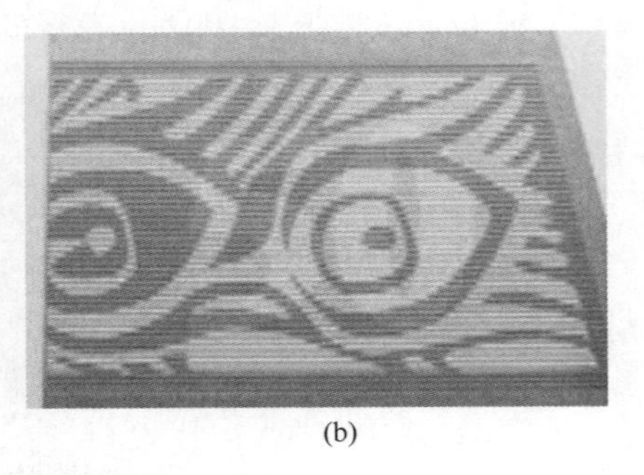

(b)

图 4-19　精细凹印雕刻潜影

（a）正视效果　（b）倾斜观察效果

该技术在利比里亚 2003 年发行的 20 利比里亚元正面正中间的人像的右侧也有应用（图 4-20）。正视观察时，可以看到五角星图案［图 4-20（a）］，侧视或倾斜纸钞观察时，可以清晰地看到 CBL 字样［图 4-20（b）］。

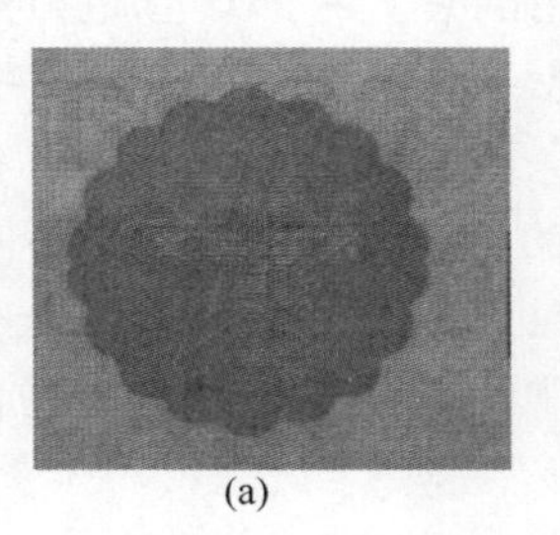

(a)

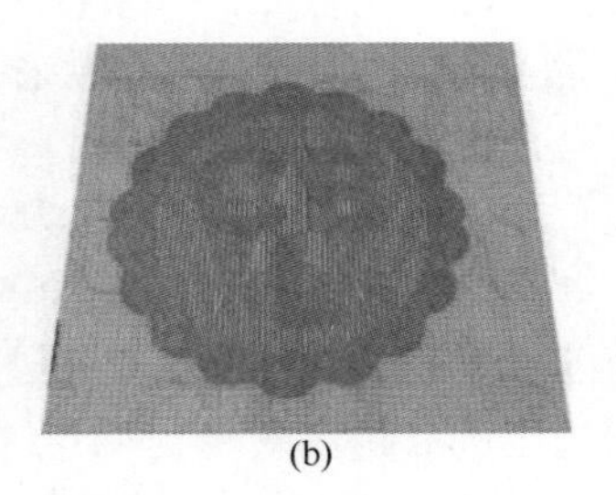

(b)

图 4-20　利比里亚 2023 年发行的 20 利比里亚元应用效果

（a）正视效果　（b）倾斜观察效果

该技术也使用在哈萨克斯坦 1000 坚戈纪念钞正面右下角，倾斜该枚纪念钞，可以清晰地看到三排 OSCE 字样［图 4-21（a）］，并随着角度的变化而产生蓝色和浅蓝色的颜色变化效果，如图 4-21（b）所示。

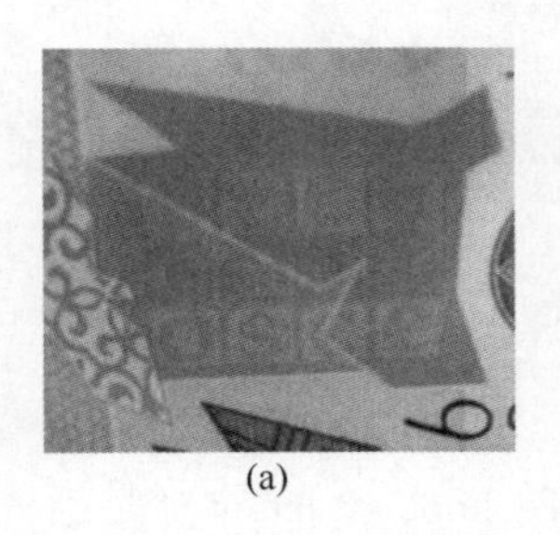

(a)

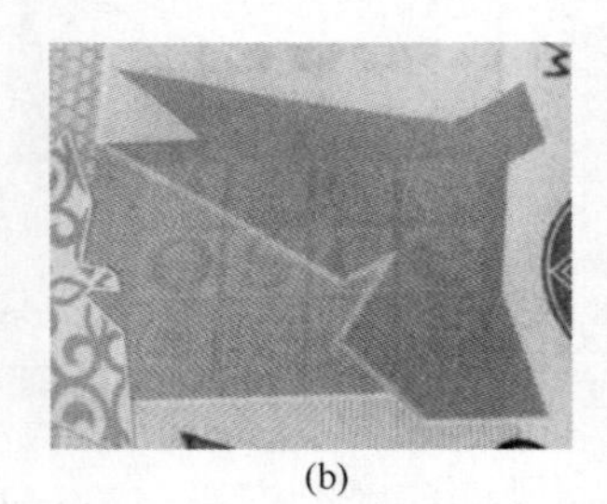

(b)

图 4-21　哈萨克斯坦 1000 坚戈纪念钞应用效果

（a）左右倾斜观察效果　（b）随角度变化的颜色变化效果

随后，捷德公司又开发出 PEAK（Printed Embossed Anticopy Key）技术，为公众提供了一个简单可行的方法来检验钞票的真伪。PEAK 技术的特点在于其工艺实现过程只是简单的印刷和压纹工艺的结合，精心设计的细纹通过压纹工艺压印在一定的背景上，产生一个三维的光学可变的潜影图像，在不同的观察角度下可以看到不同的隐藏信息及颜色。图 4-22 所示为捷德公司 PEAK 技术的试样效果，在倾斜一定角度观察时，可以看到品色的数字 11。

图 4-22　PEAK 技术的试样效果

在捷德公司代印的马来西亚 2009 版 50 林吉特和阿联酋 2011 版 500 迪拉姆上，也应用了该技术。图 4-23（a）所示为 50 林吉特应用该技术的正面效果。在放大镜的观察下，扶桑花上方的圆形区域有纸色（白）、蓝色、红色、黄色 4 个颜色及球面素压纹凸起。如图 4-23（b）所示，在一定角度下观察 50 字样呈红色，周围部分呈蓝色；变换角度观察后，50 字样与周围部分有颜色互换效果。

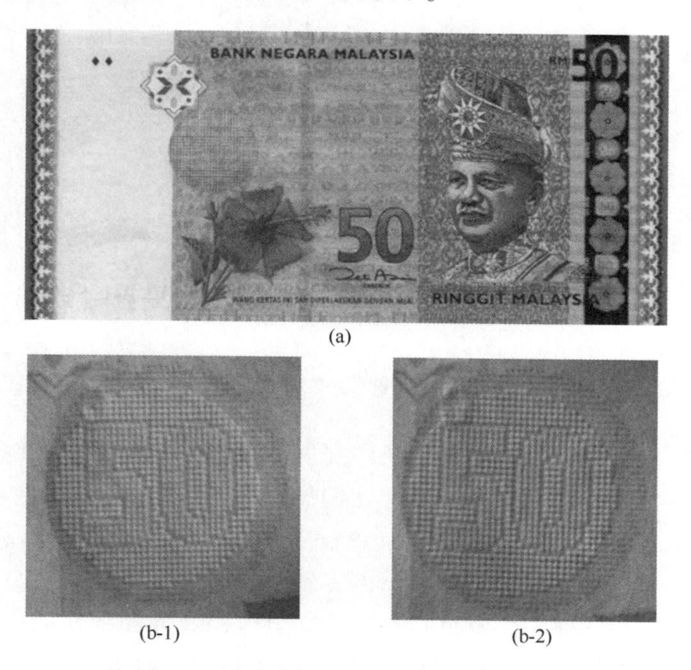

图 4-23　马来西亚 2009 版 50 林吉特上 PEAK 技术应用效果
（a）正面效果　（b）不同角度观察效果

阿联酋 500 迪拉姆［图 4-24（a）］正面左下方区域为该技术的应用效果。在放大镜下观察，该区域有纸色（白）、蓝色、红色、绿色 4 个颜色及球面凸起效果。图 4-24（b）为视线垂直纸币平面观察时的外观效果图，图 4-24（e）为此时各色点的位置及颜色效果。图 4-24（c）为右向观察视线与纸币平面成锐角 α 时的外观效果图，两个上下并列排布的“UAE”潜像凸显出来，呈现绿色（红点在阴影处），图 4-24（f）为此时各印刷色点在球面素压纹凸起表面的位置情况。图 4-24（d）为左向观察视线与纸币平面成锐角 $-\alpha$ 时的外观效果图，两个上下并列排布的“UAE”潜像凸显出来，呈现红色（此时绿点在阴影处），图 4-24（g）为此时各色点的位置及颜色效果。

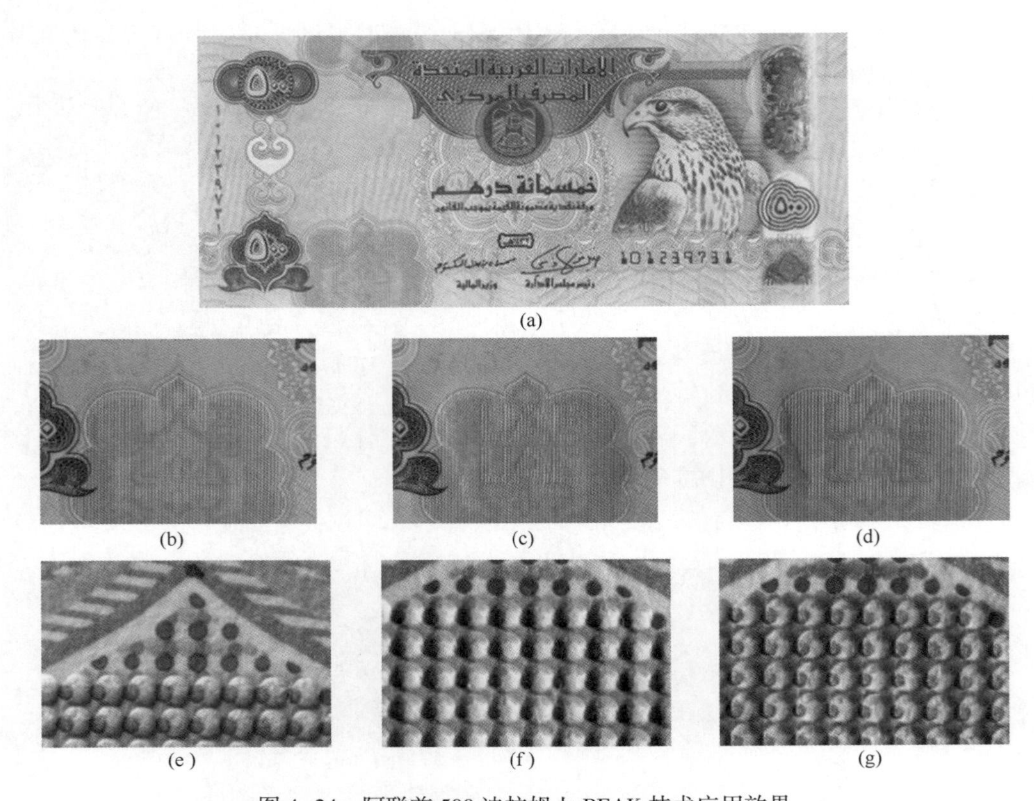

图 4-24　阿联酋 500 迪拉姆上 PEAK 技术应用效果

（a）整体效果　（b）视线垂直纸币　（c）右向观察　（d）左向观察　（e）视线垂直时各印刷色点的位置　（f）右向观察时各印刷色点的位置　（g）左向观察时各印刷色点的位置

（4）Jasper®。法国欧贝特公司将无墨印刷与全息技术结合而形成其独门秘籍——Jasper®技术。欧贝特公司成立于 1842 年，是法国老牌印刷企业，在全球拥有 50 个销售办事处，在 140 个国家和地区拥有 5700 名员工和 65 个网站，其在安全防伪技术领域处于世界领先水平。2010 年，该公司注册了 6 个新的专利。其中，Jasper®技术是国际上公认的高科技防伪技术之一。2011 年后，欧贝特科技的安全印刷业务和现金保障部门更名为欧贝特（Fiduciaire），其余部分出售给 Advent 国际。该公司不断创新，致力于防伪科技的研究与应用，尤其在纸钞防伪中拥有不可替代的独门秘籍。其中，图 4-25（a）所示为其中一枚“海马”测试钞，测试钞上多种 Jasper®技术的测试效果如图 4-25（b）所示。

Jasper®防伪技术具有一种动态压花光学效应，结合盲压花三维全息图，具有至少两个以上的光学效应，防止复印和扫描。图 4-26 所示为利比亚 10 第纳尔上的 Jasper®防伪技术在 3 种不同观察角度下的外观效果。

（5）光变结构式。中钞油墨有限公司开发了一种具有光变结构的防伪图纹，该图纹包括印刷在载体上的平版印刷线条和凹版素压印的浮雕线条。其中，平版印刷线条为带有弧度的一组曲线线条，平版曲线线条的宽度由粗变细或细变粗。凹版素压印的浮雕线条为与平版印刷线条对应的具有相同弧度的一组曲线线条，叠印在平版印刷线条之上，宽度变化规律与平版印刷线条相同。该技术是通过两种印刷方式的精确叠印，产生的线条宽度连

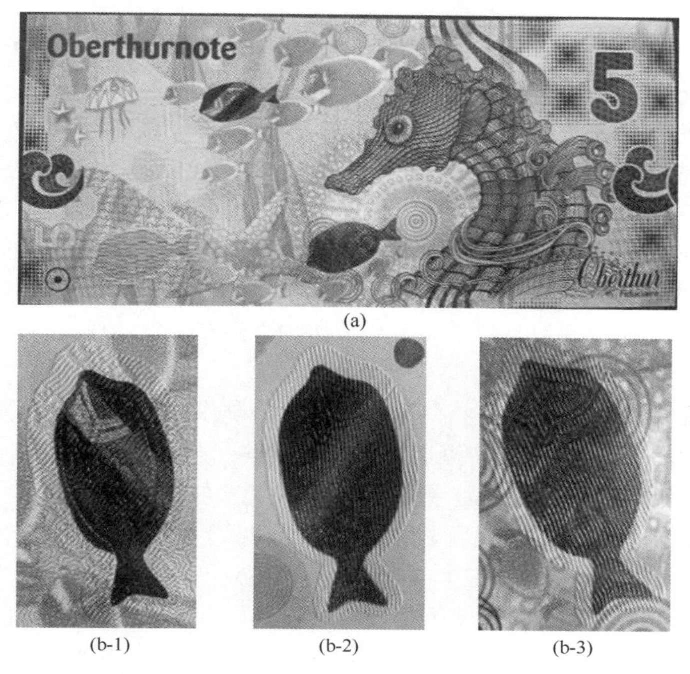

(a)

(b-1)　(b-2)　(b-3)

图 4-25　Jasper®技术测试效果

（a）“海马”测试钞整体效果　（b）Jasper®技术测试效果

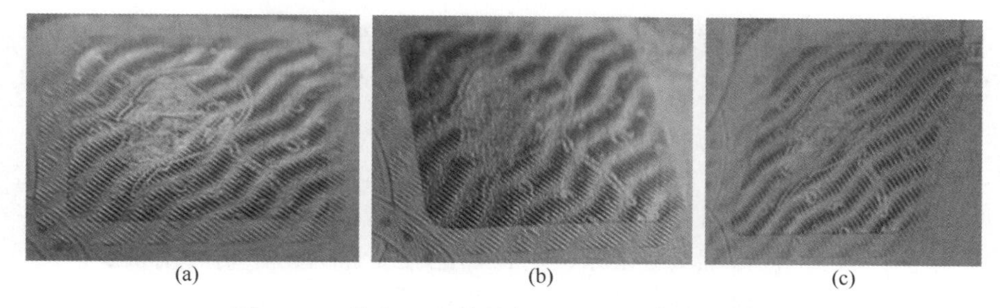

(a)　(b)　(c)

图 4-26　利比亚 10 第纳尔上的 Jasper®应用效果

（a）正视效果　（b）左视效果　（c）右视效果

续变化的曲线浮雕结构，在印品转动观察时出现连续的光变效果，具有直观、易于识别、防复印、不易伪造等特征。该动态光变防伪图纹及其制作方法可以应用于有价证券的防伪。

随后，中国印钞造币总公司又提出一种升级版的防伪技术，即通过一次凹印无色压印，使得双面产生隐形变色的工艺技术。该技术首先在承印物的双面印制底纹图案，该底纹图案由多种颜色的线条、点或微缩图案排列构成，再将凹印隐形图案分解成与底纹图案对应的点线构成的图案，将隐形图案制成凹印版，通过单面凹印，对双面底纹图案部位进行空压，形成隐藏图文。当隐形图案与底纹图案平行时，通过侧面观察，双面在套合部位可呈现隐形图案，并且不同的角度呈现不同的颜色。当隐形图案与底纹图案成一定角度时，双面在套合部位可呈现隐形图案，并且出现多种颜色叠加产生的复合颜色。

4.1.5 雕刻凹版印刷

4.1.5.1 概述

凹版印刷简称凹印，是四大印刷方式中的一种，它是一种直接印刷方法，即将凹版凹坑中所含的油墨直接压印到承印物上，所印画面的浓淡层次是由凹坑的大小及深浅决定的，如果凹坑较深，则含的油墨量较多，压印后承印物上留下的墨层就较厚；相反，如果凹坑较浅，则含的油墨量就较少，压印后承印物上留下的墨层就较薄。凹版印刷的印版是由一个个与原稿图文相对应的凹坑与印版的表面所组成的。印刷时，油墨被填充到凹坑内，印版表面的油墨用刮墨刀刮掉，印版与承印物之间有一定的压力接触，将凹坑内的油墨转移到承印物上，完成印刷。

雕刻凹版印刷简称雕刻凹印，指的是以雕刻方法制作印版的凹版印刷方式。起初，雕刻凹版是一种版画艺术，由画家在铜版上雕刻出均匀、细致的线条，组成清晰美观的图案。用雕刻凹版印制出来的印刷品，粗线条墨层厚实、在纸面上略凸出，并有光泽；细线条即使细如毫发，也清晰可辨。用雕刻凹版印出的产品，线条分明，色泽经久不变，有利于防止伪造假冒。

4.1.5.2 雕刻凹版印刷的发展历程

雕刻凹印技术起源于欧洲。1661 年，瑞典银行首先采用钢版雕刻凹印印制钞票，后来欧洲各国纷纷效仿，钢版雕刻凹印逐渐发展成为一种专门的工艺技术。美国自 1775 年开始应用钢版凹印技术印制钞票，日本在 1875 年聘请意大利雕刻家乔索尼传授钢版雕刻凹印技术。

钢版雕刻凹印技术传入我国是在 1908 年。当时，清政府先后花重金聘请美国著名雕刻家海趣和手刻、机刻和过版技师维廉・亚历山大・格兰、盖尔夫、狄克森、司脱・克斯 5 人，他们主要做了两件事情：一是收徒授艺，为我国培养手工钢凹版雕刻技术人才，如吴锦堂、阎锡麟、李浦、毕辰年、刘尔加等，他们成为跟随海趣学艺的我国第一代钢凹版雕刻技师；二是雕刻银行兑换券。

钢版凹印技术的工艺流程十分复杂，一件印品耗工巨大，印制周期很长，成本颇高。但是，由于印工精细，防伪性强，又以特殊工艺复制分版，虽经千万次印刷而版纹毫厘不损，因此，各国印制钞票等有价证券普遍采用此法，至今长盛不衰。

4.1.5.3 雕刻凹版的分类及复制

雕刻凹印使用的印版一般为带有下凹图文的金属版，常见材料有铜版、钢版、镍版等金属版材。印刷图文制作精度、印刷过程控制和印刷精度要求等，对版材表面粗糙度要求较高，一般印版制作完成后需要进行抛光处理。

印版上图文结构多以点线为主，随着计算机制版技术的发展和对防伪的要求，逐渐出现了类似网纹结构的图案。因印刷过程中需要对印版上非图文区域多余油墨进行擦除，印版上图文无论是点线结构还是网纹结构，都必须保证下凹图文中有一定的油墨容量，即图文的宽度和深度需要满足一定的条件。对于实地或多调色块图案，就需要借助网纹结构，在图案下凹区域内加网制作凸起的支撑点线结构，这样在凸起的点线之间就构成了所谓的“抓墨点”，防止擦版过程对图文应有墨量的改变。印版上的图文必须有一定的下凹深度，一般图文最深可达 180μm，对于线条的宽度也有要求，一般最宽可以达到 600μm，甚至更宽。

（1）雕刻凹版分类。雕刻凹版根据雕刻工艺的不同，可以分为手工雕刻凹版、机械雕刻凹版、腐蚀雕刻凹版、电子雕刻凹版和激光雕刻凹版。

① 手工雕刻凹版。手工雕刻凹版是技术人员用刻刀在印版滚筒的表面按照原稿图文进行手工雕刻制成的，印版材料可用铜版或钢版。手工劳动任务繁重，制版费用高，周期长。但是手工雕刻的凹版线条清晰，印刷品层次感强，难以伪造。大多用于制作有价证券及高质量艺术品的印刷凹版。

手工雕刻凹版又可以分为直刻式凹版、干点式凹版和蚀刻式凹版。

直刻式凹版　在表面磨光的铜版、钢版或锌版版材上，用雕刻刀刻绘点、线，制成图像。直刻式凹版使用的雕刻刀如图 4-27（a）所示，断面为正方形或菱形的钢棒，前端斜向磨成刀刃。雕刻时，先将光滑的铜版放在皮制的砂枕之上，以利于铜版变换倾斜的方向。然后用雕刻刀顺着画线的方向，一边转动版材，一边用方刃刻刀刻出下凹的线条，依刻线的深浅来表达浓淡层次。雕刻中产生的铜屑，大部分从刻刀的刃端排出，但尚有一部分突出于雕刻线的两侧，即所谓的线屑，可以用三角推削刀［图 4-27（b）］削平版面，加以修正。图 4-27（c）所示是雕刻中的达·芬奇头像。直刻式凹版的线画，以鲜锐明晰为特色，给人以尖锐清冷的感觉。

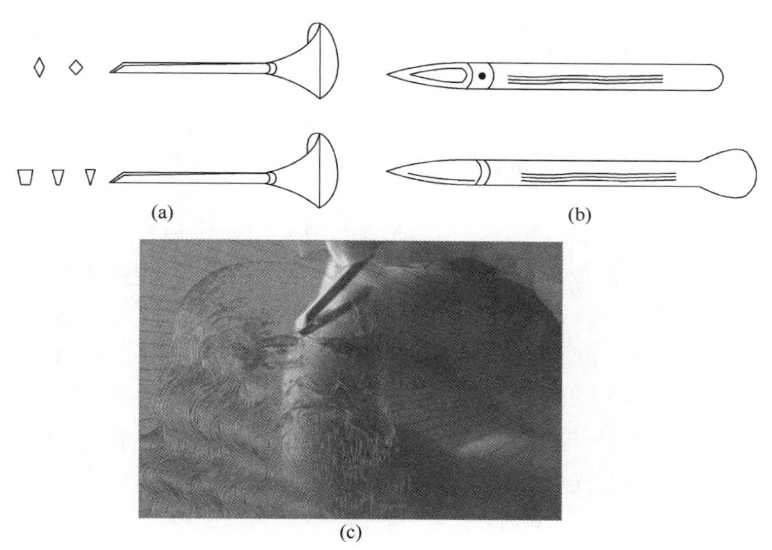

图 4-27　雕刻刀简图及正在雕刻的达·芬奇头像

（a）雕刻刀　（b）三角推削刀　（c）雕刻中的达·芬奇头像

干点式凹版　在金属铜版上，用坚硬锐利的针头直接雕刻，制成凹版。干点式凹版的制作方法虽然与直刻式凹版有些相似，但直刻式凹版的线画是用雕刻刀直接刻出来的，而干点式凹版的线画，不过是轻微的痕线屑（图 4-28），如犁田所形成的田畦。针尖或多或少地深入铜面，掘起粗糙的边缘，形成线屑。

干点式凹版雕刻的线画深浅与线屑的粗细，不仅与用力的大小有关，还与雕刻针与版面的角度有关，雕刻针与版面垂直时，其画线刻痕浅，生成的线屑少；雕刻针与版面倾斜时，线画刻痕深，生成的线屑多。生成的线屑有时保留在版面上，可增强线画的表现力。

干点式凹版在线画之内和线屑的侧面，都能附着油墨，故印刷的产品与直刻凹版所形成的尖锐清冷感觉恰成对比，所表现的阶调犹如天鹅绒般给人以柔和的美感，故适宜风景画等艺术性版画类。

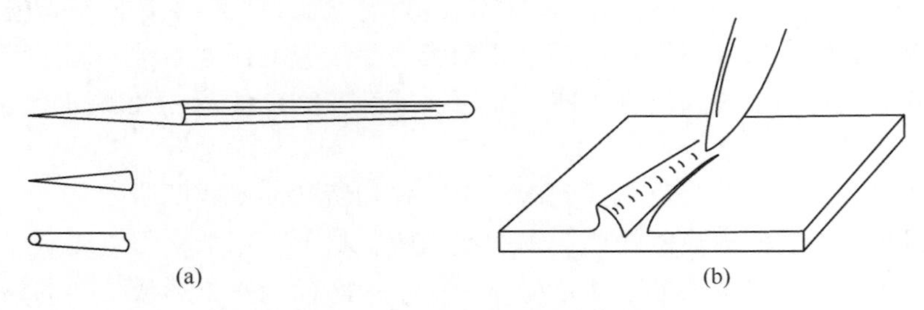

图 4-28　干点式凹版雕刻刀及雕刻过程
（a）针头　（b）雕刻过程

蚀刻式凹版　蚀刻式凹版制版步骤：准备铜版→涂布抗蚀剂→烘干→针刻→腐蚀。

把经过仔细研磨的铜版，清洗干净、晾干。在其表面涂布一层以蜡为主，沥青、蜡和树脂融合成的黑色抗蚀薄膜。这种防蚀剂易于熔化和附于金属表面，用蚀刻针描画膜层不会破裂，画线光洁清晰。再用蚀刻针手工刻露出金属表面，然后在版面上注入金属腐蚀液，进行腐蚀，即可获得凹画线条。因腐蚀时间长短不一，从而线条有深有浅，制得蚀刻凹版。

② 机械雕刻凹版。机械雕刻凹版是用机械控制刻刀在印版滚筒的表面进行雕刻制作，它减轻了手工雕刻的繁重劳作，制版速度较快，周期较短，制版费用也较低，主要用于制作有价证券的印刷凹版。

③ 腐蚀雕刻凹版。腐蚀雕刻凹版是按照原稿图文用化学腐蚀的方法，在印版滚筒的表面蚀刻出一个个墨坑。根据原稿图文转换方法的不同，可将腐蚀雕刻凹版分为蚀刻凹版、照相凹版和网点凹版。蚀刻凹版是用雕刻与腐蚀相结合的制版方法制成的，即先用手工雕刻出原稿图文的形状，再用腐蚀的方法制出凹版。照相凹版应用比较广泛，是凹印中应用最多的印版，主要用于印刷画版等。网点凹版主要用于包装装潢印刷及建材印刷等。

④ 电子雕刻凹版。电子雕刻凹版是由电子控制装置控制刻刀在印版滚筒表面进行雕刻。利用电子雕刻机，根据光电原理，控制雕刻刀在滚筒表面雕刻出网穴，其面积和深度同时发生变化。其原理如图 4-29 所示。

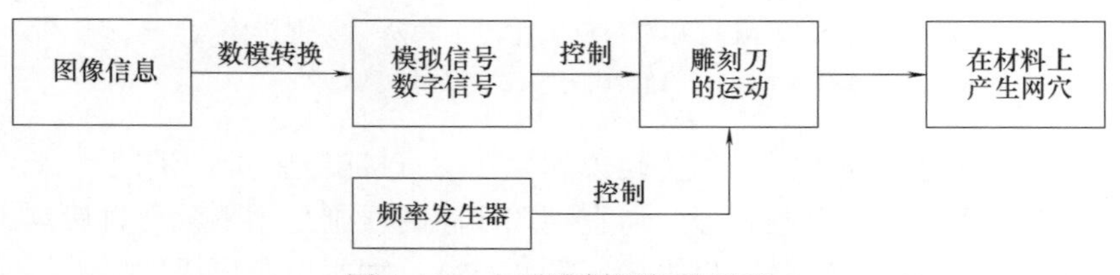

图 4-29　电子雕刻凹版的原理

电子雕刻机集成自动化控制等现代化技术，是一种具有高质量稳定性的精密机械。电雕所生成的数据都以数字化形式采集，可在后续制版中使用，可靠性强。原稿从被扫描开始就变成数字信号，经软件分色，再传输至电雕机或彩色打样机，这样对生产工艺的标准化和规范化都非常有利，从而更加保证了印刷品的质量。此外，电雕工作站使用 TIFF 图文数据进行传递，经过 HelioLight 组版工作站进行整合，并设定工作参数配置，由雕刻软件产生电雕曲线，记录电雕参数和显示雕刻状态，直至刻录光盘保存文件（方便多次使用和改版）。

电雕工艺相对成熟，控制简单，层次还原逼真。缺点是实地的上墨量有限，墨层对有些粗糙的承印物遮盖力不足；由于机械雕刻的网穴与网穴之间有网墙分割，由网穴组成的线条边缘不可避免地会出现锯齿边，印刷时细小文字不清晰且易断线或糊版。德国海尔推出了 Xtreme 雕刻技术，它可以在高达 400 线/cm 的网线数下，非常精细地再现最细微的部分，精细文字可不依赖于雕刻网线数而独立选定记录分辨率，通过优化油墨流使轮廓平滑并产生轮廓线。电雕工艺既可以实现常规网点，也能实现调频加网复制。

⑤ 激光雕刻凹版。激光雕刻凹版（Laser Engraved Gravure）是在铜辊上先涂覆黑色基漆层，用激光烧蚀网穴区域，使网穴处的铜层裸露出来，非网穴处由漆层保护抗蚀，待腐蚀后即可获得下凹的网穴。从原理上讲，激光凹版雕刻是应用一路或多路高能激光束，在滚筒表面的待雕刻材料（金属层或基漆层）上，烧蚀出网穴或露铜的网穴形状，直接形成网穴印版，或为后续加工网穴做好准备。其原理如图 4-30 所示。

图 4-30　激光雕刻凹版的原理

激光雕刻凹版包含了两种略有差异的雕刻技术。第一种是用高能量激光直接雕刻滚筒金属表面，形成凹版网穴。就目前的技术水平而言，直接雕刻铜层还未获得成功。瑞士 Daetwyler 公司采取了雕刻锌层的方法，实现激光雕刻的目标。第二种则是上文所述的激光雕刻工艺。尽管从基本原理上看两者的差异似乎并不大，但从网穴特征、工艺过程等细节上分析，两者还是各具特色的。

（2）雕刻凹版的复制。雕刻凹版的复制最重要的是母版的雕刻制作，一个雕刻师需要花费数月时间来完成母版的雕刻工作，图 4-31 所示为雕刻师 Claude Haley 正在雕刻“Jacques Cartier 邮票”母版的工作照。

雕刻师完成母版的雕刻工作后，要将该母版进行大量的印刷复制再现，就需要先对母版进行复制，再制作成印版进行印刷。图 4-32 所示为一块雕刻好的“Jacques Cartier 邮票”母版。

图 4-31　雕刻师 Claude Haley 正在雕刻邮票母版

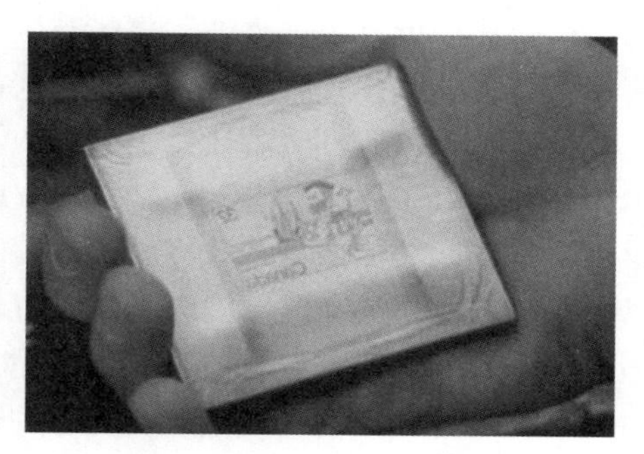

图 4-32　“Jacques Cartier 邮票”母版

母版雕刻好后，需要进行图案转移，这时需要将母版安装在滚压转移装置的平台上［图 4-33（a)］，再将一个事先处理好的软质圆形钢辊安放在转移装置上并固定好。随着转移装置在圆形钢辊上施加强压滚动于母版［图 4-33（b)］，母版上的雕刻图案被转移到圆形钢辊上，形成与母版相反的浮雕凸起图案，再将圆形钢辊进行特殊的硬化处理，即完成了母版的第一次复制转移［图 4-33（c)］。

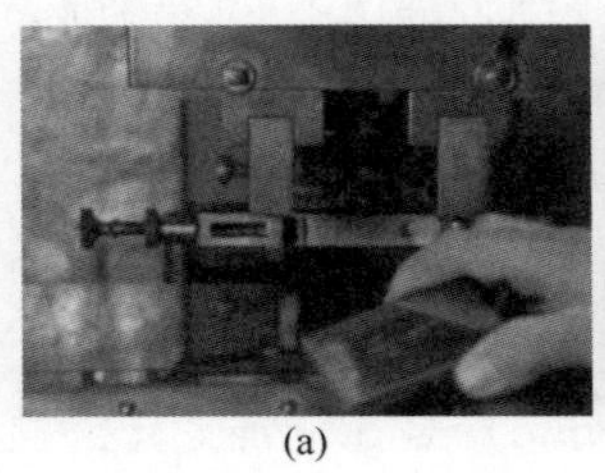
(a)
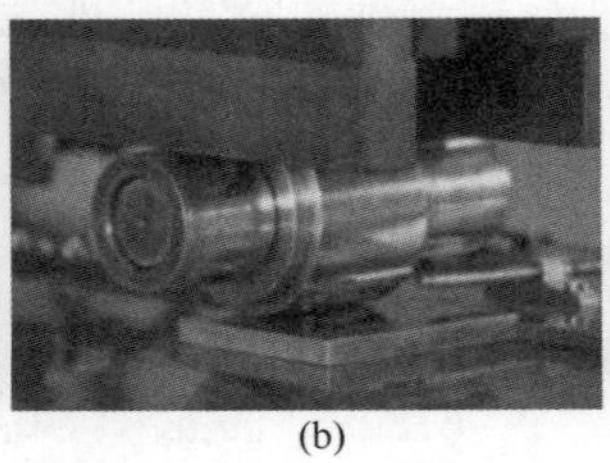
(b)

(c)

图 4-33 “Jacques Cartier 邮票”母版的第一次转移复制
（a）安装母版 （b）安装钢辊 （c）完成第一次转移复制

将处理好的带有“Jacques Cartier 邮票”图案信息的圆形钢辊安装在印版转移设备的平台上［图 4-34（a)］，使用同样的压力滚压，将图案信息转移到印版上，完成印版的制作。图 4-34（b）所示为印版转移复制的特写。

(a)

(b)

图 4-34 “Jacques Cartier 邮票”印版制作
（a）安装圆形钢辊 （b）印版转移复制的特写

4.1.5.4 雕刻凹印设备

（1）国内外雕刻凹印设备的基本情况。多年来，我国印钞造币总公司也在不断地进行印钞机械装备的研发工作，为印制行业提供了大量的专用印钞造币机械装备。在雕刻凹版印钞机的研制方面，目前已经推出了多种型号的雕刻凹版印钞机，这些装备在综合性能方面已经达到世界先进水平，一些型号的凹版印钞机已经成为人民币印制的主力机型，还有一些型号的印钞机所拥有的对印工艺在世界上处于领先地位。

国外在印钞机械装备研发领域有较大影响力的公司主要有瑞士 KBA-GIORI 公司和日本的 KOMORI（小森）公司。KBA-GIORI 公司依托在商用印刷机械生产研制方面的优势，推出一系列印钞生产设备。在胶印底纹印钞机和雕刻凹版印钞机研制方面，该公司结合印钞防伪技术的研究和应用，以及印刷机械产品制造等方面的优势，综合技术处于世界领先地位。日本 KOMORI 公司在防伪技术和机械装备方面进行研发的主要目的是满足日本国内需求，装备较少出口到国外。从有关资料介绍和日元印制情况来看，其在印钞机械装备的研制方面也处于世界先进地位。

KBA-GIORI 公司最新推出的超级接线凹印机仍然延续了三色集传一色直传的凹印工艺，从有关资料来看，它基本保持了原有的传墨工艺方式，在擦版材料上有一定的创新，在机电控制、自动化程度、模块化制造方面有较大的提升。

（2）雕刻凹印印刷压力产生原理。雕刻凹印滚筒之间的压印力由压印滚筒和凹印版滚筒之间相互压印产生，而压印滚筒合压所需的推力来源于液压油缸的推力，实际上印刷压力与压印滚筒偏心套形成的力矩和液压油缸推力对偏心套形成的力矩，存在密切的数量比例关系。印刷压力实际上是与液压油缸推力相关的，是压印滚筒与凹印版滚筒，以及两滚筒之间的压印垫衬、承印纸张和凹印版，甚至还有油墨等材料之间的相互作用。此外，对滚筒偏心套和轴承套起到约束作用的印刷机架也在其中起着不可或缺的重要支撑作用。

压印滚筒和凹印版滚筒在印刷机中需要按照一定的关系和要求与其他滚筒排列在一起，才能实现离合压功能。图 4-35 所示为凹印工艺试验机滚筒压印结构的简图。

雕刻凹印工艺要求在印刷压印区域的峰值印刷压力（材料应力）达到 50MPa 或以上，最高可以超过 100MPa。为更好地满足印刷试验的要求，研制的凹印工艺试验机应许的最大峰值印刷压力应为 130MPa。

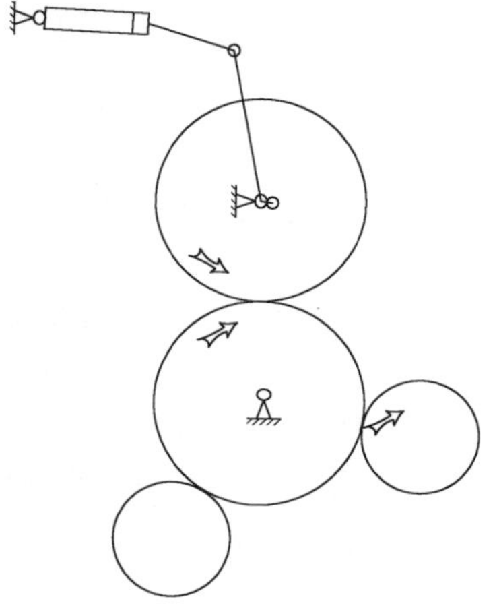
图 4-35　滚筒压印结构简图

（3）雕刻凹印印刷工艺过程。雕刻凹印和一般的印刷过程相似。首先，需要把待印纸张输送到机器规定定位部分进行纸张定位。纸张定位后传递进入印刷区域，完成油墨向纸张上的转移，最后，印品传送至印品堆垛部位完成该道工艺的印刷。在印刷区域内进行的一系列子过程是雕刻凹印与其他印刷方式存在显著区别的重要过程。

对于单色雕刻凹印，油墨由供墨装置（如墨斗、墨辊等）传递到印版上，用刮墨装置或擦墨装置把印版表面非图文区域的油墨擦除，而在下凹图文内留下油墨，然后把待印纸张覆盖在印版图文上，并经过压印装置使下凹图文内的油墨与纸张接触而传递到纸张上，这样就完成了单色印品的印刷。图 4-36（a）所示为单色雕刻凹印工艺过程示意图。

对于多色雕刻凹印，油墨的传递过程较为复杂，需要按照不同的颜色划分区域，把不同颜色用相应的凸版（色模印版）分别传递到印版上相应的区域，或传递到集色滚筒上相应区域后再传递到印版上，然后用刮墨装置或擦墨装置把印版表面非图文区域的油墨擦除，在下凹图文内留下不同颜色的油墨。接着，把待印纸张覆盖在印版图文上，并通过压印装置使下凹图文内的油墨与纸张接触而传递到纸张上，这样就完成了多色印品的印刷。图 4-36（b）所示为多色雕刻凹印工艺过程示意图。

在油墨向纸张转印的过程中，因印版上的油墨储存在下凹的图文内，并且因为擦版或刮墨等原因，图文油墨液面一般低于印版表面。因此，为确保图文内的油墨与纸张接触和转印，需要对纸张施加较大的压印力。印刷过程中较大的印刷压力，一方面对印刷设备提出一定的强度要求，另一方面对待印纸张也提出一定的强度要求。

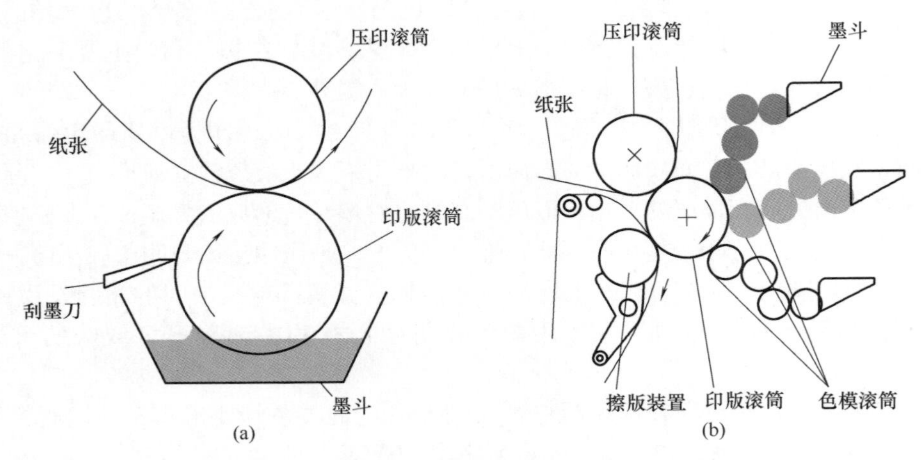

图 4-36 单色和多色雕刻凹印工艺过程示意

(a) 单色 (b) 多色

4.1.5.5 雕刻凹印油墨

雕刻凹印所使用的油墨黏度较高，在常温状态下，油墨性质类似膏状，在加热至一定温度时，其流动性得到改善，而转移到纸张上之后，随着温度的降低，图文表面表现出较低的流动性，因此这种油墨又被称为"热融冷固"型油墨。这种油墨在使用中，一般加热温度需要达到 80℃左右，才具有较理想的印刷适性，有利于油墨的印刷传递。在印刷完成后的油墨冷固阶段，一般采用对印品图文面吹冷风的方法来促使图文表面油墨的凝固，防止印品在堆叠过程中被蹭脏。

雕刻凹印油墨配方设计要求所使用的颜料是耐光性好、遮盖力强的无机颜料。近年来，业内也使用着色力高、密度小、分散性好的有机颜料。另外，还要加入较大比例的填料，以调整油墨的流动性能；油墨中所用连接料为聚合油、氧化油和合成树脂，属于氧化结膜型干燥。同时加入一些助剂，如蜡质可以防止蹭脏，干燥剂可加速干燥。这类油墨对防伪性和保密性要求很高，所以通常还需使用一些特殊的颜料和助剂。下面列举两个配方实例。

黄色雕刻凹版油墨配方：铬黄占 53%，氧化油占 24%，高岭土占 22%，硼酸锰占 1%。

蓝色雕刻凹版油墨配方：铁蓝占 20%，4 号聚合油占 39%，6 号聚合油占 11%，碳酸钙占 30%。

4.1.5.6 雕刻凹印的防伪应用

雕刻凹印工艺技术主要应用于货币、有价证券、护照和防伪产品的印刷，在一些高档消费品的鉴别物中也常有使用，如烟标、酒标、高档服饰标签、保修卡等。

雕刻凹印应用于证券印刷领域时，其题材范围有所局限，主要以反映社会政治经济生活内容为主，基本上较好地保留了雕刻凹印特有的艺术性和防伪性。应用于高档消费品的鉴别物印刷时，选题范围更加受到局限，这些鉴别物印刷品的防伪性能得到加强，但相应的艺术性有所降低。

(1) 货币防伪应用。雕刻凹印区别于平印的最大难点在于制版的难度和多工序的复杂程度，还有印制中设备的精度控制、压力控制等，技术非常复杂，因此，其至今仍然在纸钞的防伪技术运用中发挥着极其重要的作用。

雕刻凹版印刷的特点：油墨厚实饱满，立体感强；所印出的色彩明显区别于平印，色彩感更强、更浓重；手摸凹凸感强烈，油墨犹如浮于纸面。这 3 个主要特点非常容易使民众在不使用任何检测设备的情况下，凭肉眼和触感就可以识别，从而达到鉴别真伪的目的。图 4-37 展示了货币上的雕刻凹印图纹效果。

图 4-37　货币上的雕刻凹印图纹效果

现代纸币中，凹印一直是各国防伪措施中的重点，工艺也越来越精细。为了确保凹印效果的突出性，很多国家使用了深凹版印刷，使得线条更加清晰凸立、不糊不花、不带毛刺、干净利落、图案人像更清晰且带有光泽。深凹版的最大好处就是简化了民众识别的难度，触感更加强烈。例如，相比 1999 版人民币，2005 版人民币在正面右下角加印了一排用于触摸的横向凹印线，目的是突出凹版印刷的防伪作用。同时，各国还对版的深度、油墨的高度等关键指标制定了相应的标准，使其区别于平版印刷，避免民众混淆。

（2）邮票防伪应用。邮票在人们的生活中一直扮演着一个非常重要的角色，特别是在资讯相对落后的时代和地区，它承载过亲情和思念，承载过沟通和理解，也承载过喜悦和悲伤。到了今天，人们越来越多地使用电子邮件和各种通信设备，似乎离邮票越来越远，但是邮票凭借着其精美的印刷质量和丰富的印刷内容，作为一种有价证券，受到广大爱好者和收藏者的宠爱。

凹版印刷一直是邮票印制首选的印刷方式。这是由于凹版印刷具有较好的防伪性，其用墨量大，印刷线条粗细和油墨浓淡层次变化非常丰富，图文有凹凸感，层次多样，线条清晰，易于辨识，这给仿制假冒带来很大的困难。

世界上第一枚邮票于 1840 年诞生于英国，印刷内容是维多利亚女王 18 岁登基时的侧面像，如图 4-38 所示。这枚邮票采用手工雕刻凹版印制，从图像中女王面部清晰的线条可以发现，当时雕刻凹版的技术已经相当成熟，线条细腻、颜色饱满、轮廓清晰、层次分明。

现代邮票的印制方法仍然以凹印为主。为了提高邮票的美观性、收藏价值和防伪性，通常将凹印与多种印刷工艺相配合，以取长补短。目前使用较为普遍的混合版印制方法有照相凹版与雕刻凹版相配合，又称为影雕套印版；胶印版与雕刻凹版相配合，又称为胶雕套印版；照相凹版与胶印版相配合，又称为影胶套印版。另外，还有对凸版的一些利用，但考虑到印刷效果，应用得并不多。

（3）高端包装防伪应用。目前对高端包装产品进行防伪主要有两种方式：一种是与包装融合为一体，也就是防伪包装一体化；另一种是直接把防伪标签贴在包装上。由于一些技术（雕刻凹印）的应用过程存在一定的局限性，不能做到与包装融为一体，因此多采用在包装上贴附防伪标签的方式来进一步提升产品的防伪性能。图 4-39 所示为某品牌酒瓶包装，在其瓶盖上也贴附了一枚防伪标签。这款标签也使用了雕刻凹印防伪技术。

图 4-38　第一枚手工雕刻凹印邮票

图 4-39　采用雕刻凹印的标签

4.1.6　对　　印

4.1.6.1　概述

对印是以其独有的印刷工艺形成的防伪技术，是世界上大多数钞票所普遍采用的公众防伪特征之一。目前世界上的对印技术主要有两种：一种是胶印正、背两面一次印刷形成的对印技术；另一种是凹印正、背两面一次印刷形成的对印技术。其中，胶印对印技术被各国钞票印制所广泛使用，凹印对印技术只被少数国家的钞票印制所采用。对印防伪特征主要分为重合对印和互补对印两种。重合对印是正面印刷图文和背面印刷图文各自形成一个完整的图文，对光透视可见图文完全重合或填空重合；互补对印是正面印刷图文和背面印刷图文各自形成一个局部的图文，对光透视可见一个完整的图文。图 4-40 所示为 2015 年版人民币 100 元的互补对印图案。此外，还有正背接线对印、镶嵌式对印。

4.1.6.2　技术原理

胶印对印有两种对印工艺：第一种是四色套印原理，正、背面各四色版滚筒依次为背面胶皮压印滚筒转印不同颜色的图纹，形成四色套印关系，在正、背面胶皮压印滚筒上形成背面胶印的完整图案；第二种是一面四色套印，与四色接线原理相同，另一面四色色墨滚筒依次为集色胶皮滚筒转印不同颜色的色块，色块在集色胶皮滚筒上形成与设计图案对

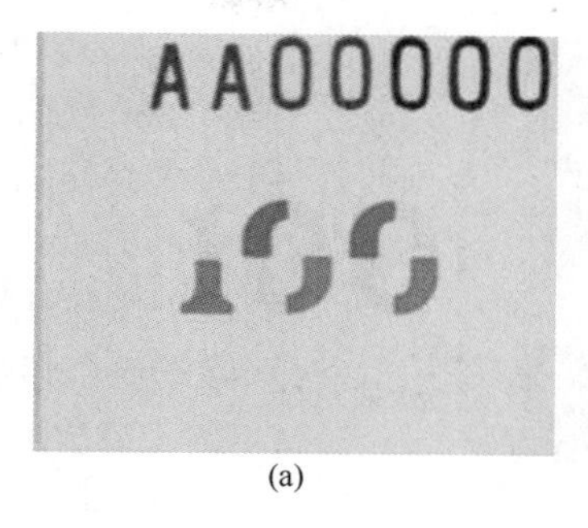

(a)

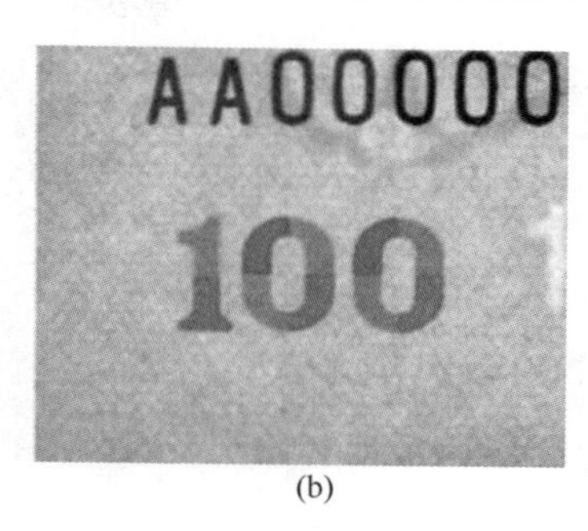

(b)

图 4-40 互补对印图案

(a) 正面未透光观察效果 (b) 正面透光观察效果

应的位置关系，并将油墨转印到正面版滚筒，正面版滚筒进一步向正面胶皮压印滚筒转印，在胶皮压印滚筒上形成胶印的完整图案。正、背面胶印图案在胶皮压印滚筒上的位置可以精确对准，当纸张经过正、背面胶皮压印滚筒时，纸张的正、背面同时转印上胶印图案，形成胶印对印。

凹印对印工艺是一种由两版式单、双面两用六色凹版印钞机及印刷工艺和与之配套的周边技术所集成发明的雕刻凹印双面印刷技术。该工艺打破了轮转雕刻凹印机印版滚筒与压印滚筒直径为 1∶1 的定式，将印版滚筒、转印版滚筒的直径比设计为 2∶3，实现了印版滚筒间接印刷面的图纹在转印/压印滚筒上的循环转印，改变了轮转雕刻凹印机只能安装同一版纹凹版的惯例。该工艺将正、背两块凹版安装在同一印版滚筒上，可在隔张输纸时的无纸状态下，将背面印版图纹转印在压印滚筒上，从而实现正、背面同时印刷，确保对印的精确、稳定、可靠。

4.1.6.3 应用类型

钞票对印防伪应用类型众多，下面就胶印对印和凹印对印分别进行介绍。

(1) 胶印对印防伪特征。

① 第五套人民币 100 元、50 元、20 元、10 元的正面左下角和背面右下角各有一圆形局部图像，透光观察，可发现图像组成一个完整的古钱币图像。

② 瑞士法郎对印图像为两个尺寸接近、由 4 种颜色组成的“十”字标记。图 4-41 所示为 2016 年发行的新版 50 瑞士法郎上的正背 4 色接线对印图案。

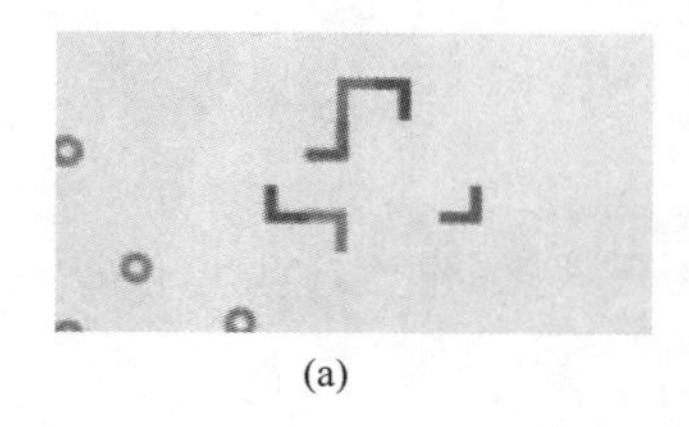

(a)

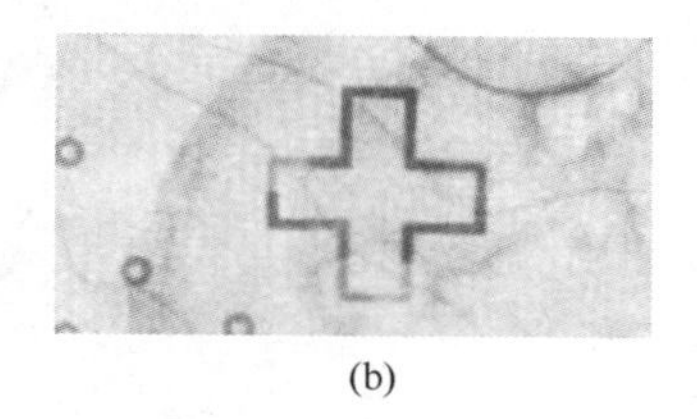

(b)

图 4-41 新版 50 瑞士法郎接线对印

(a) 正面未透光观察效果 (b) 正面透光观察效果

③ 哈萨克斯坦纸币数字对印与动物对印。图 4-42 所示为哈萨克斯坦纸币的对印图像，图 4-42（a）中各为半个数字 10000，中间填有彩色斑纹，图 4-42（b）为透光看到的骆驼对印图像。

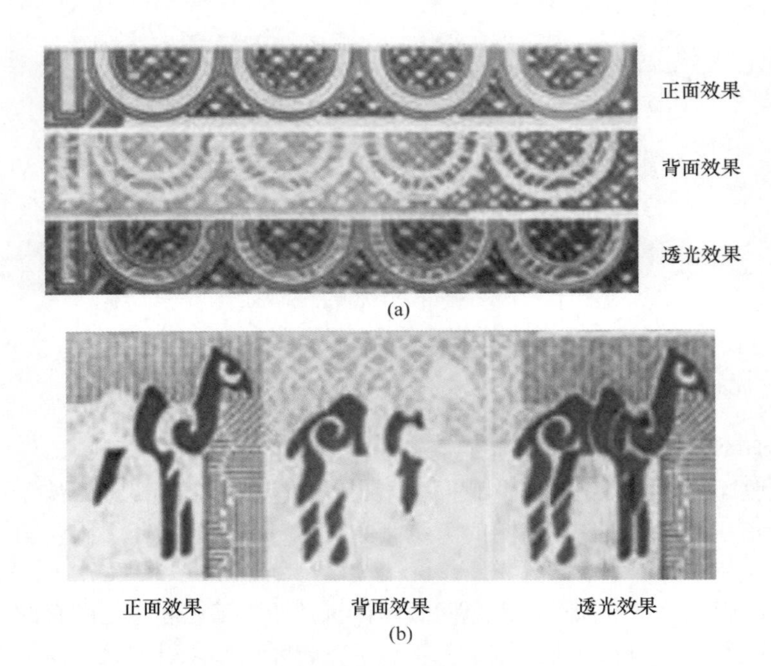

图 4-42 哈萨克斯坦纸币的对印效果
（a）数字 10000 对印效果 （b）骆驼对印效果

（2）凹印对印防伪特征。在保持凹版印刷原有防伪性能的同时，借助凹印对印技术，凹印防伪新特征被创造出来，增强了凹印的防伪性能，能实现印品双面全版纹对印、局部对印、阴阳互补对印和接线对印。印品正面凹印手感明显，线条比传统凹印线条更为清晰，背面线条具有凹印的视觉效果。在正、背面对印颜色不同的情况下，透光可观察到叠加变色的效果，无须借助工具，易于大众识别。

① 中国银行发行的澳门币凹印对印防伪特征。2003 年版中国银行发行的澳门币 10 元、20 元纸币上应用了凹印对印技术。如图 4-43 所示，右侧的莲花图及面值 10 和 20 字样采用了凹印对印技术，不仅透光观察时正背面图案完全互补吻合，手指触摸图案时还有明显的凸起感。

图 4-43 澳门币凹印对印

② 齐白石票样凹印对印防伪特征。图4-44所示为齐白石测试样的正面［图4-44（a）］和背面［图4-44（b）］，其中的人像对印效果如图4-44（c）所示。为了方便对比，背面图案采用镜像效果摆放。票面正、背面人像互为镜像，正、背面颜色互为邻近色，正面观察人像为红色，背面观察人像为蓝色，正、背面人像套印准确，对光透视为紫色［图4-44（c）］。

(a)

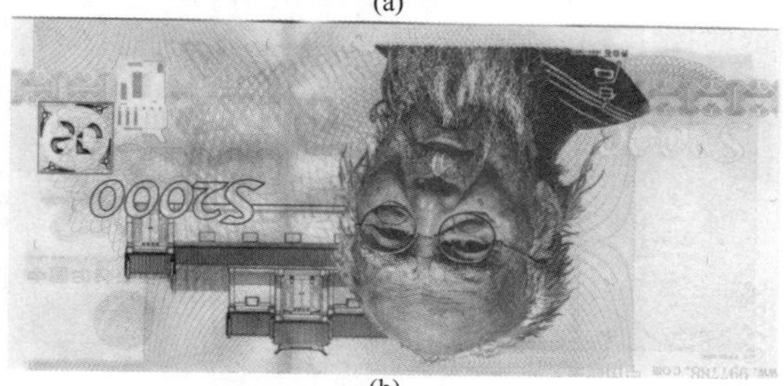

(b)

(c)

图4-44 齐白石人像凹印对印测试样
（a）正面效果 （b）背面效果 （c）对印效果

图4-45所示为齐白石测试样互补对印效果。票面正面［图4-45（a）］、背面［图4-45（b）］局部图像在透视观察下具有文字互补，阴、阳接线互补效果［图4-45（c）］。正面图像具有很强的凹印凸起效果。

随后，在2012年发行的面值10元的贺岁小龙钞，以及2015年11月发行的面值100元的航天纪念钞上都应用了对印技术。图4-46所示面值10元贺岁小龙钞正、背面左侧的龙纹图案采用了重合对印技术［图4-46（a）］，正、背面左侧上方的面值10采用了互补对印技术［图4-46（b）］；面值100元的航天纪念钞正、背面右侧的卫星图案采用了重合对印技术，正、背面右侧上方的面值100采用了互补对印技术［图4-46（c）］。

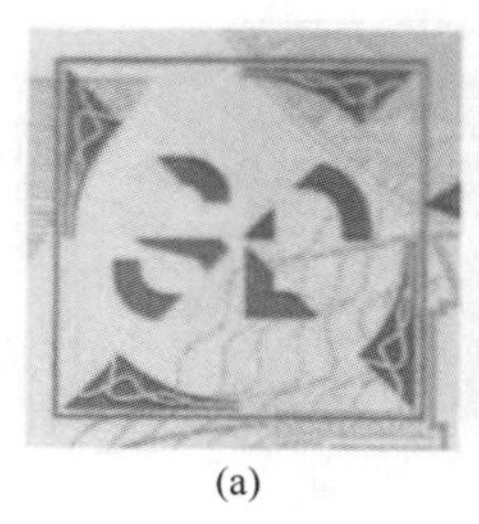

(a)

(b)

(c)

图4-45 齐白石测试样互补对印效果
（a）正面 （b）背面 （c）互补效果

③ 隐含图像对印。图4-47所示为中国印钞造币总公司竖版纪念钞，又称为小女孩测试钞。该测试钞主要是测试凹印对印技术下的数据化水印综合防伪技术的使用效果和性能。应用双面凹印对印技术可设计数字化水印技术，通过对光透视可以观察到数字化隐含图像。该测试钞透光观察时，可在正面的5个框内看到字母P、M等数字化水印。在正面

小孩的头发后可见北京奥运会会徽图案及 2008 字样。在紫外光照射下可见大写的红色“CHINA”隐性荧光水印。

(a)

(b)

(c)

图 4-46　雕刻凹印对印技术应用实例

（a）2012 年发行的贺岁小龙钞正面效果　（b）对印图案透光效果　（c）2015 年 11 月发行的航天纪念钞

图 4-47　小女孩测试钞的隐含图像对印效果

4.2　印后防伪工艺

4.2.1　烫　　印

为了提高印刷品的附加值和科技含量，印后整饰越来越受到人们的重视。印后整饰的作用在于保护商品，提升产品档次，优化视觉效果。时下，传统烫金（亦称烫印）作为印后整饰中的重要工艺，对印刷品起着独特的装饰作用。随着科技的发展和消费者个性化需求的提升，印后整饰工艺不断创新，先后出现了冷烫印、全息定位烫印等多种新工艺，其应用范围也从烟、酒、药品、食品逐步扩展到服装、化妆品等日常生活的各个领域，反映出烫印技术发展的迅猛势头，同时也导致烫印加工市场的竞争越来越激烈。

4.2.1.1　烫印材料

（1）电化铝烫印材料。烫印的实质是转印，即将电化铝烫印材料上的图案通过热和压力的作用转移到承印物上的工艺过程，电化铝烫印材料的结构如图4-48所示。烫印时，电化铝烫印材料的胶黏层熔化，在承印物表面附着，同时电化铝烫印材料剥离层的硅树脂流动，使金属箔与载体薄膜发生分离，载体薄膜上的图文就被转移到承印物上。发生转移源于热熔胶受热产生黏结力，而剥离层受热黏结力消失。烫印对各种承印物都能适应，尤其是纸张、塑料、木料等，但对金属、陶瓷、玻璃等承印物还不能适用。

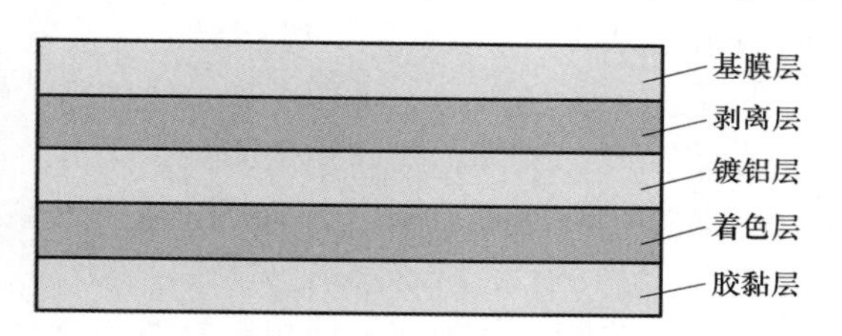

图4-48　电化铝烫印材料结构

传统的电化铝烫印箔以涤纶薄膜为片基，涂上醇溶性染色树脂层，经真空喷镀金属铝，再涂上胶黏层而制成，即由基膜层、醇溶性染色树脂层（又可分为剥离层、着色层）、镀铝层和胶黏层组成。

（2）全息烫印材料。全息烫印材料的厚度刚好可以满足烫压的基本要求，其染色层是光栅。显示色彩或图像的不是颜料，而是激光束作用后在转印层表面微小坑纹（光栅）上形成全息图案，这是全息烫印材料与普通电化铝烫印材料在结构上的最大不同。

全息烫印的机理是在烫印设备上通过加热的烫印模头将全息烫印材料上的热熔胶层和分离层加热熔化，在一定的压力作用下，将烫印材料的信息层全息光栅条纹与基材分离，使铝箔信息层与承烫面黏合，融为一体，实现完美结合。

（3）电化铝箔的选择。合理选择电化铝箔是提高烫印质量的先决条件。电化铝箔质量的优劣、规格型号的不同等都会影响烫印质量。要想获得理想的烫印效果，烫印所用的电化铝箔必须符合下列要求。

① 底层涂色均匀，没有明显的色差、色条和色斑。

② 底胶涂层均匀，平滑，洁白无杂质，没有明显的条纹、砂点和氧化现象。

③ 光泽度好。在印版版面温度为70~80℃时烫印，包装色泽不变。

④ 牢固度强。经100g砝码摩擦，要求耐磨次数为2000~3000次。

⑤ 清晰度高。

⑥ 合理选择型号。电化铝箔的型号不同，其性能和适合烫印的材料范围也有所区别。如烫印面积较大时，要选择易于转移的电化铝箔；烫印细小文字或花纹时，可以选择不易转移的电化铝箔；烫印一般的图文，应选用通用型的电化铝箔等。

4.2.1.2 烫印的分类

按烫印材料的不同，分为金箔烫印、银箔烫印、漆片烫印、粉片烫印、电化铝烫印等；按烫印工艺的不同，分为正烫印、负烫印、凸起烫印、层次烫印、普通烫印、热烫印、冷烫印、立体烫印、全息烫印等方式。常用的普通烫印工艺有平烫印和滚烫印。由于滚烫印为线接触，具有烫印基材广泛、适于大面积烫印、烫印精度高等特点，所以应用比较广泛。

（1）热烫印。热烫印技术的原理是利用专用的金属烫印版，使用加热、加压的方式将烫印箔转移到承印材料表面。在烫印时，电化铝的基膜层与烫印版接触，胶黏层与烫印材料接触，转印层凭借热量和压力的作用被熔化，转印到烫印材料表面。烫印完毕时，基膜层同未转印的部分一起被剥离。这是一种传统的采用加热和加压来完成烫印的技术，在这个过程中要想控制好烫印质量，主要是控制好烫印三要素（即烫印温度、压力和速度）之间的相互关系。其具有以下优点。

① 质量好，精度高，烫印图像边缘清晰、锐利。

② 表面光泽度高，烫印图案明亮、平滑。

③ 烫印箔的选择范围广，如可选择不同颜色或不同光泽效果，以及适用于不同基材的烫印箔。

④ 可以进行立体烫印，使包装具有一种独特的触感。而且，使用计算机数控雕刻制版（CNC）方式制成立体烫印版，使烫印加工成的图文立体层次明显，在印刷品表面形成浮雕效果，并产生强烈的视觉冲击效果。

其缺点是：热烫印工艺需采用特殊的设备；热烫印工艺需要加热装置；热烫印工艺需要制作烫印版，可以获得高质量的烫印效果，但成本也更高；在成本方面，轮转热烫印滚筒的价格较高，占了热烫印工艺成本中较大的一部分。

（2）冷烫印。冷烫印工艺有良好的综合性能和便捷的在线加工能力。冷烫印需要两个印刷单元：第一个单元将专属的黏性油墨转印到胶印版基上，并使之牢牢附着；第二个单元将图文信息转印到黏性的涂布感光层上。冷烫工艺的研发丰富了印刷的表现效果，增加了新的设计方案，可以美化字体，并能更加完善地处理细节层次。由于凸版印刷的制版工艺受限，许多细节部分不能完美再现，导致印刷精度偏低。相比于在线冷烫工艺的联机集成作业，离线热印成本相对较低，但精度也不高。相比热转印，在线冷烫最大的优势在于其更加精确的套印精度。不同的是，冷烫工艺中的转印装置安装在底层的涂布感光层上，这样可以确保在信息转移后直接印刷，而不至于出现太大的问题。在线冷烫技术及其专属套印工艺的研发，带来了新的表现效果，丰富了印前设计的内容。同时，冷烫印具有更高的收益和更低的存储成本，并且是在线作业，这是未来工业的发展趋势。在线冷烫工艺具备非常强大的市场竞争力。

在热转印工艺中，转印系统通常由载体材料组成转印层，在实际印刷中一般会分成两层。这种情况与在线冷烫工艺有极大的区别，套印之后几乎所有的颜色调节都已完成，使得油墨可以妥善地转印到涂布感光层而不致因分层影响印刷质量。在冷烫工艺中，颜色不再是预先确定的了，而是将完整的印刷图像转印到涂布感光层上，这种转印方式与热转印工艺截然不同，后者由于工艺的要求，很难保证套准精度，而且经常出现油墨分层的现象。所以，后来研发的冷烫工艺尤其注意套准环节，通过涂布感光层，实现了相对精确的套印，适用于传统油墨、UV 油墨和混合油墨。在三维立体和视觉传达方面，冷烫工艺做出了新的贡献，其中三维立体的表现效果通过传统的热转印是无法实现的。

冷烫印技术可分为干覆膜式冷烫印技术和湿覆膜式冷烫印技术。

① 干覆膜式冷烫印技术。该技术先将 UV 胶黏剂涂布在印刷品上，固化后再合压烫印转移，即在烫印材料上印涂阳离子 UV 胶黏剂，UV 胶黏剂固化后使电化铝与烫印材料黏合再剥离。在这个工艺过程中，UV 胶黏剂的固化要快速进行，但不能彻底固化，其表面必须保持一定的黏性，可使电化铝与烫印材料黏合在一起，同时在烫印时必须施加一定的压力，否则会产生烫印不牢或烫印不上的现象。所以固化程度和压力大小是烫印质量优劣的关键。

② 湿覆膜式冷烫印技术。UV 胶黏剂先合压烫印，转移后固化，即在烫印材料上印刷自由基 UV 胶黏剂，使电化铝与烫印材料黏合，UV 胶黏剂固化后再剥离。在这个过程中 UV 胶黏剂的初始黏力要好，以保证电化铝箔能牢固地黏合，而固化后则不能再有黏性，否则会产生烫印不良的现象。其优点如下：

a. 不需要昂贵的、专门的烫印设备。

b. 可以使用普通的柔性版，无须制作金属烫印版。制版速度快，周期短，烫印版的制作成本较低。

c. 烫印速度快，最高可达 2. 286m/s。

d. 不需要加热装置，节约能源。

e. 采用一块感光树脂版就能同时完成网目调图像和实地色块的烫印，即可以将要烫印的网目调图像和实地色块制在同一块烫印版上。当然，跟网目调图像和实地色块制在同一块印版上印刷一样，两者的烫印效果和质量可能都会有一定的损失。

f. 烫印基材的适用范围广，在热敏材料、塑料薄膜、模内标签上也能进行烫印。

其缺点如下：

烫印成本和工艺复杂性　冷烫印的图文通常需要覆膜或上光进行二次加工保护。

产品的美观度相对降低　涂布的高黏度胶黏剂流平性差，不平滑，使冷烫印箔表面产生漫反射，影响烫印图文的色彩和光泽度。

（3）立体烫印。立体烫印技术是烫印技术和凹凸压印技术相结合的一种复合技术，是利用腐蚀或雕刻技术，将烫印和压凹凸的图文制作成一个上下配合的阴模凹版和阳模凸版，实现烫印和凹凸压印技术一次完成的工艺过程。立体烫印形成的产品效果是呈浮雕状的立体图案，不能在其上再进行印刷，因此必须采用先印后烫的工艺过程，同时由于它的高精度和高质量要求，不太适合采用冷烫印技术，而比较适合采用热烫印技术。

立体烫印技术较普通烫印有很大区别，除了能形成浮雕状的立体图案外，在制版、温度控制和压力控制上都有所不同。立体烫印版的制作原理与普通烫印版一样，但要比普通版复杂，因为其要形成立体浮雕图案，烫印版一般都是下凹的，底版必须是与烫印版相对应的阳模凸版，即烫印版下凹的部位在底版上应是凸起的，而凸起的高度与烫印版下凹的深度是对应的。此外，它还具有深浅层次变化，深度也比普通烫印版深些，精度更高。目前，国内较为常用的是由石膏和玻璃纤维制作而成的底版，制版必须在机器上完成，因此工艺较复杂，更换底版麻烦，但成本较低。若用玻璃纤维则可以根据烫印版的模型预先制作，并配合加工的铜版制作定位孔，方便更换定位。目前，国内主要采用的是紫铜版照相腐蚀法。这种方法的优点是成本低、工艺简单，但是它只适用于平面烫金，由于立体感差、使用寿命短、耐印力只有10万印左右，因此常用在一些对浮雕效果要求不高的包装产品上。目前国外已经普遍采用雕刻黄铜版，用扫描仪先将要烫印的图案进行扫描，将数据储存进计算机，然后通过计算机软件的控制进行立体雕刻，形成有丰富层次立体图案的阴模凹版。由于是用计算机来控制，可形成非常精细的图案，对细微部分的表现更为理想，耐印力可超过100万印，因此非常适合用来制作质量要求高、印量大的立体烫金阴模凹版。目前，国内已有少量厂商能加工这种烫印版，有效地降低了成本，尤其是加工厂商与设计人员直接交流，能正确理解设计意图，从而获得满意的效果。

（4）全息烫印。激光全息图根据激光干涉原理，利用空间频率编码的方法制作而成。20世纪80年代，激光全息图就开始用于防伪领域，其具有色彩亮丽、层次明显、图像生动逼真、光学变换效果多变、信息及技术含量高等特征。最新的OVD（Optical Variable Device）技术已明显区别于广泛采用的Hologram全息图，部分全息图已具有机器识别功能。

全息烫印有3种类型，即普通版全息图乱烫、专用版全息图乱烫和专用版全息图定位烫。其中，专用版全息图定位烫近两年在高档烟包上得到广泛应用。全息图定位烫是指在烫印设备上通过光电识别将全息防伪烫印电化铝上特定部分的全息图准确烫印到烟包的特定位置上。全息图定位烫技术难度较高，不仅要求印刷厂配备高性能、高精度的专门定位烫设备，还要求有高质量的专用定位烫印电化铝，工艺过程也要严格控制，才能生产出合格的烟包产品。因为定位烫标识具有很高的防伪性能，所以在钞票和重要证件等方面均有采用。

（5）平烫印。平烫印，顾名思义是指基准面是平面的印模，烫印在平面的工件上或工件的某一部分平面上（平烫平）。这种印模可以是凸起的图文烫印在平面上，也可以是平整的硅胶板烫印在凸起的图文上。

（6）滚烫印。滚烫印部分是一个被加热的硅橡胶辊，它可在平面上滚烫（圆烫平），也可以在圆弧面上滚烫（圆烫圆），若配上专用伺服机构，还可在电视机外壳等壳体的四周滚烫。还有一种也属于滚烫设备，与前者不同，它仍采用平板烫印，工件为圆柱形，在压烫时边滚边烫，实现在圆周面上烫印的目的，这就是"平烫圆"。在20世纪80年代以前，国内多为烫印用户自制的设备。20世纪80年代初期引进的多为日本大平（纳维达斯）等地的平烫机和滚烫机。20世纪80年代以后，国内生产厂商逐渐多起来，滚烫印现在已成为特种印刷设备的一大门类，不仅能满足国内市场需求，而且还能出口。

4.2.1.3 烫印的基础与要求

（1）烫印工艺的基本条件。

① 烫印头。包括烫印模板、加热器及压力传送机构。

② 烫印膜。决定色彩、图文等装饰效果，设备上有膜的传送和卷取装置。

③ 被烫印的工件主要是塑料制品。

④ 烫印夹具（胎具、垫头）包括工作台及传送装置。

（2）烫印工艺的要素与要求。烫印设备就是各种型号的烫印机，基本类型是平烫和滚烫。烫印工艺三大要素：温度、压力和速度（时间）。对烫印质量的基本要求：该烫印的地方要全部烫到，不该烫印的地方要不留一点儿烫印残迹。印痕平滑整洁、无变暗、无彩虹色、无皱纹、无折痕、无飞边。

① 烫印温度。烫印温度是烫印的主要工艺参数，是指在正常烫印过程中烫印版表面所达到的温度。若温度过高，会造成基膜层和其他层转移黏化，不易分离，同时会使电化铝层向四周扩展，出现糊版、图文发虚、字迹模糊，甚至粘连；若温度高到一定程度，则会使电化铝颜色变暗失去金属光泽，甚至焦化。温度过低，电化铝胶黏层和剥离层不能充分熔化，烫印时电化铝箔不能完整转移，会出现图文发花、露底或烫印不上等现象。因此，温度的控制是烫印的关键，但是烫印版的温度并不是恒定不变的，它在一次烫印过程中，会有下降回升的起伏变化，即电化铝和烫印物每烫一次要从电热版中吸收一次热量。

从图 4-49 可以看出，烫印版表面温度开始较高，然后逐渐下降，并趋向一个稳定值，这时烫印版的温度即烫印温度，如图中虚线所示。在烫印之前，若烫印版的温度较高，可先用废纸烫印一段时间使温度降低。只有烫印版的温度接近烫印温度才能正式烫印，否则温度过高或过低都会影响烫印质量，控制好烫印温度是获得理想烫印效果的关键。

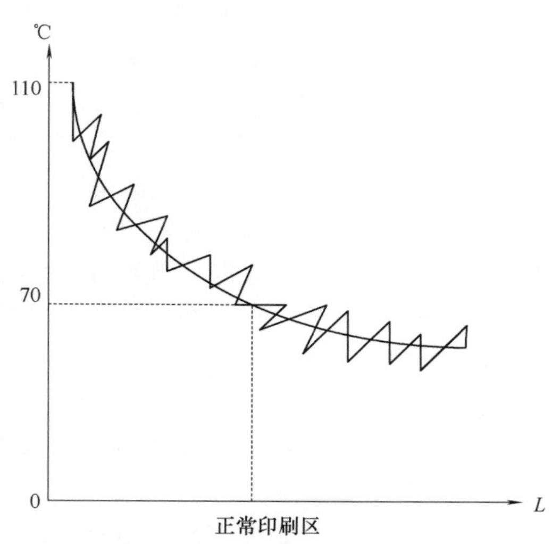

图 4-49　烫印版温度与时间的变化关系

不同型号的电化铝有不同的烫印温度，见表 4-2。不同的烫印材料对热量的吸收性和敏感性都不一样，也会有不同的烫印温度要求。此外，在烫印过程中若出现空印或停机，也会使温度升高，烫印速度和压力的变化也会引起烫印温度的变化。因此，在烫印中必须根据实际情况来确定温度。

表 4-2　电化铝型号及与之对应的烫印温度

型号	1 号	8 号	12 号	15 号	18 号
温度/℃	60~85	75~95	70~85 或 120~140	60~80	75~100

一般烫印机都有自动控温装置，简单的可用调压器控温，试压烫后，稳定在某一个电压使用。最佳烫印温度的确定需要考虑电化铝的型号及性能，烫印压力，烫印速度，烫印面积，烫印图文的结构，印刷品底色墨层的颜色、厚度、面积，以及烫印车间的室温等。当烫印压力较小、机器速度快、印刷品底色墨层厚时，在车间室温低的情况下，烫印温度要适当提高，通常控制在 70~80℃。当最佳温度确定之后，应保持温度恒定，温差尽量不超过±20℃，以保证一批产品的质量稳定。通常，HIPS、ABS 等塑料的烫印温度为 120~150℃。需要注意的是，烫印机测温点的位置大多设在加热器部分，而烫印硅胶板表面温度与温度表上所示温度有一个差值，这个温差往往为 40~80℃。烫印温度正确与否，可凭

经验从烫印的印痕和烫印膜的残膜上看出。如果温度偏高，残膜的印迹边缘会出现彩虹或严重皱纹，甚至烫破。温度偏低，印迹就会不完整或者完全未转移。

② 压力。烫印压力是指烫印瞬间烫印版版面所受到的压力。在烫印过程中，熔化后的电化铝胶黏层是靠压力来完成电化铝转印的，在整个烫印过程中存在着3个力：一是电化铝从基膜层上剥离下来时产生的剥离力；二是电化铝与承印物之间黏结在一起的黏结力；三是承印物表面的固着力。因此，电化铝所需的烫印压力要比一般的印刷压力大，在2.45~3.43MPa范围内。因此，压力的大小和均匀性直接影响了烫印的质量。压力过大会糊版、印迹变粗，压力太小则会产生烫印不上、露底等故障。

烫印时要先试压，压力由低向高逐渐调整，尽可能用较低的压力烫出均匀而完整的图文，再稳定压力正式生产。一般用硅胶板烫印ABS类的塑料采用1~1.5MPa的压力即可；烫聚丙烯类的塑料时，压力要提高一些；用金属烫印膜烫印热塑性塑料时，压力要提高到2MPa以上；对于热固性塑料，压力可提高到4~10MPa，但是以不压坏零件为限。

③ 速度（时间）。在热烫印技术中，烫印温度虽是最主要的因素，但烫印速度快慢对烫印质量的影响也是不容忽视的。烫印速度实际上就是烫印物与电化铝的接触时间，即电化铝的受热时间。烫印速度的快慢对烫印温度和烫印质量有很大影响，速度快则受热时间短，烫印牢固度就会受影响，而烫印温度下降快会造成温度过低；速度慢则受热时间长，烫印牢固度好，而烫印温度下降慢的情况下，若控制不好，会造成烫印温度过高的故障。因此，合适的烫印速度也是获得高质量烫印效果的保障。

烫印时间不宜太长，一般都在2s之内，正常的平烫一般在1s以内。

上述3个因素在一定范围内可以略有调节，相互补充。例如，在规定温度的下限，用增大压力和延长时间的方法，也可以达到正常温度下的效果；反之，如果温度偏高，用减少时间、降低压力的方法也可以获得正常效果，但这只能在一定限度内调整，不能无限延伸。

除了这3个方面的影响之外，还有其他方面的影响。例如电化铝的安装松紧度的影响，若太松则会出现烫印字迹发糊不清的现象；若电化铝安装太紧，拉力太大，则会出现烫印的字迹缺笔断画的现象。若电化铝与烫印版靠得太近，则会出现赖金现象。因此，在热烫印中要提高烫印质量，除了要控制好烫印温度、烫印压力和烫印速度三大因素外，还要注意电化铝及电热版的安装。

（3）烫印版的制作和安装。烫印效果与烫印版好坏有直接关系。烫印电化铝所用版材为铜凸版，其特点是供热性能好、耐压、耐磨、不易变形。当烫印数量较少时，也可采用锌凸版。铜、锌版要求使用1.5mm以上的厚版材，加工时要求腐蚀得略深，图文与空白部分的高低之差要尽可能加大，这样在烫印时可以减少连片和糊版，有利于保证烫印质量。烫印版制好后，还要对其进行检查，看其是否平整、光洁，腐蚀深度是否达到了要求，字迹是否清楚等。因为烫印版上微小的斑点或划痕都会在印品上反映出来，从而影响烫印质量。

如果烫印版的安装不牢固，在烫印过程中受到挤压就会错位，造成套印不准。以前烫印版的安装都是利用化学方法，即把101~180g/m^{2}的牛皮纸或白纸板裁切成稍大于印版的面积，均匀地涂上牛皮胶或其他黏合剂，使其黏在底版上，再在纸板的另一面涂上牛皮胶或其他黏合剂，并把印版贴上，然后接通电源，使电热板加热到80~90℃，合上压印板，使印版受压约15min。这样安装的烫印版受温度、压力、黏合剂等因素的影响往往固定不牢，易造成套印不准的现象。目前，烫印版的安装一般采用机械方法，即把制作好的烫印版与厚度为5mm的铝板铆接成一体，制成一个印模。印模的厚度公差应小于±0.05mm，同一张印品所用的全部印模之间的厚度公差应小于±0.1mm。印模以螺钉紧固在一块布满蜂窝状透孔的钢版上，这样安装、调整会非常方便。

4.2.1.4　烫印存在的问题

（1）烫印硅胶版有很多不同的厚度、硬度，对其的选择依烫印对象而定。例如，塑件上凸起的图文，其表面需要烫印，高度约为2mm，但表面平整度较差，这就要选择硅胶层厚、硬度较低的烫印版，如胶层厚为5mm、硬度为60～65HA；如果字高只有0.5mm，就不能用上述硅胶版，而只能选用胶层厚为1.0～1.5mm、硬度为70～75HA的硅胶版。

（2）在烫印生产中，经常有人提出硅胶版使用寿命的问题，因为在使用中平面的硅胶版上会出现裂纹甚至破损。这里有两个问题要注意：一是烫印温度的控制，温度不宜过高，原则上是在满足正常烫印的前提下，温度越低越好；二是控制烫印的时间，要严格把握合适的烫印时间。

4.2.1.5　烫印工艺的应用

烫印是现代包装印刷业的一种重要装饰技术，它美化产品使其具有金属质感，在增加产品附加值的同时还能起到防伪效果。因此，随着消费需求的提高，烫印技术的创新层出不穷，从传统的热烫发展到近年来的冷烫、立体烫、模内烫等。烫印的应用范围也得到极大的延伸，目前已广泛运用于各类纸张、塑料、玻璃、皮革、纺织品等。

（1）玻璃与塑料。玻璃与塑料软管采用的传统热烫技术存在工艺复杂、成本高、烫印效果差、效率低等弊端，因此经常借助标签来实现好的烫印效果。2014年，行业出现一种突破性创新技术，将丝网印刷与冷烫印技术融为一体，即玻塑连线冷烫技术，该技术由德国烫印技术供应商库尔兹与德国著名印刷设备生产商ISIMAT联合推出（图4-50）。

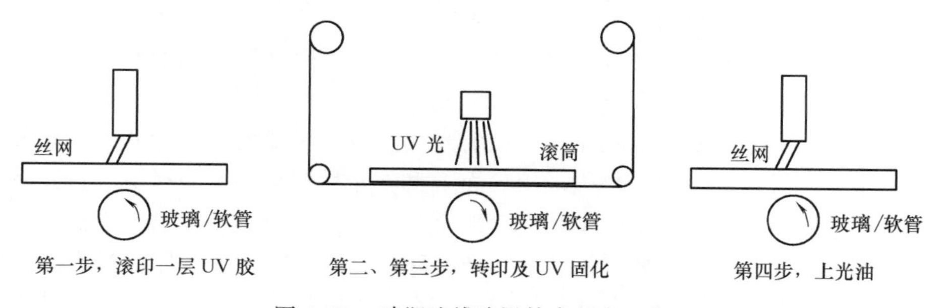

图4-50　玻塑连线冷烫技术基本工序

基于ISIMAT高精度丝网印与冷烫技术的结合，连线玻塑冷烫技术可以在玻璃容器上一次完成丝网印刷、烫印和罩光油，无须烘烤或加压，而且提供了多种色彩选择。其优势具体体现在以下几个方面：连线作业，生产效率高；有光油涂层保护，使成品上的金属图案具有较高的耐刮擦性；速度快（80～100个/min），产能高；烫印箔的烫后印刷性能好，与透明油墨结合，能够创造出多种金属色泽；无须加温加压，无须烘烤，因而废品率低；适用于异型瓶。

（2）纸盒。纸盒是由纸质的底与盖结合而成的纸包装容器，属于传统的包装容器，在我国纸包装中占有重要地位。当前，随着消费者对商品包装外观形式及其功能方面要求的逐渐提高，纸盒的印刷与包装加工技术都有了很大进步，尤其在印后表面加工整饰方面更是蓬勃发展。在纸盒的印后表面加工整饰中，烫印工艺以其良好的表面加工效果受到许多纸包装企业的青睐，其在烟包、药品纸盒包装、化妆品纸盒包装等领域有着极其广泛的应用。

当前，许多纸盒采用了烫印工艺。这样做的目的是提高被包装产品的附加值，赋予被包装产品较高的防伪性，同时烫印能够表现产品包装的个性化，且安全又环保。

4.2.2 折光印刷技术

折光印刷技术也称为反光图纹印刷、折光模压技术或折光技术。该项技术是国外20世纪80年代初兴起的一种新型技术，是印刷技术和印刷品表面整饰加工技术的有机结合。它采用光反射率高的材料作为基材，经过精心设计、制版、印刷，压印出有规律的、凹凸状的线条图文，在光的照射下，折光印刷品具有独特、迷人的光学色彩，其表面具有新颖奇特的金属镜面折光效果。随着光的变化或视觉角度的改变，图文有耀眼的动感，立体感强。折光印刷技术在工艺上具有一定的特殊性和隐蔽性，因而具有一定的防伪性能，所以在香烟、酒类、化妆品、玩具、日用品等的包装中有着比较广泛的应用。

折光印刷技术中的“折光”，实际上指的是反射光，而非折射光。光的反射现象在很久以前就为人们熟知了。到了17世纪，法国科学家笛卡儿对此做了总结，在他所著的《折光学》一书中，正式提出了反射定律的现代形式。

4.2.2.1 折光原理

折光印刷技术在印刷工艺过程中主要运用了光学原理。众所周知，当一束光照射到物体表面时，一部分光线被有规律地反射，而另一部分光线可能透射过去，发生折射或被物体所吸收。折光印刷技术就是运用了光学原理中的光反射特性产生的折光效果。光的反射强或弱是由被照射物体表面的光滑程度所决定的。被照物体表面平整光洁，对入射光反射强烈，就会产生镜面反射，即平行入射的光线沿着同一方向反射，就如同生活中的镜面反射；如果被照物体表面粗糙不平整，平行入射光线就不能沿着同一方向反射，而会朝各个不同方向反射，使反射光变得杂乱无序，反射光线就显得暗淡无光。为此，要充分体现折光印刷技术光耀夺目的效果，就必须采用表面平整、光滑明亮的承印材料。折光技术所产生的较强的光泽感和立体感，不同于其他表面整饰技术，如覆膜技术、上光技术、滴塑技术、烫印技术等，这些技术需要增加新的物质在印刷品表面才能使印刷品具有光泽感；模压技术、凹凸压印技术则需要复杂的加工模具，在较大的压力下形成。而折光技术是对镜面承印基材（铝箔纸、镀铝纸等）进行细微凹凸线条处理的一种如同印刷般的轻量级机械加工，是利用高反射的基材表面和细微凹凸线条的多光位反射所产生的综合效应。折光印刷技术不仅改变了原有的镜面，而且使其对光的反射因表面形态的改变和表面积的扩大，从单一平面的同位反射扩展为有正面光、前侧光、左侧光、右侧光、顶光、脚光等多光位的反射，使印品更加光彩夺目、富丽堂皇、动感十足。

4.2.2.2 折光图像制作

（1）图稿分析。根据图稿，先确定整体格调，再确定图中亮点（面）、暗面及哑面各在什么位置。

（2）划分小区。将画面各个组成部分用线条勾成各个小区，然后在每个小区内根据光线反射方向、反射形式再划分成小小区。

（3）线条确定。折光图像全部由线条组成，线条分直线与曲线两种。直线就是间隔距离相等的平行线，曲线就是间隔距离相等的同心圆。每一毫米均分为4条阴阳线，就会产生折光效果。通常每毫米6~7条阴阳线，也有的是每毫米8~10条阴阳线，10条以上很少用。由于视线角度变化，曲线产生渐变，直线产生突变。哑面由不规则云形线或细点组成，暗面不放线或是断续的稀线。根据每个小小区的视觉要求，选择不同线条及不同角度。

（4）制作小图。在显示屏另一端制作同心圆、直线图及云形线各一小块，再将各种小图复制成能满足最大小小区需要的图块备用；将小图按所需方向置入小小区，去掉多余部分。

（5）制作检查。各个小小区均置入小图后，整图显示检查，漏置的补上，方向不对的改正，然后就可以定稿发排出软片。

4.2.2.3　折光产品的制作工艺

折光图像产品有3种制作方法，蚀刻法、网印法和模压法。

（1）蚀刻法。该法在铜版与不锈钢版上制作。先将铜版或不锈钢版抛光、除油、干燥后，用网印法将感光成像抗蚀油墨印上，烘干（100℃，40min），然后用折光图像软片进行曝光，显影成像；再用蚀刻方法将图像的露铜（铁）面蚀刻下去，待达到要求的深度时，取出水洗，去掉感光胶。铜版需要通过镀镍、镀金、镀银来增加亮度，不锈钢版则不需要。一般标牌类均采用此法。

（2）网印法。该法是将得到的折光图像软片制成网印版，一般采用420~460目丝网，油墨选用不堵网的透明油墨，UV墨最好，将折光图像转移到已印好彩图或未印的具有金属光泽的金属板、金属膜或纸上，产生折光效果。这种方法无须专用设备，一般丝网印刷企业都能生产，适合于标牌、装饰工艺牌（画）、包装盒（袋）等折光产品。

网印折光技术是折光技术原理与网版印刷技术有机结合的一种新技术。激光折光技术和所述的传统折光技术（机械折光技术）都不需要油墨，只须通过刚性的模板来压印折光纹理至承印物表面。而网印折光技术是通过网版印刷方式，在承印物（镜面纸、金银卡纸、铝箔等）上印刷出超细的凹凸线条，经光的照射后会产生多彩的折光效果，使网版印刷产品表现出高雅华丽、光彩动人的效果。

网印折光技术的工艺流程：折光原稿设计→电子折光纹理的制作→输出折光纹理的底片（胶片）→网框绷网→清洗并涂布感光胶→胶片与网版的紧密压接并晒版曝光→显影冲版→修版→上版开机印刷→印后产品的UV光固化。

① 承印材料的选择。在折光印刷工艺中，承印材料的选择非常重要。折光加工用纸一般选用铝箔纸、镀铝纸，表面颜色有金、银等，也有亚光纸，纸张厚度范围较广，定量为50~250g/m^2。铝箔纸或镀铝纸印前要进行预处理，因为在空气中这类纸表面会生成一层致密的氧化层，如果氧化层没有污渍，油墨对其有着良好的附着力。在实际应用中，这类纸都会受到污染从而影响印墨的附着性能。为了提高印墨与铝箔之间的黏附程度，印前必须进行蚀洗性涂层处理，以消除污渍，以免影响油墨的附着。不可降解的铝箔、金银卡

纸、镜面纸、包装膜等这些产品废弃后，难以回收利用。现在发达国家已逐渐放弃纸塑复合工艺，取而代之的是新型复合纸产品，即真空喷铝转移卡纸（或称为喷铝纸、镀铝纸、蒸镀纸）。镀铝纸因光泽度和平滑度好，柔韧性好，镀铝层牢度高，同时有良好的印刷性和机械加工性能，成为包装行业的宠儿，市场前景十分乐观。

② 油墨的选用。由于铝箔纸或镀铝纸都属于非吸收性纸张，这些镜面承印材料表面张力比一般的纸张小，印刷油墨必须选择铝箔纸专用的 UV 折光油墨，因为使用普通印刷油墨将会造成油墨转移困难。UV 折光油墨只有在这种镜面承印材料表面印刷，才能产生独特的折光效果，印刷时要根据油墨的黏度、印墨从网版向承印材料上的转移情况来判断是否需要加入一定比例的该厂家指定的稀释剂进行调墨。

③ 网版印刷。折光产品应当根据实际情况来选择适宜的网版印刷方式及印刷机械。一般来讲，印刷图形面积比较小的时候，可以采用手工网印的方式。如果印刷图文面积比较大，应考虑采用高精细度的网印机，以确保产品质量。网印折光技术的工艺过程比较简单，技术要求不高，通常的网版印刷企业均可生产，只是生产效率与其他方法相比较低，包装防伪效果与机械折光（模压技术）和激光折光技术相比稍差些，但折光效果很强，外观效果好，其设计制作易行，成本较其他方法低廉，对于小批量的产品来说是比较适宜的。

（3）模压法。用蚀刻法制作折光图像模板（铜版或不锈钢版）时，通常采用专用的折光模压机将折光图像用圆压平、圆压圆方法压在承印图上。这种方法适合于铝箔纸或塑料膜，既能得到优良的模压效果，又放宽了对承印底纸的严格要求。为了减少模压压力，在复合铝箔前，要在底纸上涂一层 0.05~0.1mm 厚的塑料层，然后再覆上铝箔，这样在模压时由于模板加垫软化塑料，铝箔容易成型，冷却后又不变形。模压折光综合地利用了传统制版、计算机制作、印刷、压痕等工艺技术，巧妙地组合成一整套新的印刷工艺。它是最新的计算机创意技术和传统制版印刷技术相结合的产物。

① 制版。在折光印刷中制版是首道工序。先对计算机制作的图像进行分色，并进行色块线条和角度变换处理，再由照排机输出胶片，由胶片来晒制金属版。金属版的材料可以是铜的，也可以是钢的。如果压痕线较细，由于钢的结构晶粒较粗，用于制作细网线图案的折光版不太理想，而用铜版折光效果就较好。折光版的厚度在 0.8~1.4mm 范围内均可。折光版的网线粗细视印刷图纹而定，金属画的折光版从表面上看为 170~300 线/in①，一般包装印刷品的折光版为 60~200 线/in。细网线的版子深度做不深，粗网线的版子可以做得较深，也易压痕，折光效果也好。

② 压痕。折光产品印制工艺的最后一道工序是压痕。与普通压痕不同的是，折光压痕的面积大、密度高、线条复杂，要实现满意的折光效果，印刷压力和包衬材料的选择至关重要。不同形式的模切压痕机试验测试，其中圆压平的模切压痕机效果最好。上海光华印刷机械有限公司生产的 TYY6 巧型圆压平烫金模切压痕机，具有压力大（单位面积压力可高出一般压痕机 1 倍以上）、线条转移性好、印品光泽动人等优点。

4.2.2.4 折光技术的应用

折光技术在烟酒包装、书刊装帧等设计上被广泛采用，不仅可以提高商品的陈列价值

---

① 1in（英寸）= 2.54cm。

和附加值，还能达到保护商品、防止伪造的目的，可以完全有效地运用线条的不同走向、粗细、间距和光的反射原理形成中心发散式、旋转式或流动式等折光效果，加上印品本身的色彩和光泽，成了高档防伪包装的一个新亮点。

折光技术在标牌、工艺品与包装产品上的应用方兴未艾，新的工艺又在不断产生。目前，研究者们正在探讨在同一图面上采用调频与调幅方法变化线条的粗细与间距，使其实现更加丰富多彩的折光效果。

采用传统的折光技术虽然可以生产出效果较好的折光产品，但由于该技术需要昂贵的制作设备，同时折光效果受到基材表面光亮度的制约，因此，传统折光技术越来越受到限制，尤其在高档印刷的表面装饰和防伪包装印刷的应用方面，越来越难以满足需求。当前，许多折光产品不再局限于单纯的直线，而是根据画面图案使折光效果变幻莫测，山水风景、飞禽走兽形象跃然纸上，其技术含量之高是传统折光印刷技术无法比拟的。新型折光技术是计算机技术、制版技术、印刷技术、模压技术等有机交汇综合的应用。这样一来，折光印刷技术成为一种科技含量非常高的印刷品表面整饰技术，在高档印刷品装饰装潢和印刷包装防伪方面有着极好的发展远景。各种与折光效果类似的表面整饰技术的应用也越来越多，如激光全息折光技术、折光潜影技术等。

4.2.3　激 光 穿 孔

世界纸币市场，除了英国德纳罗公司、德国 G&D 公司和法国 FCO 公司占据绝大部分市场外，还有几家规模相对较小的纸币印刷公司，在三巨头强大的市场、技术和成本优势的压力夹缝中，靠着自己的“独门秘籍”奋力打拼。其中就有着号称世界最为安全的纸钞——瑞士法郎的打造者瑞士 OFS（Orell Füssli）安全印务有限公司。其最具有代表性的防伪技术莫过于微型穿孔技术（Microscopic perforations，MicroPerf）。该技术由瑞士 OFS 公司首创，在高值瑞士法郎上试验成功后，逐渐推广到现版瑞士法郎全部面值中去。如今瑞士 OFS 公司正向世界各地的央行努力推荐这一技术。我国的 2008 版奥运 10 元纪念钞上也采用了微型穿孔技术。

4.2.3.1　激光穿孔原理

传统穿孔技术和微型穿孔技术有本质的区别。微型穿孔技术采用 KBA-Giori 独家提供的先进的激光阵列组，可以对砂纸或塑料钞基进行烧孔，一个激光阵列组可以在一个小时内完成 6000 张钞纸的烧孔。穿孔的大小统一，直径一般为 85~145μm，远远小于 300μm 以上的机械式穿孔。纸币的激光孔也不是千篇一律的，在高倍放大镜下，它们的形态各异，有正孔也有斜孔，有椭圆形也有蝌蚪形。由于微型穿孔的设备由 KBA-Giori 独家供应，成本较高。目前，仅有 OFS、GOZNAK 和中国印钞造币总公司 3 家印刷公司拥有该设备。

4.2.3.2　激光穿孔分类

目前，OFS 公司的激光穿孔主要有 Microperf、StarPerf 和 TwinPerf 3 种技术。

（1）Microperf。Microperf 技术打出的小孔通常为圆孔，一般只有 60~90μm。小孔可以是椭圆形或蝌蚪形，大小不同，并可按照设计随意分布，可以是正孔也可以是斜孔，间距可以相对固定，也可以根据设计而有规律地分布。图 4-51（a）所示为面值“10”数字效果，由呈周期性排列的圆孔组成，图 4-51（b）展示了圆孔细节效果，各孔的孔径大小不同，图 4-51（c）为以色列 20 谢克尔塑料钞，它的孔是蝌蚪形的，孔缘光滑，极难仿制。

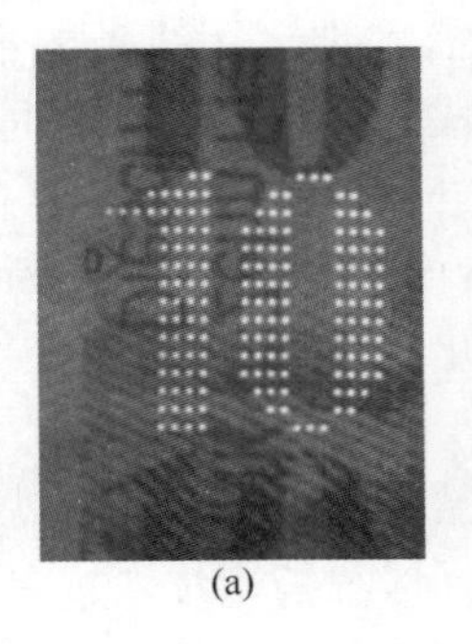
(a)

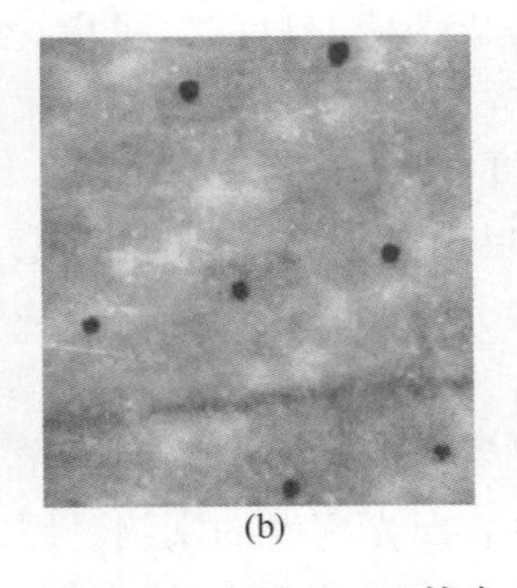
(b)

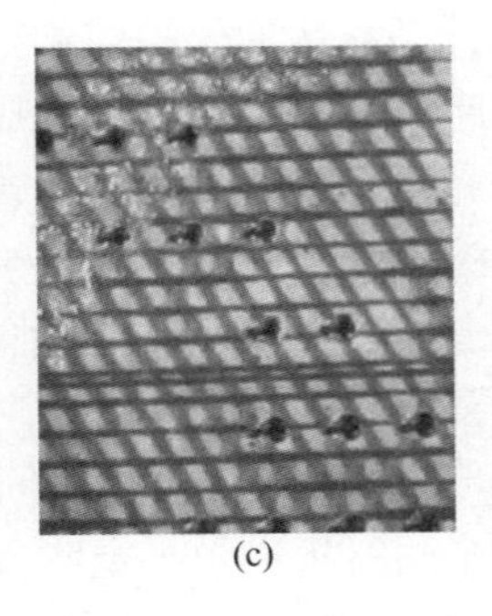
(c)

图 4-51　Microperf 技术

（a）面值“10”数字效果　（b）圆孔细节效果　（c）蝌蚪形孔细节效果

（2）StarPerf。StarPerf 是该公司推出的一项新的穿孔技术，它可以通过用智能手机扫描来鉴别真伪，就像扫描二维码一样，仅几秒钟就可顺利完成验证（图 4-52）。

(a)

(b)

图 4-52　StarPerf 技术及检测方式

（a）StarPerf 技术透光效果　（b）手机扫描识别

（3）TwinPerf。TwinPerf 技术的小孔主要是椭圆形的，但椭圆的分布是依设计而定的，椭圆的长轴方向可以是上下分布，也可以是左右分布。当手持纸币上下翻转时，长轴方向上下分布的椭圆可见，而长轴方向左右分布的椭圆变得不可见；当手持纸币左右翻转时，长轴方向左右分布的椭圆变得可见，而长轴方向上下分布的椭圆变得不可见。

微型穿孔潜像为标准图像技术的进化版本，对光观察可以看到一个图像，当倾斜一定角度时，可以看到另外一个隐藏图案。其本质就是激光阵列通过不同的角度烧制孔径，形成了两种图像。该技术的原理图及测试效果如图 4-53 所示。

4.2.3.3　激光穿孔技术特性

（1）不破坏纸币的整体性。微型穿孔不似全息条纹可能会破坏纸币的整体性，它在反射光下是不可见的，只有在对光的情况下才能见到。所以，既可以运用在新版纸币的设计上，也同样可以运用于旧版纸币的防伪升级。

（2）耐用性很强。据 OFS 官方介绍，微型穿孔技术从纸币使用寿命的初期到末期，即便在极其恶劣的流通条件下，其特性都不会发生任何改变，是目前唯一具有如此耐用性的光学防伪技术，而全息技术在恶劣流通条件下易脱落、消融。

（3）识别性强。不管是专家还是普通消费者，都可以非常容易地通过该防伪技术的特性来辨分纸币的真伪。此外，该技术还具备机读功能，极大地提升了纸币的防伪性。

（4）强大的防复制性能。高性能的复印机或扫描仪都无法探测到这些孔径极小的激

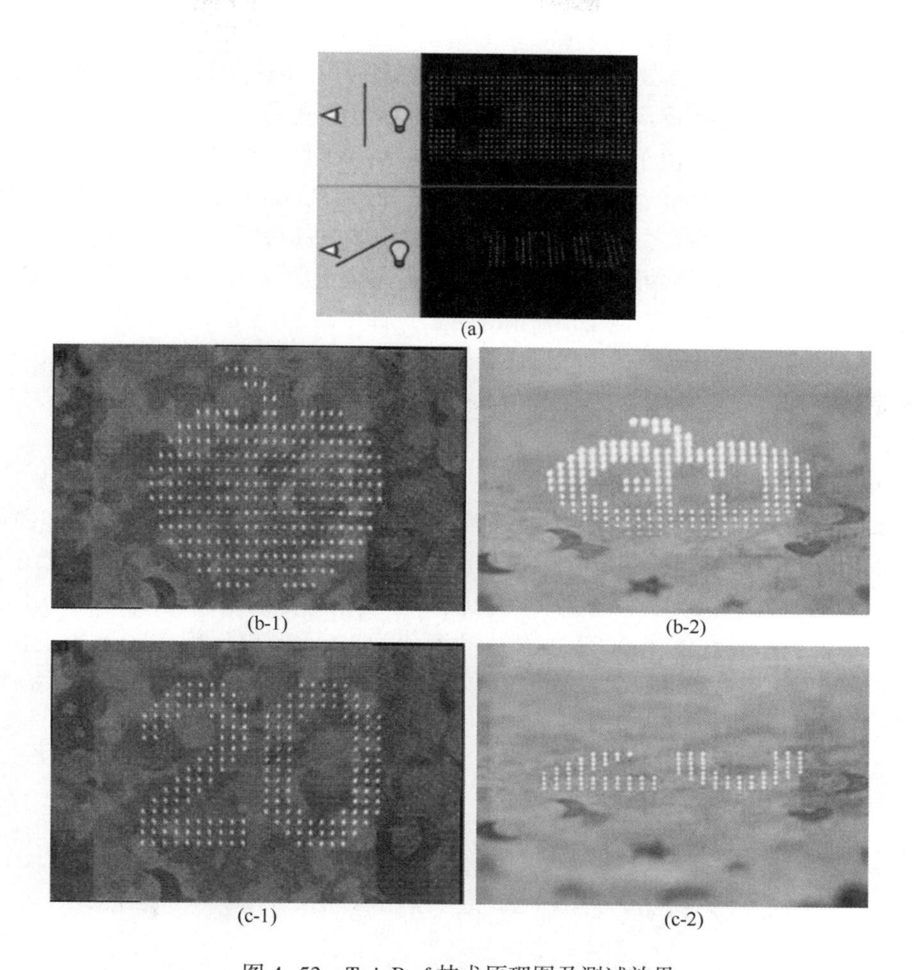

(a)

(b-1)　(b-2)

(c-1)　(c-2)

图 4-53　TwinPerf 技术原理图及测试效果

（a）观察方式及显示效果图　（b-1）透光正视效果 1　（b-2）倾斜一定角度时观察效果 1
（c-1）透光正视效果 2　（c-2）倾斜一定角度时观察效果 2

光穿孔，因而阻止了社会上运用复印机和扫描仪伪造纸币的做法，提升了纸币的防伪性。

（5）长期使用的成本优势。该技术初期投入成本较高，但鉴于是激光设备，耗材和维护成本较低。如果大规模运用在纸币印刷过程中，其长期使用成本则相对较低。

4.2.3.4　激光穿孔技术防伪应用

1994 年 OFS 申请了微型穿孔技术的专利，并以 MicroPerf 商标进行市场推广。1997 年 10 月 1 日，第一张具备微型穿孔技术的纸币——瑞士法郎 200 面值纸钞正式诞生。出于对该技术耐久性的考虑（怕激光穿孔会削弱纸币的强度），初期仅运用在瑞士法郎的大额纸币如 100 法郎、200 法郎和 1000 法郎上。因为相比低面值纸币，大额纸币流通次数较低、流通环境相对较好，是试验新型防伪技术耐久性的最佳对象。实践证明，微型穿孔技术具有非常强的耐污损性和持久性。于是，瑞士国家银行从 2000 年起将该技术推广到其他面值纸币上。瑞士法郎也因此成为世界上唯一一个全部面额纸币都采用了微型穿孔技术的纸钞系列。

位于波罗的海沿岸的立陶宛成为世界上第二个在纸钞上采用该技术的国家。2000 年 10 月 16 日发行的 100 Litas、2001 年 11 月 26 日发行的 10 Litas、2001 年 12 月 17 日发行的 20 Litas 都采用了微型穿孔技术，这些纸钞都是由 OFS 公司承印的。立陶宛其他面额的纸钞由德国 G&D 公司承印，由于没有得到相应的授权，故不具备该项技术。

根据立陶宛银行现金部门的相关负责人 Algimantas Sodeika 介绍，公众对这项防伪技术非常感兴趣。在纸币发行之后，他们很快就收到了一些由针状物模拟微型穿孔的伪钞。虽然穿孔很粗糙，但是整体伪造水平较高，还是较易混淆过关的。据他看来，这项防伪技术的有效性还取决于该技术在纸币上分布的位置，如果运用微型穿孔技术的元素位于水印的附近，那就更有助于群众在查看水印的同时查看该技术，减少伪钞渗透的机会。2007 年，可能是出于成本考虑，立陶宛将 10Litas、20Litas 和 100Litas 纸钞的承印商更换了，之后发行的这些面额纸币不再采用微型穿孔技术。

2002 年 1 月，欧盟在高值欧元的全息缀片和低额纸币的全息条纹上都运用了微型穿孔技术。2004 年 8 月 16 日，俄罗斯升级了流通钞的防伪性，50 卢布以上的面额都运用了该技术，发行于 2006 年 7 月 31 日的 5000 卢布也采用了该技术。俄罗斯的纸币都是由 GOZNAK 承印的。此外，GOZNAK 还在为白俄罗斯代印的标注年份为 2000 年的 10 万卢比纸币上运用了该技术。我国于 2008 年发行的面值为 10 元的奥运纪念钞上也运用了该技术，区别在于 10 元奥运纪念钞的激光孔打在全息膜上，因此在纸币背面并不能看到光孔，如图 4-54 所示。

(a)　　(b)

图 4-54　北京奥运纪念钞的激光穿孔技术

（a）2008 年发行的奥运纪念钞正面　（b）全息膜激光穿孔效果

除了在纸钞上得到了广泛应用外，在塑料钞基方面，微型穿孔技术也得到 3 个国家的青睐。2003 年 12 月 5 日，通过发行具有该技术的 100 万 Lei 塑料钞，罗马尼亚成为第一个在塑料钞上使用微型穿孔技术的国家。2005 年罗马尼亚面值改革后（10000 ROL 兑换 1 RON），面值在 10 新 Lei 之上的罗马尼亚塑料钞都运用了激光穿孔技术。以色列于 1998 年委托瑞士 OFS 公司印刷了面值为 20 谢客尔的塑料钞。另外，我国新版护照上也采用了激光穿孔技术。

4.2.3.5　前景

目前，微型穿孔技术主要通过由激光烧灼出来的穿孔来表示面值数值。随着科技的发展，微型穿孔技术可以用于制作具有灰阶表示能力的图案。考虑到众多穿孔对纸币耐久性的破坏，这项技术如今还处在试验阶段。

参考文献

[1]　瞿维国. 组合印刷的技术发展与应用趋势［J］. 印刷杂志，2016，(5)：91-91.

[2]　绿茶. 千变组合印刷，万变印刷世界［J］. 印刷杂志，2016，(5)：3-7.

[3]　张鹏. 组合印刷的利与弊［J］. 印刷杂志，2010，(9)：47-48.

[4]　琴心. 组合印刷及组合印刷设备［J］. 印刷杂志，2009，(8)：1-6.

[5]　强永胜. 组合印刷工艺在标签印刷中的应用［J］. 印刷技术，2009，(22)：60-61.

[6]　寸云涛，王崧. 组合印刷工艺在防伪票证中的应用［J］. 印刷杂志，2009，(8)：7-10.

[7]　吴净土. 组合印刷工艺在烟包印刷中的应用［J］. 印刷杂志，2016，(5)：8-11.

[8]　马先铎，刘坤宏，钱俊，等. 具有组合印刷的烟酒包装企业工艺设计［C］. 全国包装工程学术会议，第十三届全国包装工程学术会议论文集，2010，(23)：110-112.

[9]　张恒克，燕峰. 酒包装防伪技术浅析［J］. 印刷技术，2009，(14)：33-35.

[10]　刘激扬. 酒包装烫印和模切工艺的应用特点与趋势［J］. 印刷技术，2016，(4)：25-27.

[11]　佚名. 防伪印刷中的靓丽“彩虹”——应用于单张纸胶印机的彩虹印刷工艺［J］. 印刷技术，2011，(23)：25-27.

[12]　张忠，蔡秀园. 钢版雕刻凹印技术在我国的演进［J］. 中国印刷，1994，(6)：55-57.

[13]　LAZZERINI M. Security element particularly for banknotes，security cards and the like，having anti-counterfeiting features：8365999B2［P］. 2013-02-05.

[14]　章星，孟庆飞，张勇. 具有光变结构的防伪图纹及其制备方法：201310534864.7［P］. 2016-09-14.

[15]　彭勇剑，胡叶青，范旭. 一种单次凹印空压双面产生颜色变化的印刷：201310114580.2［P］. 2015-05-13.

[16]　李慧霞，张庆，区焯元. 凹版印刷热升华水性墨的应用［J］. 印染，2018，(1)：28-30.

[17]　张逸新. 防伪印刷［M］. 北京：中国轻工业出版社，1999.

[18]　马立项. 雕刻凹印机结构分析与设计［D］. 南京：南京理工大学. 2011.

[19]　张静芳. 光学防伪技术及其应用［M］. 北京：国防工业出版社，2011.

[20]　李根绪，马仁选，蒋治全. 一种雕刻凹版双面对印印刷方法及设备：200910243297.3［P］. 2011-12-12.

[21]　臧冬娟，张逸新. 雕刻防伪技术［J］. 包装工程，2007，28（1）：53-55.

[22]　王莹莹，张燕，顾爽. 邮票防伪技术应用与发展——以加拿大野生动物系列邮票为例［J］. 中国防伪报道，2017，(5)：96-102.

[23]　淄博学会秘书处. 纸钞防伪技术——凹版印刷防伪技术［J］. 齐鲁钱币，2011，59-61.

[24]　马静林. 浅谈凹版印刷在邮票印制中的应用［J］. 印刷杂志，2006，(6)：16-18.

[25]　张森. 热烫和冷烫的区别［J］. 上海包装，2012，(2)：48-49.

[26]　张毅. 烫印工艺与技术的发展［J］. 今日印刷，2007，(2)：12-14.

[27]　陈赛艳. 烫印，得个性者得天下［J］. 广东印刷，2010，(8)：38-40.

[28]　陈文革. 包装印刷中的电化铝烫印技术浅析［J］. 今日印刷，2005，(9)：66-68.

[29]　许小锋，刘继光. 合理选用烫印工艺参数［J］. 表面技术，2005，34（2）：51-52.

[30]　刘永庆. 折光印刷技术［J］. 丝网印刷，2009，(12)：10-12.

[31]　黄仁瑜，顾新华，黄珠女. 折光图像产品制作工艺［J］. 丝网印刷，2003，(4)：22.

[32]　郁家相，周国煜. 新颖折光工艺的研究与实践［J］. 印刷杂志，1999，(9)：38-39.

[33] 田子强. 浅析瑞士微型穿孔防伪技术 [J]. 中国防伪报道, 2015, (3): 88-90.

思 考 题

1. 简述无墨印刷的原理、特征和不足之处。

2. 烫印材料有哪些？其工艺的三大参数和基本要求是什么？不同烫印工艺参数对烫印效果有哪些影响？

3. 折光印刷技术的原理是什么？请简述折光印刷技术的制作流程。

4. 激光穿孔技术的原理和特性是什么？并详细举例说明激光穿孔技术的应用。

5. 什么是彩虹印刷？彩虹印刷的类别有哪些？举例说明生活中采用彩虹印刷的产品有哪些？

6. 结合印刷防伪工艺和印后防伪工艺，大胆设想未来会出现哪些新型防伪工艺。

第 5 章　电子防伪技术

扫码查阅
第5章图片

随着信息技术的高速发展和消费者对防伪保密技术要求的提高，防伪技术越来越向不易被假冒的电子防伪领域发展。与此同时，防伪包装印刷行业涌现出了多种电子防伪技术，如编码防伪、射频识别（RFID）防伪、近场通信（NFC）、网络防伪等技术。与传统的防伪技术相比，电子防伪技术克服了可被批量仿冒的弱点，具有唯一性、不可伪造性、易推广性等特点。

5.1　编码防伪技术

编码防伪技术主要以条形码技术为代表。条形码技术起源于 20 世纪，诞生于 Westinghouse 的实验室。Kermode 发明了最早的条形码标识及识读设备，主要是为了实现邮政单据的自动分拣。由于条形码技术成本低廉、防伪性高等，现已成为包装的首选防伪手段。目前，如何提高编码产品的防伪功能是包装工程研究的一个重点。国内外常用的是一维条形码，其信息容量小，需要与数据库相连，防伪性和纠错能力差。随着消费者对条形码信息密度和防伪性能要求的不断提高，市场上出现了多种二维条形码。后来，一些特殊条形码，包括三维条形码、隐形条形码、金属条形码等被广泛使用，条形码的防伪性能得到了极大的提高。

5.1.1　一维条形码

一维条形码是由一组规则排列的条、空以及对应的字符组成的标识，条是指光线反射率较低的部分，空是指光线反射率较高的部分，如图 5-1 所示。

图 5-1　一维条形码（Code 128）

条形码中的条和空组成的数据可以表达一定的信息，并能够用特定的设备识读，转换成与计算机兼容的二进制和十进制信息。其编码方法主要有两种：模块组合法和宽度调节法。模块组合法是指条形码符号中，条与空是由标准宽度的模块组合而成的，一个标准宽度的条表示二进制数字“1”，而一个标准宽度的空表示二进制“0”；宽度调节法是指条形码中条与空的宽窄设置不同，用宽单元表示二进制“1”，用窄单元表示二进制“0”，宽窄单元的比值一般控制在 2~3。

左侧 空白区	起始符	数据符	检验符	终止符	右侧 空白区

图 5-2　一维条形码符号的结构

（1）一维条形码符号的结构如图 5-2 所示。

① 左侧空白区。位于条形码左侧无任何符号的白色区域，主要用

于提示扫描器准备开始扫描。

② 起始符。起始符是指条形码字符的第一位，用于标识一个条形码符号的开始，扫描器确认此字符存在后开始处理扫描脉冲。

③ 数据符。数据符位于起始符后，用来标识一个条形码符号的具体数值，允许双向扫描。

④ 检验符。检验符是用来判定此次扫描是否有效的字符，通常是一种算法运算的结果。扫描器读入条码进行解码时，先对读入的各字符进行运算，如运算结果与检验符相同，则判定此次识读有效。

⑤ 终止符。终止符位于条形码符号右侧，是表示信息结束的特殊符号。

⑥ 右侧空白区。右侧空白区是指在终止符之外的无印刷符号且条与空颜色相同的区域。

（2）条形码特性。条形码字符本身具有校验特性。一维条形码采用校验码来保证识读的正确性，有些条形码标准中含有校验码的计算方法，有些条形码在一个条形码字符内部就含有校验的机制。例如 39 条形码、库德巴条形码、交叉 25 码都具有自校验功能，EAN 和 UPC 条形码、93 条形码、矩阵 25 条形码都没有自校验功能。自校验功能也能校验出一些印刷缺陷。对于某种码制，是否具有自校验功能是由其编码结构决定的。码制设计者在设计条形码符号时，就已经确定了该条形码是否具有此功能。

（3）常见码制。

① EAN 条形码，EAN 条形码（European Article Number）是国际物品编码协会制定的一种商品用条形码，通用于全世界。EAN 条形码符号有两种版本，即 13 位标准码（又称 EAN13 码）和 8 位缩短码（又称 EAN8 码），如图 5-3 所示。

图 5-3　EAN13 码和 EAN8 码

它们具有以下共同特点：

a. 条码符号由一系列相互平行的条和空组成，四周留有空白区。

b. EAN 条形码字符集包括 A 子集、B 子集和 C 子集。每个条形码符号均由 2 个条和 2 个空构成。每个条和空由 1~4 个模块组成，每个条形码字符的总模块数为 7。条形码字符集可表示 0~9 共 10 个数字字符。

c. 除了表示数字的条形码符号外，还有一些辅助条形码字符，用作表示起始、终止的定界符和平分条码符号的中间分隔符。

d. 供人识别的字符位于条形码符号下方，是与条形码相对应的 13 位数字，采用 OCR-B 字符。

② UPC 条码。UPC（Universal Product Code）条形码是由美国均匀码理事会（Uniform Code Council，UCC）制定的一种商品条码，主要在美国及加拿大使用。有 UPC-A 和

UPC-E 条码，如图 5-4 所示。

图 5-4　UPC-A 和 UPC-E 条码符号

a. UPC-A 包括 12 位数字。UPC-A 条形码与前置码为“0”的 EAN13 条形码兼容。

b. UPC-E 由 8 位数字组成，是将系统字符为 0 的 UPC-A 代码进行消零压缩所得。只有当商品很小、无法印刷表示 UPC-A 时，才允许使用 UPC-E。

③ EAN-128 条形码。为进一步表示商品的有关信息，有时需要对 EAN、UPC 条形码补充代码，补充代码采用 UCC/EAN-128 条形码符号（简称 EAN-128），如图 5-5 所示。EAN-128 条形码是唯一能表示 EAN、UPC 标准补充码的条形码符号。它是一种连续型、非定长、有含义的高密度代码。

图 5-5　EAN-128 条形码符号

EAN-128 条形码的符号特点：

a. EAN-128 是由一组平行的条和空组成的长方形图案。

b. 除终止符由 13 个模块组成外，其他字符均由 11 个模块组成。

c. 在条形码字符中，每 3 个条和 3 个空组成一个字符，终止符由 4 个条和 3 个空组成。条和空都有 4 宽度单位，可以从一个模块加宽到 4 个模块。

d. EAN-128 条形码是由字符 START A（B 或 C）和字符 FNC1 构成的特殊双字符起始符，即 STARTA（B 或 C）+FNC1。

e. 符号中通常采用符号校验字符。符号校验字符不属于条形码字符的一部分，也区别于数据代码中的任何校验码。

f. 符号可以从左、右两个方向阅读。

g. 符号的长度取决于编码字符的个数，编码字符可以从 3 位到 32 位（含应用标识符）。

h. 对于一个特定长度的 EAN-128 条形码符号，符号的尺寸可能随放大系数的变化而变化。

i. 一般情况下，条形码符号的尺寸是指标准尺寸（放大系数为 1）。放大系数的取值范围为 0. 25~1. 2。

④ 交叉 25 码，交叉 25 码是 1972 年美国 Intermec 公司发明的一种条、空均表示信息的连续型、非定长、具有自校验功能的双向条形码。它的字符集为数字字符 0~9。

交叉 25 码由左侧空白区、起始符、数据符、终止符及右侧空白区构成。如图 5-6 所示，它的每一个数据符都由 5 个单元组成，其中两个是宽单元（表示二进制的“1”），三个窄单元（表示二进制的“0”）。从左到右，奇数位数据符由条组成，偶数位数据符由空组成。组成条形码符号的字符数为偶数。当条形码字符的字符数为奇数时，应在字符串左端添加“0”。

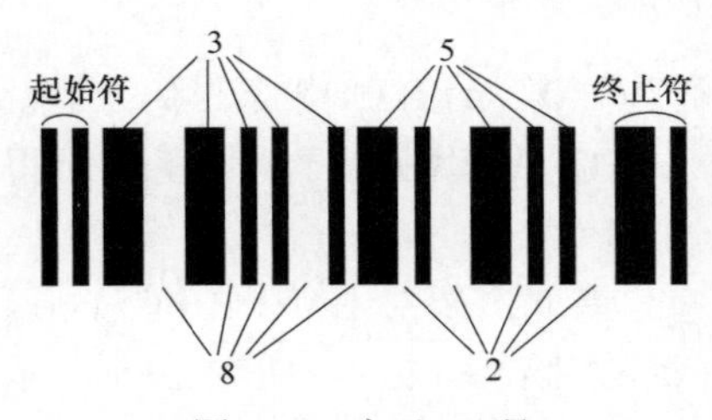

图 5-6　交叉 25 码

起始符包括两个窄条和两个窄空，终止符包括两个条（一个宽条、一个窄条）和一个窄空。

⑤ ITF 条形码符号。ITF 条形码是用于储运单元的条形码符号，ITF 条形码符号有 ITF-14，ITF-16 及 ITF-6（附加代码 add-on），他们都是定长型条形码，如图 5-7 所示。

条形码字符

保护框

1 54 00141 28876 3

空白区　空白区

图 5-7　ITF-14 条形码

ITF 是英文 Interleaved Two of Five 的缩写。ITF 条形码是在交叉 25 条形码的基础之上扩展形成的用于储运包装的条形码。为了适应特定的印刷条件，多数情况下交叉 25 条形码周围都加了保护框。

一维条形码本身并不具备防伪能力，普通的一维条形码在使用过程中仅作为识别信息，它必须通过和对应的数据库相结合才能发挥作用。一维条形码通过在计算机系统的数据库中提取相应的信息而实现识别过程。要发挥一维条形码的防伪功能，一般常通过条形码印刷方式的选择、条形码印刷位置的设计、条形码与其他防伪技术的结合等方式来完成。

5. 1. 2　二维条形码

二维条形码是用某种特定的几何图形按一定规律在平面（二维方向上）分布的、黑白相间的、记录数据符号信息的图形，也称二维码。二维条形码在代码编制上巧妙地利用构成计算机内部逻辑基础的"0""1"比特流的概念，使用若干个与二进制相对应的几何形体来表示文字数值信息，通过图像输入设备或光电扫描设备自动识读以实现信息自动处理：它具有条形码技术的一些共性。根据码制的不同，可以将其分为线性堆叠式二维码和矩阵式二维码两大类。

5.1.2.1　线性堆叠式二维码

线性堆叠式二维码是在一维条形码编码原理的基础上，将多个一维条形码在纵向上堆叠产生的，可由带光栅的激光阅读器、线型及面扫描的图像式阅读器进行识读，较具代表性的有 PDF417 码、Code16K 码、Supercode 码等，如图 5-8 所示。

PDF417码

Code16K码

图 5-8　线性堆叠式二维码

线性堆叠式二维码具有以下优点：

（1）高密度编码，信息容量大。可容纳多达 1850 个大写字母，或 2710 个数字，或 1108 个字节，或 500 多个汉字，比普通条形码信息容量约高几十倍。

（2）编码范围广。该条形码可以把图片、声音、文字、签字、指纹等可以数字化的信息进行编码，用条形码表示出来，可以表示多种语言文字，也可以用来表示图像数据。

（3）容错能力强，具有纠错功能。这使得二维条形码因穿孔、污损等引起局部损坏时，照样可以正确得到识读，损毁面积达 50%仍可恢复信息。

（4）译码可靠性高。它比普通条形码译码错误率百万分之二要低得多，误码率不超过千万分之一。

（5）可引入加密措施。保密性、防伪性好。

（6）成本低，易制作，持久耐用。

（7）条形码符号形状、尺寸、比例可变。

线性堆叠式二维码与其他防伪技术结合，广泛应用于各行各业，如食品、工业品、电子监管系统等。

5.1.2.2　矩阵式二维码

矩阵式二维码如图 5-9 所示，在一个矩形空间，通过黑、白像素在矩阵中的不同分布进行编码，在矩阵相应元素位置上，用点的出现表示二进制 1，不出现表示二进制 0，这种条形码只能用照相和图像处理方式进行识别（如面型扫描器），具有代表性的有 QR Code、Aztec 码、Datematrix 码、MaxiCode、Softstrip 码、Vericode 等。

矩阵式二维码具有以下优点：存储大容量数据、可在小空间内打印、可以有效地处理

图 5-9　矩阵式二维码

各种文字、对变脏和破损的适应能力强、可以从任一方向读取等多种优点。

在众多二维条形码中，QR Code（Quick Response Code）得到了最广泛的应用。QR Code是由日本Denso公司于1994年9月研制的一种矩阵二维码符号，如图5-10所示，它除了具有一维条形码及其他二维条形码所有的信息容量大、可靠性高、可表示汉字及图像等多种文字信息、保密防伪性强等优点外，还具有以下特点：

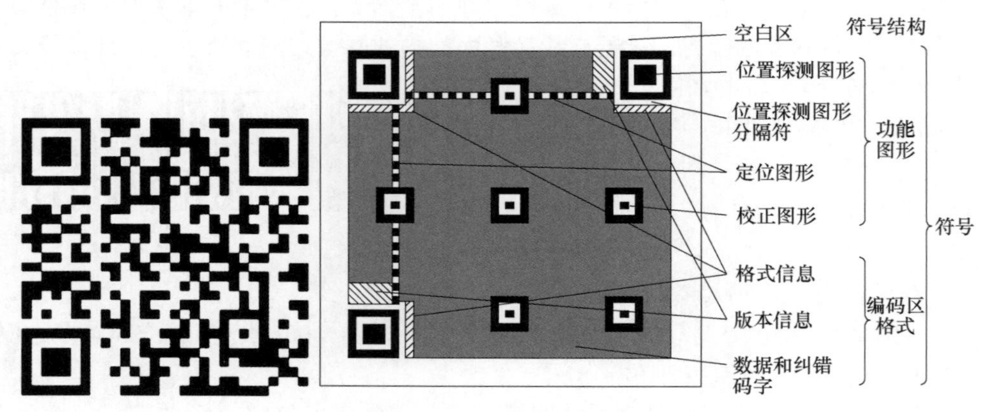

图5-10　二维条形码结构

（1）超高速识读。从QR Code码的英文名称Quick Response Code可以看出，超高速识读是QR Code区别于PDF417码、Datamatrix码等的主要特性。由于在用CCD识读QR Code时，整个QR Code符号中信息的读取是通过QR Code符号的位置探测图形，用硬件来实现的，因此，信息识读过程所需时间很短。用CCD二维条形码识读设备，每秒可识读30个含有100个字符的QR Code符号；对于含有相同数据信息的PDF417码符号，每秒仅能识读3个符号；对于Datamatrix矩阵码，每秒仅能识读2~3个符号。QR Code的超高速识读特性使它能够广泛应用于工业自动化生产线管理等领域。

（2）全方位识读。QR Code具有全方位（360°）识读特点，这是QR Code优于行排式二维条形码如PDF417码的另一主要特点，由于PDF417码是将一维条形码符号在行排高度上截短来实现的，因此它很难实现全方位识读，其识读方位角仅为±10°。

（3）能够有效地表示中国汉字、日本汉字。由于QR Code用特定的数据压缩模式表示中国汉字和日本汉字，它仅用13bit就可表示一个汉字，而PDF417码、Datamatrix码等没有特定的汉字表示模式，因此仅用字节表示模式来表示汉字，在用字节模式表示汉字时，需用16bit（两个字节）表示一个汉字，因此QR Code比其他二维条形码表示汉字的效率提高了20%。

（4）QR Code与Datamatrix和PDF417码的特点比较见表5-1。

表5-1　QR Code与Datamatrix和PDF417码的特点比较

码制	QR Code	Datamatrix	PDF417码
研制公司	Denso Corp. （日本）	I. D. Matrix Inc. （美国）	Symbol Technologies Inc （美国）
码制分类	矩阵式		堆叠式

续表

码制	QR Code	Datamatrix	PDF417 码
识读速度	30 个/s	2~3 个/s	3 个/s
识读方向	全方位(360°)		±10°
识读方法	深色/浅色模块判别		条空宽度尺寸判别
汉字表示	13bit	16bit	16bit

注：每一符号表示 100 个字符的信息。

除此之外，QR Code 具有广泛的编码字符集：数字型数据（数字 0~9）；字母数字型数据（数字 0~9；大写字母 A~Z；9 个其他字符：space、＄、%、＊、+、－、.、/、:）；8 位字节型数据；日本汉字字符；中国汉字字符（《GB/T 2312—1980 信息交换用汉字编码字符集　基本集》对应的汉字和非汉字字符）。

QR Code 符号的基本特征见表 5-2。

表 5-2　QR Code 符号基本特征

符号规格	21×21 模块(版本 1) 177×177 模块(版本 40)
	(每一规格:每边增加 4 个模块)
数据类型与容量	• 数字数据:7089 个字符
	• 字母数据:4296 个字符
(指最大规格符号版本 40-L 级)	• 8 位字节数据:2953 个字符
	• 中国汉字、日本汉字数据:1817 个字符
数据表示方法	深色模块表示二进制“1”,浅色模块表示二进制“0”
纠错能力	• L 级:约可纠错 7%的数据码字
	• M 级:约可纠错 15%的数据码字
	• Q 级:约可纠错 25%的数据码字
	• H 级:约可纠错 30%的数据码字
结构链接(可选)	可用 1~16 个 QR Code 符号表示一组信息
掩模(固有)	可以使符号中深色与浅色模块的比例接近 1 : 1,使因相邻模块的排列造成译码困难的可能性降为最小
扩充解释(可选)	这种方式使符号可以表示缺省字符集以外的数据(如阿拉伯字符、古斯拉夫字符、希腊字母等)及其他解释(如用一定的压缩方式表示的数据),或者根据行业的需要进行编码
独立定位功能	有

二维条形码作为一种全新的信息存储、传递和识别技术，自诞生之日起就得到了世界上许多国家的关注。美国、德国、日本等国家，不仅将二维条形码技术应用于公安、外交、军事等部门对各类证件的管理，而且也应用于海关、税务等部门对各类报表和票据的管理，商业、交通运输等部门对商品及货物运输的管理，邮政部门对邮政包裹的管理，工业生产领域对工业生产线的自动化管理。

5.1.3　三维条形码

三维条形码就是在二维条形码的基础上再增加一个维度，从而使其具有更多的信息容量。三维条形码主要通过两种方式获得：一是加入色彩或灰度作为第三维，得到平面三维条形码，二是增加轴层高，得到的立体三维条形码如图 5-11 所示。

图 5-11　三维条形码

按色彩划分，平面三维条形码主要有三维灰度条形码和三维彩色条形码。一种方式是依据灰度的变化，将其划分成不同的等级，例如灰度等级为 256，可以定义 8 位为一级，这样就可以分成 32 级，计算机对每级进行不同的编码，然后再识别这些级数，每一级对应一个编码号。显然这种条形码要求印刷设备具有绝对的印刷精度，而且要求油墨在印刷完成后不会出现褪色现象，否则会影响识读的准确性。另一种方式是依据色彩的不同，选用不易受外部因素影响且易于识别的颜色，用计算机对色彩进行编程。随着印刷技术的提高，无论是硬件系统还是软件系统，都已达到三维彩色条形码的印刷要求，能生产出满足客户要求的条形码。目前已研制出了几种平面三维条形码，例如，日本 Content Idea of Asia 公司研发出了 PM Code 条形码；韩国延世大学计算机学院推出了彩色条形码 Color Code，并提供其在相关多媒体领域内的应用；微软公司推出了高容量的彩色条形码——HCCB 三维矩阵式条形码。

5.1.3.1　三维条形码运作原理

（1）获取待编码的数据信息，并获取背景图片。

（2）调整背景图片的尺寸，并自动选定与背景图片相对应的颜色套系，包括码点颜色信息、码框颜色信息和码眼颜色信息。同时选定相对应的形状套系，包括码点形状信息、码框形状信息和码眼形状信息。

（3）根据编码信息生成可视化的编码图形像素矩阵，根据颜色套系生成可视化的彩色图形像素矩阵。根据已生成的编码图形像素矩阵和彩色图形像素矩阵，确定三维条形码的矩阵阶数与形状，以及有效元素的位置。

（4）根据矩阵阶数与形状、有效元素的位置、编码图形像素矩阵和彩色图形像素矩阵，来确定三维条形码的三维条形码矩阵。

（5）根据颜色套系、背景图片的颜色信息，确定三维条形码的色彩编码内容表。

（6）根据形状套系，确定三维条形码的形状编码内容表。

（7）根据三维条形码矩阵，确定三维条形码矩阵中各个元素代表位置信息的码值。

（8）根据色彩编码内容表，确定三维条形码矩阵中各个元素代表色彩信息的码值。

（9）根据形状编码内容表，确定三维条形码矩阵中各个元素代表形状信息的码值。

（10）根据三维条形码矩阵中各个元素的位置信息码值、色彩信息码值、形状信息码值，生成三维条形码的编码信息。

包含模块：获取模块、信息确定模块、矩阵确定模块、色彩确定模块、形状确定模块、生成模块。

5.1.3.2　立体三维条形码主要实现形式

第一种是利用墨层的厚度来表示信息，用印刷方式来印制不同墨层厚度的立体三维条形码，或利用高能激光的方式，雕刻出不同深度的墨层，这种方法不能保证印刷质量，且耐磨性不佳，立体三维条形码的墨层会因外界环境的变化或与硬物接触而受损。

第二种是改变载体，经过特殊的处理使载体形成凹凸不平的表面，利用这种凹凸的深浅和大小表示第三维，这种立体三维条形码不仅受外界环境影响较小，而且还可以达到高精度，使信息可以准确地传达给识读者，不少研发机构已经将此方法作为今后研究的方向。目前，立体三维条形码还未有成品出现，其研发还有待于进一步深入，但其研究价值不可估量。

5.1.3.3　技术特性

（1）安全性。对于计算机而言，二维条形码有着不同的大小、容错率、疏密度和内容，但对于普通老百姓而言它们都是由一个个黑白相间的小点组成的阵列，单一的表现形式使得他们无法分辨清楚。且二维条形码的开源制作方式让不法分子瞄准了这一漏洞，在网上自行生成二维条形码，将原有的二维条形码进行篡改，如偷换支付码窃取他人财产、偷换便民用码向智能手机植入病毒或将信息指向诈骗集团等，造成安全隐患，严重损害社会公信力。

三维条形码采用闭源的生成制作方式，并且每一张三维条形码均可在中国编码中心查询，做到了用码备案制，它可以与数字、图案等有机结合，具备不容易仿造和仿造成本高的特性，更加安全。

（2）防止复制。由于二维条形码辨识性差，任何人都可以制作一张二维条形码贴在原二维条形码处以假乱真，为管理和维护带来了难题。而三维条形码采用闭源的生成方式，本身在其仿造制作环节就有一定的技术壁垒，增加了造假成本，并且通过三维条形码核心算法及软件系统的结合，可以实现多重防伪功能，不法分子很难制作出一模一样的三维条形码，可在一定程度上降低管理维护成本。

（3）可视化强。三维条形码可将不同的图片、logo、文字等以最直观的形式显现在表面，标码合一，扫码者使用设备识读前，即可通过眼睛进行辨别，分辨其图像、编号、文字等信息。

任何企业和个人都可以根据自己的意愿，设计出吸引他人眼光且与品牌气质相契合的三维条形码。三维条形码的图形化设计，能够给人们带来一种更直观、更吸引人、更容易识别的印象，可传达视觉、触觉、听觉三位一体的互动诉求，产生一种过目不忘的品牌文化体验和赏心悦目的视觉效果，还会增加客户对扫码过程的参与感。

（4）超高速。三维条形码符号中信息的读取是通过三维条形码符号的位置探测图形，用硬件来实现的，因此，信息识读过程所需时间很短，具有超高速识读特点。用条形码识读设备，每秒可识读 30 个含有 100 个字符的三维条形码符号。

（5）全方位。三维条形码具有全方位（360°）识读特点，识读器可以对旋转后的三维条形码进行全方位的识别，识读器与三维码固定夹角在 30°~45°区间均可识读，提高扫码次数及扫码识别度。

（6）方便管理。二维条形码千篇一律，需要对每一个二维条形码进行扫码辨别，才能避免张冠李戴，倘若出错无形中将带来品牌及信誉的损失。三维条形码的独特性及可视化强的特点，能够确保每一张码表面均不同，而肉眼可直观辨别分类，方便产品管理，提高工作效率。

5.2 RFID 防伪技术

RFID 的基本概念射频识别（Radio Frequency Identification，RFID）技术是一种非接触式的自动识别技术。将微芯片嵌入到产品当中，利用智能电子标签来标识各种物品，这种标签根据 RFID 无线射频标识原理而生产，标签与读写器通过无线射频信号交换信息，它利用电磁波来实现目标对象的识别，并可进行双向通信。使用这种技术进行通信，可通过无线的方式识别并读取目标，避免了对读取目标进行直接的、机械性的或光线的接触。这种技术又称为无线射频识别或电子标签技术。RFID 常用的频率有以下几个范围：低频（125~134.2kHz）、高频（13.56MHz）、超高频、无源等。目前，RFID 技术应用十分广泛，考勤、门禁、门票、物流、军事、农业、身份识别等很多领域都已涉及。

5.2.1 RFID 标签防伪技术

5.2.1.1 RFID 系统的组成

完整的 RFID 系统包括标签、天线、读写器等部分，外形如图 5-12 所示。

图 5-12 RFID 标签

（1）标签。由耦合元件及芯片组成，每个标签具有唯一的电子编码，附着在物体上标识目标对象，根据标签供电形式的不同，分为有源标签和无源标签；根据标签的可读写性，分为只读标签和读写标签；根据数据调制方式的不同，分为主动式、被动式和半主动式标签。

（2）天线。天线在标签和读取器间传递射频信号。RFID 读写器可以采用同一天线完成发射和接收，或者采用发射天线和接收天线分离的形式，所采用天线的结构及数量应视具体应用而定。

（3）读写器。读写器是读取或写入标签信息的设备，其基本功能就是提供与标签进行数据传输的途径。根据应用不同，读写器可以是手持式或固定式，如图 5-13 所示。

5.2.1.2　RFID 的防伪特性及优势

RFID 技术是货物追踪、溯源、防伪的最佳手段之一，具有读取方便快速、识别距离长、数据记忆容量大、安全性高等优点。

RFID 防伪标签附着在防伪对象上后，具有揭下自毁功能，可以有效防止被揭下后盗用。

图 5-13　RFID 读写器

RFID 标签拥有不同的读取状态，可以自行设置对不同查询请求的应答，可以采取一定的安全认证机制，拒绝非许可的阅读器对其读取，可以有效地防止不法分子获得产品信息。

RFID 标签拥有 128B~2MB 的数据存储容量，可以有效地存储商品的防伪追溯信息，使得消费者知情产品的中间环节，有效地打击以次充好的不法行为。

5.2.1.3　RFID 标签的加密处理手段

RFID 的标签在出厂时由芯片供应商将全球唯一的 ID 固化在芯片中，本身具备一定的防伪能力。然而，在假伪商品制作科技业日趋发达的今天，仅仅依靠标签本身的性能和物理防御手段，有时无法满足防伪需求。

研究如何编制与破译密码的科学被称为密码学。将密码学技术中的算法应用于 RFID 标签，对标签内容进行加密处理，可有效地增加 RFID 标签的防御能力和保密性。

（1）密码学技术。密码学是一种技术科学。密码学是研究编制密码和破译密码的技术科学。研究密码变化的客观规律，应用于编制密码以保守通信秘密的，称为编码学；应用于破译密码以获取通信情报的，称为破译学，总称密码学。

由于密码学的应用范围很大程度上集中在政治、军事、战争等关系重大的范畴内，故而密码学的很多研究成果并不允许公开，这也为密码学研究蒙上了一层神秘的面纱。

密码学进入电子时代的标志是 1946 年电子计算机的出现。1949 年，香农（C. D. Shannon）发表了论文《保密系统的通信理论》，标志着密码学正式成为一门独立的理论科学，构建了密码学的数学基础。香农设计密码的思想——信息保密理论为数据加密标准 DES（Data Encryption Standard）提供了数学和思想上的依据。

（2）密码学基础理论。对通信系统的安全性提供保障的专用系统称为密码系统，密码系统为通信中的信息提供了保密性和安全性，明文、密钥（算法）、密文是密码系统的主要组成部分。在密码系统中，未加密的消息就是明文，密文是加密后的消息。将明文装扮为密文的过程就是加密，这其中要用到某种可逆的数学变换方法。反之，解密就是把加过密的密文变换回明文的过程，加解密的过程必须使用密钥（Key）工作。在很多文献中，常用字母 P（明文）或 M（消息）表示明文，用字母 C 表示密文，用字母 E 表示密码算法中使用的函数，当对明文 M 使用函数 E 后得到密文 C，可用公式表示为：

$$E(M)=C \tag{5.1}$$

用字母 D 表示用于解密的方法，当使用 D 对密文 C 作业后，将会解出明文 M，表示为：

$$D(C)=M \tag{5.2}$$

一条消息，先对其进行加密处理，再进行解密处理，则会得到原消息，用公式可表示为 $D[E(M)]$。

密钥（密码算法）在很多情况下是由两个相关的数学函数构成的，一个是加密函数，一个是解密函数。密钥用 K 表示，K 可以有多种取值选择，密钥空间是 K 所有取值范围的集合。加密和解密的过程为：

$$EK(M)=C \tag{5.3}$$

$$DK(C)=M \tag{5.4}$$

加密和解密函数也有如下性质：

$$DK[EK(M)] \tag{5.5}$$

在部分加解密方法中，加密密钥 K_1 不等于解密密钥 K_2，这些算法的加解密过程可由如下公式表示：

$$EK_1(M)=C \tag{5.6}$$

$$DK_2(C)=M \tag{5.7}$$

$$DK_2[EK_2(M)]=M \tag{5.8}$$

对于信息发出一方来说，密码系统的加密通信方式是先对待发送的消息进行加密，再将密文发入信道进行传输；而对于信息接收一方来说，其收到的消息是以密文形式接收的，需要进行解密处理后方可使用。

加密可以达到向攻击者屏蔽信息内容的目的，如果有攻击者窃取了信道中传送的信息，不知道密钥则无法破解其中的真实含义，只有具有相应解密密钥的合法接收方才可以通过解密处理获知信息的真实内容。图 5-14 所示为加密通信系统的模型。

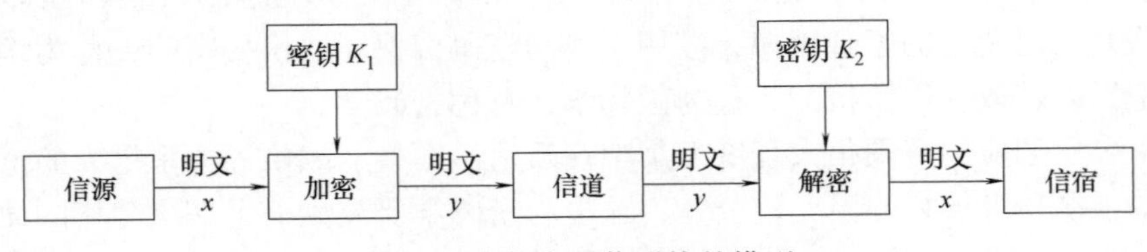

图 5-14　加密通信系统的模型

密码系统是为了使信息在传输过程中不被泄露而使用的，而密码学的功能特性可以保障这一目的的达成，密码学有如下特性：

① 机密性。攻击者若无密钥或解密方法，则无法将窃取到的密文还原为真实信息。

② 数据完整性。在信息发送前，发送方和接收方可以约定将一些算法加入到信息中，使得接收方可以利用这些方法验证收到的消息是否被篡改、出错和被破坏。

③ 认证性。发送方和接收方可以约定编码，使得接收方能够获知发送方的真实身份，从而避免了攻击者伪装成发送方进行信息干扰。

④ 不可抵赖性。发送方如果在信息中加入了自己的数字签名，则可确认某信息为自己发出。

（3）密钥算法体制。若信息传输所使用的信道无法保证安全，如需采用 Internet 进行信息传递，则应采取密钥算法来保证信息在传送过程中的安全性。信息加密和数字签名中均可使用密钥算法体制。

从对称性上来说，密钥算法体制有对称和非对称两种。对称密钥体制的特点是加密和解密函数使用相同的密钥，而且在传输信息的同时需要保证密钥安全、非公开地传送。非对称密钥体制是使用不同的密钥进行加密和解密，这其中有一个密钥公开地进行传送，称为公钥。

① 对称密钥体制。其加密密钥和解密密钥是相同的，或者能够从其中之一推知另一个。其中，加密函数和解密函数使用的密钥均用 K 来表示：$DK[EK(M)]=M$。

图 5-15 为对称密钥体制的加密解密过程。这种加解密体制的效果比较好，但加解密密钥相同对该密钥的秘密性和安全性的要求比较高，若密钥泄露则无法保证其安全性。因此，其在使用中受到发送方和接收方事前沟通条件的约束和限制。

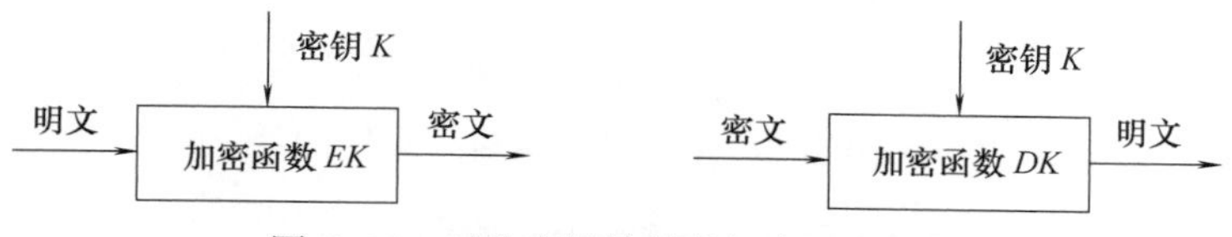

图 5-15　对称密钥体制的加密解密过程

对称密钥体制涉及很多传统的加密方法，有些广泛应用在射频识别系统中，如数据加密标准（Data Encryption Standard，DES）。该算法采用分组码的思想进行算法组织、扩散（diffusion）和混乱（confusion），是香农建议的分组密码算法的基本设计思想。

② 非对称密钥体制。其加密过程和解密过程使用两个不同的密钥，而且在不掌握私钥时，根据公钥和其他参数推算私钥，在计算上不可行。使用这种体制的通信双方拥有一对事先决定的密钥，一个密钥被公开保存，即"公钥"，用 PK 表示；另一个密钥由自己保存，对外保密，即"私钥"，用 SK 表示。

非对称密钥体制的基本模型为加解密模型和认证模型。图 5-16（a）所示为非对称密钥体制的加解密模型，图 5-16（b）所示为非对称密钥体制的认证模型。

非对称密钥体制的主要算法包括背包算法、RSA 算法、椭圆曲线等，最为重要的用途是信息加解密、数字签名等，RSA 算法是非对称密钥体制的一个典型算法。

RSA 算法是 1978 年由 Rivest、Shamir、Adleman 三人提出的，被认为是非对称密钥方案中最为合理的设计方案。

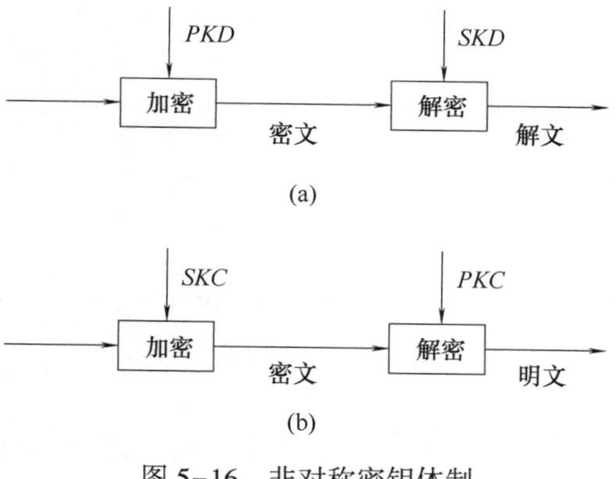

图 5-16　非对称密钥体制
（a）加解密模型　（b）认证模型

5.2.2　RFID 天线的制作工艺

RFID 天线有多种制作工艺，目前主流的传统天线制造工艺主要有蚀刻法、印刷法和电镀法三种。最新的天线制造工艺可分为模切法和切削法。

5.2.2.1　传统天线制造工艺

（1）蚀刻法。蚀刻法也称为减法制作技术。根据天线精度和生产成本不同，分为光刻蚀刻法和印刷蚀刻法。光刻蚀刻法是在覆金属薄膜表面预先涂布光敏抗蚀膜，并用相应的掩模曝光，经过显影腐蚀，除去板上残留抗蚀膜，得到天线图形。这种方法的成本较高，但能加工 0.2mm 以下线宽的精细图形；印刷蚀刻法是先在塑料薄膜片材上覆金属（如铜、铝等）箔，然后在金属箔上印刷抗蚀油墨，最后显影即可得到天线图案，抗蚀油墨印在需要保留铜箔即天线图案的部分，用以保护线路图形在蚀刻中不被溶蚀掉。印刷蚀刻法的成本较低，但精度不太高，适用于加工制作线宽 0.2mm 以上的导电图形。蚀刻法天线制造流程如图 5-17 所示。

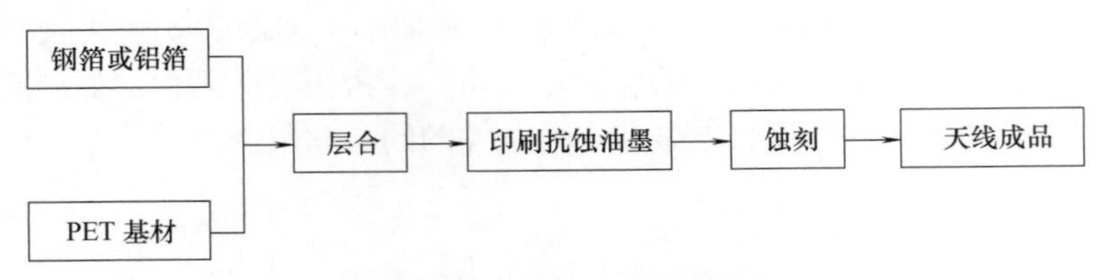

图 5-17　蚀刻法天线制造流程

蚀刻法的优点是产品合格率较高，天线性能优异且稳定；缺点是过程烦琐，生产速度较慢，且大部分金属箔被蚀刻剥离，浪费大，成本昂贵。此外，生产过程中需要用到化学药品，涉及废液回收、循环利用和处理问题，产生间接费用，且会造成环境污染。

（2）印刷法。印刷法是用导电油墨将天线图案直接印刷在基材上，再经红外光或紫外光固化，形成天线，制造流程如图 5-18 所示。目前，主要的印刷方法已从丝网印刷扩展到胶印、柔性版印刷、凹印等制作方法，其中较为成熟的制作工艺为网印与凹印技术。

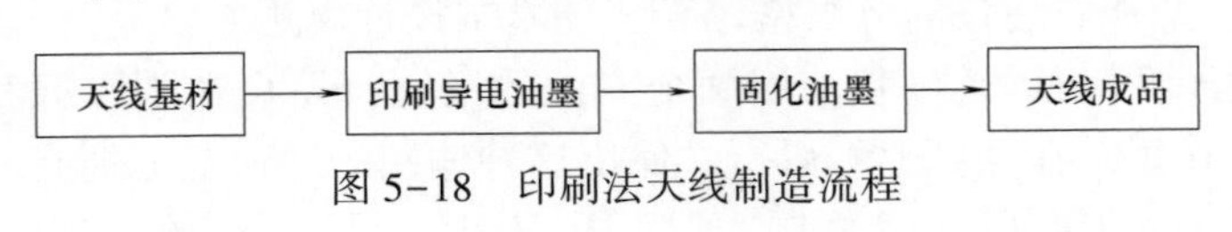

图 5-18　印刷法天线制造流程

（3）电镀法。先用导电油墨（厚度薄于印刷法）将天线图案直接印刷在基材上，固化成导电膜，然后用电镀铜箔加厚，其制造流程如图 5-19 所示。该法结合了蚀刻法与印刷法的优点，生产速度快，天线性能好，可靠性高。缺点是小批量生产成本比较贵，需要大批量生产，而且设备投资大。

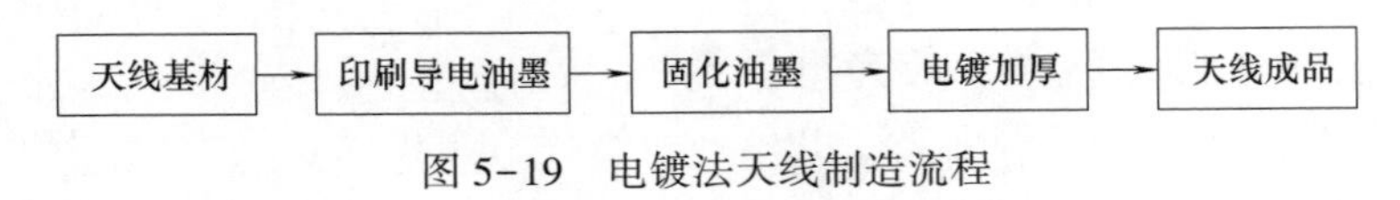

图 5-19　电镀法天线制造流程

导电油墨由细微导电粒子或其他特殊材料（如导电的聚合物等）组成，印刷在柔性或硬质承印物上，可制成印刷电路，起到导线、天线和电阻的作用。导电油墨从较大程度上决定了 RFID 印刷天线的阻抗，直接影响 RFID 天线的性能。

根据制造工艺的不同，导电油墨可以分为间接法导电油墨和直接法导电油墨。按导电油墨中所含导电因子的成分不同，导电油墨包括碳浆油墨、铜浆油墨、银浆油墨和金浆油墨。由于银浆油墨有较低的电阻率，对于 RFID 天线而言是最佳的选择。另外，由于铜氧化速度非常快，因此铜浆油墨不适合用于 RFID 天线的印刷。

注意事项：

① 操作环境。印刷环境的选择对印刷效果有直接的影响，应尽量减少印刷区的灰尘及异物污染，环境要求至少是 100000 级以上的净化室。

② 前处理。要保证印刷面清洁无污染、无油脂及氧化物等，印刷面处理后停留的时

间越短越好，以防被氧化或污染。

③ 稀释。油墨调好黏度后，加入少量的稀释剂，可以改善自动印刷的印刷效果。用前需充分搅拌 10min。

④ 预烘干。温度和时间可根据特定的生产工艺来调整。

⑤ 保存。在 20~25℃下保存，避光、避热。

该法优点是工艺简单，生产速度极快，适于大量生产。缺点是导电油墨因树脂的存在，其导电性比不上铜和铝（大概为其 1/20），天线性能不如蚀刻天线。导电油墨利用了导电粉体片与片之间（或粒与粒之间）的物理接触或隧道效应导电，一来使得天线之间的导电性有偏差，使信息读取距离有偏差；二来揉折可破坏粉体连接，可能使导电特性发生变异。银导电油墨仍是最好的印刷天线油墨材料，但印价居高不下，导致原材料成本昂贵。

5.2.2.2　最新天线制造工艺

（1）模切法。模切法是无锡邦普数码科技提出的全新天线制造工艺。一般说来，模切技术是印刷品后期加工的一种裁切工艺，通过刀模对印刷品进行裁切，直接得到所需要的图形。技术人员将这种模切加工技术移植，用来加工 RFID 标签天线图案，开发以纸为基材、模切金属箔为天线、性能优越的 UHF 频带标签。RFID 芯片和天线的黏结通过贴装芯片模组的方式完成，如图 5-20 所示。

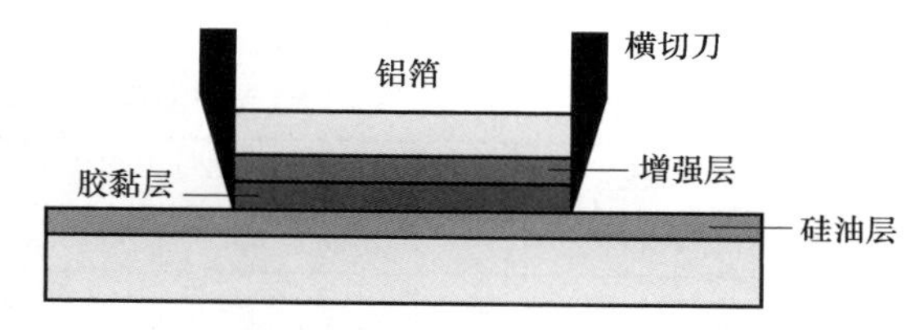

图 5-20　模切法制造天线

① 模切材料。模切工艺所用的模切材料为特殊的 3 层结构，包括带硅油层的离型纸（约 100μm）、胶黏层（约 20μm）和带增强层的铝箔（约 35μm），如图 5-21 所示。其中，硅油层主要是为了离型，增强层主要是为了加强铝箔的强度。

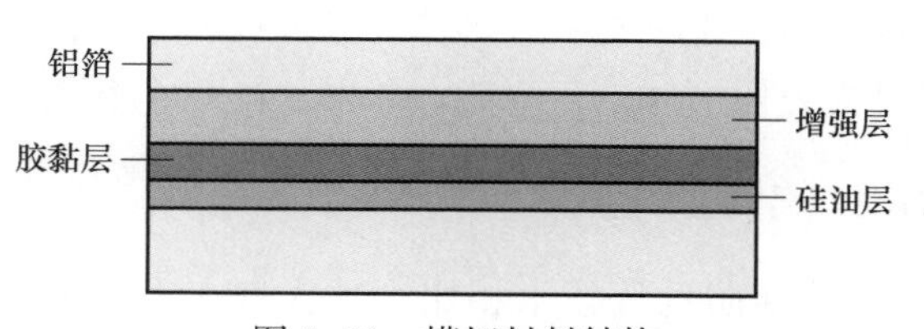

图 5-21　模切材料结构

② 模切工艺。模切天线的制造方法是先根据天线的图案，制好相应的模切刀模，然后用它对模切材料进行模切（半切），最后排除不需要的部分（排废），得到天线图案。由于天线的图案比较精细，直接排废存在较大的问题，一般采用两次排废的方案，工艺参数详见表 5-3。

表 5-3　模切法工艺参数表

项目	生产速度	天线性能	成本	精细度	环境影响
描述	40 万/天	边缘整齐，好于刻蚀天线和印刷天线，可以降低边缘效应，增加其导电性，导致天线电阻损耗减少，天线增益增加，从而使得天线性能得到提升	原材料价格与蚀刻法相当，但模切法需要的模具成本大概为 1000 元。总的来说，一万张以下，蚀刻法比模切法便宜，一万张以上，模切法比蚀刻法便宜	最细缝隙为 0.5mm	物理方法切断，金属箔废料可以直接回收

（2）干式切削成型法。瑞典 Acreo 公司研发了一种在柔性材料（如柔性复合铝箔）上印刷图案的新技术——干式切削成型法。相对于刻蚀法（湿式工艺），干式切削成型法完全基于金属材料的特性。它实现了图案定位（凹凸）与金属去除（切削）同步，整个过程无须任何化学试剂，所有去除的金属都可以回收，是一种环保的新工艺，工作原理如图 5-22 所示。

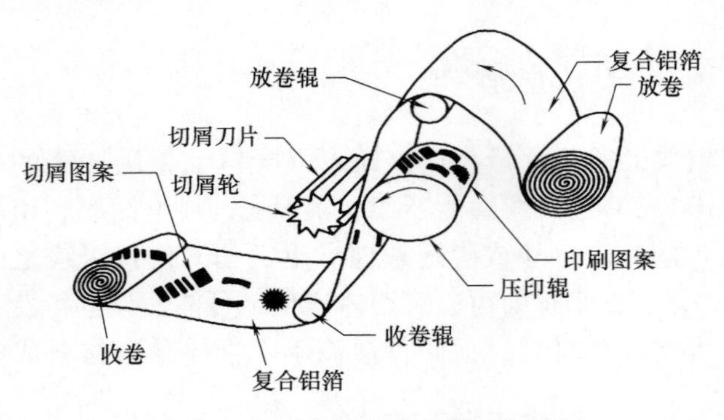

图 5-22　干式切削成型法工作原理

被切屑材料为复合金属箔，常见的为铝箔复合膜。切削法的工作原理源自机械切削工艺，具体为：先按照天线图案要求制备凹凸压印辊，其凸出部分是被切削部分，下凹部分是金属层保留区域，即射频天线部分；然后用高速运转的切削轮对压印辊表面的复合膜进行线切削；实现凸出部分的金属层完全被切掉，下凹部分的金属层被保留，完成射频天线的制造过程，工艺参数见表 5-4。

表 5-4　干式切削成型法工艺参数表

项目	最细线宽	最小间隔	生产速度	环境影响
描述	100μm	100μm	150m/min	切削剩余物为金属，完全可回收

目前主流的三种射频天线制作工艺都存在环保方面的不足。高能耗、高排放的刻蚀法和电镀法是显而易见的，而对于导电油墨印刷法，虽然印制工艺非常环保，但是射频天线树脂与金属颗粒的分离回收工作却相当烦琐。因此，一旦此类天线大量推广，该产品后续的回收处理令人担忧。相比较，最新出现的利用传统机械工艺制造射频天线的方法，工艺简单，成本低廉，且排废物易回收，整个过程无任何污染，节能、环保、高效、低耗。

5.2.3　RFID 的防伪应用

RFID 防伪与其他防伪技术如激光防伪、数字防伪等技术相比，其优点在于每个标签都有一个全球唯一的 ID 号码，此 ID 是在制作芯片时植入 ROM 的，无法修改、无法仿造；无机械磨损，防污损；读写器具有不直接对最终用户开放的物理接口，保证其自身的安全性；数据安全方面，除标签的密码保护外，数据部分可用一些算法实现安全管理；读写器与标签之间存在相互认证的过程等。

目前，国内外在利用 RFID 技术进行防伪应用方面，主要有以下几种类型。

5.2.3.1　证件防伪

目前，国际上习惯在护照防伪、电子钱包等封面或证件内嵌入 RFID 标签，其芯片可提供安全功能并支持硬件加密，符合 ISO 14443 标准要求。国内在此领域已经形成了相当规模的应用，第二代居民身份证、新版电子护照及其他大型会议活动证件的推广应用就是典型代表。

（1）在第二代居民身份证上的应用。第二代居民身份证（简称二代证）采用了 RFID

技术，内含芯片和射频天线，因此，二代证具有机读信息特性、自动识别功能和极高的数据安全性。内嵌芯片保存了证件本人包括人像在内的9项信息。使用证件的单位利用二代证可以机读信息的特性，将二代证的信息读入相关单位、企业的信息应用系统，既快捷便利又准确。二代证内嵌芯片的破解成本极高，几乎不可能实现证件造假。目前，相关用证单位和工作人员对持证人证件的真伪核查不再困难，在读卡机自动识别的基础上加以比对，便能轻松、便捷地确认持证人的身份。现实生活中，人们在投宿旅店、办理医疗保险、搭乘民航班机、出入境登记、办理金融业务及参加各类考试时，均统一使用二代证。

（2）在第104届广交会证件上的应用。该届广交会证件首次应用RFID，结合展会信息管理系统实现先进、可靠的信息采集和人员管理，特别是可满足大量证件信息实时在线处理的工作需求，实现对各类人员、车辆等动态信息的全程监测，并根据安全保卫工作需求进行识别、跟踪、调度、统计等操作。

广交会证件加入RFID技术既强化了证件验证，又强化了人性化、科学化管理理念。一是利用机读设备能够瞬间识别参展人员身份和通行权限，实现快捷进入场馆；二是利用芯片记忆功能，按照参会来宾、采购商和工作人员的不同类别提供相应的服务，并实现区域定位控制，如开放式门禁系统；三是准确鉴别证件并起到阻吓作用，该届广交会期间假证案件明显下降。

5.2.3.2　票务防伪

票务防伪方面迫切需要RFID技术，如在火车站、地铁站及旅游景点等人流多的地方，采用RFID电子门票代替传统的手工门票来提高效率，或是在比赛和演出等票务量比较大的场合，用RFID技术对门票进行防伪。不仅不再需要人工识别，实现人员的快速通过，还可以鉴别门票使用的次数，防止门票被偷递出来再次使用，做到“次数防伪”。

（1）2008年北京奥运会门票。2008年北京奥运会期间，为满足防伪和安全的需要，会议期间使用基于RFID芯片技术的电子门票，体现“科技奥运”和“人文奥运”的深刻内涵，同时用于快捷检票/验票，并实现对持票人进行实时精准定位跟踪和查询管理。北京奥运会门票中嵌入RFID芯片，用以存储购票人的照片等信息。观众持票入场时，验票系统通过非接触式设备读取芯片信息，并与后台数据系统中的购票人信息加以比对，如结果一致则对观众放行。这是奥运会历史上首次将电子芯片防伪技术运用到门票中，观众入场时不用出示任何证件，也几乎不用停留，提高了观众的入场速度，提升了北京奥组委的服务效率。

（2）2010年上海世博会门票。作为首次在中国举办的世界博览会，2010年上海世博会在发售的每张门票上都植入了RFID电子芯片。从门票预售到世博会结束历时近两年，观众长时间持有门票，对于高面额门票的安全性、可靠性都提出了极高的要求。门票采用了RFID技术后，入园闸口的自动识别设备能够迅速读取门票信息，同时自动鉴别真伪。

（3）2012年北京车展参观票。2012年北京车展参观票进一步提升了安全等级，采用RFID无线射频识别技术，将含有购票信息的芯片封装在纸质门票中，并在门票上增设副券，采用多种票面防伪技术印刷，有效地杜绝了假票。

5.2.3.3　包装防伪

药品、食品、危险品等物品与个人的日常生活安全息息相关，都属于由国家监管的特殊物品。其生产、运输和销售的过程必须严格管理，一旦管理不利，散落到社会上，必然会给人民的生命财产安全带来极大的威胁。我国相关产业也已经开始在国内射频识别领域先导厂商（如维深电子等）的帮助下，尝试利用 RFID 技术满足社会需求。

（1）医药。为了打击造假行为，美国某厂家宣布将在药瓶上采用无线射频技术，实现对药品从生产到药剂厂的全程电子监控，此举是打击日益增长的药品造假现象的有效手段。德州仪器（TI）推出了一款防伪认证平台，它应用于医药供应链管理，是一个全新的 RFID 技术认证平台，在认证平台中引入了硬件和基于业务的结构，为生产厂家提供多种防范手段来预防商品的假冒和转移。该平台支持 EPC global Inc 的网络和编码方案，能在药品分销时实现实时离线状态下的安全认证，有效地提高了医药供应链的可靠性。随着 RFID 认证平台在供应链中的广泛使用，认证平台的健全结构能够支持药品供应链的高度可靠性。

（2）酒类。国外红酒生产机构也会用到 RFID 防伪管理技术，如美国某公司将 RFID 技术融入红酒产品的防伪追踪。首先在每支酒瓶上做好 RFID 电子标签贴置，将其内嵌于酒身硬塑料位置，并在 RFID 电子标签芯片外印制精准的 ID 编码，做到独一无二。此类红酒 RFID 电子编码对应数据中心的红酒产品信息，通过互联网查询便可正常防伪，使得酒瓶伪造辨别变得更加高效、准确。其次，酒瓶瓶颈处均设置了对应的防伪红酒瓶封，借助生产商随包附赠的手持读写器设备，可读取其中的油墨印字，红酒产品在移交到消费者手中后，消费者既可确定其是否为假冒红酒产品，又可确定红酒密封程度，以及是否被人开启过。

在国内，五粮液集团于 2009 年初启用 RFID 技术对其高端产品进行管理与防伪。五粮液 RFID 防伪酒标采用多种印刷防伪技术并结合易碎材质，得以实现标签的一次性破坏效果。RFID 拥有两种标签，一种由五粮液酒使用［图 5-23（a）］，另一种则由系列酒使用［图 5-23（b）］，两种标签都可使用 RFID 专卖店查询机［图 5-23（c）］、商超查询机［图 5-23（d）］、IWLY 模块［图 5-23（e）］、箱式查询机等设备进行查询，具体查验方

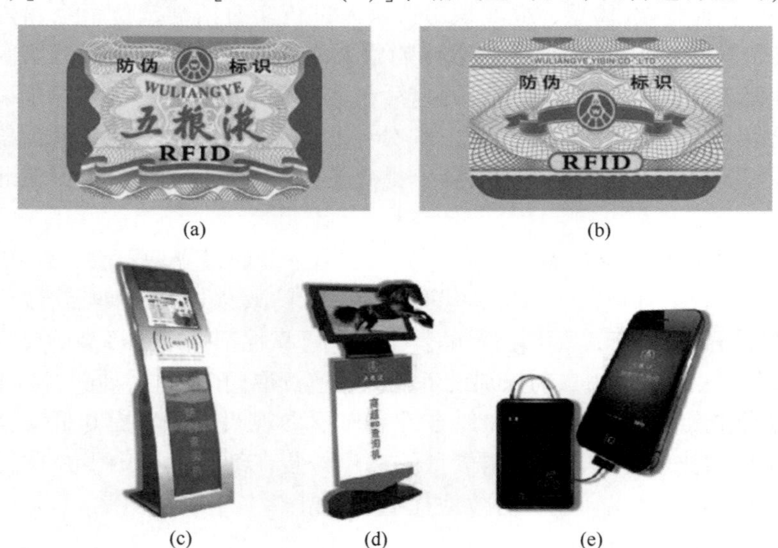

(a) (b) (c) (d) (e)

图 5-23 五粮液 RFID 防伪标签及验证设备

（a）五粮液防伪标签 （b）系列酒防伪标签 （c）RFID 专卖店查询机 （d）商超查询机 （e）IWLY 模块

法在五粮液防伪专网有详细介绍。

5.3　NFC识别技术

随着科技的发展，通信的方便快捷以及安全性成为人们追寻的目标。NFC（Near Field Communication，近场通信）技术因其具备的特点，正逐渐受到人们的关注。同时，NFC技术的完善也促进了NFC手机的发展。众多国家逐步实现NFC技术的广泛应用，日本几乎所有机场均支持NFC手机，韩国和欧洲各国也在逐步推进NFC手机的普及。NFC技术不仅能完成移动支付、计时考勤、获取海报信息等功能，而且可以为蜂窝设备、蓝牙设备、WiFi设备快速自动地建立无线网络，形成一种“虚拟连接”，使这些电子设备可以在近距离范围内通信。

5.3.1　NFC技术概述

NFC技术具备无线通信功能，这个功能在防伪应用方面可以起到两个重大的作用：一个是信息交换，也就是说最终用户在使用自己的NFC手机查验消费品时可以与消费品中的RFID标签交换信息，这意味着厂家可以通过这个方式提供给用户更多的信息，甚至是将广告投向确定用户，相比于电视广告，这种方式更便宜、更有效；另一个是信息传送，NFC手机可以通过NFC的AP（Access Point，无线访问接入点）或是手机上的移动网络将相关的查验信息即时反馈给厂家，实现了即时验证和即时信息回馈的突破。

（1）NFC工作原理。NFC中文名称中的“近场”是指临近电磁场的无线电波。因为无线电波实际上就是电磁波，所以它遵循麦克斯韦方程，电场和磁场在从发射天线传播到接收天线的过程中会一直交替进行能量转换，并在转换时相互增强。NFC技术是一种短距离高频无线通信技术，由非接触式射频识别技术及互联互通技术整合发展而来，将非接触读卡器、非接触卡和点对点功能整合进一块单芯片，使任意两个设备只需接近，无须接插线缆即可实现设备间的通信。

NFC技术通过电感耦合的方式进行信息传递，其工作原理如图5-24所示。

具有NFC功能的设备启动后，可持续产生中心频率为13.56MHz的无线射频（Radio Frequency，RF）信号，如果有NFC标签在信号磁场波动的范围内出现，该标签将通过电磁感应产生电流，启动标签RF信号发生电路，产生频率属性改变后的回馈信号。读取器通过探测标签的回馈信号，判断周围是否存在标签。然后两个NFC设备通过磁场感应、能量传递及回馈信号获取与识别，建立通信连接，即NFC协议（Near Field Communication Interface and Protocol，NFCIP），实现近距离与NFC兼容设备的识别和数据交换。

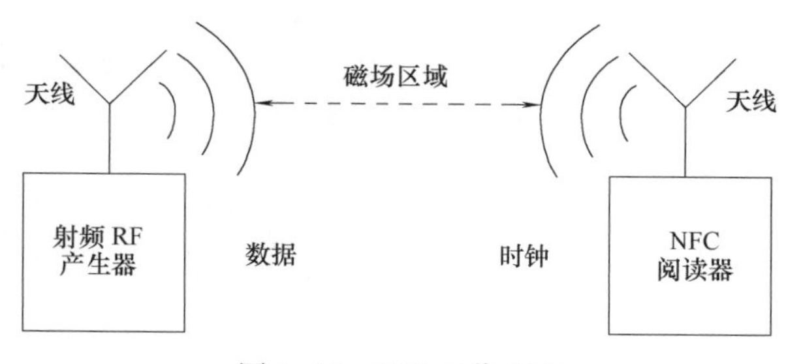

图5-24　NFC工作原理

（2）NFC工作模式。NFC技术根据通信双方是否主动产生RF场的不同，可分为主动、被动、双向三种通信模式，以进行信息交换。

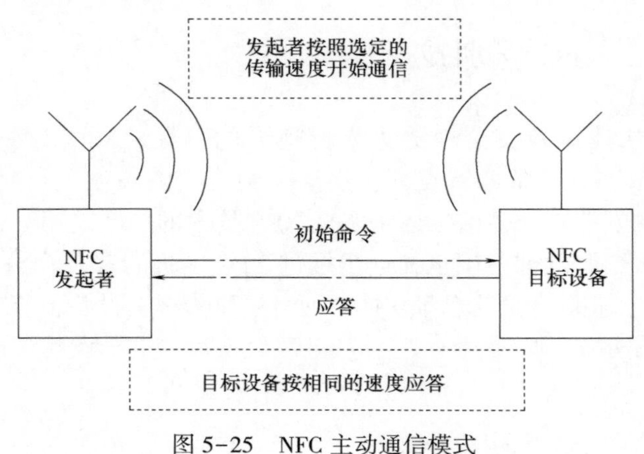

图 5-25　NFC 主动通信模式

① 主动通信模式。此模式下 NFC 设备主动产生 RF 场，去识别、读写其他 NFC 设备，实现非接触读卡器的功能，具体通信过程如图 5-25 所示。NFC 终端作为 NFC 发起者，产生 RF 场，感应到 NFC 目标设备存在时，建立磁场感应连接，并按照选定的传输速度开始通信。NFC 目标设备接收到命令后，按相同的传输速度应答，完成 NFC 终端识别、读写其他 NFC 设备的功能。

② 被动通信模式。此模式下 NFC 终端作为标签使用，在其他设备发出射频场后被读写，被动通信模式如图 5-26 所示。NFC 终端作为目标设备，不必主动产生射频场，而是使用负载调制技术，只负责按 NFC 发起者选定的传输速度用负载调制数据应答。此种模式在手机没电的情况下也可以继续工作。

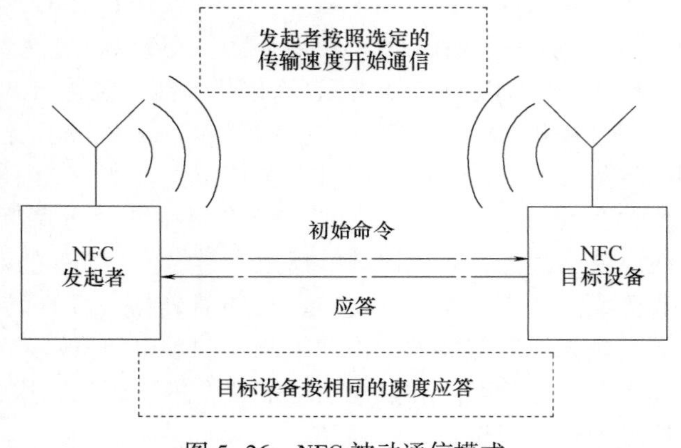

图 5-26　NFC 被动通信模式

③ 双向通信模式，也称为点对点通信模式。在此种模式下，NFC 发起者和 NFC 目标设备双方均产生射频场来建立通信，通过射频信息的处理建立通信连接，并按照选定的传输速度进行通信和应答（图 5-27）。由于此种模式具有传输距离较短、传输创建速度较快、功耗较低的优点，因此两个 NFC 终端设备可进行数据的交换，可以应用于手持设备之间进行资料交换或其他服务。

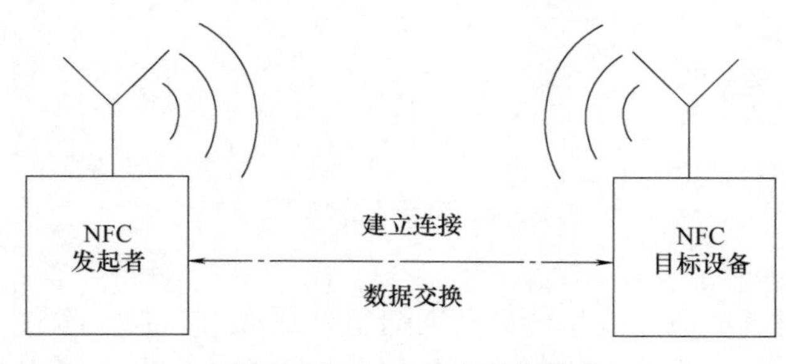

图 5-27　NFC 双向通信模式

（3）NFC 技术与其他通信技术的对比。和传统的近距通信技术相比，近场通信具有较高的安全性以及连接建立的快速性等优点，同时也具有部分缺点，具体对比见表 5-5。

RFID 技术通信范围一般为 5～6m，主要工作频率为 125kHz～2.45GHz。各个频段的传输速度不等，一般为 212kb/s。日常生活中常用的公交卡、身份证等识别卡都内置了 RFID 芯片，但是一个完整的 RFID 设备成本较高。

表 5-5　　各类通信技术的对比

通信技术	通信范围	工作频段	传输速度	建立时间
RFID 技术	5~6m	125kHz~245Ghs	212kb/s	<0.1s
蓝牙技术	约为 10m	2.4GHz	1.0Mb/s	6s
红外通信技术	~1m	红外波段	1.0Mb/s	0.5s
NFC 技术	<0.2m	13.56MHz	106~424kb/s(主动/被动)	<0.1s
			848~6460kb/s(主动)	

蓝牙技术通信范围约为 10m，工作在 2.4GHz 频段，传输速度为 1.0Mb/s，建立时间为 6s。蓝牙技术应用前景虽然广阔，但兼容性不好，使得开发成本高，应用难度大。

红外通信技术通信范围在 1m 以内，传输速度达到 1.0Mb/s，建立时间需 0.5s，利用光传输提升信息的安全性。缺点在于红外收发设备通信时须对齐，无法灵活地与其他设备构成通信网络。

NFC 技术的辨别技术来源于 RFID 技术，且具有双向通信模式，能够进行数据交换，并结合无线网络协议来传输数据，通信范围在 0.2m 以内，因此具有良好的安全性。工作在统一的 13.56MHz 频段，在不同编码格式下传输速度可达到 106~424kb/s（主动/被动）、848~6460kb/s（主动）。相比蓝牙和红外技术，NFC 建立时间较短，小于 0.1s。用户将两个电子装置贴近在一起后即可安全地交换数据。NFC 采用特殊的密钥协议，辅以安全通信信道，使 NFC 技术与传统通信技术相比拥有更高的安全性。因此，NFC 具有距离近、带宽高、能耗低、安全性高等优势，且能与现有非接触智能卡技术兼容，提供各种设备间轻松、安全、迅速且自动的通信。

NFC 与 RFID 相比，主要有以下三个方面的区别：

第一，工作模式不同。NFC 是将点对点通信功能、读写器功能和非接触卡功能集成为一枚芯片，而 RFID 则由阅读器和标签两部分组成。NFC 技术既可以读取也可以写入，而 RFID 只能实现信息的读取及判定。

第二，传输距离不同。NFC 传输距离比 RFID 小得多，NFC 的传输距离只有 10cm，RFID 的传输距离可以达到几米、甚至几十米。NFC 是一种近距离的私密通信方式。

第三，应用领域不同。NFC 更多地应用于消费类电子设备领域，在门禁、公交、手机支付等领域发挥着巨大的作用；而 RFID 则更擅长于长距离识别，更多地被应用在生产、物流、跟踪、资产管理等上面。

5.3.2　NFC 手机实现方案

目前，业界实现 NFC 手机的方案大致分为三种。

（1）双界面智能卡方案。双界面智能卡方案又称为 SIMPASS 方案。这种方案是采用非接触式智能卡代替普通 SIM 卡，非接触式智能卡同时具备普通 SIM 卡功能和非接触式应用功能，同时将 NFC 天线贴在 SIM 卡上或放在手机电池与后盖之间，天线连接在 SIM 卡的 C4、C8 脚上，从而与 SIM 卡通信。对于用户来说，只需要简单地更换 SIM 卡就可以使用 NFC 手机，其缺点主要表现为只可以作为非接触式智能卡使用，不具有非接触式智能卡阅读器和点对点通信功能。

（2）NFC 方案。与双界面智能卡方案不同的是，NFC 方案是将 NFC 控制芯片集成在手机主板上，同时为了手机的安全性，增加了安全控制芯片，将 NFC 天线放在手机电池与后盖之间。该方案可以实现非接触式智能卡、非接触式智能卡阅读器和 NFC 设备之间的点对点通信功能，但未解决电池和 SIM 卡关联的问题。

（3）eNFC 方案。eNFC 方案为增强型 NFC 方案。其特点是与应用相关的部分被放置在 SIM 卡中，NFC 芯片集成在手机主板上，并通过 UART 接口与手机处理器通信，通过 SWP（Single Wire Protocol）协议与 SIM 卡中的应用部分通信。通过将 SIM 卡的 C1 引脚与 Microread 相连，eNFC 方案还可以支持手机掉电模式，在这种模式下，射频前端芯片和 SIM 卡通过射频天线获取能量，保证在手机没电的情况下同样能够进行卡模拟。

5.3.3 NFC 技术防伪应用模型

目前，NFC 技术在防伪方面的应用主要建立了两种模型：一种是纯认证模式，即简易模型；另一种是认证扩展，即网络模型。

简易模型与目前 RFID 在防伪上的应用模式基本相同，只是查验识别器成为 NFC 手机，由消费者个人持有。考虑到防伪应用的通用性，需要由第三方认证机构行使类似 CA 功能，即向厂商提供安全的防伪加密密钥，并向个人用户提供标准认证信息下载，消费者持 NFC 手机验证商品标签，在手机屏幕上显示商品真伪、生产信息、追溯信息等。验证完成后用户可以选择结束，或将读取的商品验证信息通过手机短信（SMS）回传到生产厂家，即可完成一个普通的防伪认证。

网络模型是在简易模型的基础上加入了 NFC 的无线通信功能，验证时，NFC 手机通过一些 NFC 的 AP 连接到相关部门（厂家或第三方认证机构），交互更多的商品信息，也可以使用移动网络来实现，甚至可通过 NFC 手机来进行费用支付。这种模式的特点主要在于实现了即时验证、即时交互，充分缩短了提供商与最终用户的时空距离，厂商随时可以了解用户的回馈。这不仅实现了 NFC 的防伪功能，还为厂商或第三方认证机构建立了与用户的直接通道，在一定程度上帮助了供应链（SCM）系统，突破了传统的防伪验证功能。

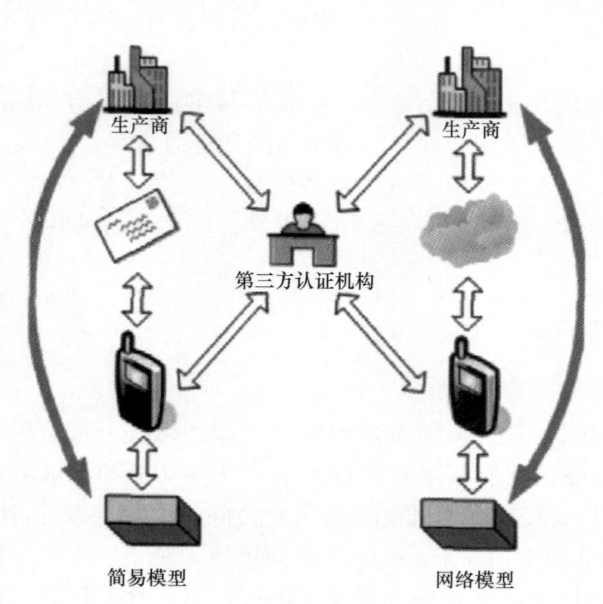

图 5-28　NFC 两种通信模型验证示意图

这两种模型都使用了第三方认证机构（图 5-28），这在 NFC 防伪中至关重要，因为 NFC 防伪的查验设备在用户手中，如何确保查验设备的安全并得到用户与厂商的信任，非第三方中立且权威的认证机构不可。用户从信任的机构获取要认证商品厂家的认证关键信息，然后读取商品中标签的信息，从而获得防伪查验的结果。

5.3.4　NFC 技术防伪应用

RFID 技术的防伪应用是一个非常优秀的方案，实现了高等级的安全，但是防伪验证一直是个难题，诸如票务防伪可以在入口安置专用的查验设备来解决查验问题，但是对于烟、酒、药品等分散用品的防伪查验，如果在每件商品上附加一个 RFID，成本较高，如果在售卖点统一布设查验设备，又涉及多种产品防伪的兼容问题，以及用户如何使用这台设备的问题，最终消费者没有查验工具，厂商的防伪设计就起不到作用，这使得 RFID 防伪技术难以广泛应用。NFC 技术解决了这个问题，它与用户的手机相结合，具有主被动工作模式，当 NFC 手机切换成主动模式时，就成了 RFID 查验识别设备，可以对烟、酒、药品等小件分散消费品进行查验，而添加了 NFC 功能的手机，又是现代生活中人人都有的设备，这使得 RFID 在防伪应用中实现了闭环。2008 年，北京在春节烟花销售时曾进行了小规模的 NFC 防伪试应用，每个商户可以使用 NFC 手机读取烟花上的防伪标签，以确认商品及来源的合法性，随后，在烟、酒、药品、奢侈品等防伪方案上也逐步采用了 NFC 技术。

5.3.4.1　PHONEKEY 防伪技术

PHONEKEY 是一款手机应用程序，由 PHONEKEY 防伪技术的研发者优仕达资讯股份有限公司开发，是 NFC 技术在防伪领域的一个防伪解决方案，主要由 PHONEKEY 的 App、NFC 手机和 RFID 标签三大部分组成。

（1）PHONEKEY 防伪技术验证流程共包括五个阶段。

第一阶段，如图 5-29 所示，消费者打开 PHONEKEY 软件，点击进入“真伪验证”[图 5-29（a）]，将手机 NFC 天线贴近产品标签［图 5-29（b）］。标签内的 RFID 芯片接收到 NFC 电磁波，进行感应发电。手机即可侦测到被激活的 RFID 标签，此时，手机中的

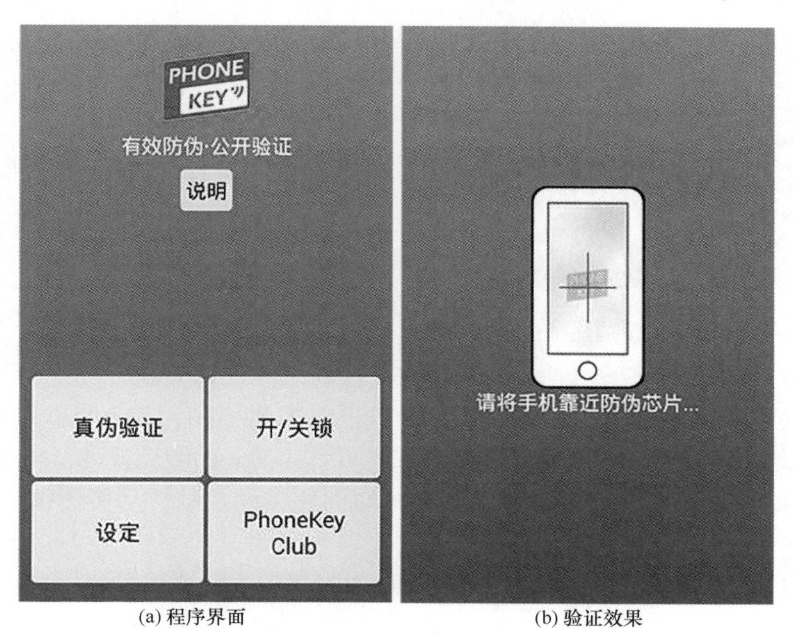

(a) 程序界面　　(b) 验证效果

图 5-29　PHONEKEY 手机应用程序界面及验证效果

应用程序即 PHONEKEY 软件，会主动询问 RFID 防伪标签验证码。

第二阶段，RFID 防伪标签被询问后会将验证码 X、产品的唯一码（UID）以及本次询问所产生的一次性数据（eventdata）传回手机，其中，只有验证码 X 在手机屏幕中显示。如图 5-30 所示，验证码 X 基于动态验证码技术生成，因此每次询问所产生的验证码皆不同，每次产生的验证码也只有数秒的时效性。

第三阶段，手机将验证码 X、产品的唯一码（UID）以及本次询问的一次性数据（eventdata）传输到优仕达的全球服务中心，服务中心依照 UID 转传给所属原厂的云端译码中心。由原厂的云端译码中心译码，手机本身不参与解码验证。

第四阶段，原厂译码中心的数据库，将 UID 的对应数据以及本次询问的一次性数据进行加密，产生验证码 Y，再经由优仕达的全球服务中心发送到手机。

第五阶段，手机自动对比验证码 X 与 Y 是否完全相同，并显示结果，即可完成产品的真伪鉴定。鉴定结果如图 5-31 所示。

图 5-30　查询产生的验证码

图 5-31　验证结果显示界面

（2）PHONEKEY 防伪解决方案主要有四大特点。

① 可生成动态验证码。每次验证生成的验证码 X 都不同，而且只有短暂的时效性，因此复制无效。因为 RFID 芯片内部有着外部不可直接询问的隐藏区域，区域里存储了变量数据，每次 RFID 标签被询问时，会回传与时间相关的数据，从而使得验证码具有时效性。

② 标签被破坏仍可识别。有的伪造者通过回收空包装再填充假产品来“鱼目混珠”，针对这种情况，目前行业内常用到防篡改 RFID 防伪标签。这种标签通常贴在包装开口处，在包装拆封的同时被破坏，从而失去效力，无法读取。

PHONEKEY 防伪解决方案中使用的 RFID 防伪标签同样可以贴在封口处，也可以侦测出包装是否已拆封，不同之处是该 RFID 防伪标签在包装开封后仍可验证，保留原本提供信息的功能，奥秘就在于该标签独特的结构。在包装开封时，标签的主体芯片部分并没有被破坏，因此可以继续读取，如果包装开口处的部分标签已经破坏，读取到的信息又不同于完整标签提供的信息，也可借此识别出包装已被破坏。正是由于标签可以继续读取，终端用户可以继续利用该 RFID 标签来进行更多的增值服务，从而带来了更多利益。

③ 人人皆可。现在 NFC 手机的普及率越来越高，无线网络通信技术也日新月异，因此，PHONEKEY 防伪解决方案不需要特别的侦测仪器，也不需要专业的知识背景，任何人都可以在任何时间、地点对产品进行真伪验证。

④ 云端加解密。PHONEKEY 手机应用程序全球共享，在众多公共平台上都可以下载。应用程序支持多国语言，而且由于手机应用程序不承担加解密任务，不用担心这项防伪技术被破解与混淆。

5.3.4.2 NFC 智能防伪电子铅封

NFC 智能防伪电子铅封是采用 RFID 技术，利用感应、无线电波或微波能量进行非接触双向通信，实现以识别和交换数据为目的的自动识别技术。它通过射频信号自动识别目标对象，并获取相关的数据，识别工作无须人工干预，方便快捷、准确率高。目前，RFID 电子铅封已成为海关、检验检疫等口岸管理部门普遍采用的一种有效的物流运输过程监管技术手段。

现有的 RFID 电子铅封技术可以很好地解决装载进出口货物的集装箱或货柜车的监控问题，但由于 RFID 电子铅封系统是由电子标签、专用读卡器、计算机系统等组成的，在通关口岸搭建该系统较为容易，而如何在运输途中有效监管是个难题。不同于 RFID 系统运行成本高，NFC 技术的应用很好地解决了该难题。

NFC 智能防伪电子铅封系统主要由 NFC 手机、带 NFC 电子铅封的集装箱/货柜车、认证服务器、出入境口岸监控中心及移动通信网等组成，如图 5-32 所示。其中，认证服务器用来对 NFC 手机进行注册及身份认证，移动通信网则为与口岸管理部门签约且支持 NFC 手机的联通 APN 专网，以确保信息无线传输的安全性。当集装箱或货柜车到达某高速公路收费站点时，收费站点工作人员利用 NFC 手机就能进行电子铅封的防伪查验。

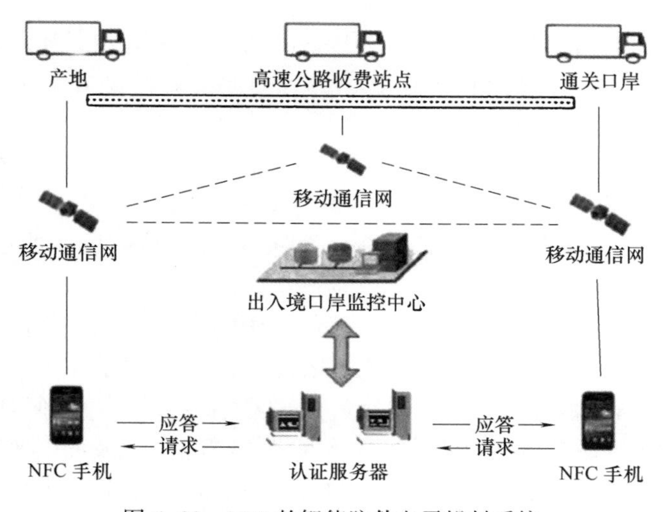

图 5-32 NFC 的智能防伪电子铅封系统

江西省供港鲜活农产品的运输就使用了该系统，其应用基本流程如下。

（1）NFC 电子铅封发放。江西出入境检验检疫局根据业务发展需要，预先将 NFC 电子铅封按 ID 号段分发给各分支局备用，并记录各分支局所领取的号段以便管理。NFC 电子铅封由三部分组成：锁舌、锁体和锁孔。锁体的正面印有 CIQlogo、“江西出入境检验检疫局”字样及序列号（SN），背面用不干胶贴纸记录了序列号（SN），如图 5-33 所示。

图 5-33　江西出入境检验检疫局 NFC 电子铅封

（2）NFC 电子铅封施封。下厂工作人员对集装箱或货柜车加施电子铅封并锁死，即先将锁舌穿过集装箱杆，从印有 CIQlogo 的一面穿过锁孔，并拉紧锁死，将锁体背后的不干胶贴纸揭下并贴在工作记录本上。NFC 电子铅封施封方法如图 5-34 所示。

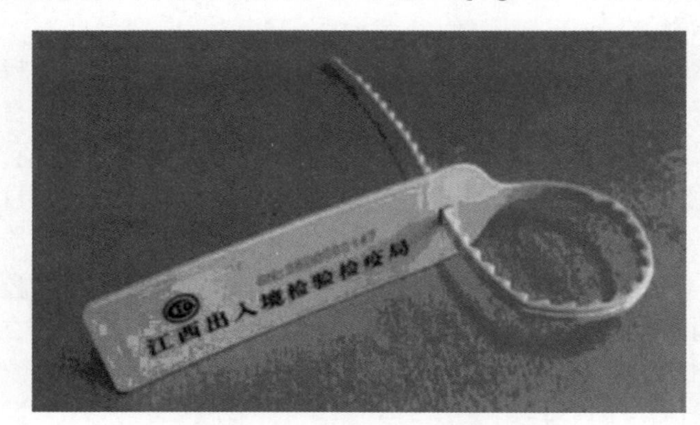

图 5-34　NFC 电子铅封施封方法

（3）智能防伪查验。用户通过注册认证之后，其查验步骤如下：

① 双击 NFC 手机桌面上的 CIQ 图标，打开查验软件，在主页面单击“电子铅封查验”按钮，即可进入查验页面，如图 5-35（a）所示。

② 系统会自动提示用户单击“查验”按钮验证电子铅封，单击“查验”按钮后，即可激活 NFC 设备并尝试读取电子铅封，如图 5-35（b）所示。

③ 系统会自动提示用户将手机的背面贴近电子铅封，如图 5-35（c）所示。

④ 将手机背面靠近电子铅封的宽条处，尝试读取 NFC 标签信息，并对其进行防伪验证。

a. 如验证合格，则会显示提示信息“验证合格”，系统发出声音提示用户，并在下方显示用户输入的备注信息，如图 5-35（d）所示。

b. 如手机防伪验证失败，则会显示告警信息“非法铅封”，系统发出告警音，如图 5-35（e）所示。

c. 如标签读取失败，则会显示提示信息“请重新读取标签”，如图 5-35（f）所示。

5.3.4.3　VeChain 区块链技术的 NFC 防伪芯片

VeChain 团队主要致力于通过区块链技术解决真假校验和透明供应链问题，发布了全球第一款基于区块链技术的 NFC 防伪芯片，以及面向普通用户的安卓手机应用程序。

该 NFC 防伪芯片的 ID 和芯片写入的内容都注册在 VeChain 的区块链上，相关品牌合作方可以通过 VeChain 提供的智能合约模板，实现在产品生产流程中对产品权限的管理，

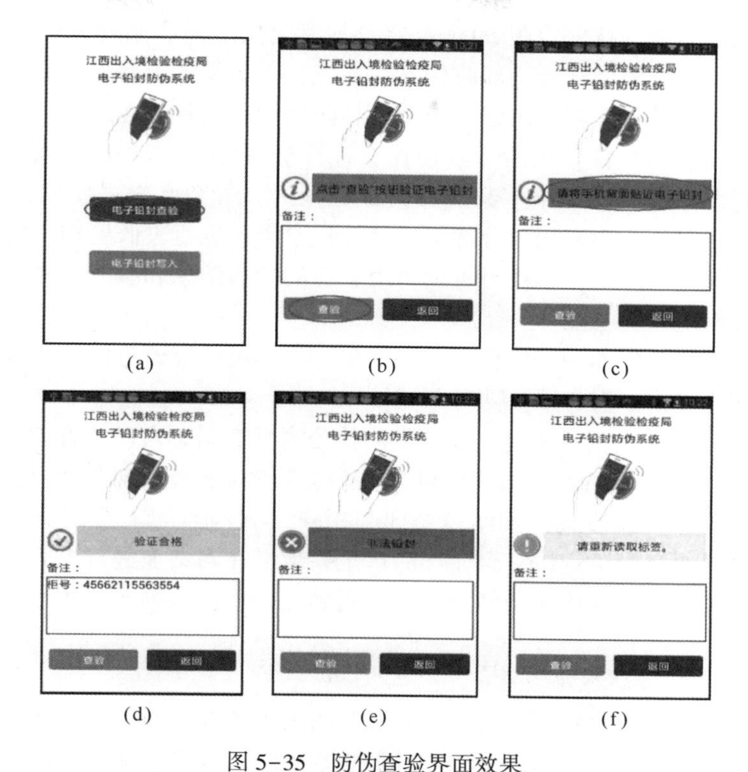

图 5-35 防伪查验界面效果

（a）查验页面 （b）激活设备 （c）贴近电子铅封 （d）验证合格 （e）非法铅封 （f）重新读取

从而更符合现代制造工业生产中的生产流程。品牌商和生产方可以通过商家管理后台，很容易地实现对芯片内容的读写操作、真假权限的管理、对区块链数据的读写操作和供应链领域智能合约的编辑和操作。在 VeChain 的管理后台上，可以查询到所有的 network states（网络状态信息）、smart contract states（智能合约状态信息）、products states（产品状态信息）和 group states（分组状态信息），为合作品牌商提供了一站式的产品管理平台。

在面向 C 端用户的移动 App 中，消费者可以通过移动端应用，非常方便地鉴别购买的产品是否为正品，并且可以对自己所拥有的商品进行定制化信息的写入，所有在区块链上留下的信息，都会被恒久记录和保存。移动端应用会把安全保存在区块链上的相关产品信息返回给客户，包括产品的产地、质地、时间、生产者、运输者、交付渠道、产品型号、品牌故事，甚至消费者个性化定制内容等，使用户对所有的产品细节了如指掌。

5.4 网络防伪

5.4.1 概　　述

计算机网络防伪技术是一项现代化的具有国际水平的高新防伪鉴别技术项目，它涉及计算机高新技术、通信网络技术、信息网络技术、印刷防伪技术及全球商品防伪系统等各个领域。计算机网络防伪技术应用 Internet 将消费者与生产商联系起来，并利用互联网技术和计算机数据信息技术，结合高新防伪鉴别系统，以此来杜绝商品在市场流通中所产生的造假行为，使造假者再无空隙可钻。由于商品防伪编码是独一无二的，所以在计算机网络防伪系统中只可使用一次。因为一旦使用，计算机网络便自动记录和存储。再次使用时，便会显示此商品编码已在某年某月某时被查证过，告知已失去使用权。由于生产企业、经销商、执法单位、消费用户等都可在计算机系统上进行真假鉴别，使得造假者无机可乘。同时计算机网络防伪技术还可查询每个企业的产品信息和服务，除了防伪功能外还可起到追踪、分析统计等功能。

网络防伪是数码防伪的一种重要形式，简单来说就是可以通过网站实现相应防伪信息的真假查询，网络查询一般有以下两种形式。

（1）防伪公司统一的网站查询。正规的防伪公司都有属于自己的查询平台，保证查询系统的稳定和及时管理。这种方式适用于中小规模，特别是网络营销投入比较少的企业。

（2）企业自己的网站查询。网站是企业与用户之间沟通的工具，企业在自己的网站发布资讯，浏览者通过浏览资讯对企业产品产生兴趣。在网站上进行真假查询，不仅可以提高客户的信任度，还可以增加网站的流量，起到宣传公司品牌产品的作用，一举两得。

5.4.2 真假网站识别

中国互联网信息中心发布的 2019 年中国互联网发展报告显示，截至 2018 年 12 月，我国网民规模已达 8.17 亿人，人均每周上网 27.6 小时。网络信息技术发展之快，使我们能够通过网络高效地获取信息、处理问题，但网络也是一把双刃剑，有人利用它推进社会的进步，也有人利用它从事违法行为，其中就包括建立虚假网站危害网络安全的行为。

5.4.2.1 正规网站建立程序

（1）注册取得域名。域名即网址，注册者通过互联网上众多域名服务商，注册一个未被注册的域名即可。

（2）编写网站程序。网站的源代码本是构建网站中技术含量最高的一环，如今大多数人都是直接在网上下载一个开源程序，安装到空间里运行即可。

（3）购买存放网站的空间。存放网站的空间可以向空间供应商如万网、阿里云等购买。完成这些步骤，就可以创建一个网站了。

5.4.2.2 虚假网站造假形式

由于现代科技条件下制作一个网站的技术简便、成本很低，别有用心的造假者只需要用简单的方式就能够很容易地通过审核，申请到一个假的域名，租到服务器空间，就可以创建一个假网站。通常来说，虚假网站一般在以下两个方面造假。

（1）混淆域名。使用与真实网站极其相似的域名，混淆视听，使得网民难以分辨网站的真实性。中国农业银行的网站曾多次被钓鱼网站仿造。2004 年，中国农业银行的域名为 www.95599.com，当时出现假冒中国农业银行的域名为 www.95599.cn 和 www.96555.com 等。2008 年，又出现假冒中国农业银行的域名为 www.abcchnina.cn，而当时真域名为 www.abcchina.com①。这些真假域名只差一个字母或一个标点，若非谨慎注

① 中国农业银行现域名为 www.abchina.com。

意，往往难以发现。

（2）克隆页面内容。不法分子在创建假网站时，完全复制使用了正规网站的标识、图表和其他页面内容，当造假分子使用与正规网站相似域名，同时又克隆页面内容时，虚假网站的欺骗性将达到更高水平。2005年，浙江省出现国内第一起假冒政府网站事件，浙江省建设厅（今浙江省住房和城乡建设厅）网站遭涉嫌办假证网站克隆，假网站的域名为zjjscom.cn，与浙江省建设厅域名zjjs.com.cn[①]仅一点之差，不仔细分辨很难发现，且页面一模一样，只是在假网站上能查出真网站上所没有的监理工程师证号，故怀疑造假网站为办假证者所为。

5.4.2.3　虚假网站的危害

不法分子利用虚假网站造成的危害可归纳为以下几类。

（1）假冒政府网站，获取非法利益。为欺骗其他单位、组织、个人，提供假学位、假罚款、假资格等政府信息，克隆政府网站，在网站内添加虚假信息。2014年9月，湖南省人力资源和社会保障厅官方网站被仿冒，假冒网站通过提供虚假职称证书和职业资格证书查询信息等虚假服务欺骗公众，获取利益。

（2）盗取用户账户信息及存款。“网络钓鱼”是指黑客通过构造与某一目标网站高度相似的页面，并通常以垃圾邮件、即时聊天、手机短信、网页虚假广告等方式发送声称来自被仿冒机构的欺骗性消息，诱骗用户访问“钓鱼网站”，以获取用户的个人信息（如银行账号和账户密码）的诈骗方式。这类钓鱼网站通常针对知名购物网站或订票网站等，在消费者难以辨认网站真假的情况下，通过后台操作快速地将账户内余额转移，且网站存在周期很短，难以追查，危害极大。

（3）损害其他社会组织和企业的利益。如有不法分子假冒红十字会的名义制作假红十字会网站，骗取捐助者的善款；篡改企业网站来诋毁企业声誉、销售产品；或者构建虚假网站来收集网民的个人真实信息，进行不法交易，实施网络诈骗等。

5.4.2.4　虚假或钓鱼网站的识别与防范

钓鱼网站在大多数情况下会针对银行账号、密码、信用卡资料、社会保障卡号和电子货币账户信息，或关于用户的PayPal、Yahoo邮件、Gmail及其他免费邮件服务，而正式公司通常不会通过电子邮件向客户索要任何信息，专家提醒网民在查找信息时，应该特别提防由不规范的字母或数字组成的CN类网址，建议禁止浏览器运行JavaScript和ActiveX代码，不登录不正当的网站。

（1）通过第三方网站身份，诚信认证、辨别、查验可信网站的真实性。目前，不少网站已在首页安装了第三方网站身份诚信认证——可信网站，帮助网民判断网站的真实性。可信网站验证服务，通过对企业域名注册信息、网站信息和企业工商登记信息等进行严格交互审核来验证网站的真实身份。通过认证后，企业网站就进入中国互联网络信息中心（CNNIC）运行的国家最高目录数据库中的可信网站子数据库中，从而全面提升企业网站的诚信级别，网民可通过点击网站页面底部的可信网站标识，确认网站的真实身份。网民在网络交易时，应养成查看网站身份信息的使用习惯，企业也要安装第三方身份诚信标识，加强对消费者的保护。

---

① 浙江省住房和城乡建设厅现域名为jst.zj.gov.cn。

（2）核对网站的域名。假冒网站一般和真实网站有细微的区别，有疑问时要仔细辨别不同之处，比如在域名方面，假冒网站通常将英文字母 I 替换为数字 1，CCTV 被换成 CCYV 或 CCTV VIP 类似的仿造域名。

（3）比较网站中的内容。假冒网站上的字体样式不一致，并且模糊不清。仿冒网站上没有相应的链接，用户可点击栏目或图片中的各个链接查看能否打开相应的界面。

（4）查询网站备案。可通过登录工信部 ICP/IP 地址/域名信息备案管理系统，获得网站的真实信息。还可以到网站显示的所属地工商行政管理局网站上查询该网站的备案信息，确保网站经营的真实性。

（5）通过 ICP 备案查询网站的基本情况、网站拥有者的情况。对于没有合法备案的非经营性网站或没有取得 ICP 许可证的经营性网站，根据网站的性质，将予以罚款，严重的关闭网站。

（6）查看安全证书。目前，大型的电子商务网站都应用了可信证书类产品，这类网站的网址都以 https 开头，如果发现不是以 https 开头的网站，应谨慎对待。

5. 4. 2. 5 政府对虚假网站的治理方式

目前，政府主要从 3 个方面着手综合治理虚假网站：第一是工业和信息化部对于网站的监管；第二是靠公安机关来依法打击网络违法犯罪；第三是依靠有关政府部门和企业推出的假冒网站识别服务，采取强有力的技术方式，帮助网民在日常上网过程中抵御虚假网站的危害。

（1）工业和信息化部网站 ICP 备案。网站 ICP 备案是工业和信息化部监管网站最重要的措施之一，其推出是为了防止不法分子在网上从事非法的网站经营活动，打击不良互联网信息的传播。工业和信息化部在 2005 年出台了《互联网 IP 地址备案管理办法》和《非经营性互联网信息服务备案管理办法》，要求从事非经营性互联网信息服务的网站进行备案登记，否则将予以关站、罚款等处理。为了配合这一需要，工业和信息化部建立了统一的备案工作网站，接受符合办法规定的网站负责人的备案登记。2013 年又发布了《工业和信息化部关于开展加强和改进网站备案工作专项行动的通知》，以提高网站备案率和备案信息准确率为核心，以进一步核查备案主办者身份信息和联系方式为重点。

经过 ICP 备案的网站都会在页面的最下方标注备案编号，一来可以让网民通过备案号查询网站拥有者的注册信息，一旦该网站涉嫌违法虚假内容，也能通过注册信息最快地找到责任人。根据《互联网信息服务管理办法》第二十二条　违反本办法的规定，未在其网站主页上标明其经营许可证编号或者备案编号的，由省、自治区、直辖市电信管理机构责令改正，处 5000 元以上 5 万元以下的罚款。

（2）公安机关依法打击犯罪和网络违法犯罪举报网站。虚假网站的治理除了关闭网站、对责任人进行罚款之外，主要由公安机关对此类违法行为造成的不法侵害进行追查。但我国对于“虚假网站”仍没有明确的定性，也没有专门的法律法规来处理构建虚假网站的行为，而且犯罪嫌疑人一般不止有构建虚假网站这一行为，还通过配套的电信诈骗、植入木马程序、架设钓鱼网站等，达到获取不法利益的目的。

构建虚假网站进行违法活动，还有可能以盗窃罪被处罚。犯罪嫌疑人通过种植木马程序、架设钓鱼网站、攻击网络平台等手段，获取公民个人信息、银行卡信息、手机信息等，再通过复制银行卡取现、网络消费、网银转账、第三方支付、购买股票基金等形式，将储户银行卡中存款悄无声息地转移（俗称存款蒸发案件）。此类案件是在受害人不知情的情况下，秘密窃取公私财物数额较大的行为，虽然被定性为盗窃，但作案手法、犯罪载体、犯罪链条与虚假信息诈骗如出一辙。

除了线下接受公众举报打击犯罪之外，公安部网络安全保卫局还建立了网络违法犯罪举报网站，若网民在上网过程中遭遇虚假网站甚至遭受其侵害，可以按照提示填写被举报网站的名称、地址、违法行为描述等信息，之后可对公安机关依法处置的结果进行查询。

（3）假冒网站识别服务。2013 年，上海市公安机关针对虚假网站治理，在“网络社会征信网”推出了假冒网站识别服务，这是一项互联网风险分析及预防服务，帮助用户判断要访问的网站是否可信、是否为虚假诈骗网站。假冒网站识别服务平台的核心是基于强大的可信网站数据库，同时将数据交由网站检测云平台运行文本分析、图像分析、模式识别等，结合建立的通用网站信任评估模型、电子商务网站评估模型、分类信息网站评估模型等多种信任模型进行评估，并对模型评估的结果进行审核。用户输入网址后，该服务经过专业测评，显示网站的可信度评估结果，并给出针对性的“放心访问”“谨慎访问”“不建议访问”等安全建议，同时指出具体的风险项目内容，从而提高网民对网络风险的辨别能力，避免上当受骗。

除此之外，我国治理虚假网站的新举措是添加网站防伪标识，它相当于网站的身份证。2014 年 11 月 25 日，由中央机构编制委员会办公室、中央网络安全和信息化委员会办公室联合发布“党政机关网站统一标识”。全国的党政机关和事业单位网站将挂上统一的防伪标识，公众在互联网上寻求政务和公共服务时将更加安心、放心。网站标识分为党政机关和事业单位两种，其中有华表图案的标识为党政机关专用标识，有长城图案的为事业单位专用标识（图 5-36）。

图 5-36　网站防伪标识

另外，为了更加有效地防止钓鱼网站的破坏，包括中国工商银行、中国农业银行、中国银行、中国建设银行、华夏银行、光大银行、银河证券、腾讯、淘宝、支付宝等在内的几十家金融机构和电子商务网站，以及中国万网、中企动力、厦门中资源、厦门华商盛世、阿里巴巴、China Spring board Inc. 等国内主要的域名注册服务机构，专门成立了“中国反钓鱼网站联盟”。“中国反钓鱼网站联盟”并非官方机构，它的成员包括域名管理机构、注册服务机构，以及银行证券类、电子商务类、网络安全类等企业，目的是发现和治理钓鱼网站，主要针对假冒其成员单位的钓鱼网站。该联盟在接到涉及联盟成员的投诉后，权威技术鉴定机构会立即对其进行判定，一经认定，两个小时内暂停其域名解析，终止欺诈行为。从处理的及时性上大大降低了钓鱼网站所造成的危害。

5.4.3 纸币网络防伪技术

5.4.3.1 概述

纸币作为货币是历史发展过程中划时代的产物，纸币本身没有价值，但可以充当流通货币使用，纸币作为集经济、印刷、艺术等多方面于一体的特殊载体，一直以来代表着印刷工艺和防伪技术的最高水平。

纸币的特殊性使得纸币的伪造现象层出不穷，为了进一步减少此类现象的发生，各个国家针对这一问题采取了多种防伪手段及治假措施。

5.4.3.2 纸币的防伪

为了防止彩色复印机复印纸币，中国人民银行曾在2004年发行的1999年版人民币的一元纸币上试用了一项新技术，即EURion constellation，俗称圆圈星座防伪技术。EURion constellation是由Markus Kuhn创造的，Adobe Photoshop能判断EURion constellation的程序，是由Central Bank Counterfeit Deterrence Group（中央银行伪造防治组）开发的防伪系统Counterfeit Deterrence System（CDS）完成的。CDS旨在防止利用个人计算机、数码影像设备和软件制造伪钞，它可防止个人计算机和数码影像工具获取或复制受保护的钞票影像。许多彩色打印机遇到EURion constellation时，打印效果会产生严重的色彩失真。

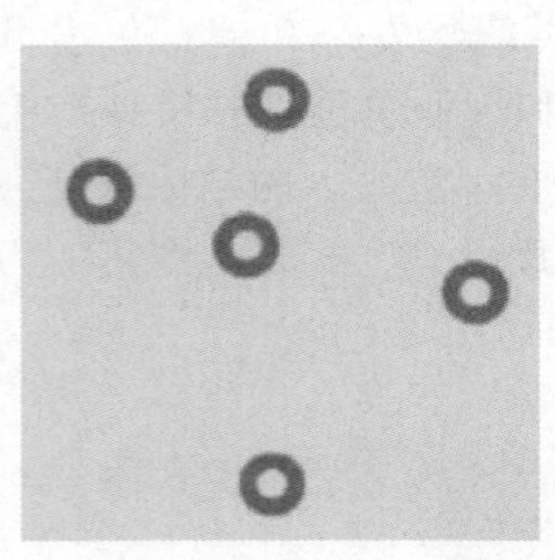

图5-37 欧姆龙环组成的猎户星座图案

由于这项技术是由日本的欧姆龙公司发明的，因此这些小圆圈又被称为欧姆龙环，是货币的一种防伪技术。圆圈星座防伪技术就是人们常说的防复印圆圈。这项防伪技术由5个小圆圈组成，按猎户星座排列，组成一个完整的星座图案（图5-37）。现有的彩色复印机已经预设了对这种图案的识别，一旦发现，复印机会自动进行输出处理，使输出的物品产生严重的色彩失真。

除此之外，德国于1996年开始应用欧姆龙环防伪技术，是最早在纸币上使用这项技术的国家。欧姆龙环主要应用在1996年版的50、100、200马克等纸币中（图5-38和图5-39）。

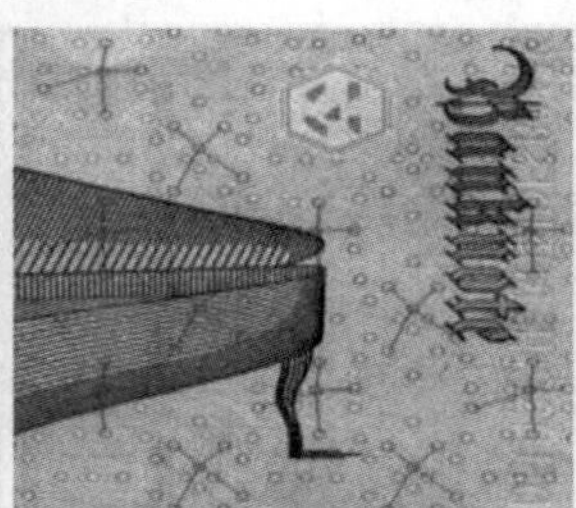

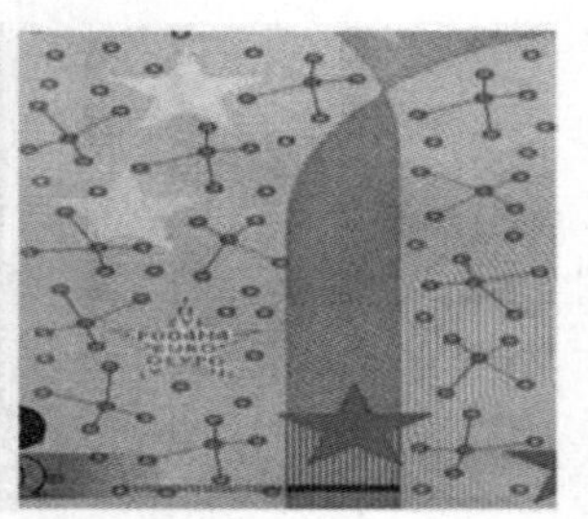

图5-38 欧姆龙环在各类纸币上的应用一

据不完全统计，目前已经在纸币上应用这项技术的有中国、美国、英国、德国、加拿大、日本等。

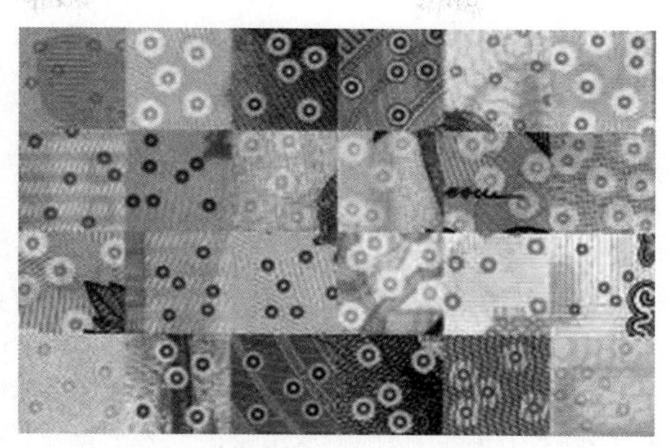

图 5-39　欧姆龙环在各类纸币上的应用二

参 考 文 献

[1]　李震山. 我国电子票据市场现状及发展策略探讨 [J]. 中国新技术品, 2009, 09: 175-176.

[2]　XIAO F F, LIU Z. Application of Anti-counterfeiting Technology Based on Two-dimensional Bar Code in Variable Data Printing [J]. Packaging Engineering, 2011, 32 (21): 102-105, 109.

[3]　班海琴. 区块链和 RFID 技术在商品溯源防伪中的应用研究 [J]. 电脑知识与技术, 2019, 15 (23): 237-239.

[4]　葛晓森. RFID——新一代信息防伪技术 [J]. 今日印刷, 2020 (01): 28-30.

[5]　赵小平, 李嵋桢. 五粮液 RFID 技术引领酒行业“溯源防伪” [J]. 中国品牌与防伪, 2012 (01): 58-61.

[6]　WANG J Y, LIU D, WEI P, et al. Research and Development of Anti-counterfeit System Based on RFID [J]. Computer Engineering, 2008, 34 (15): 264-266.

[7]　崔佳. 近场识别技术 (NFC) 在冷链物流中的应用研究 [J]. 中国市场, 2019, 04: 185-186.

[8]　金志刚, 解冰珊. 一种高安全的融合指纹识别与 NFC 技术的门禁系统认证协议 [J]. 南开大学学报 (自然科学版), 2017, 50 (05): 1-7.

[9]　赵慧明. 论技术标准化与网络防伪系统建设 [J]. 中国防伪, 2005, 12: 13-15.

[10]　王玺, 刘铮峰, 肖志鹏, 等. 20 世纪上半叶中央银行法币防伪印刷研究 [J]. 中国钱币, 2020, 05: 41-47.

思 考 题

1. 简述编码防伪技术的定义、分类及特征。

2. RFID 防伪技术的组成、特征及实现防伪的技术原理。

3. 简述如何将信源明文进行加密并整合在 RFID 中实现防伪。

4. 什么叫 NFC 识别技术? 与 RFID 防伪技术相比, NFC 技术有何优缺点。

5. 基于 RFID 的防伪技术相对来说比较成熟, 目前 RFID 防伪技术的应用还存在一些问题, 例如一些标签是可以读写的, 可能导致应用过程中信息受到修改或伪造, 请结合 RFID 的特征设想未来 RFID 技术的发展方向。

扫码查阅
第6章图片

第6章　区块链防伪技术

当今全球贸易市场上流通着上万亿美元的假货产品，早在2015年假货市场经济比重就占到了世界GDP的2%。这些假货品牌不仅带坏社会风气，还损害正品厂商利益，更糟糕的是假货的产品质量问题，导致产品售后缺失保障。

针对以上乱象，行业前辈开发出数字水印、全息图案作为应对策略，其主要利用稀缺材料或特殊的防伪图案作为防伪标签。但随着线上电商交易平台的兴起，购物方式的改变致使一些传统防伪方式已经无法生效。

以上这些都在预兆传统防伪技术已经逐渐无法适应当今社会。这些防伪手段普遍存在着以下4个缺点：（1）需要专门的设备进行检测；（2）防伪标识容易批量生产；（3）防伪标识被识别时确认流程过于复杂；（4）信息单一化。

虽然溯源往往用于食品行业，但是并不局限于某单一行业，未来将其运用于需要控制产品品质和追责召回的行业将是一大趋势。特别是近几年，产品质量安全问题层出不穷，含激素的婴儿霜导致出现"大头娃娃"事件、长生生物的百白破疫苗事件等，这些问题都关系到溯源问题的解决，如果提升溯源手段的效率，也许就能避免问题事件的大范围影响，有效止损。

目前溯源技术经过三代的发展，虽然出现了物流跟踪定位技术、射频识别技术和生物信息技术，可仍然有着信息易丢失、用户对于溯源方信任缺失、企业在溯源中主体责任淡薄等问题。

区块链技术的诞生与发展为解决上述问题带来了新的解决思路。从经济角度上看，其消弭了金融机构和实体产业间的信息不对称，帮助投资者认清产业现状；同时解决各个企业间的信任问题，减少沟通成本。从管理层角度上看，一味依靠政府等机关单位监督市场无疑会增加额外的管理开销，区块链技术将管理权限下放至每个区块链参与者手中，有利于促进民主监督，降低管理成本。

区块链凭借共识机制和分布式数据库可以有效保留网络上的交易数据样本，达到数据难以篡改和伪造的目标；同时被赋予时间戳的每一笔记录存储在区块链上，真正确保溯源的可靠性，为消费者和企业提供了一个追踪溯源和防伪的新手段。以上手段使防伪溯源数据库系统提升了安全性和便捷度。

6.1　区块链概述

区块链技术最早可追溯于2008年《比特币：一种点对点电子现金系统》这篇论文。该文章构思的区块链是一个由多数人维护的分布式数据库，用哈希算法形成一种链式数据结构（图6-1）。其综合共识机制、分布式数据库、链式结构和密码学技术，最终实现信息的保密性、完整性、真实性、可靠性、可用性、不可抵赖性。

区块链可按准入机制分为公有链、联盟链和私有链（表6-1）。

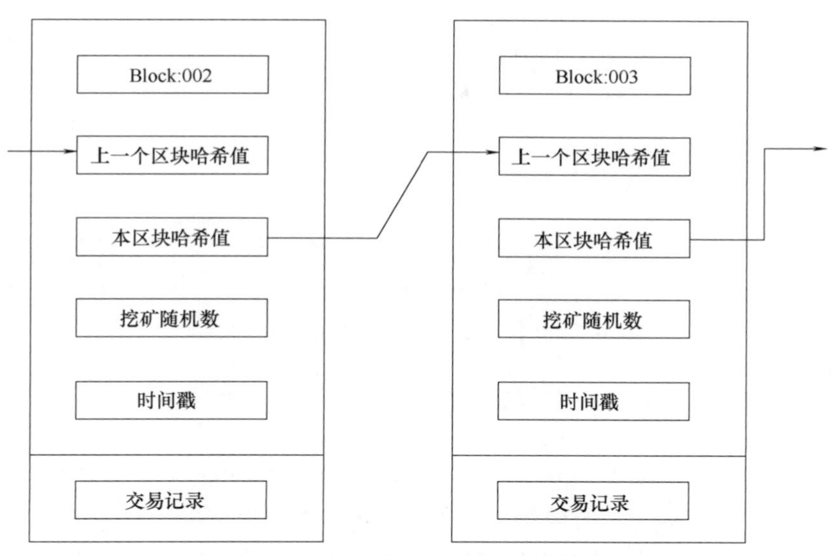

图 6-1　“区块头” + “区块体” 链式数据结构

表 6-1　三种不同的区块链特点对照分析

	公有链	联盟链	私有链
准入机制	任何人均可自由参加和退出	加入和退出需要多方授权	加入和退出需要个人或组织授权
读取/写入权限	任何人	联盟成员	成员仅有读取权限,写入需要另外授权
所有者	无	多方实体	单一实体
应用领域	数字货币,数字钱包	供应链管理,医疗行业	数据库管理,企业内部审计
优点	完全去中心化,信息公开透明	速度较快,有一定的隐私性,半公开化	中心化、效率高、隐私性极好
缺点	消耗算力巨大,低效	易受到恶意成员攻击	不具备去中心化

6.1.1　区块链技术原理

以下介绍区块链 4 大技术原理，以及如何实现防伪溯源。

第一，共识机制。共识机制指的是在系统预设的规则内，各节点对重要信息达成一致的过程。当下共识机制一般是工作量证明机制（POW），通过计算数学题来竞争系统公布的交易记账权。各节点相互竞争的关系使得合谋欺骗的概率降低，从内部保证产品的交易数据公正、公开，且商品信息可以轻易得到验证，使得不法分子无法伪造或是篡改正品信息。

第二，分布式存储机制。传统数据库一般是中心式的服务器管理模式，中心节点带宽和运算能力远超其余节点，易受到黑客入侵。分布式存储机制要求每个节点保留完整的链式数据，并且各节点没有主次之分，黑客无法锁定攻击目标，安全性高。因黑客无法同时篡改所有节点上的商品交易数据，商品溯源时可保证链上交易数据的真实性。

第三，非对称加密算法。非对称加密算法产生一对公钥和私钥，实现信息加解密，比特币交易系统中非对称加密机制如图 6-2 所示。相比于对称加密算法，非对称加密机制

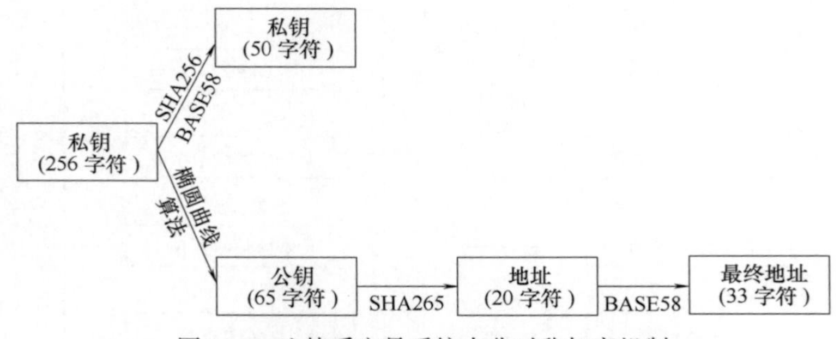

图6-2　比特币交易系统中非对称加密机制

加解密难度提高许多，不仅可以对数据本身进行加解密，还可以对所有权进行验证，构建商品数字认证服务，验明商品的真伪。

第四，智能合约。智能合约概念最早由 Nick Szabo 于20世纪90年代提出，用数字形式的承诺取代法律条文内容，合约自动生成并运行，在缺失第三方的情况下，能实现双方的可信交易。智能合约的出现打破各方信任孤岛，成功地将供应链一体化，令溯源信息的反馈更加及时和准确。

总而言之，共识机制保障交易数据可靠性；分布式存储机制改善数据可抵赖的现状，同时减少存储空间开销；而非对称加密算法加强数据的安全性，丰富消费者辨明产品真伪的手段；智能合约令多方构成合作，使得信息一体化，溯源信息反馈更加及时。

6.1.2　区块链技术的发展历程

区块链技术发展可以分成三个不同的时代。自比特币诞生以来，区块链技术便成为数字加密货币的核心支撑技术，它是继大型机、个人主机、移动互联网之后，又一次伟大的信息技术革命，重塑了货币与信任体系，更有可能改变人类生活方式，实现人类认知上的价值转变。

早在1.0时代，区块链作为可编程数字货币体系的关键部分，最主要的功能是帮助互不信任的双方实现可信交易。区块链技术虽源于比特币，但是其他数字货币也同样运用该技术，同类产品有以太币、狗狗币等多种数字货币。早期的野蛮生长也反映出技术上的一些痛点，单一链上价值转移和流通问题，同时计算效率和操作的复杂程度制约它的发展。

2.0时代，区块链逐步进入可编程金融阶段。上海证券交易所尝试将区块链应用于股票、私募股权等其他金融领域，从而降低投资者的投资门槛，延长与之相关数字货币的交易时间，减少人力成本。区块链2.0时代最主要的特征之一便是引入智能合约，因为在区块链1.0时代，区块链基础架构存在对应用对象来说过于复杂和扩展性较低的问题，无法胜任连续且循环重复的工作，而且随时有可能面临拒绝式服务攻击。直到提出新的区块链架构，增加了合约层，封装了各类脚本、算法和智能合约，智能合约以自动脚本的方式嵌入交易系统，这才令区块链运行得更加高效和经济，对交易双方保留着强大的约束力。同时数字货币发展成数字货币平台，区块链技术开始被引入工业、制造业等领域。

3.0时代，最重要的变化是区块链技术辐射到社会治理领域，例如应用区块链匿名性特点的选举投票，能够有效降低人工计票的资源开销，同时匿名投票保证安全性和隐私性。区块链技术改变了商业运行模式，丰富了信息的价值内涵，提供高效可靠的价值交换，真正实现可信、公平、透明的社会。

6.2 区块链在包装防伪和产品溯源上的应用

根据中国信息通信研究院统计数据，2009 年初至 2019 年 8 月，全球区块链产业累计投融资金额达到 103.69 亿美元。当区块链技术与不同垂直领域相碰撞时，它的可审计、匿名性、不可篡改的特性为食品行业、电子存证、药品包装重新赋能。

6.2.1 区块链与食品供应链

产业不透明导致食品安全问题，是因为企业追求更高的产品利润，不计代价降低产品成本，违规或违法生产不合格的产品。

传统食品供应链的管理缺乏对于食品状态的监测。在生鲜产品的供应链中，传统方式缺少对应的实时监测手段，难以感知生鲜产品在运输途中产生的变化，无法保证货物到买家手中的品质。

供应链管理的效率比较低下，无法做到快速溯源和及时响应。一方面因为物流的流向是从供应商流向最终消费者，而资金流与之相反，而且数量逐步减少。另一方面供应链管理中的信息流由于缺乏有效的共享且处于分散和割裂的状态，大大影响了供应链管理的效率和水平，导致出现问题不能及时响应。

基于区块链的食品供应链溯源技术是解决当下问题的新思路。传统物流过程中存在信息不对称的问题，区块链凭借其在溯源技术上的天然优势，改变了这一现状，建立了高效的信息处理机制，在商品价值和信息流转之间起到重要作用。

京东联合雀巢、惠氏、五粮液、双汇等多家知名品牌，推出“京东区块链防伪追溯平台”BaaS，该平台将商品原料的生产、加工、物流运输、零售交易等数据添加到联盟链中。同时京东搭建了基于区块链技术的跑步鸡项目，项目把实时采集到的家禽生活数据和加工信息上传至区块链保存。运输过程中利用传感器监测商品状况，有效避免损坏和丢失。用户能通过唯一的 ID 做到快速溯源，加大了假冒伪劣产品制造难度。“京东区块链防伪追溯平台”着重于为高端产品赋能，对食品的品质提供信任背书，提升品牌公信力，避免食品安全问题的发生。但是无法预测和统计运输过程中发生的食品安全问题。

Tsang 等人提出了将区块链技术和机器学习相结合应用于易腐蚀品的包装供应链策略，不仅可以带来上述的防伪溯源效果，还可为企业解决溯源过程中出现的食物蒸发问题和运输时间问题，他们提出基于区块链的机器学习的食品可追溯系统（BIFTS），此系统（图 6-3）可利用机器学习在供应链中预测食品保质期来提高运输的安全性和可靠性，创新性地提出动态食品质量评估模块，评估模块基于机器学习进行搭建，将影响食品保质期的因素作为自变量，预测受影响后的食品的保质期。相比传统溯源方案，此方案可在一定程度上解决运输过程中食品保质期变化问题，有效控制运输中食品产生的变化，但溯源时间仍然比较长，无法做到快速溯源并公布情报。

区块链技术在为食品安全行业带来革新的同时，在食品供应链中能有效提升溯源效率，大大节省了企业成本。沃尔玛联合 IBM 在 Hyperledger Fabric 平台上建立食品溯源系

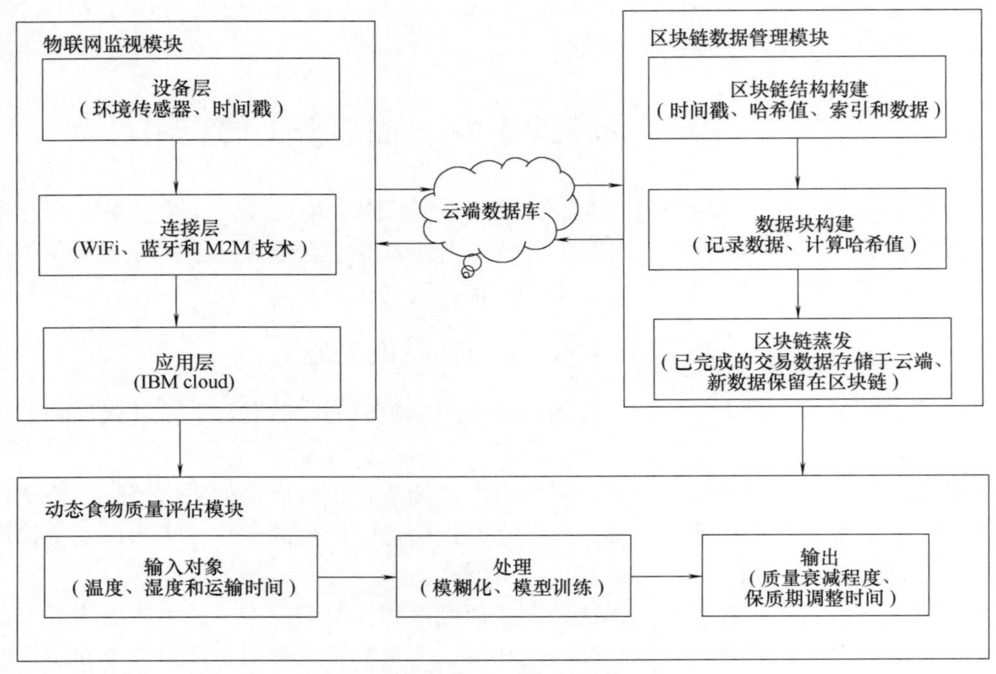

图 6-3　BIFTS 的模块化框架结构

统，关注于解决效率问题，改善以往出现的溯源时间过长、信息不透明等问题。它区别于传统溯源手段，关键在于区块链去除了后端数据库，它将其数据保存至账本，并通过智能合约对账本进行操作，依靠共识机制保证数据的一致性，完全分布式部署应用并将数据推送至各个节点，使得响应时间大幅缩短。结果表明，溯源时间从近 7 天骤减至 2.2s，溯源时间大幅缩短。刘宗妹设计了“区块链+RFID”技术两位一体食品溯源平台（图 6-4），追溯时间从以前的 20h 缩短到 10s，溯源效果提升明显。为了减少单个节点所消耗的存储资源，Lin 设计了一个基于区块链和 EPCIS 网络的分散系统，使链上和链外数据实现协同管理，链上数据量和查询次数分别为 1GB 和 1000 次/s，成功减少了节点的存储开销。围绕食品溯源的速度竞争，各个平台都实现了快速溯源，同时减少了平台存储资源的开销，可是都缺乏面向普通消费者的移动端 App 开发，影响了消费者鉴别真伪和溯源商品的体验。

区块链技术应用于高附加值商品的案例越来越多，贵州茅台酒厂的杨云勇采用安全 RFID 产品和认证节点的联盟链模式，将标签嵌入每一瓶酒的芯片中，记录产品原料、批次、酒瓶 ID 信息等，同时加入验伪 App，用户可以使用 NFC 手机鉴别真伪和查看商品各个环节的数据信息。未来面向普通消费者的移动端应用的开发将得到市场的重视，移动端 App 将成为用户查询商品真伪和溯源的主要手段。

由此可看出，依托区块链技术建立的食品溯源系统主要解决的是供应链管理问题。先是利用链式数据构建特殊的数据结构，接着利用哈希值防止商品信息遭受篡改。为了进一步缩短溯源时间，分布式存储方式大幅提升了效率。紧接着大幅增长的存储开销不得不使用云端数据库或是构建子链减少存储开销，然后逐步结合人工智能或食品智能指示器来预

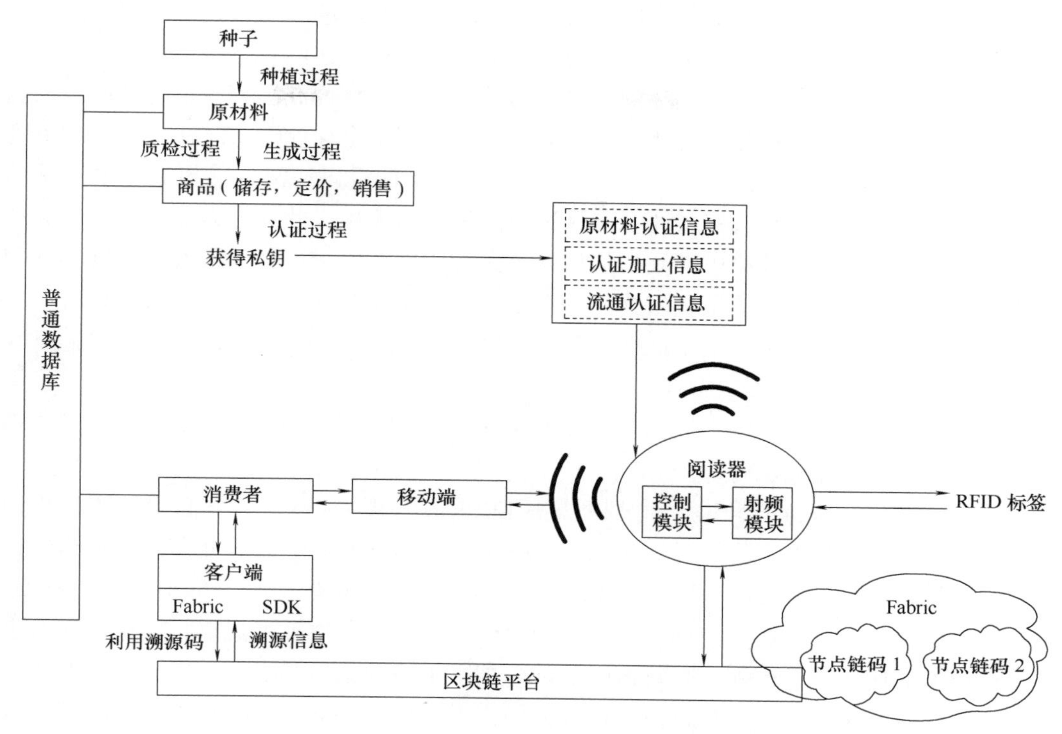

图 6-4　“区块链+RFID”技术两位一体食品溯源平台示意图

测或监督食品品质，最终依托手机 App 承载这一系统。

6.2.2　区块链与电子存证

电子存证是指以数字化形式存储，能够证明事件真实性的可信证据。传统电子存证方式一般是中央控制型，面临的一个问题是：其方式虽解决了“存”与“证”的难题，但是有着不可忽略的安全隐患，一旦中心遭到攻击，信息就有可能被修改。

电子存证面临的另一个问题就是证据管理。调查方使用时将暂时拥有证据的所有权，如何确保其在调查期间的可靠性是一大难点。而且由于数字证据伪造难度低，电子存证签发机构复杂，司法采信标准不一，原始信息认定难度大，法院很少认同数字证据。

如今新的电子存证方式继承区块链技术多备份、防篡改等特点。基于区块链的电子存证为司法存证、知识产权、电子合同管理等业务注入新的活力，使得电子证据再一次焕发新的活力。

电子存证一般由专门的司法机关单位执行，但司法机关不能长久有效地留存证据，且多机构和部门需要对此花费大量时间。腾讯开创的“至信链”不仅提供全流程版权保护服务，还保留电子证据留存方案。当腾讯的检测中心发现侵权行为，维权无效后，开始进行维权上诉，这时用户先向司法机构提交上诉请求和相关电子证据，接着提交侵权数据到“至信链”，留作电子证据备份。司法机构凭借链上的数据溯源查找确认版权归属问题，从而实现便捷执法。此项技术开创性地将区块链技术融入电子存证，令第三方成为保存电子证据的机构。相较以往的传统存证方式，大幅提高了效率。但是受限于安全性和性能，针对本地存储介质的攻击开始流行，内部人员泄露和伪造也逐渐成为该技术的痛点。

如今多数区块链方案将司法事务数据与电子证据混合存储在同一条链上，且电子证据有着在司法程序的不同阶段易被篡改的风险。为了打破数据管理混淆且冗杂的局面，王健结合区块链技术，提出一种面向司法审判场景的电子数据安全存储链式结构。该结构分为司法联盟链 JudChain 和证据存储链 EviChain 两部分，实现对司法流程数据和电子证据的高效管理和安全存储，且具有完整的节点认证及区块生成流程。此项方案成功地将事务从区块链系统中分割出来，杜绝内部人员从访问事务的角度对电子证据进行修改，这种分割操作使得 EviChain 上电子证据的真实性得到保证。Haider 将物联网设备作为数字证人，将其收集到的数据作为相关可靠电子证据，并利用区块链的智能合约技术，减少人为操作，防止篡改的发生。

可是电子证据管理时可能会面临安全和隐私问题，关键证人和陪审团成员的信息泄露会对他们的人身安全造成威胁。

Li 提出了基于区块链的合法证据管理方案 LEChain（图 6-5），一方面利用随机化加密签名匿名验证证人身份；另一方面使用 ElGamal 算法对陪审员个人信息和投票结果进行加密，并分发至警察局、法院和监狱三个独立机构。对于不同级别的人员划分访问权限，以及在开庭作证时，使用远程会议和变声器改变个人特征，在给证人提供长期保护时，也会考虑更换家庭住址和身份证，有效保障了证人和陪审团的隐私和安全。电子存证技术发展至今，不仅需要保护证据不被篡改、抹除，还需要考虑证人的安全和相关隐私问题，如何保护证人不会受到被告方的报复是未来需要考虑的问题。

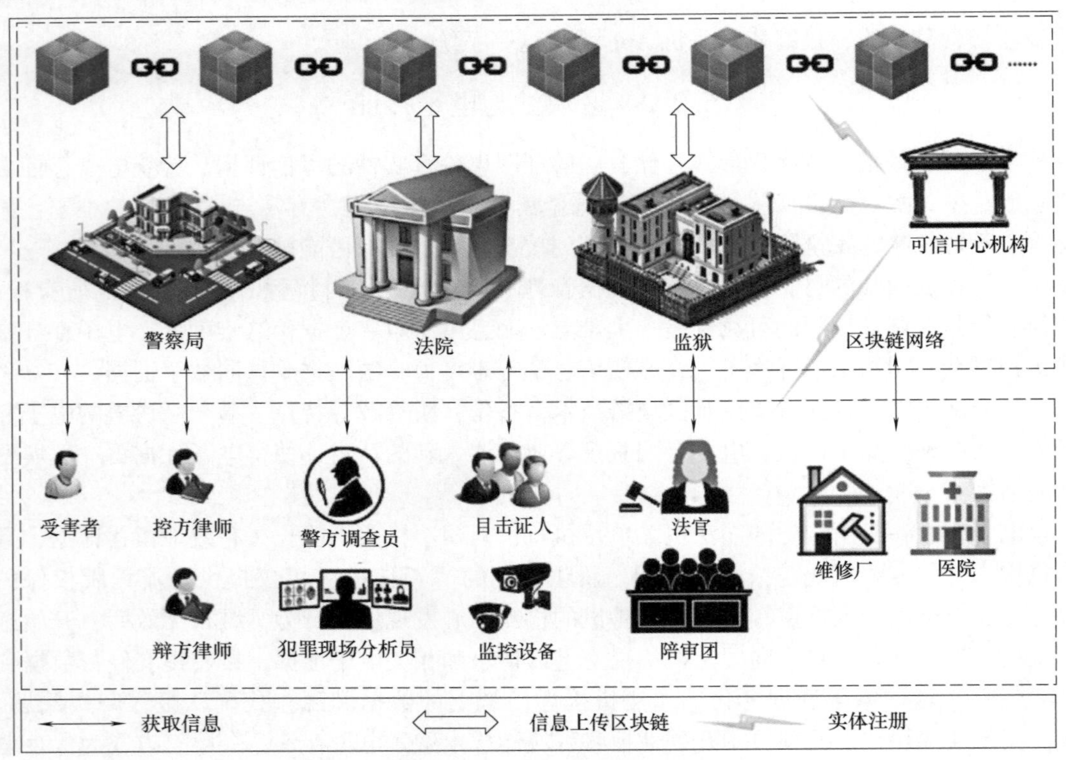

图 6-5　LEChain 系统的模型

总之，区块链技术在电子存证上主要保障了电子证据的可靠性、真实性。区块链技术注重从时间维度对电子证据进行保护。为了在取证阶段保证证据的可靠性，把物联网设备的操作信息作为可信的电子证据。取证结束后，存证阶段起初可依托第三方可信机构构建存证中心，但是受限于安全性，转而开发出对抗性节点策略用来预防节点的欺骗与共谋，或者将数据保存在多方设备以加大数据篡改难度。而当司法事务发生时，可分离司法事务数据和电子证据以保障电子证据的完整性。

6.2.3　区块链与药品包装

处方药的使用关系到千万家庭的健康和幸福。目前市面上药品管理系统主流的解决方案是物联网技术，采用集中式 C/S 结构的 RFID 技术。但是这种药物管理方式存在一些严重缺陷：(1) 集中管理方便了黑客入侵，容易造成麻醉药和处方药泛滥；(2) 交于第三方机构管理容易导致隐私泄露问题；(3) 如果处方遭到滥用，那么医患纠纷难以解决。

基于区块链技术打造的药品信息管理系统的出现有效解决了上述问题。在 11 个计算机节点组成的分散网络下，Prateek 模拟测试不同网络配置下的吞吐量。其结果表明，提交事务的时间随着参与节点数量的增加而延长，而当计算量逐步增大时，药物交易信息的真实性越发可靠。节点数的增长必然会遇到存储瓶颈问题，Huang 提出药物区块链系统应该具有个性化设置，并且能为其他厂商开放对应的 API 接口，他们设计一种药品追溯和可监控的系统 Drugledger，并创新性地提出区块链可根据场景进行存储修剪以解决容量问题，但是药品在运输过程中的状态信息难以记录。在仓储和物流环节，王娇提出联合监控和 GPS 定位实现药品的可靠监管，自动采集药品的全生命周期信息，并在药物包装上设计唯一的标签识别码，从而实现处方药的追溯（药品智能追溯体系运行流程见图 6-6）

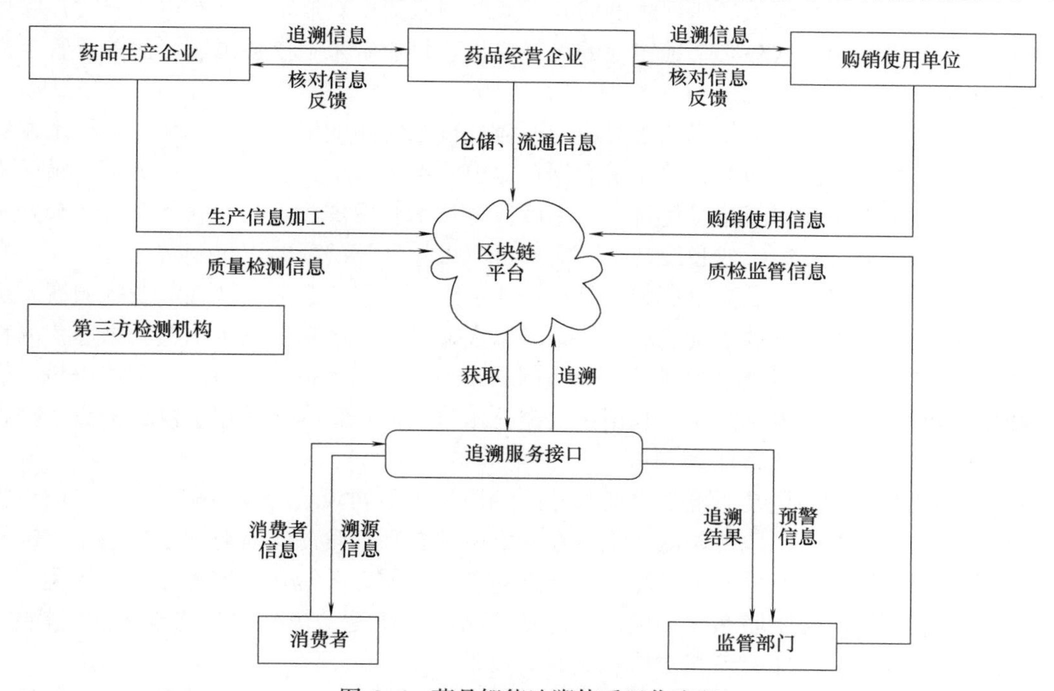

图 6-6　药品智能追溯体系运作流程

及防伪。

药品溯源最终服务的对象是患者，但比起药品患者更加关注自身的病情和治疗方案，将药品溯源和电子病历结合是实现医药一体化的创新之举。Juan 认为区块链技术可以用于设计电子病历，以患者为中心，将患者的检测报告、诊断书和治疗用药情况上链，并按照私密等级将其设置为不同的查看权限，这些数据对于临床医疗同样有着非同凡响的意义。电子病历帮助医生更加全面地了解病历，显著提高医生的诊断效率。

综上所述，对处方药溯源的最终落脚点在于实现医药一体化，将患者、药品、病历和医院联系在一起。最初药品溯源信息的真实性依靠节点数的增长，接着逐步使用监控和 GPS 等各类手段对药品进行监管和追踪，最终实现医药一体化，提高医生诊断效率，建立以患者为核心的医药区块链。

6.3 未来研究方向

随着区块链技术的发展，人们不断发掘出区块链技术在防伪溯源领域的内在潜力。目前可应用于食品包装、电子存证、药品管理等方面，但仍然受限于区块链系统性能，尚且无法处理高并发和存储高规模数据。因此，目前防伪溯源的应用面临着以下挑战：

区块链技术面临存储空间和系统吞吐量问题。区块链上数据的增长会导致需要不断扩展新的存储空间，更多节点的加入意味着区块链需要更高的吞吐量。未来依靠深度学习技术有助于解决数据冗余和效率问题，依靠深度学习能预测网络中的流量变化，区块链分片最优选择策略能提升区块链处理事务的吞吐量和扩展性。

从某个角度来看，区块链技术中的联盟链使得集体造假问题频繁出现。从另一角度来看，单个节点对于整个组织的风评影响同样巨大，当联盟中有成员犯下严重错误时，联盟的集体利益首当其冲，这势必牵扯链上的无辜成员。目前看来，增强国家层面的监管也许是解决问题的唯一办法。

针对相关领域，区块链技术缺乏对应的适应性框架的匹配机制。如今区块链技术发展至今，无论是共识机制、智能合约还是数据存储模式都出现了许多变化，针对某个领域进行探索时，必须考虑如何组建最优解。未来区块链技术会更加注重与物联网结合，会开发出需要传感器的复杂框架，或者设计出不需要进行大量计算的新共识机制。

未来区块链在医药领域需要更加注重传染病溯源。近年来，区块链在溯源领域崭露头角，依靠区块链技术建立的传染病溯源体系得以大显身手。区块链技术因其去中心化的特点，各医院可以自主上报确诊和新增传染病例的相关信息，避免向当地政府层层申报，使得数据的实时性得到加强。同时，利用区块链技术将疑似传染病例数据上链，提高了排查效率，有利于进一步统筹管理。

整理区块链在食品包装、电子存证和药品溯源三个不同领域的应用模式后，我们可得出其发展的关键：在食品包装领域，重点在于供应链管理和食品实时监测；在电子存证领域，重点在于提高电子证据的可信度；在处方药管理领域，关键在于实现医药一体化，将患者、药品、病历和医院联系在一起，无论是药品溯源还是病情溯源都将以患者为核心。只有做到以上几点，才能保障其防伪和溯源的效果。

区块链技术目前还无法处理高并发和存储高规模数据，缺乏对某一课题的区块链框架最优解的探索，未来包装溯源领域可以从以下几个方面开展进一步研究。

（1）结合深度学习开展研究，特别是区块链吞吐量问题，依靠神经网络建立的动态分片技术未来将是研究重点。另外依靠深度学习进行节点冗余数据的清除，未来在数据压缩方面也是研究的重点，这有利于基于区块链防伪溯源应用在移动端的发展。

（2）探索针对某一任务的区块链框架的最优解也是重要研究内容。不同的问题关注的需求大相径庭，区块链技术已发展出多种不同的技术，如何选择最佳的技术组合解决问题是未来研究重点。

（3）未来溯源更加注重与物联网、5G技术的结合，以提升溯源的响应速度。特别是物联网中传感器的应用有助于检测状态和实时反馈。

参考文献

[1] KEMPEN A. Counterfeit goods & second-hand goods distinguishing the good from the bad and the ugly [J]. Servamus Community-based Safety and Security Magazine, 2019, 112 (6): 50-52.

[2] 钟云飞，刘爱平，陈龙. 网印RFID标签包装防伪技术 [J]. 包装工程，2007，28 (12)：60-63.

[3] LIU D F, YANG L, SHANG M, ZHONG Y F. Research progress of packaging indicating materials for real time monitoring of food quality [J]. Materials Express, 2019, 9 (5): 377-396.

[4] 钟云飞，游诗英. 数字印前包装防伪技术 [J]. 包装工程，2006，27 (3)：82-84.

[5] 王继鸥. 防伪印刷技术的现状及发展趋势 [J]. 工业设计，2017 (9)：125-126.

[6] VALLETT A M, RAGUCCI S, LANDI N, et al. Mass spectrometry-based protein and peptide profiling for food frauds, traceability and authenticity assessment [J]. Food Chemistry, 2021, 365: 130456.

[7] ISLAM S, CULLEN J M, MANNING L. Visualising food tracea-bility systems: A novel system architecture for mapping material and information flow [J]. Trends in Food Science & Technology, 2021 (112): 708-719.

[8] 祝烈煌，高峰，沈蒙. 区块链隐私保护研究综述 [J]. 计算机研究与发展，2017，54 (10)：2170-2186.

[9] 何蒲，于戈，张岩峰，等. 区块链技术与应用前瞻综述 [J]. 计算机科学，2017，44 (4)：1-7.

[10] NAKAMOTO S. Bitcoin: A peer-to-peer electronic cash system [J]. Decentralized Business Review, 2008: 21260.

[11] SHUKLA S, THAKUR S, HUSSAIN S, et al. Identification and Authentication in Healthcare Internet-of-Things Using Integrated Fog Computing Based Blockchain Model [J]. Internet of Things, 2021: 100422.

[12] PATELLI N, MANDRIOLI M. Blockchain technology and traceability in the agrifood industry [J]. Journal of Food Science, 2020, 85 (11): 3670-3678.

[13] 曾诗钦，霍如，黄韬，等. 区块链技术研究综述：原理、进展与应用 [J]. 通信学报，2020，41 (01)：134-151.

[14] 刘敖迪，杜学绘，王娜，等. 区块链技术及其在信息安全领域的研究进展 [J]. 软件学报，2018，29 (07)：2092-2115.

[15] 袁勇，王飞跃. 区块链技术发展现状与展望 [J]. 自动化学报，2016，42 (04)：481-494.

[16] SZABO N. Smart contracts: building blocks for digital markets [J]. EXTROPY: The Journal of Transhumanist Thought, (16), 1996, 18 (2).

[17] 上海证券交易所课题组，徐广斌. 区块链在我国资本市场领域核心场景应用研究 [J]. 证券市场导报，2021，(03)：2-12.

[18] CHRISTIDIS K，DEVETSIKIOTIS M. Blockchains and smart contracts for the internet of things [J]. IEEE Access，2016，4：2292-2303.

[19] 工信部. 2018 年中国区块链产业白皮书 [J]. 创业天下，2018，000 (6)：7-7.

[20] RADZIWILL N. Blockchain revolution：How the technology behind Bitcoin is changing money，business，and the world [J]. The Quality Management Journal，2018，25 (1)：64-65.

[21] KAMATH R. Food traceability on blockchain：Walmart's pork and mango pilots with IBM [J]. The Journal of the British Blockchain Association，2018，1 (1)：3712.

[22] KSHETRI N. Blockchain and the economics of food safety [J]. IT Professional，2019，21 (3)：63-66.

[23] YIANNAS F. A new era of food transparency powered by blockchain [J]. Innovations：Technology，Governance，Globalization，2018，12 (1-2)：46-56.

[24] ZHANG T，HAN B J，YU J，et al. Enhancement of dielectric constant of polyimide by doping with modified silicon dioxide@ titanium carbide nanoparticles [J]. RSC advances，2018，8 (30)：16696-16702.

[25] BARGE P，BIGLIA A，COMBA L，et al. Radio frequency iden-tification for meat supply chain digitalisation [J]. Sensors，2020，20 (17)：4957.

[26] LIU A，LIU T，MOU J，et al. A supplier evaluation model based on customer demand in blockchain tracing anti-counterfeiting platform project management [J]. Journal of Management Science and Engineering，2020，5 (3)：172-194.

[27] TAYAL A，SOLANKI A，KONDAL R，et al. Blockchain based efficient communication for food supply chain industry：Transparency and traceability analysis for sustainable business [J]. International Journal of Communication Systems，2020，34 (4)：4696.

[28] PAWAR R S，SONJE S A，SHUKLA S. Food subsidy distribution system through Blockchain technology：a value focused thinking approach for prototype development [J]. Information Technology for Development，2021，27 (3)：470-498.

[29] TSANG Y P，CHOY K L，WU C H，et al. Blockchain-driven IoT for food traceability with an integrated consensus mechanism [J]. IEEE access，2019，7：129000-129017.

[30] 刘宗妹. "区块链+射频识别技术" 赋能食品溯源平台研究 [J]. 食品与机械，2020，36 (09)：102-107.

[31] LIN Q，WANG H，PEI X，et al. Food safety traceability system based on blockchain and EPCIS [J]. IEEE Access，2019，7：20698-20707.

[32] 杨云勇，马纪丰，胡川. 安全 RFID 和区块链技术在瓶装酒防伪溯源中的应用研究 [J]. 集成电路应用，2018，35 (03)：66-69.

[33] HAIDER A K，GREGORY E，HERBERT D. Blockchain and Clinical Trial [M]. Switzerland：Springer，Cham，2019：149-168.

[34] LIU Z Y，LI Z P. A blockchain-based framework of cross-border e-commerce supply chain [J]. International Journal of Information Management，2020，52：102059.

[35] QURESHI A，MEGÍAS J D. Blockchain-Based Multi-media Content Protection：Review and Open Challenges [J]. Applied Sciences，2021，11 (1)：1.

[36] KIM D，IHM S Y，SON Y. Two-Level Blockchain System for Digital Crime Evidence Management [J]. Sensors，2021，21 (9)：3051.

[37] NAND J，AMIR H Z. Evolution of information systems research：Insights from topic modeling [J]. Information & Management，2020，57（4）：103207.

[38] 王健，张蕴嘉，刘吉强，等. 基于区块链的司法数据管理及电子证据存储机制 [J]. 信息网络安全，2022，22（02）：21-31.

[39] STOYKOVA R. The Presumption of Innocence as a Source for Universal Rules on Digital Evidence-The guiding principle for digital forensics in producing digital evidence for criminal investigations [J]. Computer Law Review International，2021，22（3）：74-82.

[40] LI M，LAL C，CONTI M，et，al. LEChain：A blockchain-based lawful evidence management scheme for digital forensics [J]. Future Generation Computer Systems，2021，115：406-420.

[41] RADANOVIĆ I，LIKIĆ R. Opportunities for Use of Blockchain Technology in Medicine [J]. Applied health economics and health policy，2018，16（5）：583-590.

[42] HICKMAN C F L，ALSHUBBAR H，CHAMBOST J，et al. Data sharing：using blockchain and decentralized data technologies to unlock the potential of artificial intelligence：What can assisted reproduction learn from other areas of medicine? [J]. Fertility and Sterility，2020，114（5）：927-933.

[43] IVANTEEV A，ILIN I，ILIASHENKO V. Possibilities of blockchain technology application for the health care system [C]//Digital Transformation on Manufacturing，Infrastructure and Service，Petersburg，2020，940（1）：012008.

[44] PANDE Y，PRATEE K，RATNESH L. Securing e-health networks from counterfeit medicine penetration using blockchain [J]. Wireless Personal Communications，2021，117：7-25.

[45] MCGHIN T，CHOO K K R，LIU C Z，et al. Blockchain in healthcare applications：Research challenges and opportunities [J]. Journal of Network and Computer Applications，2019，135：62-75.

[46] KRITTANAWONG C，ROGERS A J，AYDAR M，et al. Integrating blockchain technology with artificial intelligence for cardiovascular medicine [J]. Nature Reviews Cardiology，2020，17（1）：1-3.

[47] Pandey P，Litoriya R. Securing e-health networks from counterfeit medicine penetration using blockchain [J]. Wireless Personal Communications，2020：1-19.

[48] HUANG Y，WU J，LONG C. Drugledger：A practical blockchain system for drug traceability and regulation [C]//2018 IEEE International Conference on Internet of Things（iThings）and IEEE Green Computing and Communications（GreenCom）and IEEE Cyber，Physical and Social Computing（CPSCom）and IEEE Smart Data（SmartData），Halifax，2018：1137-1144.

[49] 王娇，张立涛，李芳. 基于区块链的药品智能追溯体系构建及协同运作机制研究 [J]. 卫生经济研究，2020，37（11）：38-44.

[50] ROMAN-BELMONTE J M，DE L H，RODRIGUEZ-MERCHAN E C. How blockchain technology can change medicine [J]. Postgraduate medicine，2018，130（4）：420-427.

[51] BELCHIOR R，VASCONCELOS A，GUERREIRO S，et al. A survey on blockchain interoperability：Past，present，and future trends [J]. ACM Computing Surveys（CSUR），2021，54（8）：1-41.

[52] CENTOBELLI P，CERCHIONE R，ESPOSITO E，et al. Surfing blockchain wave，or drowning? Shaping the future of distributed ledgers and decentralized technologies [J]. Technological Forecasting and Social Change，2021，165：120463.

[53] YAQOOB I，SALAH K，JAYARAMAN R，et al. Blockchain for healthcare data management：Opportunities，challenges，and future recommendations [J]. Neural Computing and Applications，2021：1-16.

[54] SINGH S，HOSEN A S，YOON B. Blockchain security attacks，challenges，and solutions for the future distributed iot network [J]. IEEE Access，2021，9：13938-13959.

思 考 题

1. 请简述区块链的定义、原理及如何应用于包装防伪。

2. 请简述区块链在不同发展历程中的特征及应用。

3. 请结合区块链在食品供应链中的应用总结其优势与局限性。

4. 区块链在药品追溯系统上的应用为药品可追溯提供了良好开端，但所有可追溯性工作面临的问题是连接供应链中的多个合作伙伴“点多、面广、错综交叉”。请结合区块链技术特征总结其在药品包装上存在的问题与挑战。

5. 有人认为“区块链+防伪=区块链防伪”是一个伪命题，他们认为区块链溯源防伪功能只存在于数据的流转过程，现有技术还不能够解决从物理世界映射到数字世界的真实性问题。对于这个论点请表达自己的看法。

第 7 章　最新防伪技术

7.1　DNA 防伪技术

7.1.1　概　　述

20 世纪 50 年代初期，DNA 的结构之谜是当时最热门也是投入人力、物力最庞大，竞争最激烈的科研课题。1953 年，英国剑桥大学的沃尔森和克里克在 *Nature* 上发表了 DNA 双螺旋结构的研究成果，提出了 DNA 的结构和自我复制机制，使遗传和演化得以汇合。这是生命科学领域的第一个里程碑，标志着一个崭新的学科——分子生物学的诞生。

DNA 防伪技术产品具有自然物质性复杂编码的特点，运用专有技术即可实时检测鉴定，但又无法复制和破译，使其越来越受到安全防伪行业的青睐，成为打击假冒伪劣产品的锐利新武器。

7.1.2　DNA 防伪技术原理及特点

7.1.2.1　DNA 防伪技术原理

DNA 防伪技术是利用核糖核酸具有序列专一性的特性来达到防伪的目的，即将动、植物的脱氧核糖核酸（DNA）撷取出来，经过萃取、提炼、剪接、合成等步骤，并由遗传工程处理后，再经特殊生产工艺流程，使得 DNA 能在常态下长久保存下来（100 年以上），最后经过印刷制作成具有防伪功能的商品包装或标签。

从其化学组成来看，DNA 由碱基、磷酸和脱氧核糖（五碳糖）组成（图 7-1）。其中碱基共有 4 种，即腺嘌呤（A）、鸟嘌呤（G）、胸腺嘧啶（T）和胞嘧啶（C），两条核酸链依靠碱基间的氢键相连，这种键合的次序是特定的，也就是 A 与 T、G 与 C 分别进行特异性的互补配对，这种识别能力是 DNA 形成双螺旋结构的物质基础。从另一个角度考虑，DNA 则是由腺嘌呤、鸟嘌呤、胸腺嘧啶和胞嘧啶 4 种碱基组成的具有序列高度专一性和复杂性的一段信号存储分子。DNA 是所有生物的遗传物质基础，生物体亲子之间的相似性、继承性等遗传信息都储存在 DNA 分子中，因此 DNA 具有生物体独一无二的特性。由于 DNA 序列中每个位点都是 4 种碱基之一，一段具有一定长度的 DNA 序列可能具有非常大数目的组合方式，例如一段 20 碱基的 DNA 序列，其组合方式可高达一万亿种，即当 DNA 序列达到一定数目后，其组合方式之多达到了几乎无法穷举的地步。正因为如此，基于 DNA 高度序列复杂性的 DNA 防伪认证技术被认为是短时间内无法用现有技术破译的、相对终极的防伪技术。

7.1.2.2　DNA 防伪技术的特点

高度保密性、独特性及无法仿冒是 DNA 技术用于商品防伪的关键，和以往的防伪技术相比，DNA 防伪技术具有以下明显的特点。

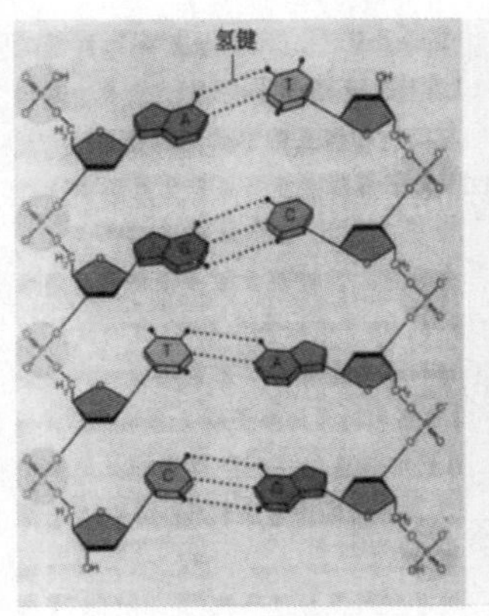

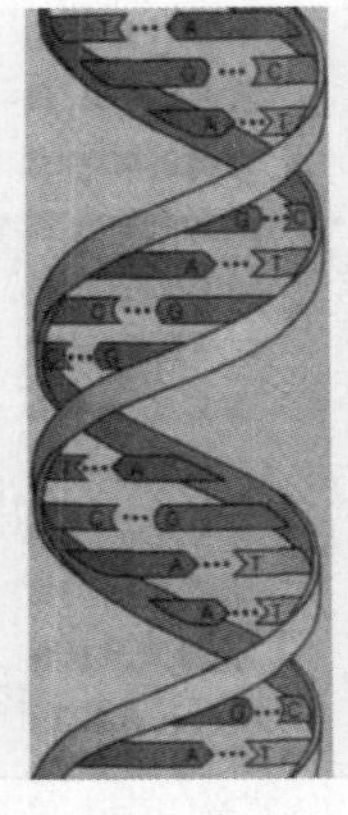
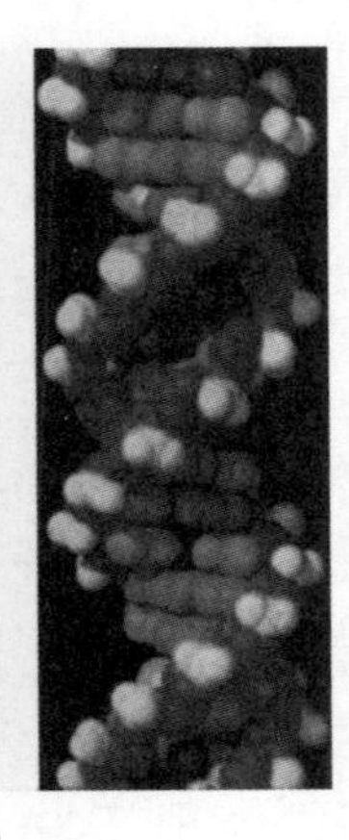

图 7-1　DNA 组成及立体结构

(1) DNA 序列是由 A、G、C、T 四种碱基随机排列而成的生物分子，可将其用于商品防伪。作为密码标识，只要将其应用于被保护对象上，即可赋予非生物品一个生物的基因标识。这个标识可以是显性的，也可以是隐性的，以达到相应的防伪作用。

(2) DNA 防伪技术具有高度保密性与独特性，暂时无法仿冒。因基因组数目巨大，现阶段的生物技术还无法人工准确合成相同长度的 DNA 分子序列，而且混入介质的 DNA 浓度极低，无法得知嵌入 DNA 的序列及分子量大小，故而保密性及独特性都极高。

(3) 无毒副作用。DNA 基本上是无毒无害的生物分子，在以水为媒介的食品、药品、饮料等生产工艺中，掺入 DNA 不仅方便，而且对人体和环境没有生物活性物质的影响，具备生物安全保障性能。

(4) 应用范围广且简易。DNA 与特定的介质混合后，可应用于不同的防伪产品中，如油墨、胶水、化妆品等，且不会改变原始工艺和技术要求。其中，DNA 防伪技术应用的关键就在于与各种媒介的结合。将含 DNA 片段的媒介按照通常的生产制作流程进行生产，终端产品就以最自然的方式结合上了防伪性能。

(5) 性能稳定且保存期长。由于 DNA 本身性能足够稳定，使用 DNA 作为防伪产品，一般不存在明显的保存期问题。经保护处理的 DNA 可在正常光照下保存 100 年以上。

(6) 可作为各国法庭认可的法律证据。法庭科学中，DNA 检测可以成为判定一个人身份的终极证据。同理，通过类似的识别方法所提供的商品 DNA 片断检测，也能够成为被法庭接受的终极证据。

7.1.3　DNA 的合成

随着寡核苷酸链合成技术的快速发展，DNA 合成成本不断下降，合成长度与精度不断提高，使得以寡核苷酸链为起始的大规模 DNA 合成成为可能。常用的两种 DNA 合成技术是连接介导的 DNA 合成与 PCR（Polymerase Chain Reaction）介导的 DNA 合成。然而，化学法合成寡核苷酸链具有成本高、通量低的缺点，随着微阵列技术（microarrays）的发展，微阵列介导的 DNA 合成技术逐渐兴起。此外，酵母体内 DNA 合成的成功探索，也为体外 DNA 合成提供了一种补偿方法。

7.1.3.1　连接介导的 DNA 合成

用 DNA 连接酶连接寡核苷酸链形成长的基因（表 7-1），早期便出现在基因合成和某些商业化固相基因合成平台的报道中。第一条人工合成基因，77 bp 的编码酵母丙氨酸转运 RNA 的基因，于 1970 年由 Khorana 和其同事利用 DNA 连接酶成功合成。随着耐热 DNA 连接酶的发现和连接酶链式反应（ligase chain reaction，LCR）的发展，基于耐热连接酶或 LCR 的 DNA 组装方法越来越方便。耐热连接酶的使用提高了连接温度（50～65℃），从而减少了二级结构的形成。

表 7-1　　连接介导的 DNA 合成方法与 PCR 介导的 DNA 合成方法比较

比较项	连接介导的 DNA 合成	PCR 介导的 DNA 合成
基础酶	DNA 连接酶	DNA 聚合酶
寡核苷酸链来源	固相亚磷酰胺化学法	固相亚磷酰胺化学法
寡核苷酸链	精确度高	高
寡核苷酸链重叠区域	需要	需要
寡核苷酸链缺口	不允许	允许
寡核苷酸链总量	多	少
常用方法	LCR	PCA
额外的 PCR 扩增	通常需要	通常需要
对重复序列或二级结构的耐受性	略高	略低
精确合成长度	0.5～1Kb	0.5～1Kb
合成突变率	略低	低
成本	略高	略低
合成通量	低	低
商业化应用	少	多

连接介导的 DNA 合成技术因其固有的低突变率和相对容易的使用方法，在某些商业化基因合成操作中占有一席之地。

7.1.3.2　PCR 介导的 DNA 合成

20 世纪 80 年代中期，PCR 的发明促进了依赖于 DNA 聚合酶的新组装技术的发展。这些技术以 PCR 为基础，将具有重叠区域的寡核苷酸链组装成全长的基因构件。归纳起来，有两步组装法与一步组装法。1995 年，Stemmer 等第一次采用 PCR 方法，将 56 条 40 bp 长的寡核苷酸链组装成 1.1Kb 的编码 TEM-1 β-内酰胺酶的基因片段。以 PCR 为基础的组装技术在随后的 20 多年中发展迅速。

PCR 降低了 DNA 的合成成本，提高了生产力，增加了可合成的 DNA 分子长度。从寡核苷酸链起始合成所需 DNA 序列的 DNA 合成技术中，PCR 介导的 DNA 合成方法是当前最常用的方法。

7.1.4　DNA 的检测

随着生物技术的快速发展，新的核酸扩增方法不断出现，许多生物检测技术不断进步，它能够扩增特定目的片段或将检测信号放大，检测的特异性和灵敏度也在不断提高。要验证某物质是否带有特定核糖核酸序列的目标物时，主要步骤如下：

① 将目标物上的介质取一小部分溶于溶剂中。

② 加入另一具有高核糖核酸溶解度但不影响目标物的溶剂，使之充分混合，此时大部分核糖核酸会溶于高核糖核酸溶解的溶剂内。

③ 离心分离、萃取。使用离心技术将不同溶剂分层分离取出，此时经萃取出的核糖核酸浓度已足够用聚合酶连锁反应的特定引子来验证核糖核酸的真伪。

④ 连锁反应。若受检的目标物带有原始放入的核糖核酸，则聚合酶连锁反应会将原始放入的核糖核酸放大，成为数百万倍大小相同的核糖核酸；反之，若受检验的物质不带有原始的核糖核酸，则聚合酶连锁反应无法进行核糖核酸的放大。故由产物大小及数量的比对，就可辨别所要验证的目标物是否为当初所标示者。

在第④步的连锁反应中，需要用到核酸扩增技术。从反应温度角度考虑，核酸扩增技术可以分为变温循环扩增和恒温扩增两大类；从检测模式角度考虑，核酸扩增技术可以分为目的片段的直接扩增和检测信号放大扩增两大类。PCR 技术就是一种常见的变温循环扩增技术，它需要特殊的设备来控制温度的快速改变，而该扩增技术一般是直接扩增靶核酸，恒温扩增则不需要温度的改变，其操作设备相对简单，这在实际应用中具有一定的优势，其中比较常见的有环介导等温扩增技术（Loop Mediated Isothermal Amplification，LAMP）和滚环扩增技术（Roiling Circle Amplification，RCA）等，而 RCA 是通过扩增检测信号来进行检测。

7.1.4.1 PCR 扩增技术

PCR 聚合酶链式反应，即利用 DNA 聚合酶将特定的 DNA 序列在体外进行大量扩增的过程。整个过程一般包括高温变性、降温退火、扩增延伸等几个步骤的循环。目前，该技术能够将一段序列扩增到原来的几亿倍甚至更多倍，非常适合检测等方面的应用。现今发展起来的 PCR 扩增技术是由 Dr. Kary B. Mullis 于 1983 年提出的，并于 1985 年正式发表相关论文。此后，PCR 扩增技术迅猛发展，不断趋于成熟，并逐渐实现自动化，是当今生物学研究中使用最多、最广泛的研究手段之一。这一技术的建立是一种革命性的创举，在生物学领域具有里程碑式的意义。

PCR 扩增技术之所以能够受到人们的青睐，主要是由于其应用的广泛性，它可以直接鉴定特定的 DNA 片段是否存在，也可以判断特定基因是否异常，经常见于生物标本鉴定、法医样本鉴定、亲子鉴定等方面的实际应用。而随着对实际应用的要求越来越高，出现了多重 PCR、固相 PCR 等新方法，也诞生了诸如实时荧光定量 PCR、全序列扩增 PCR 等新的扩增技术，这些技术也在不断发展和完善。如今，PCR 技术已经成为生物技术研究的基础工具。

然而，PCR 扩增技术在使用过程中也会受到很多因素的影响，例如反应体系内各种原料的浓度，反应过程中各个步骤的温度、时间，以及反应模板、引物等因素。这些因素都可能对扩增反应本身以及最终的扩增产物有很大的影响。另外，PCR 技术中引物设计比较烦琐，还需要能够快速升降温的温度控制仪器，成本较高，还可能由于非特异性扩增的发生而产生假阳性结果。如果设计的引物不合适，可能会出现假阴性结果，影响对检测结果的判断。

7.1.4.2　RCA 技术

针对 PCR 扩增技术的一些缺点，近年来，不断有新的核酸扩增技术被开发并发展起来，如 RCA、LAMP 等。这些扩增方法一般具有反应条件为恒温的优势，可以减少温度控制这一烦琐步骤，在一些实际应用中可以弥补传统 PCR 扩增技术的不足，甚至在某些特殊的实际应用中已经取代了 PCR 扩增技术。

RCA 发展于 20 世纪 90 年代中期，它以一条长度为几十碱基的单链环状 DNA 为扩增模板，在引物以及具有链置换活性的 DNA 聚合酶的共同作用下，可以生成与环状模板互补的单链 DNA，即单引物 RCA，这是该技术最早的扩增机理。在上述扩增基础上，再加入第二条引物，就可以进行双引物指数 RCA，经过改进，扩增效率明显提高。由于线性 RCA 的扩增产物一直与起始模板连接，所以扩增信号被固定，非常适合微阵列扩增检测。在双引物指数 RCA 中，第二条引物能够与第一条引物扩增出的产物结合，继续延伸扩增，并将前一条引物置换出来，延伸和置换的反复进行，能够使目标信号扩增 109 倍以上，提高了检测的灵敏度。一些文献中报道该技术甚至可以检测到单个核酸信号。RCA 技术不仅可以扩增 DNA，还可以在 RNA 聚合酶的作用下合成 RNA，具有非常广泛的应用前景。

目前，RCA 技术已经有了很广泛的应用，其中最普遍的应用就是对目的片段或信号的扩增，完成基因诊断和检测工作。在该扩增过程中，最为关键的步骤就是特异性成环，即只有目的序列存在时，才会有环状 DNA 的形成，才能有扩增信号的生成。之后扩增信号不断被扩增放大，可以用于检测。这其中最为常见的就是利用锁式探针（padlock probe）与模板进行特异性杂交，通过连接酶将模板连接成环状 DNA 后再扩增，目的序列的信号随之放大。一般情况下，锁式探针的两个末端序列和目标核酸序列能够特异性互补结合，一旦出现错配，探针就不能正常结合于目的序列上，后续的成环及扩增过程就无法继续进行，最终确保了检测的特异性。但在实际检测应用过程中，当连接处出现个别不互补的碱基时，探针也有可能结合于目的序列而形成环状信号，最终会造成假阳性结果，这也是该扩增检测技术的一个缺点。为保证检测结果的可靠性，也可以对 RCA 扩增产物进行测序。另外，该扩增技术在克隆以及探针标记探究方面也有一些应用。

在 RCA 扩增过程中所使用的聚合酶一般要求具有链置换活性和强持续性，这样才能保证扩增反应的持续进行。phi29 DNA 聚合酶由于具有很高的扩增效率及链置换活性，能够在 30min 内将目的信号扩增 1000 倍，因此成为该扩增反应的首选用酶。对锁式探针的长度也有一定的要求，一般为 30~100nt。链长过短，该 DNA 链不易弯曲，不易形成环状 DNA，RCA 扩增效率会降低；环状 DNA 太大，拓扑障碍虽然会消失，但扩增倍数会下降，扩增效率也会降低。一旦环状 DNA 和引物结合，扩增反应就会在聚合酶的作用下持续进行。在目标片段浓度过低时，就需要更高浓度的探针来寻找并完成成环反应，保证后续扩增反应的顺利进行。然而，探针浓度过高时，又可能产生其他问题，例如非特异环的形成以及探针二聚体的生成。所以，在实际应用中要合理选择反应条件，保证检测结果的准确性。

在实际的检测应用过程中，由于 RCA 技术不像 PCR 扩增技术那样直接扩增目的模板，而是扩增探针信号，是一种间接检测目的序列的过程，这样就很容易产生假阳性结果，现在有许多关于这方面的研究，通过减少其他非特性扩增反应的影响，使检测结果更加准确。目前，RCA 技术在食品检测方面也有了实际的应用，其过程主要是利用锁式探针特异性杂交结合食品内的转基因模板，这样就可以检测食品中的转基因部分，且检测特异性和灵敏度都很好。另外，该技术在检测食品中的卵清蛋白及重金属方面都有一些实际应用的案例。

7.1.5 DNA 防伪技术的应用

美国 DNA Technologies 公司通过专利技术将 DNA 标签在一定添加剂的辅助下混入油墨。这种 DNA 油墨可以长期保存，也可以像普通油墨一样书写或打印到艺术品、商品上，使用非常方便。DNA Technologies 公司将其 DNA 防伪产品成功地运用到了 2000 年悉尼奥运会的特许商品标识上，极大地降低了假冒特许商品造成的损失。据报道，全球约有一半的 1996 年奥运会特许商品是假冒的，而使用了 DNA 防伪技术后，2000 年奥运会假冒特许商品销售收入未超过总销售收入的 1%。目前，国内的陆博生物科技公司、南开大学戈德集团公司等，均已推出了类似的产品用于 DNA 防伪。DNA 防伪产品制作原理如图 7-2 所示。

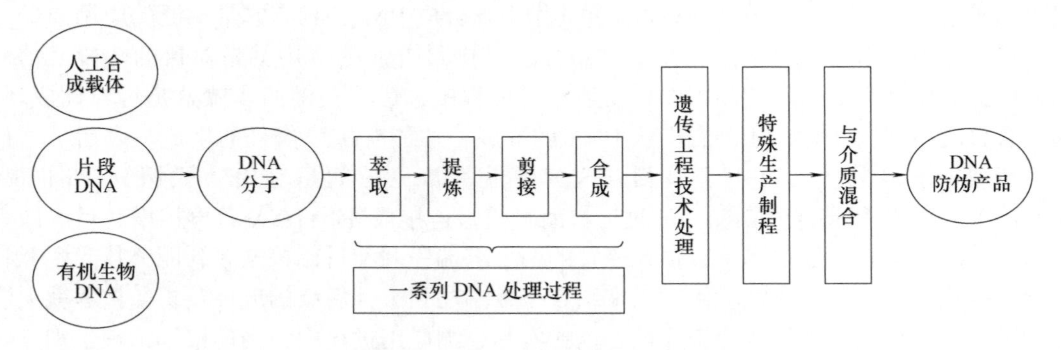

图 7-2 DNA 防伪产品制作原理

目前，DNA 防伪产品按照产品特性主要分为三大类，即 DNA 防伪油墨、DNA 防伪标签和 DNA 防伪芯片。DNA 防伪技术主要应用在防伪油墨领域，用于制造各类产品的标签。

7.1.5.1 DNA 防伪油墨

DNA 防伪油墨包括 DNA 显性防伪油墨、DNA 隐性防伪油墨和 DNA 可食性防伪油墨。以生产供胶印用的氧化聚合型油墨为例，制作 DNA 油墨的生产流程如下：①DNA 的 STR 分析→制成 DNA 个人的 ID→无用数据函数处理→制成辨别格式→碱排列转换（合成 DNA）。②调配油墨→添加辅助剂→混合用油墨。③将合成 DNA 添加到混合用油墨中，进行混合处理后就可生产出 DNA 防伪油墨。DNA 防伪油墨应用领域包括制酒、制药、化妆品、信息电子、汽车、机械、电器产业等，尤其是 DNA 可食性防伪油墨可以应用于食品、化妆品、制药产业等。

（1）DNA 显性防伪油墨。DNA 显性防伪油墨利用高能阶生物变色反应、瞬间能量转换与释放系统进行真伪辨识，由 DNA 密码标识与特殊油墨均匀混合而成。在检验印品时，需要利用带有驱动缓冲液的辨识棒在油墨表面涂抹，接触到驱动缓冲液的 DNA 蓝色油墨受到缓冲液的高能激发后，分子结构改变，使其颜色由冷色系（蓝色）瞬间变为暖色系（粉红色），并在数秒内将驱动液的高能量抵消，恢复原状，防伪标识又由暖色系还原回冷色系。还可通过实验室的 DNA 生物序列的检测与对比，提供终极防伪保障，可广泛应用于高档贵重产品的防伪包装。

（2）DNA 隐性防伪油墨。将由遗传工程技术处理后的 DNA 防伪油墨与一般的印刷油墨按固定比例均匀混合，就可得到适用于各种印刷方式的防伪油墨。称其为 DNA 隐性防伪油墨，是因为用该类油墨印刷的产品，消费者不能用肉眼或简单的方法识别真伪、断定真假，并且使用厂商一般不对外宣告该防伪技术，仅在发生法律纠纷时才将其作为维护正牌产品的依据。当需要验证真伪时，需要刮下少量油墨，利用专有设备对 DNA 防伪油墨进行检测分析，是典型的三线防伪。DNA 隐性防伪油墨主要应用在商标、机密文件、芯片表面辨识、有价证券、彩票、海关贴条、身份证及药品包装印刷等领域。

（3）DNA 可食性防伪油墨。DNA 可食性防伪油墨由 DNA 密码标识与可食性油墨均匀混合而成，对人体不会有任何危害，可印刷于胶囊或药锭外包装上。当需要检验药品真伪时，仅需从胶囊或药锭的印刷字体上刮取少量油墨进行 DNA 萃取、纯化及验证 DNA 密码标识即可。DNA 可食性防伪油墨主要应用于制药产业，如胶囊、膜衣锭、糖衣锭等的图文印刷。

三种 DNA 防伪油墨的特性对比见表 7-2。

表 7-2　　三种 DNA 防伪油墨的特性对比

油墨种类	特点	生产方式	应用领域	辨别方式
DNA 显性防伪油墨	利用高能阶生物变色反应、瞬间能量转换与释放系统进行真伪辨识	DNA 密码标识与特殊油墨均匀混合而成	烟、酒及化妆品等相关领域	用特殊防伪辨识工具涂改，DNA 印刷区域立即变色，如用辨识液拭除，颜色迅速恢复
DNA 隐性防伪油墨	无法用肉眼或直接观察识别真伪，需要通过专有设备对油墨进行检测	同一般的印刷油墨按固定的比例均匀混合	重要标识、文件及各类证券等	刮下极少量的油墨，进行 DNA 萃取、纯化、放大信号，再由 DNA 分析仪解读序列，与 DNA 数据库进行比对
DNA 可食性防伪油墨	对人体不会构成任何危害	复制的 DNA 与可食性油墨混合制成	制药、食品及保健品产业等	刮取少量油墨进行 DNA 萃取、纯化及验证 DNA 密码标识等工作，即可验证药品真伪

7.1.5.2　DNA 防伪标签

DNA 防伪标签是 DNA 技术的综合性防伪方案，以 DNA 显性防伪油墨为主体，辅以其他多重防伪技术而成，不仅具有 DNA 显性油墨立即辨识的特点，还包含了多种钞票印刷的防伪方式，提升综合防伪方案的附加值，并可利用专用的检测仪器对油墨中的 DNA 密码标识进行分析比较。此外，这种防伪标签一般采用防撕设计，仅供一次性粘贴，无法重复使用，为用户提供最终的法律保护。DNA 防伪标签主要用于电子通信产品、机械零部件、电器产品及名烟、名酒等高档商品。IT 产品造假十分普遍，尤其是计算机内存条造假很难识别，给消费者的利益造成较大的损失。采用 DNA 防伪标签取代普通标签，只要用特殊的药水轻轻涂抹，DNA 标识就会很快变色，再用纸巾抹掉药水，DNA 字样颜色恢复，消费者很容易识别，具有很好的防伪效果，保障了消费者的权益。

7.1.5.3 DNA 防伪芯片

DNA 防伪芯片又称基因芯片，实质上是一种高密度的寡聚核苷酸（DNA 探针）阵列，采用表面在位化学和微电子芯片的光刻技术等，将大量特定系列的 DNA 片段探针有序地固化在玻璃或衬底上，从而构成储存大量生命信息的 DNA 芯片。透过独特的 DNA 防伪芯片辨识仪或辨识模块，能在很短时间内辨识出 DNA 芯片的真伪，纠错率高达 99.9999%。与现有的防伪技术（如指纹、眼角膜、IC 芯片、磁性条形码）相比，DNA 防伪芯片具有轻薄短小、可立即辨识（2s）又无法仿冒的特点。台湾博微生物科技股份有限公司早在 2005 年就发布了全球第一张 DNA 防伪微生物芯片，以其独一无二的 DNA 结合微机电技术的辨识技术，可有效地防止金融卡、信用卡、身份证、手机、笔记本等高价产品的伪造，大大减少了假冒伪劣产品造成的损失。

7.2 微透镜阵列防伪技术

7.2.1 概　述

微透镜阵列防伪技术源于微透镜光学技术，是目前防伪领域研究最热门的课题之一。微透镜是指微小透镜，通常直径为 10~1000μm，由这些微小透镜在基材上按一定形状排列形成的阵列称为微透镜阵列。

随着微小光学技术及计算机图形图像处理技术的发展，微透镜阵列立体显示技术在各个领域都受到了广泛的关注。最早的微透镜是日本学者北野一郎利用离子交换工艺制得的。国内最早是在 1973 年由龚祖同等制出第一只自聚焦透镜；1989 年，由刘德森等研制出国内第一批变折射率平面微透镜阵列，2005 年又率先研制出异形孔径平面微透镜阵列，大大促进了微小光学在我国的发展。基于微透镜阵列的集成成像立体显示技术得到了快速的发展，即采用相同的微小凸透镜，按一定的周期和形状排列在基板上组成微透镜阵列，从而有效地记录全真图像，其光学性质即为单个微透镜功能的合成。图 7-3 所示为 4 种典型形状的微透镜阵列结构示意图。2006 年版 1000 瑞典克朗的开窗安全线首次利用了微透镜防伪技术，2010 年美国发行的新版 100 美元同样在安全线上采用了微透镜防伪技术，并提升为双通道，倾斜转动钞票时可以看到面值“100”和“自由钟”相互变换，有强烈的动感。

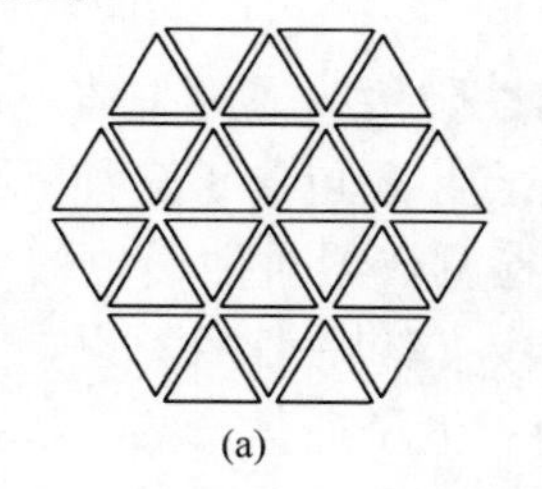
(a)

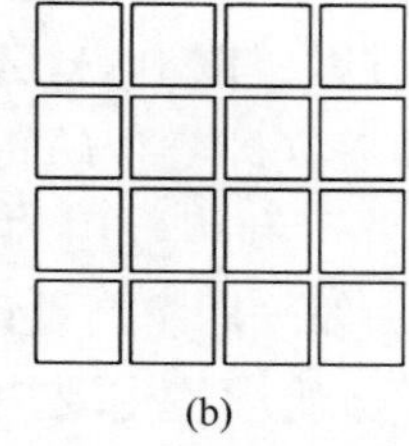
(b)

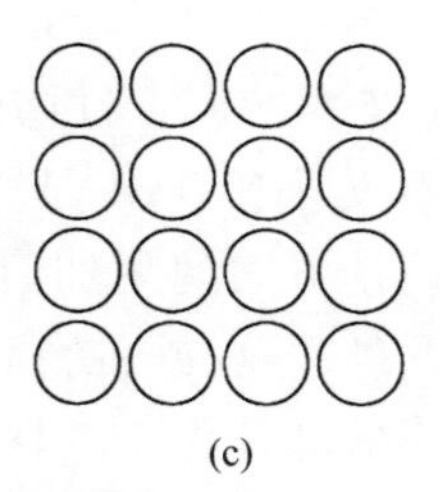
(c)

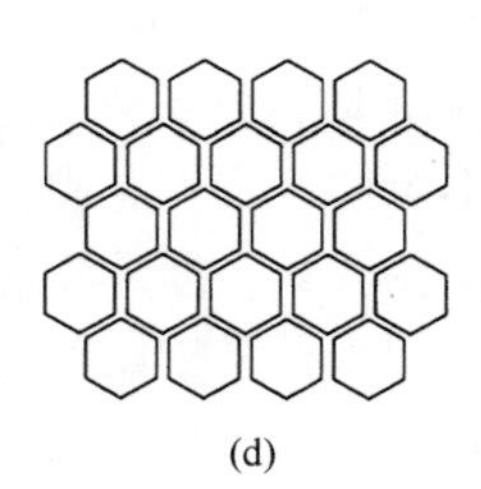
(d)

图 7-3　4 种典型形状的微透镜阵列结构示意
（a）三角形　（b）正方形　（c）圆形　（d）六角形

我国这方面的应用相对较少，基本上集中在实验室。重庆绿色智能技术研究院尹韶云等发明的动态立体效果的防伪安全薄膜也是利用微透镜阵列改进而得，宜宾普什集团 3D 有限公司熊建等发明了上下对应的双层微透镜阵列薄膜，能够实现 360°立体效果。

微透镜阵列成像技术，即在薄膜表面制作微透镜阵列和与之相匹配的微图文阵列，通过微透镜阵列对微图文阵列的集成成像作用，形成强烈的动感、立体、变换等多种效果，还包括上浮、下沉、平行运动、正交运动、双通道等。该技术新颖，且凭借裸眼观看、角度自由的特点成为超出传统光变图像的公众防伪技术。微透镜阵列防伪膜同时具有水平视差和垂直视差，观察角度自由，观察者无须借助任何特殊的观察设备或技巧就可以看到立体图文，且微图文也无法用传统复印方法获得，防伪效果好。国际知名公司都将该技术视为下一代防伪特征而高度重视，投入大量的人力物力对其制作工艺和再现效果进行研发。

7.2.2　微透镜阵列成像原理

7.2.2.1　微透镜阵列元件基本结构

微透镜阵列元件基本结构可简化为图 7-4 所示的效果，将微透镜阵列置于微图形阵列表面，微透镜行、列方向的周期分别为 a_1、a_2，微图形行、列方向的周期分别为 b_1、b_2，两者之间的间距为 h，与微透镜的焦距相当。

通过调节上述显示元件的结构参数，可获得不同放大倍数的微图形阵列、不同的动态显示效果及不同的微图形阵列清晰程度。

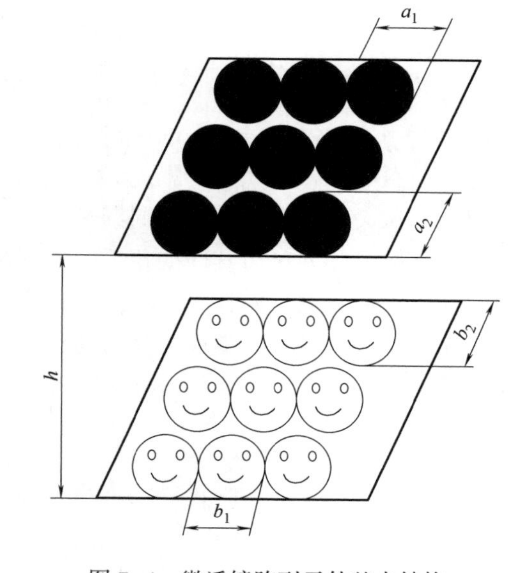

图 7-4　微透镜阵列元件基本结构

7.2.2.2　图像放大倍率与元件结构参数的关系

从显示元件的结构可以看出，将微透镜阵列放置于微图形表面后，微透镜上方放大的微图形实际上是由两组阵列图形形成的莫尔条纹。根据莫尔条纹公式，得出在 x、y 方向微图形放大倍率为：

$$\omega_x = \frac{a_1}{|a_1 - b_1|},\quad \omega_y = \frac{a_2}{|a_2 - b_2|} \tag{7.1}$$

当微透镜阵列与微图形阵列存在一定夹角 θ 时，显示结果仍可看作两阵列结构的莫尔条纹对单元图形的采样，其周期为：

$$L = \frac{a \times b}{\sqrt{a^2 + b^2 - 2ab\cos\theta}} \tag{7.2}$$

7.2.2.3　图像动态显示效果与元件结构参数的关系

当微透镜阵列与微图形阵列之间有一定距离时，观察角度的变化会造成微图形阵列的移动。设微透镜阵列周期为 a，微图形阵列周期为 b，微透镜与微图形相距为 h。图 7-5 所示为以偏离垂直方向 ϕ 为观察角度时，莫尔条纹移动过的周期。

$$k_\phi = \frac{h \times \tan\theta}{b} \tag{7.3}$$

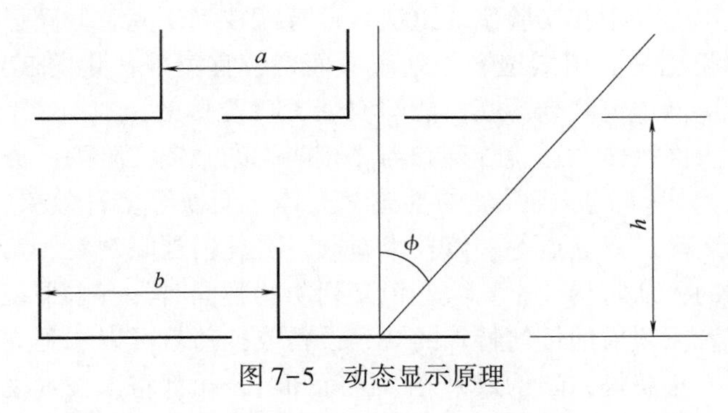

图 7-5　动态显示原理

观察偏转角度 ϕ 时，微透镜的周期 a 与微图形的周期 b 在垂直于观察方向上的分量为：

$$a'=a\times\cos\phi \tag{7.4}$$

$$b'=b\times\cos\phi \tag{7.5}$$

观察偏转角度 ϕ 时，在垂直于观察方向上显示的莫尔条纹周期为：

$$L_\phi=L\times\cos\phi \tag{7.6}$$

所以当观察角度由 0°偏转至 ϕ 时，莫尔条纹移动的长度 L_L 为：

$$\begin{aligned} L_L &= \int_0^\phi L_\phi \mathrm{d}k_\phi = \int_0^\phi L\cos\phi \times \frac{h}{b} \times \sec^2\phi \mathrm{d}\phi \\ &= \int_0^\phi L \times \frac{h}{b} \times \frac{1}{\cos\phi}\mathrm{d}\phi \\ &= \int_0^\phi L \times \frac{h}{b} \times \frac{1}{2}\left(\frac{1}{1-\sin\phi}+\frac{1}{1+\sin\phi}\right)\mathrm{d}(\sin\phi) \\ &= L \times \frac{h}{b} \times \frac{1}{2}\ln\left(\frac{1+\sin\phi}{1-\sin\phi}\right) \end{aligned} \tag{7.7}$$

由于 L_L 表示当观察角度由 0°偏转至 ϕ 时莫尔条纹移动的长度，所以可用 L_L 来描述莫尔条纹的动态效果。由式（7.7）可看出莫尔条纹的周期 L 越长，微透镜阵列与微网形阵列的间距 h 越大，微图形阵列的周期越小，则动态效果越好。

采用微透镜阵列对与其周期相近的阵列图形进行显示，显示效果不仅与微透镜及阵列图形的结构参数有关，而且与两者之间的距离也有关。为了描述显示的清晰度，定义阵列图形表面某一点的显示清晰度为该点通过其正上方的透镜后进入人眼的光线与通过透镜的总光线数之比，即：

$$\gamma=\frac{\omega_0}{\omega-\omega_0} \tag{7.8}$$

当 $h\gg f$ 时的显示效果如图 7-6 所示，f 为微透镜阵列焦距。以 Q_0 点为例，由图 7-6

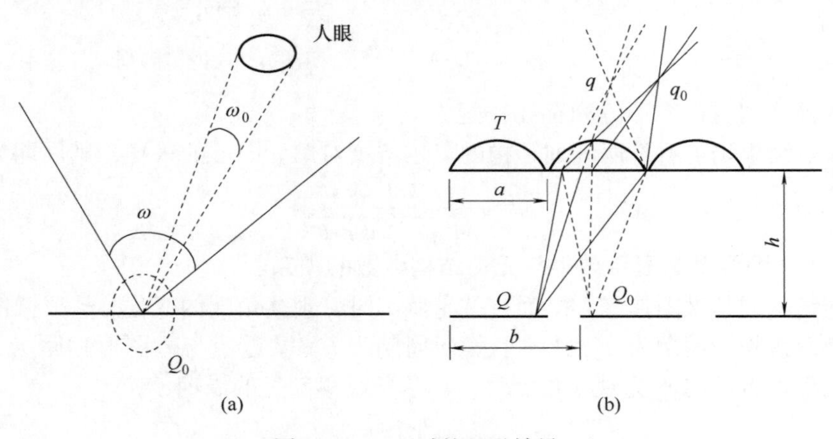

图 7-6　$h\gg f$ 时的显示效果

(b) 可看出由其像点 q 发出的光为发散光，只有很少一部分进入了人眼，而其余通过透镜 T 成像于 q 点的绝大部分光线都成为了背景光，从而降低了显示清晰度，图中所示为阵列图形表面 Q 及 Q_0 分别成实像于透镜上方 q 和 q_0 点。

由式 (7.8) 可看出，ω 越小，显示清晰度越高。当 $\omega_0 \approx \omega$ 时，$\gamma \to \infty$ 。

当 $h \approx f$ 时的显示效果如图 7-7 所示。Q 点发出的光通过透镜 T 后成为近似平行光，几乎全部进入了人眼，大大提高了成像的亮度和清晰度。

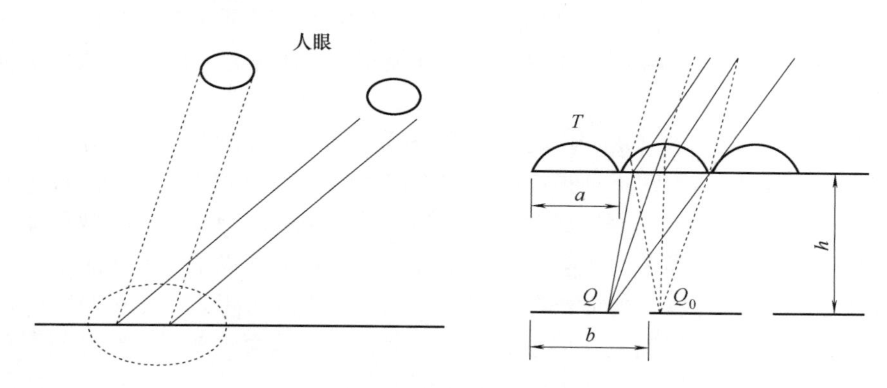

图 7-7　$h \approx f$ 时的显示效果

而 $h \ll f$ 时，阵列图形表面 Q 及 Q_0 分别成虚像于透镜下方 q 和 q_0 点，其成像清晰度与成实像时的情况类似，这里不再讨论。

7.2.3　微透镜阵列的制备方法

7.2.3.1　微透镜的制备方法

20 世纪 80 年代以前，玻璃透镜阵列占据了主要地位。经过相当长时间的研究，微透镜的发展也已经比较成熟，由于成本昂贵、加工工艺复杂，其广泛应用受到一定的限制。近年来，随着聚合物光学材料的发展，用聚合物材料制备微光学元件的生产技术成为备受关注的研究课题，相比无机光学材料，其生产成本低廉、工艺简单、市场潜力大。

在防伪技术中，除了前面提到的美国 Visual Physics 公司成功研发出的 Motion 技术外，Crane、G&D、Kurz 等国际知名公司也都投入大量的人力、物力对该技术的制作工艺、再现效果进行优化。惠普最新使用的防伪标签，前后摇动时可以看到白色背景中的“OK”和“√”分别向上、向下滚动，左右摇动时，防伪标签则会发生深蓝、浅蓝的相互转换，防伪效果明显。

自 20 世纪初，李・普曼提出猫眼透镜板集成照相术以来，人们对于微透镜阵列的研制和利用逐渐发展起来，但是仍然难以制备出光学性质好的透镜阵列。到目前为止，微透镜阵列的制备方法已经有很多种，主要包括胶体颗粒自组装法、表面微加工法、热压模成型法、灰度掩模法、聚焦离子束刻蚀与沉积法、离子交换法、反应离子束刻蚀法、激光直写法、光刻胶热熔法、溶胶-凝胶法、光敏玻璃热成型法、微喷打印法、激光微刻法等。其中，应用比较广泛且适合聚合物微透镜的主要是反应离子束刻蚀法、光刻胶热熔法、微喷打印法和激光微刻法。

(1) 反应离子束刻蚀法。离子束刻蚀法是利用具有一定动能的惰性气体来轰击基片材料表面而形成的一种蚀刻效应。反应离子束刻蚀法是离子束刻蚀法中的一种，即在离子束刻蚀法的基础上添加化学反应而形成的一种有效的刻蚀技术。因此，它同时具有物理溅射轰击和化学反应双重效应。由于化学反应的引入，反应离子束的刻蚀速度大大提高，使得光刻胶和基底的刻蚀速度接近 1：1，保证了微透镜的球状面无失真地传递到基底上，且无扩蚀现象。还可根据不同的蚀刻材质，选择不同的反应气体或采用不同的混合气体进行刻蚀，增加了刻蚀工艺的可选择因素。但反应离子束刻蚀法这种双重效应是在特定气相条件的等离子态进行的，因此工艺参数的匹配对被刻蚀的元件质量有直接的影响，而这些工艺参数如射频功率、反应腔压等比较多，不好控制，且工艺过程复杂，从而实现稳定的控制非常困难。

（2）光刻胶热熔法。自 1988 年 Popovic 等最先采用光刻胶热熔工艺制作出半球形光刻胶微透镜后，光刻胶热熔法逐渐被应用。该方法是当光刻胶受热融化后，在表面张力的作用下，利用质量迁移而使表面形成球形。采用这种方法可以制作矢高、数值孔径较大的微透镜阵列，其制作工艺简单，工艺参数易于控制，对材料和设备的要求不高，微透镜阵列光学均匀性好，成本低廉。然而也存在很大问题，首先，由于光刻胶本身对某一材料的浸润程度保持一定，因此光刻胶在熔融成微透镜后，透镜球面轮廓与基底之间存在一定的夹角，使得边缘保持一定的曲率而中间部分下凹；其次，光刻胶本身具有一定的颜色，因此它会影响微透镜阵列的最终成像效果；最后，光刻胶耐温低、质软、易老化，只有通过离子刻蚀工艺将光刻胶微透镜阵列转移到基片材料中，微透镜阵列才有实用价值。

（3）微喷打印法。微喷打印法是利用计算机控制打印的一项重要技术，一般分为连续微喷打印和按需滴定微喷打印两种。其原理都是根据溶液表面张力理论来控制溶液被喷到承印物表面的形状，这对设备精度及溶液自身的特性要求比较高。自日本电信公司（NTT）通过试验证实利用商用 180dpi 喷墨打印头可批量生产微透镜阵列以来，微喷打印法在行业内受到广泛关注。虽然这种方法采用程序数据驱动，操作简便、生产灵活，但由于该方法要求控制严格，对墨滴有特殊要求，以及打印时墨滴的形状难以控制，即使可打印出微米级别的尺寸透镜，但在透镜的间距控制上也难以把握。为了提高透镜阵列的填充系数，往往使透镜之间靠得很近，这使得透镜打印出来的墨滴没完全干燥而相互连接，在液体张力下其形状就会发生改变，且此技术成本比较高，因此微喷打印法没有被广泛使用。

（4）激光微刻法。激光微刻法是近年来经过改进后用于微细加工的技术，被广泛应用于微加工、机械制造业和电子工业，如表面处理、切割、划片、打标、打孔、焊接等。激光冷加工可以避免因热熔带来的一系列问题，包括传统的激光加工和光胶热熔等靠热能熔化所带来的系列问题。激光微加工技术方面的一个令人瞩目的发展就是具有飞秒（10~15fs）脉宽的蓝宝石激光的应用。激光的能量将材料直接由固态变成等离子体态，并暴发式逸出材料表面，不经历任何热熔过程。因此，飞秒可以加工任何材料，而且不论加工何种材料都同样可获得干净的切割表面和边缘。激光微加工是一种快速成型技术，即不需要曝光、显影、刻蚀的中间步骤。此外，激光加工不受材料形状与大小的限制，其他微细加工技术大多要求加工表面平整，具备工艺简单、成本低、适合大批量生产等优点。现有的其他透镜阵列成型模具在成模过程中也比较难制成特别符合要求的规则透镜阵列，而激光微刻由计算机控制成型，相对于靠自身成型或通过物理方法成型的技术，所制得的模具图文形状更规则。目前，透镜阵列防伪膜基本是单张复制生产，一定程度上制约了其生产速度。因此，改进生产方式使其变成连续模压生产，将带来很大的经济效益。

7.2.3.2　微透镜阵列模具加工方式

（1）传统微透镜阵列模具的制备。一般采用光刻胶热熔法制备传统微透镜阵列膜，这种制备方法工序繁多，过程复杂，虽然分辨率很高，但灵敏度、耐刻蚀性和附着性较差。为了去除光刻胶中的水分、溶剂等，必须进行烘烤使其固化，且烘烤温度须低于熔化温度15℃左右，太高会使其提前熔化，太低则水分和溶剂烘不干。烘烤后的光刻胶经正六角形掩模版曝光并显影后，就形成了六棱柱阵列的周期结构。熔化是最不好掌握的工艺环节，因为光刻胶是混合物，所以熔点并不固定，存在熔融范围。温度不仅影响光刻胶熔化后的形状，还影响其焦距，温度越高，焦距会越大。尤其在六棱柱转变为六棱球形透镜时难以控制其张力，最后得出的形状很难保证是六角形状的微透镜。同时，光刻胶本身具有一定的颜色，这样会影响微透镜阵列最终的成像效果。因此，可以在光刻胶微透镜阵列后涂覆聚二甲基硅氧烷（PDMS）形成软模，利用PDMS软模在紫外胶表面压印成微透镜阵列，如图7-8所示。

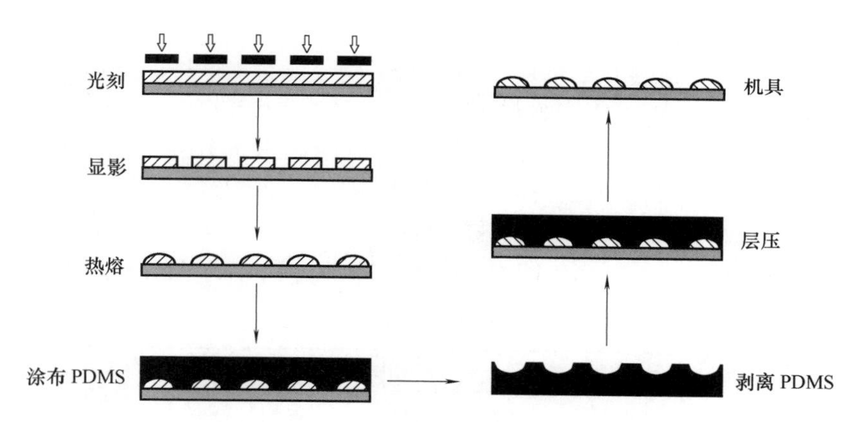

图7-8　光刻胶热熔法结合PDMS压印法制备微透镜阵列流程

（2）激光微刻制备微透镜阵列模具。激光微刻加工技术可以避免因热熔带来的一系列问题，包括传统的激光加工和光刻胶热熔等。激光剥蚀在加工表面不引起烧灼现象，可以形成光滑平整的加工表面和边缘。准分子激光由于波长短、光学分辨率高，因而可以进行高精度微细加工。准分子激光可以直接扫描形成剥蚀的微细结构，也可以进行掩模曝光，一次形成大量的微细结构。通常，可用于加工的激光器主要包括掺钕钇铝石榴石（Nd:YAG）固体激光器、蓝宝石（Ti:sapphire）激光器、铜蒸气激光器、二氧化碳或一氧化碳激光器、准分子激光器；可加工的材料主要包括金属、陶瓷、玻璃、聚合物材料、金刚石或碳化硅等超硬材料。

激光微刻加工常用的激光器及主要性能参数见表7-3。除了准分子激光器外，固体激光器通过倍频措施缩短波长也可以达到较高的分辨率。

从表7-3可以看出，激光微刻完全满足且符合微透镜阵列模具的制备要求，且激光微刻加工圆筒模具比光刻胶热熔加工更加方便、易操作。因此，以激光微刻加工进行微透镜阵列模具的开模，模材为镍版，只需将参数和图形输入相关计算机即可，易于控制。

表 7-3 常用激光器及主要性能参数

激光器	Ti:sapphire	Nd:YAG	准分子激光器
波长/nm	750~850,2 倍频,3 倍频	1064,2 倍频,3 倍频,4 倍频	157、193、248、308、351
脉冲重复频率	1kHz、5kHz	1Hz~2kHz	1~250Hz
脉冲宽度	120fs~30ps	10ns	25ns
脉冲能量/mJ	—	8(1064nm)	25(157nm)
	—	5(532nm)	400(193nm)
	2(1kHz)	3(355nm)	600(248nm)
	0.5(5kHz)	1(266nm)	400(308nm)
	—	—	320(351nm)
最小束斑/(μm)(焦长 f=100mm)	—	456	56(157nm)
	124(780nm)	226	59(193nm)
	62(390nm)	151	40(248nm)
	41(260nm)	113	30(308nm)
	—	—	25(351nm)

7.2.3.3 微透镜模压材料

微透镜模压材料主要有 PC、PET、PVC、PS 等。从表 7-4 可以看出，PC 的热变形温度最高，成型收缩率比较小，作为膜材不易变形，而且光透过率比较大，折射率也比较大，同时 PC 具有良好的耐热性和耐低温性，在较宽的温度范围内具有稳定的力学性能、尺寸稳定性、电性能和阻燃性，在-180℃以上不脆裂，在 130℃环境下可长期使用；吸水率小、收缩率小、尺寸精度高、尺寸稳定性好、薄膜透气性小；对光稳定，耐候性好，耐各种酸、碱溶剂等；适合模压、热成型、印刷、涂覆、机加工等，是一种比较理想的光栅膜材。

表 7-4 膜材性能对比

类型	PC	PET	PVC	PS
光透过率/%	87~90	90	89	80~90
折射率	1.59	1.65	1.54	1.59
热变形温度/℃	138~140	80~120	80~130	70~100
相对密度	1.18~1.20	1.33	1.15~1.35	1.06
成型收缩率/%	0.5~0.8	2.0~2.5	0.6~1.5	0.1~0.6

7.2.3.4 微透镜模压方式

微透镜阵列模压的方式一般有两种：圆压平模压方式和圆压圆模压方式。

圆压平模压方式如图 7-9 (a) 所示，通过圆压平模压方式制得的微透镜阵列膜在激光共聚焦下的放大效果如图 7-9 (b) 所示。从图 7-9 (b) 中可以看出，微透镜阵列表面不规

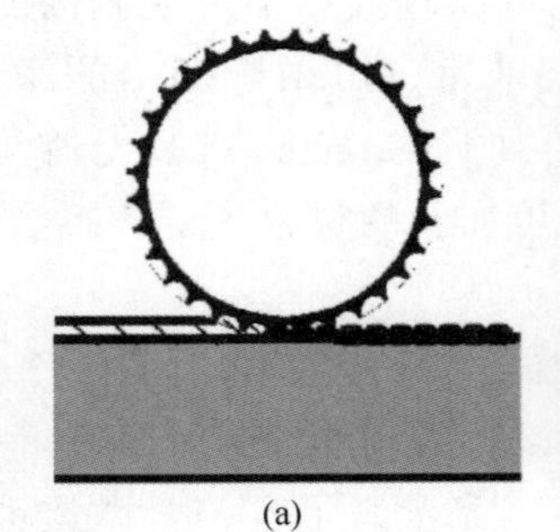
(a)

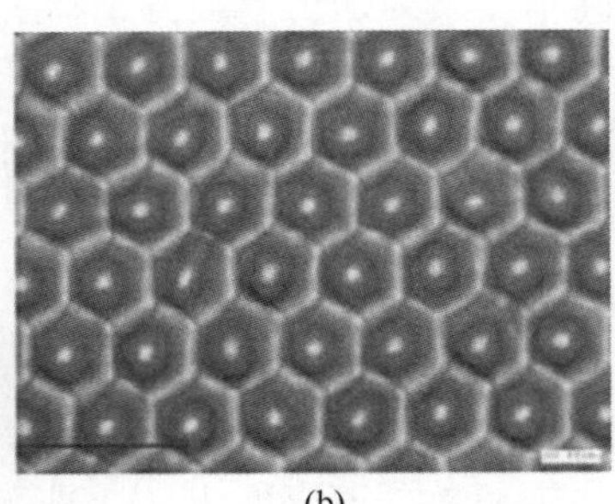
(b)

图 7-9 圆压平模压方式
(a) 工艺简图 (b) 微透镜放大效果

整，并且有打滑的迹象。

圆压圆模压方式如图7-10（a）所示，通过圆压圆模压方式制得的微透镜阵列膜在激光共聚焦下的放大效果如图7-10（b）所示。从图7-10（b）可以看出，该微透镜阵列结构比圆压平模压方式制备的微透镜阵列结构规整，几乎没有打滑现象。

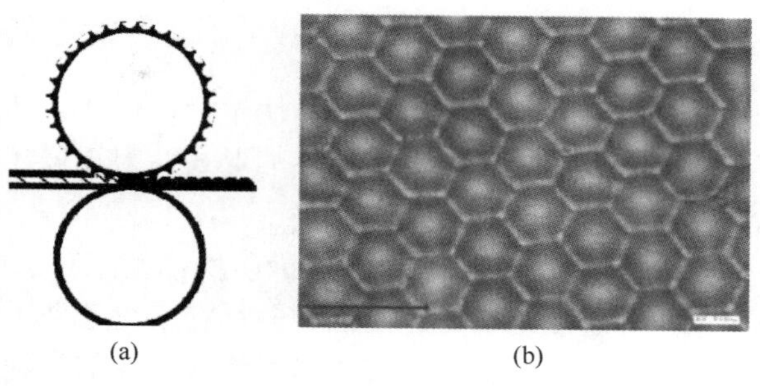

图7-10　圆压圆模压方式
（a）工艺简图　（b）微透镜放大效果

7.2.4　微透镜阵列防伪膜

微透镜阵列防伪膜厚度要求很薄，特别是用于货币安全线、透明视窗的防伪膜，要求膜厚度小于50μm，这类防伪膜使用规整的二维阵列的非圆柱透镜，以放大对应的微影像图文，经由多个单独透镜图标影像系统的综合视觉效果，以合成放大影像。合成放大影像与围绕它们的背景可以是正向或反向、无色或有色，影像及其背景可为透明、半透明、染色、荧光、磷光、光学变色、金属化或折射。在透明或上色的背景上显示有色影像的材料，特别适用于与下层印刷信息的结合。当此材料施加于印刷信息上时，在空间上或彼此动态的运动关系上，可同时看见印刷信息及影像。此种材料可以被印刷，即可以在材料的最上层透镜表面实施印刷。

微透镜阵列防伪膜可以呈现很多不同的视觉效果，美国Visual Physics公司研发的基于微光学技术的Unison系列特征防伪膜，就具备Unison Motion（动感）、Unison Deep（下沉）、Unison SuperDeep（深度下沉）、Unison Float（上浮）、Unison SuperFloat（高度上浮）、Unison Levitate（浮动）、Unison Morph（变换）、Unison 3D（立体）等多种视觉效果。

其中，Unison Motion呈现的影像显示了正视差移动（OPM），即当材料倾斜时，影像在看起来垂直于正常视差所预期的方向的倾斜方向上移动。Unison Deep及Unison SuperDeep呈现的影像看起来停留于视觉上比该材料厚度还深的空间平面上。Unison Float及Unison SuperFloat呈现的影像看起来停留于材料表面上方有一定距离的空间平面上，而Unison Levitate呈现的影像是当材料旋转给定的角度（如90°）时，影像从Unison Deep或Unison SuperDeep振荡至Unison Float或Unison SuperFloat，接着，当材料又以相同的量旋转时，再度回至Unison Deep或Unison SuperDeep。Unison Morph呈现的合成影像是当材料旋转或从不同视点观看时，形式、形状或尺寸会改变。Unison 3D呈现的影像是显示大比例的三维结构，如脸部影像。

多种Unison效果可以组合于同一防伪膜上，如在形式、色彩、移动方向及放大倍数上，可以有不同的多重Unison Motion影像平面的膜。可以组合Unison Deep和Unison Float影像平面，也可以设计成组合相同或不同颜色的Unison Deep、Unison Motion及Unison Float层，这些影像具有相同或不同的图形元素。多重影像平面的颜色、图形设计、光学效果、放大倍数及其他视觉元素大部分是独立的，仅有少数例外，这些视觉元素的平面可以以任何方式结合。因此，由于膜的复合多层结构及高的纵横比，成品不易被仿造，所以具有高度防伪功能。

Unison 系列特征防伪膜，特别是具有一定厚度的聚合物防伪膜，通过肉眼观看时，会以反射或透射光投射呈现一个或多个影像。

7.2.5 微透镜阵列防伪应用

微透镜阵列防伪技术主要应用于货币防伪，随着技术的成熟和成本的控制，慢慢转向商业防伪领域应用，主要以标签的形式贴附于包装盒或瓶身上。

7.2.5.1 商业防伪应用

（1）惠普（HP）墨盒、硒鼓防伪标签。对于办公用户来说，假冒耗材是重灾区。让很多用户深恶痛绝的是，购买到假耗材不仅浪费了资金，影响打印质量，而且还会污染环境，对人体造成危害。多年来，虽然从工商部门到生产厂商都一直对耗材产业链进行持续打击，但是在高利润面前，这条产业链依然坚挺。据权威统计，我国每年消耗的打印耗材组件为 6000 万个左右。有统计数据显示，目前我国市场上的原装、通用、假冒耗材三者的比例大约为 5∶1∶4，假冒耗材占领了四成市场。

HP 作为国内销量最大的品牌耗材商，很多造假的商家也瞄准了它。2011 年 8 月 1 日起，HP 在其墨盒包装盒上使用了新的防伪标签——单通道 Motion 防伪标签。2011 年 11 月 1 日起，HP 硒鼓包装盒上也开始使用该型防伪标签。

图 7-11 所示为 HP 第一代单通道 Motion 防伪标签的真伪验证方法，左右转动防伪标签，背景颜色在深蓝与浅蓝之间往复变换，“HP” 左侧的 “OK” 和右侧的 “√” 在两侧进行左右往复移动；上下转动防伪标志，背景色不会发生明显的变色，“HP” 左侧的 “OK” 和右侧的 “√” 在两侧进行上下往复移动，防伪特征视觉效果明显，极易辨识真伪。此外，还可以登录官网输入标签下方的 10 位可变防伪码进行真伪验证。

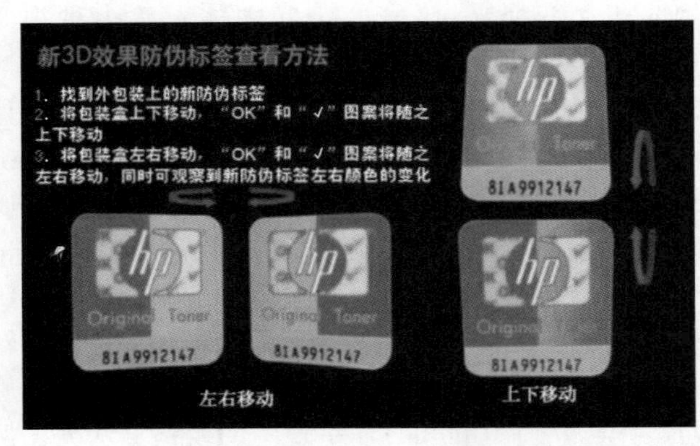

图 7-11 HP 第一代单通道 Motion 防伪标签真伪验证方法

为了增强防伪标签的防伪性能，2015 年夏季，HP 又启用了第二代 Motion 防伪标签——双通道 Motion 防伪标签。第二代 Motion 防伪标签背景色改为淡蓝色，原来的 10 位可变防伪码升级为 11 位可变防伪码，同时增加可变数据二维码查询功能。左右转动防伪标签，背景颜色上的 “OK” 和 “√” 以相同的方向进行左右往复移动；上下转动防伪标志，背景颜色上的 “OK” 和 “√” 以相反的方向进行上下往复移动，防伪特征视觉效果明显，极易辨识真伪。

（2）酒标。轩尼诗在 2013 年推出的限量收藏版酒包装（Hennessy V. S. O. P Kyrios）上使用了 Motion 技术的防伪酒标，如图 7-12 所示。仔细观察，酒标的黑色背景上悬浮着周期性排列的数字 “1817” 字样，随着瓶身的转动，“1817” 字样也随着移动起来，给整个酒瓶包装设计增加了一丝灵动。

7.2.5.2　货币防伪

图7-12　Motion防伪酒标

自2006年3月瑞典发行的1000瑞典克朗首次采用4mm线宽的Motion安全线防伪技术以来，全球有近20个国家、30多种纸币使用了Motion安全线防伪技术。图7-13（a）所示为1000瑞典克朗的正面效果。图7-13（b）为Motion安全线的放大图，该双通道Motion安全线的特征元素是“皇冠”和面值“1000”，随着纸币左右或上下来回偏转，特征元素也做相应的偏转移动，形成直观的动态效果。

为了更直观、清楚地展示该枚纸币上Motion安全线的微观效果，图7-14展示了高倍放大镜下的微透镜和对应微图文排列效果。图中刻度尺，每格所代表的长度为10μm。

(a)　(b)

图7-13　1000瑞典克朗的Motion安全线

（a）正面效果　（b）安全线放大图

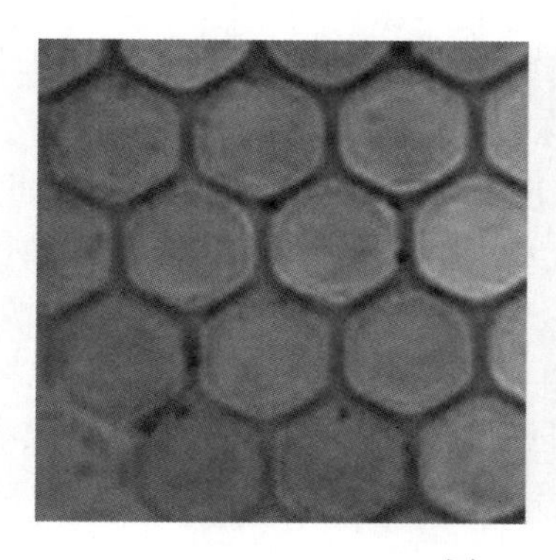

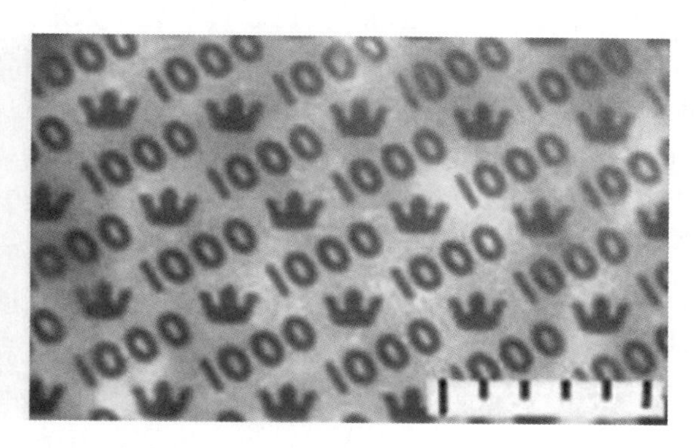

图7-14　Motion安全线的微观效果

为庆祝中国银行成立100周年，2012年2月6日，中国银行香港、澳门机构各发行了一枚100周年纪念钞，这是世界金融史上第一次同时在港澳以“银行”为主题发行纪念钞。两枚纪念钞都采用了Motion安全线防伪技术。澳门纪念钞正面，主景为世界著名建筑设计大师贝聿铭先生设计的中国银行总行大厦，衬景为雄伟的万里长城和1912年《申报》关于中国银行成立报道的组合图案，彰显历史悠久的中国银行始终秉承追求卓越的精神、稳健经营的理念、客户至上的宗旨、诚信为本的质量。其中“00”用数学符号“∞”（无穷）表示，寓意中国银行无限广阔的发展前景。颜色采用与现行澳门币1000元券相近的华彩金为主色调，体现盛世华诞、百年庆典的祥和氛围。正面采用国际前沿的防伪技术光彩光变“莲花图案”和“中国银行行徽”特征元素单通道Motion开窗安全线，具有很强的防伪性能。

面值100元的香港纪念钞背面，印有香港中银大厦及维港景色，纪念钞保留了2010年系列港币100元的主要防伪特征，同时采用“中国银行行徽”特征元素单通道Motion开窗安全线。

7.3 结构色防伪材料

7.3.1 概　　述

光是一种电磁波，其波长取值范围很大，小至伽马射线、紫外光、可见光、红外光，大到无线电波，人眼所能感受到的只是一定波长范围内的有限光波，称为可见光。不同波长的单色光进入人眼，呈现出不同的颜色。众所周知，白光（阳光）是由各种波长的单色光混合而成的。当白光照射到物体上，物体反射或透射的光进入人眼，引起人眼的生理反应，人们就观察到了颜色。例如，当白光照射到物体上时，物体本身吸收了紫色光，其他色光混合在一起被反射或透射，人眼观察到物体呈现出黄绿色。以人类对色彩的感觉为基础，色彩三要素主要包括色调（色相）、饱和度和亮度。人眼观察到的任一彩色光都是这三个特性的综合效果，改变其中任何一个要素，人眼对颜色的感知都会发生变化。

7.3.1.1 颜色的形成

自然界中很多生物体呈现出五彩缤纷的颜色。从颜色形成的内因分析，生物体的颜色主要可分为两类：化学色和结构色。自然界中大部分颜色由色素产生，但还有一些颜色是由非常精细的微结构形成的结构色。这些结构色通常具有光泽，颜色会随视角发生变化，如蝴蝶翅色、鸟类羽色、欧泊宝石、海产贝壳、甲虫体壁表面等。

（1）化学色。化学色是经由色素对白光的吸收、反射和透射后呈现的颜色，此过程中反射和透射无方向性，所以从各个方向观察化学色是一致的，从本质上来说，化学色来源于电子在分子轨道间的跃迁。有些色素还具有许多奇特的光、电和热性质，如光致变色、热致变色、化学发光和电致发光，色素在空气中放置一段时间会发生质变，因此化学色会褪色。

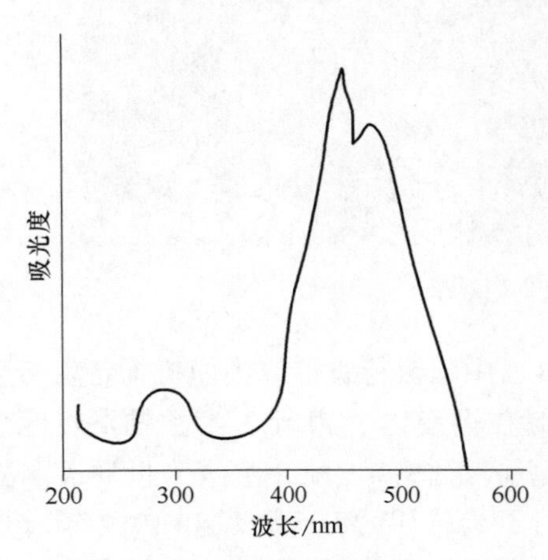

图7-15　一种胡萝卜素的吸收光谱

例如，胡萝卜中含有的胡萝卜素会强烈吸收波长在400~500nm范围内的光，而反射其他波长的光。如图7-15所示，这个波长范围内的光主要呈现为蓝色和绿色，而被胡萝卜反射回来的光中红光和黄光的强度明显高于其他颜色的光，因而胡萝卜的表面是橙红色的。除了胡萝卜素，还有许许多多的化学物质也能够选择性地吸收某些颜色的光，从而带来不同的视觉感受。人们常常把这样的化学物质称为颜料、染料或色素，它们带来的颜色常被称为颜料色。

（2）结构色。结构色亦称物理色，与色素着色无关，它是物体微观结构对可见光进行选择性反射和透射而呈现出来的颜色，如鸟类的羽色、蛋白石、鱼类的鳞片等所呈现出的色彩。

结构色是由一种或两种以上光与物质共同作用而产生的，与化学色相比，结构色的特点如下：

① 从不同角度观察，结构色呈现出不同色彩，即结构色的虹彩效应。

② 结构色是物质的微结构与光相互作用呈现出来的物理色，与物理材料的性质有关。保持材料的性质不变，结构色就不褪色。

③ 与化学色的制备相比较，结构色更绿色环保。

7.3.1.2　结构色的类型

结构色源于光与微观结构的相互作用，一般而言，其光学效应是由下面三种效应之一或者由它们的组合而产生的：薄膜干涉、表面或与周期结构相联系的衍射效应，以及由亚波长大小的颗粒产生的选择性散射。

（1）薄膜干涉。自然界生物结构色大多源于薄膜干涉，干涉形式可分为单层薄膜干涉和多层薄膜干涉。与单层薄膜相比，由多层薄膜产生的结构色更加鲜艳亮丽，饱和度更高，形式也更多样。在自然界中常见的是多层薄膜的干涉。由干涉理论可知，当多层膜光学厚度适中时，其颜色反射光强最强。

自然界中多层膜结构大致有三种形式：①多层层堆结构，每个层堆由均匀层组成，每个层堆对某一特定波长进行调制；②“啁啾层堆”（chirped stacks），高低折射率膜层的厚度沿薄膜垂直方向系统地减薄或增加；③“混沌层堆”（chaotic stack），高低折射率膜层的厚度随机变化。后两种结构中，膜层的层数随样品不同而有所差异，可根据膜层的厚度和膜层折射率确定反射带的位置与宽度，进而得知呈现的颜色，如在阳光的照射下，肥皂泡表面会呈现出斑斓的色彩，如图 7-16 所示。

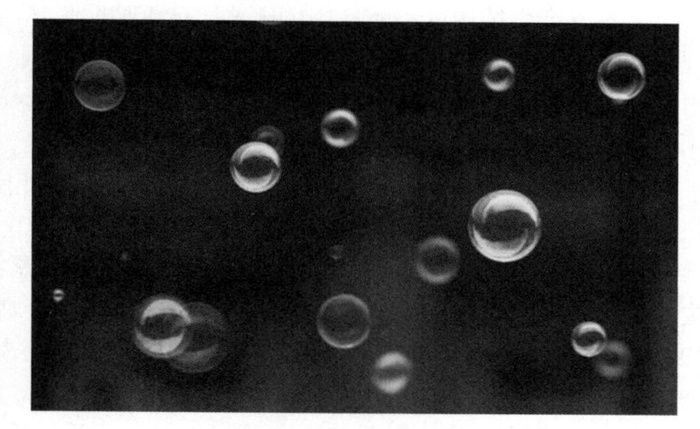

图 7-16　阳光下的肥皂泡

人们看到肥皂泡时，可能很自然地会想到这是因为光被肥皂泡的表面反射进入了人眼。但肥皂泡实际上并不是实心的球体，而是由肥皂水的薄膜构成的空心球壳。照射到肥皂泡表面的阳光，有一部分直接被肥皂泡的外表面反射出去，还有一部分穿过空气与水的界面进入水膜，被肥皂泡的内表面反射后再一次穿过空气与水的界面离开肥皂泡。因此，当我们看到肥皂泡时，实际上是有两束不同的反射光一起进入了我们的眼睛，如图 7-17 所示。

不同颜色的光波长不同，某个厚度的水膜刚好能使所有颜色的光通过干涉达到最大的

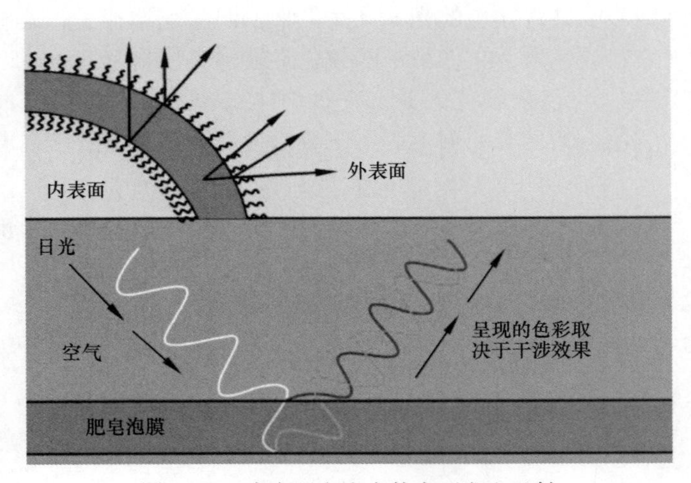

图 7-17　光在肥皂泡内外表面发生反射

光强，这显然是不可能的。假设肥皂泡某个位置膜的厚度正好可以使光在某个角度入射时，从内表面反射回来的光多走了675nm 的路程，对于波长为450nm 的蓝光，这个路程恰好是波长的 1.5 倍，于是蓝光的强度刚好可以达到最大。可是对于波长为 675nm 的红光，这个路程是波长的一倍，结果红光由于发生相消干涉反而强度降到零。原本在太阳光下不同颜色的光强度大致相同，然而当这束光离开肥皂泡时，蓝光的强度明显要高于其他颜色的光，于是我们就看到肥皂泡的这个位置呈现出蓝色。同样，在肥皂泡的另一个位置，肥皂水膜的厚度也许正好可以让红光的强度达到最大，显然这个时候蓝光又不满足条件了，于是在人们眼中，肥皂泡的这个位置是红色的。这也就是肥皂泡的不同位置常常呈现出不同色彩的原因。

色彩绚丽的小热带鱼的颜色也是由多层薄膜干涉产生的。这些小热带鱼的颜色会随着水中环境的变化而发生改变，当光照射到这样的结构表面时，有一部分光从第一层液膜的内外表面分别反射，大部分的光都发生透射。在第二层液膜的内外表面，又有一部分光被反射。以此类推，光在每一个空气和液体的表面都会发生反射，最终真正能够穿透这个层状结构的光反而寥寥无几，反射光的强度自然大大增加。这些反射光汇集到一起，同样可以发生干涉。如果空气膜和液膜的厚度合适，干涉的结果同样可以使得某种颜色的光强度最大，不仅产生结构色，而且产生比单层膜更加明亮耀眼的结构色。例如，前面提到的呈现出蓝色的肥皂泡，只要将 10 层液膜叠加，几乎所有照射到层状结构上的蓝光都会被反射，而其他颜色的光仍然只有很少一部分被反射，于是人眼就看到了闪亮的蓝色。当然，用来组成这种层状结构的材料并不局限于肥皂水和空气，也可以是水和酒精，或者是两种不同的塑料，只要这两种材料的光学性质有差别，再加上膜的厚度合适，就有可能观察到强烈的结构色。

（2）表面或与周期结构相联系的衍射效应。衍射是指光波在传播过程中经过障碍物边缘或孔隙时所发生的偏离直线传播方向的现象，与干涉现象一样，本质上都是基于波场的线性叠加原理。与干涉效应相比，由表面或复杂的次表面周期结构产生的衍射效应是较少见的。自然界的衍射结构可以分成以下两种：

① 表面规则结构。一些结构表现为表皮上一系列规则间隔的平行或近似平行的沟槽或突起，如一种古化石——伯吉斯页岩（Burgess shale），其表皮有良好的光栅结构，呈现为明亮的彩虹色。还有一些类似于乳头状突起阵列的零级光栅表面结构，常见于节肢动物的眼角膜中。

② 在光学波段能产生布拉格衍射效应的结构。这种结构称为晶体衍射光栅或光子晶

体，具有这样的结构通常称为“具有光子带隙”的材料。当带隙的范围落在可见光范围内时，特定波长的可见光将不能透过该晶体。这些不能传播的光将被光子晶体反射，在具有周期性结构的晶体表面形成相干衍射，产生能让眼睛感知的结构色。

自然界中，蛋白石是最典型的三维光子晶体，其色彩随着观察角度的变化呈现出不同的颜色，因而深受人们的喜爱。蛋白石内部由很多分散的二氧化硅小球按面心立方结构周期性排列，其排列的重复周期与可见光波长近似，所以蛋白石相当于衍射光栅。满足布拉格方程的可见光通过蛋白石后发生衍射，产生了被人眼感知的结构色。在澳大利亚昆士兰的东北部森林里有一种甲虫——象鼻虫，该甲虫的表面具有相对均匀、从任何方向都可见的金属般色泽。在光学显微镜下观察发现，象鼻虫身上斑驳的部分类似于蛋白石结构，其鳞片的内部结构是一些固体的透明小球，小球非常准确而有序地以六角密堆结构排列，形成类似蛋白石的光子晶体。这是研究人员第一次在动物身上发现蛋白石型结构。

（3）由亚波长大小的颗粒产生的选择性散射。散射是指由于介质中存在随机的不均匀性，致使部分光波偏离原来的传播方向而向不同方向散开的现象。向四面八方散开的光，就是散射光。介质不均匀的原因可能是介质内部结构疏松起伏，也可能是介质中存在杂质颗粒。光的散射通常可分为两大类：①散射后光的波长频率发生改变，如拉曼散射；②散射后光的波长频率不变，如瑞利散射和米氏散射。与颜色相关的散射为第二类散射，散射光的颜色与颗粒的大小以及颗粒与周围介质的折射率差有关。当颗粒尺寸小于光波波长时，散射光强和入射光强之比与波长的四次方成反比，散射为瑞利散射，此时短波长蓝色的光会被优先散射，如天空的蓝色；当颗粒大小在光波波长之间时，可以观察到很好的蓝色瑞利散射；当散射颗粒尺寸接近或大于光波波长时，此时可使用米氏理论，瑞利散射理论已不再适用，散射颜色不再是蓝色，颗粒会呈现为各种颜色，主要是红色和绿色。当颗粒大小接近时，大部分的可见光被散射，散射光呈现为白色。

从介质体系的有序性角度，可将散射分为非关联散射和关联散射。非关联散射指的是无序体系的散射，每个散射体与入射光单独发生作用并且相互之间没有影响，如瑞利散射和米氏散射都属于非关联散射。关联散射是指体系具有一定的有序性、周期性，散射体之间会产生相互作用。关联散射和非关联散射的一个区别就是关联散射具有一定的方向性。

7.3.2　结构色显色机理

物体微结构分为有序结构和无序结构两种。有序结构即散射体的空间排布具有平移对称性，如光栅、单层膜、光子晶体等；无序结构即散射体的空间排布失去了平移对称性，如白云中的液滴、涂料中的钛白颗粒等。有序结构的散射体之间具有空间相干性，光的散射可以用光子能带定性分析；无序结构的散射体之间损失了空间相干性，光的散射等同于所有单体散射的算数求和。因此，一般认为有序结构产生颜色的物理本源是相干散射，而无序结构产生颜色的物理本源则是单体散射。伴随对光与结构相互作用的深入认识，特别是在光与无序结构相互作用方面研究的深入，这种分类方法暴露出了它的局限性。产生结构色的物理机制是物体微结构对光进行的调制，所以不同的微观结构将会产生不同的光学现象，光与结构相互作用的相干性才是结构色成色机理的本质特征。

根据光与结构相互作用的相干性，可以将结构色的产生机理分为相干散射与非相干散射两大类，如图 7-18 所示。

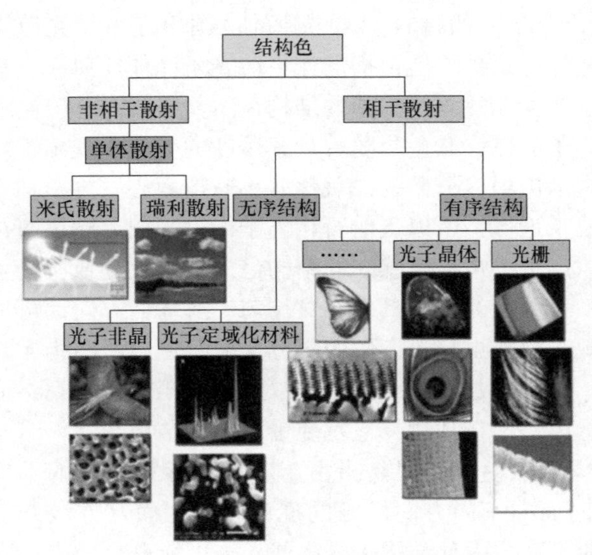

图 7-18　结构色产生机理的分类图

7.3.2.1　相干散射

如果入射光在经历介质的散射之后保留或部分保留了原有的相干性，则称这种散射为相干散射。相干散射与结构的平移对称性并不具有对应关系，不具有平移对称性的结构也能产生相干散射。以结构是否具有平移对称性为依据，可以将相干散射划分为有序结构的相干散射与无序结构的相干散射。

（1）有序结构的相干散射。有序结构包括光栅、光子晶体等，具有平移对称性，能对光产生相干散射，犹如固体对电子的散射一般，光在其中的传播可以用能带图描述。有序结构是自然界产生结构色的常用手法。鸟类与虫是最善于运用结构色的物种。例如，孔雀尾羽的色泽来自黑色素棒在空间中周期性地排列，组成了二维光子晶体。孔雀通过改变二维光子晶体的晶格常数，调制了尾羽反射峰的峰位，从而得到了不同色彩。通过改变二维光子晶体的层数，还可以调制法布里-珀罗（Fabry-Perot）干涉主峰与次峰间的强弱关系，获得光谱色之外的混合色——棕色。另外，许多甲虫的结构色来自外壳中的多层膜，还有部分甲虫的鳞片中具有三维光子晶体的结构。近年，有研究者在一种蝴蝶的鳞片上发现了基于多层膜的复杂碗状结构，甚至在一种蝴蝶的鳞片中还发现了利用光子带隙增强光谱发射的例子。

由有序结构相干散射导致的结构色常见于生物体中，色泽鲜艳明亮，有虹彩效应，具有金属质感。但是它的人工制备比较困难，目前常用的方法有镀膜、自组装、电子束刻蚀、激光干涉曝光等。因此，虽然这类结构色优点显著，但是在实际中还不能大批量的应用。

（2）无序结构的相干散射。无序结构不具有平移对称性，光在其中的传播一直是热门研究领域。无序结构的相干散射早已为人们所提及，最著名的例子是光子定域化。相对于光子离域化而言，光子定域化是指在无序散射介质中，随着时间趋于无限大，光子在其出发点附近的概率不为零。在弱定域化范畴中，光子经散射后返回起始点的概率大于 0 小于 1，光子的散射具有增强被散射效应。在强定域化范畴中，光子经散射后返回起始点的概率为 1，光子完全被束缚在定域中心，犹如原子核对电子的束缚一般。在定域化中，光子所具有的全部效应都来自光在无序介质中散射的相干性。

无序结构可以具有统计周期性。对无序结构作傅里叶变换，如果在高频段（空间频率）有较强的分布，那么称这种结构具有短程序；如果在低频段有较强的分布，那么称这种结构具有长程序；如果在中间频段有较强分布，那么称这种结构具有中程序。具有短程序的结构又称为非晶。

过去对于无序结构光散射特性的理论研究集中于具有长程序的无序结构。通常这种结构是通过在完美晶格的基础上对格点引入扰动而获得的，例如在张道中的研究中，无序结构的引入是通过随机旋转每个格点上的复式原胞得到的。但是在实际中，很难得到具有长程序的无序结构，而非晶结构则普遍存在于结构色之中。几种具有不同统计周期性的无序结构的对比见表7-5。

表7-5 周期、非周期、长程序和完全无序结构的对比

结构类型	周期	非周期	长程序	完全无序
短程序	■	■	□	□
长程序	■	□	■	□
光子能隙	■	■	■	□
示意				
虹彩效应	■	□	□	□

利用非晶结构也能产生颜色。非晶结构可以保留晶体结构第一阶带隙的性质，这种“带隙”通常被称为赝带隙。在赝带隙中，光会被强烈地相干散射，而在赝带隙之外，光的传播属于经典扩散过程。赝带隙之中的光子态密度远低于其他频率的光子态密度。调节光子非晶结构的赝带隙位置和宽度，能够改变散射峰的峰位和半峰宽。光子非晶也是结构色的物理起源之一。

7.3.2.2 非相干散射

如果相干入射光在介质中经历散射之后损失了全部或大多数的相干性，那么就称这种散射为非相干散射。光散射的非相干性来自散射体的不规则性，因此，产生非相干散射的结构都是无序结构。可以将非相干散射的光学性质归结为单体的散射，借助单体散射的瑞利散射和米式散射模型，可以讨论一些非相干散射的光学性质。

如果介质中无序分布的散射体的颗粒尺寸远小于可见光波长，这种非相干散射的特征符合瑞利散射模型，即散射能力 $Q(\lambda)$ 与散射光波长 λ 的四次方成反比，如天空的蓝色就属于这个范畴。如果介质中无序散落的散射体呈球形，散射体之间的距离远大于可见光波长，这种非相干散射的特征可以用米式散射模型来描述。瑞利散射可看作米式散射在散射体颗粒无穷小时的极限。

无序体系的非相干散射也能产生各种颜色，如几十纳米的胶体金属颗粒能产生各种鲜艳的颜色。但是，生活中更常见的由非相干散射产生的颜色是白色，如云朵的白色、石灰墙壁的白色等。

7.3.3 研究结构色的理论方法

19世纪中叶，麦克斯韦建立了经典电磁理论，把光现象与电磁现象联系起来，指出光也是一种电磁波，由此产生了光的电磁理论。光在各种介质中传播的过程实质上是光与

物质相互作用的过程，可由麦克斯韦方程来描述，所以光在物质中的传播规律可通过求麦克斯韦方程来实现。随着计算机技术的发展，出现了许多求解麦克斯韦方程的数值方法，如矩量法（MoM）、边界法（BEM）、有限元法（FEM）、有限时域差分法（FDTD）等。

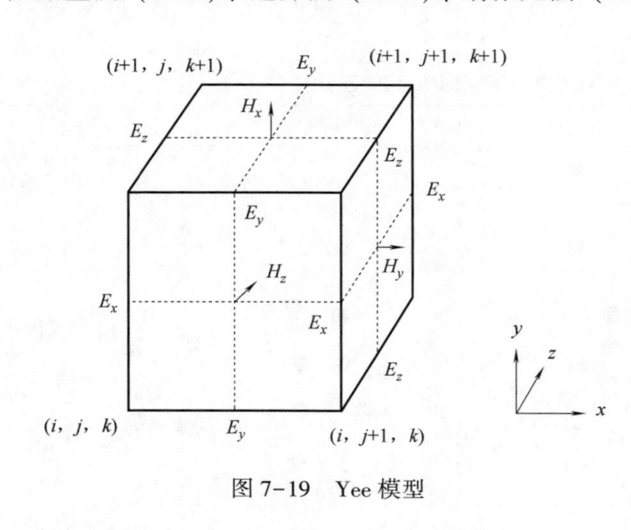

图 7-19　Yee 模型

目前使用较多的理论方法是有限时域差分法，其模型基础就是电动力学中最基本的麦克斯韦方程。FDTD 算法的基本思想是：电磁场中空间节点采用 Yee 元胞形式，如图 7-19 所示，在计算中将空间某点的电场（或磁场）与周围格点的磁场（或电场）直接关联，即每一个 E（或 H）场分量周围有四个 E（或 H）场分量环绕，电场和磁场节点在空间与时间上都采用交错抽样，使得麦克斯韦旋度方程经离散后构成显式差分方程，与波动方程相比，计算得到大大简化。此方法可以处理复杂形状目标和非均匀介质物体的电磁散射和辐射问题。

7.3.4　结构色的制备

结构色具有虹彩效应、不褪色、饱和度高、金属光泽等优点，但自然界中的生物或蛋白石比较少且尺寸较小，为获得结构色，需要制备微结构或与自然界中微结构相似的纳米材料。过去 20 年中，在结构色制备方面涌现了许多代表性的研究工作，如 2015 年基于法诺（Fano）共振腔构建的结构色，2017 年基于法布里-珀罗腔实现的全彩色打印，以及 2020 年报道的无序等离子体系统打印结构色，图 7-20 所示为人造结构色的发展历程。目前，人造结构色主要通过多层薄膜、法布里-珀罗腔、光子晶体或者金属-金属表面等方式构筑。

7.3.4.1　多层薄膜的制备

基于多层膜的结构色广泛存在于日常生活中。甲虫或鸟类的羽毛从不同的角度表现出不同的颜色，与之不同，闪蝶（Morpho）可以在不同的视角下表现出稳定的蓝色。2012 年，Jung H. Shin 等制作了类似 Morpho 的薄膜彩色反射层。该薄膜由无序二氧化硅微球层、300nm 的铬（Cr）和八组 TiO_2/SiO_2 层组成（图 7-21）。这一研究工作展示了一种薄而灵活的反射层，可以应用在非平面物体的表面。这种薄膜经反复对折后仍然保持明亮且与角度无关的彩虹色。此外，扩大沉积系统可以实现从 Morpho 蓝到铜红色的宽范围颜色呈现。通过沉积法制备多层薄膜，无须复杂的纳米制造工艺。2019 年，Masateru M. Ito 等人开发了有机微纤化技术制备结构色。这种方法通过控制材料受到应力时产生的“龟裂”来实现结构色。基于有机微纤化技术的无墨彩色印刷实现了每英寸 1.4×10^4 点（DPI）的高分辨率印刷，通过调整每层的厚度可以方便地调节颜色。此外，多层膜也可以集成在单个衬底上，可形成高分辨率图像或装饰，在票据安全、产品包装、医疗保健等领域均有很好的应用前景。

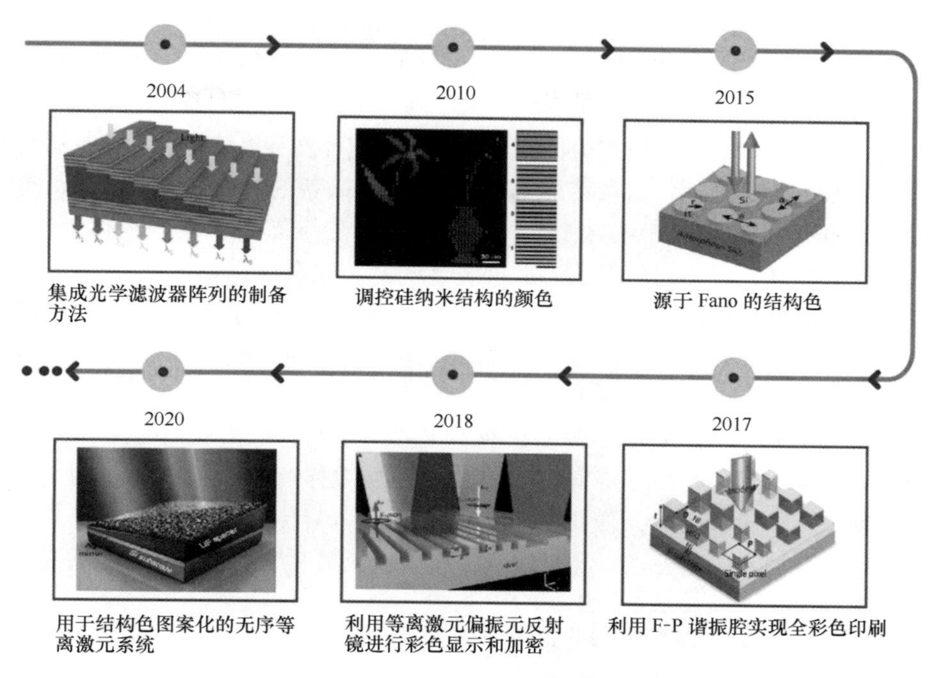

图 7-20　人造结构色的发展历程

7.3.4.2　法布里-珀罗腔

法布里-珀罗（Fabry-Pérot cavity，F-P）腔谐振发生在由两个反射层夹介电层的三明治结构中。金属-绝缘体-金属（metal-insulator-metal，MIM）的三层结构是应用最多的滤色器。当光学路径中的整数波长差从顶面和底面反射时，会发生构造性干涉，不同的共振波长会形成不同颜色的结构色。可利用电子束光刻（e-beam lithography，EBL）或聚焦离子束（focused ion beam，FIB）等低耗时、高成本的纳米制造技术制备基于 F-P 腔的结构色。因此，有望应用在光伏及热光伏等宽幅面应用领域。

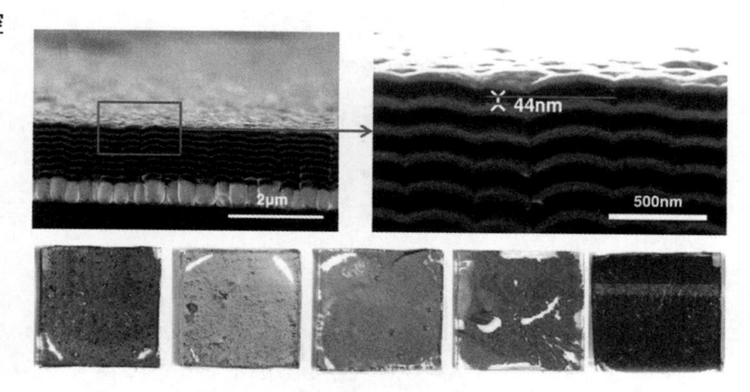

图 7-21　仿生 Morpho 蝶翅膀的多层膜结构色反射器

传统的 F-P 腔结构由两个被无损介电材料分隔的金属镜组成，可以实现高吸收或透射。入射波和反射波的相长干涉形成驻波，大部分光功率被顶部金属反射器吸收（图 7-22）。

2015 年，Aydin 等构建了一种透射 F-P 滤色器，该滤色器由一个无损电介质材料腔和两个银（Ag）反射镜组成。图 7-22（a）为具有相应参数的 F-P 滤色器的示意图。F-P 腔可以通过调整介电层的厚度，将阳光过滤成覆盖整个可见光范围的单个颜色。透射光谱的变化是 SiO_2 厚度的函数，并且滤色器具有角度依赖性。

湖南大学段辉高教授团队设计的反射滤色器由超薄（6nm）Ni 层、SiO_2 介电层和厚 Al 层组成［图 7-22（b）］。制备的不同 F-P 腔的反射光谱，随 SiO_2 厚度的变化而变化。由于窄的透射或反射带，开发的许多滤色器的亮度不足。由于镍的宽带光学损耗，这种滤色器可在整个可见光范围内呈现结构色，且具有高的饱和度和亮度。此外，这种滤色器具有一定程度的非角度依赖性。当观察角度小于 60°时，制备的滤光器的颜色不改变，而当观察角度大于 60°时，其颜色略有改变。将常规制造工艺与灰度光刻工艺相结合，可以通过调整介电层的厚度获得不同的颜色。此外，该团队使用灰度图案 F-P 共振腔实现了一种新的印刷方式。与传统的 F-P 型结构色不同，通过改变 F-P 腔的填充密度可以获得丰富的颜色。图 7-22（c）所示为通过转换所获得的调色板再现《梵高的向日葵》名画。这项工作为基于 F-P 腔的高分辨率和全彩打印奠定了基础。

2019 年，虞益挺等人制备了不对称超薄 F-P 型有损腔，以实现生动灵活的结构颜色，具有宽色域、角度不敏感、高分辨率和良好的灵活性。通过改变中间非晶硅（Si）和顶部金属层的厚度，获得了宽色域，如图 7-22（d）所示。与传统染料相比，F-P 共振结构具有长期稳定和环境友好的特点。通过改变绝缘体层或金属层的厚度，可以容易地调整反

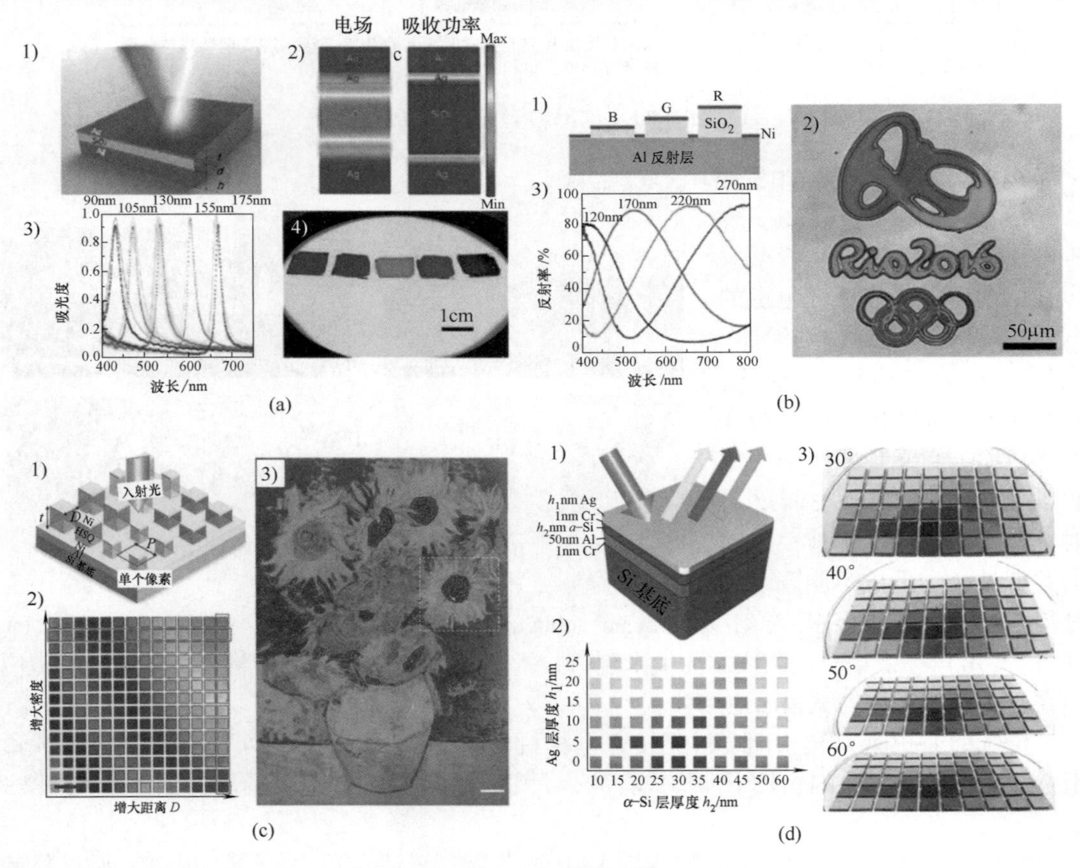

图 7-22　F-P 腔结构色

（a）大面积、无光刻超级吸收体和使用超薄金属膜的可见光频率滤色器　（b）以镍作为宽带吸收体的反射式彩色滤光片和基于非对称 F-P 腔的单片彩色印刷　（c）使用灰度图案 F-P 腔的显微干涉全彩打印　（d）使用超薄非对称 F-P 有损腔的结构色

射或透射光谱。EBL 和 FIB 工艺可以在单片衬底上集成多个 F-P 腔，并形成高分辨率的反射 RGB（红、绿和蓝）或透射 CMY（青色、品红色和黄色）像素。此外，引入额外的膜层或减小膜结构的厚度，可以减轻结构色呈色的角度依赖性。

7.3.4.3　光子晶体

光子晶体（photonic crystals，PCs），是一种折射率（或介电常数 ε）随空间周期性变化的新型光学微结构材料，与普通晶体的电子带结构相似，具有许多特殊的光学性质，包括光子禁带、光子局域、低光子效应等。这些独特的光学特性使光子晶体能够对光起调控作用，让某些波长的光不能通过光子晶体的光子带隙进行传播，并遵循布拉格衍射定律，使光子晶体具有鲜艳的结构色。光子晶体可由单分散胶体球自组装成面心立方结构得到。近年来，基于单分散胶体纳米粒子组装构建光子晶体的方法引起了研究者们的广泛关注。相较于传统的光刻技术、气相沉积等方法，该方法具有操作简单、不需要大型仪器设备、制备成本低等优点。通过精确控制纳米粒子的尺寸或者在纳米粒子的分子结构中引入响应性功能基团等手段，可实现光子晶体材料的色彩调控以及赋予其响应性变色性能。

（1）水平蒸发自组装。水平蒸发自组装是制备三维光子晶体的一种简便且高效的方法。将含有胶体微球的溶液滴于平放的亲水基底（玻璃）上，随着溶剂缓慢蒸发，胶体微球之间静电斥力和毛细作用力相互平衡并逐渐沉积于基底上，进而形成有序周期性结构，图 7-23 所示为单分散胶体微球基于水平蒸发自组装制备光子晶体示意图。Zhang 课题组利用这种简便的自组装方法将粒径为 260nm、244nm 和 211nm 的单分散多硫化物（PSF）胶体球直接制备成 3D 有序光子晶体。在胶体组装过程中，最高的水蒸发速度发生在胶体乳液的边缘，导致水向边缘流入。水的流入将 PSF 胶体球输送到胶体乳液的边缘。随后，通过强大的毛细力和胶体球之间的静电斥力，将球体组装成“基体-乳液-空气接触线”的有序结构。最后，当接触线随着水蒸发使液面下降而移动时，制备得到大面积的有序胶体阵列。

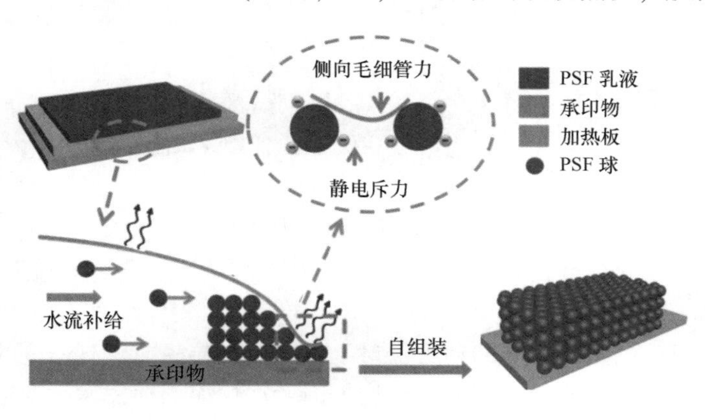

图 7-23　单分散胶体微球基于水平蒸发自组装制备光子晶体

水平蒸发自组装适用于 PS 微球、CdS 微球、Cu_2O 微球等光子晶体的制备，三维光子晶体组装有序性及厚度可以由微球浓度、蒸发诱导温度等条件进行调控。虽然该制备方法具有自组装时间短、操作简单以及对胶体微球的材料性质没有特别限制的优点，但是由于胶体微球自组装形成光子晶体的过程是从溶液的外围逐渐往内部蔓延，使得中心位置最晚被干燥，光子晶体产生了厚度不均的现象（中心薄，边缘厚），因此，这种方法制得的光子晶体膜的结构往往存在着无法避免的缺陷。

（2）垂直溶剂蒸发自组装和浸渍提拉自组装。垂直溶剂蒸发自组装也是一种常见的制备光子晶体结构的方法。该方法需将亲水性的玻璃基底垂直置于含有胶体微球的胶体溶液中（所用溶剂通常是水或乙醇）。当处于加温的条件下时，由于存在毛细力，基底与液面的交界处形成一个弯液面，随着弯液面处的溶剂不断挥发，无序分布的胶体微球在毛细力驱动下逐渐转变成有序态，进而自组装形成光子晶体［图 7-24（a）］。

对于垂直溶剂蒸发自组装，影响其结构形态的因素很多，其中主要有胶体微球粒径、浓度、外界湿度、沉积时长和温度等。该方法大多采用光滑固态基底，如玻璃、硅片、氮化硅等。虽然该方法操作简单，制备得到的光子晶体中结构缺陷少，但组装时间较长，所获得的光子晶体的厚度受到组装微球浓度的影响。通常在制备光子晶体的过程中，沉降会使微球悬浮液产生浓度梯度差，导致制得的光子晶体厚度由上而下逐渐增加。此外，该方法不适合制备微球粒径大于 500nm 的光子晶体结构。

针对垂直或斜面自组装制得光子晶体结构具有厚度梯度差的缺点，研究者在此基础上开发了一种新的方法——浸渍提拉自组装法，来克服基底插在悬浮液中产生浓度梯度的问题。该制备方法如图 7-24（b）所示，在原有基础上加入了电动装置，然后对基底进行提拉操作，基底在电动机的驱动下和乳液产生缓慢的相对运动。制备时间的急剧缩短使得自组装过程中溶剂的挥发对悬浮液浓度的影响不明显，最终制得厚度均匀的三维光子晶体。另外，光子晶体的厚度和质量可以通过调节提拉速度、悬浮液浓度和温度等因素精确地进行控制。为了获得更强的阻抗沉降的动力，对于一些较大粒径或较高密度的微球分散液，可以通过控制外界的温度、压力、溶剂的类型等因素加快溶剂挥发速度，进而制备出由大颗粒组装而成的光子晶体。

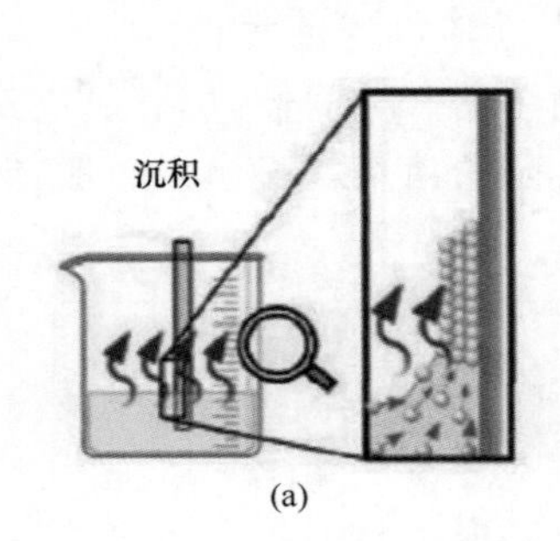

(a)

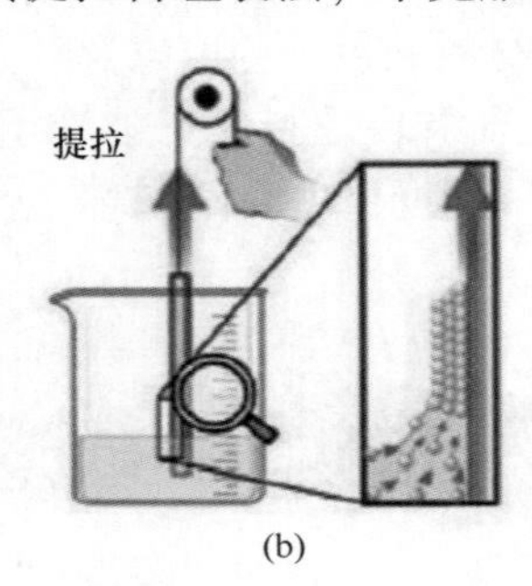

(b)

图 7-24　自组装构建光子晶体示意图
（a）垂直溶剂蒸发自组装　（b）浸渍提拉自组装

以上两种方法的驱动力都是借助微球之间的毛细作用力，均是目前较为方便且成熟的制备光子晶体结构的方法。

（3）液相-气相界面自组装。液相-气相界面自组装法一般是先在胶体溶液中添加一种与水互溶的有机溶剂（乙醇），将乙醇作为颗粒胶体溶液的分散剂加入其中，可降低胶体溶液的表面张力，促进颗粒在液-空气界面的快速扩散。微球之间毛细力和静电排斥力互相平衡之后，在基底上形成一层有序排列的 2D 光子晶体，从而产生结构色。该制备方法以简单的方式获得几平方厘米到几十平方厘米和高度有序的光子晶体，对较大粒径的微球也适用，且制备时间短，可以实现大面积制备光子晶体。但是该自组装法也存在一些缺陷，如稳定性不好，很容易被破坏；对分散液的浓度要求高，浓度过低会使光子晶体结构出现缺陷，浓度过高又会导致胶体微球沉降。

Wang 课题组基于液相-空气界面自组装法提出一种张力梯度驱动的纳米粒子自组装方法，以实现大面积［(25×18) cm^2］胶体晶体膜的高效率低成本制备（图 7-25）。由具有不同材料和直径的各种颗粒组成的周期性纳米颗粒结构，可以很容易地在短时间内获得并转移到各种基板上，且制备面积比传统的自组装方法高出一到两个数量级。

（4）重力沉降自组装。重力沉降自组装是将具有一定质量分数的胶体微球分散在溶剂中，由于两者密度不同（微球密度大于溶剂密度），胶体微球在重力的作用下逐渐沉积在基底表面，最终得到多层结构的光子晶体。这种方法虽然操作比较简单，但涉及若干复杂的过程，如纳米球带电性、布朗运动、溶液酸碱性、外界干扰和晶体化等。该制备方法适合密度比较大的胶体微球，对于一些密度接近于溶剂的聚合物胶体微球（如聚苯乙烯球、聚丙烯酸甲酯球等），由于低密度胶体微球在溶剂中均匀分散且呈布朗运动，这类胶体微球需要借助其他的外力（如离心力）才能达到沉积的目的。重力沉降自组装方法最大的问题在于很难调控光子晶体结构中有序层的数目，而且制备时间比较长（几周到几个月），无法快速制备3D光子晶体。

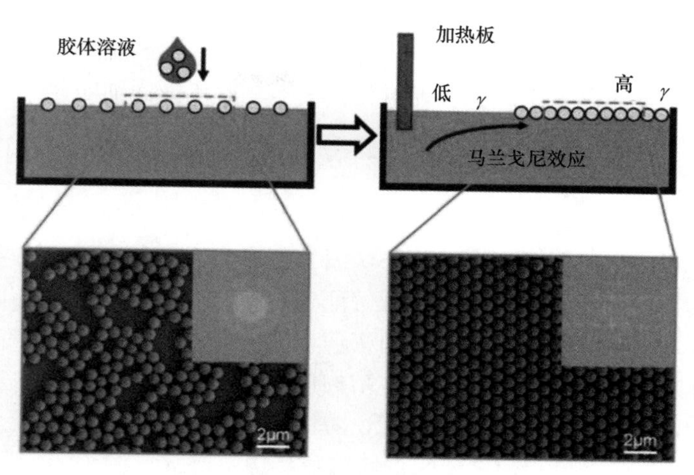

图7-25　液相-空气界面自组装示意图

（5）电场/磁场自组装。胶体球溶液中离子强度极低，电荷屏蔽作用达到最小值，使得静电作用力成为了主要的驱动力，因此，长程的静电相互作用可用于驱动光子晶体的组装。这种制备方法要求极其苛刻的实验条件，如微球粒径、微球单分散性、微球表面的电荷数、微球的质量分数及微球的密度等。另外，利用导电电极对胶体溶液施加电场，在电场的作用下，胶体颗粒向与自身电荷相反的方向移动，最后胶体微球组装成有序的光子晶体结构。

Zhang课题组在电极上施加电压，以驱动胶体球在碳纤维表面附着和组装圆柱形胶体结构。选择直径为185nm、230nm和290nm的聚苯乙烯纳米球来制造彩色核壳纤维，根据布拉格定律，组装的光子晶体分别呈现红色、绿色和蓝色的结构色。

此外，类似于电场诱导组装，如果组装所用的单分散微球具有磁性，则可以借助磁场驱动微球自组装形成光子晶体。该方法主要适用于具有较窄粒径分布的磁性微球或包含磁性物质的核壳微球。Yin课题组制备的超顺磁性纳米晶簇可以在溶液中自组装成胶体光子晶体，其阻带可以在整个可见光谱上进行磁调谐。由于每个团簇的高磁化率和高电荷的聚丙烯酸酯封顶表面，胶体光子晶体对外部磁场表现出快速、可逆和广泛可调的光学响应。

（6）喷涂干燥自组装。喷涂干燥自组装是指将胶体分散液在高压下经雾化后喷射于基材表面，最后经干燥形成一层光子晶体的方法，这是一种简单、快速且可控的方法，可以在平坦和弯曲的表面上实现大面积组装。但在实际制备过程中，色彩饱和度和结构稳定性仍然是喷涂制备光子晶体需要解决的问题，比如雾化之后的胶体分散液会引起纳米微球在自组装过程中的不稳定性，使得形成的纳米球阵列在上表面呈现为有序排列结构，但在基材附近的纳米球则呈现为无序堆积，影响了光子晶体结构的结晶有序性和结构色饱和度。

除上述组装方法以外，研究者们还设计了超声-协助干燥自组装、旋涂组装、机械热压、弯曲诱导振荡剪切等组装方法，在此不做详细阐述。

7.3.5 结构色防伪应用

结构色防伪稳定性好，具有易被肉眼感知的光学信号，且能够以光刻或印刷等相对低的成本在不同基底上构筑防伪图案，成为了一种有效的光学防伪技术。结构色防伪图案因其在钞票、支票、护照和身份证中的广泛应用而备受关注。结构色的光学特性与其周期性纳米结构和响应材料的排列密切相关，这种特征很难被复制或模拟，因而具备防伪技术的基本特征。根据防伪特性，结构色防伪大致有两种形式，一种是具有角度依赖性结构色防伪，一种是刺激响应性结构色防伪。

7.3.5.1 角度依赖性结构色防伪

由胶体微球构建的光子晶体，由于其整齐的周期性结构，入射光角度的差异会导致禁带位置发生偏移，使其呈现的结构色会随着观察角度的变化而改变。这类胶体光子晶体图案，不仅具有良好的辨识度，还具有较高的防伪性能。

Lee H. S. 等报道了在不同视角下可改变颜色的胶体光子晶体图案［图 7-26（a）、图 7-26（b）］。将分散在光固化树脂中的胶体粒子，通过双基片垂直沉积法制备，再通过紫外光照射引发光聚合，实现晶体结构的快速凝固和微图案化。由图 7-26（a）可知，在垂直光照射下，字母“K”胶体光子晶体图案表现出明亮的绿色反射光；当入射光角度从 10°增加到 55°时，反射颜色发生蓝移。如图 7-26（b）所示，将胶体光子晶体图案的薄膜应用到韩币上，肉眼很难辨别薄膜的存在，当用紫外光以低角度照射时，薄膜呈现出明亮的反射光，以较高角度照射时，薄膜呈现为蓝色。这种胶体光子晶体图案有望用于防伪或光学识别码的安全材料中。

Meng Z. P. 等也报道了一种在不同角度太阳光照射下呈现出不同结构色的胶体光子晶体图案［图 7-26（c）、图 7-26（d）］。该方法是在聚二甲基硅氧烷（polydimethylsiloxane, PDMS）的疏水表面将单分散聚苯乙烯（polystyrene, PS）微球自组装成胶体光子晶体，然后再加上一层 PDMS 的疏水层，构建一个 PDMS/PS/PDMS 的三明治结构，使其成为耐久性好、色泽鲜艳的胶体光子晶体薄膜。该方法解决了胶体光子晶体薄膜易被水等溶剂再次分散的问题，同时保存的时间更长，实用性更强。由图 7-26（c）可知，以两种粒径聚

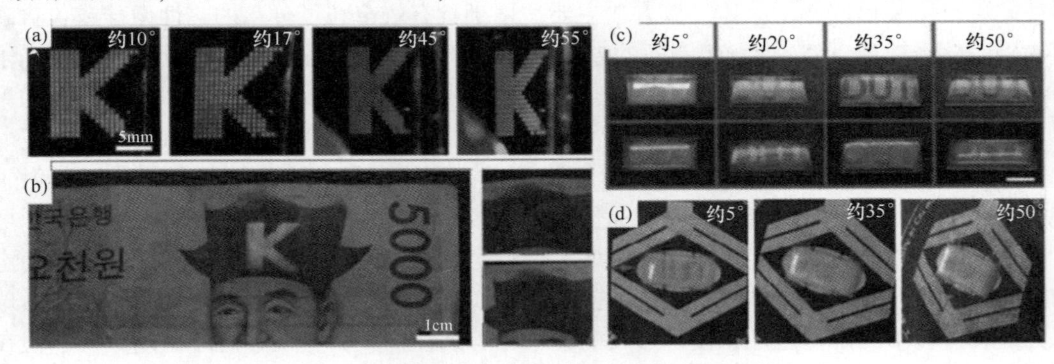

图 7-26 角度依赖性结构色在货币及 T 恤上的防伪应用

苯乙烯球制备的复合膜，实现了结构色从绿色到蓝色和从红色到绿色的梯度变化，具有高度的角度依赖性。如图 7-26（d）所示，将胶体光子晶体图案薄膜贴在 T 恤上，可在不同视角下观察到不同颜色的“DUT”字样。可见，该结构色图案可作为多种商业产品的防伪标识。

7.3.5.2　刺激响应性结构色防伪

响应性胶体光子晶体可在物理环境或化学作用下，调节自身有序光子结构，产生结构色变化。将响应性胶体光子晶体与喷墨打印技术结合，可以制备多样化的胶体光子晶体图案。常态下这种图案是不可见的，但是在受到特定的作用时隐形图案可以显现，当撤去作用后图案又能隐藏。与传统的防伪图案相比，胶体光子晶体防伪图案具有可变的显示效果，是一种理想的防伪方案。

Ye S. Y. 等运用响应性胶体光子晶体的机理，制备了由两种相同颜色胶体光子晶体组成的防伪图案，在该图案中只有一种胶体光子晶体可以响应刺激，因此，只有在对应的刺激下该图案才能被看到。图 7-27（a）为应力响应性胶体光子晶体的变形显示原理和组成图案。从图中可知，该装置由相同颜色的软、硬光子晶体构成图案，在松弛状态下，图案由于两个半圆颜色相似而被隐藏，而当样品被挤压或拉伸时，软（右）半圆区域对变形做出响应，反射光出现红移或者蓝移，而硬（左）半圆几乎不变形，并保持原来的颜色，从而显示出防伪图案。在无外加作用力下，“兔子”图案处于隐藏状态，但是在挤压或拉伸状态下，图案被清晰地显现出来。

基于类似的原理，葛剑平等人制备了一种浸泡响应的隐形胶体光子晶体图案，如

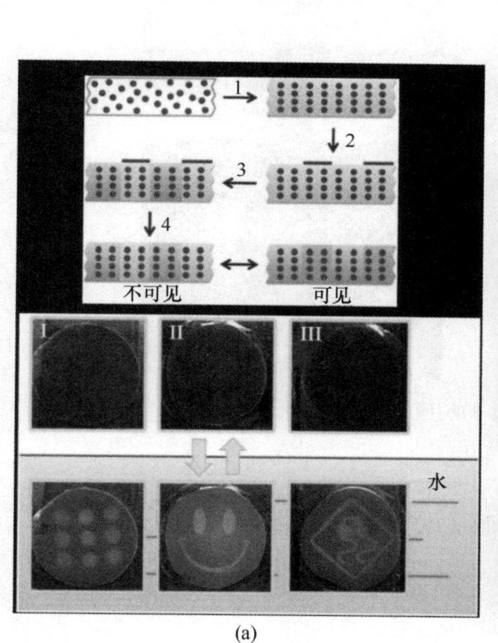

(a)

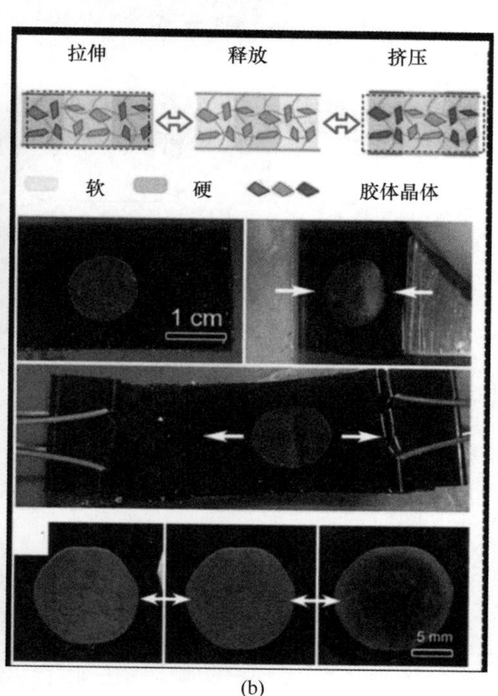

(b)

图 7-27　响应性胶体光子晶体的响应机理及防伪应用

（a）应力响应　（b）浸泡响应

7-27（b）所示。该装置由亲水和疏水的光子晶体组成，在干燥状态下图形是不可见的，但将装置浸泡在水中，亲水区会因为吸水导致反射光红移，图案就会从蓝色变为红色；疏水区域的颜色几乎没有变化，与亲水区域有很大的颜色差异，从而显示出明显的图案。图7-27（b）展示了所制备的浸泡响应胶体光子晶体装置，该装置在水中浸泡5min后，图案显示出来。

Hu H. B. 等人制备了一种磁响应的胶体光子晶体图案，如图7-28所示。在弱磁场下，红色区域的衍射峰先表现为大颗粒的有序化，而在强磁场下，蓝色区域的衍射峰开始表现为小颗粒的有序化。因此，随着磁场的增加，两种不同粒径的碳纳米管倾向于独立自组装，最终形成光子带隙异质结构，并产生一种新的结构色。胶体微球包覆荧光颗粒，自组装后可完成荧光光子晶体的制备，从而实现多模态的光学防伪。

Guo等人利用碳量子点与胶体微球在微流控通道中自组装，制备了兼具量子点荧光与结构色的光子晶体微球，可实现紫外荧光与结构色的双模态防伪。Zhang等人提出通过组装镧系掺杂上转换荧光纳米颗粒、Fe_3O_4 纳米颗粒和胶体球来制备多色Janus微珠的策略，设计了具有磁响应、结构色和近红外响应荧光发射的三模态Janus微珠实现信息存储，在防伪领域具有广阔的应用前景。

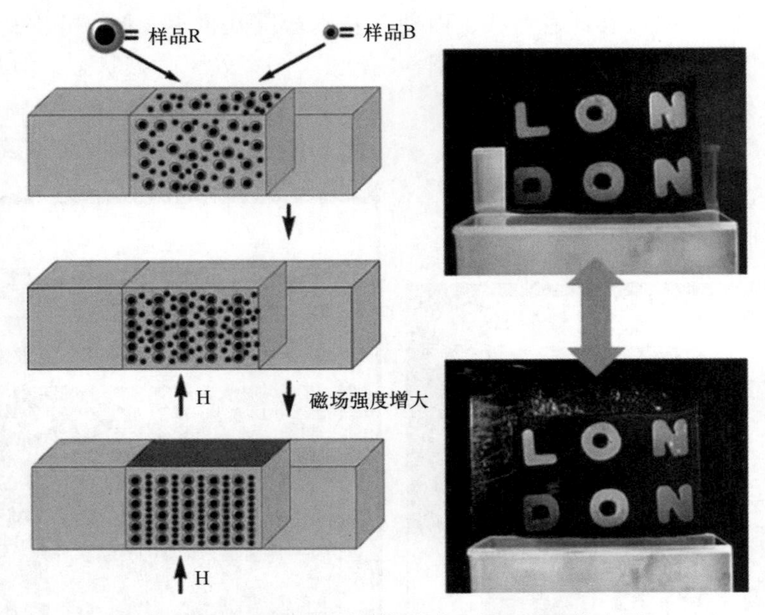

图7-28　磁响应光子晶体的响应机理及防伪应用

7.4　新型移动端识别防伪技术

7.4.1　概　　述

移动端（mobile terminal，MT）又称为移动通信终端，是指可以在移动中使用的计算机设备，广义上包括手机、笔记本、平板计算机、POS机和车载计算机，大部分情况下是指具有多种应用功能的智能手机及平板计算机。随着网络和技术朝着宽带化的方向发展，移动通信产业将走向真正的移动信息时代。随着集成电路技术的飞速发展，移动端已经拥有了强大的处理能力，正从简单的通话工具转变为综合信息处理平台，这也给移动端增加了更加宽广的发展空间。

移动端作为简单通信设备，伴随移动通信发展已有几十年的历史。自 2007 年开始，智能化引发了移动端"基因突变"，从根本上改变了终端作为移动网络末梢的传统定位。移动智能终端几乎在瞬间转变为互联网业务的关键入口和主要创新平台，成为新型媒体、电子商务和信息服务平台，以及互联网资源、移动网络与环境交互资源的最重要枢纽，其操作系统和处理器芯片甚至成为当今整个 ICT 产业的战略制高点。移动智能终端引发的颠覆性变革揭开了移动互联网产业发展的序幕，开启了一个新的技术产业周期。

移动端，特别是移动智能终端，具有如下特点：

（1）在硬件体系上，移动端具备中央处理器、存储器、输入部件和输出部件，是具备通信功能的微型计算机设备。另外，移动端可以有多种输入方式，如键盘、鼠标、触摸屏、送话器、摄像头等，并可以根据需要进行输入调整。同时，移动端往往拥有多种输出方式，如说话器、显示屏等，也可以根据需要进行调整。

（2）在软件体系上，移动端必须具备操作系统，如 Windows Mobile、Android、iOS 等。同时，这些操作系统越来越开放，基于这些开放的操作系统平台，开发的个性化应用软件层出不穷，如通信簿、日程表、记事本、计算器及各类游戏等，极大程度地满足了个性化用户的需求。

（3）在通信能力上，移动端具有灵活的接入方式和高带宽通信性能，并且能根据所选择的业务和所处的环境，自动调整所选的通信方式，从而方便用户使用。移动端可以支持 GSM、WCDMA、CDMA2000、TD-SCDMA、Wi-Fi 及 WiMAX 等，从而适应多种制式网络，不仅支持语音业务，更支持多种无线数据业务。

（4）在功能使用上，移动端更加注重人性化、个性化和多功能化。随着计算机技术的发展，移动端从"以设备为中心"进入"以人为中心"的模式，集成了嵌入式计算、控制技术、人工智能技术及生物认证技术等，充分体现了以人为本的宗旨。由于软件技术的发展，移动端可以根据个人需求调整设置，更加个性化。同时，移动端本身集成了众多软件和硬件，功能也越来越强大。

随着移动智能终端的持续发展，其影响力比肩收音机、电视和互联网，成为人类历史上第 4 个渗透广泛、普及迅速、影响巨大、深入人类社会方方面面的终端产品。越来越多的消费者希望使用移动设备（智能手机、平板计算机等）访问公司邮件、企业内网等资源，或者使用移动设备实现手机支付、网络支付、身份识别等功能，因此诸如移动端银行卡识别技术、移动端虹膜识别技术、移动端人脸识别技术等相关验证技术逐步被开发。为了更好地利用移动端功能和识别优势，便于消费者快速、有效地识别商品真伪，基于移动端识别的防伪技术也应运而生。

最初的移动端识别防伪技术主要是基于电码、条形码、二维条形码、三维条形码的可变数据防伪查询的应用，该类型移动端识别防伪技术应用广泛、形式多样、技术成熟，这里不再赘述，下面主要介绍几种新型的移动端识别技术：移动端屏幕解锁技术、StarPerf 识别技术和 MAGnite 识别技术。

7.4.2 移动端屏幕解锁技术

解锁是指对采用了图形图像隐藏技术隐藏的特定信息进行提取或显现的一种技术的通俗表述。通过特定工具的解锁，肉眼可以清晰地看到原本隐藏在图像中不能或不易直接发现的信息。目前的图形图像隐藏技术都需要采用专用的配套解锁工具，才能对隐藏的信息进行解锁，现阶段所使用的解锁工具多为特定线数的菲林片、透明光栅片等，大规模的使用必然会增加一定的防伪成本，并有一定的不便性。

移动端屏幕解锁技术是指利用移动端设备及该设备屏幕的某些特性来进行图形图像隐藏技术的信息解锁。在移动端图形图像隐藏信息的验证过程中，消费者只需要清晰地拍摄到使用了该技术的图片，在配套图像处理程序的解锁处理下，消费者就能在屏幕上看到解锁出来的隐含信息，从而验证产品。

7.4.2.1 移动端屏幕解锁技术原理

（1）液晶显示技术原理。液晶在常温条件下，既有液体的流动性，又有晶体的光学各向异性，在电场、磁场、温度、应力等外部条件的影响下，其分子在外加电场、磁场的作用下容易发生再排列，使液晶的各种光学性质随之发生变化，利用这一物理特性，即液晶的“电光效应”，实现光被电信号调制，从而制成液晶显示器件（LCD 屏）。液晶显示器件结构原理如图 7-29 所示。

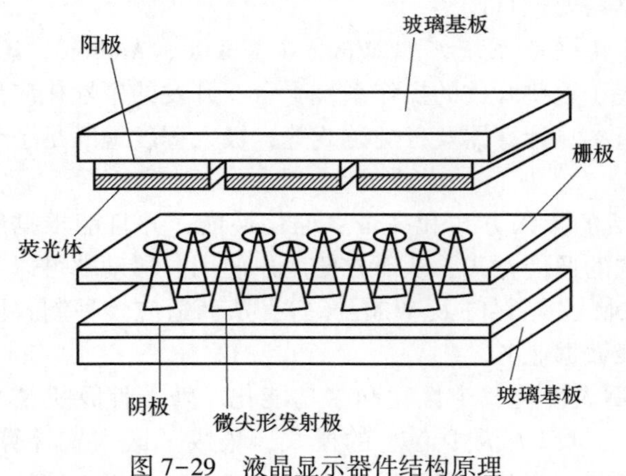

图 7-29 液晶显示器件结构原理

在不同电流电场作用下，液晶分子会做规则旋转，成 90°排列，产生透光度的差别，如此在电源 ON/OFF 下产生明暗的区别，依此原理控制每个像素，便可构成所需图像。

（2）屏幕解锁技术原理。屏幕解锁技术的原理与传统解锁一致，即将两组频率相同或相近的周期性图案叠加在一起，就能产生另一组放大的图案，这就是莫尔纹或龟纹原理。应用时，将一组预定的二维图案调制到特定的背景（光栅）中，此时肉眼无法察觉到背景中隐藏的信息，当将另一组条纹置于其上并转动一定角度时，就可再现隐藏的信息。事实上，上述过程就是根据龟纹机制来设计制作两个光栅模板的过程，其中一个是带有隐藏信息的信息板，而另一个则是用于信息解锁的钥匙板。解锁时，将这两个光栅按要求叠加在一起，就会再现被隐藏的图像。

移动端设备的屏幕特性可以简化等同于一个透明解锁光栅片，只不过这个光栅片的线数是一个固定的常量，与手机屏幕的分辨率有关。解锁时，移动端设备通过设备自身所有的摄像头采集隐藏有特定信息的图像，然后显示在移动端屏幕上，适当调制所采集图像在显示屏幕上的显示大小，使采集图像所携带的特定信息的周期与移动端屏幕所特有的光栅周期一致或接近，从而形成强烈的莫尔纹效应，使隐藏的信息清晰地显示在移动端屏幕上，而被肉眼观察到。

7.4.2.2　移动端屏幕解锁技术的影响因素

影响移动端屏幕解锁的因素主要有摄像头的解像力、拍摄距离和移动端的屏幕分辨率。

（1）解像力（resolving power）。要实现图形图像信息隐藏技术的移动端屏幕解锁验证，该移动端必须具备两个必要条件，即摄像头和屏幕，因此日常生活中的手机、平板电脑及具有这两个条件的其他移动端设备都可以用来进行移动端屏幕解锁验证。其中，手机是人们日常生活中必不可少的工具。

手机摄像头的解像力是影响所拍图像清晰度的一个重要因素，也是影响分辨被拍摄原物细节能力的重要因素，如果摄像头分辨能力差，会严重影响手机拍摄屏幕解锁验证的效果。随着消费者使用需求的提高，手机摄像头的拍摄像素也在逐年提高，由开始的200万像素逐渐提升到500万、800万甚至现在的5000万像素以上，摄像头解像力也随之提升。

解像力又称分辨率、分辨力、分解力、分辨本领等，在不同行业的称谓不同，定义也不统一，但其内在的含义都是用来表示再现物体或影像细部的能力。

现在的手机就相当于一台数字相机，其分辨力高低取决于数字相机中电荷耦合器芯片（charge coupled device，CCD）或互补型金属氧化物半导体芯片（complementary metal oxide semiconductor，CMOS）像素的多少。像素越多，分辨力越高。数码相机的分辨力有光学分辨力与插值分辨力之分。光学分辨力是根据纵横像素来测定的，像素数越多，分辨力越高，拍摄效果越好。插值分辨力是采用软件插值的方法增加图像的像素数。数码相机的分辨力是指拍摄记录景物细部能力的度量，用像素来表示，一个像素一般为5μm左右。CCD、CMOS感光芯片的作用是将光信号转化为电信号。传感器的像素越多，数码相机的档次越高。

手机拍摄物体并将其以数字图像形式呈现在手机屏幕上，这一过程需要一个很重要的元件——感光元件，感光元件将拍摄时的光线信号转变为电荷，模数转换器芯片又将该电信号转换成数字信号。摄像头感光元件上密集排列了$m \times n$个感光像素，即该摄像头最终能拍摄最大为m像素$\times n$像素的图像。

将手机拍摄过程简化为图7-30的模型，$m \times n$个感光像素对角线长度为A，对角线上

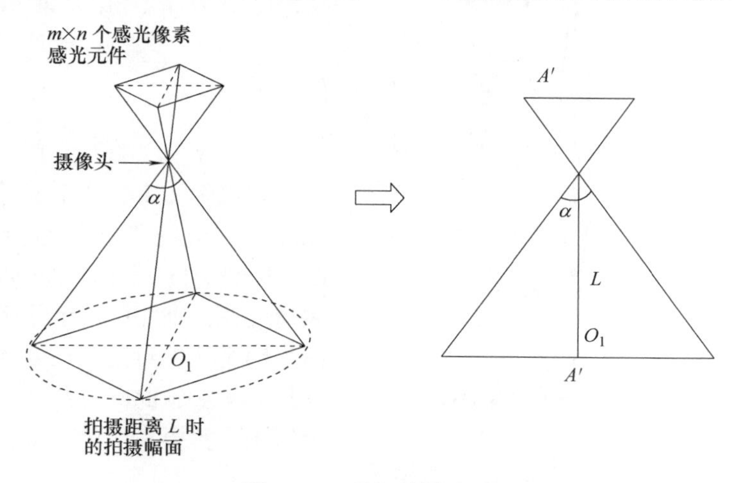

图7-30　手机拍摄过程

的像素为 A'，由于感光元件的像素是定值，因而拍摄距离 L 处构建图像的像素值仍为 A'，拍摄幅宽为 b，假设手机摄像头拍摄角为 α，在拍摄距离 L 处描述被拍摄原物细节能力的像素密度为 N ppi，则有：

$$N=\frac{A'}{b},\ b=2\cdot L\cdot \tan\frac{\alpha}{2},\ A'=\sqrt{m^2+n^2}$$

得到：

$$N=\frac{\sqrt{m^2+n^2}}{2\cdot L\cdot \tan\frac{\alpha}{2}} \tag{7.9}$$

可见，拍摄距离越远，则描述被拍摄原物细节能力的像素密度值越小，即摄像头分辨细节的能力与拍摄距离 L 成反比。

假设拍摄距离 L 处的像素大小为 $a\times a$，单位为 in，则有 $a=\frac{\sqrt{2}}{2\cdot N}$（in），将式（7.9）代入，得到：

$$a=\frac{\sqrt{2}\cdot L\cdot \tan\frac{\alpha}{2}}{\sqrt{m^2+n^2}} \tag{7.10}$$

当被拍摄原物与摄像头之间距离刚好是摄像头的最近工作距离（手机摄像头与被摄物体所能靠拢的最近对焦距离，小于该值就不能对焦）时，拍摄距离 L 达到最小值 $L_{\min}$，则此时能清晰地描述原物细节的像素也最小，则：

$$a_{\min}=\frac{\sqrt{2}\cdot L_{\min}\cdot \tan\frac{\alpha}{2}}{\sqrt{m^2+n^2}} \tag{7.11}$$

此时被拍摄原物上大于 $a_{\min}$ 尺寸的细节都可以被摄像头清晰地拍摄到。

（2）拍摄距离。从透镜的基本成像公式可以推算出摄像头的最近工作距离 $L_{\min}$，为简单起见，以单镜片摄像头为例，图 7-31 所示为单个双凸透镜的成像原理。

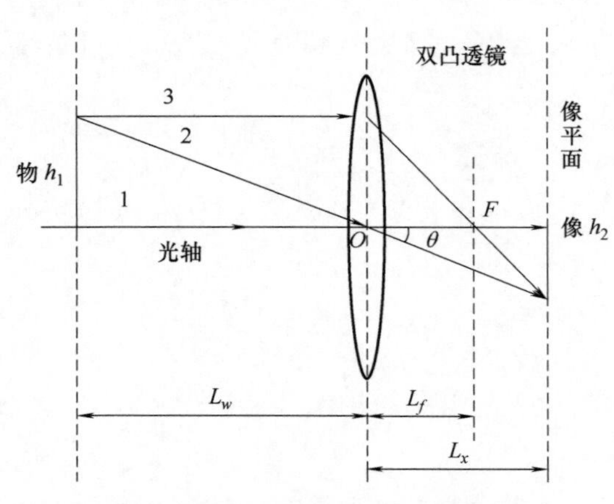

图 7-31　单个双凸透镜的成像原理

其中，焦点为 F，物距为 L_w，像距为 L_x，焦距为 L_f，由透镜基本成像公式：$\frac{1}{L_w}+\frac{1}{L_x}=\frac{1}{L_f}$，可得：

$$L_w=\frac{L_f\cdot L_x}{L_x-L_f} \tag{7.12}$$

在摄像头中，图中所示像平面即为感光元件，当物距满足最近工作距离 $L_{\min}$ 时，假设感光元件上 $m\times n$ 个感光像素都参与成像，则图中所示像平面对角线长度即为感光元件对角线长度 A，此时像高 h_2 满足 $h_2=A_2$，此时光线 2 与光轴的夹角 θ 为摄像头拍摄角 α 的一半，即 $\theta=\alpha/2$，由直角三角形关系 $\tan\theta=h_2/L_x$，得到：

$$L_x=\frac{A}{2\cdot\tan\frac{\alpha}{2}} \tag{7.13}$$

将式（7.13）代入式（7.12），可得：

$$L_{\min}=\frac{A\cdot L_f}{A-2\cdot L_f\cdot\tan\frac{\alpha}{2}} \tag{7.14}$$

可见摄像头的最小工作距离与焦距 L_f 和感光元件尺寸 A 的大小有关。但实际生活中，摄像头的最小工作距离会比这个理论值大。

假设防伪文件上莫尔纹密码片（图形图像隐藏技术的一种）上最细线条粗细为 b，在拍摄距离 L 处会有 M 个像素来描述这条细线的宽度（假定线条为横向或纵向排列），则有 $b=M\times a$，即 $M=b/a$，$(M\in N)$。可见，当 $M<1$ 时，在 L 处的像素大小无法较好地去描述细线条的粗细，拍摄到的图像很容易丢失这部分信息，那么摄像头只有在一定拍摄距离 L 内才能使最小尺寸 b 的信息不丢失，则有 $1\leqslant M$，可得：

$$L_{\max}=\frac{b\cdot\sqrt{m^2+n^2}}{\sqrt{2}\cdot\tan\frac{\alpha}{2}} \tag{7.15}$$

理论上，当拍摄距离 L 满足 $L_{\min}\leqslant L\leqslant L_{\max}$ 时，拍摄到的莫尔纹密码片的图像在手机屏幕上经过图像处理程序的缩放调节之后，都可以被解锁出隐含的信息。

当拍摄距离 L 为最近工作距离 $L_{\min}$ 时，要想防伪文件中莫尔纹密码片上的最细线条在拍摄时不丢失，即 $a_{\min}=b$ 时，摄像头的感光元件像素点 $m\times n$ 不能小于某一值 B，此时 $a_{\min}\leqslant b$，由式（7.11）可得：

$$m^2+n^2\geqslant 2\cdot\left(\frac{L_{\min}\cdot\tan\frac{\alpha}{2}}{b}\right)^2 \tag{7.16}$$

由于 $m^2+n^2\geqslant 2\cdot m\cdot n$，则只要：

$$B=m\times n\geqslant\left(\frac{L_{\min}\cdot\tan\frac{\alpha}{2}}{b}\right)^2 \tag{7.17}$$

将式（7.14）代入，得：

$$B=\left[\frac{A\cdot L_f\cdot\tan\frac{\alpha}{2}}{b\cdot\left(A-2\cdot L_f\cdot\tan\frac{\alpha}{2}\right)}\right]^2 \tag{7.18}$$

即可满足拍摄需求。

（3）移动端的屏幕分辨率。当莫尔纹图案密码片的排列密度为 N_1lpi 时，密码片的排列周期 $T_1=1/N_1$in，密码片信息单元的宽度为 a_1，信息单元之间的间距为 b_1，且有 $T_1=a_1+b_1$，如图7-32所示。

理论上，相应的解锁片的单元排列密度为 N_2lpi，则解锁片的排列周期 $T_2=1/N_2$in，解锁片的单元宽度为 a_2，单元之间的间距为 b_2，且同样有 $T_2=a_2+b_2$，同时满足 $T_2=T_1$ 时，即解锁片与密码片的周期相近时，才能成功解锁。

然而，移动端屏幕解锁验证过程中，最终起解锁片作用的是周期排列的像素点阵，假

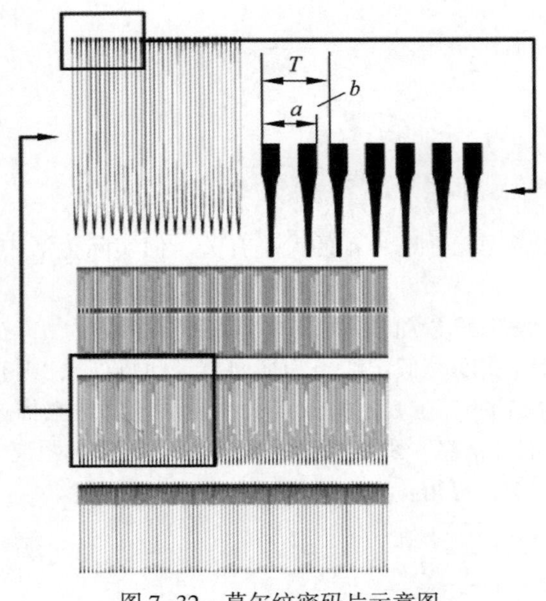

图 7-32　莫尔纹密码片示意图

设手机屏幕是由 $p \times q$ 个像素组成的，手机屏幕尺寸为 K，则手机屏幕的像素排列密度 N_2 满足：$N_2 = \frac{\sqrt{p^2+q^2}}{K}$，手机屏幕像素的排列周期 $T_2 = 1/N_2$，屏幕生产完成后，解锁片周期已经确定，N_2 和 T_2 就是定值，即屏幕解锁时就需要对拍摄到的密码片图像进行一定的缩放，才能使密码片的周期 T_1 接近解锁片的周期 T_2，进而成功解锁验证。

手机拍摄防伪文件时，假设摄像头距离防伪文件的距离为 L，由式（7.10）可以得到 L 处描述防伪文件细节的像素大小 a，则密码片上一个周期 T_1 的信息单元需要 X 个像素来描述，即 $X = T_1/a$。手机拍摄完图像后通过屏幕来显示，屏幕宽度上有 p 个成像像素，而感光元件宽度上有 m 个感光像素，最终，将有 Y 个感光像素接受的图像信息同时通过一个屏幕成像像素来显示，则有 $Y = m/p$，也就是说拍摄到的图像要在屏幕上完全显示，需要自动缩放 Y 倍，则 L 处周期 T_1 的信息单元在屏幕上显示的像素数目为 $X' = X/Y$，屏幕像素周期 T_2 为定值，则此时在屏幕上显示的密码片的周期 $T_1' = X' \cdot T_2$，得到：

$$T_1' = \frac{P \cdot \sqrt{m^2+n^2}}{\sqrt{2} \cdot N_1 \cdot N_2 \cdot \tan\frac{\alpha}{2}} \cdot \frac{1}{L} \tag{7.19}$$

令 $C = \frac{P \cdot \sqrt{m^2+n^2}}{\sqrt{2} \cdot N_1 \cdot N_2 \cdot \tan\frac{\alpha}{2}}$，则有：

$$T_1' = \frac{C}{L} \tag{7.20}$$

式中 C 是一个由手机摄像头、屏幕及莫尔纹密码片排列密度共同决定的一个常数，其中拍摄距离 L 为变量。拍摄距离 L 越大，密码片在屏幕上显示的周期 T_1' 就越小。也就是说，在拍摄距离 L 处，防伪文件中信息单元的周期 T_1 经过缩放倍率 β_1 作用后，在屏幕上的显示周期变为 T_1'，而 T_1' 需要经过缩放倍率 β_2 的作用才能成功解码，即周期变为 T_2，则有 $\beta_1 = T_1'/T_1$，$\beta_2 = T_2/T_1'$，得到：

$$\beta_1 = \frac{P \cdot \sqrt{m^2+n^2}}{\sqrt{2} \cdot N_2 \cdot L \cdot \tan\frac{\alpha}{2}} \tag{7.21}$$

$$\beta_2 = \frac{\sqrt{2} \cdot N_1 \cdot L \cdot \tan\frac{\alpha}{2}}{P \cdot \sqrt{m^2+n^2}} \tag{7.22}$$

$$\frac{T_2}{T_1}=\beta_1\times\beta_2=\frac{N_1}{N_2} \tag{7.23}$$

令这一比值为 β，则

$$\beta=\frac{N_1}{N_2} \tag{7.24}$$

简而言之，设计在防伪文件中的莫尔纹密码片，在手机上最终解码成功时缩放的总倍率 β 只与手机屏幕像素排列密度 N_2 以及设计的密码片排列密度 N_1 有关，与拍摄距离 L（$L_{min}\leqslant L\leqslant L_{max}$）无关，但拍摄距离会对解锁效果有影响。随着拍摄距离的增加，解锁图案的清晰度逐渐下降，在拍摄距离为最近工作距离时，解锁图案的清晰度最好。因此，建议解锁时的拍摄距离尽量控制在最近工作距离。

7.4.2.3　屏幕解锁技术的实现

移动端屏幕解锁验证的基本流程如图 7-33 所示。

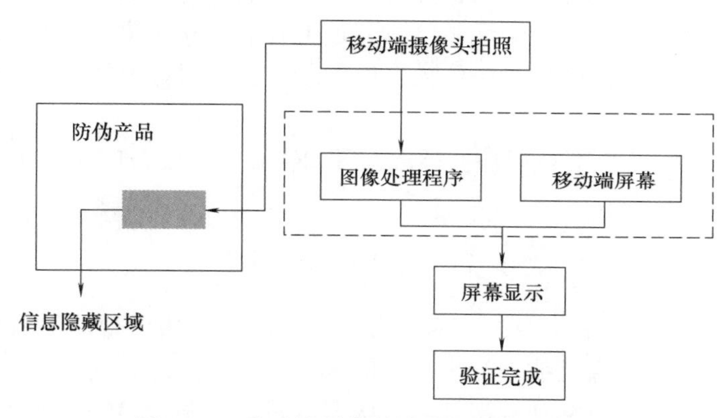

图 7-33　移动端屏幕解锁验证的基本流程

移动端屏幕解锁的实现除了需要具有摄像头和屏幕的移动端设备外，还需要配套的图像处理程序（App），这个图像处理程序需要具有图像分色、锐化、二值化、旋转、缩放等功能，在摄像头采集好图像后，由该程序对图像进行处理并解码显示出来。

图 7-34（a）所示为拍摄的 N_1 = 50lpi 的密码片在图像处理程序中裁切空白边后的显示效果，图 7-34（b）为在图像处理程序中经过横向缩放后解锁的信息密码片的屏幕显示效果（HUT）。

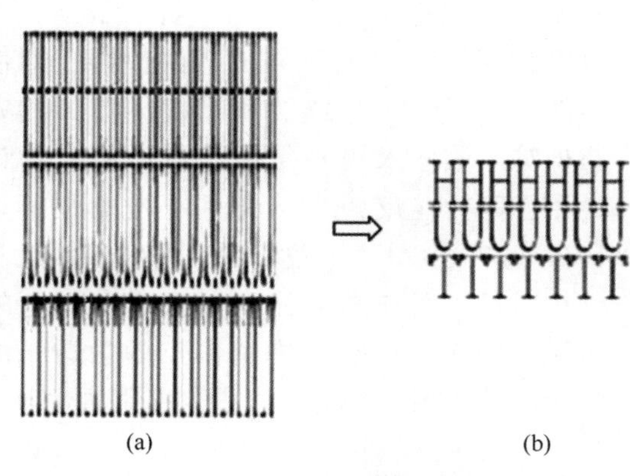

图 7-34　屏幕解锁前后对比
（a）解锁前　（b）解锁后

图 7-35 左侧为拍摄的点聚集型密码片在图像处理程序中裁切空白边后的显示效果，右下侧为在图像处理程序中经过横向缩放后解锁的信息密码片的屏幕显示效果（白）。

移动端屏幕解码的最大优点就是简便，解码效果清晰，密码片排列密度不受解码片限制。但由于受到设备摄像头解像力的限制，图形图像隐藏图案多需要以单

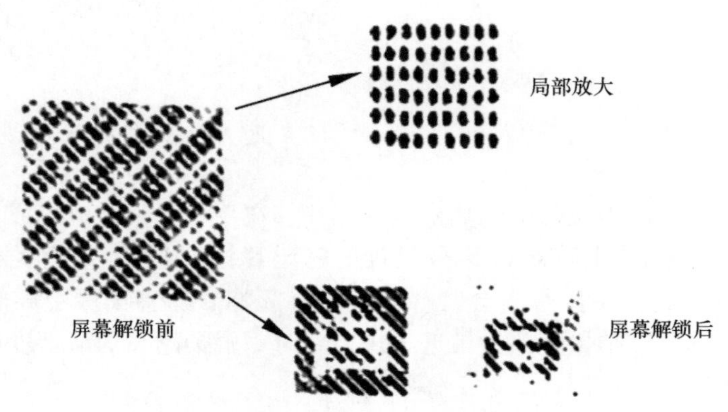

图 7-35　点聚集型密码片解锁效果

色形式印刷，且印刷时以深色墨为宜，更有利于移动端的拍摄解码。在多色印刷，特别是多色叠印时，需要加装额外的光学元件，尤其是带有适当放大功能的光学元件，以减小摄像头的取景范围，从而增加摄像头解像力，以满足多色印刷特别是多色叠印图像的屏幕解锁验证。

该技术同样适用于 PC 端，在外接摄像头和 PC 端显示设备的帮助下，可以实现移动端同样的效果。

7.4.3　StarPerf 识别技术

StarPerf 识别技术是由瑞士 Orell Füssli 公司开发的一种用于智能手机识别的激光穿孔技术，该技术基于激光微穿孔技术和智能手机 App，是一种新型的用于公众识别的货币防伪技术，具有开创性的可供移动端识别的防伪安全特征。图 7-36 所示为该技术在测试钞上的应用效果。

图 7-36　StarPerf 识别技术在测试钞上的应用效果

StarPerf 识别技术由高精度激光微孔按照特定规律排列而生成特定识别模式，激光微孔可以有不同的大小和形状，根据需要，激光微孔可以在货币上排列成面值、年份或其他特定形状［图 7-37（a）］，并具有耐腐蚀、耐油污、抗磨损性能，即使在恶劣的条件下也能为货币提供持久的安全保障。该技术极易集成到货币的防伪设计中，因为在反射光下几乎不被肉眼所见［图 7-37（b）］，不破坏货币的外观效果和使用时长，而在透射光下观察时变得清晰可见。图 7-37（c）中的白点即为透光的激光微孔，很容易通过肉眼来鉴别真伪。

StarPerf 识别技术具有一种防伪形式实现两种防伪等级的特点，肉眼识别是该技术的一线防伪特征，而当在智能手机中安装特定的识别 App 后，调节防伪元件处于透射光观察状态，同时调节好智能手机摄像头与防伪

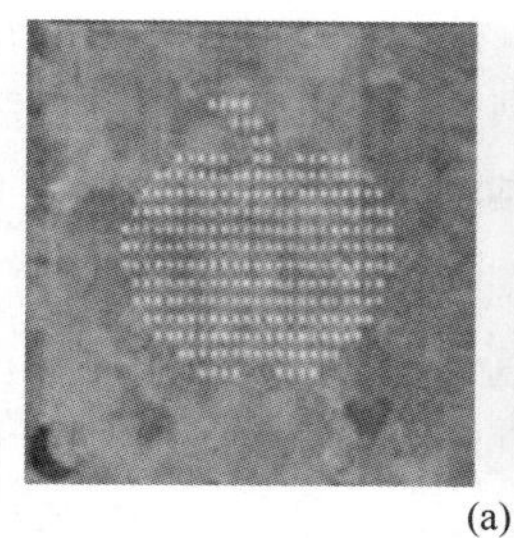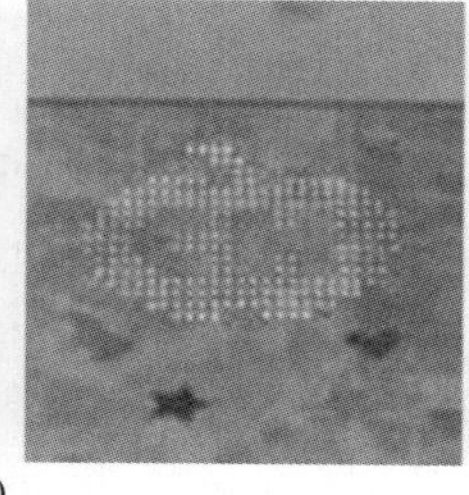

(a)　(b)　(c)

图 7-37　StarPerf 识别技术在货币上的应用效果
（a）激光微孔的不同排列形状　（b）反射光下观察　（c）透射光下观察

元件之间的扫描距离（图 7-38），2～3s 后，识别程序即可完成 StarPerf 特征及具体模式的验证，实现该技术的二线防伪特征。

StarPerf 特征的手机识别需要 5 个步骤：

① 启动智能手机上安装的识别 App。

② 根据实际需要，选择“验证”或“描述”模式，如果是核实真伪，则选择“验证”按钮。

③ 选择 StarPerf 特征验证功能。

④ 使用智能手机的摄像头，扫描防伪元件上的 StarPerf 图案。

⑤ 检测成功后，显示验证成功的信息。

图 7-38　手机识别 StarPerf 特征

7.4.4　MAGnite 识别技术

MAGnite 识别技术是由德国 G&D 公司为货币防伪开发的一项最新的用于手机识别验证的防伪技术，该防伪特征的验证需要一种特殊颜料和普通磁体（磁铁、手机或其他磁性工具）的相互作用才能实现。图 7-39 所示为 MAGnite 识别技术验证效果，随着手机的左右移动，两个亮黄色的同心圆跟随手机左右移动。

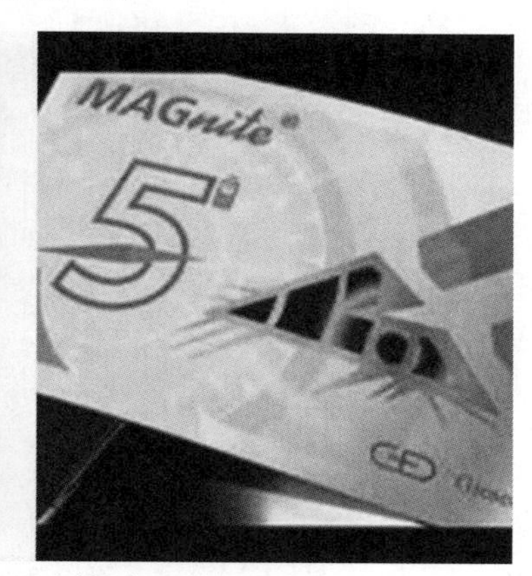

图 7-39　MAGnite 识别技术验证效果

MAGnite 识别技术是基于特殊油墨中的功能颜料，该功能颜料采用 G&D 公司开发的高度耐用的微胶囊包裹起来，以保护特种颜料的变色效果，并为该特种颜料创造出一个完全自由流通的环境，以确保在任意方向一致的外部磁力作用下，形成一个特定的颜色变换模式，且不同类型的磁铁将产生不同的颜色变换模式或图案，如在使用手机验证时，可以观察到圆形或椭圆形的图案。

采用微胶囊技术包裹的功能颜料被制成油墨后，采用丝印的方式，均匀而平整地印刷在承印物上，并采用 UV 固化技术干燥，以增强印记的牢固度，延长使用寿命。在没有外加磁场的干扰下，微胶囊中的功能颜料以同样的姿态朝向统一的方向，从而形成视觉上颜色均匀的印刷图案［图 7-40（a）］，当外加磁场靠近时，微胶囊中的功能颜料能瞬间感应到磁场的变化，使功能颜料对齐磁场而发生颜色变化［图 7-40（b）和图 7-40（c）］，从而形成能被肉眼清晰辨认的图案。

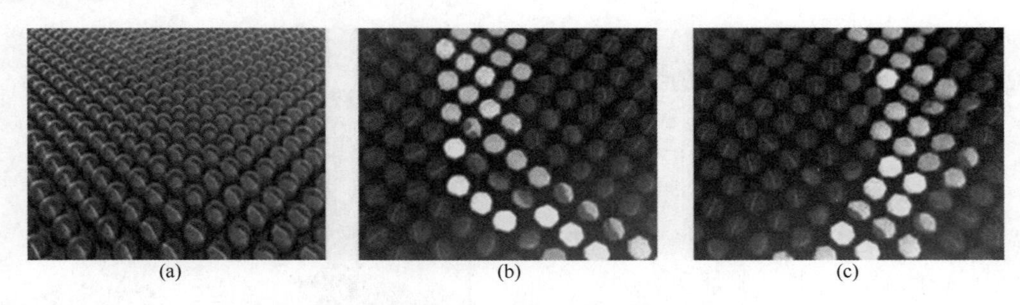

图 7-40　排列整齐的微胶囊功能颜料及其颜色变化
（a）磁性微胶囊阵列　（b）磁性颜料颜色变化 1　（c）磁性颜料颜色变化 2

7.5　纳米光学材料防伪技术

7.5.1　概　　述

纳米光学材料以其优越的性能吸引了全球研究界的广泛关注。一些纳米光学材料具有较强的发射强度、较大的电子-空穴重叠部分、易于在任何表面上涂覆、大的斯托克/反斯托克位移、高的光稳定性、良好的生物相容性等优点，这些特性大大拓宽了其实际应用范围。纳米光学材料主要包括稀土掺杂纳米颗粒、量子点等。

纳米材料至少有一个维度的尺寸在 1~100nm 范围内，其催化、热、光学、磁性、生物、机械和化学性质主要取决于原子物理，而不是控制材料整体性质的经典物理。与本体材料相比，该特殊性能是由于它们大的比表面积，以及因表面上晶体或不饱和键的有限尺寸而改变的能带结构。由于拥有巨大的潜力，与相同成分的宏观材料相比，各种纳米颗粒越来越多地成为日常生活的一部分，如食品包装、药物输送、先进机械材料、光催化、储能装置等。

由于纳米颗粒超小尺寸的量子限域而产生的非线性光学特性，为纳米颗粒和纳米复合材料提供了罕见的吸收和发射特性。光与物质的相互作用既可以诱导纳米材料中的光过程，也可以在波长允许的情况下将光限制在纳米尺寸。通过控制纳米颗粒的大小、形状、表面和内部结构，可以调整纳米颗粒的光学性质，以适应材料在不同领域中的应用，如图 7-41 所示。

7.5.1.1　稀土掺杂荧光纳米材料

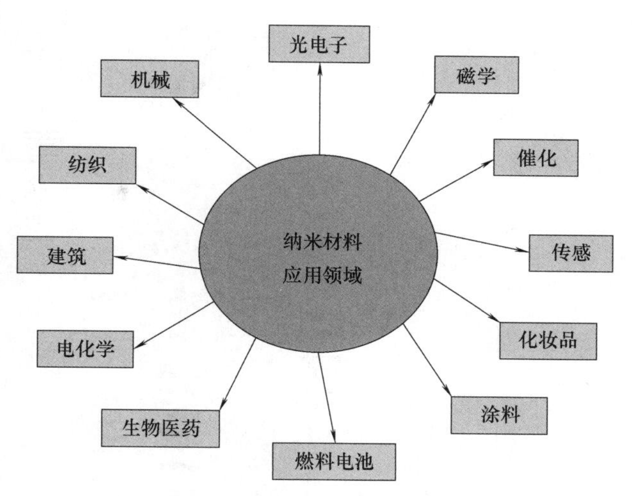

图7-41　纳米材料在不同领域中的应用

稀土（RE）元素是指处在元素周期表中原子序数为57~71的15种镧系元素以及ⅢB族中钇（Y）和钪（Sc）共17种元素，是一组化学性质十分相似的元素，元素之间的差异仅在于4*f*电子壳层中填充了不同数目的电子。处于奇次晶体场中的稀土离子，因宇称禁戒的条件被破坏，实现了$4f^n$组态各能级间的电子跃迁，其发光呈现出独特的光谱结构和优异的光学特性，丰富的能级和特殊的电子组态使其成为发光材料的宝库。作为一种掺杂离子，稀土离子具有极其独特的性质，特别是具有较窄的发射范围，从而产生高色纯度、更长的激发态寿命。由于稀土掺杂的主体不同，其发射显示出微小的变化，图7-42所示为三价镧系离子的能级图。

根据能量转换模式的不同，稀土发光可以细分为三种典型的发射行为：下转换、量子裁切和上转换（UC）。根据发射区域的不同，稀土离子掺杂磷光体的特征发射已经在生物测定、磷光体、固体激光器等多个方面得到了应用，在可见光区域发射的镧系元素已在显示器上得到应用，而在近红外区域发射的镧系元素则适合于生物方面的应用。一些镧系元素，如Tm^{3+}、Dy^{3+}、Er^{3+}和Ho^{3+}也显示出上转换发光（UC），其中发射的光子能量相比激发的光子能量更高，在太阳能收集和生物成像方面有突出的应用。

相比而言，上转换发光具备一些特定的优势，因而受到了更多的关注。

上转换发光是非线性光学进程，通过连续吸收两个或多个低能量近红外光子，辐射出一个高能光子，属于反斯托克斯发光。由于稀土离子能级之间的跃迁属于*f*–*f*组内跃迁，中间亚稳能级具有较长的寿命，有利于实现高效的双光子或多光子进程，因此，上转换发光材料绝大多数都是稀土离子掺杂的化合物，上转换纳米颗粒（upconversion nanoparticles，UCNPs）是其中的典型。

通常UCNPs主要由无机基质（氟化物、氧化物、卤氧化物）、敏化剂离子（Yb^{3+}、Nd^{3+}）、激活剂离子（Er^{3+}、Tm^{3+}、Ho^{3+}）构成，其中敏化剂离子具有较大的吸收截面以高效捕获激发光子的能量，而激活剂离子受激发后发射出一系列特征谱带的荧光。此外，在复杂的上转换进程中还需要参与能量转移进程的累计剂、迁移剂。经过数十年的探索，上转换发光过程和机理普遍认为可分为五种机制：激发态吸收、连续能量传递上转换、合作敏化上转换、光子雪崩和能量迁移辅助上转换。不同上转换进程中，激活离子获取能量到达激发态的路径有所不同，参与能量吸收和传递的离子种类（敏化、迁移、累计、激活）与数量有所差异，发生的概率也有所差异，从而导致不同机制的发光效率有所不同。

随着纳米材料制备技术的发展，目前通过共沉淀法、水热/溶剂热法、热分解法、溶

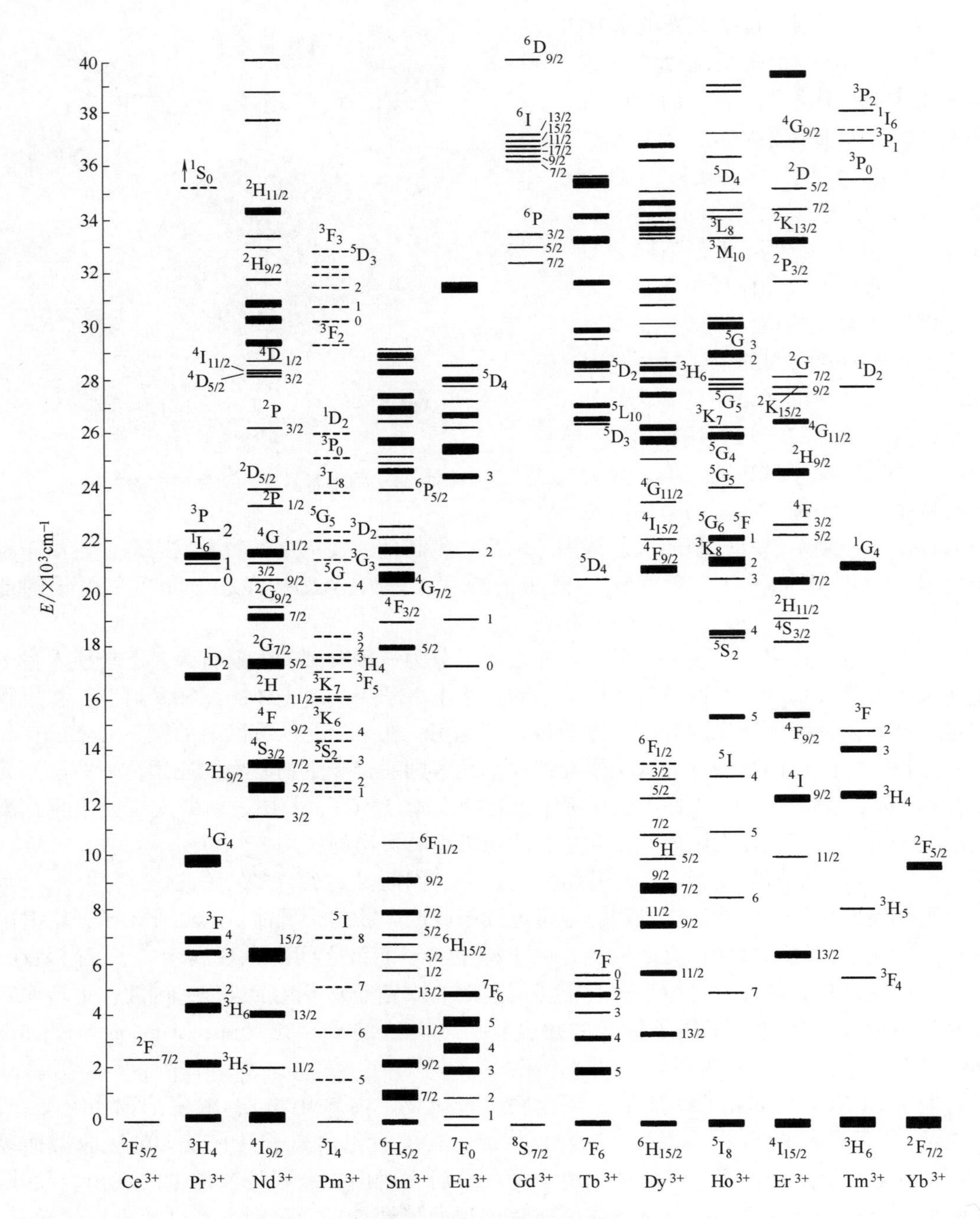

图 7-42　三价镧系离子的能级图

胶-凝胶法、微乳液法、燃烧法及离子交换法等制备方法都可获得 UCNPs，并且各种合成方法也在不断完善。不同的合成方法各有优缺点，得到的 UCNPs 产物在结晶度、形貌、尺寸与尺寸分布上有所不同，也使得其产物的上转换发光效率有所不同。

共沉淀法制备 UCNPs 通常是在温和反应条件下获得结晶度较低的沉淀物，然后通过煅烧进行晶化，以提高荧光强度。这一合成方法成本低、环境友好、操作简便、反应条件无须严格控制，但后续需要煅烧处理，并且晶化的过程中易发生粒子团聚，难以获得单分散、形貌规整的产物。

水热/溶剂热法是以水/溶剂为介质，溶液体系在高温高压条件下产生新相的方法。通过调控体系中前驱体浓度、配体种类及浓度、反应温度等，改变前驱体活性、溶解度和扩散速度，调控晶体生长速度与各向异性，可以实现晶型、形貌和尺寸的调控。这一方法具有合成温度低、条件温和、操作简便、空气污染少、能耗低等优点，但也存在晶体大小难以控制的问题，难以制备高结晶度、高量子产率、小尺寸的纳米颗粒。

热分解法是指在无水无氧的环境下，在高沸点有机溶剂中，稀土金属前驱体在 250~340℃高温下分解成核制备 UCNPs 的方法。该方法制备的 UCNPs，形貌均一，尺寸小，结晶度高，是目前高质量 UCNPs 制备最常使用的方法。通过对该法的精准调控，可以实现对晶体生长的定向抑制、促进或刻蚀，制备出哑铃形、竹节状、沙漏状、双环状、花形等形貌的异质结构 UCNPs，也是层层组装制备多壳层结构 UCNPs 的常用方法。

溶胶-凝胶法和微乳液法虽然也发展为 UCNPs 的制备方法，但存在反应时间长、尺寸不易控制、难以大规模生产等缺陷，未能成为 UCNPs 的主要合成方法。

7.5.1.2　量子点（QDs）

量子点由少量原子或原子团构成，通常三维尺度为 1~10nm。金属、非金属、半导体、稀土等多种材料均可用来制备纳米晶量子点，通过控制量子点的成分、结构和尺寸，可以调节其能隙的大小，得到所需要的特征光发射。这使得纳米晶量子点材料已成为当今能带工程的一个重要组成部分，在生物标记、生物成像、纳米光电子学领域具有极大的应用潜力。

（1）半导体量子点。由于量子效应，量子点的电子和光学性能取决于其尺寸。因此，不同尺寸的量子点呈现出不同的荧光颜色。Ⅱ-Ⅵ族（如 CdSe、CdTe、CdS、ZnSe）、Ⅲ-Ⅴ族（如 InP、InAs）和Ⅳ-Ⅵ族（如 PbSe），其量子点的大小、形状和电子性质之间的关系已被广泛研究。通过改变半导体量子点的尺寸和化学组成，可以使其荧光发射波长覆盖从紫外到红外区域。不同直径的 CdSe 量子点可产生从蓝色到红色的发光，通过调节 CdSe 量子点化学组成可以得到近红外波段的发光。InP 和 InAs 量子点可以获得 700~1500nm 多种发射波长的材料。图 7-43 显示了量子点的发射波长随尺寸及组成的变化情况。近年来，以 $CsPbX_3$（X=Cl，Br，I）量子点为主的钙钛矿量子点也逐渐被开发用于防伪。

（2）碳量子点。碳量子点（carbon quantum dots，CQDs）是一种尺寸小于 10nm、具有荧光性质的零维碳基材料。CQDs 的光致发光机制尚不明确，目前被普遍接受的机制包括量子限域效应、表面态发光、分子态发光等。CQDs 作为一种新型材料，自 2004 年首次报道以来即

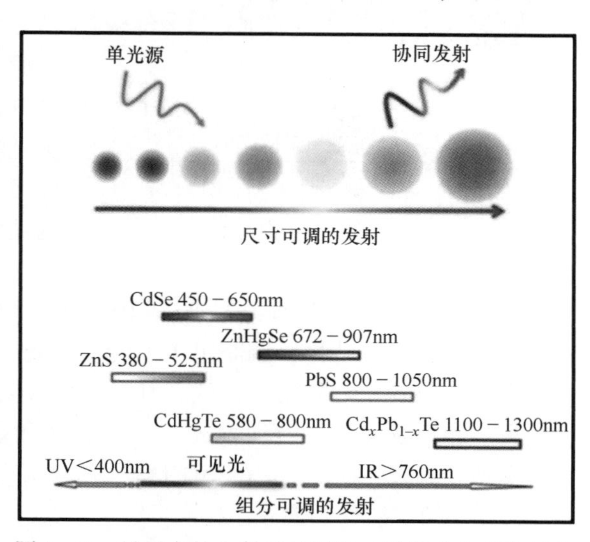

图 7-43　量子点的发射波长随尺寸及组成的变化情况

引起广泛关注。CQDs 在制备过程中不涉及重金属的使用，可直接以生物质为原料制备 CQDs（如李子、罗桑树叶、橘皮等）。同时，CQDs 的表面有大量的羟基、羧基等亲水性基团，因此具有生物相容性好、环境友好、成本低、毒性低、水溶性好等优点，大大拓宽了其应用范围。

7.5.2 稀土发光纳米材料防伪

在众多荧光防伪材料中，稀土上转换荧光纳米材料因具有荧光发射峰窄、耐光漂白、可调色域范围宽、无毒等优点而备受关注。常规的 UCNPs 通过吸收 980nm 近红外光单一地发射紫外光或可见光，称为单模式发光。这种荧光材料应用于防伪领域，可以基于上转换发光的隐蔽性与多色可调性，构建出隐形的防伪图像实现防伪，虽然具有一定的防伪应用价值，但由于其模式单一，仍然存在被复制的风险。在单模式上转换发光基础上，通过对 UCNPs 的基质组成调控、核壳结构设计以及异质荧光材料复合，可以实现多波长激发（如 808nm、980nm、1550nm、245nm、365nm）、温度依赖、激发功率依赖等特性的发光，即可实现 UCNPs 的单模式上转换发光向双模式及多模式上转换发光的转变。荧光防伪实质上是以荧光发射的隐蔽性、不可预测性来实现防伪信息的难复制，因而对荧光材料的发光模态进行调控，可以更好地提升防伪效果。

7.5.2.1 防伪标签

标签通常作为商品的信息载体，是商品包装的重要组成部分。将上转换荧光纳米材料复合在各种标签中，以隐形的方式承载食品、药品等的品牌信息，可为商品提供品牌保护。早在 2015 年，You 等人便提出了基于 UCNPs 构建防伪标签的技术方案，他们制备了红绿蓝三色发光的稀土掺杂 $NaYF_4$，并以 PAA 进行亲水改性，配制成喷墨打印油墨，在药物胶囊表面喷印二维码标签。在三色的颜色通道中分别隐藏了基本说明、包装图片及制造商的网站三个二维码信息，实现药品防伪（图 7-44）。然而，该多色二维码利用颜色叠印的方式隐藏多维信息，理论上虽然可行，但实际上会因为荧光颜色偏色，造成不同通道的信息串扰。由此可见，基于 UCNPs 的多维信息隐藏，更可靠的还是依赖多模态荧光材料，可以避免信号串扰。

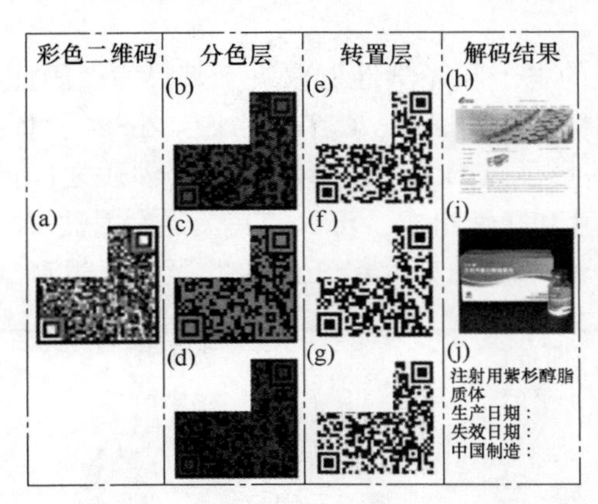

图 7-44 稀土发光纳米材料在防伪标签上的应用

Sang 等制备了一系列的 $LiNbO_3$:RE（RE=Pr、Tm、Er 或 Yb），深入挖掘了这类荧光材料的多模态发光特性，调制出了上转换发光、下转换发光、热致发光、光激发发光、余晖发光和力致发光六种发光模式，开发了多级防伪机制。作为高级防伪范例，研究者设计了兼具上转换发光、下转换发光、热致发光和余晖发光四种发光模式的牛肉拉面防伪标签，实现了静态-动态的多模态防伪。

7.5.2.2 防伪图案

荧光防伪最常见的形式就是基于荧光材料开发荧光防伪油墨，再通过喷墨、丝网印刷、气凝胶喷涂、印章等方式实现防伪图案的印制。Chen 等人通过丝网印刷，在纸、铝箔和织物上印制出了复杂的荧光图案，由于 $NaLuF_4/Y_2O_3$ 复合材料在 254nm 与 980nm 激发下的双模态荧光特性，防伪图案在两种激发光照射下显示出不同的发光颜色，如图 7-45（a）所示。这种防伪油墨及防伪图案的构建方法，也适用于不同质地的包装材料。Zhou 等人将 $NaYF_4$：Yb^{3+}、Er^{3+}@ $NaYF_4$：Yb^{3+}，Nd^{3+}@ $Cu_{2-x}S$ 核壳纳米颗粒通过喷墨打印构建了防伪图像，在不同激发波长（808nm、980nm、1540nm）下显示出了不同的发光颜色，如图 7-45（b）所示。

上述防伪图案都只能实现部分颜色的发光，而全彩显示的图案能将防伪性能提升到一个更高的水平。Yao 等人基于核@三层壳上转换纳米颗粒的双模发光，通过精准调节油墨中系列 β-$NaYF_4$ 的混合比例，实现了防伪图案的全彩显示。如图 7-45（c）所示，在 808nm 及 980nm 波长的近红外激光下，能看到一系列发光颜色不同且细节清晰的十二生

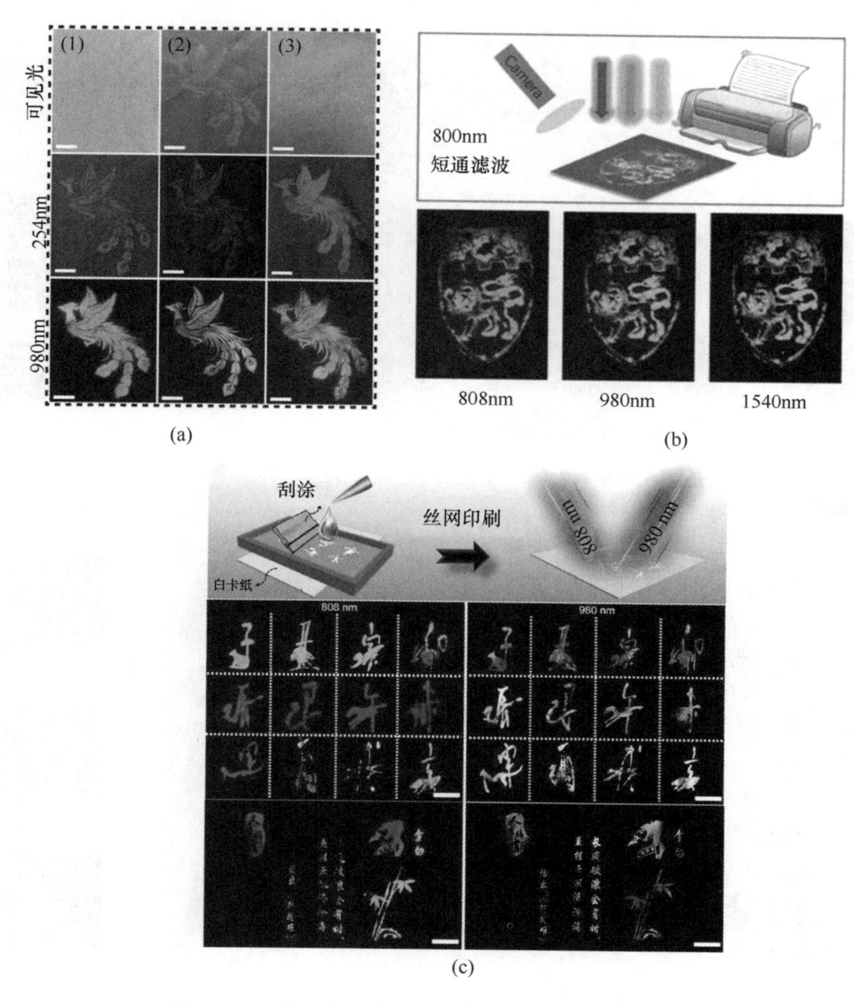

图 7-45　基于多模态 UCNPs 构建的荧光防伪图案

（a）$NaLuF_4/Y_2O_3$　（b）$NaYF_4$:Yb^{3+}，Er^{3+}@ $NaYF_4$:Yb^{3+}，Nd^{3+}@ $Cu_{2-x}S$

（c）$NaYF_4$:Ln^{3+}@ $NaYF_4$:Nd^{3+}@ $NaYF_4$@ $NaYF_4$:Ln^{3+}

肖图案和汉字。全彩显示双模式 UCNPs 荧光油墨的开发，对发展高安全性的荧光防伪技术具有十分重要的意义。

7.5.2.3 防伪编码

多样化的图案虽然荧光防伪效果好，但是它并不能结合信息编码技术实现信息的安全存储，也无法通过解码链接进数据系统，实现与溯源防伪等数字信息型防伪技术的融合，荧光编码技术作为一项综合防伪技术，可以解决这一问题。Zhou 等人通过核壳结构设计对 UCNPs 中的能量传递进程进行调制，实现了上转换荧光发光颜色及荧光衰减寿命的调控，将荧光颜色与寿命不同的 UCNPs 负载在多孔聚苯乙烯微球中构建成编码粒子，应用荧光颜色与荧光寿命两种模态进行编码，相比于传统的荧光颜色与荧光强度编码，显示出了指数级的编码能力提升，展现了强大的信息编码能力与防伪应用前景［图 7-46（a）］。

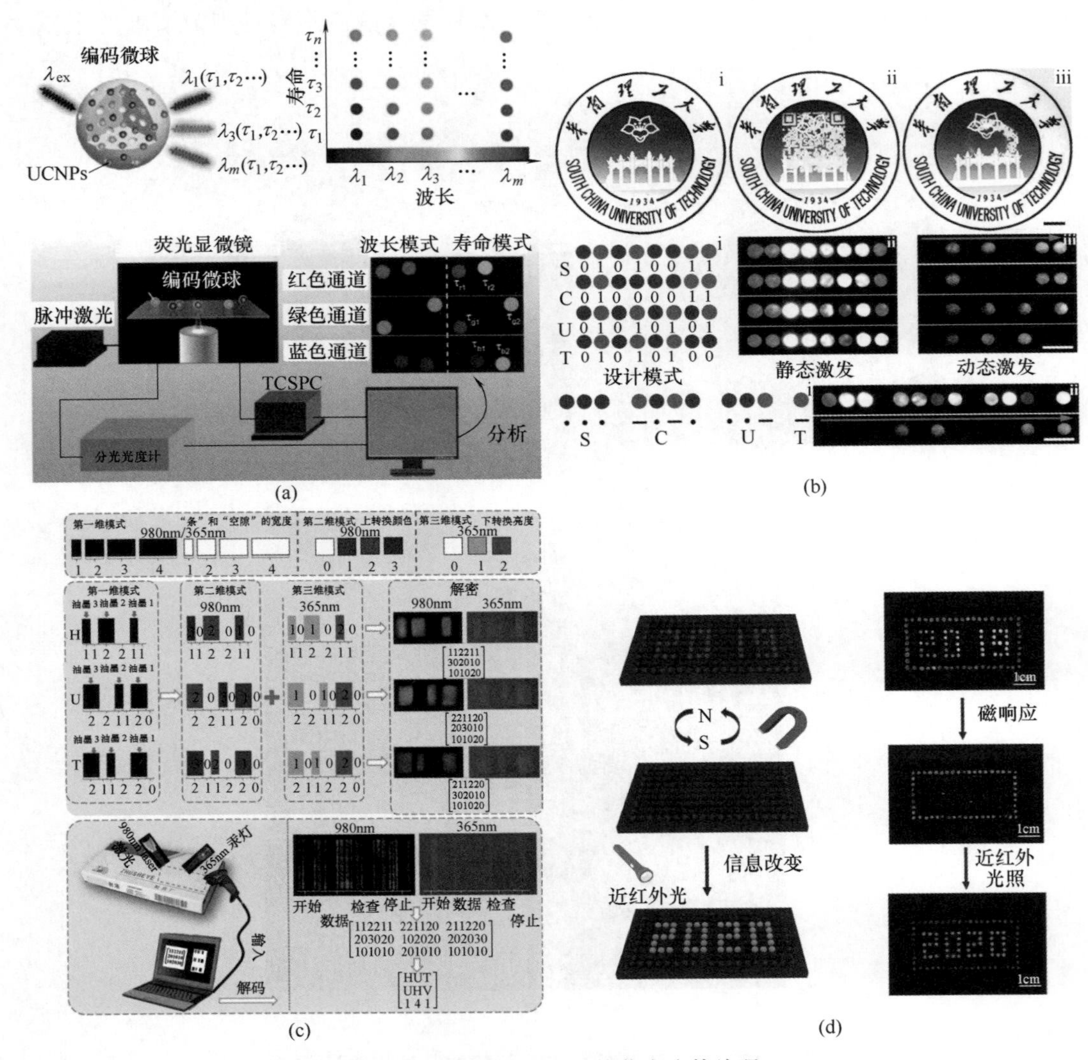

图 7-46 基于 UCNPs 的荧光防伪编码

（a）荧光颜色/荧光寿命双模态编码 （b）荧光/长余辉双模态编码 （c）上转换/下转换双模式三维荧光编码 （d）结构色/上转换荧光/磁响应三模式荧光编码

Han 等人基于具有上转换长余辉的 $KCaF_3$：Yb,Mn 研制了一种适合人机快速识别的可视化信息编解码原型。发光点矩阵根据标准的 8 位二进制 ASCII 码可以被翻译为“01010011”“01000011”“01010101”和“01010100”，分别对应大写字母“S”“C”“U”和“T”。此外，还解密了同样对应于“S”“C”“U”和“T”的摩斯密码［图 7-46（b）］。上述研究实现了一种更安全的信息加密方式，而只有知道正确解码规则且经过良好训练和授权的人才能访问被加密信息的具体内容，并且信息的编码存储和防伪与快速认证率也得到了证明。

Zhao 等人制备了具有下转换荧光、上转换发光、磷光与热致发光多模态 $Zn_4B_6O_{13}$：Tb,Yb 荧光材料，并将其应用于信息编码，在加热与紫外光照射下呈现的热致发光、下转换发光与磷光都会呈现出错误的编码信息，只有在 980nm 激光照射下的上转换发光才能解码得到正确的防伪信息。Xu 等人以二氧化硅为介质实现了 UCNPs 与碳量子点的组装，以该荧光纳米复合材料为填料制备了喷墨打印防伪油墨，用于构建双模式三维荧光编码［图 7-46（c）］。这种新型的多维防伪编码是在 Code 93 条码的基础上增加了上转换荧光颜色与下转换荧光强度两维信息，极大地扩展了编码容量并提升了安全性。

Zhang 等人利用组装 UCNPs、聚苯乙烯微球、Fe_3O_4 纳米粒子构建的具有上转换荧光、光子晶体结构色、磁响应性的 Janus 微球，构建了结构色/上转换荧光/磁响应的三模式荧光编码。如图 7-46（d）所示，构建的防伪编码在日光下呈现出结构色的编码信息，这一维信息在磁场作用下可以发生可逆的显示-隐藏，防伪编码在 980nm 激光照射下呈现出上转换荧光的编码信息，并且两维信息具有独立编码的特性，具有很高的信息安全性。

7.5.3　量子点防伪

7.5.3.1　半导体量子点防伪

HAN Wenjuan 等采用微波加热技术合成了 $Ti_3C_2T_x$ MXene 量子点，该量子点在不同波长激发下发射光谱中心位置产生较大移动，即发射颜色随着激发波长变化而产生变化。将利用所合成的量子点在商品打印纸上绘制的“熊猫”图案作为防伪标签，日光照射下图案在打印纸上几乎不可见，如图 7-47（a）所示，因此该防伪材料所制作的标签在白色背景下可实现自然隐藏。用 365nm 紫外光辐照图案时，打印纸上出现了浅蓝色“熊猫”图案，如图 7-47（b）所示；用 254nm 紫外光辐照时，打印纸上出现了紫色“熊猫”图案，如图 7-47（c）所示。

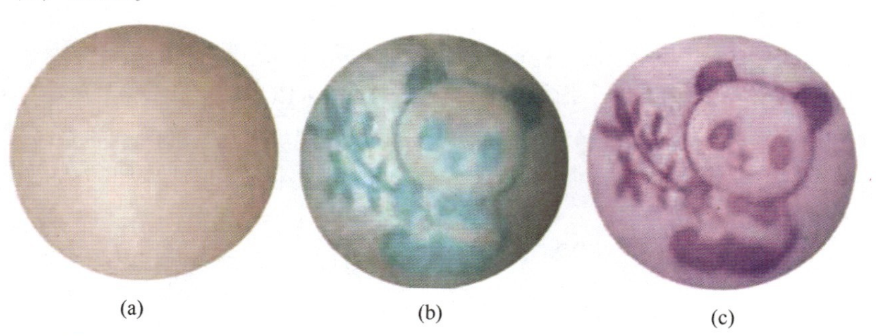

(a)　(b)　(c)

图 7-47　在不同光照下观察 $Ti_3C_2T_x$ MXene 量子点基荧光防伪标签

（a）太阳光　（b）365nm 紫外光　（c）254nm 紫外光

邱建荣团队在磷硼酸玻璃基底中析出了 $CsPbX_3$ 量子点，通过超快激光诱导使 $CsPbX_3$ 量子点析晶，如图 7-48（a）所示，并基于 $CsPbBr_{3-x}I$ 纳米晶实现绿、黄和红三色图标，如图 7-48（b）所示，该项发现有望应用于多维信息编码和防伪领域。陈大钦团队通过将 $CsPbX_3$ 量子点玻璃粉末与 Tm：KYb_2F_7 纳米材料混合制备具有高极性和光稳定性的新型防伪材料，该混合材料浸泡在水中 30 天，或者在 30W 的 365nm 紫外线灯下持续照射 48h，材料发光强度都没有明显的变化。向卫东团队制备了 $CsPbBr_3$ 量子点玻璃，采用飞秒激光诱导-热处理进行定点析晶。析晶区域代表逻辑二元状态的 1，非析晶区域代表逻辑二元状态的 0，如图 7-48（c）所示，样品玻璃可以通过激光诱导局域析晶，析晶部分可通过激光擦除，将样品玻璃承载的信息重置后可将信息重新写入，从而实现信息的存储和擦除功能。

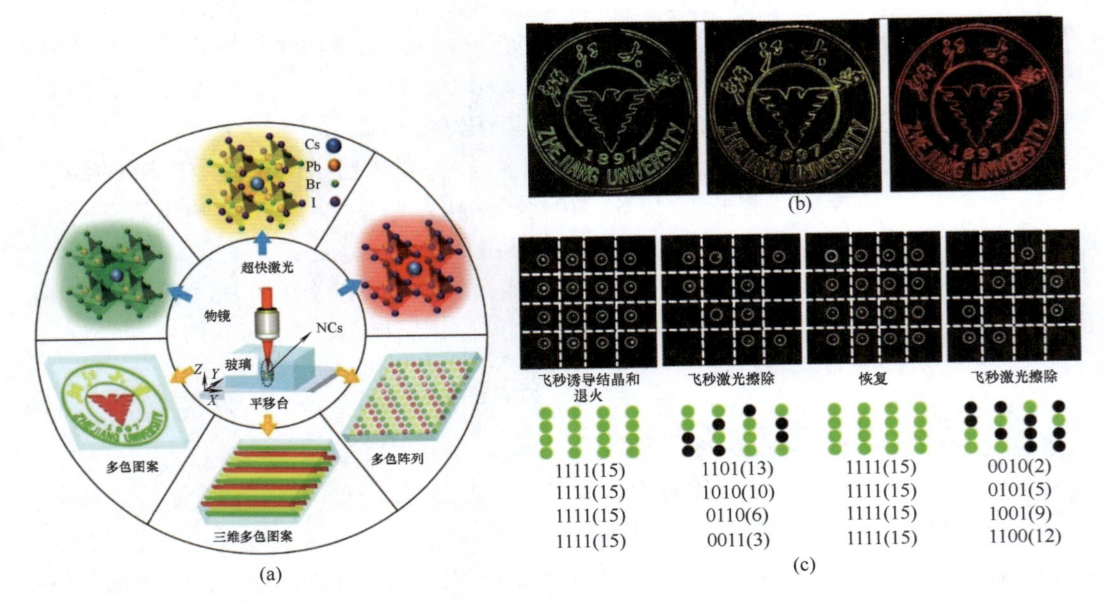

图 7-48　激光诱导 $CsPbX_3$ 量子点析晶及防伪应用

（a）彩色钙钛矿纳米晶和图案的直接光刻示意图　（b）基于 $CsPbBr_{3-x}I_x$ 纳米晶实现多色防伪图案　（c）光信息存储应用演示

7.5.3.2　碳量子点防伪

中国科学院宁波材料技术与工程研究所林恒伟等报道了一种 m-CQDs-PVA 复合材料，该材料同时显示下转换荧光（PL）、上转换荧光（UCPL）和室温磷光（RTP）三模态发射，可以直接用作高稳定性的荧光油墨。由于这种三重发射模式非常罕见且很难复制，m-CQDs-PVA 复合材料一般用于高级防伪材料。该材料的制备和防伪效果如图 7-49 所示。

此外，林恒伟团队以琥珀酸和二乙烯三胺为原料通过水热法制备了一种在不同激发波长下表现优异的多色长寿命室温磷光的碳量子点（MP-CQDs），该碳量子点将荧光、室温磷光的多色发光相结合，具有在高级防伪中的应用潜能。将滤纸制作的四叶草的叶和枝分别浸泡在 MP-CQDs-PVA 和 m-CQDs-PVA 的分散液中，在 305nm 的紫外光照射下，四叶草部分呈蓝色荧光，枝条部分呈青色荧光。如图 7-50 所示，在不同激发波长（254~420nm）的紫外光照射下，彻底干燥后的四叶草及其枝条的颜色都发生了轻微的变化，这是由碳量子点激发波长依赖的荧光性质引起的。刚关闭这些紫外线灯时，呈现出室温磷光模式，可以明显地看到四叶草逐渐从青色变为黄色，而枝条部分或不易观察（254nm、305nm），或保持绿色（365nm、390nm、420nm）。这种独特的光刺激多色磷光现象难模仿、易识别，因此，MP-CQDs-PVA 是一种极具应用前景的高级防伪油墨材料。

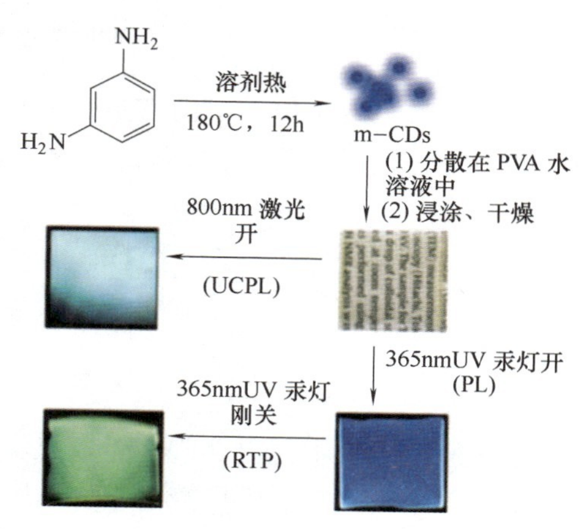

图 7-49　m-CQDs-PVA 复合材料的制备和防伪效果

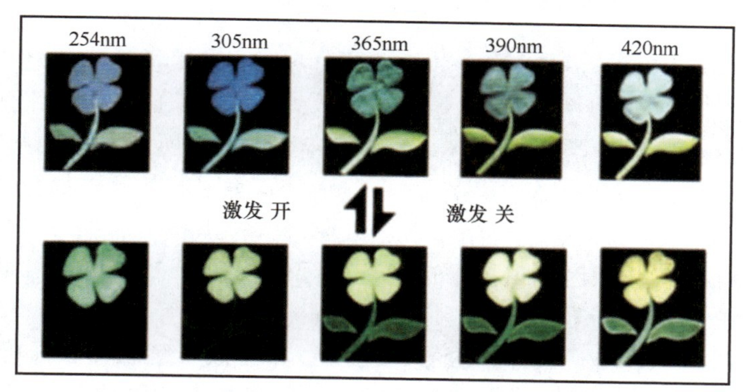

图 7-50　四叶草的叶（MP-CQDs-PVA 浸泡）及其枝条（m-CQDs-PVA）在不同波长光源开闭时的颜色变化

浙江理工大学奚凤娜等将一种由 N,S-GQDs 制备的荧光油墨封装到喷墨打印机和钢笔的墨囊中，在纸上进行打印或手写。如图 7-51 所示，用 N,S-GQDs 油墨书写的单词“GQDs”在日光下完全不可见，在紫外光照射下可见。使用添加 Cu^{2+} 的 N,S-GQDs 油墨

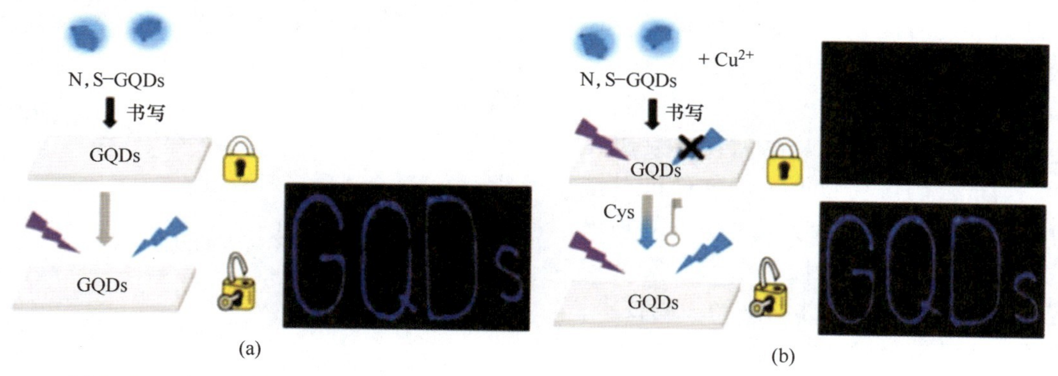

图 7-51　碳量子点防伪油墨信息加密示意图［可见光（右上），365nm 紫外光（右下）］
（a）N,S-GQD　（b）N,S-GQDs+Cu^{2+}

时，只有同时在紫外光照射并喷涂半胱氨酸（Cys）溶液时才能解密，显示出蓝色荧光的“GQDs”。这是由于 Cu^{2+} 的配位引起 GQDs 的聚集，使其荧光猝灭。而半胱氨酸对 Cu^{2+} 具有较高的亲和力，通过与 Cu^{2+} 的竞争性结合使 N,S-GQDs 释放，从而产生荧光。这种刺激响应的加密方式提高了 GQDs 的防伪水平。

7.6 量子云码技术

7.6.1 概　　述

量子是最小的、不可再分割的能量单位，这里借用量子的属性来类比量子云码的技术特性。量子云码是安全自主可控的一物一码载体追溯技术，是基于自主核心专利算法，以微米级图像为单位构建的微观微距智能图像识别系统。量子云码单个码点直径为 30~40μm，相当于一根头发直径的二分之一（图 7-52）。

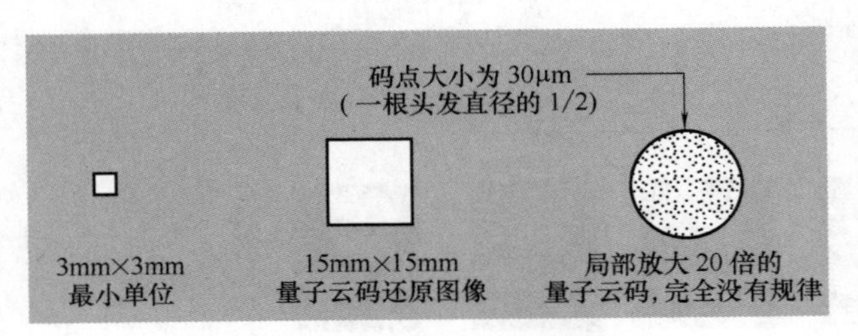

图 7-52　量子云码示意图

编码防伪技术的发展历程如图 7-53 所示。业内把 1949 年发明于美国的条形码划分为第一代物联网标识技术，把 1994 年发明于日本的二维码划分为第二代物联网标识技术，而量子云码技术于 2014 年在中国深圳发明，具有国内完全自主知识产权。当前主要应用的条形码、二维码等均源自国外。量子云码是国内目前最安全可控的一物一码载体追溯技术之一，具有极难复制、破损可读、隐蔽赋码、任意塑形等特性，颠覆了条形码及二维码在防伪追溯过程中的局限性，打破了中国在编码标识技术领域被国外“卡脖子”的状况。

物联网编码标识技术对比如图 7-54 所示。相较而言，普通的二维码码图被破坏超过 25%或一个定位角被破坏就可能导致无法识别，而量子云码码图破损超过 90%仍可高效识读；二维码仅能在纸张、PVC 等平面材质上赋码识读，而量子云码可在纸张、PVC、玻璃、陶瓷、金属等平面、曲面和异形材质上赋码识读。量子云码可变数据生成软件可对接市场上大部分品牌数码印刷机、UV 喷墨机和激光打标机，保证量子云码安全稳定生产。作为领先全球的一物一码技术，量子云码具有无可比拟的优势。

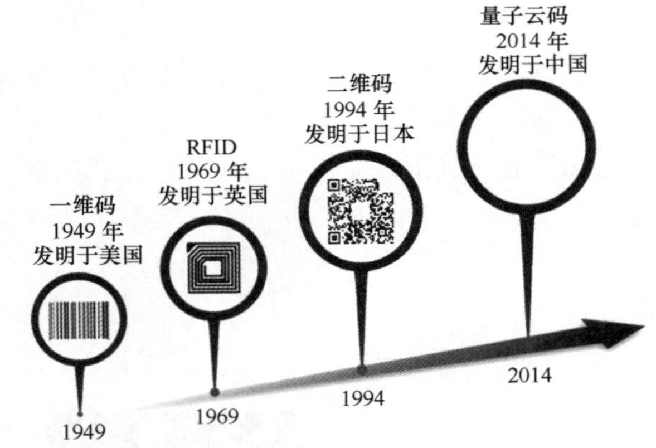

图 7-53　编码防伪技术的发展历程

量子云码技术有以下五大优势：

① 极难复制：单个码点直径为 30~40μm（头发丝直径的 1/2）。

	条形码	二维码	RFID	量子云码
信息容量	小	大	较大	较大
不可复制性	差	差	强	强
可识读性	破损不可识读	破损超过 25% 或定位角破损不可识读	受金属、水质干扰时不可识读	标准码图破坏 90% 仍可读 最小可识读面积 3mm×3mm
可适用材质	只能在纸张、PVC 等平面材质上赋码识读		较少	可在纸张、PVC、玻璃、陶瓷、金属等平面、曲面和异形材质上赋码识读
是否可隐藏或更改形状	否	否	否	可隐蔽赋码、任意塑形
实施成本	一般成本	一般成本	成本高	性价比高

图 7-54　物联网编码标识技术对比

② 任意塑形：可根据需要将码图制作成任意形状及图案，实现码即是图，图即是码，码与图完美融合。

③ 隐蔽赋码：码图可以技术性隐藏赋码到产品、产品标签、包装上。

④ 破损可读：最小可识读面积为 3mm×3mm，即使遭到大面积破坏，只要残留区域面积超过总赋码面积的 10%，同样可以高效识读；实施便捷：技术可对接多数主流可变印刷工艺及设备，实施成本低。可用于纸张、PE 塑料、PVC 塑料、金属、陶瓷等多种材料包装。

⑤ 高效识别：消费者可通过手机 App 和微信小程序进行甄别，政府、企业稽查人员可用专用识别仪进行终极稽查（图 7-55）。

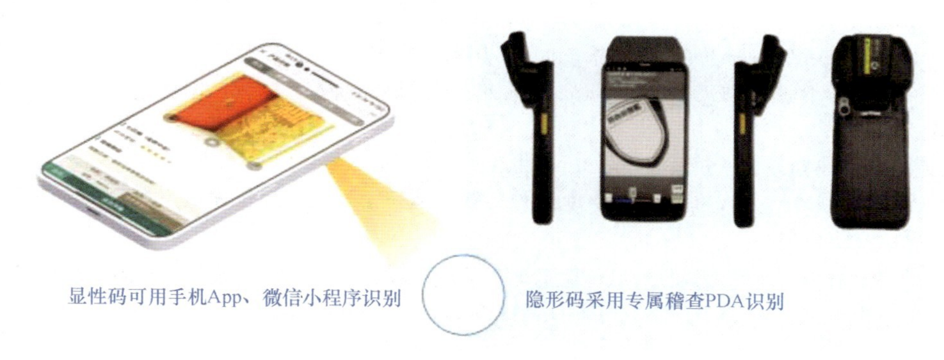

图 7-55　量子云码使用示意

7.6.2　量子云码的应用场景

依托一物一码载体追溯技术和人工智能算法能力，量子云码能够为每件产品赋上独一无二的身份 ID，对产品进行从原材料生产到销售终端的全流程数字化管理，不仅可以为企业保驾护航，帮助企业解决生产管理、防伪溯源、渠道管控、私域流量管理、数据分析等需求。同时，量子云码一物一码技术平台，作为工业互联网入口，可以帮助企业构建产业数字化的底座，推动产业数字化。

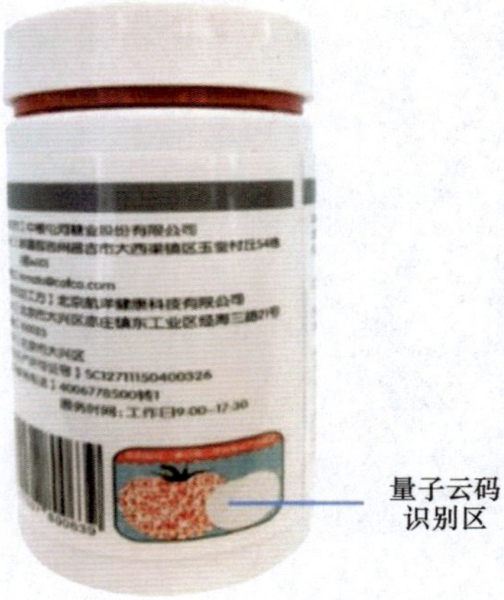

目前，量子云码已创建各类行业应用场景，如玻璃制品行业、医药行业、烟酒茶行业、食品饮料加工行业、美妆日化行业、电子电器行业、服装鞋帽行业、农牧行业等，充分发挥量子云码编解码技术在工业互联网建设的中枢神经和数字化的新基建作用。由于量子云码具备极难复制、任意塑形、隐蔽赋码、破损可读等优势，可完美应用于产品包装上，即量子云码以独立算法内核，结合 AI（人工智能）赋予图码数字信息化生命力，通过赋码工艺、设备将码图喷印在标签上，可适用于各种产品包装。图 7-56 为量子云码在药品包装上的应用。

量子云码
识别区

图 7-56 量子云码在药品包装上的应用

参考文献

[1] 谢小梅. 浅谈 DNA 防伪技术 [J]. 中国防伪报道，2010，(7)：59-62.

[2] 张治洲，俞洋，王秀锦. 基于 DNA 分子密码算法的防伪认证技术 [J]. 天津科技大学学报. 2006，21 (3)：82-86.

[3] 周浩. 生物 DNA 防伪技术 [J]. 中国品牌与防伪，2009，(z1)：85-86.

[4] 齐成. DNA 防伪油墨在防伪印刷中的应用 [J]. 印刷杂志，2011，(1)：55-56.

[5] 王霞，赵鹏，李炳志，等. DNA 合成技术及应用 [J]. 生命科学，2013，25 (10)：993-999.

[6] YAKOVLEV A V，MILICHKO V A，VINOGRADOV V V，et al. Sol-Gel assisted inkjet hologram patterning [J]. Advanced Functional Materials，2016，25 (47)：7375-7380.

[7] 黄校军. 基于表面微透镜阵列的立体随角异图防伪膜制备研究 [D]. 北京：北京印刷学院，2015.

[8] 张静芳. 光学防伪技术及其应用 [M]. 北京：国防工业出版社，2011.

[9] R A 斯蒂恩布利克，M J 赫特，G R 约丹. 微光学安全系统及影像表示系统：200780031597. 4 [P]. 2011-12-14.

[10] 董小春，杜春雷. 微透镜阵列显示技术研究 [J]. 微纳电子技术，2003，40 (6)：29-32.

[11] STEENBLIK R A，HURT M J，JORDAN G R. Image presentation and micro-optic security system：8144399 [P]. 2012-07-02.

[12] ANAND A. Automated verification of optical randomness in security label：US10074228B2 [P]. 2018-09-11.

[13] 孙源，冷显丹，孙忠道. 中国银行百年纪念钞防伪措施 [J]. 东方收藏，2012，(9)：109-111.

[14] 王鹏飞. 食品溯源用基于 DNA 检测的内标物示踪法研究 [D]. 青岛：中国海洋大学，2014.

[15] 张敬晶. 带有结构色的 Fe(Ni)/PAA 复合薄膜的制备、表征和物性 [D]. 石家庄：河北师范大学，2014.

[16] XUAN Z, LI J, LIU Q, et al. Artificial structural colors and applications [J]. The Innovation, 2021, 2 (1): 15.

[17] CHUNG K, YU S, HEO C J, et al. Flexible, angle-independent, structural color reflectors inspired by morpho butterfly wings [J]. Advanced Materials, 2012, 24 (18): 2366-2366.

[18] LI Z Y, BUTUN S, AYDIN K. Large-area, lithography-free super absorbers and color filters at visible frequencies using ultrathin metallic films [J]. ACS Photon. 2015, 2 (2): 183-188.

[19] YANG Z M, ZHOU Y M, CHEN Y Q, et al. Reflective color filters and monolithic color printing based on asymmetric Fabry-Perot cavities using nickel as a broadband absorber [J]. Advanced Optical Materials, 2016, 4: 1196-1202.

[20] YANG Z M, CHEN Y Q, ZHOU Y M, et al. Microscopic interference full-color printing using grayscale-patterned Fabry-Perot resonance cavities [J]. Advanced Optical Materials, 2017, 5: 1700029.

[21] ZHAO J C, MENG X C , YANG X M, et al. Defining deep-subwavelength-resolution, wide color-gamut, and large-viewing-angle flexible subtractive colors with an ultrathin asymmetric Fabry-Perot lossy cavity [J]. Advanced Optical Materials, 2019, 7: 1900646.

[22] JOHN S. Strong Localization of Photons in CertainDisordered Dielectric Superlattices [J]. Physical ReviewLetters, 1987, 58 (23): 2486.

[23] FREYMANN G V, KITAEV V, LOTSCH B V, et al. Bottom-up assembly of photonic crystals [J]. Chemical Society Reviews, 2013, 42 (7): 2528-2554.

[24] YOU B, WEN N G, SHI L, et al. Facile fabrication of a three-dimensional colloidal crystal film with large-area and robust mechanical properties [J]. Journal of Materials Chemistry, 2009, 19 (22): 3594.

[25] LI F H, TANG B T, WU S L, et al. Facile synthesis of monodispersed polysulfide spheres for building structural colors with high color visibility and broad viewing angle [J]. Small, 2017, 13 (3): 1-8.

[26] MARLOW F, MULDARISNUR, SHARIFI P, et al. Opals: status and prospects [J]. Angew Chem Int Edit, 2009, 48 (34): 6212-6233.

[27] LANGE B, FLEISCHHAKER F, ZENTEL R. Functional 3D photonic films from polymer beads [J]. Phys Status Solidi A, 2007, 204 (11): 3618-3635.

[28] LI X, CHEN L, WENG D, et al. Tension gradient-driven rapid self-assembly method of large-area colloidal crystal film and its application in multifunctional structural color displays [J]. Chemical Engineering Journal, 2022, 427 (1): 130658.

[29] LIU C, TONG Y L, YU X Q, et al. MOF-based photonic crystal film toward separation of organic dyes [J]. Acs Applied Materials & Interfaces, 2020, 12 (2): 2816-2825.

[30] ZHOU N, ZHANG A, SHI L, et al. Fabrication of structurally-colored fibers with axial core-shell structure via electrophoretic deposition and their optical properties [J]. Acs Macro Letters, 2013, 2 (2): 116-120.

[31] MENG F T, UMAIR M M, IQBAL K, et al. Rapid fabrication of noniridescent structural color coatings with high color visibility, good structural stability, and self-healing properties [J]. ACS Applied Material & Interfaces, 2019, 11 (13): 13022-13028.

[32] PARK S H, QIN D, XIA Y N. Crystallization of mesoscale particles over large areas [J]. Advanced Materials, 1998, 10 (13): 1028-1032.

[33] MENG X D, AL-SALMAN R, ZHAO J P, et al. Electrodeposition of 3D Ordered macroporous germanium from ionic liquids: a feasible method to make photonic crystals with a high dielectric constant [J]. Angewandte Chemie-International Edition, 2009, 48 (15): 2703-2707.

[34] FINLAYSON C E, BAUMBERG J J. Generating bulk-scale ordered optical materials using shear-assembly

in viscoelastic media [J]. Materials, 2017, 10 (7): 1-14.

[35] FINLAYSON C E, BAUMBERG J J. Polymer opals as novel photonic materials [J]. Polymer International, 2013, 62 (10): 1403-1407.

[36] 吴建宇. 胶体晶薄膜制备及其在物理不可克隆防伪标签中的应用 [D]. 广州: 广东工业大学, 2022.

[37] 黎哲祺, 卢裕能, 谭海湖, 等. 图案化胶体光子晶体的制备与防伪应用研究进展 [J]. 包装学报, 2019, 11 (5): 10.

[38] XIAO M, LI Y W, ALLEN M C, et al. Bio-inspired structural colors produced via self-assembly of synthetic melanin nanoparticles [J]. ACS Nano, 2015, 9 (5): 5454-5460.

[39] LEE H S, SHIM T S, HWANG H, et al. Colloidal photonic crystals toward structural color palettes for security materials [J]. Chemistry of Materials, 2013, 25 (13): 2684-2690.

[40] MENG Z P, WU S L, TANG B T, et al. Structurally colored polymer films with narrow stop band, high angle-dependence and good mechanical robustness for trademark anti-counterfeiting [J]. Nanoscale, 2018, 10 (30): 14755-14762.

[41] GE J P, YIN Y D. Responsive photonic crystals [J]. Angewandte Chemie International Edition, 2011, 50 (7): 1492-1522.

[42] YE S Y, Fu Q Q, Ge J P. Invisible photonic prints shown by deformation [J]. Advanced Functional Materials, 2014, 24 (41): 6430-6438.

[43] XUAN R Y, GE J P. Invisible photonic prints shown by water [J]. Journal of Materials Chemistry, 2012, 22 (2): 367-372.

[44] HU H B, CHEN Q W, TANG J, et al. Photonic anti-counterfeiting using structural colors derived from magnetic-responsive photonic crystals with double photonic bandgap heterostructures [J]. Journal of Materials Chemistry, 2012, 22 (22): 11048.

[45] GUO J, LI H, LING L, et al. Green synthesis of carbon dots toward anti-counterfeiting [J]. ACS Sustainable Chemistry & Engineering, 2020, 8: 1566-1572.

[46] ZHANG H B, HUANG C, LI N S, etal. Fabrication of multicolor Janus microbeads based on photonic crystals and upconversion nanoparticles [J]. Journal of Colloid and Interface Science, 2021, 592: 249-258.

[47] MAITI S, MIKAMI M, HOSHINO K. Field experimental evaluation of mobile terminal velocity estimation based on doppler spread detection for mobility control in heterogeneous cellular networks [J]. IEICE Transactions on Communications, 2017, 100 (2): 252-261.

[48] 钟云飞, 胡尧坚, 杨玲, 等. 一种无需显现层的光栅防伪解锁方法及其装置: 201810131467.8 [P]. 2022-05-31.

[49] 王世勤. 解像力的含义及表示方法 [J]. 印刷质量与标准化, 2004, (1): 38-41.

[50] SUN L D, DONG H, ZHANG P Z, et al. Upconversion of rare earth nanomaterials [J]. Annual review of physical chemistry, 2015, 66: 619-642.

[51] ZHU X, ZHOU J, CHEN M, et al. Core-shell Fe_3O_4@ $NaLuF_4$: Yb, Er/Tm nanostructure for MRI, CT and upconversion luminescence tri-modality imaging [J]. Biomaterials, 2012, 33 (18): 4618-4627.

[52] WANG F, LIU X G. Recent advances in the chemistry of lanthanide-doped upconversion nanocrystals [J]. Chemical Society Reviews, 2009, 38 (4): 976-989.

[53] WANG F, LIU X G. Multicolor tuning of lanthanide-doped nanoparticles by single wavelength excitation [J]. Accounts of Chemical Research, 2014, 47 (4): 1378-1385.

[54] ZHOU B, SHI B Y, JIN D Y, et al. Controlling upconversion nanocrystals for emerging applications

[J]. Nature nanotechnology, 2015, 10 (11): 924-936.

[55] 王阳，胡珀，周帅，等. 稀土上转换发光纳米材料的防伪安全应用 [J]. 化学进展，2020，33 (7): 1221.

[56] LIU M, WANG S W, ZHANG J, et al. Upconversion luminescence of $Y_3Al_5O_{12}$ (YAG) : Yb^{3+}, Tm^{3+} nanocrystals [J]. Optical Materials, 2007, 30 (3): 370-374.

[57] ZHANG F, WAN Y, YU T, et al. Uniform nanostructured arrays of sodium rare-earth fluorides for highly efficient multicolor upconversion luminescence [J]. Angewandte Chemie, 2007, 119 (42): 8122-8125.

[58] 张伟，廖正芳，阿尔普丁·艾尼娃尔，等. 掺杂上转换纳米粒子的温敏性发光水凝胶的制备及性能 [J]. 精细化工，2020，37 (02): 270-277.

[59] SUN J Y, LAN Y J, XIA Z G, et al. Sol-gel synthesis and Green upconversion luminescence in $BaGd_2(MoO_4)_4$: Yb^{3+}, Er^{3+} phosphors [J]. Optical Materials, 2011, 33 (3): 576-581.

[60] GUNASEELAN M, YAMINI S, KUMAE G A, et al. Highly efficient upconversion luminescence in hexagonal $NaYF_4$: Yb^{3+}, Er^{3+} nanocrystals synthesized by a novel reverse microemulsion method [J]. Optical Materials, 2018, 75: 174-186.

[61] WANG F, DENG R R, LIU X G. Preparation of core-shell $NaGdF_4$ nanoparticles doped with luminescent lanthanide ions to be used as upconversion-based probes [J]. Nature Protocols, 2014, 9 (7): 1634-1644.

[62] ZHANG W, LIAO Z F, MENG X Q, et al. Fast coating of hydrophobic upconversion nanoparticles by $NaIO_4$-induced polymerization of dopamine: positively charged surfaces and in situ deposition of Au nanoparticles [J]. Applied Surface Science, 2020, 527: 146821.

[63] LIU D M, XU X X, DU Y, et al. Three-dimensional controlled growth of monodisperse sub-50nm heterogeneous Nanocrystals [J]. Nature Communications, 2016, 7 (1): 1-8.

[64] KUMAR P, SINGH S, GUPTA B K. Future prospects of luminescent nanomaterials based security ink: from synthesis to anti-counterfeiting applications [J]. Nanoscale, 2016, 8 (30): 14297-14340.

[65] XU X, RAY R, GU Y, et al. Electrophoretic analysis and purification of fluorescent single-walled carbon nanotube fragments [J]. Journal of the American Chemical Society, 2004, 126 (40): 12736-12737.

[66] ZHU J, CHU H, SHEN J, et al. Green preparation of carbon dots from plum as a ratiometric fluorescent probe for detection of doxorubicin [J]. Optical Materials, 2021, 114: 110941.

[67] ALEX A M, KIRAN M D, HARI G, et al. Carbon dots: a green synthesis from Lawsonia inermis leaves [J]. Materials Today: Proceedings, 2020, 26: 716-719.

[68] HU X T, LI Y X, XU Y W, et al. Green one-step synthesis of carbon quantum dots from orange peel for fluorescent detection of Escherichia coli in milk [J]. Food Chemistry, 2020, 339: 127775.

[69] YOU M L, LIN M, WANG S R, et al. Three-dimensional quick response code based on inkjet printing of upconversion fluorescent nanoparticles for drug anti-counterfeiting [J]. Nanoscale, 2016, 8 (19): 10096-10104.

[70] SANG J K, ZHOU J Y, ZHANG J C, et al. Multilevel static-dynamic anticounterfeiting based on stimuli-responsive luminescence in a niobate structure [J]. ACS Applied Materials & Interfaces, 2019, 11 (22): 20150-20156.

[71] WU W N, LIU H Z, YUAN J, et al. Nanoemulsion fluorescent inks for anti-counterfeiting encryption with dual-mode, full-color, and long-term stability [J]. Chemical Communications, 2021, 57 (40): 4894-4897.

[72] ZHOU D L, TAO L, CUI S B, et al. Multi-wavelength pumped upconversion enhancement induced by

$Cu_{2-x}S$ plasmonic nanoparticles in $NaYF_4$@ $Cu_{2-x}S$ core-shell structure [J]. Optics Letters, 2021, 46 (1): 5-8.

[73] YAO W J, TIAN Q Y, TIAN B, et al. Dual upconversion nanophotoswitch for security encoding [J]. Science China Materials, 2019, 62 (3): 368-378.

[74] ZHOU L, FAN Y, WANG R, et al. High-capacity upconversion wavelength and lifetime binary encoding for multiplexed biodetection [J]. Angewandte Chemie, 2018, 130 (39): 13006-13011.

[75] HAN X X, SONG E H, ZHOU Y Y, et al. Photon upconversion afterglow materials toward visualized information coding/decoding [J]. Journal of Materials Chemistry C, 2020, 8 (11): 3678-3687.

[76] ZHAO S S, WANG Z B, MA Z D, et al. Achieving multimodal emission in $Zn_4B_6O_{13}$: Tb^{3+} ,Yb^{3+} for information encryption and anti-counterfeiting [J]. Inorganic Chemistry, 2020, 59 (21): 15681-15689.

[77] TAN H H, GONG G, XIE S W, et al. Upconversion nanoparticles@ carbon dots@ Meso-SiO_2 sandwiched core-shell nanohybrids with tunable dual-mode luminescence for 3D anti-counterfeiting barcodes [J]. Langmuir, 2019, 35 (35): 11503-11511.

[78] ZHANG H B, HUANG C, LI N S, et al. Fabrication of multicolor janus microbeads based on photonic crystals and upconversion nanoparticles [J]. Journal of Colloid and Interface Science, 2021, 592: 249-258.

[79] HAN W J, WEN X K, DING Y D, et al. Ultraviolet emissive $Ti_3C_2T_x$ MXene quantum dots for multiple anticounterfeiting [J]. Applied Surface Science, 2022, 595: 153563.

[80] SUN K, TAN D Z, FANG X Y, et al. Three-dimensional direct lithography of stable perovskite nanocrystals in glass [J]. Science, 2022, 375 (6578): 307-310.

[81] LIN J D, YANG C B, HUANG P, et al. Photoluminescence tuning from glass-stabilized $CsPbX_3$ (X= Cl, Br, I) perovskite nanocrystals triggered by upconverting Tm: KYb_2F_7 nanoparticles for high-level anti-counterfeiting [J]. Chemical Engineering Journal, 2020, 395: 125214.

[82] JIN M, ZHOU W J, MA W Q, et al. The inhibition of $CsPbBr_3$ nanocrystals glass from self-crystallization with the assistance of ZnO modulation for rewritable data storage [J]. Chemical Engineering Journal, 2022, 427: 129812.

[83] JIANG K, ZHANG L, LU J, et al. Triple-mode emission of carbon dots: applications for advanced anti-counterfeiting [J]. Angewandte Chemie, 2016, 128 (25): 7347-7351.

[84] JIANG K, HU S, WANG Y, et al. Photo-stimulated polychromatic room temperature phosphorescence of carbon dots [J]. Small, 2020, 16 (31): 2001909.

[85] ZHAO J, ZHENG Y, PANG Y, et al. Graphene quantum dots as full-color and stimulus responsive fluorescence ink for information encryption [J]. Journal of Colloid and Interface Science, 2020, 579 (1): 307-314.

思 考 题

1. 请简述 DNA 防伪技术的定义、原理及特征。
2. 请简述微透镜阵列防伪技术的原理、不同制备方法优点及局限性。
3. 什么叫结构色？结构色形成的原理是什么？哪些产品使用了结构色防伪材料？
4. 新型移动端识别防伪技术包括哪些？它们各自的特点和局限性是什么？
5. 请简述纳米光学材料防伪技术的原理、类别和优缺点。

第8章　应用实例

扫码查阅
第8章图片

8.1　银　行　卡

银行卡（图8-1）为人们的生活、工作提供便利的同时，也常常成为犯罪分子牟取暴利的一种主要途径。20世纪90年代，随着银行卡业务的发展，在发达国家和地区，银行卡犯罪日益猖獗，而国内利用银行卡进行的犯罪活动也时有发生，且呈不断上升的趋势，其中利用伪造的银行卡进行犯罪的案件尤为突出。欧美地区由于银行业务量多，实行签名制，银行卡账号欺诈情况更严重。

图8-1　银行卡

8.1.1　银行卡规格特征

银行卡是按国际通用的ISO标准（《ISO 7812-1：1997发卡行标识代码的编号体系》）规定制作的，选用塑胶材料复合而成，规格：长为85.725mm，宽为53.975mm，厚为0.762mm。所有的银行卡设计和计划所用名称，生产之前必须经由该卡所属国际组织的设计服务机构批准。银行卡是由国际信用卡组织认可的、中国人民银行指定授权厂家制作的，并由国际银行卡风险管理委员会进行监督检查，银行卡正、背面设计有严格、统一的要求，也有灵活性。目前，国内有权生产制作的公司主要有中国印钞造币总公司、珠海金邦达宝嘉集团公司等。

8.1.1.1　银行卡正面

银行卡正面一般包括如下内容。

（1）印有该银行卡的商标图案。每一家发行者所设计的图案都不相同，且印有发行银行（或机构）名称和银行卡种类名称（图8-2）。

（2）印有银行卡专用标识或暗记。

（3）有发卡银行（或机构）的发卡代号、发卡行标识代码（bank identification number，BIN）（图8-2中框2）、银行卡号码、持卡人姓名、性别、有限期限或发卡日期（图8-2中框3）等内容。

8.1.1.2　银行卡背面

银行卡背面一般包括如下内容。

（1）有一条记录持卡人账号、可用金额、个人条码等信息资料的磁条，大小为

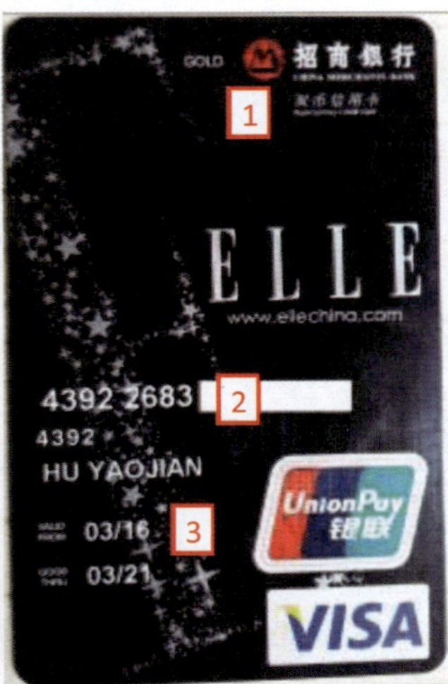

图 8-2 银行卡正面

85.725mm×12.500mm，供银行卡终端设备（POS）或自动柜员机（ATM）鉴别银行卡真伪，并供阅读信息使用（图 8-3 中框 1）。

（2）银行卡持卡人的事先预留签字（图 8-3 中框 2）。

（3）发卡银行（或机构）的简单声明（图 8-3 中框 3）。

虽然各银行的声明内容各不相同，但都大同小异。

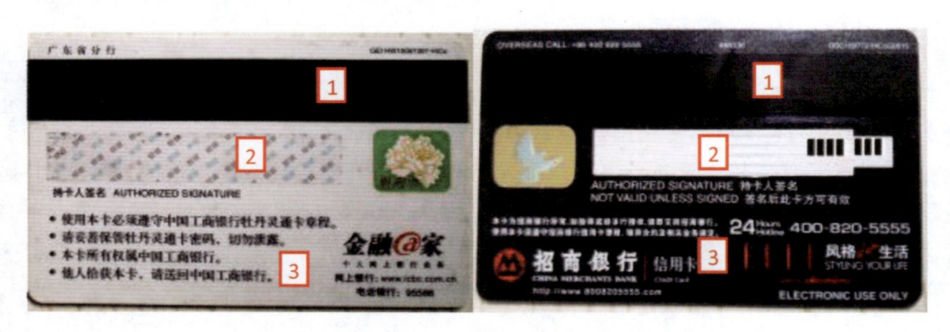

图 8-3 银行卡背面

8.1.2 银行卡防伪特征

银行卡的防伪特征主要表现在以下几个方面。

8.1.2.1 紫外荧光油墨印刷

目前，绝大多数的发卡机构为了防止伪造银行卡，普遍使用了紫外荧光油墨印刷，举例如下。

（1）中国银行长城电子借记卡正面中央有用荧光油墨印刷的长城图案，在紫外光的照射下会发出浅黄色的荧光。

（2）交通银行太平洋卡正面中央有用荧光油墨印刷的交通银行行标，它由英文 bank 的字头 b 和英文 communications 的字头 c 重叠组成，在紫外光的照射下，会发出浅黄色的荧光。

（3）招商银行一卡通正面中央有用荧光油墨印刷的招商银行行标图案，在紫外光的照射下会发出白色的荧光。

（4）中国光大银行阳光卡正面中央有用荧光油墨印刷的矩形荧光区，大小为 3.8cm×1.9cm，是由 EVERBRIGHT 的字头 E 和 Bank 的字头 B 套叠形成的光大银行的行标图案，内有 19 条水平的平行线等距排列，在紫外光的照射下会发出红色的荧光。

（5）中国工商银行牡丹灵通卡正面上部中央位置，在行名“中国工商银行”的“商”字附近有用荧光油墨印刷的中国工商银行行标图案，在紫外光的照射下会发出浅红色的荧光。

（6）中国建设银行龙卡（储蓄卡）正面中央有用荧光油墨印刷的中国建设银行行标图案，在紫外光的照射下会发出白色的荧光。

（7）中国农业银行金穗通宝卡正面中央有用荧光油墨印刷的中国农业银行行标图案，在紫外光的照射下会发出白色的荧光。

（8）中国民生银行民生借记卡正面中央有用荧光油墨印刷的图案，在紫外光的照射下会发出白色的荧光。

8.1.2.2 防涂改设计印刷

绝大多数的银行卡都使用这一印刷方式。防涂改设计印刷是指在制造底卡时，将有关内容印制在银行卡上，然后在其表面再覆盖一层透明的塑胶膜，通过热压黏合而成。从外表看，就像在这些印刷图案、文字上镀了一层膜，从外部无法接触到它们，起到防止涂改伪造的作用。此外，采用这一印刷方式可以使卡面内容长期保持清晰，减少磨损，利于识别。举例如下。

（1）中国银行长城电子借记卡正面的中国银行行标、中英文行名“中国银行”和 BANK OF CHINA，信用卡名称“长城电子借记卡”、英文的使用范围、4 位阿拉伯数字组成的发卡单位代号（黑色、黑体）、VALIDTHRU（有效期限），右下角“银联”标识，主景、背景及背面的所有图案文字等都采用了防涂改设计印刷。

（2）交通银行太平洋卡正面的交通银行行标、中英文行名“交通银行”和 BANK OF COMMUNICATIONS，中英文信用卡种类“太平洋卡”和 PACIFIC CARD，中英文使用范围，“发卡日期”，在 ATM 机上使用时的插卡标识，右下角的“银联”标识，主景、背景及背面的所有图案文字，都采用了防涂改设计印刷。

（3）招商银行一卡通正面的招商银行行标、中英文行名“招商银行”和英文 CHINA MERCHANTS BANK，信用卡的种类“一卡通”，右下角的“银联”标识，主景、背景及背面的所有图案文字，都采用了防涂改设计印刷。

（4）中国光大银行阳光卡正面的中国光大银行行标由 EVERBRIGHT 的字头 E 和 Bank 的字头“B”套叠而成，中英文行名“中国光大银行”和 CHINA EVERBRIGHT BANK，信用卡种类“阳光卡”，右下角的“银联”标识，主景、背景及背面的所有图案文字，都采用了防涂改设计印刷。

（5）中国邮政储蓄绿卡（储蓄卡）正面的中国邮政标识、“中国邮政储蓄”，发行信用卡种类“绿卡（储蓄卡）”，篆书“甲申年”，主景、背景及背面的所有图案文字，都采用了防涂改设计印刷。

(6) 中国工商银行牡丹灵通卡正面的中国工商银行行标、中英文行名“中国工商银行”和INDUSTRIAL AND COMMERCIAL BANK OF CHINA，发行单位，信用卡种类“牡丹灵通卡”及图标，发卡日期，CN，右下角的“银联”标识，主景、背景及背面的所有图案文字，都采用了防涂改设计印刷。

(7) 中国建设银行龙卡正面的中国建设银行行标由CHINA的字头C和CONSTRUCTION的字头C嵌套重叠组成，中英文行名“中国建设银行”和CHINA CONSTRUCTION BANK，中英文信用卡种类“龙卡（储蓄卡）”和LONG CARD（DEBITCARD），中英文提示语“凭卡办理存取款和消费结算，不能透支”“ACCESS TO DEPOSIT，WITHDRAWAL，PURCHASE AND PAYMENT，OVERDRAFT PROHIBITED”和ELECTRONIC USE ONLY（只限电子货币使用），右下角的“银联”标识，主景、背景及背面的所有图案文字，都采用了防涂改设计印刷。

(8) 中国农业银行金穗通宝卡正面的中国农业银行行标、中英文行名“中国农业银行”和AGRICULTURAL BANK OF CHINA，信用卡种类“金穗通宝卡”，主景、背景及背面的所有图案文字，都采用了防涂改设计印刷。

(9) 中国民生银行民生借记卡正面的中国民生银行行标、中英文行名“中国民生银行”和CHINA MINSHENG BANKING CORPORATION LIMITED，中英文信用卡种类“民生借记卡”和Minsheng Debit Card，英文使用范围Valid Only In China（只在中国境内有效），发卡机构代号为4位阿拉伯数字，有效期限MONTH/YEAR，ELECTRONIC USE ONLY（只限电子货币使用），主景、背景及背面的所有图案文字，都采用了防涂改设计印刷。

8.1.2.3 主景、背景图案印刷

印刷主景、背景图案的目的一般有两个：装饰和防伪。主景图案一般能够体现银行卡的种类，突出主题；背景图案一般起衬托作用，使主题更加醒目、鲜明。发卡机构大多采用四色（蓝、红、黄、黑）照相制版加网印刷，在显微镜下观察，图案、文字由一种或几种颜色的小圆点叠加形成。举例如下。

(1) 中国银行长城电子借记卡主景为蓝色的长城图案，下部有15条蓝色装饰细线，背景为白色。在显微镜下观察，主景图案由蓝色的线段构成。

(2) 交通银行太平洋卡主景为橙色的世界地图图案，背景为蓝色，其中有52条间距为1mm的深蓝色细线。在显微镜下观察，主景图案由红、黄、蓝3种颜色的小圆点构成，背景由蓝、黑2种颜色的小圆点构成。

(3) 招商银行一卡通主景为橙黄色葵花和绿叶图案，背景为从上到下、由深到浅的蓝色。在显微镜下观察，主景图案中的葵花由红、黄、蓝、黑4种颜色的小圆点构成，叶子由黄、蓝2种颜色的小圆点构成，背景由红、蓝2种颜色的小圆点构成。

(4) 中国光大银行阳光卡主景为紫色古钱币图案，背景从上部的紫色过渡到中间的白色，再由白色过渡到下部的紫色。在显微镜下观察，主景、背景图案由红、蓝、黄、黑4种颜色的小圆点构成。

(5) 中国邮政储蓄绿卡（储蓄卡）主景为民间剪纸工艺制作的七彩猴子怀抱寿桃的图案，背景为银灰色。在显微镜下观察，主景图案由红、黄、蓝、黑4种颜色的小圆点构成。

(6) 中国工商银行牡丹灵通卡主景为MONEYLINK（货币联网），其间有5条间距为1mm的平行黄线贯通整个卡面，背景颜色从左到右由绿色过渡到红色。在显微镜下观察，背景图案由红、黄、蓝、黑4种颜色的小圆点构成。

(7) 中国建设银行龙卡主景为黄色的中国龙，背景为规则的几何图案，从左到右颜色逐渐变深。在显微镜下观察，主景、背景图案由红、黄、蓝、黑4种颜色的小圆点构成。

(8) 中国农业银行金穗通宝卡主景为金色古币图案，上有“世纪通宝”字样，背景为绿色的多种字体的“宝”字样。在显微镜下观察，主景图案由黄、红、蓝、黑4种颜色的小圆点构成，背景由绿、蓝两种颜色的小圆点构成。

(9) 中国民生银行民生借记卡主景为深绿色的竹子图案，背景为浅绿色。在显微镜下观察，主景图案由蓝、黄、黑3种颜色的小圆点构成，背景由黄、蓝两种颜色的小圆点构成。

8.1.2.4 压凸压凹印刷

压凸压凹印刷与钢印印刷类似，有一定的立体感。使用这一印刷技术的目的：一是将信息通过压卡机压印在能复写的签购单上；二是这一技术一般人不易掌握，有利于防止伪造。

(1) 压凸印刷。制作时，将只印有发卡机构标识、名称、主景、背景、“银联”标识等内容的银行卡放入模具内，将模具适当加热，然后施以一定的压力，就可将要压制的内容印刷在银行卡上，这种印刷不需要油墨，类似于钢印印刷。目前，采用此印刷方法的案例主要有以下几种。

① 中国银行长城电子借记卡的卡号为连续的19位阿拉伯数字；发卡机构所在地汉语拼音缩写，如BJ（北京）（银色、压凸）；英文性别缩写，先生用MR，女士用MS；大写的汉语拼音姓名，以上内容都是采用银色压凸方法制成的。

② 交通银行太平洋卡的卡号为17位阿拉伯数字（6位+4位+7位）；发卡机构代号为5位阿拉伯数字；发卡日期为年/月（××××/××）；英文性别采用缩写，先生用MR，女士用MS；大写的汉语拼音姓名，以上内容都是采用银色压凸印刷方法制成的。

③ 招商银行一卡通的卡号为16位阿拉伯数字，4位阿拉伯数字为一组，共4组；发卡机构所在地的汉语拼音采用缩写，以上内容为金色压凸印刷。

④ 中国邮政储蓄绿卡（储蓄卡）的卡号为连续的19位阿拉伯数字；信用卡种类甲申年（猴年）卡汉语拼音缩写JSK；发卡机构所在地，如北京的汉语拼音缩写BJ；发卡日期为××××/××（年/月），自定义位为8位阿拉伯数字，以上内容都是采用银色压凸印刷方法制成的。

⑤ 中国光大银行阳光卡的卡号由4组共16位阿拉伯数字（4位+4位+4位+4位）组成，中国光大银行英文缩写CEB，以上内容采用金色压凸印刷方法制成。

(2) 压凹印刷。中国民生银行发行的民生借记卡的卡号由4组共16位阿拉伯数字（4位+4位+4位+4位）组成；有效日期采用××/××××（月/年）格式；英文性别缩写，先生用MR，女士用MS；姓名采用大写的汉语拼音，以上内容都是采用黑色压凹印刷方法制成的。

8.1.2.5 全息防伪标记

目前采取全息防伪标记措施的有交通银行太平洋卡，其全息防伪标记位于“银联”

标识上部，图案为北京天坛祈年殿，右上角有“银联”字样，整个全息防伪标记由13条黄、红相间的“银行卡联合”字样组成。

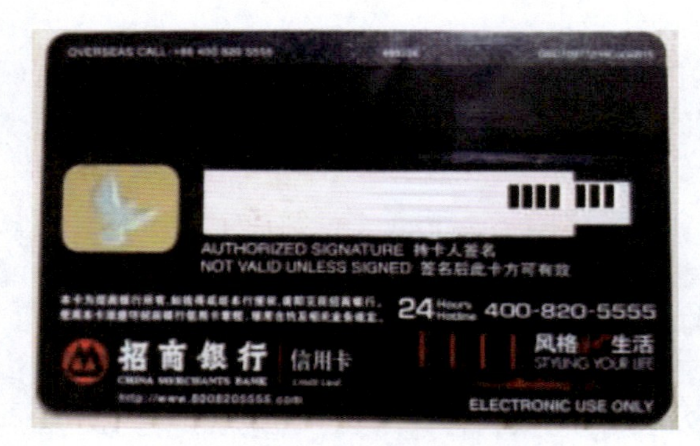

图8-4 招行信用卡背面的全息标记

招商银行的双币信用卡也采用了全息防伪标记，位于信用卡的背面左侧。图8-4所示的图案为展翅飞翔的白鸽，正视观察时鸽子为灰白色，左右转动信用卡，全息标记中的鸽子会有1mm左右的立体运动幅度，上下转动信用卡，全息标记中的鸽子会有多种颜色变换。

8.1.2.6 缩微文字印刷

银行卡右下角的“银联”标识周围有一大小为20.7mm×13.7mm的黑色边框，在显微镜下观察，显示缩微文字YL XXXX JPC XXX。X代表0~9的阿拉伯数字，YL是“银联”的汉语拼音缩写，前4位阿拉伯数字为该发卡银行在“银联”的备案号，后3位阿拉伯数字为该发卡银行发出信用卡的代号，JPC是卡种代号。卡种代号设定为三位：第一位D表示贷记卡（含准贷记卡），J表示借记卡；第二位J表示金卡，P表示普通卡；第三位C表示磁条卡，I表示IC卡，F表示复合卡。例如，中国银行长城电子借记卡缩微文字的内容为YL 0104 JPC 003，交通银行太平洋卡缩微文字的内容为YL 0301 JPC 002，招商银行一卡通缩微文字的内容为YL 0308 DJC 002［图8-5（a）］，中国光大银行阳光卡缩微文字的内容为YL 0303 JPC 004，中国邮政储蓄绿卡缩微文字的内容为YL0100 JPC 001，中国工商银行牡丹灵通卡缩微文字的内容为YL0102 JPC 003［图8-5（b）］，中国建设银行龙卡缩微文字的内容为YL 0105 JPC 004，中国农业银行金穗通宝卡缩微文字的内容为YL 0103 JPC 001，中国民生银行民生借记卡缩微文字的内容为YL 0305 JPC 001。

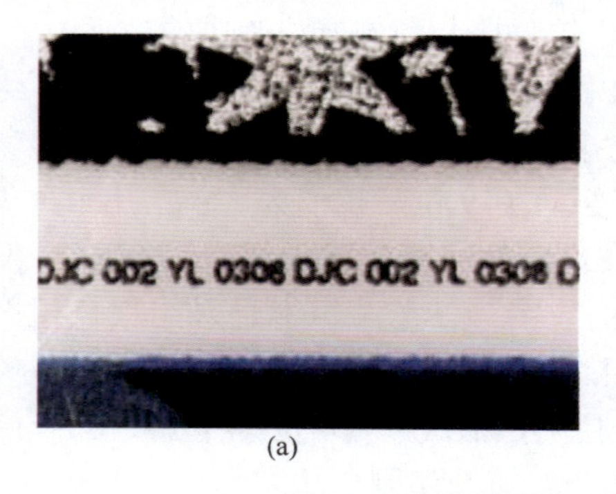

(a)

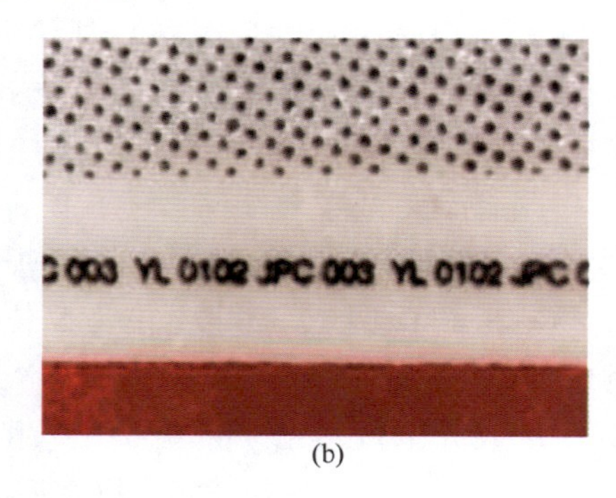

(b)

图8-5 高倍放大镜下“银联”标识周围的缩微文字
（a）招商银行一卡通缩微文字 （b）中国工商银行牡丹灵通卡缩微文字

8.1.3 银行卡的检验

利用银行卡犯罪的方式有两种：一种是利用真银行卡诈骗，另一种是利用伪造、变造的银行卡诈骗。因此，银行卡的真伪鉴别是确定侦查方向的前提。

（1）直观检验法。对可疑卡的版面图案及名称进行全面比较、核实；仔细查看全息激光防伪标记的效果；银行卡的大小尺寸与真银行卡有明显的区别；观察浮凸或凹陷字区的数字有无虚浮影像；检查背面签名处是否有涂改或被遮盖的痕迹。

（2）仪器检验法。用放大镜、显微镜比较印刷文字边缘的整齐度和清晰度、油墨的均匀程度、缩微文字内容和特征表现是否一致。

紫外、红外或蓝光光源下观察银行卡的暗记和防伪标识，查看可疑银行卡的荧光反应是否与真银行卡有明显差别。

银行卡在使用过程中，可能会因种种原因发生变化。因此，检验时应从多个角度进行综合检验，才能得出客观的鉴定结论。

8.2 票 据

8.2.1 概 述

票据印刷属于商业印刷领域，与人们日常生活密切相关。近 10 年来，票据印刷在我国得到了快速发展，特别是随着科学技术的发展、计算机技术的使用与普及，计算机票据的应用日益广泛，如超市 POS 单据、出租车卷式发票、机打式餐饮服务业发票、定额单张刮开式发票、体育彩票、即开式福利彩票、银行支票、门票等都属于票据印刷，票据印刷技术也成为人们关注的一项技术。近 5 年来，可变数码印刷技术也在票据印刷领域得到了更加广泛的应用。

综合我国票据防伪的技术经验，票据防伪技术应该具备以下特点：技术高、成本低、易识别和可仲裁。我国票据防伪的关键技术中，就有采用油墨和纸张实现防伪的，不仅要满足一般的大众鉴别需要，还要符合政府部门监管仲裁要求，通过防伪信息的特殊性、个性化来准确辨别真伪。这是现代防伪的新概念，即一线的大众防伪、二线的仪器识别和三线的专家智能鉴别防伪相结合，走一条综合防伪技术的道路。

票据智能防伪技术的具体表现形式是从纸张防伪到印刷油墨的多重防伪。例如，在一线使用的技术，如温变防伪油墨（可以是手温或指定变色温度）、防伪彩色纤维纸张、水印纸张、背印复写防伪、日光变色、长短波荧光变色等，可在一秒至几秒内，用简便的方法鉴别，防伪变化可通过肉眼观察，且十分明显、准确；在二线、三线防伪中使用的技术，多为仪器读取仲裁、识别系统，如多重荧光防伪纤维和油墨，以及红外加密、核加密等有高科技含量的防伪技术。

8.2.2 票据防伪技术

国内票据印刷企业通常采用的防伪印刷工艺主要包括以下几个方面。

8.2.2.1 印刷防伪技术及应用

（1）组合式印刷。凸版印刷机的印刷压力大、着墨充足，适合印实地色块与单色线条；平版胶印机压力柔和、均匀，适合印刷四色连续调和复杂线条。对于更加复杂的印刷品，可以采用胶印、凸印、柔印、网印等多种方式联合印刷。印刷工序越复杂、印刷难度越大的印品，防伪效果就越好。

以北京市出租车发票和刮开奖定额发票印刷工艺为例。某商业轮转印刷机和某喷墨系统联机防伪印刷解决方案为背面印刷黑色干扰纹、其他3色广告印刷和覆盖实地黑色，黑色干扰和黑色实地覆盖采用两组6kW的UV灯烘干；正面胶印文字图案、黑标、税务监章和喷码；覆盖层凸印隔离油和覆盖银浆，覆盖层采用4组12kW UV灯烘干。

（2）彩虹印刷。采用凸版印刷机，在墨斗槽里放置隔板，不同的隔板里放入不同色相的油墨。在串墨辊的横向蹿动作用下，产生柔和的中间过渡色。由于从印品上很难看出墨槽隔板的放置距离，故也能起到一定的防伪作用。如果采用大面积的底纹印刷工艺，防伪作用更为突出。

（3）凹版印刷。印版上图文部位是凹陷的，印刷出来的图文部分的油墨是凸起的，因而图文线条清晰、层次分明，有明显的凹凸手感。凹版印刷的制版设备和印刷设备价格昂贵，在重要的证券印刷中常使用凹版印刷技术。

（4）激光全息印刷。激光全息印刷采用激光全息摄影手段制出模板，然后通过一定的压力将图文转移到印刷载体上。在光源的照射下，印品可产生色彩绚丽的彩虹状的独特效果，且图像的立体感（2D、3D）极强。激光全息印刷常用的有冷压涂镀和烫印模直接热烫两种工艺。由于制版工艺比较复杂、难度大，只有极少数厂家具备生产能力，所以常用于防伪印刷品。全息摄影的制版过程中，细微的气流都能导致全息图像颜色的变化，所以不存在两件完全一样的全息图版，因此能达到防伪的目的。

（5）手工雕版印刷。不同的雕刻师雕刻手法不同，即便是同一个雕刻师也不可能雕刻出两块一模一样的模板，这样的不可复制性恰好满足了防伪印刷的要求。

（6）特种光泽印刷。特种光泽印刷主要指金属光泽印刷、珠光印刷、珍珠光泽印刷、折光印刷、可变光泽印刷、激光全息虹膜印刷、结晶体光泽印刷、仿金属蚀刻印刷、亚光印刷等，由于其仿制具有一定的难度，因此有较好的防伪作用。

8.2.2.2 材料防伪技术及应用

（1）防伪纸。在纸张上直接制作全息图案，被复制的可能性很小。因此，实际应用中可根据市场需求生产出不同种类的纸张，可以像普通纸一样进行胶印、网印等，使用起来很方便。防伪纸的价格比普通复合卡纸略高一点儿，容易被市场接受。废弃后的防伪纸可以自然降解，不会造成环境污染，其环境安全性高于含塑料膜的激光全息产品。

（2）水印纸。将标识或图案植入纸中，只有对着强光才能看清纸中图案，这种特殊纸张称为水印纸。目前世界各国防伪专家仍然认为水印纸是最有效的防伪手段之一。水印防伪技术除在货币纸张中使用外，在其他票证纸张中也有广泛应用。

（3）金属安全线/缩微文字安全线。在造纸过程中，将一条金属线或塑料线置于纸张中间，这就是安全线。目前，市面上使用的安全线有多种类型，如微型字母安全线、荧光安全线等，其形状有直线、波浪形、锯齿形等。

（4）彩色纤维丝或彩点。该技术是在造纸过程中将彩色纤维丝或彩色小片（点）掺入纸浆，使纸张在紫外光照射下形成荧光反射。彩色纤维丝和彩点在纸张中有固定位置和不固定位置两种。

（5）专色油墨。墨色调配是一个相当复杂的问题，并且自然界中一些颜料的彩度、亮度差异及一些固有色是人工合成无法实现的。利用这一特点，可在油墨厂定制专用油墨，并对其配方严格保密，以达到一定的防伪效果。

（6）紫外荧光油墨。在紫外光照射下能发出可见光的特种油墨称为紫外荧光油墨。根据油墨本身的颜色分为有色荧光油墨和无色荧光油墨两种。

（7）热敏油墨（热变色防伪油墨）。在加热作用下能发生变色效果的油墨称为热敏油墨，有手温变色防伪油墨和高温变色防伪油墨两种类型。手温变色防伪油墨的临界温度为34~36℃，高温变色防伪油墨临界温度为70℃以上。

（8）化学反应变色油墨。化学反应变色油墨是在油墨中加入化学物质，在一定条件下通过化学反应使油墨改变颜色，达到防伪目的。例如，将酸碱指示剂添加到油墨中印成商标，使用检查剂使油墨的颜色发生变化，从而达到防伪目的。

（9）磁性油墨。磁性油墨是将磁性氧化铁粉混入油墨中制成专用油墨，目前主要用于印刷银行支票上的磁性编码文字和符号，采用磁码阅读器检验票证上的磁性编码，可辨识票证真伪。

8.2.2.3 印前防伪技术

普通底纹一般包括底纹、团花和花边。底纹是指那些放在印刷内容最底下一层，纯粹用作背景的花纹，它是由线条元素进行反复变化，形成的连绵一片的纹络，在票据印刷中总是由印刷正面的第一组色序来实现。底纹的特点是富于变化，使用一些极细的颜色线条形成一层素雅的底图。团花以花的各种造型为基本形状，配合线条的疏密、粗细、弧度及色彩的变化，进行适当的变形及夸大处理，形成层次清晰、线条优美、轮廓流畅的独立成形的花朵状图形。团花效果可以单独使用，也可以与其他效果结合，产生极佳的视觉效果。花边是由一个或几个线条元素进行连续复制所形成的中空的框架图形，有全封闭式和半封闭式，有单层花边和双层花边。由于花边本身框架式造型的特点，它往往不与其他印刷内容重叠，所以它的色彩可以稍稍亮丽一些，在票据印刷中起周边装饰的作用。

在设计上述底纹时，纹路粗细、线条间距均可随时变化，所以设计出的图形或疏或密、时隐时现、变化万千，它在票据印刷中的防伪作用主要体现为图案的复杂性及防复制功能。

8.2.2.4 条形码防伪技术

条形码是由不同宽度尺寸的粗细条纹组合而成的数字/字符代码，其编码规则可采用不同的标准，也可自行制定。条形码字符适合光学阅读/计算机识别。有两种方式使条形码具有防伪功能：一种是隐形条码，如覆盖式隐形条码、光化学隐形条码、隐形油墨印刷的隐形条码等；另一种是金属条码。

8.2.2.5 可变信息数码防伪技术

可变信息数码防伪技术是在票据的票面上设置一些数字或字符信息，根据这些可变信息并结合票据的流水码，产生相应的识别密码。因此，每张票据的识别密码都不相同。将所有资料储存在防伪数据库中，消费者可以利用电话、网络等工具核对密码是否正确，从而识别票据的真伪。

8.2.3 发票防伪技术应用实例

发票是指在购销商品、提供或接受服务，以及从事其他经营活动中，记载业务往来内容，开具、收取的收付款凭证。发票作为我国税收征管的重要凭证，关系到财政的稳定和正常的经济发展，同时与人们的日常经营、生活息息相关。目前，我国的发票主要分为两大类，即增值税专用发票和普通发票。发票作为财务收支的合法凭证，既是纳税人进行会计核算的原始凭证，也是税务机关计算和征收税款的一个直接依据，更是税务稽查的重要依据。鼓励消费者索要发票，提升发票本身的防伪技术，防止不法分子假冒变造发票偷逃税收，已成为我国税务管理部门面临的需迫切解决的问题。

据不完全统计，目前多数省份使用的发票仍然采取传统的防伪方式。防伪措施大体分为以下 5 种。

① 在造纸环节加上防伪措施。使用原来的 SW 白水印纸，或将英文 SW 改成中文。有的将原来的白水印纸改成黑水印纸，还有的在造纸环节加上无色纤维、彩色纤维等。

② 使用防伪油墨。防伪油墨的使用主要是在纸的再加工过程和印刷过程中，有的在生产涂炭纸时加上温变线；有的在印票时，在一个特定区域加上光变和温变油墨。

③ 使用高科技隐形防伪图像元技术。例如，青岛国税发票应用了立德高科北京数码有限责任公司的隐形图像元技术。

④ 添加一些暗记。

⑤ 网络在线开票。

下面以广东省国家税务局普通发票为例，详细介绍发票的防伪措施。

8.2.3.1 防伪纸张的特征及适用范围

除“机动车销售统一发票”用纸仍然采用干式复写背涂黑纸外，其他省国税局统一印制的普通发票的发票联、抵扣联和税务机关存根联均采用带“SW+广东国税”专用水印标识的防伪纸，纸张背面都有粉红色双重防伪线条，其效果如图 8-6 所示。

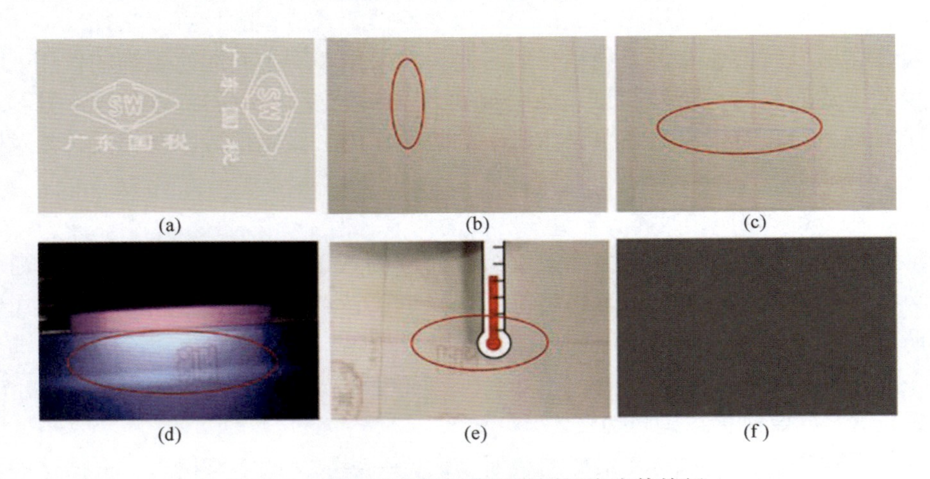

图 8-6 广东国税新版普通发票纸张防伪特征

(a) 透光观察效果 (b) 纸张背面效果 (c) 定额发票纸张背面效果 (d) 紫外光检测效果 (e) 温度检测效果 (f) 干式复写纸背涂效果

发票纸张的真伪鉴别方法如下。

(1) 直视鉴别与透光鉴别法。发票水印纸张在直视观察时，“SW+广东国税”专用水印标识区域的纸张颜色略比非水印区域纸张颜色深，水印图案呈浅灰色；在透光观察时，“SW+广东国税”专用水印标识区域纸张颜色比非水印区域纸张颜色浅，水印图案呈白色，即白水印效果。

（2）水滴触摸法。手指蘸少量水滴，在发票水印区域涂抹，如果是发票原纸，由于纸张吸湿性水滴会被吸入纸张内部，纸张表面有变湿的效果；如果是以油墨印刷的方式形成的水印效果，由于油墨内含有一定量的油脂，在纸张表面形成一层不易察觉的油膜，水滴在油膜区无法浸润纸张而被纸张吸收，表面会形成微小的水滴效果。

8.2.3.2 防伪油墨特征及使用范围

发票税章和发票号码使用的金红色荧光油墨，在自然光下呈金红色，图8-7（a）中的税章和号码00000000，在紫外光下观察时，印记呈橘红色，如图8-7（b）所示。

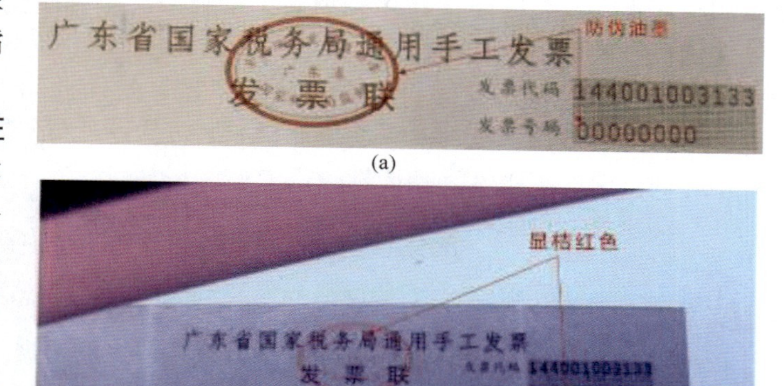

(a)

(b)

图8-7 荧光防伪油墨在自然光和紫外光下的效果
（a）自然光下效果 （b）紫外光下效果

8.2.3.3 防伪版纹特征

在发票的中间位置由实地浮雕效果细线条组成一个“税”字，广州市国家税务局的发票浮雕效果是“广州国税”字样。

在发票右上角的发票代码和发票号码区域有缩微文字构成的底纹，字迹清晰；在税章内有一圈缩微文字构成的椭圆形，字迹清晰。假发票的缩微文字一般不清晰或糊成小点，无法辨识文字效果。

8.2.4 门票防伪技术应用实例

近年来，我国经济快速增长的势头促进了文化产业的不断发展。随着人民生活水平的提高和消费意识的增强，各种商业演出、体育赛事等活动不断增多。门票在演出、赛事等活动中发挥着重要的作用。票面既是演出信息的载体，也兼具广告宣传效应，同时又是观众进场观看演出的通行证，具有身份识别的重要功能。

高端演出及大型赛事观众多、影响力大、安保要求高，观众进场的检票、安检时间短。这类演出和赛事门票被假冒的比例比较高，因为这些门票价值几百元甚至上千元，造假者在利益的驱使下挖空心思去研究制造假票，企图以假乱真、牟取暴利。假票不但会给组织方造成一定的经济损失，还会严重影响演出活动的良好秩序，因此对门票进行防伪设计是很有必要的。随着各类门票需求的逐年增加，一些不法分子的造假水平也在不断提高，所以演出组织方不但更加注重票面的美观性，对防伪功能的要求也越来越高。设计美观、工艺新颖、高水平的防伪门票的需求量非常可观，保守估计高端商业演出、赛事活动门票的年需求量约1亿张。

高端门票应具有安全性高，检票手段先进、便捷，成本低廉，售票实时监控，查询便利等特点。单一的防伪技术很容易被仿制，因此只有采用多种防伪技术组合应用的综合防伪技术，才能有效地阻止门票造假行为。综合防伪技术是指同时使用两种或两种以上的防伪技术，以达到最佳的防伪效果，提高防伪产品的难仿造性和易识别性。目前，高端门票无一例外都采用综合防伪技术，涉及制版、材料、油墨、工艺及多媒体等方面。

防伪门票发展趋势如下。

(1) RFID 技术将被广泛应用。目前，使用 RFID 技术的门票复合精度高、成品率低，因此成本较高。随着技术和加工设备的发展，使用 RFID 技术的门票使用量会慢慢增多，芯片和天线的成本会逐渐降低，从而使总体成本越来越低。

(2) 多种防伪技术的组合应用仍然是主流。传统的防伪技术不具备唯一性和独占性，易复制，起不到真正的防伪作用。因此，只有采用多种防伪技术组合应用的综合防伪技术，才能更有效地阻止造假行为。

(3) 防伪设计与传统设计结合得更加紧密。防伪设计不同于传统的平面印刷设计，是多学科的综合应用，更加注重功能性。如果防伪设计与传统设计实现有机结合，就能够更好地体现门票的美观性和功能性。

8.2.5 支票等防伪技术应用实例

支票是出票人（单位或个人）签发的，委托办理支票存款业务的银行或其他金融机构，在见票时无条件支付确定金额给收款人或持票人的票据。近年来，伴随着我国良好的经济金融形势，我国票据市场也呈现出迅猛的发展态势。与此同时，利用支票进行诈骗等犯罪活动的数量也大幅上升。各商业银行想方设法在成本合理的基础上提高支票的防伪效果，以达到便于识别、难以仿造的目的。但技术水平的提高是同步的，这也为伪造者提供了技术基础。因此，自支票产生之日起就有了制假与打假、伪造与反伪造的持续较量。

支票防伪措施可以分为 3 个层次：一是公众防伪层次，即普通民众根据一般的知识和方法即可识别的防伪方法；二是专业防伪层次，即专业人员借助简单仪器即可识别的防伪方法；三是专家防伪层次，即需要相关专业的专家借助专用仪器方可识别的防伪方法。通常，为了保证资金安全，最重要的是前两个层次的防伪措施。

8.2.5.1 支票的作案手法

(1) 变造：看痕迹。该手法主要是通过更改支票局部信息达到诈骗的目的，变造的重点部位是出票日期、出票金额、支票号码。所有的变造支票都是由真票涂改而成的，防伪功能齐全，欺骗性很大，金融风险极高。既然是变造而来的伪票，就存在变造的痕迹：刀刮变造的周围纸质松散、起毛，修改字迹有毛刺、不光滑；对于涂改变造，主要比较涂改区域纸质颜色与周围纸质颜色的差异，一般涂改区域纸质颜色都会发生变化，对于机打字迹的涂改，还可以侧光观察或观察支票背面，机打痕迹很难通过涂改方式消去。

(2) 伪造：看特征。该手法主要通过彩色复印技术或传统印刷技术进行复制伪造。采用彩色复印技术伪造支票，票面颜色、规格、要素和真票类似，但底纹、缩微等防伪版纹效果会丢失、损失或模糊不清。

① 底纹、字迹特征。真票的防伪版纹一般采用实地专色印刷，字迹、底纹清晰可辨［图 8-8 (a)］，伪票通常使用四色叠加来呈现真票的颜色，原实地线条、缩微字变成细小点阵，模糊不清［图 8-8 (b)］。

采用质量较高的传统印刷仿制，由于防伪版纹、图案的花纹复杂多变，即使通过高精度扫描、分色、处理、修版等多程序处理，也会对图案造成影响，使部分细节丢失或放大，与真票有较明显的差异。

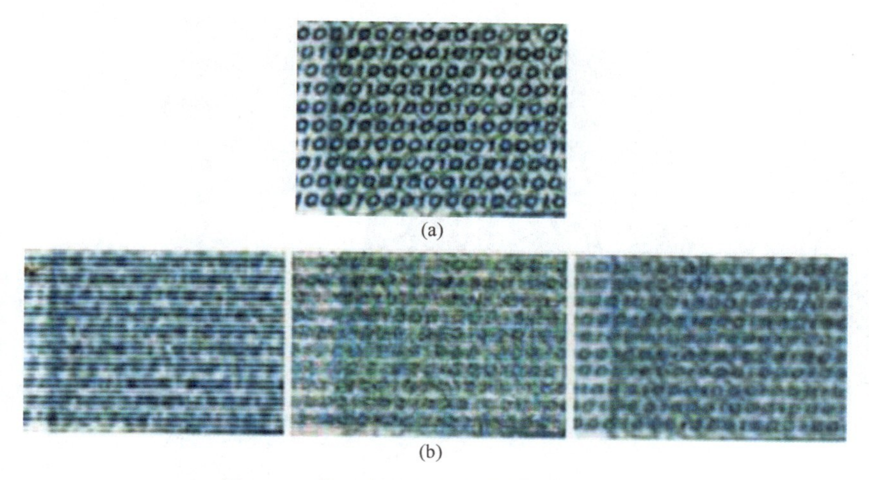

图 8-8 实地印刷与彩色复印效果对比图
（a）真票效果 （b）伪票效果

图 8-9 所示为真假美元雕刻人像的不同效果，图 8-9（a）为真美元效果，图像层次丰富，人像传神；图 8-9（c）为真美元局部放大效果，印迹清晰，细节丰富。图 8-9（b）是假美元效果，图像颜色灰暗，阶调减少；图 8-9（d）是假美元局部放大效果，印迹较模糊，细节丢失较多。对比眉毛和眼睛两个区域，会发现伪钞的眉毛糊成一片，而眼睛处又丢失很多细节。

② 纸张等材料特征。伪造支票的纸张具有很大难度，通常简易的手法是采用传统印刷手段伪造水印、彩色纤维等防伪效果，安全线一般通过印刷或烫印的手法伪造。真票的彩色纤维（有色或无色）都是在纸张抄造的时候添加进去的实体纤维，可以用针等尖锐物完整挑起，而印刷的彩色纤维则不能；真票的安全线也是在纸张抄造的过程中埋入纸张内部的（全埋或开窗），可以用小刀等物挑出，使其在纸张表面处于翘起状态或可整根拔出纸张，伪造的安全线则不能。图 8-10 所示为真安全线纸的撕开状态，安全线贯穿于纸张内部，将纸张分层拨开后才能看到全部；而将伪票的安全线拨开后，印刷

图 8-9 真假美元雕刻人像效果
（a）真美元效果 （b）假美元效果 （c）真美元局部放大效果
（d）假美元局部放大效果

图 8-10　真安全线纸撕开状态

或烫印的安全线痕迹处于纸张表面，无法在纸张内部看到。

（3）克隆。该手法通过变造、伪造的手段制作假票，但克隆真票的票面信息。通过印刷加裱糊的方法制作的伪票，纸张的手感、挺度、声音有差异，有时有小的水纹折，尺寸有差异，伪造痕迹明显，防伪特征没有、不对或不全。

（4）其他手段。其他手段有通过盗窃、骗取真票后变造，内外勾结或伪造票转让、买卖，或冒充银行订货等不法手段。

8.2.5.2　典型票据凭证特点

2010 年版银行票据版面设计以中国文化元素“梅、兰、竹、菊”为设计主题，采用中国画的线描表现手法，方案以“四君子”代表中国传统文化中的“信”字，符合金融业以“信”为本的文化理念。票面采用扭索防伪图文和花卉主题的有机结合，风格简洁大方，票面清新淡雅，契合“四君子”品行高洁的气质，突出银行票据的功能性和创新性，给人耳目一新的视觉效果。

2010 年版银行票据凭证调整的格式和要素内容如下：票面内容稍作调整；统一底纹颜色，不再按行名分色；现金支票的主题图案为梅花，转账支票、清分机支票的主题图案为竹，汇票的主题图案为兰花，本票主题图案为菊花；编码规律有大的调整；防伪技术有大的提高。

图 8-11 所示为 2010 年版中国人民银行支票票样，图 8-11（a）所示为现金支票，票面底纹以“梅”为设计主题；图 8-11（b）所示为转账支票，票面底纹以“竹”为设计主题。

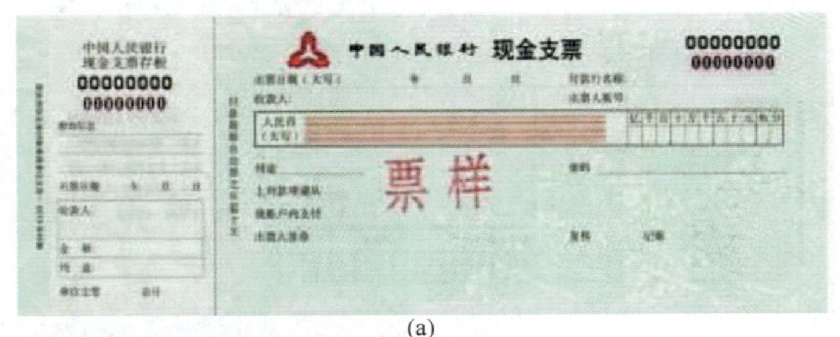

(a)

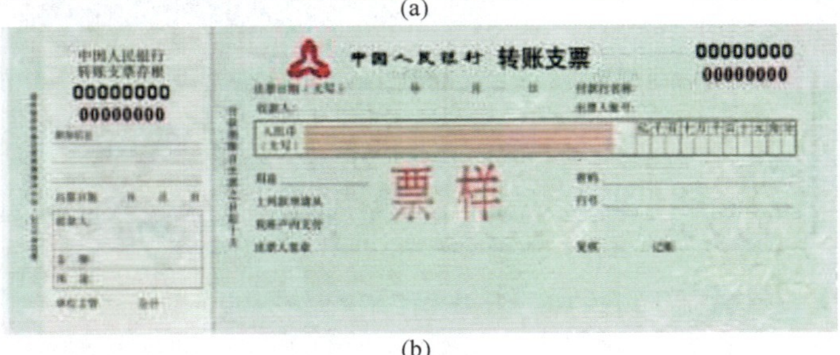

(b)

图 8-11　2010 版中国人民银行支票票样
（a）现金支票　（b）转账支票

现金支票的防伪特征点如图 8-12 所示。

（1）行徽。采用荧光油墨印刷，自然光下呈红色［图 8-13（a）］，紫外光下呈橘黄色［图 8-13（b）］。

（2）红水线。水溶性红色荧光油墨印制的票面中呈现十条红水线，其颜色均匀，

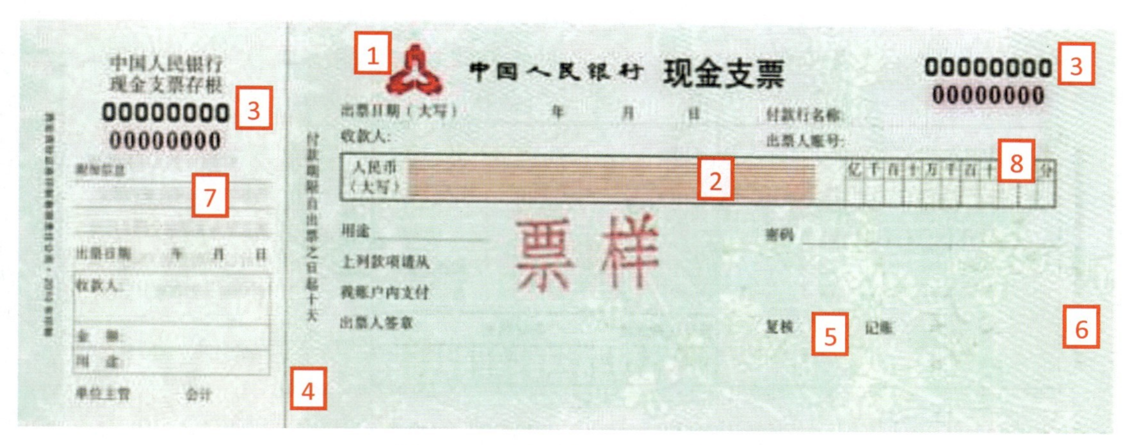

图 8-12　现金支票的防伪特征点

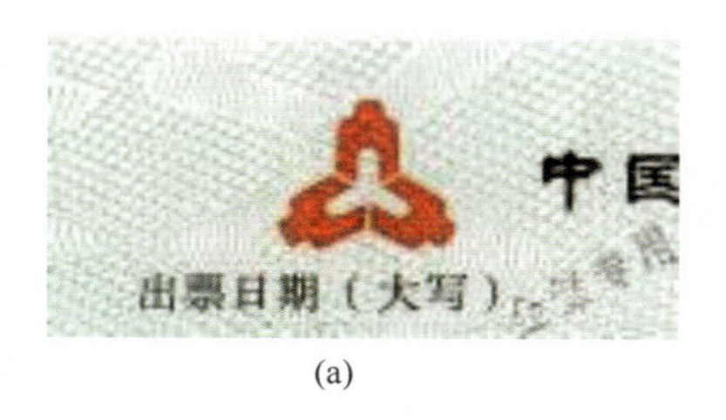

(a)

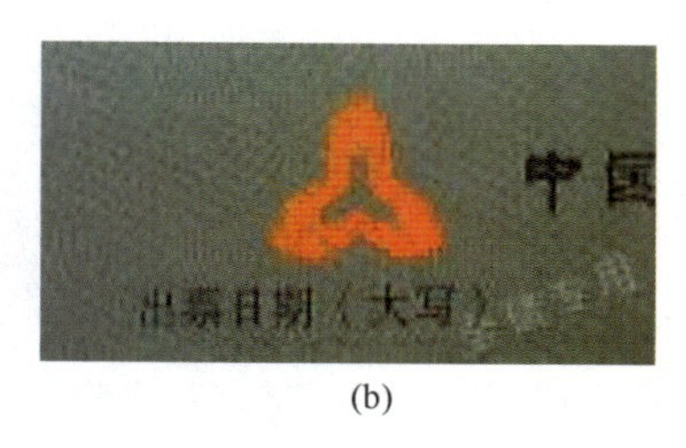

(b)

图 8-13　行徽及其荧光效果

（a）自然光下效果　（b）紫外光下效果

线条粗细一致，间隔整齐，自然光下为红色［图 8-14（a）］，遇水潮湿会溶解，遇化学物质会变色，在紫外光下观察可见橘红色的荧光［图 8-14（b）］。

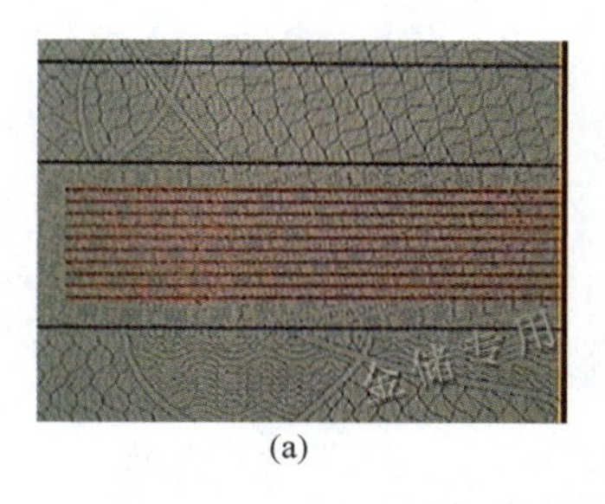

(a)

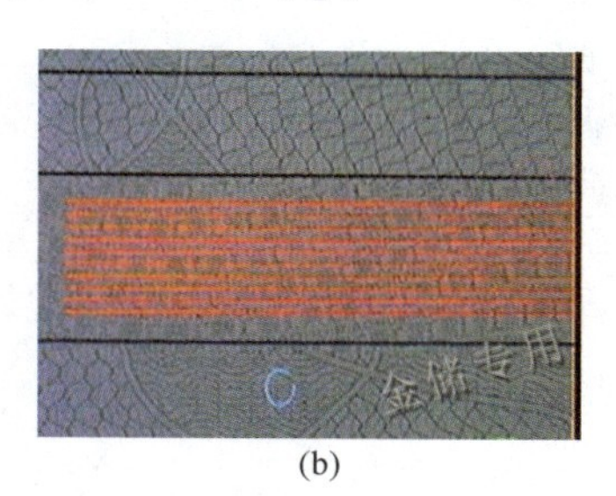

(b)

图 8-14　红水线及其荧光效果

（a）自然光下效果　（b）紫外光下效果

（3）票据号码。所有票据号码调整为 16 位，分上下两排（图 8-15）。上排 8 位数字相对固定，下排 8 位数字为流水号。

上排编码：1~3 位——行别代码；

4 位——预留号；

5~6 位——省别地区代码；

7 位——票据种类；

8 位——印制企业识别码。

图 8-15　票据号码式样

汇票票号区域第二排数字采用渗透性油墨印制，正面为棕黑色字体［图 8-16（a）］，背面显红色［图 8-16（b）］，且正背同步。采用凸印技术、同一油墨、一次印刷而成，视觉上有浮雕凸起状［图 8-16（c）］，用手触摸会有凹凸感。

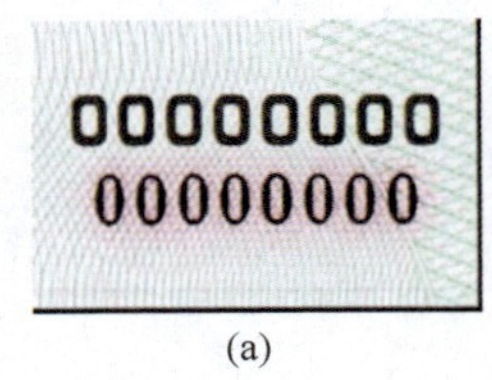

(a)

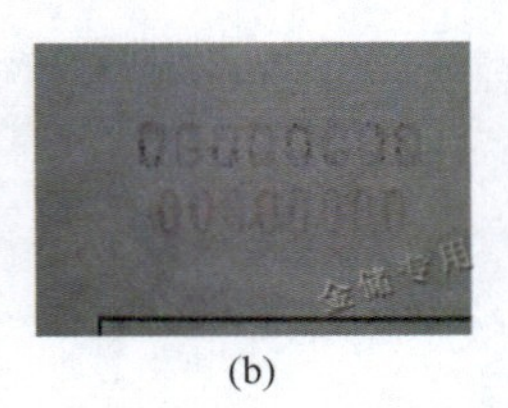

(b)

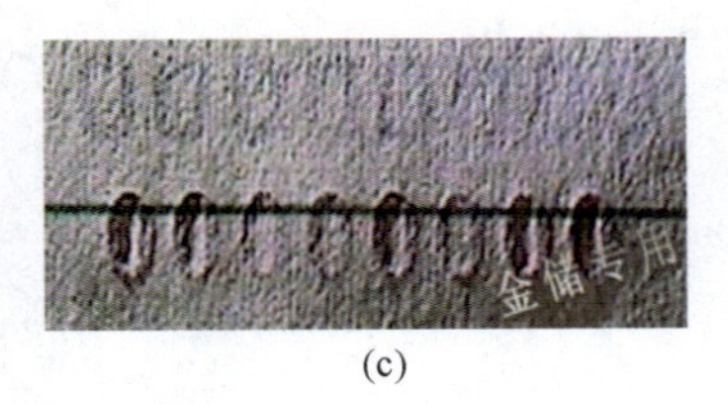

(c)

图 8-16　票据号码防伪效果

（a）正面效果　（b）背面效果　（c）凸印效果

（4）缩微。放大镜下可见支票票面上多处有缩微文字，字样为“支票”和“zhipiao”。

（5）底纹主图案。在紫外光下可见团花及主题花卉的荧光图案。图 8-17 所示为现金支票上的荧光效果。

（6）双色底纹。蓝绿双色底纹印刷（图 8-18）、主题图案更复杂，防复印、防复制功能更强。

图 8-17　底纹主图案（梅）的荧光效果

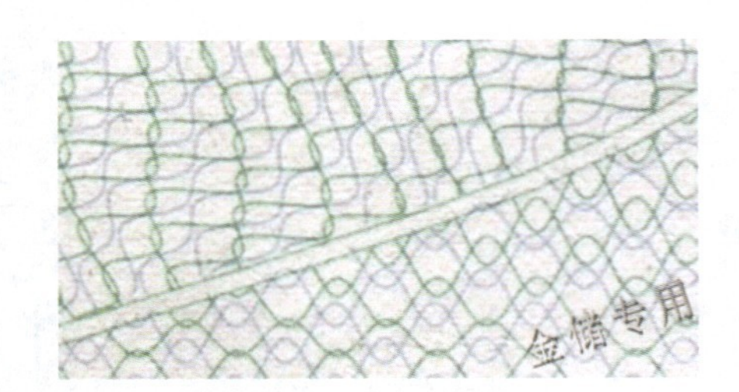

图 8-18　双色底纹效果

（7）水印。非清分机的现金支票与转账支票为满版的“￥”和“ZP”字样的黑白水印（图 8-19）。

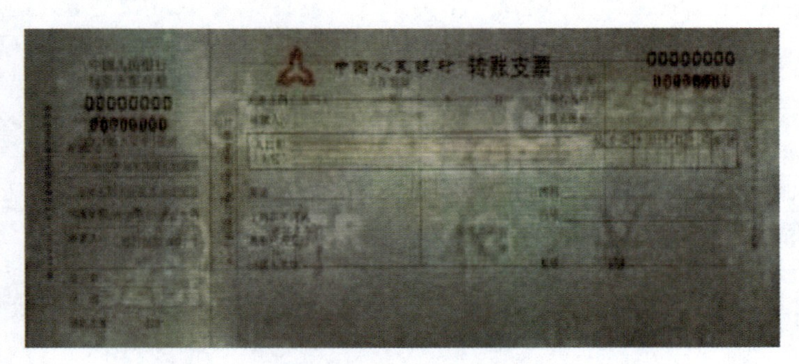

图 8-19　水印效果

（8）无色荧光纤维。新版票据取消彩色纤维防伪措施，采用新型无色荧光纤维。纸张中含真实纤维物，韧性强，呈圆弧状。白光下无色，紫外光下观察有满版的荧光纤维丝，呈红色、蓝色、绿色，亮度、深浅不一，红外光下有明显突起（图 8-20）。

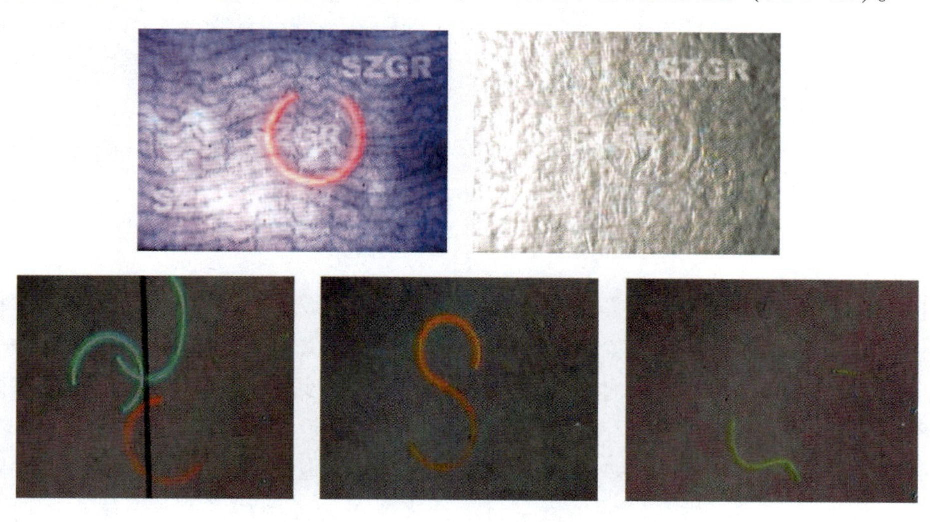

图 8-20　无色荧光纤维效果

此外，在银行汇票和本票上还使用了防伪安全线，正反面均可见明暗相间的全埋式金属安全线，并且位置相对。迎光观察，可见一条明暗相间的全埋式金属安全线，并且于透光度较强的区域可见双面双向的 PJ 字样的缩微字（图 8-21）。

银行汇票和本票的水印效果与支票不同，迎光透视，汇票和本票均可见满版无缝连接水印，图案为由 PJ 组成的方孔钱图案和梅花图案（图 8-22）。

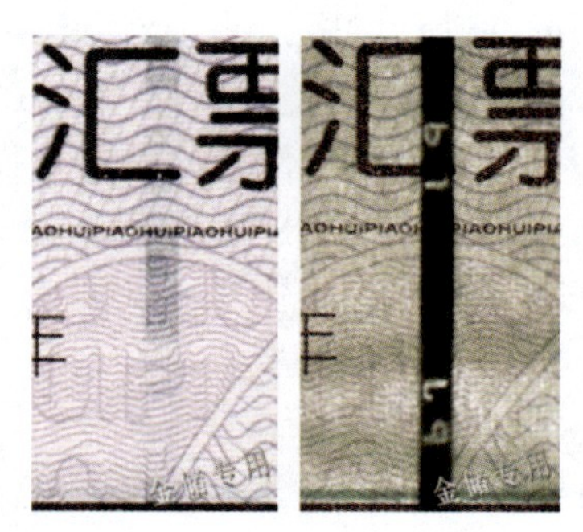

图 8-21　安全线

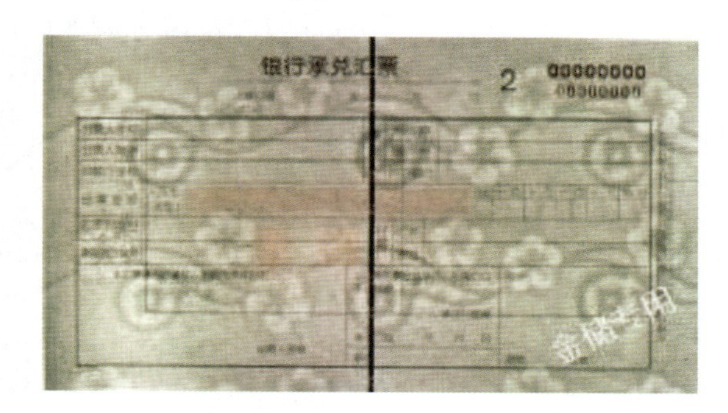

图 8-22　银行汇票和本票的水印效果

总的来说，银行 2010 年版票据的真伪验证遵循一看二摸三鉴别的验票流程：

一看有无变造痕迹，看文字、颜色、要素、尺寸、文字位置、底纹等制作特征是否相符；二摸纸张手感、挺度，听声音是否和纸张特征相符，主要是水印和金属线；三是鉴别票据本身的防伪特征。

8.3　证　　件

法定证件通常是依据某项法律规定，赋予或授予某主体身份、资格、权力或荣誉等方面的证明性文件，具有一定的价值。为了使其能够依据国家法律或部门规章，在国家行政管理、社会生活中规范和有序地应用，在证件的生产管理中往往选用特殊的制证材料、精密的印刷工艺、先进的证件个人化系统，确保证件的真实性和有效性。因此，法定证件也是防伪证件。在法定证件中，常见的防伪技术包括水印安全纸、溶剂敏感性纸、版纹设计防伪技术、防伪油墨等。

法定证件的应用范围很广，与日常生活关系最紧密也是很重要的两类法定证件是居民身份证和护照。

8.3.1 居民身份证

居民身份证作为我国国家法定的身份证件，具有证明公民身份的法律效力，证件规格统一，由执法机关制发，可以在全国范围内使用，不受时空范围的限制，而且携带、使用方便，不易伪造，这些特点是其他身份证件如工作证、介绍信、学生证等所不具备的。

1984 年第一代居民身份证面世，随着社会经济的不断发展，第一代居民身份证日益暴露出缺点，虽然在 1995 年和 1999 年进行了一些改进，但是仍然存在诸多技术缺陷，如身份证号码偶然性重号、姓名中的生僻字打不出来、身份证照片形变等，主要问题是科技含量低、防伪性能差。自第一代身份证问世以来，犯罪分子利用伪造的第一代身份证进行违法犯罪活动的案件屡见不鲜。犯罪分子制造假身份证和利用假身份证进行违法犯罪的形势非常严峻，公安司法机关肩负的反假斗争显得日益艰巨，任重道远。

第二代居民身份证在科技含量、防伪能力、证件质量、制作周期等方面都优于第一代，其制作工艺已与世界先进国家的制证技术接轨。它采用先进的数字防伪、射频卡识别、印刷防伪等信息技术，有利于国家和公民在社会事务，特别是经济事务中，加强身份的识别和认证，也利于有效预防和打击伪造证件、冒用他人证件进行金融犯罪、流窜作案等违法犯罪活动。2004 年 3 月 29 日，首批第二代居民身份证在深圳、上海和浙江湖州三地开始发放，4~5 月开始在北京和天津发放，广州于 7 月 1 日实施换领工作，这标志着我国第二代身份证发放工作全面启动。2005 年 1 月 1 日开始，全国范围内停止办理第一代身份证，并全面启动集中换发新证工作，旧的身份证在有效期内可继续使用。2008 年，我国基本完成全国 10 亿多张旧身份证的更换。

8.3.1.1 身份证的规格特征

第二代居民身份证与第一代居民身份证相比，在规格特征上有一些明显的变化，主要表现在以下几个方面。

（1）材质。第二代居民身份证采用的是具有绿色环保性能的由多层聚酯（PETG）材料复合而成的单页卡式证件。它由正面保护膜、正面印刷层、中间镶嵌层（inlay）、背面印刷层和背面保护膜 5 个部分组成。卡基使用的是公安部指定的江苏省唯一一家信用卡基材生产厂家——江苏华信塑业发展有限公司生产的 PETG 新材料。这种材料有别于以往我国身份证材料的最大特点在于该材料可以回收再利用，而且对环境不构成任何污染。此外，PETG 新材料采用新配方和控制技术，易于印刷，热稳定性强，具有防伪造、耐摩擦、抗腐蚀、抗静电等特点。

（2）大小。第二代居民身份证的大小为 85.725mm×53.975mm×0.900mm。

（3）内容。《中华人民共和国居民身份证法》（以下简称《居民身份证法》）第 3 条第1款规定，居民身份证登记的项目包括：姓名、性别、民族、出生日期、常住户口所在地住址、公民身份号码、本人相片、指纹信息、证件的有效期和签发机关。

① 反面。证件的反面印有持证人的姓名、性别、民族、出生年月日、户口所在地住址、公民身份号码和本人彩色相片7个登记项目，并印有彩色花纹。图案底纹为彩虹扭索花纹，颜色从左至右为蓝、紫、红、紫、蓝（图8-23）。

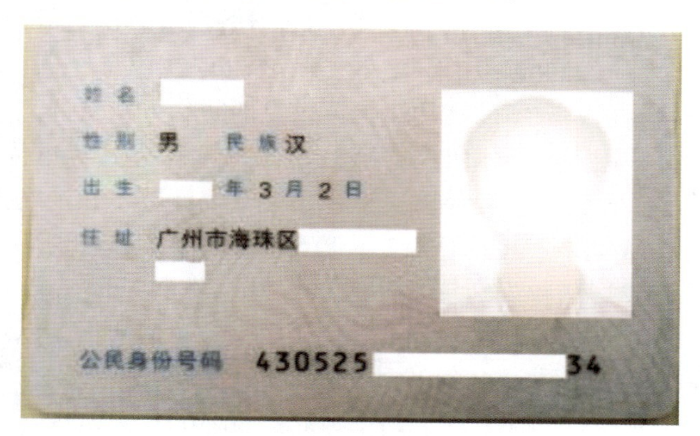

图8-23 居民身份证反面

② 正面。证件的正面印有证件名称“中华人民共和国居民身份证”，左上角印有国徽图案，中间印有用写意手法绘制的长城图案，周围印有彩虹扭索花纹，中下部印有“签发机关”和“有效期限”两个登记项目（图8-24）。

图8-24 居民身份证正面

我国第二代身份证所有登记项，全部采用国家公安部第二代居民身份证制作中心指定制证专用打印机——富士施乐DC2060型和DPC1255型彩色激光打印机印制。该打印机技术先进、工艺精细，打印出的文字清晰、人像层次丰富，中间调过渡柔和、神态自然，无明显畸变，便于人们识别，因此效果明显优于第一代身份证。在5倍以上放大镜或实体显微镜下观察，第二代居民身份证正、反面登记项的整个图文，由红、黄、蓝、黑4色墨粉颗粒堆积而成。图8-25所示为高倍显微镜下拍摄的激光打印图文信息的显示效果，从最后一张四色网点图像中可以看到每一个网点都是由很细小的墨粉颗粒组成的。

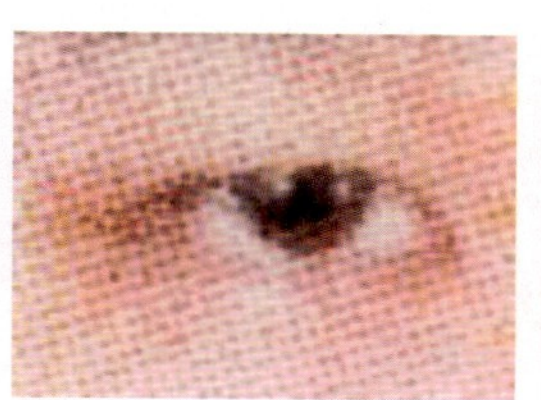
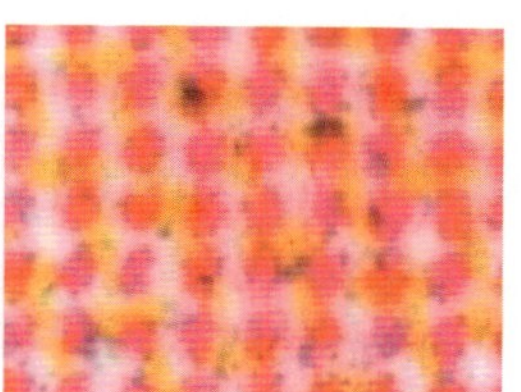
图8-25 激光打印图文信息的显示效果

8.3.1.2 身份证防伪特征

我国第二代居民身份证的生产制作应用了多种防伪技术，其中包括数字防伪技术、射频识别技术、芯片和印刷防伪技术。同时，在数字防伪系统中还采用了加密技术，可防止身份证芯片内存储的数据信息被非法写入或篡改。此外，还采用了防伪印刷技术，在不受到人为破坏的情况下，一张第二代居民身份证可保证至少使用 10 年。

（1）数字防伪技术。第二代身份证使用了密码技术进行证件防伪，印刷时也使用了防伪技术。数字防伪用于机读信息的防伪，将持证人的照片图像和身份项目内容等数字化后，采用密码技术加密，存入芯片，可以有效防止伪造证件或篡改证件机读取信息内容等。证件信息的存储和查询采用了数据库技术和网络技术，既可实现全国范围内的联网快速查询和身份识别，也便于公安机关与各行政管理部门间的网络互查。

（2）射频识别技术。射频识别技术（radio frequency identification，RFID）是应用电磁感应、无线电波或微波进行非接触式双向通信，以达到识别的目的并交换数据的自动识别技术。这项技术在 20 世纪 80 年代中期开始出现，随着大规模集成电路技术的成熟，射频识别系统的体积大大缩小，逐步进入实用化阶段。和同期或早期出现的接触式识别技术（如条码、磁卡、IC 卡等）不同，RFID 系统的射频卡和读写器之间不需要接触即可完成识别，具有使用方便、快捷的特点，非常适合在公共交通、身份识别等流量大、使用频繁的场合下应用，目前已广泛应用于证件防伪等方面。

（3）芯片。从表面上看，第一代身份证是纸质塑封式的，而第二代身份证是采用多层聚酯材料复合而成的单页卡式。实质上，两者最大的差别是第二代身份证具有机读和视读两种功能，而第一代身份证只具有视读功能。嵌入式微晶芯片位于第二代身份证正面右下角距右侧边缘 12mm、距下端边缘 12mm 处，其机读功能是通过嵌入在身份证中的微晶芯片模块来实现的，该芯片模块由清华大学微电子学研究所和清华同方微电子有限公司共同研制，由多个芯片封装集成，是比 IC 电话卡芯片（12mm×8mm）还小的嵌入式微晶片，大小约为 8mm×5mm。这种芯片比普通 IC 卡芯片更经得住环境考验，可以适应从零下几十摄氏度到四十多摄氏度的温差跨度，其兼容性也非常好，在商场、酒店、机场及公安系统都能顺利通过机器读取芯片内数据库内容，且耐磨性可以满足天天使用的强度，能应付人为或非人为的破坏等。晶片中储存有居民个人信息，包括身份证表面印刷的公开信息和用于管理、数字防伪技术的有关信息。写入的信息可划分安全等级分区存储，可以与阅读身份证的仪器（射频卡读写器）进行相互认证，通过机读信息进行安全性确认，并实现现代化人口信息管理。采用这种专用芯片模块的第二代身份证克服了第一代身份证不能机读、防伪造和防变造性能差等方面的缺陷。

微晶芯片中的信息除了包括上述登记项目外，还包括公民常住户口所在地住址变动情况和换领、补领身份证的记载。第二代身份证芯片存储空间较大，能够储存 8MB 的信息，为今后的信息开发预留了空间，如将持证人经加密后的生物特征数据（指纹、掌纹、声纹、DNA 指纹、虹膜、相貌等）存储在其中，利用生物特征识别（BIOMET RICS）技术来帮助个人进行身份的鉴定，那将使其身份识别功能大大加强。第二代身份证一方面适应未来信息化的需要，可以直接与计算机沟通；另一方面，提高了防伪性能，不仅可有效地防止伪造、变造，而且能防止制发过程中的内部违法行为。

（4）印刷防伪技术。

① 版纹防伪技术。版纹防伪技术最早是一种国际通用的、用于钞票防伪及有价证券的安全防伪手段，后来用于护照、身份证等的安全防伪，我国第二代居民身份证的制作也

使用了这一技术。版纹防伪技术的基本原理是利用极其细小的线和点构成规则或不规则的线型图案和底纹、花团、浮雕图案，构成安全版纹，达到防复制的目的。其设计方法一般有两种：一种是利用专门的绘图工具由人工刻画，另一种是利用计算机软件绘制。

我国第二代居民身份证采用计算机软件绘制版纹。计算机软件可以利用精细复杂的花团、线条、缩微文字、浮雕等基本元素，制作成多种多样的形态，并可加入多种防伪元素来实现防伪效果。常见的防伪元素有缩微文字、对印技术、隐形技术和线条技术。它们形成的常见形态有底纹、花团、花边、浮雕、潜影，具有防扫描、防图像处理的特殊效果。

我国第二代居民身份证底纹的制作，使用了彩虹印刷技术和缩微文字印刷技术。

彩虹印刷技术 采用线条宽度仅为0.03mm的精细线条，配合多色彩虹印刷技术制成的细线底纹，采用扫描、复印等方法无法达到复制的目的。我国第二代身份证的底纹是使用彩虹印刷方式制成的，颜色由蓝、红、蓝组成，过渡自然。蓝、红或红、蓝过渡形成的紫色细线条仍然是实地的细线条（图8-26），伪造的身份证在该渐变色区域的细线条是由细小网点组成的，并且很容易丢失细节。

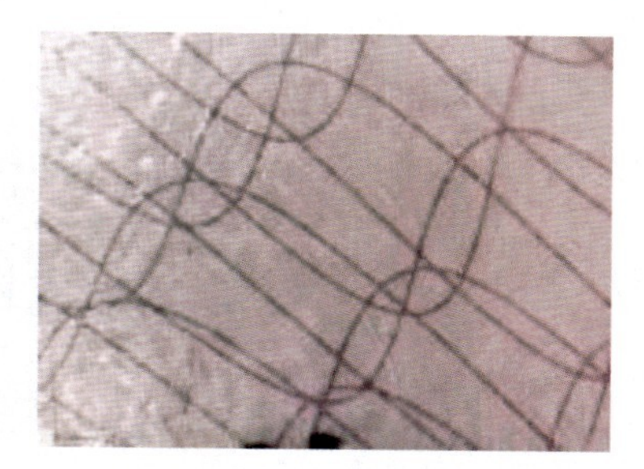

图8-26 彩虹印刷的实地线条

缩微文字印刷技术 缩微文字的防伪原理是将字体设计得非常小，一般字高为0.3~0.5mm，使得复制手段无法实现，具有高度防伪性能。第二代身份证的底纹为扭索花纹，如果采用5倍以上放大镜或实体显微镜观察，可以在身份证的彩虹扭索花纹中央看到缩微文字JMSFZ字样［图8-27（a）］。此外，在缩微文字JMSFZ周围有两条由缩微文字JMSFZ组成的装饰纹线［图8-27（b）］。

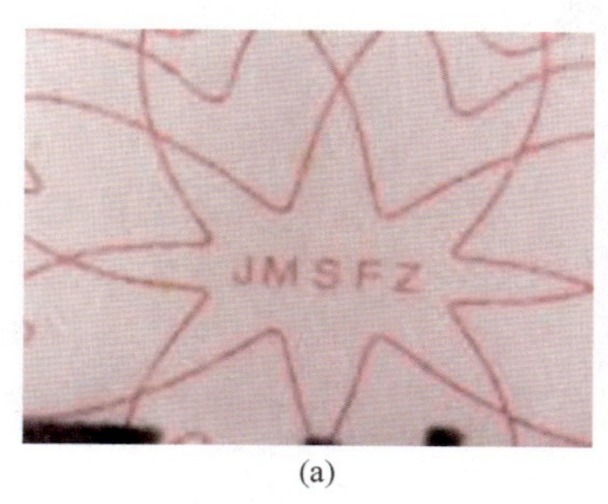

(a)

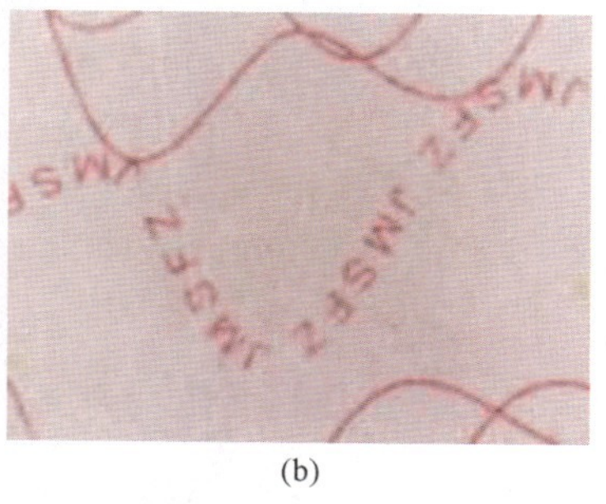

(b)

图8-27 身份证上的缩微文字印刷

（a）单独的缩微字 （b）缩微字线纹

② 紫外荧光油墨印刷技术。紫外荧光油墨分为有色紫外荧光油墨和无色紫外荧光油墨。这种荧光油墨在紫外光（200~400nm）的照射下能发射各种颜色的可见光（400~780nm）。紫外荧光油墨是由荧光颜料、连接料和助剂构成的。第二代身份证的正面为用灰色（含有荧光黄）荧光油墨印刷的长城和远山图案，在紫外光照射下，可发出黄色的荧光。

③ 衍射识别技术。衍射识别技术（diffractive identification device，DID）属于高端全息技术的范畴。这种光栅结构由瑞士Paul Scherrer学院Zurich实验室的Mike Gale领导的

小组发明，荷兰 TNO 的 Van Renesse 博士取得初步实验结果。

DID 的光栅结构特点：传统全息技术利用的是光栅的一级衍射，而 DID 利用的是零级光栅，射入的光线实际上是直接反射回来，即表面的反射光；DID 的光栅是埋入式的，它由不同折射率的多个微米层相嵌而成，其光栅结构是隐形的，DID 可隐藏在具有不同光学指数的微层或透明材料中，因此更难被复制；它具有比全息图还要精细的微光栅结构，全息图的光栅周期数量级是 1μm，而 DID 形成的光栅周期数量级在 0.4μm 以下（属纳米数量级）。

DID 可以做成一层光学薄膜来作为防伪标识，辨别方法极为简单：将其在本身平面内旋转，即可看到显著的颜色转换。DID 比全息图更难仿制和复制。这些光学纳米防伪技术本身极为复杂，难以假冒，而检验方法极为简单，容易看、容易记、容易辨别。

传统的全息防伪技术与 DID 都是应用光学中的衍射光栅原理来制作防伪标记，但在制作工艺上，DID 的要求比较高，不仅其结构比全息光栅小，而且必须具备高精度的压膜、组合、真空等条件。

DID 与传统全息技术的直观区别：DID 技术在漫射光源下可实现变色，传统全息技术则在点光源下实现逐级变色；DID 技术变色可以在平面旋转下实现，整体图案在 2 色或 3 色间突变，传统全息技术是 7 色彩虹，在转动过程中局部渐变；DID 技术显示的色彩很艳丽，像蝴蝶翅膀不刺眼，传统全息技术显示色彩很亮丽，但刺眼。

(a)

(b)

图 8-28　DID 识别演示

（a）水平位置观察效果　（b）平面内旋转 90°后观察效果

DID 的优点：

易识别　DID 很容易被公众识别。从水平位置观察 DID 图像时，为红色［图 8-28（a）］；将图像在平面内旋转 90°后，观察到深绿色［图 8-28（b）］。

易机读　机读的可靠性高且设备价格低。

和模压全息生产兼容　我国第二代居民身份证上也采用了 DID 技术，在反面左上角的“长城图案”，横向摆放身份证，正视观察显示为红铜色［图 8-29（a）］，平面旋转 90°后，颜色

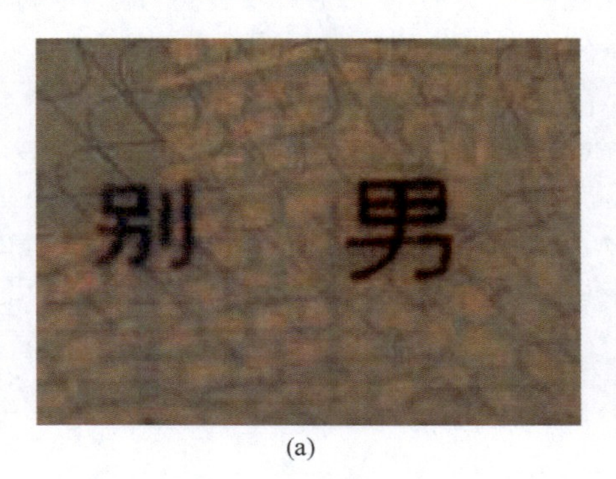

(a)

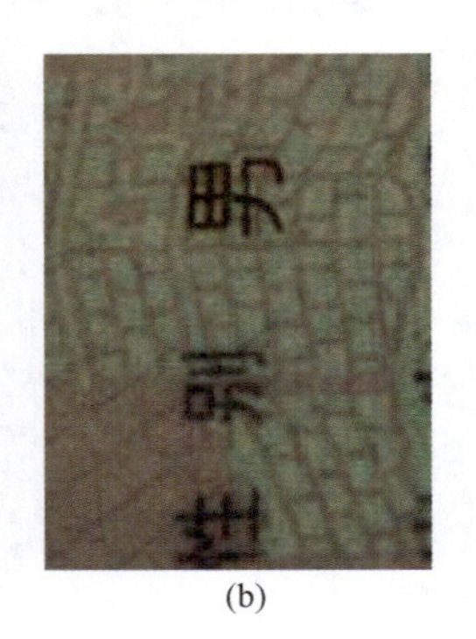

(b)

图 8-29　身份证上的 DID 效果

（a）水平位置观察效果　（b）平面内旋转 90°后观察效果

转换为湖绿色 [图 8-29 (b)]。

④ 微透镜微图形组合薄膜技术。微透镜微图形组合薄膜是光学透镜三维显示防伪薄膜中的一种，由微透镜阵列层、塑料基底层和微细图形层紧贴组合而成。最上面是透明 PBV 材料制成的微透镜阵列层，其中微透镜单元为 0.25mm×0.25mm 的方形透镜，单元透镜孔径数值为 0.01mm，阵列采用正方形紧密排列方式；中间层是用透明 PVC 材料制作的塑料基底层，其厚度为 2mm；最下层是直接印刷附着于中间塑料基底层下表面的微细图形层，微细图形层的结构与微透镜阵列的结构匹配。由于采用低数值孔径的微透镜和较高厚度的中间层，因此该组合薄膜可获得动态的三维图形，且该三维图形会随观察者视角的改变而发生相应的改变。

在第二代居民身份证反面右侧照片下，有一个用微透镜微图形组合薄膜技术生产的三维防伪图案，其大小约为 17.5mm×4.0mm。当身份证横向放置时，可观察到有两行由小方点组成的黑体空心“中国 CIHNA”字样；当身份证纵向放置时，则可观察到在“中”和“国”两个字的外边框由 CHINA 缩微文字组成的空心黑体字，以及“C、H、I、N、A”5 个英文字母的外边框由“中国”缩微文字组成的黑体空心字。

用微透镜微图形组合薄膜技术制作的三维防伪图案，其特性决定不能通过照相、复印或电脑扫描等手段来复制，从而确保使用该防伪技术制作的防伪标识具有良好的防伪性能和很长的防伪生命周期。

8.3.2 护照

护照是公民出入境证件中最重要的一种。我国护照是政府发给中国公民，供其出入国(境) 和在国 (境) 外旅行或居留时证明其国籍和身份的证件，由外交部、公安部全权统一管理。

8.3.2.1 护照的规格特征

(1) 封面。新版护照的尺寸大小为 88mm×125mm。封面为玫瑰红色。封面正上方中央为烫金的国徽，尺寸为 35mm×38mm，距上沿约 15mm，如图 8-30 所示。

护照的名称采用中、英文双语形式。中文名称为“中华人民共和国护照”，其中，“中华人民共和国”为 4 号楷体加黑烫金字，“护照”为 2 号楷体加黑烫金字，分上下两行排列；英文“People's Republic of China”与“PASSPORT”为 Times New Roman 体烫金字，分上下两行排列，最下端为电子护照标识，距下沿约 15mm。

(2) 封里。

① 封二。封二左右居中印有中华人民共和国国徽(22mm×29mm)，距上沿约 17mm，国徽下方是宋体中文“中华人民共和国”和英文“PEOPLE'S REPUBLIC OF CHINA”，下方为钞凹印的长城雕刻图像，熠熠生辉。

② 封三。封三采用钞凹印工艺印刷，其中“本护照内置敏感电子元件。为保持最佳性能，请不要将护照弯折、打孔或者暴露在极端温度、湿度环境中。”为 5 号黑体，“This passport contains sensitive electronics. For best performance,

图 8-30 我国新版电子护照封面

please do not bend，perforate or expose to extreme temperatures or excess moisture.”为 5 号 Times New Roman。下方使用磁性光彩光变油墨（OVMI），印刷尺寸为 13mm×8mm 的电子护照标识（图 8-31）。该标识呈暗紫红色，转动护照封三时，有一条约呈 60°的亮紫色粗线左右移动，极易识别。在电子护照标识右侧，中英双语字样采用钞凹印工艺印刷，其中“请勿在此盖印”为 4 号黑体，“DO NOT STAMP HERE”为 4 号黑体。

图 8-31　电子护照标识

③ 内页。内页共计 48 页。

第 2 页为持照人个人信息页，个人信息页中印有中、英文双语的持照人的详细情况。上方共 4 项信息，包括证件名称；类型；国家码；护照号码。其中，证件名称为中文“护照”，英文“PASSPORT”。“类型/Type”可为 P 等类型。“国家码/Country Code”为国家名称缩写，如中国的国家码为 CHN。“护照号码/Passport No.”为由红、黑两色油墨采用接线印刷的黑体，由 1 位英文和 8 位阿拉伯数字组成。

下方共 10 项信息，包括照片；姓名；性别；国籍；出生日期；出生地点；签发日期；签发地点；有效期至；签发机关和持照人签名。其中，照片的规格为 30mm×40mm 彩色激光打印机打印；“姓名”为汉字、扁宋体，字符缩放约为 130%，加黑，英文 Name 为汉语拼音大写字母；性别是男性，用中文的“男”和英文 M，性别是女性，用中文的“女”和英文 F；“出生日期/Date of birth”，“签发日期/Date of issue”和“有效期至/Date of expiry”都采用英文的书写格式，即日期/月份/年份，其中月份用英文大写字母缩写，如 1 月用 JAN；“出生地点/Place of birth”和“签发地点/Place of issue”为中文的省、直辖市或自治区的名称及汉语拼音的大写；“签发机关/Authority”为中文的“公安部出入境管理局”和英文的 MPS Exit & Entry Administration①。“持照人签名/Bearer's signature”为持照人亲笔签名字迹，这部分内容采用彩色激光打印机打印而成，最下面为打印的 2×44 位可供光电字符识别技术（OCR）阅读的机读码。个人信息页上面覆盖有一层热压全息防涂改膜，大小为 26mm×125mm，包括持照人的护照类型、姓名、护照编号、国籍、出生年月日、有效期、签发地编号等信息。效果如图 8-32 所示。

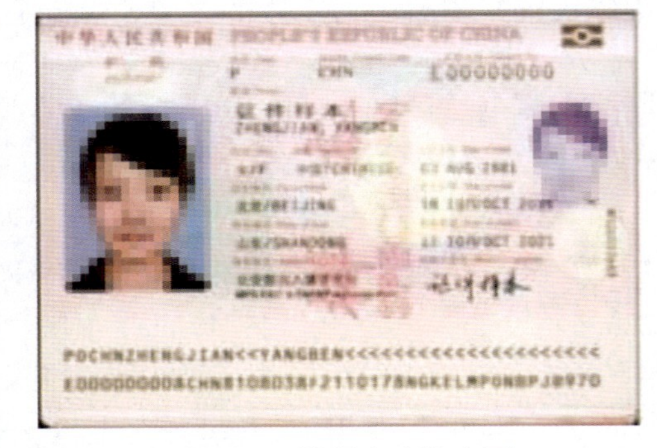
图 8-32　护照个人信息页

第 3 页为中华人民共和国外交部致各国军政机关的请求函。请求函为中、英文双语印刷。中文的内容为“中华人民共和国外交部请各国军政机关对持照人予以通行的便利和必要的协助。”为 5 号楷体字，分 3 行。英文内容为“The Ministry of Foreign Affairs of the People's Republic of China requests all civil and military authorities of foreign countries to allow

① 自第 EF6000001 号电子普通护照起，境内签发机关名称由“公安部出入境管理局”调整为“中华人民共和国国家移民管理局”，“MPS Exit & Entry Administration”调整为“National Immigration Administration”。

the bearer of this passport to pass freely and afford assistance in case of need.”为5号Times New Roman斜体字，分7行。

第4~第7页是备注页，用于持照人出入境时签署应当注明的事项。

第8~第46页为签证页，用于持照人出入境时签署出入境的时间和地点等事项。

第47页是应急资料页，包含“为便于紧急情况下与您的亲友取得联系，请填写两位亲友的具体资料。”和“Please insert below particulars of two persons who may be contacted in the event of accident.”中英双语字样。下面是具体的“姓名/Name”“住址/Address”“电话/Telephone”和“持照人血型/Bearer's blood type”等详细信息。

第48页是注意事项页，“注意事项”为5号宋体，采用红褐色油墨印刷，内容如下。

一、本护照为重要身份证件，持照人应妥为保存、使用，不得涂改、转让、故意损毁。任何组织或个人不得非法扣押。

二、本护照的签发、换发、补发和加注由公安部出入境管理机构或公安部委托的公安机关出入境管理机构，中国驻外使馆、领馆或外交部委托的其他驻外机构办理。

三、本护照遗失或被盗，在国内应立即向当地或户籍所在地的公安机关出入境管理机构报告；在国外应立即向当地或附近的中国驻外使馆、领馆或外交部委托的其他驻外机构报告。

四、短期出国的公民在国外发生护照遗失、被盗等情形，应向中国驻外使馆、领馆或外交部委托的其他驻外机构申请中华人民共和国旅行证。

8.3.2.2 护照的防伪特征及辨识

（1）纸张。

① 特种纸张。封面由植物纤维、乳胶及硝化纤维合成，在自然光下呈玫瑰红色。在紫外光的照射下没有荧光反应。内页所用纸张是印刷护照专用纸张，纸质较厚，表面光洁度较好，耐磨损，类似于印刷人民币的纸张，是由棉、麻纤维抄造而成的。

② 无色荧光纤维。内页在日光下没有特殊的反应，但在紫外光的照射下，内页纸张会发出红、黄、蓝3种颜色的荧光。

③ 安全线。安全线是为了防止伪造，在抄造纸张的过程中植入纸浆当中的，与印刷人民币用的纸张制作工艺相似。它位于护照的右侧，隔页出现，距边沿约为10mm，宽为1.2mm。黑色有磁性，用专用磁性检测仪器检测时有磁性反应。安全线上有缩微文字“中国”和反白“CHINA”字样，中英文字相间。缩微文字宽1mm，在紫外光的照射下，会发射黄、绿两色相间的荧光，每段长12mm，中间间隔为0.8mm。

④ 水印。水印是在抄造纸张的过程中，事先在压榨部放置所需的刻水印图案的没有上墨的干印版，当纸浆经过时，由于挤压使得此处纸浆的密度大于周围没有受到挤压的部位，对光检验时，可见其颜色较未受到挤压的部位深，显现出水印图案，它与印刷人民币用的造币纸上的水印形成原理相似。

在护照个人信息页纸张中，含有水印为“线条花纹”图案，位于页面的左半侧。内页的“4~46”页为各民族“人物”图案黑水印和对应的“页码”图案白水印，内页“47~48”页为“人民大会堂”正面图案黑水印和对应“页码”图案白水印，每一页的水印图案都不一致。

（2）印刷版型。

① 平版。印刷底纹、内页中的浅色底纹通常采用平版印刷。用平版来印刷带有防伪功能的隐形文字，效果更佳。新版护照内页的景物图案都是由“祥云”图案和“CHINA”字样构成的艺术挂网效果，在放大镜下观察，可以看到由这两种图案构成的风景图像。

图 8-33　钞凹印图案

② 钞凹版。新版护照中的封二、封三的全部图案、文字都是采用钞凹版印刷的。图 8-33 所示为钞凹版印刷的“长城”图案的局部效果。

（3）油墨。用来印刷新版护照的油墨都是专用油墨，通常不在市场上销售。

① 平版印刷油墨。平版印刷油墨用来印刷保护护照内容的底纹。它的颜色浅淡，经久耐磨，印后快干。

② 凹版印刷油墨。凹版印刷油墨用来印刷封二、封三的图案花纹和文字部分。其特点是墨层较厚，立体感较强，手感明显，用手摸有凸起的感觉，经久耐磨，防伪性能好。

③ 荧光油墨。荧光油墨是指油墨中加入了在一定波长紫外光照射下发射荧光的物质，在自然光下与其他油墨没有区别，但在紫外光的照射下便有强烈的荧光反应。在护照内页的每一页都有不同省、自治区、直辖市的代表性风景图像荧光图案，由无色荧光黄油墨印刷。该省、自治区、直辖市的拼音大写和简称，由无色荧光红油墨印刷，如图 8-34 所示。

图 8-34　内页中的荧光图案

（4）印刷工艺。

① 缩微文字。在内页的页码数字上方有一条由棕色油墨平版印刷的细线，细线由英

文缩微文字 CHINA PASSPORT（中国护照）组成，如图 8-35 所示。

在签证页的“签证 VISAS”旁有由蓝色油墨印刷的缩微文字 VISAS［图 8-36（a）］和由蓝、棕双色接线印刷的缩微文字 VISAS［图 8-36（b）］。

图 8-35　CHINA PASSPORT 缩微效果

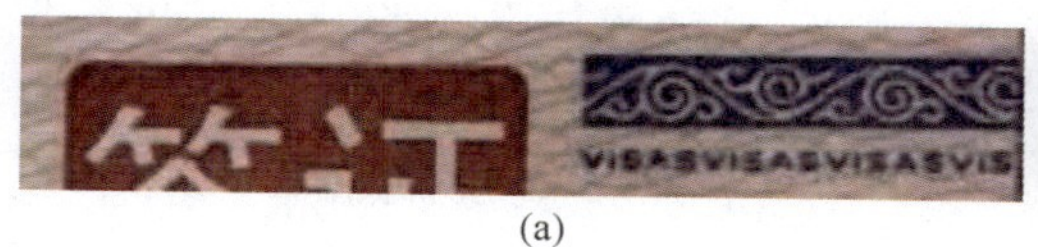

(a)

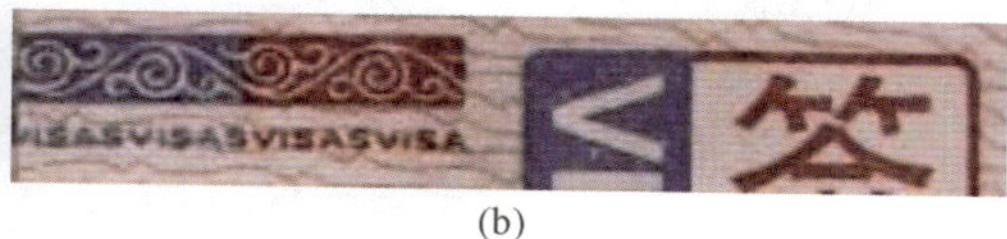

(b)

图 8-36　VISAS 缩微效果
（a）蓝色“VISAS”字样缩微文字　（b）蓝-棕色“VISAS”字样缩微文字

② 彩虹印刷。内页的背景防伪底纹图案基本采用彩虹印刷工艺。持照人个人信息页中间的团花，使用了 360°周向彩虹技术，团花颜色由外侧的黄色逐渐向内过渡为红色，颜色过渡自然，图 8-37 所示为该团花的局部效果。

③ 接线印刷。签证页上，每隔一页都有接线印刷的页码、缩微文字、签证等图案，如图 8-38 所示。

图 8-37　360°周向彩虹印刷效果

图 8-38　接线印刷

④ 对印。在每一页签证页的边缘都有对印印刷的“国”字，效果如图 8-39 所示。

⑤ 全息防伪防涂改膜。在持照人个人信息页，为了防止涂改个人信息及保护个人信息不被污损等，信息页覆盖了一层全息防伪防涂改薄膜，该膜包含多种最新型的全息防伪技术，如精细定位脱铝技术、衍射识别技术（DID）等。

图 8-39　对印效果

精细定位脱铝技术　精细定位脱铝技术由基尼格兰公司（OVD Kinegram 瑞士公司）开发，它是根据微细结构沟槽镀铝与其他部位镀铝的透光率差异开发出来的一种独特的脱铝技术，也称为零点零技术，英文名称为 Kinegrame Zero Zero，也就是说它的精细脱铝图像的定位误差为零。该技术与现行的脱铝技术完全不同，其技术的关键在于全息图和脱铝图是一次制版的，没有常规意义上的定位误差。此外，光栅结构、制作工艺有独到和创新之处，因而它所展现的全息图像清晰、逼真、动感、艳丽，有着强烈的渲染力和表现力，夺人眼球。为此，基尼格兰公司成为全息行业的佼佼者。自从 1988 年第一次在奥地利纸钞上运用了全息膜技术以来，基尼格兰公司已经在 220 种纸钞上运用了由其开发的全息技术（图 8-40），并有超过 90 多个国家和地区的政府和相关印刷公司使用了基尼格兰公司开发的全息技术。其中，精细定位脱铝技术又是近几年发展起来的一门高新技术，为世界纸币印刷行业所青睐。

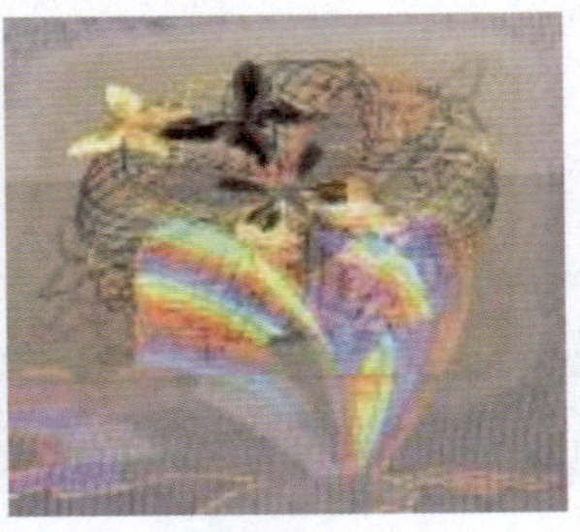

图 8-40　精细定位脱铝技术在纸钞上的应用

据有关资料介绍，金属镀层的透光率是随着厚度的增加而减少的，当铝层厚度为 25nm 时，光（波长为 550nm）的透过率为 20%；当铝层厚度为 12nm 时，光的透过率为 80%；当膜的表面有凹凸的光栅结构时，膜的表面积大为增加，特别是当光栅的槽宽比达到一定比值时，膜看起来几乎是透明的。

在全息防伪防涂改薄膜左上方“护照”位置有“中国”字样的图案及环状辐射圈，此即为精细定位脱铝技术，正视观察时可以看到“中国”及若干全息细线条［图 8-41（a）］。随着左右偏转护照，“中国”两个字逐渐消失，环状细条逐渐增加［图 8-41（b）］；偏转到合适角度时可以看到大写的镂空“CHN”字样［图 8-41（c）］。

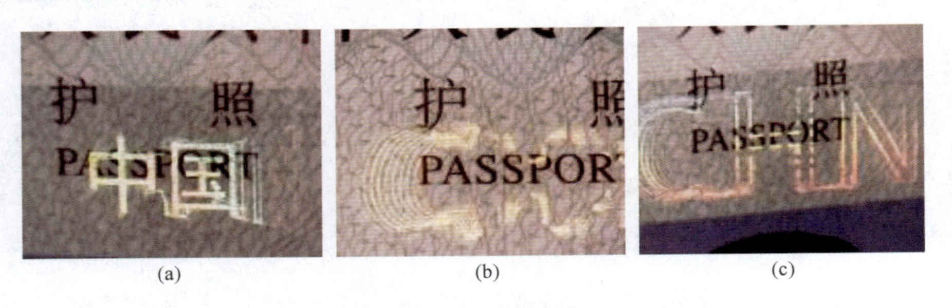

图 8-41　精细定位脱铝技术在护照上的应用

（a）全息“中国”效果　（b）全息线纹效果　（c）全息“CHN”效果

在全息防伪防涂改薄膜右侧单色人像下面有“世界地图”的全息图案，以及信息区域中间的“国徽”图案，也应用了精细定位脱铝技术，如图 8-42 所示。

图 8-42　精细定位脱铝技术在护照上的应用二

衍射识别技术（DID）　在“持照人头像”右侧 20mm×27mm 的区域使用了 DID 技术，横向观察该区域，可以看到湖绿色的“中国”繁体字及红铜色的背景，当将护照信息页旋转 90°后观察，“中国”繁体字和背景的颜色发生互换，即“中国”繁体字的颜色变成红铜色，而背景的颜色变成湖绿色。此外，在信息页右上角的“护照号码”处，也同样采用了 DID 技术，其中“PEOPLE'S REPUBLIC OF CHINA”字样与背景色，在同样的观察方法下发生同样的变色效果。

⑥ 激光穿孔。整本护照的第3页［图8-43（a）］到第48页［图8-43（b）］都是激光一次性烧制的护照号码E××××××××。激光烧制的小圆孔随着页码的增加而逐渐变小，圆孔周围有灼烧引起的焦灼感［图8-43（c）］。

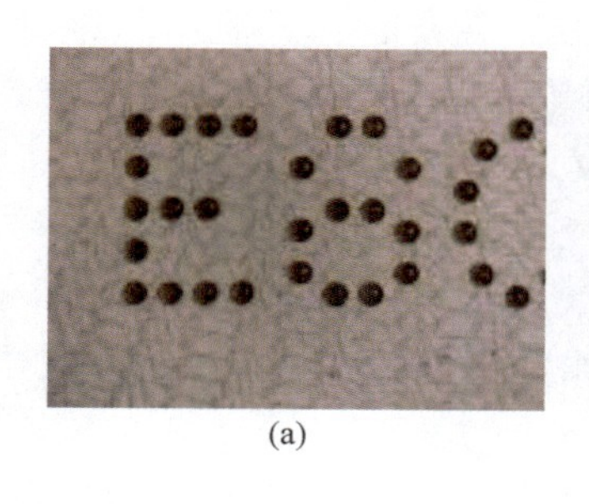
(a)

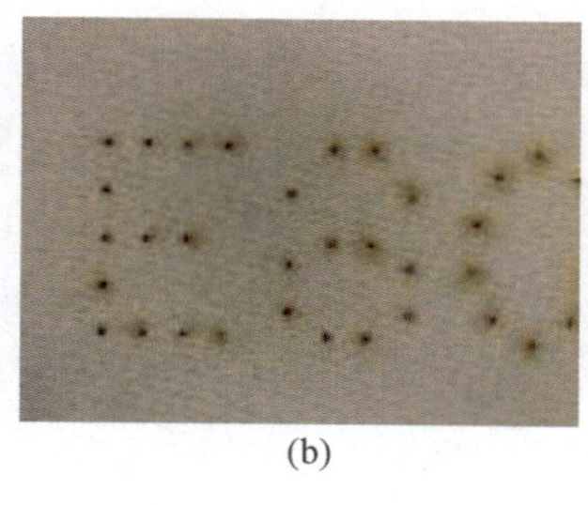
(b)

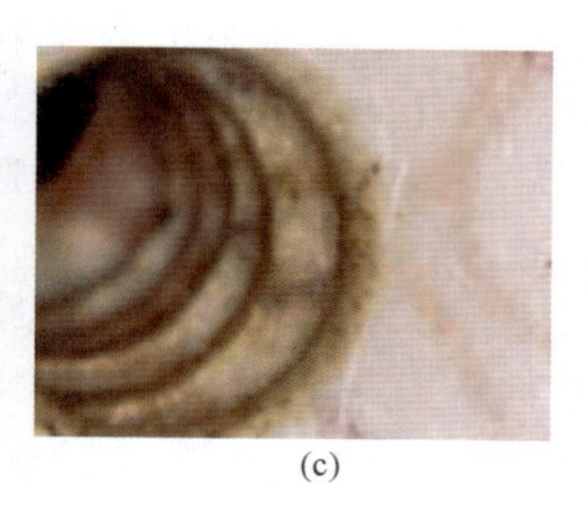
(c)

图8-43 激光穿孔
（a）第3页激光穿孔效果 （b）第48页激光穿孔效果 （c）局部放大效果

⑦ 装订工艺。新版护照采用的是荧光装订线线锁工艺。在自然光下装订线呈白色，在紫外光的照射下会发出粉红色的荧光。这种装订工艺装订的护照，结实耐用，防伪性能好。

对于可疑护照，根据以上几个方面的综合防伪特征进行检验，即可识别真伪。对于可疑但一时又无法确定其真伪的护照，可送请有鉴定资质的专家进行检验。

8.4 货　　币

8.4.1 货币的防伪

货币历来有“国家名片”之誉，为了抵制和防范假币，各国货币都精心设计和应用了各种防伪技术。货币的原材料如钞票纸、油墨、安全线等，都是从尽量缩小使用范围、难以仿造方面予以考虑的。货币的关键性防伪技术已成为国家的重要机密。

货币的防伪技术主要集中在承印材料防伪、油墨防伪、印刷工艺防伪三个方面。

8.4.1.1 承印材料防伪

在传统钞票中，各国都有自己的钞票纸配方，在钞票纸中加入某种物质或元素，使之成为难以仿制的印钞专用纸张。一般来说，货币专用纸张的主要原材料是短纤维棉花、麻与高质量的木浆混合物，不添加任何漂白剂而保持自身洁白。有的国家还在纸浆中加入了本国特有的物产，其配方保密。这种纸经久耐用、不起毛、耐折、不断裂。这是钞票纸与其他民用纸的重要区别。但是，在钞票流通过程中，如果不小心将钞票放在含有漂白剂的溶液中漂洗，在紫外光下观察时可能会出现荧光反应。同时，钞票纸遇到酸碱物质，也会变软、变薄。因此，钞票纸出现荧光反应或物理性能发生变化时，不要简单判定其真伪，要结合钞票的其他防伪特性进行综合分析后再判断。近年来，为了延长钞票的流通寿命，有的国家还研制并使用塑料代替印钞纸张载体。

此外，在专用钞票纸的制造过程中，还专门采取了以下防伪技术。

（1）水印纸。水印纸是在生产过程中通过预制模具、改变纸浆纤维密度的方法而制成的纸张，具有浮雕形的、可透视的、可触摸的图像和条码等。它是在造纸过程中制作定型，而不是在后期压印上去或是印刷在钞票表面的，通过在丝网上安装事先设计好的水印图纹印刷版，或通过印刷滚筒压制而成。由于图纹浮雕高低不同，形成厚薄不同的纸浆。成纸后因图纹处纸浆的密度不同，其透光度有差异，故透光观察时，可显示出设计的图纹。因此，水印图案都有较强的立体感、层次感，而钞票纸表面则保持了平整光滑。据报道，国外新研制了一种透明水印，只能从某个角度观察、辨认，用扫描仪不能复制。

（2）安全线。安全线就是在制造钞票纸的过程中采用特殊工艺在纸张中嵌入 1~2 条很薄的金属线或塑料线。近年来，许多国家还在安全线上加入了一些防伪技术，如推出的热敏安全线，在室温下呈不透明的粉红色，当用手指给局部加温时，只要达到 37℃，局部就呈现缩微印刷的文字（图案）。还有一种安全线因观看角度的不同而发生颜色变化。激光全息安全线不仅能改变颜色，还可变换图像。一种金属或带有磁性的安全线，用相应的探测器检查可发出特定的信号或声音。此外，还有磁性和全息特征的安全线、荧光安全线、开窗式安全线等。

（3）防伪纤维。彩色纤维或无色荧光纤维是在制造钞票纸的生产过程中将红色、蓝色或其他鲜艳色彩的纤维，或者按比例均匀地加在纸浆中，或者加在纸张局部。前者用肉眼即可在钞票纸面上看到，而后者必须在紫外光照射下方可显现，其颜色有红、蓝、橘红等，其形态可粗可细、可长可短，依设计而定。有的纤维是在纸张未成型前撒在纸面上的。纤维在钞票纸中的位置一般都是随机分布的，因此其疏密、嵌入的多少各异；也有固定位置的，如美国 1928 年以前印制的美元，红、蓝两色纤维只分布在票面正中的一条狭长区域内。同样，将五色荧光纤维加在纸浆中造出的钞票纸，只有在紫外光下才能看见纤维的荧光反应。

（4）防伪圆片。彩色圆点或荧光圆点的产生是在制造钞票纸的生产过程中，在纸浆中加入一些塑料圆片。这些彩色的或能发荧光的圆片，一般很薄、很小，可以紧密地结合在钞票纸中，在一定条件下肉眼也可以观察到。在国外还有一种扁平聚酯丝加密钞票纸，在聚酯丝上印有文字，这些文字只能在某一方向对光观察时才能看到，用复印机不能复印，防伪性能好。有的钞票上夹有肉眼不可见的金属箔，用特制的识别器检查时会发出声音。

8.4.1.2 油墨防伪

油墨作为制版工艺与印刷工艺的重要媒介，在货币制造中具有极为重要的作用。一方面，货币印刷工艺对油墨的质量与颜色均有着极高的要求；另一方面，世界各国与地区为了能进一步提升货币的防伪性能，往往在印刷油墨中添加各类特殊材料，以制成特殊的防伪油墨。利用各类特殊的防伪油墨，可提高犯罪人伪造货币的难度。货币通常使用的防伪油墨如下。

（1）有色荧光油墨。用此种油墨印刷的钞票图案在自然光下呈现普通油墨的色彩，但在紫外光照射下会发出各种特殊色彩的荧光。

（2）无色荧光油墨。用此种油墨印刷的钞票图案在普通光下不可见，而在紫外光照射下可看见明亮的荧光。

（3）磁性油墨。现代钞票多将磁性油墨作为一项定量检测技术指标，用于银行机具的机读，同时也增加了钞票的伪造难度。

（4）变色油墨。变色油墨采用的是一种特殊的光可变材料，印刷成钞票图案后，随着观察角度的不同，图案的颜色也会出现变化。这种油墨价格昂贵难以购置，具有一定的防伪功能。

（5）防复印油墨。在彩色复印机上复制用此种油墨印刷的钞票时，这种油墨印刷的图案会发生颜色变化，致使复印出来的钞票色调与原来票面上的色调完全不同。

（6）红外光油墨。用红外光油墨印刷的钞票图案在普通光下有颜色反映，但用红外光仪器观察时则无颜色。

（7）珠光油墨。珠光油墨印刷的钞票图案随观察角度的不同会出现明亮的金属光泽效果或者彩虹效果。

8.4.1.3 印刷工艺防伪

世界各国与地区的货币印刷，基本都是将设计好的不同图案分别制成数块凸版、凹版与平板等，再采用多印版、多颜色一次套印的方式，来强化货币制造过程中的防伪特性。各类货币中的背景、图案与花纹，普遍采用手工雕刻凹版、机器雕刻凸版、凹版与平板等印刷方式制成，利用这一防伪技术制成的印版，往往具有制造难度大，成本高，花纹、图案复杂多变以及难以仿制等特点。利用上述防伪技术对可疑货币的真伪进行鉴别时，就需要通过显微检验的方式，分析、判断可疑货币与真钞之间在相应图案、文字等方面，是否具有相同的凹版、凸版与平版印刷特点。如伪造者采用分色复印、彩色复印或扫描制版等方法形成的伪钞，其图案、花纹、文字等均是平版印刷形成的。多版套印防伪技术所反映出来的特性，即可用于对平版印刷伪钞的检验活动。各国的货币印刷都有其独门技艺，但总体上会有一些相同的印刷工艺，主要包括以下几种。

（1）手工雕刻凹版。手工雕刻凹版以其工艺复杂、图案唯一和投资成本高等因素，带有极强的不可模仿性和防伪性能，是世界各国通用的钞票印制技术和货币防伪技术。

（2）凹版印刷。凹印印版由二维雕刻机雕刻而成，其图案线条呈凹槽形，低于印刷版的版面。涂布油墨印刷出钞票图案后，油墨附着于钞票纸上，凸出于纸张表面，具有立体感强、层次分明的特点，用手触摸有明显的凹凸感。

（3）彩虹印刷。钞票图案的主色调或背景色彩由不同的颜色组成，但线条或图像上的不同颜色呈连续性过渡，非常自然，没有明显的分界线。

（4）对印。钞票正背面印刷的图案可以正背对接，迎光透视钞票，会看到正背面同一部位的图案经前后对接，组成一个完整的图案，对接无错位、无重叠现象。

（5）接线印刷。钞票图案花纹的线条由两种以上颜色组成，但色与色之间过渡严密、自然，无丝毫漏白或叠合的现象。

（6）缩微文字印刷。采用特殊的制版工艺技术，将图纹文字缩微到肉眼几乎看不到的程度，印刷到钞票上后，需借助放大镜仔细观察方能看清。

（7）隐形图像。利用图案线条深浅、角度的变化，制作成印刷版。印刷出来的钞票图案，正面观看是一种图像（或文字），将钞票转换适当的角度，会看到该图案还隐藏着另外一种或几种图案。

（8）激光全息图像。透过全息图片可以看到一个逼真的被摄物的立体图像，且图像线条非常精细且带有随机性，故很难仿制。

8.4.2 货币的生产流程

货币的生产工艺、材料及过程一直都充满着各种神秘感，因为它是在完全保密的状态下生产的。纸币的生产印制过程大致可以分为以下几个基本步骤：制浆造纸、纸张检测、钞券设计、印前处理及制版、试印刷、正式印刷、质检、裁切、质检、封存等，新版人民币的生产从白纸到钞票耗时一个月。

下面以德国捷德公司的钞票生产流程为例，简要介绍钞票的整个生产过程。

8.4.2.1 造纸

(1) 纸浆造原纸。货币专用纸张的主要原材料是短纤维棉花［图 8-44 (a)］、麻与高质量的木浆混合物等，这样造出来的纸张光洁坚韧，挺度好，耐磨力强，经久流通纤维不松散、不发毛、不断裂。捷德公司的 Louisenthal 造纸厂位于巴伐利亚州 Tegernsee 湖畔［图 8-44 (b)］。

(a)

(b)

图 8-44 专用纸张生产基地及主要原材料
(a) 短纤维棉花 (b) 捷德公司的 Louisenthal 造纸厂鸟瞰效果

从棉花等原始材料到专用防伪钞票纸张的抄造需要经过多道工序，其整个过程如图 8-45 所示。

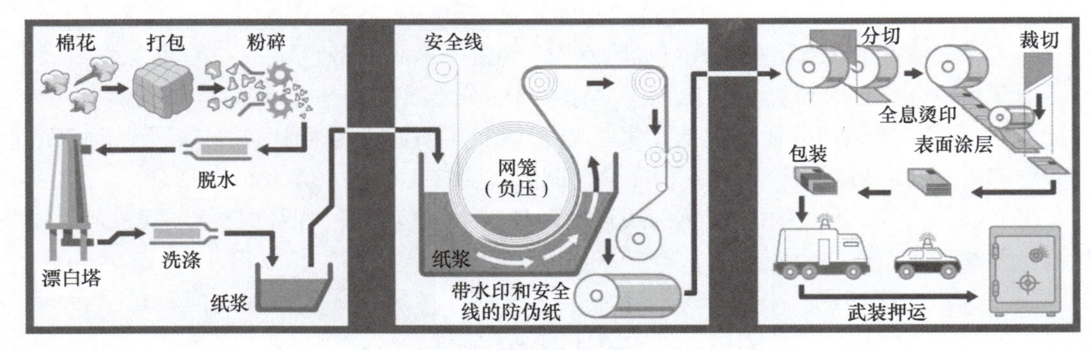

图 8-45 专用防伪钞票纸张生产流程图

棉花等主要原料采摘打包送到工厂后，需要经过粉碎、脱水、漂白、洗涤等多道工序后才能制成纸浆，纸浆经过圆网机形成纸张，并通过圆网上的水印、安全线等模具在纸张上形成防伪特征，从而获得安全线或水印原纸。图 8-46 所示为生产带水印防伪纸的圆网造纸机。

(2) 生产全息条。每个钞票生产企业的钞纸所具有的防伪特征都不同，捷德公司的一种钞纸就具有全息图案特征，因此需要生产全息图像。全息图像的生产车间都是无尘的［图8-47（a）］，制备好的全息膜被分切成所需幅宽的全息箔［图8-47（b）］，这些全息图像将被转移到防伪纸张上，作为一种重要的防伪特征。

图8-46 生产带水印防伪纸的圆网造纸机

(3) 转移全息图像。以上两个工序完成后，需要将全息图像转移到水印原纸上，完成钞纸的生产。图8-48所示为成品钞票纸上的变色安全箔的应用。

(a)

(b)

图8-47 全息图像无尘生产车间

(a) 无尘生产车间 (b) 全息膜分切

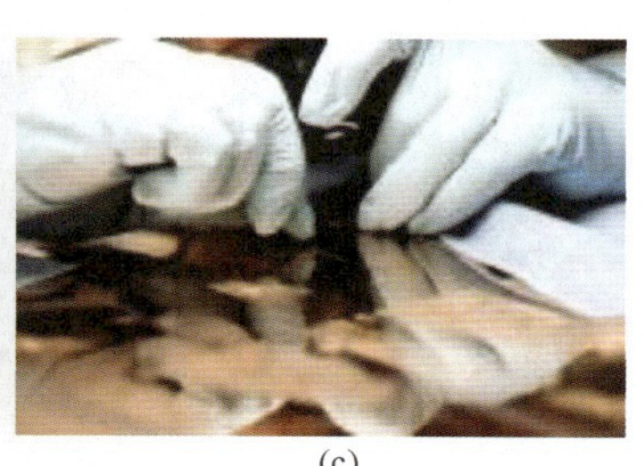

图8-48 成品钞票纸上的变色安全箔的应用

8.4.2.2 钞券设计及制版

现在的钞券设计过程基本都是在专业的安全设计系统上完成的，图8-49（a）是钞票设计师与客户商讨如何设计钞票的“外观”。主要的人像雕刻防伪图案可以在计算机上完成，再由专业的雕刻机完成雕刻图案母版的输出［图8-49（b）］，或者采用手工雕刻的方式完成［图8-49（c）］。完成钞券文件的设计工作后，就可以制版并交付印刷工序。

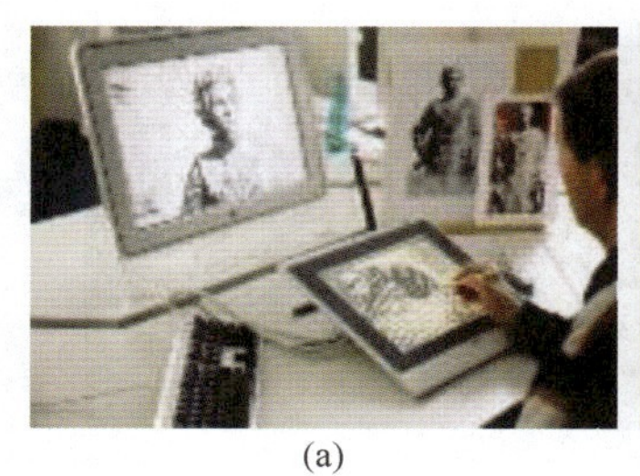

(a)

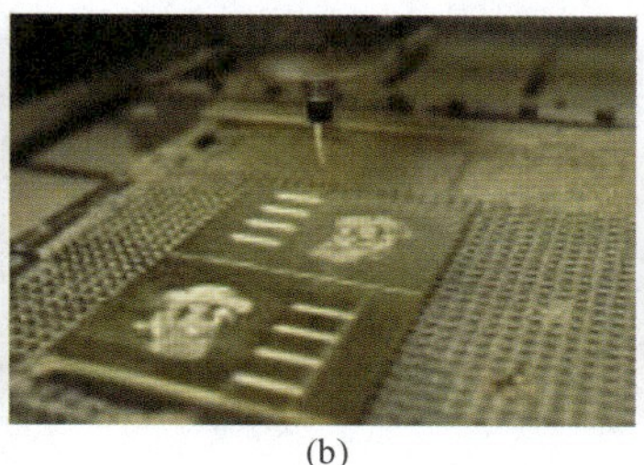

(b)

(c)

图8-49 雕刻图案的制作

(a) 钞票设计 (b) 雕刻机雕刻母版 (c) 手工雕刻母版

8.4.2.3 印刷

完成印前处理及制版后，即可开始钞票的印刷工作。印刷过程是在保密的印刷车间内完成的，一般都有监控和安保人员负责整个生产车间的安全保密工作。图 8-50 为生产车间的实景布局图。

图 8-50 生产车间的实景布局

钞票印刷工序主要采用的设备是钞凹印机和多色胶印机（图 8-51），以完成钞票设计方案中大部分防伪特征的印刷工作。

图 8-51 用于生产钞票的印刷机

钞票印刷过程中需要严格要求印刷质量，定时定量抽检印张，以保证印品的墨色及其他，完成一道工序或完成钞票单面印刷工作的半成品，在干燥完全的情况下进入下一道工序印刷。图 8-52（a）所示为印刷技师正在裸眼检查一版钞票的印刷质量情况；图 8-52（b）所示为印刷机控制台，用于调控印刷墨量的多少及套版情况；图 8-52（c）所示为钞票纸被卷入印刷机进行下一轮印刷过程。

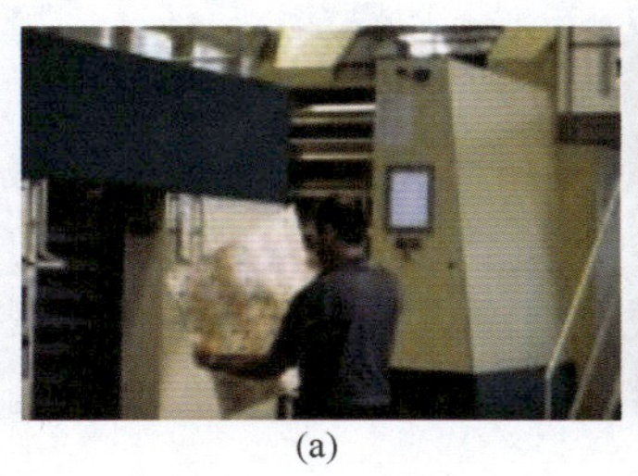
(a)
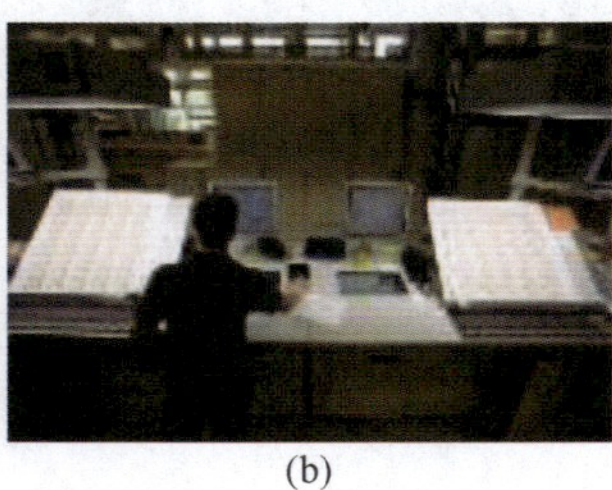
(b)
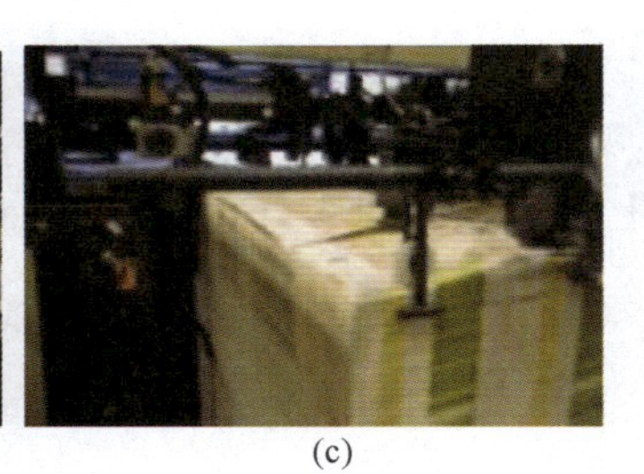
(c)

图 8-52 印刷及印刷抽检
（a）裸眼检测印刷质量 （b）印刷机控制台 （c）飞达输纸

许多钞票上都有全息图案防伪，因此在钞票半成品印刷完成后，需要在专用的烫膜设备上为钞票烫上全息图案，图 8-53 所示为工作中的烫膜机。

图 8-53　工作中的烫膜机

钞票所有图案印刷完成后，需要对每一枚钞票进行编号，也就是凸印号码。凸印号码机安装在印刷机上，根据印刷版面的大小和拼版数量进行号码机的安装和调试，调试完成后即可打印号码。为保证每一个号码的唯一性，印刷过程中出现的跳号、错号、重号、印迹不清的号码将被挑出来，进行补号，补号完成后放入对应的号码序列中。图 8-54（a）所示为正在输纸机构中准备印刷号码的钞票半成品，图 8-54（b）所示为安装在印刷机上的号码机。

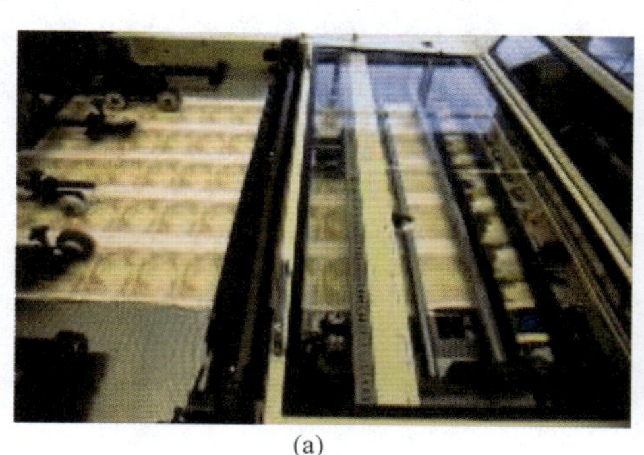

(a)

(b)

图 8-54　号码印刷及设备

（a）钞票半成品　（b）号码机

8.4.2.4　裁切、捆扎及废品销毁

钞票所有工序和防伪特征完成后，将进行钞票的裁切，按钞票的设计规格在裁切机上裁切成钞票成品，然后过机进行热收缩膜包装，即完成整个钞票的生产过程。对于印刷生产过程中出现的残次品，将进行粉碎处理，有的处理后会重新利用，有的被制成艺术品赠送给客户或者出售。图 8-55（a）是待裁切的钞票大版及裁切设备，图 8-55（b）所示为采用 NotaPack 钞票打包系统自动进行钞票热缩打包，图 8-55（c）所示为热收缩膜封装好后的成捆钞票，图 8-55（d）所示为使用捷德钞票销毁系统粉碎后的钞票。

8.4.3　人　民　币

中国人民银行从 1999 年 10 月 1 日起陆续发行了 1999 年版第五套人民币，包括面值为 100 元、50 元、20 元、10 元、5 元和 1 元的纸币，1 元、5 角和 1 角的硬币，共 9 种。2005 年 8 月 31 日一次性发行了 2005 年版第五套人民币，包括面值为 100 元、50 元、20 元、10 元、5 元的纸币和 1 角硬币共 6 种。为了进一步提升第五套人民币 100 元面值纸币的防伪性能，2015 年中国人民银行发行新版 100 元面值纸币。2015 年版第五套人民币 100 元纸币在保持 2005 年版第五套人民币 100 元纸币规格、正背面主图案、主色调、“中

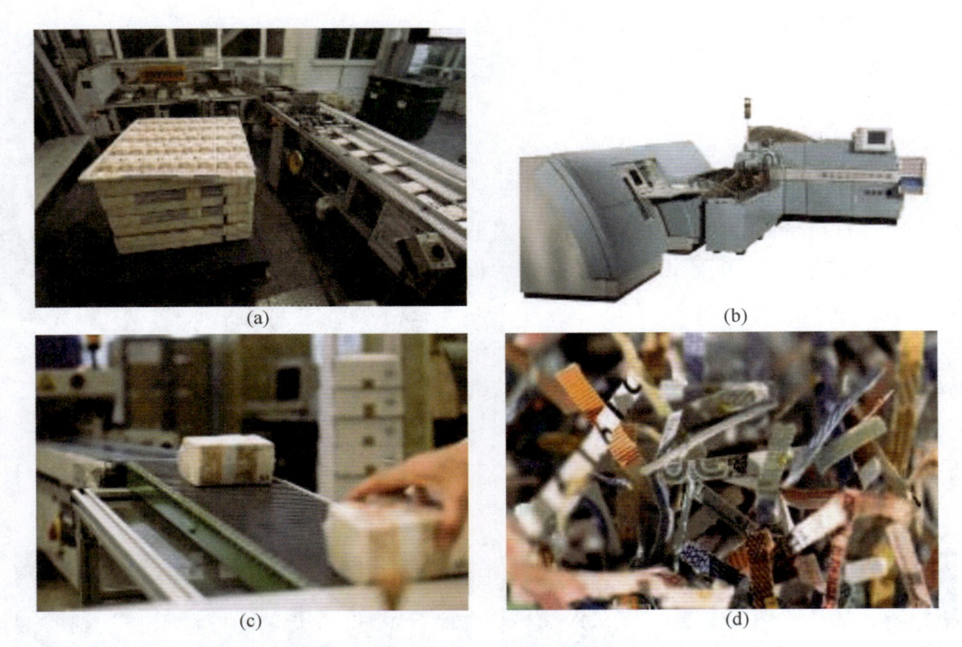

图 8-55　钞票的裁切、捆扎及废品销毁
(a) 裁切　(b) 钞票热缩打包　(c) 成捆钞票　(d) 粉碎后的钞票

国人民银行”行名、国徽、盲文和汉语拼音行名、民族文字等不变的前提下，对部分图案做了调整，对整体防伪性能进行了提升。

8.4.3.1　人民币票面基本特征

第五套人民币 5 款不同面值的纸币票面基本特征如下：

100 元纸币票面特征：主色调为红色，票幅长 155mm、宽 77mm，票面正面主景为毛泽东头像，背面主景为“人民大会堂”图案。

50 元纸币票面特征：主色调为绿色，票幅长 150mm、宽 70mm，票面正面主景为毛泽东头像，背面主景为“布达拉宫”图案。

20 元纸币票面特征：主色调为棕色，票幅长 145mm、宽 70mm，票面正面主景为毛泽东头像，背面主景为“桂林山水”图案。

10 元纸币票面特征：主色调为蓝黑色，票幅长 140mm、宽 70mm，票面正面主景为毛泽东头像，背面主景为“长江三峡”图案。

5 元纸币票面特征：主色调为紫色，票幅长 135mm、宽 63mm，票面正面主景为毛泽东头像，背面主景为“泰山”图案。

8.4.3.2　防伪特征及辨识

这里主要介绍 2015 年版第五套人民币 100 元纸币的防伪特征。

真钞纸张一般使用天然的棉、麻长纤维，其在紫外光的照射下，无荧光反应。人民币在其流通的过程中往往会受到污染，使其在紫外光的照射下显现出局部的荧光反应。为了防伪，造纸时在纸浆中随机加入了无色荧光纤维，这种纤维在可见光下和纸张中的棉、麻纤维的颜色没有两样，但在紫外光的照射下，会发出强烈的黄、蓝色荧光。

2015 年版 100 元纸币采用了双安全线，在票面正面磁性光彩光变 100 处采用全埋式植入磁性安全线，在票面正面右侧采用半开窗式埋入光变安全线。

2015年版第五套人民币100元纸币图样请登录中国人民银行官网查看。

8.4.4 新西兰元

1988年1月27日，澳大利亚储备银行为纪念建国200周年发行了10澳元面额的纪念币，开创了用塑料代替纸张印制钞票的先河。新西兰于1999年5月3日开始发行面值为5、10、20、50和100新西兰元的纪念塑料币，成为第2个将纸币全部更换为塑料币的国家。

图8-56所示为自然光下的2015年版10新西兰元，与1999年版新西兰元相比，新版塑料币具有更大、更复杂边界的透明视窗，以便更详细地展示其视窗上的金属元素。

(a)

(b)

图8-56 2015年版10新西兰元

(a) 正面 (b) 背面

2015年版5、10、20、50和100新西兰元的防伪特征一致，这里以10新西兰元为例介绍其防伪特征。

(1) 大透明视窗。塑料币中最常见的防伪措施就是在其上开一个透明视窗，这是塑料币区别于纸币的一个明显特征，设计透明视窗的目的是放置全息图像、无墨压印特征、衍射光学元素等塑料基片独特的防伪措施，具有良好的防伪性。

2015年版新西兰元就设置了一个大的透明视窗，设计了复杂的视窗边界轮廓［图8-57 (a)］，大透明视窗的上部设置有正反相错、依次缩小的全息面额数字10和蓝鸭轮廓图案，大透明视窗的中部设置有轮廓清晰的蕨类植物图案，中下部设置有3D的面额数字

10，大透明视窗的下部设置有无墨压印的面额数字 10［图 8-57（b）］。在反复偏转观察 10 新西兰元时，大透明视窗上的图案会发生色彩变化、位置移动，效果明亮、醒目。

(a)

(b)

图 8-57　大透明视窗效果

（a）大透明视窗　（b）透明视窗中的主要防伪图案

(a)

(b)

图 8-58　横、竖双号码

（a）横号码效果　（b）竖号码效果

（2）横、竖双号码。在票面正面左下方采用横号码，其冠字和数字都为黑色［图 8-58（a）］；票面正面右侧采用竖号码，其冠字和数字同横号码一样也都为黑色［图 8-58（b）］。

（3）无墨压印 10。票面正面右侧大透明视窗的下部采用无墨压印技术压印了面额数字 10，在偏转角度观察时，面额 10 呈现出明亮效果［图 8-59（a）］和灰暗效果［图 8-59（b）］。

（4）无色荧光及缩微。无色荧光图案采用的无色荧光绿油墨印刷在票面正面上方面额数字 10 的右侧位置（图 8-60）。在票面正面和背面的雕刻凹印印刷的面额数字 10 内采用缩微文字防伪，用放大镜观察，在票面正面雕刻凹印印刷的面额数字 10 内反复出现 RBNZ，在票面背面雕刻凹印印刷的面额数字 10 内反复出现 NZD10。

（5）胶印对印 10。票面正面左上方［图 8-61（a）］和背面右上方［图 8-61（b）］均有面额数字 10 的局部图案，要求塑料币两面相应部位的图案完全吻合，上下不错位、左右不重叠、中间无间隔。透光观察，正背面图案组合成一个完整的面额数字 10［图 8-61（c）］。

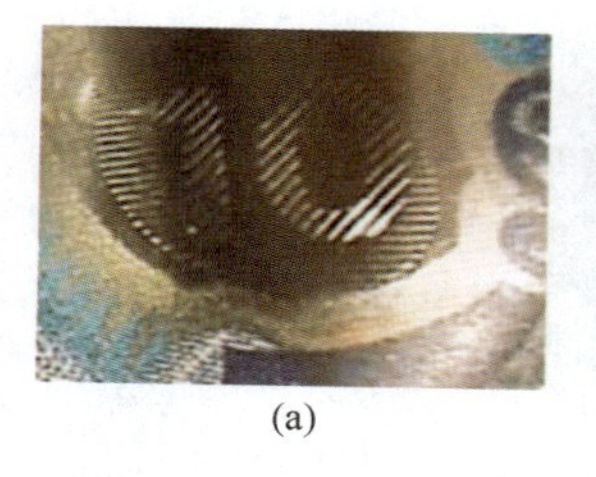

(a)

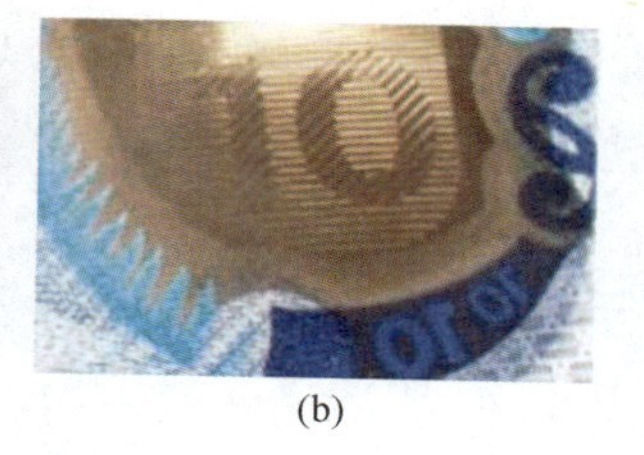

(b)

图 8-59　无墨压印 10

（a）明亮效果　（b）灰暗效果

图 8-60　无色荧光效果

(a)

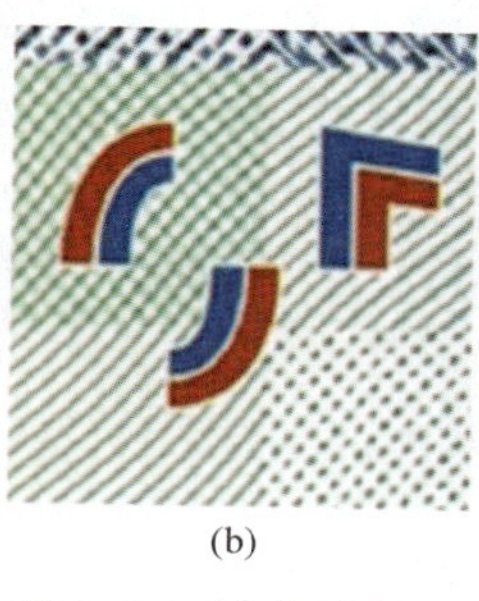

(b)

(c)

图 8-61　胶印对印 10

（a）正面观察效果　（b）背面观察效果　（c）透光观察效果

（6）磁性光彩光变蓝鸭轮廓。该防伪标记位于票面正面左侧。垂直票面观察，蓝鸭轮廓以墨绿色［图 8-62（a）］为主；偏转角度观察，蓝鸭轮廓以蓝绿色［图 8-62（b）］为主。随着观察角度的不断改变，蓝鸭轮廓上有一条亮绿色光带上下滚动。位于蓝鸭轮廓的背面，透过蕨类植物轮廓的透明视窗［图 8-62（c）］能看到同样的变色效果。

(a)

(b)

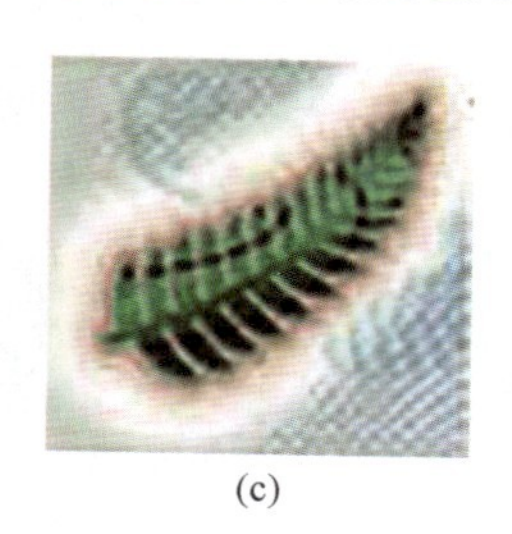

(c)

图 8-62　磁性光彩光变蓝鸭轮廓

（a）垂直观察效果　（b）偏转角度观察效果　（c）背面蕨类植物效果

（7）雕刻凹印。图 8-63 所示的塑料币正面的面值 10、新西兰女权运动先行者和倡导者 Kate Sheppard（1848—1943）的肖像、文字“RESERVE BANK OF NEW ZEALAND TE PŪTEA MATUA”［图 8-63（a）］，以及票面反面的面值 10、新西兰特有物种“蓝鸭”、文字“NEW ZEALAND”和“AOTEAROA”均采用雕刻凹印印刷，用手指触摸有明显的凹凸感。

对于可疑新西兰元，一般综合以上几个方面的防伪特征进行检验，即可识别真伪。对于可疑但一时又无法确定其真伪的新西兰元，可送银行检验。最简单有效的辨识特征为上

(a)

(b)

图 8-63 雕刻凹印效果

(a) 正面 (b) 反面

文（1）~（6）所述的防伪特征。

8.4.5 美　元

美国财政部和美联储宣布新版 100 美元面值的纸币于 2011 年 2 月 10 号正式进入市面流通，但流通一段时间后发现纸币存在一定的瑕疵。经过对钞纸、印刷、油墨等技术问题的不断改进，新版 100 美元于 2013 年 10 月 8 日面市。至此，美元 5、10、20、50、100 各券种，从 2003 年开始的改版工作宣告全面结束。新版美元从纸张、油墨到印刷工艺等做了多处调整，整个票面颜色也发生了很大变化，防伪性能进一步提高，更加便于识别，并形成了多彩美元的特征。

8.4.5.1 新旧版 100 美元特征对比

图 8-64 所示为新版 100 美元样钞，具备以下特征。

（1）正面中央偏左位置印有本杰明·富兰克林的肖像，相比旧版美元，人物肖像更大、更为突出。新版美元取消了原有的人像外椭圆形边框设计，钞票设计相对来说更为开放。

（2）钞票四角均印有面额数字 100 字样，以突出面额，避免与其他票面混淆。

（3）同时在钞票上标注国名、券名、法律条款等有关信息。

（4）钞票左上和右下分别印有钞票的冠字和流水号码。

（5）左右两侧印有财政部印和库印。

（6）钞票左侧下部印有国库长、财政部长的机印签名，正面墨水瓶图案右侧位置印有年版信息等。

（7）新版美元在钞票左上角流水编号下方依旧印有发行银行代号，上部左右两侧印刷检查字母和四开号。

（8）新版 100 美元钞票背面中央印有独立堂。

（9）左上、左下及右侧分别印有面额 100 字样。

图 8-64　新版 100 美元样钞

8.4.5.2　防伪特征

（1）开窗 3D 动感安全线。与旧版钞票相比，此次改版的新版 100 美元（图 8-65）最为显著的特点是在钞票正面中部可以看到一条垂直的蓝色 3D 防伪条，官方称之为 3D Security Ribbon。新版 100 美元中使用的动感安全线呈蓝色条带状，手持钞票，将钞票前后倾斜，同时注意观察蓝色条带。新钞中部上面印有深蓝色 100［图 8-66（a）］字样和费城自由钟［图 8-66（b）］图案，变换钞票角度时，钟形图案会变成数字 100，两种图案交替变幻，如同跟着视线的移动而移动，有着极强的立体效果。此安全条带是在钞票纸张制造过程中埋入纸币的，而不是印制在钞票表面的。因此，当透光看此安全线的时候，会发现是一整条安全线埋入纸张，只有一部分裸露在外。

图 8-65　新版 100 美元正面

（2）钟形图案光变油墨。在票面正面右下方，可见墨水瓶图案内有一钟形图案，事实上此图案采用特殊的光变油墨材料印刷。手持钞票，将钞票倾斜，会看到墨水瓶中的变色钟形图案会从紫铜色［图 8-67（a）］变成绿色［图 8-67（b）］，随着钞票和视线的角度不同，其颜色也不断发生着变化。相比旧版美元来说，更为醒目，更加方便识别。

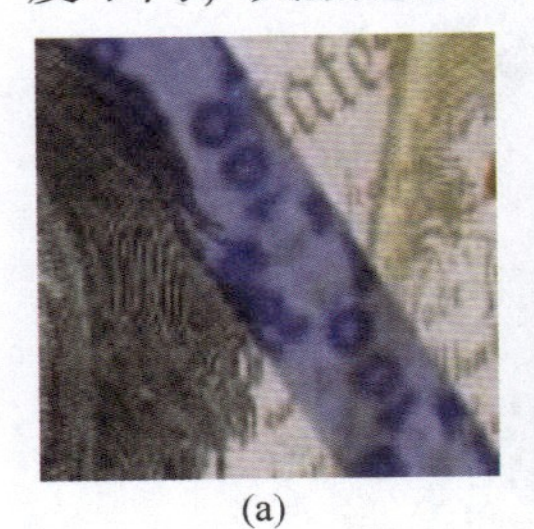
(a)

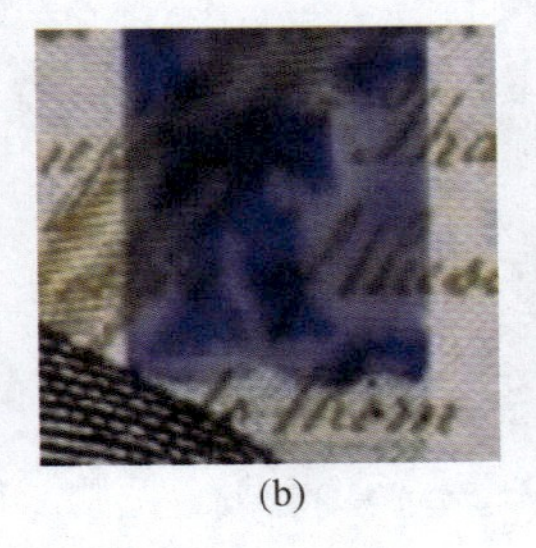
(b)

图 8-66　3D 动感开窗安全线
（a）100 字样　（b）自由钟图案

(a)

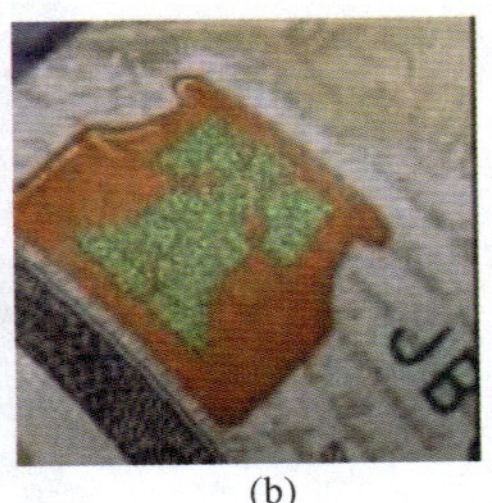
(b)

图 8-67　光变油墨印刷的钟形图案
（a）紫铜色　（b）绿色

（3）固定人像黑水印。美元中的固定水印实际上效果并不是太理想，其清晰度还有待提高，此次新版 100 美元中依旧使用了固定人像黑水印，手持钞票迎光透视时，会在肖像右侧的空白处找到本杰明·富兰克林的人像水印，其外形和钞票主图案中的外形是一致的，如图 8-68 所示。固定人像黑水印应该说是最基本的辨伪措施，也是比较容易掌握的一项防伪措施。

图 8-68　固定人像黑水印

（4）光变面额数字。新版 100 美元钞票，除了正面墨水瓶中的钟形图案采用了光变油墨印刷之外，钞票正面右下角的面额数字 100 同样也采用了光变油墨进行印刷。手持钞票，将钞票倾斜，会看到钞票正面右下角的数字 100 从紫铜色［图 8-69（a）］变为绿色［图 8-69（b）］，随着钞票和视线的角度不同，其颜色也不断发生着变化。

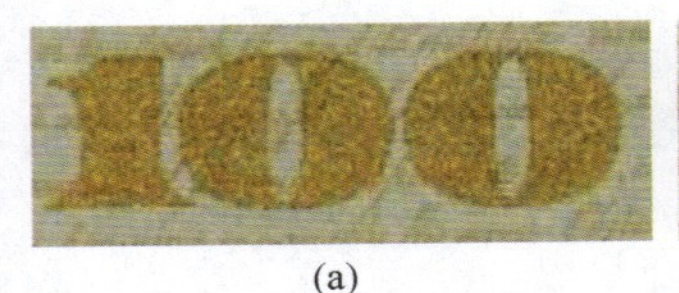
(a)

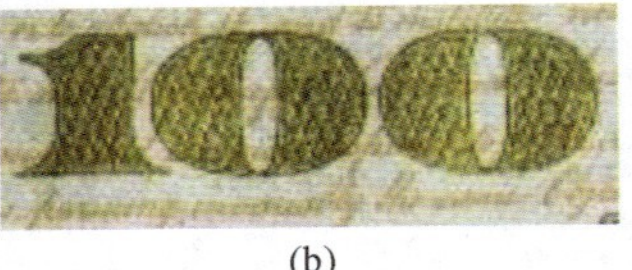
(b)

图 8-69　光变数字 100
（a）紫铜色　（b）绿色

（5）全埋缩微文字荧光安全线。除了 3D 动感安全线之外，新版 100 美元仍旧使用了原有的全埋安全线，且采用了缩微文字和荧光特征。将钞票对着光源透视，可在正面富兰克林肖像左侧，看到嵌入纸币的垂直安全线（图 8-65 中⑤）。安全线上交替压印的“USA”和面额数字“100”在钞票两面均可看到，在放大镜下观察更为清晰。在紫外光照射下，安全线还会发出粉红色的荧光。此特征在其他面值美元中也有使用（图 8-70）。

图 8-70　美元全埋安全线

（6）雕刻凹版。凹版印刷是当今钞票使用的最主要的印刷方式，新版美元中主要图案均采用凹版印刷。其中主图案富兰克林肖像采用手工雕刻，深凹版印刷，把手指放在钞票左侧本杰明·富兰克林肖像的肩部上下触摸，会有明显的凹凸感（图 8-71）。整张 100 美元钞票均采用传统凹版印刷工艺制作，使得美元真钞具有与众不同的纹理。同时，凹版印刷产生的效果非常清晰、立体，人物肖像层次分明、立体感强。

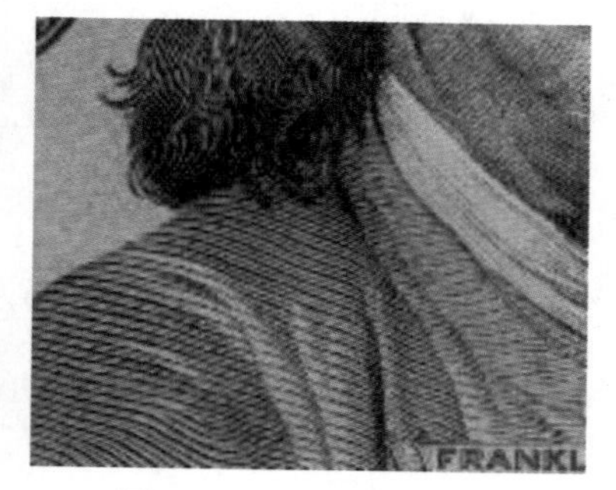

图 8-71　人像雕刻印刷

（7）缩微文字。仔细观察，可在本杰明·富兰克林的衣领、右侧固定水印的空白区域边缘、金色羽毛笔上及钞票四周边缘看到缩微文字。缩微文字直接观察时不容易发现，如果借助放大镜等辅助设备，便可观察到清晰的文字。缩微文字在防复印上也有着非常好的效果，经过复印仿制出假钞，基本上看不清楚印刷的缩微文字。因此，缩微文字有着非常重要的防伪作用。

（8）金色数字 100。新版 100 美元钞票的背面右侧，设计了非常醒目的金色数字 100。该数字没有采用特殊的防伪手段，主要是便于视力障碍人士辨识面值。

对于可疑美元，一般综合采用以上几个方面的防伪特征进行检验，即可识别真伪。对于可疑但一时又无法确定其真伪的美元，可送银行检验。最简单有效的辨识特征为开窗 3D 动感安全线和钟形图案光变油墨。

8.4.6　瑞士法郎

瑞士法郎由瑞士国家银行发行，被誉为“世界最美的纸钞”“世界最难伪造的纸钞”。精美绝伦的设计与超强的防伪性能，形成了瑞士法郎强劲有力的钞券设计风格。

2016 年 4 月 12 日，瑞士发行新版 50 瑞士法郎流通钞。该新版瑞士法郎项目启动于 2005 年，原计划 2010 年投入流通，但由于印钞公司 Orell Füssli 技术问题造成拖延。新版钞票满足瑞士传统的高安全标准货币特点，具有大量的安全特性，通过一系列技术将这些特性纳入该版纸币的正反面。新版钞票提供了一个独特的、组合复杂的安全特性和复杂的设计，使得它难以伪造。

新版 50 瑞士法郎的防伪特征如下。

（1）正面。

① 磁性光彩光变油墨（GLOBE TEST）位于票面正面中间位置，有一个闪亮的地球图案。手持纸币，左右来回倾斜观察票面，会出现一道金色弧光在地球图案中来回移动。手持纸币放于视线齐平的位置，向后倾斜观察票面，地球图案的颜色随之改变。

② 安全条带位于票面正面偏下。手持纸币，左右来回倾斜观察票面，在四条不同的水平线上，会出现红和绿两个颜色的数字 50，并且相同水平线上的这些数字会随着票面的倾斜而发生移动，移动方向与票面倾斜方向恰恰相反。手持纸币放于视线齐平的位置，在安全条带的银灰色区域可以看到瑞士地图、阿尔卑斯山、阿尔卑斯山脉 4000m 海拔以上的主峰名。缓慢地向后倾斜纸币，瑞士地图和阿尔卑斯山脉的轮廓呈现彩虹色渐变，在数字 50 内部呈现闪亮的缩微十字标志。

③ 透明视窗（CROSS TEST）位于票面正面左上方，有一个透明十字标志。手持纸币透光观察，这个十字标志会变成瑞士国旗。

④ 雕刻凹版印刷。位于票面中间的“手”、票面左下方的数字“50”及票面正下方的“银行名称”都采用了雕刻凹版印刷工艺。用手指轻轻触摸雕刻凹版印刷的区域（“手”“50”“银行名称”），会有明显的凸起感，当雕刻凹版印刷区域在浅色或白色纸张上摩擦时，会在浅色或白色纸张上留下痕迹（与雕刻凹印印刷区域的印刷色一致）。

⑤ 激光穿孔（MICROPERF）。位于票面正面数字 50 上方，有一个采用激光穿孔技术形成的由许多网格状等距排列的小孔组成的十字标志。手持纸币透光观察，该十字标志变得非常清晰。

⑥ 手感线。票面正面上端两侧边缘处，有由一系列短而凸起的线条组成的手感线，便于有视觉障碍的人士识别。用手指触碰纸币边缘的手感线，会有非常明显的凸起感，在 50 瑞士法郎的票面上分布有 3 组这样的手感线。

⑦ 水印位于票面正下方。纸币上有两个不同图案的水印，即瑞士国旗状的白水印和地球图案的黑水印。手持纸币透光观察，在水印区域左侧可以看到由瑞士国旗的轮廓线构成的白水印，右侧为由地球图案构成的黑水印。

⑧ 潜影位于票面中间偏左处，有一个只有在特殊角度下才能看到的十字标志。手持纸币，放于视线齐平的位置，然后向后倾斜纸币到一定角度，十字标志即从票面背景中凸显出来。

⑨ 对印位于票面正下方黑水印位置处的正、背面，有两组多色十字标志的对印图案。手持纸币透光观察时，呈现一个完整的十字标志轮廓。

⑩ 缩微文字。在票面正面左上方有一段由 4 种语言书写的缩微文字。使用放大镜观察，才能分辨出其中的缩微文字。一些缩微文字是印刷在浅色底纹上的实心字，另一些在深色背景上的则采用反白字/空心字。凹印缩微文字如图 8-72 所示。

⑪ 无色荧光油墨。位于票面正面上端的地球图案采用无色荧光油墨印刷，在紫外光下观察，呈现为绿色荧光。

⑫ 无色荧光纤维。在纸币的印刷纸张内隐含无色荧光纤维（图 8-73）。在紫外光下观察纸币，可以看到多种颜色的荧光纤维无规则地分布在整个票面上。

图 8-72　凹印缩微文字

图 8-73　无色荧光纤维

⑬ 红外显色/消失油墨。在纸币的正、背面包含红外防伪特性图案。在红外光下观察时，纸币的整个外观发生改变，一些图案元素由原来的彩色变成单色黑，而另一些彩色则消失不见。

（2）背面。

① 三角开窗安全线。票面背面中间偏上位置，采用三角形开窗方式埋入了一条激光全息安全线。手持纸币透光观察时，可见一条贯穿整个纸币的安全线以半开窗式埋在纸张内。安全线上有“瑞士国旗”图案和数字“50”，二者周期性地排列在安全线上，并且呈现正三角形的半开窗图形。

② 机械流水号码位于票面背面的左下方和右上方，有两组相同的号码，呈黑、蓝两种不同颜色，流水号码由一个大写字母和九位数字构成，如图8-74所示。

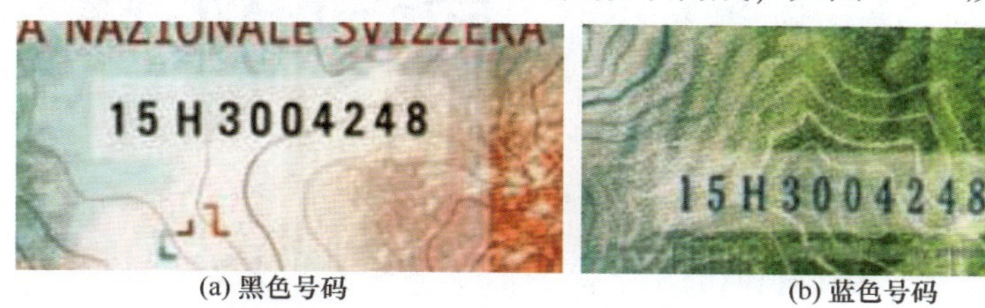

(a) 黑色号码　　(b) 蓝色号码

图8-74　双色号码

对于可疑瑞士法郎，一般综合采用以上几个方面的防伪特征进行检验，即可识别真伪。对于可疑但一时又无法确定其真伪的瑞士法郎，可送银行检验。

8.4.7　英　　镑

英镑是由成立于1694年的英格兰银行发行的，现在流通的英镑属于新版E系列和F系列。新版英镑纸币有5英镑、10英镑、20英镑和50英镑4种面额。最新版50英镑于2011年11月2日发行。新版50英镑样钞如图8-75所示。

图8-75　新版50英镑样钞

新版50英镑样钞的防伪特征如下。

（1）雕刻凹版印刷。如位于票面上方的银行名称Bank of England［图8-76（a）］、票面右下角的面值50［图8-76（b）］等都采用凹版印刷。用手指轻轻触摸雕刻凹印区域的印刷图案，可以明显感觉到凸起。

（2）全埋安全线。票面右侧女王头像的左侧位置，采用全埋的方式植入了一根金属线。平视票面时，由于金属线采用全埋的方式置入纸张内部，因此不易观察到［图8-77（a）］，当手持纸币透光观察时，可以看到一条贯穿纸币的黑色安全线［图8-77（b）］。

（3）黑白水印。票面正面左侧空白位置，有一组黑白水印图案。手持纸币透光观察

(a)

(b)

图 8-76 雕刻凹印图文

（a）雕刻凹印“Bank of England”字样 （b）雕刻凹印“50”字样

时，可见女王头像的黑水印图案和£50 字样的白水印图案。无论从纸币正面观察［图 8-78（a)］，还是从纸币背面观察［图 8-78（b)］，黑白水印图案都清晰可见，水印层次感强。

(a) (b)

图 8-77 全埋安全线

（a）正视观察效果 （b）透光观察效果

(a) (b)

图 8-78 黑白水印

（a）正面观察效果 （b）背面观察效果

（4）缩微印刷。票面正面女王头像下方，有雕刻凹印的缩微文字。使用放大镜观察，可以看到缩微面值 50 和 FIFTY，如图 8-79 所示。

（5）无色荧光油墨和无色荧光纤维。纸币上方正中间和 MOTION（动感）安全线上使用了无色荧光油墨。在紫外灯下观察时，可见票面上面正中间由明亮的荧光红和荧光绿构成的面值 50 图案。在半开窗 MOTION 安全线上，裸露在外面的五段 MOTION 安全线也发出明亮的绿色荧光。而在整个纸币的正、背面，都无规则地分布着红色和绿色荧光色的纤维丝（图 8-80）。

图 8-79 凹印缩微

图 8-80 无色荧光

（6）MOTION安全线。票面正面中间偏左侧，有一条绿色的MOTION安全线，该安全线上包含两种不同的图案，即货币符号£［图8-81（a）］和面值数字50［图8-81（b）］，采用半开窗式置入纸张内部，因此有5段MOTION安全线裸露在纸张外面，透光观察时，该安全线贯穿整个纸币。手持纸币，左、右往复倾斜纸币观察，货币符号£和面值数字50做上、下往复移动；上、下往复倾斜纸币观察，货币符号£和面值数字50做左、右往复移动。

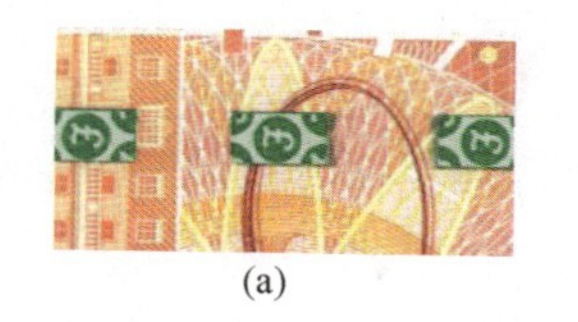
(a)

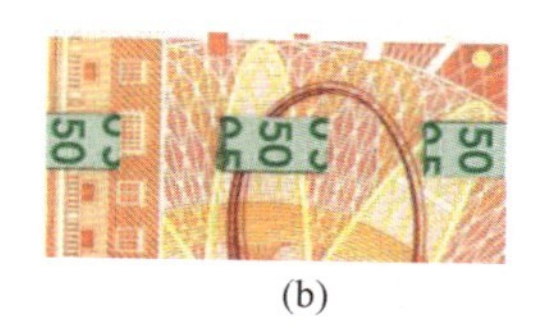
(b)

图8-81 MOTION安全线
（a）£字样效果 （b）50字样效果

（7）对印。票面水印图案旁，票面正背面有一组货币符号£的对印图案。手持纸币透光观察时，将呈现一个完整的货币符号£（图8-82）。

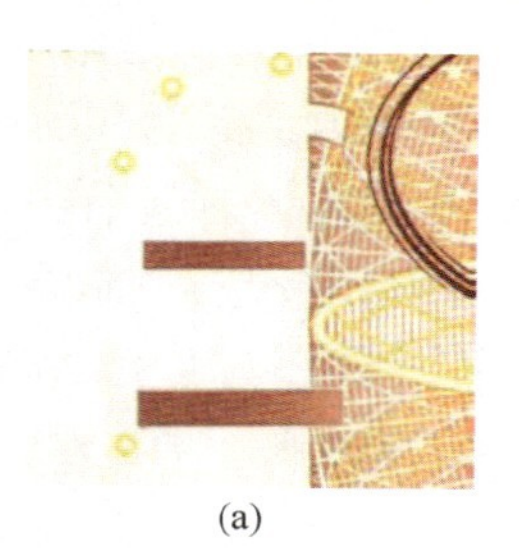
(a)

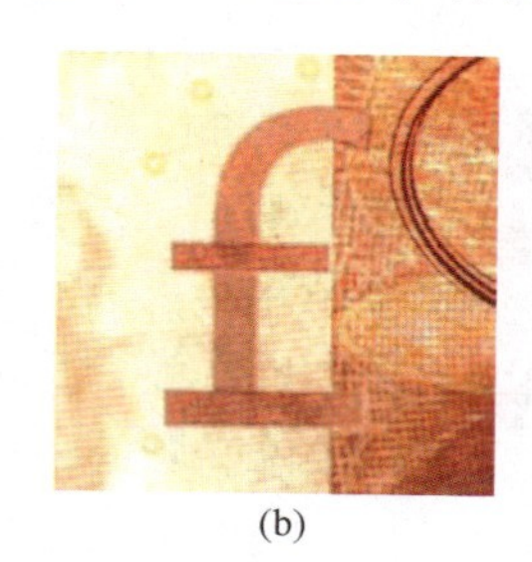
(b)

图8-82 对印图案
（a）正视观察效果 （b）透光观察效果

对于可疑英镑，一般综合采用以上几个方面的防伪特征进行检验，即可识别真伪。对于可疑但一时又无法确定其真伪的英镑，可送银行检验。最简单有效的辨识特征为MOTION安全线。

8.4.8 欧 元

2002年1月1日起，欧元现金同时在欧元区12个国家（比利时、德国、希腊、西班牙、法国、爱尔兰、意大利、芬兰、葡萄牙、奥地利、荷兰、卢森堡）开始流通，并逐步取代这些国家的原有货币，成为欧元区3亿居民唯一法定的流通货币。

8.4.8.1 规格特征

面值越高的欧元钞票，规格就越大。货币名称用拉丁文EURO和希腊文EYPΩ表示。钞票上印有欧盟的旗帜，用BCE、ECB、EZB、EKT、EKP共5种欧盟使用的官方语言来表示欧洲中央银行（EUROPEAN CENTRAL BANK）的缩写字样、中央银行行长的签名、版权保护标识符号等。

纸币有5、10、20、50、100、200、500欧元7种面额，硬币有1、2、5、10、20、50欧分和1、2欧元8种面额。1欧元=100欧分（cents），国际标准化组织的ISO 4217中欧元的标准代码是EUR，惯用符号是€。

5欧元的规格为120mm×62mm，颜色为灰色，纸币正面的建筑物采用的是古典式建筑风格，背面采用的是双层拱形桥和欧洲地图图案。

10欧元的规格为127mm×67mm，颜色为红色，纸币正面的建筑物采用的是罗马式经典建筑风格，背面采用的是单层拱形桥和欧洲地图图案。

20欧元的规格为133mm×72mm，颜色为蓝色，纸币正面的建筑物采用的是哥特式建筑风格，背面采用的是单层拱形桥和欧洲地图图案。

50 欧元的规格为 140mm×77mm，颜色为橙色，纸币正面的建筑物采用的是文艺复兴时期的建筑风格，背面采用的是单层拱形桥和欧洲地图图案。

100 欧元的规格为 147mm×82mm，颜色为绿色，纸币正面的建筑物采用的是巴洛克式和洛可可式建筑风格，背面采用的是单层大跨度拱形桥和欧洲地图图案。

200 欧元的规格为 153mm×82mm，颜色为棕黄色，纸币正面的建筑物采用的是铁和玻璃建筑风格，背面采用的是单层钢铁拱形桥和欧洲地图图案。

500 欧元的规格为 160mm×82mm，颜色为浅紫色，纸币正面的建筑物采用的是 20 世纪现代建筑风格，背面采用的是单层钢铁斜拉桥和欧洲地图图案。

8.4.8.2 防伪特征

新版 20 欧元样钞如图 8-83 所示。

图 8-83 新版 20 欧元样钞

（1）纸张。欧元的纸张主要是由棉、麻纤维抄造而成。纸质坚韧，挺度和耐磨性好，长期流通纤维不松散、不起毛、不断裂，在紫外光下无荧光反应。棉纤维长，使纸张不易断裂、吸墨好、不易掉色。麻纤维结实坚韧，使纸张挺括，经久流通不起毛，对水、油及一些化学物质有一定的排斥能力。用手触摸时，有坚韧、紧实的手感，手指轻弹纸币，声音清脆。

（2）雕刻凹版印刷。位于票面正面两侧的手感线［图 8-84（a）］、票面中间的面额数字 20［图 8-84（b）］、主体图案和文字等均采用雕刻凹版印刷。票面两侧的 3 组手感线主要是便于视觉障碍者识别。手持纸币，手指轻触雕刻凹印区域图案，有明显的凸起感。

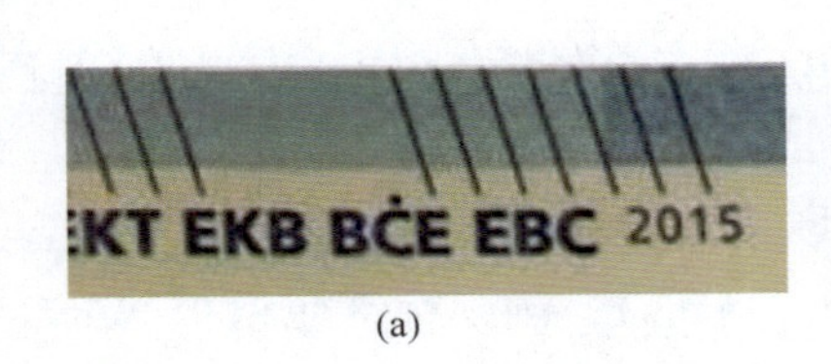

(a)

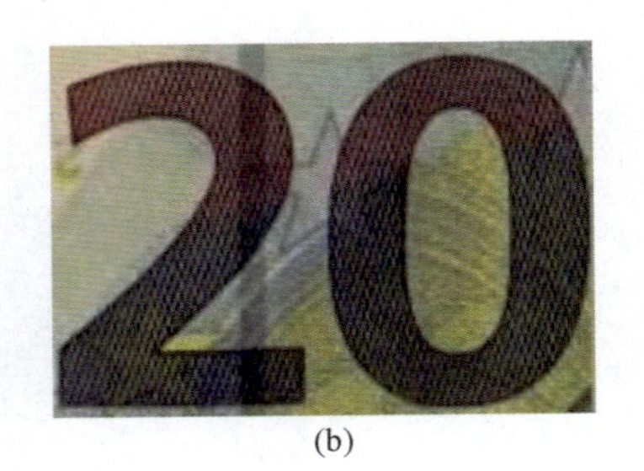

(b)

图 8-84 雕刻凹印图文

（a）雕刻凹印手感线 （b）雕刻凹印 20

（3）透明肖像视窗。透明肖像视窗位于票面正面右侧偏上位置。手持纸币透光观察，纸币窗口顶部的全息图案变得透明，在纸币的两侧都能看到呈现的欧罗巴肖像［图 8-85（a）和图 8-85（c）］。用手指从纸币背面遮挡住光线时，透明视窗颜色变暗［图 8-85（b）］。左、右往复倾斜纸币，透明视窗周围会产生彩虹渐变色［图 8-85（d）］，同时透明视窗内出现面额数字20，且20有两组不同的颜色往复变化：绿色和红色、蓝色和黄色[图8-85（e）和图8-85（f）]。

(a) (b) (c) (d) (e) (f)

图8-85 透明视窗及防伪特征

（4）黑白水印。位于票面正面左侧，有一组面额数字20的白水印和欧罗巴的肖像水印。手持纸币正面观察时，欧罗巴水印肖像呈白色，面额数字水印20呈灰黑色[图8-86（a）]；透光观察时，面额数字水印20高透光，呈白色，而欧罗巴水印肖像呈灰黑色，层次丰富[图8-86（b）]。

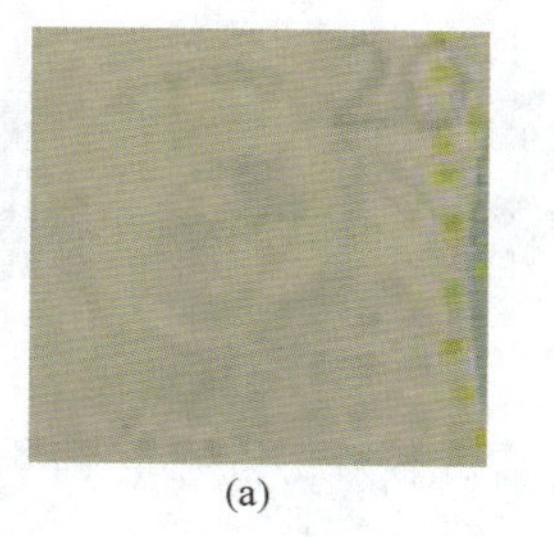

(a) (b)

图8-86 黑白水印

（a）正视观察效果 （b）透光观察效果

（5）安全线。安全线位于票面中间偏左位置，采用全埋的方式置入纸张内部。手持纸币正面观察时，看不到嵌入纸张内的安全线[图8-87（a）]，透光观察时，可以看到一条贯穿整个票面的安全线[图8-87（b）]，安全线上有镂空的货币符号€和面额数字20[图8-87（c）]。

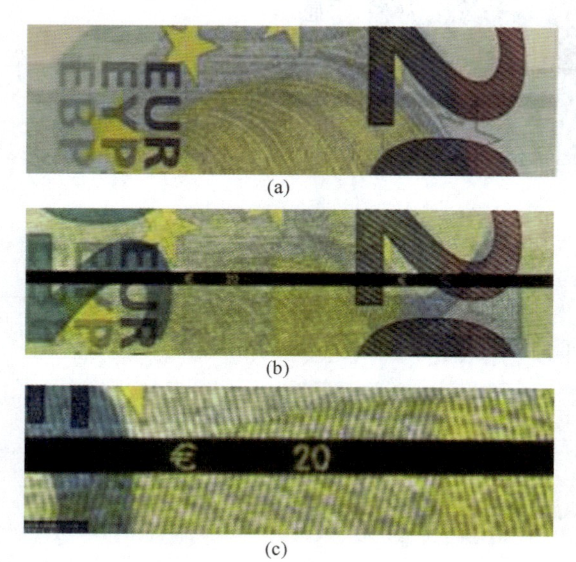

(a)

(b)

(c)

图8-87 全埋安全线

（a）正视观察效果 （b）透光观察效果 （c）局部放大效果

（6）透明全息条带。透明全息条带位于票面右侧透明视窗位置。倾斜纸币，全息图右边的银色条纹显示出欧罗巴的肖像、货币符号€、主图像和面值20，如图8-88所示。

（7）磁性光彩光变油墨。票面正面左下角的面额数字20使用了磁性光彩光变油墨。往复倾斜纸币，在左下角闪亮的面额数字20处显示一条有上下运动效果的光带，面额数字20的颜色从翠绿色向深蓝色发生改变，如图8-89所示。

（8）缩微文字。在票面的某些区域具有一系列缩微文字。用放大镜观察时，字母显得很锋利，如图8-90所示。

（9）荧光油墨和多色段无色荧光纤维。票面纸张的正、背面都嵌入了多色

图 8-88　透明全息条带

段无色荧光纤维，每根纤维上有黄、红、蓝三种不同颜色，在紫外光下发出明亮的荧光。票面正面的欧盟旗帜和欧姆龙环，使用了单波段荧光黄油墨印刷；如图 8-91 所示，五角星和部分主图像采用了双波段荧光油墨印刷，在长波段紫外光下发出明亮的黄色荧光，在短波段紫外光下发出明亮的橙色荧光，使得货币符号“€”从荧光图案中凸显出来。票面背面图案右下角使用了单波段荧光绿油墨，在紫外光下发出明亮的绿色荧光。

图 8-89　磁性光彩光变油墨印刷的 20

图 8-90　缩微文字

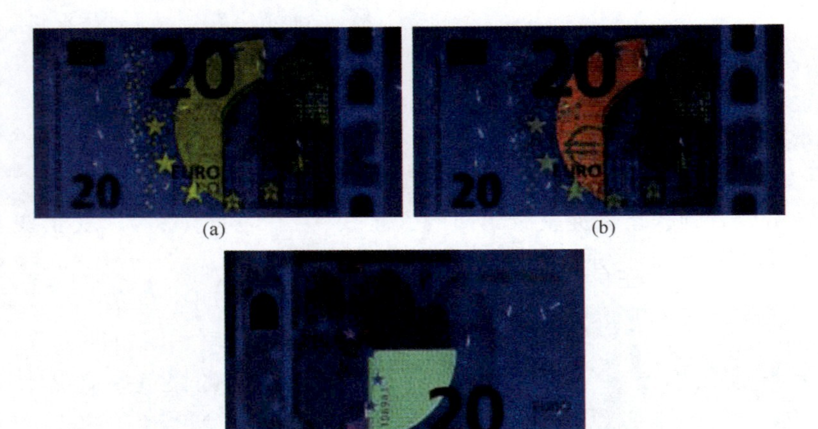

(a)　(b)　(c)

图 8-91　长、短波段荧光效果

（a）正面长波段紫外光检测效果　（b）正面短波段紫外光检测效果　（c）背面紫外光检测效果

（10）红外显色/消失油墨。在红外光下，钞票正面仅显示数字的值、右边的主要图像和银色条纹。背面仅显示数字的值和水平序列号，如图 8-92 所示。

图 8-92　红外检测

对于可疑欧元，一般综合采用以上几个方面的防伪特征进行检验，即可识别真伪。对于可疑但一时又无法确定其真伪的欧元，可送银行检验。最简单有效的辨识特征为透明肖像视窗、透明全息条带和磁性光彩光变油墨所描述的防伪特征。

8.4.9 卢　布

俄罗斯卢布是由俄罗斯银行（俄罗斯中央银行）发行的，俄罗斯分别于1993年、1995年、1997年、2004年共4次发行新版卢布。目前，1997年前发行的卢布已停止流通。

2004年，俄罗斯银行对1997年版卢布加以改革，增加了新的防伪特征，面额有10、50、100、500、1000和5000卢布，这是俄罗斯目前正在流通的主要货币。

8.4.9.1 基本特征

6款不同面值2004年版卢布的票面基本特征如下。

5000卢布的票面特征：主色调为红棕色；票幅长为157mm，宽为69mm；票面正面主景为位于哈巴罗夫斯克（伯力）的东西伯利亚总督纪念碑；背面主景为位于阿穆尔河上面的哈巴罗夫斯克公路桥。

1000卢布的票面特征：主色调为绿色；票幅长为157mm，宽为69mm；票面正面主景为俄罗斯大公雅罗斯拉夫一世纪念碑；背景是位于雅罗斯拉夫尔的克里姆林宫外的小教堂；背面主景为位于雅罗斯拉夫尔的圣约翰浸信会教堂。

500卢布的票面特征：主色调为棕色；票幅长为150mm，宽为64mm；票面正面主景为位于俄罗斯西南部港口城市塔甘罗格的彼得大帝纪念碑，背景是阿尔汉格尔斯克港口；背面主景为世界文化遗产——索洛维茨基修道院。

100卢布的票面特征：主色调为棕绿色；票幅长为150mm，宽为64mm；票面正面主景为莫斯科大剧院顶部四马战车及胜利女神塑像；背面主景为莫斯科大剧院。

50卢布的票面特征：主色调为蓝色；票幅长为150mm，宽为65mm；票面正面主景为位于俄罗斯第二大城市圣彼得堡的彼得保罗要塞处的古战船船头纪念柱底部的女神雕塑，背景是彼得保罗要塞；背面主景为古战船船头纪念柱；背面的建筑是圣彼得堡股票交易所老大楼。

10卢布的票面特征：主色调为绿色；票幅长为150mm，宽为65mm；票面正面主景为位于俄罗斯东西伯利亚的克拉斯诺亚尔斯克的横跨叶尼塞河的大桥，旁边是圣帕瑞斯科夫小教堂；背面主景为克拉斯诺亚尔斯克水电站大坝。

2010年，俄罗斯对2004年版的1000卢布和5000卢布进行防伪技术升级后发行新版（图8-93）；2011年，对500卢布进行防伪技术升级后发行新版。

8.4.9.2 防伪特征

（1）磁性光彩光变油墨。磁性光彩光变油墨位于票面正面右上方，雅罗斯拉夫尔城市的盾形纹章由深蓝色和绿色的磁性光彩光变油墨印刷。手持纸币，在盾形纹章中间有一条水平的光滑亮带，上、下往复倾斜纸币时，光滑亮带做下、上往复移动，并且盾形纹章的颜色也在深蓝色和绿色间往复变换（图8-94）。

（2）异形开窗安全线。异形开窗安全线位于票面正面左侧的空白区域，有一条类纺锤形半开窗安全线。手持纸币正面观察，有一段较长的安全线裸露在纸币外面，开窗呈类

图 8-93　俄罗斯 1000 卢布

纺锤形，两端各有小段开窗口，倾斜观察时，开窗安全线上有周期性出现的面额数字 1000 和菱形图案，并伴有彩虹变色效果（图 8-95）；由左向右往复倾斜纸币时，伴有彩虹变色效果的安全线上的面值 1000 和菱形图案逐渐消失，安全线上只显示彩虹变色效果，随后彩虹变色效果消失，只显示出灰白色的面值 1000 和菱形图案。

图 8-94　磁性光彩光变油墨印刷的图文

图 8-95　异形开窗安全线

（3）MVC。MVC 位于票面正面面值 1000 数字下方的方形单色区域。手持纸币正面观察，该方形区域呈浅绿色，上下倾斜纸币时，方形区域内出现青、黄相间的 S 状条纹［图 8-96（a）］，在紫外光下观察，相间的 S 状条纹发出明亮的黄绿荧光［图 8-96（b）］。

（4）黑白水印。黑白水印位于票面正面左侧空白区域，有一组面值 1000 的白水印和黑水印肖像［图 8-96（c）］。

（5）激光穿孔。激光穿孔位于票面正面右侧盾形纹章图案的下方，采用激光穿孔工

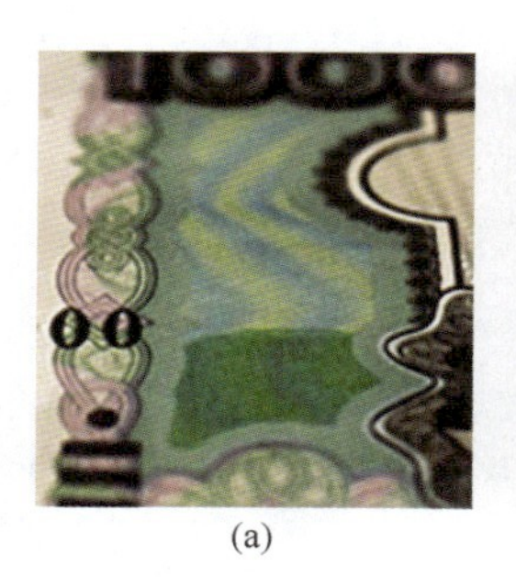
(a)

(b)

(c)

图 8-96 MVC 技术和黑白水印
(a) 自然光下的 MVC 效果 (b) 紫外光下的 MVC 效果 (c) 黑白水印效果

艺生成面值数字 1000（图 8-97）。手持纸币观察，1000 字样不可见，透光观察，这个由许多网格状等距排列的小孔组成的面值 1000 变得非常清晰。

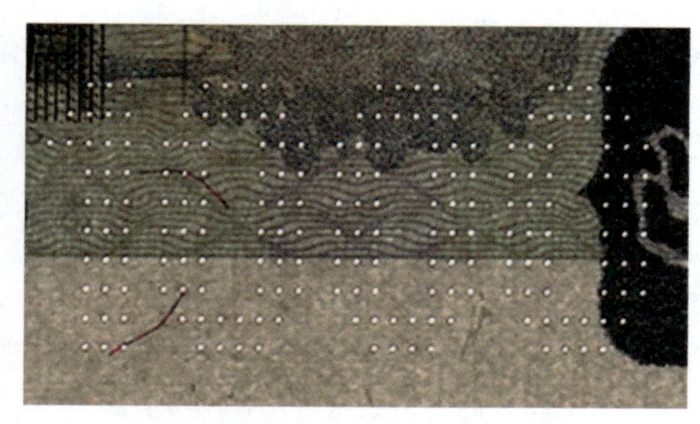
图 8-97 激光穿孔面值 1000

（6）雕刻凹印。位于票面正面上方的面值 5000、银行名称、票面两侧的手感线、票面正面左下角的盲文面值等均采用了雕刻凹印（图 8-98）。

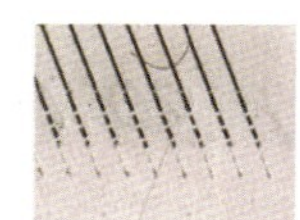

图 8-98 雕刻凹印图文

（7）缩微印刷。票面正面人物雕刻右侧的水平条带处和票面背面主图案下方的条纹处使用了缩微印刷。使用放大镜观察正面的缩微文字，可见雕刻凹版印刷的缩微面值 1000 字样（图 8-99）。

（8）微结构加网。位于票面正面小礼拜堂右侧的背景建筑采用了微结构加网。手持纸币观察，背景建筑阶调丰富，使用放大镜观察时，整个背景建筑图像是由微小的文字、符号、图案以及面值 1000 的轮廓图案组成的（图 8-100）。

图 8-99 缩微

图 8-100 微结构加网

参考文献

[1] 黄晓东，田志广．再谈票据防伪印刷［J］．印刷技术，2009，(13)：18-20.

[2] 汤云儒．浅谈票据印刷中的底纹防伪技术［J］．中国防伪报道，2011，(5)：54-56.

[3] 天津戈德思创防伪技术有限公司．普通发票防伪解决方案［J］．中国品牌与防伪，2007,(10)：63-66.

[4] CHEN X，LIU S S，TANG H，et al. Banknote and finance bill identification method and device：083713A1［P］．2012-06-28.

[5] 曹雪东．基于图像匹配的银行汇票鉴别技术的研究与实现［D］．沈阳：东北大学，2014.

[6] 马继刚．银行卡防伪特征的研究［J］．中国人民公安大学学报：自然科学版，2004，10 (4)：66-70.

[7] 张燕．法定证件中 Kinegram 激光全息防伪技术与检验研究［J］．中国防伪报道，2015,(11)：100-104.

[8] 马继刚．第二代居民身份证防伪特征的研究［J］．中国人民公安大学学报：自然科学版，2005，11 (2)：4-7.

[9] 马继刚．新版护照防伪特征的研究［J］．中国人民公安大学学报：自然科学版，2006，12 (4)：40-42.

[10] 沈臻懿．伪钞检验与防伪技术［J］．检察风云，2014，(12)：38-40.

[11] 马继刚．新旧版第五套人民币防伪特征的比较研究［J］．中国人民公安大学学报：自然科学版，2006，12 (1)：46-51.

[12] 明朗．央行将发行 2015 年版 100 元纸币防伪技术更先进更易识别［J］．中国防伪报道，2015，(8)：34-35.

[13] 陆琪．新版 100 美元防伪特征浅析［J］．中国防伪报道，2015，(6)：96-98.

[14] SURHONE L M，TENNOE M T，HENSSONOW S F，et al. United States one hundred dollar bill［M］．Montana：Betascript Publishing，2011.

[15] NAG S K. Know your banknotes［J］．Journal of Business Management，2006，02 (01)：11-23.

[16] 马继刚．欧元防伪特征研究［J］．中国防伪报道，2006，(6)：11-18.

[17] HEINONEN A. The first euros：The creation and issue of the first euro banknotes and the road to the Europa series［M］．Finland：European Central Bank，2015.